U0263655

国家重点研发计划项目(2016YFC0600900)

深部建井力学

Deepmine Construction Mechanics

何满潮　李　伟　孙晓明　等　著

科学出版社

北　京

内 容 简 介

本书是"十三五"国家重点研发计划项目"煤矿深井建设与提升基础理论及关键技术"有关建井方面研究成果的总结。主要内容涉及深部建井岩体力学理论、深井含水岩层精细探测与注浆、深井高效破岩与洗井排渣、深井复杂多变地层高效支护、深部建井 NPR 支护新材料及其配套支护技术。提出了深部非均压建井新模式,建立了深部不同岩层结构下的井筒力学模型,揭示了深部建井岩体的大变形力学特性及其致灾机理,研发了深井井筒高承载力混凝土、含水岩层微裂隙高强-高韧注浆新材料以及高恒阻 NPR 锚杆/索系列产品;发展和完善了深部含水岩层预测预报及微裂隙注浆技术、深井深孔精细化爆破技术、深井井筒低冻胀力冻结施工技术、深井井筒高性能砼井壁施工技术、深井井筒马头门及泵房硐室群支护技术以及深井全液压遥控凿岩钻机、深井全液压大容量装岩机等;形成了针对未来深部智能化、无人化开采的无煤柱自成巷 N00 建井新模式及其配套工艺技术。相关成果构建了深部建井力学理论与技术体系,建成了千米深井示范工程。

本书可供岩石力学、建井工程、采矿工程、安全工程及相关专业的师生及工程技术人员参考。

图书在版编目(CIP)数据

深部建井力学= Deepmine Construction Mechanics/何满潮等著. —北京:科学出版社,2023.3

ISBN 978-7-03-073588-1

Ⅰ. ①深… Ⅱ. ①何… Ⅲ. ①煤矿–深井–建设–动力学–研究 Ⅳ. ①TD26

中国版本图书馆 CIP 数据核字(2022)第 199759 号

责任编辑:李 雪 李亚佩/责任校对:王萌萌
责任印制:师艳茹/封面设计:无极书装

科学出版社 出版

北京东黄城根北街 16 号
邮政编码:100717
http://www.sciencep.com

北京九天鸿程印刷有限责任公司 印刷
科学出版社发行 各地新华书店经销

*

2023 年 3 月第 一 版 开本:787×1092 1/16
2023 年 3 月第一次印刷 印张:38 3/4
字数:913 000

定价:498.00 元
(如有印装质量问题,我社负责调换)

主要作者简介

何满潮，矿山工程岩体力学专家、中国科学院院士、第十三届全国政协委员、俄罗斯矿业科学院院士、阿根廷国家工程院院士、中国矿业大学(北京)教授。主要从事矿山岩体大变形灾害控制理论和技术研究。全国杰出科技人才奖(2016年)、全国创新争先奖(2017年)和何梁何利基金科学与技术进步奖(2014年)获得者。获国家技术发明奖二等奖1项，国家科学技术进步奖二等奖3项，中国专利金奖1项，国际岩石力学与岩石工程(ISRM)技术发明奖1项。

李伟，工程技术应用研究员，工程力学博士，享受国务院政府特殊津贴专家。历任兖矿集团有限公司党委副书记、总经理，华鲁控股集团有限公司党委副书记、总经理，现任山东能源集团有限公司党委书记、董事长。长期致力于煤炭绿色智能化开采和深井安全高效建设等研究工作，先后获得省部级以上科技奖励30余项、国家专利16项，编写著作4部。荣获全国优秀企业家、中国十大经济年度人物、中国杰出质量人、全国煤炭工业劳动模范等荣誉称号。

孙晓明，中国矿业大学(北京)教授、博导，主要从事软岩工程力学与深部灾害控制技术研究。入选教育部新世纪优秀人才，享受国务院政府特殊津贴专家、全国首届安全生产优秀青年专家，全国煤炭青年科技奖、中国岩石力学与工程学会青年科技奖获得者。成果获国家科技进步奖二等奖两项，省部级技术发明奖特等奖1项、一等奖1项，省部级科技进步奖一等奖3项。

前　言

深度意味着难度。据统计，我国已建成开采深度达到或超过 1000m 的深井共有 45 座(含 11 座历史最大采深曾达到千米的矿井)，主要分布在华东和华北等，其中：山东 21 座，辽宁 6 座，河北、吉林各 4 座，安徽 3 座，江苏 3 座，河南 2 座，陕西、江西各 1 座。国家规划建设的 14 个大型煤炭基地中一些新建和改扩建的大型立井年生产能力已达到 1000 万 t，开采深度已达到 1000m。未来 5～10 年，煤炭矿山还将兴建 30 余座千米深井。

目前，国外在建的超千米深井大多为金属矿山。其中，南非兰德(Rand)金矿区是世界上最大的金矿区，开采深度已达到 3600m；英美集团于南非西北部建成的姆波尼格 (Mbonig)金矿开采深度达到 4350m，是目前世界上最深的矿井。印度的钱皮里恩夫 (Champilienf)金矿采深已达到 3260m；以俄罗斯为代表的东欧地区也蕴含丰富的金属矿产，其中，克里沃罗格(Krivorog)铁矿区的开采深度已达到 1570m，不久将要达到 2000～2500m。另外，北美和澳大利亚部分的金属矿山采深也已达到千米以下的水平。

以上表明，超千米深地资源开采在未来将成为一种常态化，其迅猛发展必然对深部建井理论、技术和配套装备提出更高的挑战。

针对深部建井过程中出现的岩石力学与灾害控制问题，早在 1983 年，苏联、联邦德国的学者就对超过 1600m 的深(煤)矿井进行专题研究；1998 年 7 月，南非政府启动"Deep Mine"研究计划，旨在解决深部的矿山安全建设、经济开采的一些关键问题；同期，加拿大也开展了为期 10 年的两个深井研究计划；美国于 2000 年左右开始筹建深部科学与工程实验室(Deep Underground Science and Engineering Laboratory，DUSEL)，就深部岩体力学响应特征进行研究。

2004 年，我国立项启动了第一项系统研究深部开采岩石力学问题的国家自然科学基金重大项目"深部岩体力学基础研究与应用"，后续又设立了包括"深部煤炭资源赋存规律、开采地质条件与精细探测基础研究"(2006 年)、"煤矿突水机理与防治基础理论研究"(2007 年)、"煤炭深部开采中的动力灾害机理与防治基础研究"(2010 年)等一系列国家重点基础研究发展计划(973 计划)项目，相关项目研究成果为我国 1000～1500m 深部资源安全高效开采提供了重要的理论与技术支撑。

然而，由于深部岩体所处地球物理环境的特殊性和应力场的复杂性，使得深部建井工程中的大变形灾害成灾机理十分复杂，现有的理论、技术、工艺及装备难以满足未来 1500～2000m 深部建井安全高效施工及运营的要求。

为此，国家在"十三五"期间，立项启动了煤炭行业的第一个国家重点研发计划项目"煤矿深井建设与提升基础理论及关键技术"(2016YFC0600900)。该项目聚集了煤炭建井与提升以及装备制造领域实力最强的 8 所高校、9 家研究院所及企业的高水平专家，组建了"产学研用"高度融合的创新研究团队。

　　经过 4 年的联合攻关，该项目针对煤矿深部建井存在高地应力、高地温、高渗透压、复杂多变地层等难题，开展了深部建井基础理论与技术的系统研究，提出了深部非均压建井新模式，建立了深部不同岩层结构下的井筒力学模型，从微观、细观、宏观层面分析了深部建井岩体的大变形力学特性及其致灾机理；研发了三大新型材料，包括 CF80～CF110 高承载力混凝土，含水岩层微裂隙高强、高韧注浆新材料，以及高恒阻 NPR 锚杆/索系列产品；发展和完善了 8 项技术和装备，即深部含水岩层预测预报及微裂隙注浆技术、深井深孔精细化爆破技术、深井井筒低冻胀力冻结施工技术、深井井筒高性能砼井壁施工技术、深井井筒马头门及泵房硐室群支护技术、深井全液压遥控凿岩钻机、深井全液压大容量装岩机等；针对未来深部智能化、无人化开采，提出了无煤柱自成巷 N00 建井新模式及其配套工艺技术。该项目深部建井研究成果在山东能源集团龙固煤矿、万福煤矿以及辽宁铁法能源有限责任公司大强煤矿等典型千米深井进行了工程示范，取得了显著的社会和经济效益。

　　本书以深部煤矿建井基础理论与技术为主线，系统总结了国家重点研发计划项目"煤矿深井建设与提升基础理论及关键技术"研究团队的主要研究成果。本书各章撰写人员见各章首页脚注撰写人员。全书由项目负责人、中国科学院院士、中国矿业大学(北京)何满潮教授负责策划和统编定稿，山东能源集团有限公司李伟研究员、中国矿业大学(北京)孙晓明教授、中煤矿山建设集团有限责任公司徐辉东教授级高工、北京科技大学杨仁树教授、中国矿业大学杨维好教授负责相关章节的撰写工作。

　　衷心感谢"深地资源勘查开采"重点专项总体专家组吴爱祥教授、周爱民总工程师、申宝宏教授、葛世荣院士，以及项目专家组宋振骐院士、蔡美峰院士、李术才院士以及姜耀东教授、江玉生教授、曾亿山教授、蒲耀年教授级高工、何晓群教授级高工、于励民教授级高工、申斌学教授级高工对项目研究的指导。感谢科技部、中国 21 世纪议程管理中心给予的指导和支持，感谢中国矿业大学(北京)、中煤矿山建设集团有限责任公司、中国矿业大学、黑龙江科技大学、辽宁工程技术大学、山东科技大学、安徽理工大学、中信重工机械股份有限公司、天地科技股份有限公司、山东能源集团有限公司、辽宁铁法能源有限责任公司等单位给予的大力支持，感谢项目全体成员在项目研究过程中所付出的艰苦努力，感谢为项目完成和本书出版提供支持的专家和朋友。

　　由于作者水平有限，不妥之处敬请不吝赐教。

国家重点研发计划项目"煤矿深井建设与提升基础理论及关键技术"负责人

2022 年 5 月

目　　录

前言

第1章　深部非均压建井理论基础 ···1

  1.1　深部建井难度表征参数 ···1

    1.1.1　深部建井复杂地质力学环境 ···1

    1.1.2　深部井筒大变形破坏特征 ···2

    1.1.3　深部巷道破坏特征 ···6

    1.1.4　深部建井难度表征参数 ···7

  1.2　深部建井的概念 ···7

    1.2.1　国外定义 ···7

    1.2.2　国内定义 ···7

    1.2.3　深部建井的科学现象及定义 ···8

    1.2.4　深部的确定方法 ···10

    1.2.5　难度评价 ···11

  1.3　深部非均压建井新模式 ··11

    1.3.1　非均压建井模式 ···11

    1.3.2　深部地应力场点-面结合分析测试方法 ···························13

    1.3.3　深部非均压建井初次支护设计方法 ·······························14

  1.4　深部井筒三维理论模型 ··16

    1.4.1　深部井筒模型分类 ···16

    1.4.2　I_A型圆形井筒三维理论解 ··17

    1.4.3　I_B型椭圆形井筒三维理论解 ·····································18

    1.4.4　II型层状岩体圆形/椭圆形井筒三维理论解 ·····················21

  参考文献 ··26

第2章　深部建井岩体大变形力学特性及灾变效应 ·······················28

  2.1　深部建井岩体微观力学特性 ···28

    2.1.1　量子力学计算分析 ···28

    2.1.2　分子动力学分析 ···36

  2.2　深部建井岩体多场耦合大变形力学特性 ····································42

    2.2.1　深部砂岩真三轴加卸载力学特性 ···································42

    2.2.2　深部砂岩常规三轴"三阶段"加卸载下的力学特性 ············54

  2.3　深部建井岩体水岩耦合软化效应 ···63

    2.3.1　水岩耦合软化特性实验研究 ···63

    2.3.2　深部建井岩体与水吸附的微观特性 ·······························67

  2.4　深部建井岩体结构效应 ··74

    2.4.1　实验装备 ···74

2.4.2 实验设计 ··· 75
2.4.3 倾斜岩层巷道开挖结构效应 ·· 76
2.5 深部建井岩体高应力岩爆效应 ··· 85
2.5.1 井巷开挖应变岩爆效应 ··· 85
2.5.2 不同断面形状井巷开挖岩爆效应 ·· 92
2.5.3 深部建井岩体岩爆应力演化模型 ··· 104
2.5.4 岩爆能量准则 ·· 105
2.6 深部建井突出型复合灾害机理 ·· 106
2.6.1 实验装备 ·· 106
2.6.2 实验设计 ·· 107
2.6.3 实验结果 ·· 108
2.6.4 结果分析 ·· 121
参考文献 ··· 122

第3章 深井含水岩层精细探测与注浆关键技术 ···································· 126
3.1 透明化竖井孔隙裂隙复合含水岩层预测预报技术 ····································· 126
3.1.1 深井含水岩层综合探测模式 ·· 126
3.1.2 深井含水岩层综合探测模拟试验 ··· 127
3.1.3 多源信息数据融合反演计算方法 ··· 135
3.1.4 岩层含水特征三维可视化表达 ·· 136
3.2 深井含水岩层微裂隙注浆新材料 ··· 139
3.2.1 深井围岩微裂隙在不同深度下的压裂-渗流特征 ······························ 139
3.2.2 深井微裂隙低黏度超细水泥复合浆液 ··· 145
3.2.3 深部高压下微裂隙注浆渗流特性试验 ··· 146
3.2.4 高强、高韧性新型注浆堵水材料 ··· 150
3.2.5 微裂隙含水岩层纳米注浆材料渗透注浆堵水技术 ···························· 152
3.3 深井注浆效果震电磁三场耦合高精度检测评价方法 ·································· 157
3.3.1 注浆效果震电磁三场特征分析 ·· 157
3.3.2 深井震电磁三场耦合注浆效果检测评价方法与技术 ·························· 161
3.3.3 注浆效果震电磁三场耦合高精度检测评价方法 ······························ 168
参考文献 ··· 173

第4章 深井高效破岩与洗井排渣关键技术 ··· 175
4.1 深井爆破力学机理研究 ··· 175
4.1.1 深部高应力岩体中爆炸应力波的传播规律 ······································ 175
4.1.2 深部高应力岩体爆生裂纹的扩展行为 ··· 176
4.1.3 含空孔岩体动载扰动下能量耗散规律 ··· 186
4.1.4 含空孔岩体动载扰动下破坏特征 ··· 193
4.2 深井深孔精细化爆破技术 ·· 198
4.2.1 深井掏槽爆破应力状态 ·· 198
4.2.2 高应力对掏槽爆破影响效应的实验研究 ··· 199
4.2.3 深井6m深孔掏槽爆破技术 ··· 207
4.2.4 高应力对周边光面爆破影响规律研究 ··· 224

4.2.5 深井 6m 周边聚能药包控制爆破技术 226
4.3 深井钻爆法施工机械装备 231
4.3.1 新型立井全液压凿岩钻机 231
4.3.2 新型立井全液压抓岩机 239
4.4 深井高效钻井法关键技术与装备 242
4.4.1 千米深井高应力硬岩钻具系统 242
4.4.2 钻井的洗井排渣系统 245
4.4.3 深井高效洗井关键技术数值模拟研究 246
4.4.4 竖井掘进机流体洗井模拟实验系统及相似模型实验 254
参考文献 261

第5章 深井复杂多变地层高效支护关键技术 265
5.1 深井井筒冻结壁大变形设计方法 265
5.1.1 力学模型 266
5.1.2 应力和位移的解 267
5.1.3 计算冻结壁厚度的新公式 271
5.1.4 工程算例 274
5.1.5 结论 276
5.2 深井井筒低冻胀力冻结施工技术 276
5.2.1 特厚土层中冻胀力变化规律数值计算研究 276
5.2.2 特厚土层中冻胀力变化规律模拟实验计算研究 289
5.2.3 冻结管受力变形规律数值模拟研究 298
5.2.4 分圈异步控制冻结数值计算研究 317
5.3 深井井筒高性能砼井壁施工技术 331
5.3.1 配合比实验研究 331
5.3.2 外壁混凝土早期强度增长规律的室内模拟实验研究 337
5.3.3 外壁混凝土早期温度场变化规律的室内模拟实验研究 341
5.3.4 井壁-泡沫板-冻结壁的热、力相互作用规律研究 350
5.3.5 钢纤维混凝土井壁施工技术研究 362
5.4 功能梯度材料井壁设计 365
5.4.1 理论分析 365
5.4.2 数值计算 374
5.4.3 设计方法 419
5.5 3D 打印井壁混凝土支护材料与打印工艺 420
5.5.1 配合比实验研究 420
5.5.2 3D 打印井壁混凝土配方的可建造性 435
5.5.3 3D 打印混凝土的物理力学性能 438
5.5.4 混凝土井壁 3D 打印系统 449
5.5.5 3D 打印模型混凝土井壁的承载与封水性能 455
参考文献 458

第6章 深部建井 NPR 支护新材料及其配套支护技术 460
6.1 深部建井 NPR 支护新材料 460

6.1.1　1G NPR 材料 ··· 461

6.1.2　2G NPR 材料 ··· 467

6.1.3　NPR 支护材料的优越性 ··································· 470

6.2　深部井巷开挖补偿 NPR 支护技术 ····························· 472

6.2.1　开挖补偿技术原理 ··· 472

6.2.2　开挖补偿 NPR 支护技术与设计方法 ·················· 473

6.3　深部井筒马头门大断面交叉点 NPR 支护技术 ·············· 475

6.3.1　技术原理 ··· 475

6.3.2　控制效果分析 ·· 476

6.4　深部泵房吸水井集约化硐室群 NPR 支护技术 ·············· 486

6.4.1　技术原理 ··· 486

6.4.2　控制效果分析 ·· 487

参考文献 ··· 507

第 7 章　深部 N00 矿井建设 ·· 509

7.1　深部 N00 建井新模式 ·· 509

7.1.1　传统建井模式及存在问题 ································· 509

7.1.2　无煤柱自成巷 110/N00 工法 ····························· 511

7.1.3　深部 N00 建井新模式 ······································ 514

7.2　N00 建井采矿工程模型 ·· 515

7.2.1　无煤柱自成巷采矿工程模型 ····························· 515

7.2.2　无煤柱自成巷顶板岩层结构模型 ······················ 516

7.2.3　无煤柱自成巷顶板变形力学模型 ······················ 517

7.2.4　组合岩层受力分析模型 ··································· 520

7.3　N00 建井关键工艺 ··· 521

7.3.1　N00 建井留巷整体技术工艺 ······························ 521

7.3.2　N00 建井通风系统模式 ···································· 523

7.4　N00 建井配套关键技术与装备 ·································· 525

7.4.1　顶板定向预裂切缝技术 ··································· 525

7.4.2　实体煤侧弧形帮成巷三机配套技术 ··················· 556

7.4.3　采空区侧碎石帮成巷四机配套技术 ··················· 557

7.4.4　N00 建井配套装备 ·· 558

参考文献 ··· 559

第 8 章　深井建设示范 ··· 561

8.1　新巨龙煤矿深井建设示范 ······································ 561

8.1.1　矿井概况 ··· 561

8.1.2　工程地质条件 ·· 561

8.1.3　井筒设计方案 ·· 563

8.1.4　实施效果 ··· 565

8.2　万福煤矿深井建设示范 ··· 568

8.2.1　矿井概况 ··· 568

8.2.2　深竖井高效破岩技术示范 ································· 568

8.2.3　泵房吸水井集约化硐室群工程示范 ……………………………………578
8.3　大强煤矿深井建设示范 ……………………………………………………593
8.3.1　矿井概况 ……………………………………………………………593
8.3.2　工程地质条件 ………………………………………………………594
8.3.3　井筒马头门大断面交叉点工程 ……………………………………596
8.3.4　泵房吸水井工程 ……………………………………………………602

第1章 深部非均压建井理论基础*

随着浅部资源的日益枯竭，煤炭及金属矿开采朝着深部化和大型化方向发展。我国新建和改扩建的大型煤矿立井年生产能力已达1000万t，最大开采深度已超1500m。针对深部岩体所处的高地应力、高地温、高渗透压复杂多变地层等地质力学环境，从深部建井"大变形、大地压"现象入手，建立了深部建井难度表征参数，完善了深部建井的概念及其难度评价指标，提出了深部非均压建井新模式，建立了不同地层结构井筒力学模型，奠定了深部建井设计与大变形灾害控制的理论基础。

1.1 深部建井难度表征参数

1.1.1 深部建井复杂地质力学环境

深部建井与浅部建井的明显区别在于深部岩体处于"三高一复杂"的地质力学环境。"三高"主要是指高地应力、高地温、高渗透压，"一复杂"主要是指复杂的地层环境及灾害源[1-4]。

1. 高地应力

进入深部开采以后，仅重力引起的原岩垂直应力通常就超过工程岩体的抗压强度（>20MPa），而工程开挖引起的应力集中水平则远大于工程岩体的强度（>40MPa）。同时，根据已有的地应力资料，深部岩体形成历史时间久远，留有远古构造运动的痕迹，存有构造应力场或残余构造应力场，二者的叠合累积为高应力，在深部岩体中形成了异常的地应力场。根据南非地应力测定，在深度3500～5000m，地应力水平在95～135MPa。在如此高的地应力状态下进行工程开挖，所产生的应力集中可达1.5～2.0倍的原岩应力水平[5]。

2. 高地温

根据地温量测，常规情况下的地温梯度为30℃/km。有些局部地温异常地区，地温梯度有时高达200℃/km。岩体在超出常规温度环境下表现出的力学、变形性质与常规温度环境下具有很大差别。地温可以使岩体热胀冷缩破碎，而且岩体温度变化1℃可产生0.4～0.5MPa的地应力变化。岩体温度升高产生的地应力变化对建井岩体的力学特性将会产生显著的影响[6]。

3. 高渗透压

由于地层中赋存有大量的岩溶水以及瓦斯等气体，进入深部以后，随着地应力及地

---

* 本章撰写人员：何满潮，孙晓明，宫伟力。

温的升高，将会伴随着岩溶水压以及瓦斯气体压力的升高，从而产生高渗透压，使得井巷突水、煤与瓦斯突出灾害更为严重[7]。

4. 一复杂

深部建井过程中，井筒或井底大巷需要穿过的地层极为复杂，如深厚表土层、软岩、断层破碎带、土岩及软硬岩层间交界弱面等，使得单一井巷支护结构难以满足稳定性控制要求。同时，深部复杂地质力学环境又使得井巷围岩大变形、高应力岩爆、突水、煤与瓦斯突出等灾害致灾机理更为复杂[8]。

深部"三高一复杂"的地质力学环境，使得深部矿井建设过程中，井筒及井底大巷围岩失稳严重、大变形灾害频发(图 1-1)，严重影响矿井的安全高效建设。

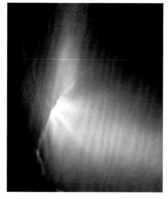

(a) 浇筑的混凝土井壁开裂(塔然高勒矿副井)　(b) 井壁开裂涌水(城郊矿东风井)　(c) 井筒马头门冒顶(鹤岗兴安)

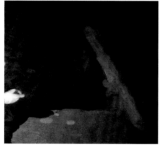

(d) 井筒马头门破坏(鹤岗兴安)　(e) 大巷全断面收缩(甘肃新安)　(f) 冲击/岩爆摧垮大巷(抚顺老虎台)

图 1-1　深部建井井筒及巷道大变形破坏现象

1.1.2　深部井筒大变形破坏特征

通过对国内大量资料检索，发现深部建井进入深部以后，井筒出现井壁破裂、井筒突水、井壁大变形等一系列事故。有关统计资料表明，1987 年以来我国大约有 109 个井筒发生了井壁破裂现象，其中煤矿 99 例、铜矿 8 例及铁矿 2 例(图 1-2)。

1. 井筒破裂程度与深度的关系

通过对龙煤集团鸟山煤矿副井调查，得出井壁破裂程度与深度的关系，认为随着深

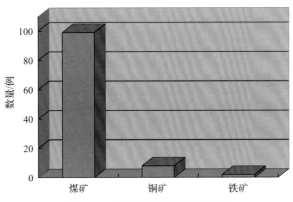

图 1-2　井筒破裂数量及其类型

度的增加，井壁破裂的程度也在增加，由裂缝萌发至井壁变形，最终发展为井壁剪切破坏。井筒深度 500～700m 内，井壁竖向裂缝明显多于环向裂缝，局部压碎，内缘出现混凝土掉皮及脱落现象，如图 1-3 所示。

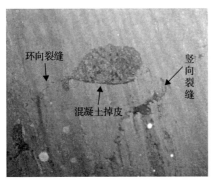
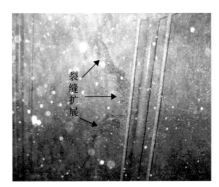

图 1-3　井壁裂缝现场情况（500～700m）

井筒深度 700～850m 内，井壁内缘混凝土剥落并形成竖向破裂带，环向钢筋向井筒内部屈曲，最终形成贯穿整个井壁厚度的剪切破坏面，如图 1-4 所示。

井筒深度 850～1000m 内，井壁向井筒中心变形，裂缝及破坏面多与水平面呈锐角分布，破坏面为斜向剪切破坏面，破坏面整齐清晰，如图 1-5 所示。

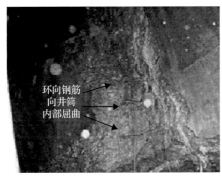

图 1-4　井壁环向钢筋屈曲　　　　　图 1-5　井壁斜向剪切破坏面

总结我国煤矿井筒突水与深度的关系如图 1-6 所示。由现场调研及文献检索可知，井筒破坏主要集中于 100～250m 深度，该区间为上覆松软层与基岩交界面附近，而井筒突水主要集中在第四系含水层 300～400m，以及承压水含水层 600～800m（图 1-6）。

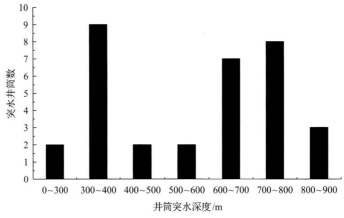

图 1-6 井筒突水与深度的关系

2. 井筒破坏与地应力的关系

研究表明，地应力的分布是不均匀的，特别是在 1500m 以下的煤矿沉积岩层，最大水平主应力与最小水平主应力之比为 1～2.5（图 1-7）。

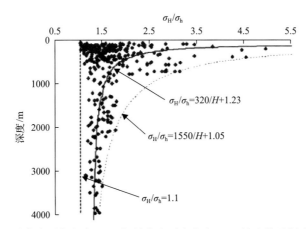

图 1-7 我国最大水平主应力（σ_H）与最小水平主应力（σ_h）的比值随深度（H）的变化

建立如图 1-8 所示的井筒结构力学模型，利用弹性力学计算公式对井筒受力进行分析[9,10]。

$$\sigma_r = \frac{1}{2}\sigma_1(1+\lambda)\left(1-\frac{a^2}{r^2}\right) - \frac{1}{2}\sigma_2(1-\lambda)\left(1-4\frac{a^2}{r^2}+3\frac{a^2}{r^4}\right)\cos 2\theta$$

$$\sigma_\theta = \frac{1}{2}\sigma_1(1+\lambda)\left(1+\frac{a^2}{r^2}\right) - \frac{1}{2}\sigma_2(1-\lambda)\left(1+3\frac{a^2}{r^4}\right)\cos 2\theta$$

$$\tau_{r\theta} = \frac{1}{2}\sigma_1(1-\lambda)\left(1+2\frac{a^2}{r^2}-3\frac{a^2}{r^4}\right)\sin 2\theta$$

式中：σ_r 为井壁径向受力；σ_θ 为井壁切向受力；$\tau_{r\theta}$ 为切应力；σ_1 为最小水平主应力；σ_2 为最大水平主应力；λ 为最大水平主应力与最小水平主应力之比，$\lambda=\sigma_2/\sigma_1$；$a$ 为井筒半径；r 为围岩中任一点距井筒圆心的距离；θ 为围岩中任一点与最小水平主应力的夹角。

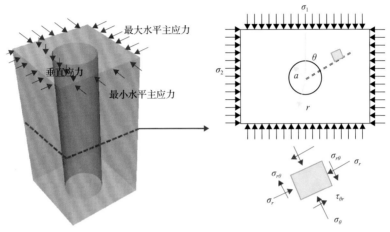

图 1-8　井筒结构力学模型[11]

　　分析可得，垂直最大水平主应力方向的井壁侧应力最大；随着 λ 增大，垂直最大水平主应力方向的切向应力增大（图 1-9）。

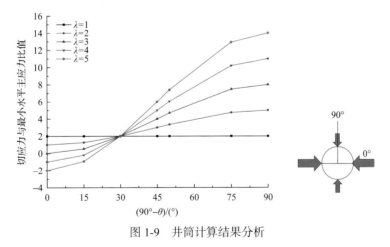

图 1-9　井筒计算结果分析

　　非均匀的应力场使得井筒出现非对称破坏现象。美国 Lucky Friday #4 井筒最大水平主应力为 90MPa，最小水平主应力为 37MPa，井壁沿与最大水平主应力垂直方向破裂，如图 1-10 所示。加拿大 Mine-by 实验隧洞在井筒开挖期间，也多次出现井筒破坏现象，其破坏位置也为与最大水平主应力方向垂直位置。通过对磁西一号井（亚洲最深煤矿井筒 1340m）井壁变形实测分析，得出井壁变形最大值位于东北方向，最小值位于西南方向，两者之比为 2.19。

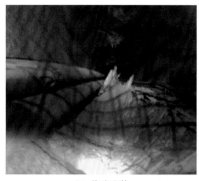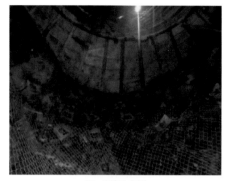

(a) 井壁破裂　　　　　　　　　　　　(b) 井筒大变形

图 1-10　地应力作用下井筒破坏现象

1.1.3　深部巷道破坏特征

研究发现，进入深部以后，以岩爆、突水、围岩大变形为代表的一系列灾害性事故与浅部工程灾害相比较，程度上加剧，频率上提高，成灾机理更加复杂。深部建井产生的科学现象主要表现为以下几种形式。

1. 岩爆频率和强度明显增加

有关统计资料表明，岩爆与采深有密切关系，即随着开采深度的增加，岩爆的发生次数、强度和规模也会随之上升。

2. 突水事故趋于严重

进入深部以后，岩溶水承压水位升高，而岩溶水体渗流通道相对集中，从而造成开挖后瞬时岩溶突水，突水事故趋于严重。

3. 巷道围岩变形量大、破坏具有区域性

进入深部以后，一方面自重应力逐渐增加，同时由于深部岩层的构造一般比较发育，其构造应力十分突出，巷道围岩压力大，变形量增大，巷道大面积的冒顶垮落，使得巷道支护成本增加，安全性差。

4. 地温升高、作业环境恶化

深部建井条件下，岩层温度将达到几十摄氏度的高温，如我国徐州矿区千米平均地温为 30～40℃，个别达 48℃。根据钻孔温度测试结果，在浅部，地温呈线性增长，而进入深部后，则呈非线性增长。由于地温升高，井下工人注意力分散、劳动率减低，甚至无法工作。

5. 瓦斯涌出爆炸成灾

随着煤矿采深的增加，瓦斯含量迅速增加，并造成瓦斯涌出爆炸或灾害的频繁发生。

1.1.4 深部建井难度表征参数

针对构建煤矿深井建设基础理论体系，研发深井高效快速掘进支护关键技术及装备的研究目标，从深部建井"大变形、大地压"现象入手，根据 1500～2000m 煤矿深部建井岩体所处的地质力学环境，建立了煤矿深部建井难度表征参数（表 1-1），从而在深部建井模式、岩体大变形力学特性、致灾机理及设备研发等方面提供参考指标。

表 1-1 煤矿深部建井难度表征参数

深度/m	应力/MPa		地温/℃	渗透压/MPa
	自重应力	集中应力		
1500～2000	30～40	60～80	40～60	15～20

1.2 深部建井的概念

在对深部工程引起的岩石力学问题研究过程中，国外采矿、岩土工程界专家学者相继提出了"深部"的概念。

1.2.1 国外定义

世界上有着深井开采历史的国家通常认为，深部开采是由于矿床埋藏较深，而使生产过程出现一些在浅部矿床开采时很少遇到的技术难题的矿山开采。大都以某一深度指标对深部进行定义，一般认为当矿山开采深度超过 600m 为深井开采。但对于南非、加拿大等采矿业发达的国家，矿井深度达到 800～1000m 才称为深井；德国将埋深 800～1000m 的矿井称为深井，将埋深超过 1200m 的矿井称为超深井；日本把深井的"临界深度"界定为 600m，而英国和波兰则将其界定为 750m[12]。

1.2.2 国内定义

我国专家学者在"深部高应力下的资源开采与地下工程"——香山科学会议第 175 次学术讨论会上，对深部的定义进行了讨论：有专家提出以岩爆发生频率明显增加来界定，也有专家认为应以围岩达到岩石的强度来界定。但深部开采中的煤矿与金属矿有明显的差异，根据目前和未来的发展趋势并结合我国的客观实际，大多数专家认为中国的深部资源的开采深度可界定为：煤矿 800～1500m，金属矿 1000～2000m[13]。

钱鸣高院士[14]在岩层控制关键层理论研究的基础上，通过对比浅部与深部开采时覆岩关键层的移动规律，于 2003 年指出浅部与深部的区别在于覆岩关键层位置及组合关系的改变，上部关键层先断，压着下部关键层同步破断，一定条件下，采深越大，关键层破断距越小。

钱七虎院士[15]通过对深部岩体分区破裂化现象的研究，在 2004 年指出分区破裂化现象是深部岩体工程的特征和标志。王明洋院士[16]在此基础上，以最大支撑压力区出现初始破裂特征深度作为"深部"界定条件，于 2006 年指出"浅部工程活动"是指坑道最大支撑压力区不破坏的深度;"深部工程活动"是指坑道最大支撑压力区发生破坏的深度,并推导了相应的确定公式。

蔡美峰院士等[17]通过对深部开采覆岩破坏程度分布变化规律研究,于 2007 年指出深部开采时出现四个特征区:塌陷区、张裂区、原岩区和冒落区,随着开采深度的增加,塌陷区范围不再增加,只是深度有所增加,而冒落区的出现,则是进入深部开采的主要特征。

谢和平院士[18]认为,深部的概念应该综合反映深部的应力水平、应力状态和围岩属性,深部不是深度,而是一种力学状态,据此,提出了深部开采的亚临界深度(H_{scr})、临界深度(H_{cr1})和超深部临界深度(H_{cr2})三个概念及其定义。

上述定义对于指导深部岩体力学理论与实践研究都起到了一定的推动作用,但是,"深部"的定义不仅是一个复杂的地质与力学问题,而且是与地球物理、地球化学等密切相关的。对于其科学化定义,有必要进一步探讨。

1.2.3 深部建井的科学现象及定义

1. 深部建井科学现象的综合分析

通过对深部建井科学现象的综合分析可以看出(图 1-11),煤矿建井工程灾害频率的增加,与深度有着明显的关系。

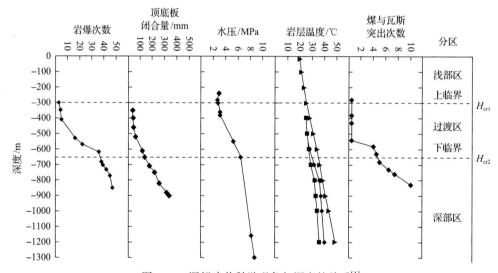

图 1-11 深部建井科学现象与深度的关系[1]

在某一深度以上,基本没有岩爆、煤与瓦斯突出等工程灾害发生,巷道顶底板闭合量、水压较小,同时,工作面温度满足井下作业要求,该深度区间可以称为浅部区。

随着建井深度的增加,岩爆、煤与瓦斯突出等工程灾害有零星发生,巷道顶底板闭合量逐渐增大,水压及岩层温度呈线性增长,虽然岩层温度已超过《煤矿安全规程》规定的采取措施温度(30℃),但通过采取一定的措施工作面温度仍可满足生产要求(<30℃),该深度区间可以称为过渡区。

当建井深度达到某一临界值后,岩爆、煤与瓦斯突出等工程灾害发生次数明显增加,巷道顶底板闭合量明显增大，水压及岩层温度呈非线性增长，即使采取措施工作面温度也无法满足安全生产要求（＞30℃），对于深部建井科学现象发生突变的深度及其以下区间，可以称为深部区。

深度分区的特点如图 1-12 所示。

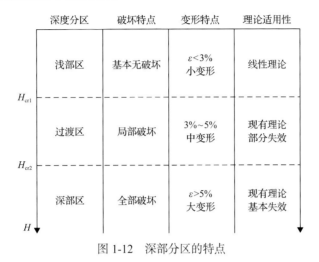

图 1-12　深部分区的特点

2. 深部建井的定义

何满潮院士在 2001 年召开的香山科学会议第 175 次学术讨论会上，就深部的概念进行了第一次讨论，并据此整理了"深部工程围岩特性及非线性动态力学设计理念"一文，正式发表在《岩石力学与工程学报》[19]。当时把国际岩石力学学会定义的硬岩发生软化的深度作为进入深部工程的界限。2004 年，在国家自然科学基金重大项目的资助下，通过对深部工程变形破坏现象的深入分析，指出深部是指随着开采深度的增加，工程岩体开始出现非线性力学现象的深度及其以下的深度区间，位于该深度区间的工程称为深部工程，并给出了深部工程难度的评价指标。

根据已有深部的定义，结合深部建井工程实践，可以建立以下深部建井的定义。

深部建井是指在建井工程岩体出现非线性物理和力学现象突变的深度及其以下的深度区间内施工的井筒及井底大巷工程。

非线性物理现象是指水压、岩层温度以及煤与瓦斯突出次数等出现非线性增长的现象。

非线性力学现象是指井巷工程围岩大变形、塌方等非线性大变形力学现象和岩爆及突水等非线性动力学现象。

突变是指非线性物理现象的出现以及非线性力学现象数量、规模及程度上的突然增加。

建井工程最先出现非线性物理和力学现象的深度称为上临界深度（H_{cr1}）。

建井工程开始出现非线性物理和力学现象突变的深度称为下临界深度（H_{cr2}）。

建井深度超过下临界深度的矿井称为深部建井。

1.2.4 深部的确定方法

随着建井深度的增加，地下工程所处的应力水平越来越高。根据临界深度的概念，当地下工程达到一定的应力水平后进行工程开挖时，巷道围岩在此应力水平下就会破坏。根据地下工程开挖前后受力状态，确定临界深度的力学模型如图 1-13 所示。

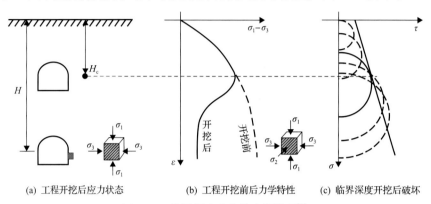

(a) 工程开挖后应力状态   (b) 工程开挖前后力学特性   (c) 临界深度开挖后破坏

图 1-13 临界深度确定的力学模型[1]

H_c 为临界深度

巷道开挖前，地下工程岩体处于三向受力状态，此时巷道周边任意一点所承受的等效剪应力水平为

$$\tau = \sqrt{\frac{1}{6}\left[(\sigma_1 - \sigma_2)^2 + (\sigma_2 - \sigma_3)^2 + (\sigma_3 - \sigma_1)^2\right]} \tag{1-1}$$

巷道开挖后，巷道围岩由三向受力状态转变为两向受力状态（$\sigma_2 = 0$），此时巷道周边任意一点所承受的等效应力为

$$\begin{cases} \sigma = (\sigma_1 + \sigma_3)/2 \\ \sigma_1 = \gamma H \\ \sigma_3 = \alpha \gamma H \end{cases} \tag{1-2}$$

式中：σ_1，σ_3 为深部工程岩体所承受的主应力，kN/m^2；γ 为上覆岩层平均容重，kN/m^3；α 为地下工程开挖后的应力集中系数；H 为开采深度。

此时：

$$\tau = \gamma H \sqrt{\frac{1}{3}(1 - \alpha + \alpha^2)} \tag{1-3}$$

根据岩石的强度破坏准则有

$$\tau = \sigma_n \tan\varphi + c \tag{1-4}$$

式中：τ 为破裂面上的剪应力，kN/m^2；σ_n 为破裂面上的法向力，kN/m^2；φ 为岩石内摩擦角，（°）；c 为岩石的黏聚力，kN/m^2。

地下工程处于临界深度（H_{cr1}）开挖时，巷道周边的应力集中系数 $\alpha = 0.5$，根据式 (1-1)～式 (1-4)，此时可以求得该地下工程临界深度为

$$H_{cr1} = \frac{2c}{\left[1-(1+\alpha)\tan\varphi\right]\gamma} \tag{1-5}$$

1.2.5　难度评价

为了对深部建井工程难度有一准确的评价，在现有深部建井难度评价指标体系的基础上，提出了深部建井难度系数(F)，即深部岩体单位强度承受的岩柱高度，可用式(1-6)表示：

$$F = \frac{H}{\sigma_c} \tag{1-6}$$

式中：H 为井巷工程的实际深度，m；σ_c 为岩石强度，MPa。

依据难度系数(F)，可以将深部建井分为较深(very deep)、超深(super deep)和极深(extra deep)三类。

(1)较深：$F = 40\sim80$。

(2)超深：$F = 80\sim120$。

(3)极深：$F > 120$。

按照深部建井难度系数(F)评价指标，将其分别应用于当前建井深度最深的南非金矿和我国最深的煤矿，其建井难度对比结果见表 1-2。

表 1-2　南非金矿与我国最深煤矿的建井难度对比

矿山类型	岩性	岩石强度/MPa	最大建井深度/m	$F/(\text{m/MPa})$
南非金矿	岩浆岩、变质岩	$50\sim100$	4350	$43.5\sim87.0$
我国最深煤矿	沉积岩	$15\sim30$	1500	$50.0\sim100.0$
未来煤矿建井	沉积岩	$15\sim30$	2000	$66.7\sim133.3$

从表 1-2 可以看出，尽管南非金矿的竖井建井最大深度为 4350m，远大于目前我国煤矿最大建井深度 1500m，但南非金矿建井所处地层为岩浆岩、变质岩，岩石强度高，而我国煤矿建井所处地层为沉积岩，岩石强度低，使得我国煤矿建井难度系数还要略高于南非金矿。

面对未来 1500～2000m 煤矿深部建井，其难度系数将大大超过南非金矿建井。由此说明，由于煤矿建井特殊的地质力学环境，其深部建井难度一点也不亚于金属矿建井难度。因此，通过难度系数来评价深部建井井巷工程围岩稳定性控制的难易程度，能够综合反映深部建井工程岩体的力学特性与工程特性[20-22]。

1.3　深部非均压建井新模式

1.3.1　非均压建井模式

深部多场耦合(包括地应力场、渗流场、温度场等)复杂地质力学环境下，由于地应力场的非均匀性(三向应力大小不同，且最大主应力为水平应力)，使得各向异性(包括地层岩性、岩体结构等)的建井围岩开挖后,作用在均匀的井壁支护结构上将会产生一个非均匀的压力场[23-25]。而现场实测结果也充分验证了这一现象(图1-14)。

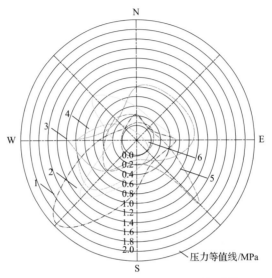

图 1-14 龙固煤矿井壁压力实测结果[26]

1-深度 243.1~246.1m,浇筑 225d;2-深度 312.1~315.1m,浇筑 202d;3-深度 456.0~459.0m,浇筑 133d;
4-深度 510.0~513.0m,浇筑 108d;5-深度 543.0~546.0m,浇筑 90d;6-深度 624.5~627.5m,浇筑 35d

研究表明,非均匀应力场是井巷支护结构破坏的根本原因[27](图1-15)。为此,提出了深部非均压建井新模式(图1-16)。非均压建井模式在系统分析并确定地应力分布状态的基础上,通过不同工程断面配合非均匀或准均匀高预应力恒阻耦合支护,实现应力场的均匀化,从而保证深部井巷工程的安全性及其长期稳定性。

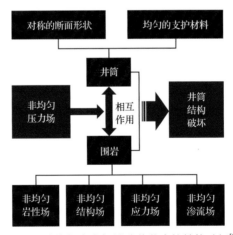

图 1-15 非均匀应力场导致井巷支护结构破坏[26]

非均压建井模式的核心在于:

(1)准确确定深部地应力场的分布规律,特别是地应力的大小及方向。

(2)确定图 1-16 中模式 1 圆形井筒断面初次非均匀支护设计,模式 2 椭圆形井筒断面长短轴比及其准均匀支护设计。

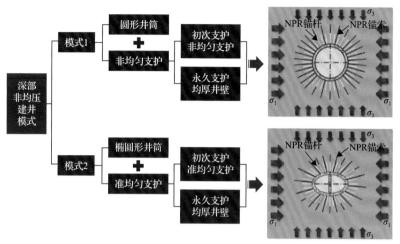

图 1-16　深部非均压建井新模式[26]

σ₁ 为最大主应力；σ₃ 为最小主应力

1.3.2　深部地应力场点-面结合分析测试方法

针对现有以点测量为主的地应力测试方法不能真实反映地应力场分布特征的问题，本书完善提出了深部地应力场点-面结合分析测试方法。该方法通过对区域构造体系地质历史系统分析，确定构造应力场的期次及其先后顺序，从而得出挽近应力场的特点及现今地应力场方向；在此基础上，再进行地应力测点的布置设计，通过点的地应力测量确定现今地应力场的大小，并验证其方向，从而建立地应力测点测量结果与区域地应力场分布规律之间的关系[28-32]。

深部地应力场点-面结合分析测试方法具体流程如图 1-17 所示。

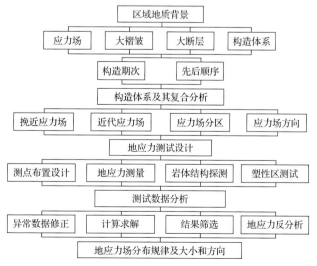

图 1-17　深部地应力场点-面结合分析测试方法流程图[1]

地应力场方向的确定主要通过构造形迹的力学组合分析,即构造体系及地质历史的系统分析。研究表明,每个地应力场都是一个构造体系运动的结果,前期受后期的作用影响,而深部地应力场主要表现为挽近应力场的作用特点。因此,可以采用构造形迹的力学组合方法来进行地应力场方向的确定。图1-18为三种确定地应力场方向的典型模式。

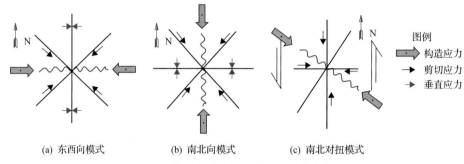

(a) 东西向模式   (b) 南北向模式   (c) 南北对扭模式

图 1-18 典型模式构造形迹的力学组合分析

代表性测点的地应力主要采用空芯包体应力计进行测量(图1-19)。

图 1-19 KX-81 空芯包体应力计

根据矿井构造分布及井巷工程布置,选取代表性测点进行原位测量。其选取原则包括:① 所选地点应能反映该区域的地应力状态;② 在较完整、均质、层厚合适的稳定岩层中;③ 避开地质构造复杂的地段;④ 避免与井巷施工或其他生产工序相互影响。

在测量过程中,通过塑性区及岩体结构测试,确定地应力测点钻孔施工部位围岩塑性区范围及岩体结构,校核地应力测试钻孔设计深度及岩体完整程度。

1.3.3 深部非均压建井初次支护设计方法

1. 模式1(圆形断面)

针对深部非均压建井模式1圆形断面,通过地应力测试分析,计算深部井筒井壁应力的分布,从而确定基准应力 P_A,并沿井巷工程断面划分为基准应力区(A 区)、高应力区(B 区)、低应力区(C 区)(图1-20),设计各区的初次支护力如下。

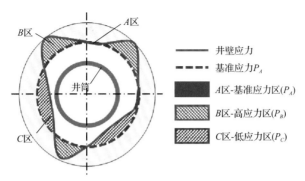

图 1-20　非均压建井模式 1 支护设计

A 区支护力：

$$P_{SA} = P_A \cdot S_{Ai} \tag{1-7}$$

B 区支护力：

$$P_{SB} = \frac{P_B}{P_A} P_{SA} \cdot S_{Bi} \tag{1-8}$$

C 区支护力：

$$P_{SC} = \frac{P_C}{P_A} P_{SA} \cdot S_{Ci} \tag{1-9}$$

式中：S_{Ai}、S_{Bi}、S_{Ci} 分别为各区分布长度上单位宽度的面积。

2. 模式 2（椭圆形断面）

针对深部非均压建井模式 2 椭圆形断面，以 λ 作为建井应力常数 C，结合数值模拟，优化确定椭圆形断面长短轴比，得到应力均匀化之后的井壁应力 P_A（图 1-21），从而确定初次准均匀支护力。

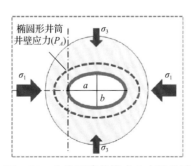

图 1-21　非均压建井模式 2 支护设计

建井应力常数：

$$K = \frac{\sigma_1}{\sigma_3} = C \tag{1-10}$$

椭圆形断面长短轴比:

$$\frac{a}{b} \cong C \tag{1-11}$$

初次准均匀支护力:

$$P_{SA} = P_A \cdot S_{Ai} \tag{1-12}$$

式中: σ_1、σ_3 分别为最大水平主应力、最小水平主应力; a、b 分别为椭圆形断面长轴、短轴长度; P_A 为应力均匀化之后的井壁应力; S_{Ai} 为椭圆形断面周长上单位宽度面积。

1.4　深部井筒三维理论模型

1.4.1　深部井筒模型分类

深部立井井筒特点是井筒轴向方向的应力边界条件是非对称、非均匀、非线性分布; 不满足平面问题的求解条件, 因此, 在力学建模中必须采用三维力学模型; 沿井筒径向方向应力边界条件为非对称分布, 应当在掌握地应力方向和大小的前提下, 采用椭圆形断面来对抗井筒径向方向的非均匀应力场, 其中长轴对应最大主应力方向。1500~2000m 深部井筒所处地层的岩性变化大, 必须考虑地层构造运动与断层运动以及在高渗透压力(15~20MPa)下的影响。

综合分析各种因素后, 提出如图 1-22 所示的 2000m 椭圆形断面深部井筒结构有效应力学模型。

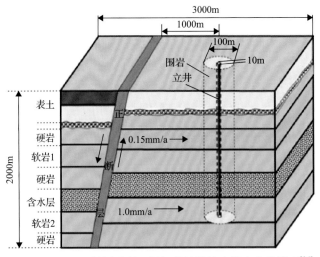

图 1-22　2000m 椭圆形断面深部井筒结构有效应力学模型[26]

在建模过程中对断层、土-岩界面等边界条件进行如下概化。

(1)断层等地质构造的残余构造应力使得区域应力场的非均匀性更为明显, 为此, 重点研究断层的影响，根据我国煤田断层间距分布，模型的平面尺寸应当在 3000m；同时考虑岩层间的塑性滑移。

（2）采用椭圆形断面来弱化井筒径向方向的非均匀应力场，采用三维力学模型，重点反映沿井筒轴向方向的应力分布非均匀性与非对称性。

（3）第四系表土层土-岩界面是井筒岩层结构的薄弱部位，重点考虑高垂直应力形成的塑性大变形、高水平压力以及断层运动形成的岩层间的塑性滑移。

据此，提出了不同岩体结构的井筒理论模型分类（图 1-23）。

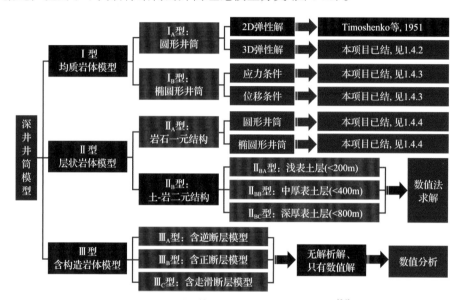

图 1-23　不同岩体结构的井筒理论模型分类[26]

Ⅰ型为均质岩体模型，其中，ⅠA 型为圆形井筒，ⅠB 型为椭圆形井筒。

Ⅱ型为层状岩体模型，包括岩石一元结构的ⅡA 型和土-岩二元结构的ⅡB 型。

Ⅲ型为含构造岩体模型，包括含逆断层模型的ⅢA 型、含正断层模型的ⅢB 型和含走滑断层模型的ⅢC 型。

不同的地质结构模型具有不同的边界条件与力学行为。

通过上述分类，建立煤系地层深部建井中的典型地层结构的物理模型，为应用弹塑性力学、岩石力学等有关矿山岩体力学理论，进行深部建井中的理论与实验研究提供解决问题的思路与框架。

1.4.2　ⅠA 型圆形井筒三维理论解

各向同性均质岩体深部井筒 ⅠA 型模型如图 1-24 所示。

对于 ⅠA 型圆形井筒，其在对称边界条件下的弹性解为经典弹性力学解，其三维空间解勒夫位移函数为

$$\xi=\xi_1+\xi_2+\xi_3+\xi_4+\xi_5+\xi_6 \tag{1-13}$$

式中：$\xi_1=A_1\cdot(3z^2r^2-2z^4)$；$\xi_2=A_2\cdot\ln r\cdot z$；$\xi_3=A_3\cdot r^2\cdot z$；$\xi_4=A_4\cdot r^2(r^2-4z^2)$；$\xi_5$ 和 ξ_6 为零；r 为当前点到圆柱中心的距离；z 为当前点的深度；A_1，A_2，A_3，A_4 为待定系数。

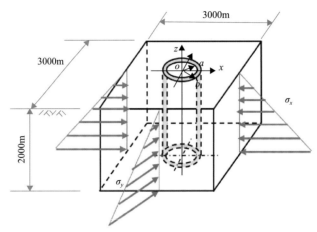

图 1-24　I_A 型各向同性均质岩体圆形井筒模型

利用式(1-13)勒夫位移函数，得到各向同性均质岩体深部井筒的三维理论解：

$$\begin{cases}\sigma_r=-z\dfrac{a^2b^2}{b^2-a^2}\left[\lambda\gamma\left(\dfrac{1}{a^2}-\dfrac{1}{r^2}\right)\right]\\[2mm]\sigma_\theta=-z\dfrac{a^2b^2}{b^2-a^2}\left[\lambda\gamma\left(\dfrac{1}{a^2}+\dfrac{1}{r^2}\right)\right]\\[2mm]\sigma_z=\dfrac{2(2-\mu)}{1-2\mu}\dfrac{b^2\lambda\gamma h}{b^2-a^2}-\rho gz\\[2mm]\tau=\tau_{rz}=0\end{cases}\tag{1-14}$$

式中：z 坐标代表深井筒所处深度；a 为井筒内半径；b 为井筒外半径；γ 为岩层容重；λ 为最大水平主应力与最小水平主应力之比；g 为重力加速度。

1.4.3　I_B 型椭圆形井筒三维理论解

对于 I_B 型椭圆形井筒，目前仅有在椭圆双曲柱坐标系下的平面弹性解，其力/位移势函数为二维 Goutsat 位移势函数。

为了获得 I_B 型椭圆形井筒三维理论解，给出了 I_B 型地质模型的边界条件(图 1-25)，其中：σ_{z0} 代表上部岩层压力，σ_{z1} 代表下部岩层反力。根据弹性力学的叠加原理，其边界条件可以理解为在水平面上的两个方向上的模型与垂直方向上的模型边界条件的叠加。

在图 1-25 的模型基础上，根据提出的改进 Goutsat 位移势函数(即三维 Goutsat 位移势函数)，建立了基于改进 Goutsat 位移势函数的椭圆形井筒边界的三维弹性应力与应变。

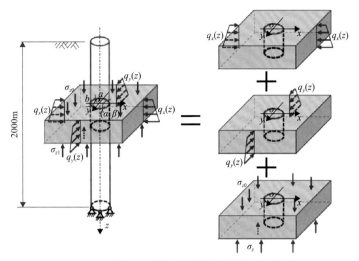

图 1-25 单一地层椭圆形井筒建模的边界条件

椭圆形井筒边界上环向和垂向的应力为

$$\begin{cases} \sigma_\beta = \dfrac{A_1 q_x(z) + A_2 q_y(z)}{A_3} \\[2mm] \sigma_\alpha = 0 \\[2mm] \sigma_z = \gamma z + \sum_{i=1}^{n} \gamma_i H_i \end{cases} \tag{1-15}$$

椭圆形井筒边界上环向和垂向的应变为

$$\begin{cases} \varepsilon_\beta = \dfrac{-\dfrac{\mu}{E}\Big[A_1 q_x(z) + A_2 q_y(z) \Big]}{A_3 - \dfrac{\mu}{E}}\left(\gamma z + \sum_{i=1}^{n} \gamma_i H_i \right) \\[5mm] \varepsilon_\alpha = \dfrac{\dfrac{1}{E}\Big[A_1 q_x(z) + A_2 q_y(z) \Big]}{A_3 - \dfrac{\mu}{E}}\left(\gamma z + \sum_{i=1}^{n} \gamma_i H_i \right) \\[5mm] \varepsilon_z = \dfrac{1}{E}\left(\gamma z + \sum_{i=1}^{n} \gamma_i H_i \right) - \dfrac{\Big[A_1 q_x(z) + A_2 q_y(z) \Big]}{A_3} \end{cases} \tag{1-16}$$

式中：$q_x(z)$，$q_y(z)$ 为随深度线性增大的侧向压力，其表达式为

$$\begin{cases} q_x(z) = \lambda_1 \cdot \left(\gamma z + \sum_{i=1}^{n} \gamma_i H_i \right) \\[4mm] q_y(z) = \lambda_2 \cdot \left(\gamma z + \sum_{i=1}^{n} \gamma_i H_i \right) \end{cases}$$

其中：λ_1 为 x 方向的侧压系数；λ_2 为 y 方向的侧压系数；γ 为当前岩层的容重；z 为当前岩层的高度；γ_i 为上部第 i 层岩层的容重；H_i 为上部第 i 层岩石的高度；n 为上部岩层层数；μ 为泊松比；E 为弹性模量。式(1-16)中的 A_1、A_2 与 A_3 具体如下：

$$\begin{cases} A_1 = (1+2m)\sin^2\beta - m^2\cos^2\beta \\ A_2 = m(m+2)\cos^2\beta - \sin^2\beta \\ A_3 = \sin^2\beta + m^2\cos^2\beta \end{cases}$$

式中：m 为短长轴之比；β 为双曲柱坐标系的坐标。

由式(1-15)和式(1-16)可得到典型深度应力分布与应变分布(图1-26、图1-27)。

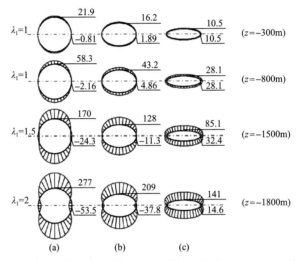

图 1-26　椭圆形井筒内边界 4 个典型深度下的第一主应力 σ_β 分布图

单位：MPa。井筒椭圆断面的短长轴之比分别为：(a) $m=1.0$, (b) $m=0.65$, (c) $m=0.3$

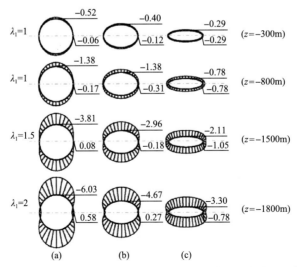

图 1-27　椭圆形井筒内边界 4 个典型深度下的第一主应变 ε_β 分布图

井筒椭圆断面的短长轴比分别为：(a) $m=1.0$, (b) $m=0.65$, (c) $m=0.3$

1.4.4　Ⅱ型层状岩体圆形/椭圆形井筒三维理论解

对于无法直接建立理论解的Ⅱ型井筒模型，提出了如图 1-28 所示的"界面耦合多层地质结构模型"。

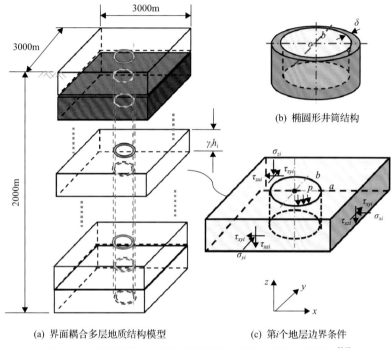

(b) 椭圆形井筒结构

(a) 界面耦合多层地质结构模型　　　　(c) 第 i 个地层边界条件

图 1-28　深部井筒大变形"界面耦合多层地质结构模型"[26]

图 1-28 中 a 为长轴半径，b 为短轴半径，δ 为井筒厚度。σ_{xi}，σ_{yi}，σ_{zi}，τ_{xyi}，τ_{yzi}，τ_{zxi} 分别为第 i 个地层边界上的正应力和剪应力。该模型用于解决复杂地质条件下的Ⅱ型层状岩体与Ⅱ$_B$型井筒三维弹性近似解的建模问题。对于含有断层的Ⅲ型井筒模型，则需采用数值方法来建模与分析。

"界面耦合多层地质结构模型"将深部井筒所处某一地层的变形和运动，看作由一种或几种外部荷载引起，其相对于其他地层的关系，由层间边界条件决定；同时，将地层本身的稳定性问题，看作是均匀各向同性介质的力学行为。"界面耦合多层地质结构模型"突出了问题的主要结构与力学特征，使得均匀各向同性岩体井筒的三维弹塑性理论解可以直接应用到层状岩体三维建模问题中，简化了理论分析与数学推导的难度，为沉积岩 2000m 深部圆形/椭圆形井筒三维弹塑性理论建模，以及提出合理的深部建井设计理论提供可行性思路。

针对图 1-28 模型中的某一地层，建立基于弹性力学的基本方程与理论解；以此为基础根据层间界面的应力、变形耦合条件，可以建立其弹性近似解。

椭圆双曲柱坐标系下各向同性线弹性本构方程如式(1-17)：

$$\begin{cases} \varepsilon_\alpha = \dfrac{1}{E}\left[\sigma_\alpha - \mu(\sigma_\beta + \sigma_z)\right]\Big/E \\[2mm] \varepsilon_\beta = \left[\sigma_\beta - \mu(\sigma_\alpha + \sigma_z)\right]\Big/E \\[2mm] \varepsilon_z = \left[\sigma_z - \mu(\sigma_\alpha + \sigma_\beta)\right]\Big/E \\[2mm] \gamma_{\alpha\beta} = 2(1+\mu)\tau_{\alpha\beta}\Big/E \\[2mm] \gamma_{\beta z} = 2(1+\mu)\tau_{\beta z}\Big/E \\[2mm] \gamma_{z\alpha} = 2(1+\mu)\tau_{\alpha z}\Big/E \end{cases} \tag{1-17}$$

式中：ε_α、ε_β、ε_z 分别为椭圆环向正应变、径向正应变、与椭圆环纵轴方向平行的正应变；α、β 分别为椭圆柱坐标、双曲柱坐标；$\gamma_{\alpha\beta}$、$\gamma_{\beta z}$、$\gamma_{z\alpha}$ 分别为对应方向上的切应变；σ_α、σ_β、σ_z 分别为椭圆环向正应力、径向正应力、与椭圆环纵轴方向平行的正应力；$\tau_{\alpha\beta}$、$\tau_{\beta z}$、$\tau_{z\alpha}$ 为椭圆双曲柱坐标系中的切应力；μ 为泊松比；E 为弹性模量。

据此，建立了椭圆双曲柱坐标系下的平衡微分方程[式(1-18)]与几何方程[式(1-19)]：

$$\begin{cases} \dfrac{1}{CA}\left(\dfrac{\partial\sigma_\alpha}{\partial\alpha} + \dfrac{\partial\tau_{\beta\alpha}}{\partial\beta}\right) + \dfrac{\partial\tau_{z\alpha}}{\partial z} + \dfrac{B(\sigma_\alpha - \sigma_\beta)}{CA^3} + \dfrac{2D\tau_{\alpha\beta}}{CA^3} + f_\alpha = 0 \\[3mm] \dfrac{1}{CA}\left(\dfrac{\partial\sigma_\alpha}{\partial\alpha} + \dfrac{\partial\tau_{\beta\alpha}}{\partial\beta}\right) + \dfrac{\partial\tau_{z\alpha}}{\partial z} + \dfrac{B(\sigma_\alpha - \sigma_\beta)}{CA^3} + \dfrac{2B\tau_{\alpha\beta}}{CA^3} + f_\alpha = 0 \\[3mm] \dfrac{1}{CA}\left(\dfrac{\partial\tau_{\beta\alpha}}{\partial\alpha} + \dfrac{\partial\sigma_\beta}{\partial\beta}\right) + \dfrac{\partial\tau_{\beta z}}{\partial\beta} + \dfrac{2B\tau_{\alpha\beta}}{CA^3} + \dfrac{B(\sigma_\beta - \sigma_\alpha)}{CA^3} + f_\beta = 0 \\[3mm] \dfrac{1}{CA}\left(\dfrac{\partial\tau_{\beta\alpha}}{\partial\alpha} + \dfrac{\partial\tau_{\beta\alpha}}{\partial\beta}\right) + \dfrac{\partial\sigma_z}{\partial z} + \dfrac{B\tau_{\alpha z}}{CA^3} + \dfrac{B\tau_{\beta z}}{CA^3} + f_z = 0 \end{cases} \tag{1-18}$$

$$\begin{cases} \varepsilon_{11}=\varepsilon_\alpha = \dfrac{1}{H_1}\dfrac{\partial u_1}{\partial x_1} + \Gamma_{121}u_2 = \dfrac{1}{CA}\dfrac{\partial u_\alpha}{\partial\alpha} + \dfrac{D}{CA^3}u_\beta \\[3mm] \varepsilon_{22}=\varepsilon_\beta = \dfrac{1}{H_2}\dfrac{\partial u_2}{\partial x_2} + \Gamma_{212}u_1 = \dfrac{1}{CA}\dfrac{\partial u_\beta}{\partial\beta} + \dfrac{B}{CA^3}u_\alpha \\[3mm] \varepsilon_{33}=\varepsilon_z = \dfrac{1}{H_3}\dfrac{\partial u_3}{\partial x_3} = \dfrac{\partial u_z}{\partial z} \\[3mm] \gamma_{12} = \gamma_{21} = \gamma_{\alpha\beta} = \gamma_{\beta\alpha} = \dfrac{1}{CA}\left(\dfrac{\partial u_\beta}{\partial\alpha} + \dfrac{\partial u_\alpha}{\partial\beta}\right) - \dfrac{Du_\alpha + Bu_\beta}{CA^3} \\[3mm] \gamma_{13} = \gamma_{31} = \gamma_{\alpha z} = \gamma_{z\alpha} = \dfrac{1}{CA}\left(\dfrac{\partial u_z}{\partial\alpha} + \dfrac{\partial u_\alpha}{\partial z}\right) \\[3mm] \gamma_{23} = \gamma_{32} = \gamma_{\beta z} = \gamma_{z\beta} = \dfrac{1}{CA}\left(\dfrac{\partial u_z}{\partial\beta} + \dfrac{\partial u_\beta}{\partial z}\right) \end{cases} \tag{1-19}$$

式中：$A = \sqrt{\sinh^2\alpha + \sin^2\beta}$；$B = \sinh\alpha \cdot \cosh\beta$；$C = \sin\beta \cdot \cos\beta$；$D$ 为椭圆形井筒的半焦距；α 为椭圆双曲柱坐标系的椭圆柱坐标；β 为椭圆双曲柱坐标系的双曲柱坐标；f_α、

f_β、f_z 分别为弹性体所受的 α、β、z 方向的体积力；ε_{11}、ε_{22}、ε_{33} 为应变的张量形式，分别等于ε_α、ε_β、ε_z；u_1、u_2、u_3 为位移的张量形式；u_α、u_β、u_z 分别为 α、β、z 这三个方向上的位移；Γ_{121}、Γ_{212} 为张量形式的求导符号。

1. 圆形井筒三维空间解

基于上述模型，利用勒夫位移函数得到梯形应力边界条件的井筒空间解：

$$
\begin{cases}
\sigma_r = -\sum z_i \dfrac{a^2 b^2}{b^2 - a^2}\left[\sum \lambda_i \gamma_i \left(\dfrac{1}{a^2} - \dfrac{1}{r^2}\right)\right] \\[3mm]
\sigma_\theta = -\sum z_i \dfrac{a^2 b^2}{b^2 - a^2}\left[\sum \lambda_i \gamma_i \left(\dfrac{1}{a^2} + \dfrac{1}{r^2}\right)\right] \\[3mm]
\sigma_z = \dfrac{2(2-\mu)}{1-2\mu}\dfrac{b^2 \sum \gamma_i h_i}{b^2 - a^2} - \sum \lambda_i \gamma_i \\[3mm]
\tau_{zr} = \tau_{rz} = 0
\end{cases}
\tag{1-20}
$$

2. 椭圆形井筒三维空间解

由于深部立井垂向应力较大，需要考虑其对结构稳定性的影响，在三维空间中，建立椭圆形井筒受水平侧向应力与垂向应力共同作用下的模型，假设岩体为均匀各向同性，研究在此种受力状态下岩壁的切向正应力分布。取厚度为 dh 的微元段受力分析，可以假设侧向应力沿厚度方向的变化不大，设为 $\sigma_x(h)$、$\sigma_y(h)$，同时微元段受到垂向挤压力作用，可以利用两种状态的叠加将平面问题推广到三维空间问题(图 1-29)。

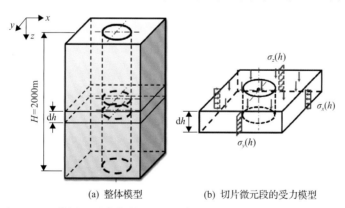

(a) 整体模型　　　　　　(b) 切片微元段的受力模型

图 1-29　三维椭圆形井筒弹性受力整体模型和切片微元段的受力模型

根据平面应力和单轴压缩两种状态的叠加求解，如图 1-30 所示。

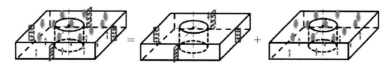

图 1-30　深部椭圆形井筒三维模型广义平面问题的叠加方式(平面应力与单轴压缩的叠加)

综合两部分模型的应力场叠加结果，可以得到岩壁$\alpha = \alpha_0$的应力分布为

$$
\begin{cases}
\sigma_\beta = \dfrac{\sigma_x(h)\left[(c_f^2 + 2c_f)\sin^2\beta - \cos^2\beta\right] + \sigma_y(h)\left[(1 + 2c_f)\cos^2\beta - c_f^2\sin^2\beta\right]}{c_f^2\sin^2\beta + \cos^2\beta} \\[2ex]
\sigma_\alpha = 0 \\[1ex]
\sigma_z = \sigma_z(h) = \gamma h
\end{cases}
$$

式中：γ为所研究岩体以上部分的岩石平均容重；c_f为椭圆双曲柱坐标系下的坐标参数，参数大小等于坐标系中的焦距；h为井筒切片位置所在的岩体底层深度。

二维情况下，采用椭圆双曲柱坐标系研究立井岩壁的应力分布，如图 1-31 所示。

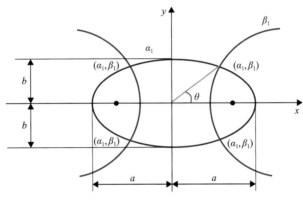

图 1-31　平面椭圆双曲柱坐标系

通过(α, β)两个坐标参数即可确定平面上任意点的位置，θ为任意点同原点连线与x轴之间的夹角，其与椭圆双曲柱坐标系的坐标满足关系：

$$
\tan\theta = \frac{y}{x} = \frac{c\sinh\alpha\sin\beta}{c\cosh\alpha\cos\beta} = \tan\beta\tanh\alpha
$$

$$
= \tan\beta\frac{c\sinh\alpha}{c\cosh\alpha} = \frac{1}{m}\tan\beta
$$

建立支护力P_w作用模型（图 1-32），得到考虑支护力的椭圆形井筒弹性解：

$$
\sigma_{\theta 2} = \sigma_{\beta 2}
$$

$$
= \frac{P_w(\tan^2\beta + m^2)}{m(\tan^2\beta + 1)}
$$

$$
\times \frac{(2m^2 - 3m + 4)\tan^4\beta + (4m^2 - 3m + 4)\tan^2\beta + (2 - m)\tan^6\beta + m(2m - 1)}{(m^2 + 2)\tan^4\beta + (2m^2 + 2)\tan^2\beta + m^2 + \tan^6\beta}
$$

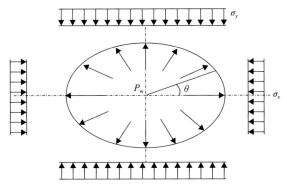

图 1-32　支护力 P_w 作用模型 ($\sigma_x > \sigma_y$)

综合考虑内外压力的作用，得到共同作用下的围岩应力场分布：

$$\sigma_\theta = \sigma_{\theta 1} + \sigma_{\theta 2}$$

此时围岩仍然在 $\theta = \beta = 0°$、$180°$的位置出现最大应力，在 $\theta = \beta = \pi/2$、$3\pi/2$ 的位置出现最小应力：

$$\frac{\sigma_\theta}{\sigma_x}(0°) = \frac{\sigma_\beta}{\sigma_x}(0°) = (1+2m)\frac{\sigma_y}{\sigma_x} - 1 - (2m-1)\frac{P_w}{\sigma_x}$$

$$\frac{\sigma_\theta}{\sigma_x}(90°) = \frac{\sigma_\beta}{\sigma_x}(90°) = \left(1+\frac{2}{m}\right) - \frac{\sigma_y}{\sigma_x} - \left(\frac{2}{m}-1\right)\frac{P_w}{\sigma_x}$$

通过支护力 P_w 大小对椭圆形井筒应力分布影响分析可知(图 1-33)：支护力增大可使

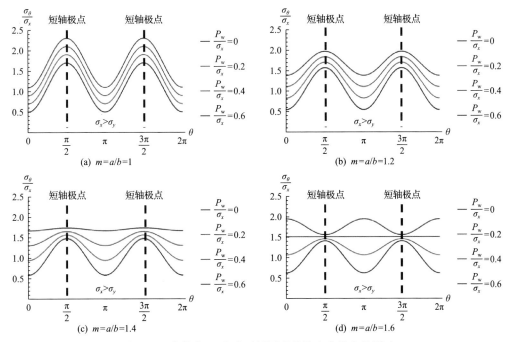

图 1-33　支护力 P_w 大小对椭圆形井筒应力分布的影响

应力水平下降；均匀支护无法改变井筒周边应力分布的非均匀性。

<h1 style="text-align:center">参 考 文 献</h1>

[1] 何满潮, 钱七虎. 深部岩体力学基础[M]. 北京: 科学出版社, 2010: 16-21.

[2] 何满潮, 谢和平, 彭苏萍, 等. 深部开采岩体力学研究[J]. 岩石力学与工程学报, 2005, 24(16): 2803-2813.

[3] 谢和平, 彭苏萍, 何满潮. 深部开采基础理论与工程实践[M]. 北京: 科学出版社, 2005: 1-35.

[4] 何满潮. 深部的概念体系及工程评价指标[J]. 岩石力学与工程学报, 2005, 24(16): 2854-2858.

[5] Tibaldi A, Corazzato C, Apuani T, et al. Deformation at stromboli volcano(Italy) revealed by rock mechanics and structural geology[J]. Tectonophysics, 2003(361): 187-204.

[6] Chaelou J L, Fouquet Y, Bougault H, et al. Intense CH_4 plumes generated by serpentinization of ultramafic rocks at the intersection of the 15°20′ N fracture zone and the Mid-Atlantic Ridge[J]. Geochimica et Cosmochimica Acta, 1998, 62(13): 2323-2333.

[7] Unal E, Ozkan I, Cakmakci G. Modeling the behavior of longwall coal mine gate roadways subjected to dynamic loading[J]. International Journal of Rock Mechanics & Mining Sciences, 2001(38): 181-197.

[8] Egger P. Design and construction aspects of deep tunnels (with particular emphasis on strain softening rocks)[J]. Tunnelling and Underground Space Technology, 2000, 15(4): 403-408.

[9] Sellers E J, Klerck P. Modeling of the effect of discontinuities on the extent of the fracture zone surrounding deep tunnels[J]. Tunneling and Underground Space Technology, 2000, 15(4): 463-469.

[10] Kidybinski A. Strata Control in Deepmines[M]. Rotterdam: A. A. Balkema. 1990.

[11] 胡海昌. 弹性力学的变分原理及应用[M]. 北京: 科学出版社, 1981.

[12] Malan D F, Spottiswoode S M. Time-dependent Fracture Zone Behavior and Seismicity Surrounding Deep Level Stopping Operations[M]//Gibowicz, Lasocki. Rockburst and Seismicity in Mines. Rotterdam: A. A. Balkema, 1997: 173-177.

[13] 赵生才. 深部高应力下的资源开采与地下工程——香山会议第175次综述[J]. 地球科学进展, 2002, 17(2): 295-298.

[14] 钱鸣高, 缪协兴, 许家林, 等. 岩层控制的关键层理论[M]. 徐州: 中国矿业大学出版社, 2003.

[15] 钱七虎. 深部岩体工程响应的特征科学现象及"深部"的界定[J]. 东华理工学院学报, 2004, 27(1): 1-5.

[16] 王明洋, 宋华, 郑大亮, 等. 深部巷道围岩的分区破裂机制及"深部"界定探讨[J]. 岩石力学与工程学报, 2006, 25(9): 1771-1776.

[17] 蔡美峰, 孔留安, 李长洪, 等. 玲珑金矿主运巷塌陷治理区稳定性动态综合监测与评价[J]. 岩石力学与工程学报, 2007, 26(5): 886-894.

[18] 谢和平, 高峰, 鞠杨, 等. 深部开采的定量界定与分析[J]. 煤炭学报, 2015, 40(1): 1-10.

[19] 何满潮, 吕晓俭, 景海河. 深部工程围岩特性及非线性动态力学设计理念[J]. 岩石力学与工程学报, 2002(8): 1215-1224.

[20] 杨维好, 崔广心, 周国庆, 等. 特殊地层条件下井壁破裂机理与防治技术的研究(之一)[J]. 中国矿业大学学报, 1996, 25(4): 1-5.

[21] 王渭明. 千米立井井壁应力分析及设计问题探讨[J]. 煤炭学报, 1993, 18(5): 63-72.

[22] Peng S S, 李化敏, 周英, 等. 神东和准格尔矿区岩层控制研究[M]. 北京: 科学出版社, 2015.

[23] Li J, Tang S H, Zhang S H, et al. Characterization of unconventional reservoirs and continuous accumulations of natural gas in the Carboniferous-Permian strata, mid-eastern Qinshui basin, China[J]. Journal of Natural Gas Science and Engineering, 2018, 49: 298-316.

[24] Zhang J, Wen X Z, Cao J L, et al. Surface creep and slip-behavior segmentation along the north western Xianshuihe fault zone of southwestern China determined from decades of fault-crossing short-baseline and short-level surveys[J]. Tectonophysis, 2018, 722: 356-372.

[25] Timoshenko S, Goodier J N. Theoty of Elasticity[M]. New York: McGaraw-Hill Book Company, Inc. , 1951.

[26] 何满潮. 深部建井力学研究进展[J]. 煤炭学报, 2021, 46(3): 726-746.

[27] 郑雨天. 岩石力学弹塑性理论基础[M]. 北京: 煤炭工业出版社, 1988.

[28] Hoek E E T. Underground Excavations in Rock[M]. London: The Institute of Mining and Metallurgy, 1980: 382-395.

[29] 蔡美峰. 地应力测量原理和技术[M]. 北京: 科学出版社, 2000.

[30] Brown E T, Hoek E. Technical note trends in relationships between measured in-situ stress and depth[J]. International Journal of Rock Mechanics and Mining Sciences & Geomechanics, 1978, 15: 211-215.

[31] 谢富仁, 陈群策, 崔效锋, 等. 中国大陆地壳应力环境研究[M]. 北京: 地质出版社, 2003.

[32] 康红普, 林健, 张晓. 深部矿井地应力测量方法研究与应用[J]. 岩石力学与工程学报, 2007(26): 929-933.

第 2 章 深部建井岩体大变形力学特性及灾变效应*

针对煤矿深部建井岩体的各向异性(岩性、结构、应力场)以及与深部环境相互作用过程中的井巷围岩大变形破坏问题,利用第一性原理及分子动力学计算方法,从微观角度揭示深部建井岩体微观力学特性;采用自主研发的实验装备,开展一系列模拟深部环境下的多场、多尺度岩石力学实验,探明深部建井岩体应力场-渗流场耦合力学特性、吸水软化效应、围岩结构效应、高应力岩爆效应以及突出型复合灾害机理。

2.1 深部建井岩体微观力学特性

煤矿深部建井所穿越的地层以软岩为主,而软岩的主要组分是黏土矿物。黏土矿物成分对软岩宏观力学特性的重要影响已被许多国内外各个研究领域(地质科学、土力学等)学者的实验、数值和理论研究所证实。物质的微观结构决定宏观性质,从微观角度出发对软岩黏土矿物力学特性进行研究,不仅可以获得宏观实验手段难以得到的微观信息,还可以为宏观实验和经验理论提供依据,互为佐证,最终揭示黏土矿物微观力学特性对其宏观变形特征影响的内在本质。

2.1.1 量子力学计算分析

基于量子力学和密度泛函理论的第一性原理计算方法,采用电子密度的泛函来表示体系的能量,由于密度泛函中包含了电子的交换关联项,因此具有计算精度高、速度快的优点,是从原子尺度上研究黏土矿物的微观结构和力学性质的强有力手段,能够准确获得实验手段难以得到的微观信息。近些年其广泛应用于黏土矿物层间结构、表面性质、化学反应和微观力学性能等多个领域。

1. 高岭石微观力学特性

利用第一性原理计算方法,结合现有微观实验结果,精确构建高岭石的分子结构(图 2-1,表 2-1)[1-3],其中化学式为 $Al_2[Si_2O_5](OH)_4$,属于三斜晶系,空间群为 $P1$。在结构上,高岭石属于 1:1 型二八面体结构的黏土矿物,它的基本单元由 SiO_4 四面体层和 $AlO_2(OH)_4$ 八面体层构成。

1)理想状态

利用第一性原理计算方法,从原子尺度上计算高岭石的力学性质参数,包括弹性常数矩阵(C_{ij} 如表 2-2)、体积模量、剪切模量、杨氏模量和泊松比等(表 2-3)[4-6]。

从表 2-2 可以看出,VASP 软件和实验值及其他计算结果相差不大,说明计算结果是

---

* 本章撰写人员:何满潮、孙晓明、张俊文、唐巨鹏、刘冬桥、李伟、李德建、赵健、杨华、张娜、秦涛、唐治、石富坤。

准确可靠的。同时还给出了实验条件下还不能测量的其他弹性常数。表 2-2 的结果表明，高岭石 a 方向刚度略大于 b 方向。由于高岭石晶层间主要由氢键和范德瓦耳斯力联结，层间作用远小于晶层内的键结作用，因此与垂直晶面方向弹性性质有关的弹性常数明显小于平行于晶面的弹性常数。弹性常数 $C_{22}(170.20\text{GPa})>C_{11}(139.18\text{GPa})>C_{33}(45.50\text{GPa})$ 表示 a 方向的刚度略大于 b 方向，远大于 c 方向，即 c 方向比 a、b 方向更可压缩。

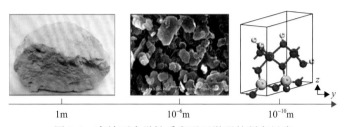

图 2-1　高岭石力学性质宏观至微观的研究尺度

表 2-1　高岭石晶格参数理论计算值与实验值对比

晶格参数	理论计算值	实验值[1]	误差率/%
a	5.160Å	5.155Å	0.9
b	5.160Å	5.155Å	0.9
c	7.602Å	7.405Å	2.5
α	81°	75.14°	7.2
β	89°	84.12°	5.4
γ	60.18°	60.18°	0

表 2-2　高岭石弹性常数理论计算值与实验值的对比（GPa）

弹性常数	计算值（VASP）	实验值[4]	其他计算值[5]
C_{11}	139.18	178.5±8.8	249.12
C_{12}	32.46	71.5±7.1	124.82
C_{13}	28.30	2.0±5.3	14.52
C_{14}	−4.50	−0.4±2.1	6.40
C_{15}	−35.78	−41.7±1.4	0.08
C_{16}	−4.50	−2.3±1.7	−0.85
C_{22}	170.20	200.9±12.8	259.22
C_{23}	11.72	−2.9±5.7	18.72
C_{24}	−7.30	−2.8±2.7	5.69
C_{25}	−14.50	−19.8±0.6	1.44
C_{26}	−25.55	1.9±1.5	6.42
C_{33}	45.50	32.1±2	52.09
C_{34}	−3.72	−0.2±1.4	1.57
C_{35}	−4.46	1.7±1.8	−4.15
C_{36}	3.86	3.4±2.2	−0.64
C_{44}	9.66	11.2±5.6	12.48

续表

弹性常数	计算值(VASP)	实验值[4]	其他计算值[5]
C_{45}	−1.25	−1.2±1.2	−0.17
C_{46}	−13.18	−12.9±2.4	−1.03
C_{55}	18.62	22.2±1.4	16.03
C_{56}	2.75	0.8±0.7	−1.05
C_{66}	53.60	60.1±3.2	66.65

表 2-3 高岭石力学性质及波速参数与实验值的对比

弹性性质	计算值(VASP)	实验值[6]	其他计算值[5]
体积模量 K/GPa	40.54	44.0	44.85
剪切模量 G/GPa	22.97	19.7	24.11
杨氏模量 E/GPa	57.96		
泊松比 μ	0.26	0.31	0.27
压缩波速 v_p/(km/s)	5.22	5.51	5.51
剪切波速 v_s/(km/s)	2.96	2.84	2.84

2) 掺杂状态

在实际自然环境中，黏土矿物含有多种金属杂质，在理想条件下高岭石力学特性的研究基础上，对杂质、缺陷等对高岭石电子结构和力学性能的影响进行第一性原理计算分析[7,8]。结果表明，Mg(Ⅱ)和Na(Ⅰ)杂质的掺入使高岭石晶体的离子键(表2-4)[9]和层间距发生变化(表2-5)，杂质与氧原子间化学键的键长与掺入阳离子的原子半径呈正相关。与未掺杂高岭石晶体相比，掺入镁和钠的高岭石晶体的带隙宽度较大(图2-2)，但仍保持了典型的绝缘子特性。与未掺杂高岭石晶体相比，掺入镁和钠的高岭石晶体中氧原子的电子转移更多(图2-3)，而Mg—O键、Na—O键与Al—O键相比，离子键性质更多而共价键成分更少(图2-4)。

表 2-4 未掺杂与掺入镁、钠杂质的高岭石典型键长 (单位：Å)

项目	O_H—H	Al_2—O_H	Mg—O_H	Na—O_H	Al_2—O_a	Mg—O_a	Na—O_a	Si_2—O_a	Si_2—O_b
实验值[9]	0.750	1.921	—	—	1.971	—	—	1.610	1.620
未掺杂高岭石	0.970	1.874	—	—	1.995	—	—	1.615	1.637
掺杂镁高岭石	0.970	—	2.017	—	—	2.095	—	1.601	1.556
掺杂钠高岭石	0.980	—	—	2.243	—	—	2.255	1.599	1.550

注：1Å=0.1nm；O_H指羟基O，O_a指层间O，O_b指 SiO_4 层的O。

表 2-5 掺入镁、钠杂质对高岭石晶体层间距的影响

项目	Δd_{12}/%	Δd_{23}/%	Δd_{34}/%	Δd_{45}/%	Δd_{56}/%
掺杂镁高岭石	−0.62	7.01	2.14	−1.48	−0.09
掺杂钠高岭石	−0.15	11.27	5.31	−3.36	−1.74

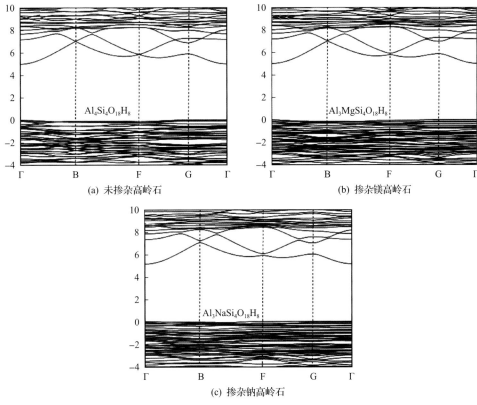

(a) 未掺杂高岭石　　　　　　　　　　　(b) 掺杂镁高岭石

(c) 掺杂钠高岭石

图 2-2　未掺杂和掺入镁、钠杂质的高岭石的能带结构图

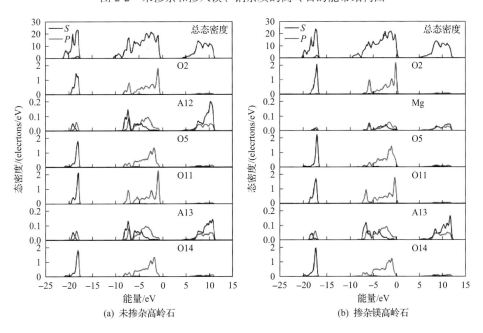

(a) 未掺杂高岭石　　　　　　　　　　　(b) 掺杂镁高岭石

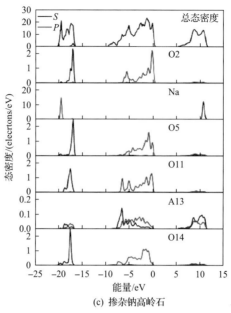

(c) 掺杂钠高岭石

图 2-3　未掺杂和掺杂高岭石的态密度分布图

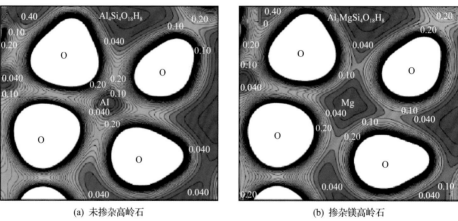

(a) 未掺杂高岭石　　　　　　　　　　(b) 掺杂镁高岭石

(c) 掺杂钠高岭石

图 2-4　未掺杂和掺入镁、钠杂质的高岭石的电荷密度分布图

通过计算弹性常数矩阵进一步比较了未掺杂高岭石晶体、掺杂镁高岭石晶体和掺杂钠高岭石晶体的弹性特性和力学参数(表 2-6、表 2-7)[10-12]。镁杂质和钠杂质的掺入对 C_{11} 和 C_{22} 的影响大于对 C_{33} 的影响，说明杂质对平行晶面方向的刚度影响较大。镁和钠的掺入降低了高岭石晶体材料的刚性，提高了材料的塑性和延展性。

表 2-6　掺杂高岭石的弹性常数与未掺杂高岭石的实验数值与理论计算数值的差别(GPa)

弹性常数	未掺杂高岭石			掺杂镁高岭石计算值	掺杂钠高岭石计算值
	实验值[10]	实验值[11]	计算值		
C_{11}	126.4	171.51	139.18	128.09	114.48
C_{22}	—	—	170.20	153.08	102.55
C_{33}	57.8	52.62	45.50	44.47	38.39
C_{44}	31.6	14.76	9.66	6.84	3.55
C_{55}	—	—	18.62	16.95	12.48
C_{66}	53.6	66.31	53.60	45.93	20.03
C_{12}	—	—	52.46	49.87	48.98
C_{13}	8.5	27.11	28.30	16.70	13.47
C_{14}	—	—	-4.50	2.33	-2.94
C_{15}	—	—	-35.78	-22.17	-21.40
C_{16}	—	—	-4.50	0.53	-9.76
C_{23}	—	—	11.72	6.73	5.83
C_{24}	—	—	-7.30	-12.86	6.89
C_{25}	—	—	-14.50	-13.35	-13.79
C_{26}	—	—	-25.55	-4.50	5.45
C_{34}	—	—	-3.72	0.85	-4.37
C_{35}	—	—	-4.46	6.60	-9.37
C_{36}	—	—	3.86	0.65	-6.53
C_{45}	—	—	-1.25	1.35	0.75
C_{46}	—	—	-13.18	-11.34	0.89
C_{56}	—	—	2.75	2.03	6.86

表 2-7　掺杂高岭石的力学性质参数与未掺杂高岭石的实验数值与理论计算数值的差别

力学性质参数	未掺杂高岭石		掺杂镁高岭石计算值	掺杂钠高岭石计算值
	实验值[12]	计算值		
体积模量 K/GPa	47.90	44.001	43.288	30.438
杨氏模量 E/GPa	51.97	57.783	48.791	33.91
剪切模量 G/GPa	19.70	22.552	18.592	12.900
泊松比 μ	0.319	0.281	0.312	0.315

续表

力学性质参数	未掺杂高岭石		掺杂镁高岭石计算值	掺杂钠高岭石计算值
	实验值[12]	计算值		
维氏硬度 H_v/GPa	—	2.643	1.103	0.264
普氏系数	—	0.513	0.429	0.424
柯西压力 P_c/GPa	—	42.805	43.032	45.432
压缩波速 v_p/(km/s)	5.51	5.321	5.114	4.284
剪切波速 v_s/(km/s)	2.84	2.936	2.673	2.229

2. 蒙脱石微观力学特性

利用密度泛函理论对蒙脱石的分子结构(图 2-5,表 2-8)[13]、电子结构和力学性能进行研究。结果表明,计算得到的蒙脱石结构参数与现有的实验数据吻合较好(表 2-9)。

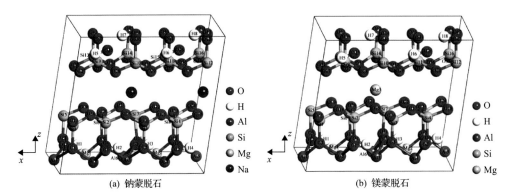

(a) 钠蒙脱石 (b) 镁蒙脱石

图 2-5　两种蒙脱石分子结构图

表 2-8　钠蒙脱石和镁蒙脱石晶体结构参数

项目	$2a$/Å	b/Å	c/Å	α/(°)	β/(°)	γ/(°)
钠蒙脱石	10.50	9.07	9.98	83.48	97.16	89.88
镁蒙脱石	10.49	9.06	9.69	81.12	96.95	89.95
钠蒙脱石实验值[14]	10.36	8.98	10.10	90.00	99.50	90.00
钠蒙脱石计算值[15]	10.51	9.08	9.75	80.81	97.12	89.93

表 2-9　钠蒙脱石和镁蒙脱石弹性常数 C_{ij} 的计算值(GPa)

弹性常数	钠蒙脱石	镁蒙脱石	其他计算值[15]	
			钠蒙脱石	镁蒙脱石
C_{11}	173.02	170.69	226.59	197.53
C_{22}	210.11	198.32	220.58	191.26
C_{33}	27.99	69.89	66.88	99.34
C_{44}	7.02	17.25	20.65	29.25
C_{55}	10.07	18.57	10.16	21.03

续表

弹性常数	钠蒙脱石	镁蒙脱石	其他计算值[15]	
			钠蒙脱石	镁蒙脱石
C_{66}	56.26	57.51	77.00	76.46
C_{12}	50.22	60.94	56.78	58.74
C_{13}	12.54	12.94	8.55	10.85
C_{14}	2.07	7.43	—	—
C_{15}	−27.60	−16.88	—	—
C_{16}	2.08	3.18	—	—
C_{23}	9.22	21.63	12.89	14.68
C_{24}	4.34	13.84	—	—
C_{25}	−8.90	−1.59	—	—
C_{26}	2.03	5.36	—	—
C_{34}	5.91	9.01	—	—
C_{35}	6.47	13.55	—	—
C_{36}	3.69	−1.04	—	—
C_{45}	2.05	6.64	—	—
C_{46}	−8.92	−8.25	—	—
C_{56}	1.38	3.37	—	—

态密度和电荷密度的结果表明，蒙脱石中的阳离子和氧阴离子的化学键合主要是离子型的，伴随有少量共价组分(图 2-6)。蒙脱石的带隙宽度是 5.48eV 与价带项的最大导带(valence band maximum，VBM)和最小导带(conduction band minimum，CBM)定位在 Γ 点(high-symmetry 点)。

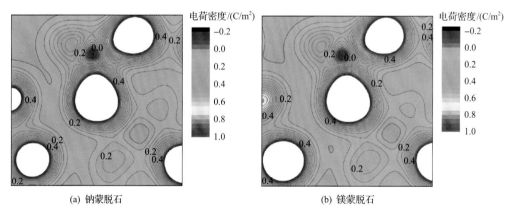

(a) 钠蒙脱石　　　　　　　　　　　　　　(b) 镁蒙脱石

图 2-6　钠蒙脱石和镁蒙脱石 Al—O—Si 平面电荷密度分布图

在此基础上，分析了蒙脱石的力学性能(表 2-10)，包括体积模量、杨氏模量、剪切模量、泊松比、压缩波速和剪切波速。推导出的弹性常数表明了蒙脱石的力学稳定性，力学参数表明蒙脱石具有韧性。

表 2-10　钠和镁蒙脱石力学参数的计算值

力学性质参数	钠蒙脱石	镁蒙脱石	钠蒙脱石实验值[16]	钠蒙脱石其他计算值[17]
体积模量 K/GPa	39.18	50.25	29.7～66.6	85.55
杨氏模量 E/GPa	66.93	85.96	—	142.44
剪切模量 G/GPa	27.54	35.38	16.3～27.0	58.26
泊松比 μ	0.215	0.215	0.260～0.321	0.22
压缩波速 v_p/(km/s)	5.403	6.169	4.448～6.202	—
剪切波速 v_s/(km/s)	3.254	3.718	2.504～3.250	—

2.1.2　分子动力学分析

针对深部建井岩体的软岩大变形问题，利用分子动力学方法对高岭石不同荷载状态下的变形机理和破坏机理进行原子尺度的模拟和研究。高岭石为 1∶1 型的层状硅酸盐矿物，其结构单元层由 S_2O_4 和 $AlO_2(OH)_4$ 连接而成。由于原子在高岭石三个方向上的排布不同，因此高岭石呈现出各向异性的力学特征。对高岭石不同晶向分别进行拉伸、压缩和剪切模拟，如图 2-7 所示。

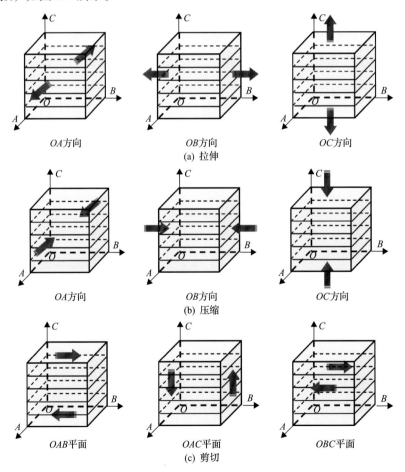

图 2-7　沿不同晶向分别进行拉伸、压缩和剪切的示意图

1. 破坏准则

在 CLAYFF 力场中金属-氧原子相互作用是基于兰纳-琼斯范德瓦耳斯力及库仑力的共同相互作用。为了研究高岭石晶体的断键准则，这里将 Si—O 键、Al—O 键和 Al—OH 键定义为特殊化学键，化学键能（$E_{bond,ij}$）和作用力（$F_{bond,ij}$）分别定义为

$$E_{bond,ij} = \sum_{i \neq j} D_{0,ij} \left[\left(\frac{R_{0,ij}}{r_{ij}} \right)^{12} - 2 \left(\frac{R_{0,ij}}{r_{ij}} \right)^{6} \right] + \frac{e^2}{4\pi\varepsilon_0} \sum_{i \neq j} \frac{q_i q_j}{r_{ij}} \tag{2-1}$$

$$F_{bond,ij} = \frac{\partial E}{\partial r_{ij}} = \sum_{i \neq j} D_{0,ij} \left(-12 \frac{R_{0,ij}^{12}}{r_{ij}^{13}} + 12 \frac{R_{0,ij}^{6}}{r_{ij}^{7}} \right) - \frac{e^2}{4\pi\varepsilon_0} \sum_{i \neq i} \frac{q_i q_j}{r_{ij}^2} \tag{2-2}$$

式中：$D_{0,ij}$，$R_{0,ij}$ 为通过模型对观测到的结构和物性数据拟合得出的经验参数；q_i，q_j 分别为 i，j 两原子所带电荷；r_{ij} 为两原子之间的距离；e 为元电荷，$e = 1.602176565 \times 10^{-19}$C；$\varepsilon_0$ 为真空介电常数，$\varepsilon_0 = 8.85419 \times 10^{-12}$F/m。

高岭石的结构可以看作铝氧八面体和硅氧四面体组合而成，层间为 OH···O 键相互作用。根据第一性原理分子动力学模拟，Benco 等[18]发现 OH···O 键在黏土矿物中的上限为 3.0Å。

高岭石体系中的化学键类型包括 Al—OH 键、Al—O 键、Si—O 键、O—H 键和 OH···O 键。这里，Al—O 键、Al—OH 键、Si—O 键和 OH···O 键的径向分布函数（radial distribution function，RDF）如图 2-8 所示。RDF 的第一个谷值代表找到该距离的原子对的概率几乎为零。将 RDF 的第一个谷值对应的原子对距离代入式(2-2)，原子对的相互作用力发生突变，我们认为此刻化学键发生断裂，如图 2-8 和图 2-9 所示(图中，蓝色、红色、黑色和绿色的菱形分别代表 Al—O 键、Al—OH 键、Si—O 键和 OH···O 键 RDF 曲线的第一个最小值)。这里，以两原子距离的变化值以及相互作用力的变化值作为判断化学键是否断裂的依据。

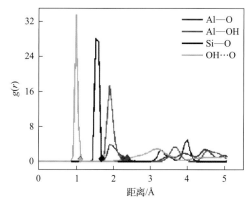

图 2-8　不同化学键的径向分布函数

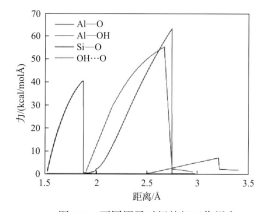

图 2-9　不同原子对间的相互作用力

因此，高岭石不同种类的化学键断裂准则可表示为

$$\begin{cases} \Delta F_{c,i} \leqslant A_i \\ \Delta d_{c,i} \leqslant B_i, \quad i = \text{Al—O, Al—OH, Si—O, OH···O} \end{cases} \quad (2\text{-}3)$$

式中：$\Delta F_{c,i}$ 和 $\Delta d_{c,i}$ 分别为化学键断裂时，两原子相互作用力的变化值以及距离的变化值；A_i、B_i 为常数，其数值见表 2-11。

表 2-11　不同种类化学键的 A_i、B_i 数值

参数	Al—O	Al—OH	Si—O	OH···O
$A_i/[\text{kcal}/(\text{mol·Å})]$	63.21	55.18	40.39	8.02
$B_i/\text{Å}$	0.83	0.75	0.31	0.65

当高岭石体系某一方向断裂的化学键超过一定数量时，高岭石发生破坏，即

$$\frac{N_j}{M} \geqslant C_j, \quad j = OA, OB, OC \quad (2\text{-}4)$$

式中：N_j 为不同方向上高岭石的断键数目；M 为体系的化学键总数；C_j 值见表 2-12。

表 2-12　不同方向的 C_j 值

参数	OA	OB	OC
C_j	0.0152	0.0171	0.0191

2. 拉伸特性

利用分子动力学方法研究拉伸状态下高岭石三个方向的微观力学性能，得到了高岭石沿三个方向拉伸时的应力-应变曲线[图 2-10(a)、图 2-11(a)、图 2-12(a)]，第一次从原子尺度观察了高岭石在拉伸状态下的微观变形过程[图 2-10(b)、图 2-11(b)、图 2-12(b)]。计算得到的弹性模量与理论结果有很好的一致性。

结果表明，在单轴拉伸荷载下，OA 和 OB 方向，一旦裂缝形核出现，将会快速扩展并导致应力和断键数目突然大幅度下降，发生脆性断裂；对于 OC 方向的拉伸，当层与层之间的氢键作用力极速下降时发生塑性破坏。

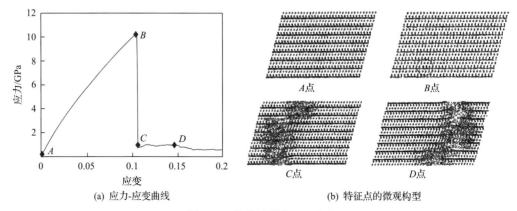

(a) 应力-应变曲线　　　　(b) 特征点的微观构型

图 2-10　拉伸过程中 OA 方向

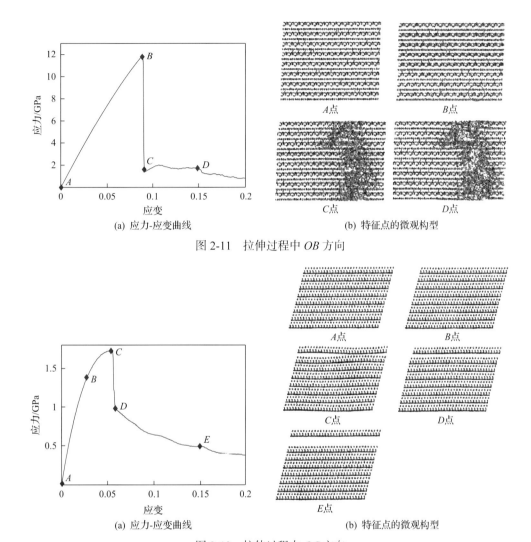

(a) 应力-应变曲线　　　　(b) 特征点的微观构型

图 2-11　拉伸过程中 *OB* 方向

(a) 应力-应变曲线　　　　(b) 特征点的微观构型

图 2-12　拉伸过程中 *OC* 方向

3. 压缩特性

　　利用分子动力学方法研究单轴受压状态下高岭石三个方向的微观力学性能，得到了高岭石沿三个方向单轴压缩时的应力-应变曲线［图 2-13(a)、图 2-14(a)、图 2-15(a)］，第一次从原子尺度观察了高岭石在受压状态下的微观变形过程［图 2-13(b)、图 2-14(b)、图 2-15(b)］。

　　结果表明，在单轴压缩荷载下，*OA* 和 *OB* 方向首先出现层离现象，随后发生化学键的断裂及应力的大幅度下降，*OC* 方向层间空隙首先消失，随后高岭石层堆叠在一起，继续压缩后化学键发生断裂。

4. 剪切特性

　　利用分子动力学方法研究剪切状态下高岭石沿不同剪切面的微观力学性能，得到了

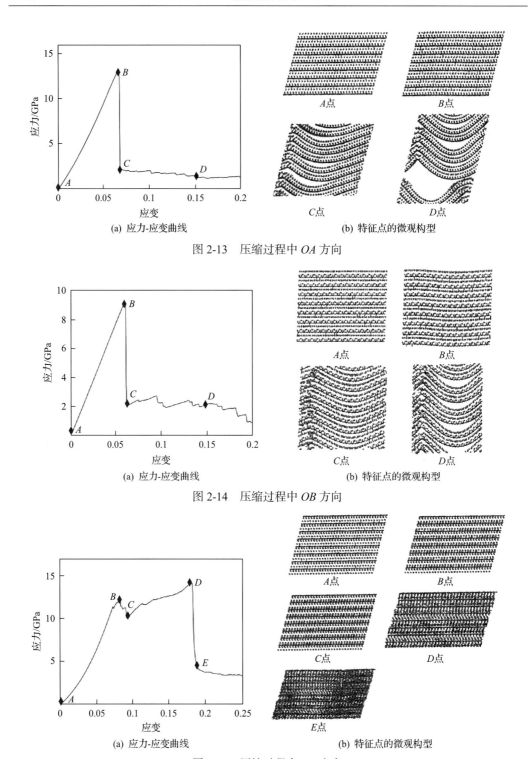

(a) 应力-应变曲线　　　　　　　　(b) 特征点的微观构型

图 2-13　压缩过程中 OA 方向

(a) 应力-应变曲线　　　　　　　　(b) 特征点的微观构型

图 2-14　压缩过程中 OB 方向

(a) 应力-应变曲线　　　　　　　　(b) 特征点的微观构型

图 2-15　压缩过程中 OC 方向

高岭石沿三个剪切面的应力-应变曲线[图 2-16(a)、图 2-17(a)、图 2-18(a)]，第一次从原子尺度观察了高岭石在受剪状态下的微观变形过程[图 2-16(b)、图 2-17(b)、图 2-18(b)]。

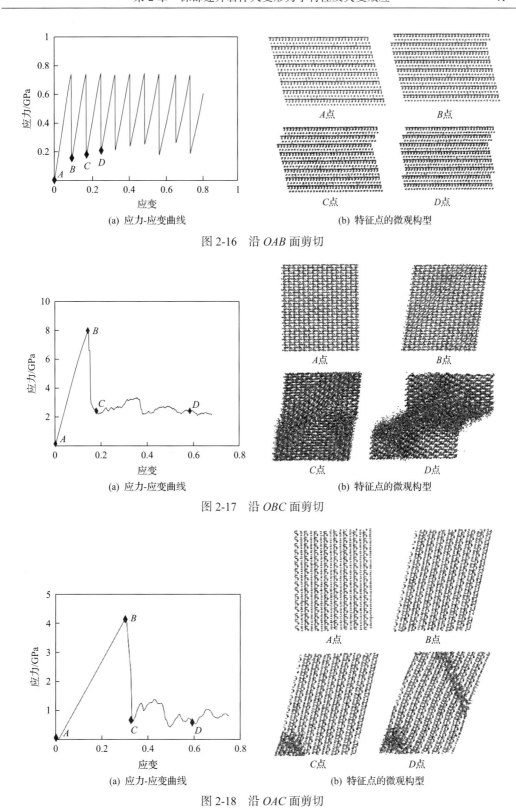

(a) 应力-应变曲线　　　　　(b) 特征点的微观构型

图 2-16　沿 *OAB* 面剪切

(a) 应力-应变曲线　　　　　(b) 特征点的微观构型

图 2-17　沿 *OBC* 面剪切

(a) 应力-应变曲线　　　　　(b) 特征点的微观构型

图 2-18　沿 *OAC* 面剪切

结果表明，在剪切荷载下，当沿平行于高岭石层的平面剪切时(沿 OAC 平面)，高岭石表现出了黏滑的破坏形式，在宏观尺度表现出了明显的塑性行为，对于沿 OBC 平面和 OAB 平面的剪切变形，高岭石的结构在最大应力之前保持晶体状态，随后出现裂缝形核，并快速扩展导致应力和断键数目突然大幅度下降。

2.2 深部建井岩体多场耦合大变形力学特性

2.2.1 深部砂岩真三轴加卸载力学特性

1. 实验设计

采用多功能真三轴流固耦合实验系统(图 2-19)，开展深部建井岩体加卸载条件下的大变形力学特性实验研究。该系统由框架式机架、真三轴压力室、加载系统、内密封渗流系统、控制和数据测量、采集系统及声发射监测系统等组成，该系统三个方向可提供的最大压力分别为 6000kN、6000kN、4000kN，且采取两向刚性、一向刚性+柔性加载方式，可进行真三轴不同应力路径下深部砂岩力学特性研究。

图 2-19 多功能真三轴流固耦合实验系统

本实验模拟深度梯度分别为 1000m、1500m、2000m，应力路径如下。

(1)路径 1：σ_x 单面卸载；

(2)路径 2：σ_x 双面卸载；

(3)路径 3：σ_x，σ_y 同时单面卸载。

依据地应力拟合公式：

$$\begin{cases} \sigma_v = \sigma_z = 0.027H \\ \sigma_{hmax} = \sigma_y = 6.7 + 0.0444H \\ \sigma_{hmin} = \sigma_x = 0.8 + 0.0329H \end{cases}$$

结合图 2-20 中世界各国地应力测量典型结果，得到不同模拟深度对应地层的初始高

地应力状态点的三向应力值，其中，

深度 1000m：σ_z=27MPa，σ_y=51MPa，σ_x=33MPa。

深度 1500m：σ_z=40MPa，σ_y=73MPa，σ_x=50MPa。

深度 2000m：σ_z=54MPa，σ_y=95MPa，σ_x=66MPa。

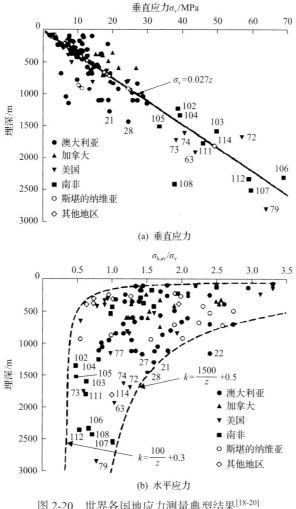

(a) 垂直应力

(b) 水平应力

图 2-20　世界各国地应力测量典型结果[18-20]

z 为埋深

整个实验对应的空间应力路径如图 2-21 所示。

整个实验应力加卸载过程分为两个阶段，分别为 $O{\rightarrow}A$ 阶段，初始高地应力状态还原阶段；$A{\rightarrow}B$ 阶段，真三轴各向应力加卸载阶段。三种应力路径下的 $O{\rightarrow}A$ 阶段应力加载程序是一致的。

具体的 $O{\rightarrow}A$ 阶段应力加载程序详细步骤如下。

(1)实验加载系统以 2kN/s 的加载速率将三向应力以静水加压方式加载至已计算好的对应模拟地层的各初始高地应力 σ_z。

(2)在(1)基础上，保持对应模拟地层的各初始高地应力 σ_z 不变，继续以 2kN/s 的加

载速率将 σ_x、σ_y 同步加载至已计算好的对应模拟地层的各初始高地应力 σ_x。

（3）在（2）基础上，保持对应模拟地层的各初始高地应力 σ_z、σ_x 不变，继续以 2kN/s 的加载速率将 σ_y 加载至已计算好的对应模拟地层的各初始高地应力 σ_y。

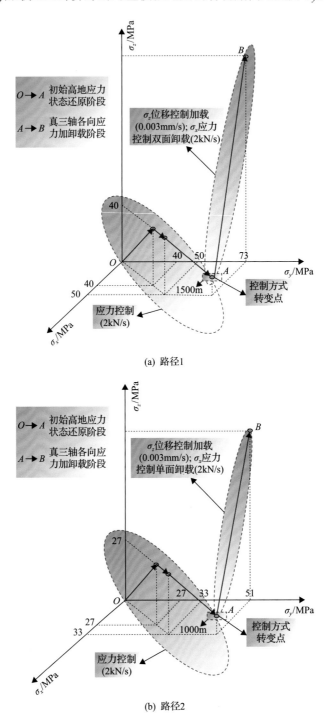

(a) 路径1

(b) 路径2

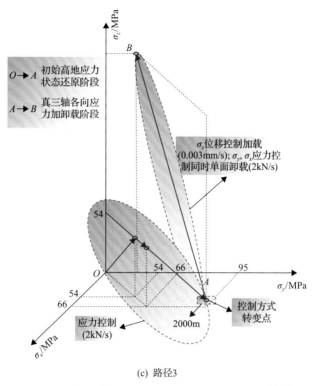

(c) 路径3

图 2-21 真三轴条件下砂岩空间应力路径示意图[21-32]

(4)完成以上三步表明 $O{\to}A$ 阶段应力加载程序完成。

三种应力路径下的 $A{\to}B$ 阶段应力加载程序是存在一定差异的,产生的差异便形成了不同的应力路径。

$A{\to}B$ 阶段应力加卸载程序详细步骤如下。

(1)σ_x 单面卸载路径下的 $A{\to}B$ 阶段加卸载程序是:在 $O{\to}A$ 阶段完成的基础上,σ_z、σ_y、σ_x 由实验加载系统同步控制,保持 σ_y 不变,σ_x 以卸载速率 2kN/s 的应力控制方式进行单面卸载至 0,σ_z 则以加载速率 0.003mm/s 的位移控制方式持续加载至深部砂岩失稳破坏。

(2)σ_x 双面卸载路径下的 $A{\to}B$ 阶段加卸载程序是:在 $O{\to}A$ 阶段完成的基础上,σ_z、σ_y、σ_x 由实验加载系统同步控制,保持 σ_y 不变,σ_x 以卸载速率 2kN/s 的应力控制方式进行双面卸载至 0,σ_z 则以加载速率 0.003mm/s 的位移控制方式持续加载至深部砂岩失稳破坏。

(3)σ_x、σ_y 同时单面卸载路径下的 $A{\to}B$ 阶段加卸载程序是:在 $O{\to}A$ 阶段完成的基础上,σ_z、σ_y、σ_x 由实验加载系统同步控制,σ_x、σ_y 以卸载速率 2kN/s 的应力控制方式进行相邻面单面卸载,σ_z 则以加载速率 0.003mm/s 的位移控制方式持续加载至深部砂岩失稳破坏。其中,由于 σ_x 明显低于 σ_y,故 σ_x 卸载至 0 时,σ_y 卸载至一定值。

2. 深部砂岩强度对比分析

通过相同模拟深度、不同应力路径力学实验,得到深部砂岩试件的强度见表 2-13。由表 2-13 中数据可知,在同一模拟深度、不同应力路径下深部砂岩试件峰值强度存在以下规律[33]：$\sigma_{\text{cf 路径 1}} > \sigma_{\text{cf 路径 2}} > \sigma_{\text{cf 路径 3}}$（图 2-22）；同一应力路径、不同模拟深度下，真三轴条件下的砂岩峰值强度随模拟深度的增加而不断增大。

表 2-13　各工况下深部砂岩试件强度

模拟深度/m	实验路径	峰值强度/MPa	残余强度/MPa
1000	路径 1	121.8	50.9
	路径 2	112.1	73.5
	路径 3	104.1	94.5
1500	路径 1	161.1	51.2
	路径 2	131.4	73.2
	路径 3	127.2	94.7
2000	路径 1	178.4	7.1
	路径 2	167.9	25.2
	路径 3	159.8	45.8

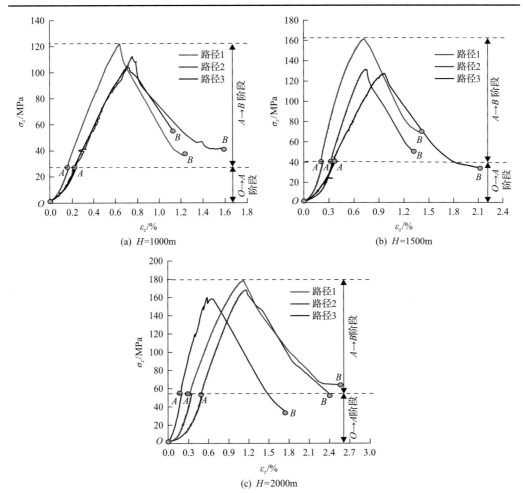

图 2-22　真三轴条件下深部砂岩试件应力-应变曲线

上述结果表明，应力路径不仅会影响深部砂岩试件变形特征，同时对其强度演化特征也存在明显影响。这是由于路径 1 实验中的深部砂岩试件只是最小水平主应力单面卸载，而路径 2 实验中的深部砂岩试件为最小水平主应力双面卸载，路径 3 实验中的深部砂岩试件为最大水平主应力、最小水平主应力的单面同时卸载，从而导致三种路径中的深部砂岩试件围压被逐渐降低。基于围压效应影响，深部砂岩试件的峰值强度逐渐降低。同时，不难发现，应力路径对深部砂岩试件的残余强度影响并不大。

3. 岩石强度准则评价性分析

大量学者通过对不同种类的岩石进行单轴、三轴、真三轴实验，并对所得到的实验数据进行系统分析和总结，分别得到了岩石的不同种类的强度准则。目前，常用的岩石强度准则为 Mohr-Coulomb 强度准则、Hoek-Brown 强度准则、Drucker-Prager 强度准则、Mogi-Coulomb 强度准则，然而不同的强度准则所适用的条件与对应的优缺点显著不同。岩石强度准则通常用来判断地下工程中应力、应变是否处于安全的判据。因此，一个岩石强度准则所预测的岩石强度和实验所得到的岩石强度匹配程度是否高为判断岩石强度准则准确性的依据，即匹配程度高则岩石强度准则的准确性好。目前，岩石强度准则预测主要有两种方法，一为经验判据法，二为数学分析法。

表 2-14 为不同模拟深度、不同应力路径下深部砂岩试件破坏时的应力状态。对表 2-14 中的数据用四种岩石强度准则分别拟合，通过对四种岩石强度准则拟合的相关度进行对比分析以确定最优准则。

表 2-14　不同模拟深度、不同应力路径下深部砂岩试件破坏时的应力状态

实验路径	模拟深度/m	破坏时 σ_1/MPa	破坏时 σ_2/MPa	破坏时 σ_3/MPa
路径 1	1000	121.8	50.9	6.2
	1500	161.1	73.5	31.7
	2000	178.4	94.5	30.3
路径 2	1000	112.1	51.2	4.2
	1500	131.4	73.2	6.2
	2000	167.9	94.7	13.9
路径 3	1000	104.1	7.1	5.5
	1500	127.2	25.2	22.6
	2000	159.8	45.8	26.1

图 2-23 为四种岩石强度准则分别对表 2-14 中的数据进行回归分析所得到的拟合曲线。由图 2-23 可以发现，深部砂岩试件在不同模拟深度、相同应力路径下 Mogi-Coulomb 强度准则、Drucker-Prager 强度准则所拟合曲线的相关系数 R^2 大于 Mohr-Coulomb 强度准则、Hoek-Brown 强度准则所拟合曲线的相关系数 R^2，这表明 Mogi-Coulomb 强度准则、Drucker-Prager 强度准则对于真三轴不同应力路径下岩石的强度特性拟合相关系数较好。例如，深部砂岩试件在不同模拟深度路径 2 条件下 Mogi-Coulomb 强度准则所拟合曲线的相关系数 R^2=0.99626 大于 Drucker-Prager 强度准则所拟合曲线的相关系数 R^2=0.92997，大于 Mohr-Coulomb 强度准则所拟合曲线的相关系数 R^2=0.9547，大于 Hoek-Brown 强度准则所拟合曲线的相关系数 R^2=0.9523。同样地，深部砂岩试件在不同模拟深度路径 1、路径 3 条件下具有相似的规律。

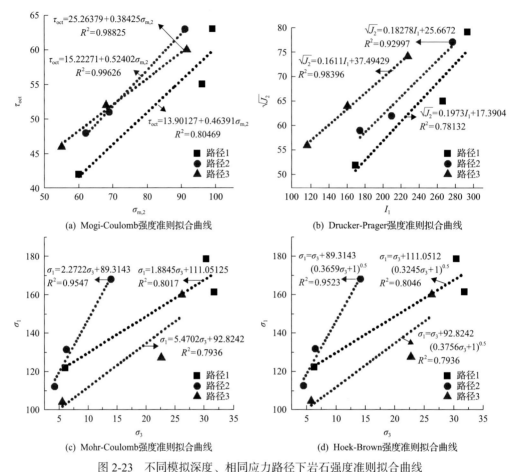

图 2-23　不同模拟深度、相同应力路径下岩石强度准则拟合曲线

R^2 为拟合相关系数；τ_{oct} 为八面体剪应力；$\sigma_{m,2}$ 为有效中间主应力；σ_1、σ_2、σ_3 分别为最大主应力、中间主应力、最小主应力；I_1、J_2 分别为应力第一不变量、应力偏量第二不变量

　　采用经验判据法来判断岩石强度准则的优劣性，即令 $\sigma_2=\sigma_3=0$ 用岩石强度准则来预测岩石的单轴抗压强度，并将其与实验测得的单轴抗压强度相比较。取深部砂岩试件在不同模拟深度路径 2 条件下的实验数据进行计算，得出 Mogi-Coulomb 强度准则、Drucker-Prager 强度准则所预测的单轴抗压强度分别为 69.18MPa、65.79MPa，由前述可知，本次研究所用砂岩的平均单轴抗压强度为 72.5MPa，这表明 Mogi-Coulomb 强度准则所预测的单轴抗压强度更加准确。结合回归分析中的拟合相关系数，可得出 Mogi-Coulomb 强度准则更适合描述真三轴不同应力路径下岩石的破坏强度特性[21]。

　　表 2-15 分别为采用 Mogi-Coulomb 强度准则和 Drucker-Prager 强度准则拟合的深部砂岩试件在不同应力路径下的强度参数。本次选取更为准确的 Mogi-Coulomb 强度准则拟合的强度参数来描述不同应力路径下深部砂岩试件的破坏强度特性。

　　由表 2-15 可知，路径 3 的内摩擦角 φ 最大，为 33.76°，路径 1 次之，路径 2 最小，路径 2 的黏聚力 c 最大，为 29.31MPa，路径 1 最小，为 16.93MPa，这表明不同应力路径会显著影响深部砂岩试件的抗剪强度参数，同时也可以得出路径 3 的深部砂岩试件破坏断面更粗糙。

表 2-15　不同应力路径下砂岩的抗剪强度参数

实验路径	Mogi-Coulomb 强度准则			Drucker-Prager 强度准则		
	c/MPa	φ/(°)	R^2	c/MPa	φ/(°)	R^2
路径 1	16.93	29.23	0.8046	18.53	18.34	0.7813
路径 2	29.31	24.15	0.9962	37.25	43.23	0.9299
路径 3	19.42	33.76	0.9882	38.79	13.12	0.9839

4. 真三轴条件下深部砂岩渐进破坏机制研究

1) 强度分界点的确定与阶段划分

采用轴向最大应变差法确定闭合应力 σ_{cc}，采用裂纹体积应变法确定损伤应力 σ_{cd} 及起裂应力 σ_{ci}，并由此将深部砂岩 $A \rightarrow B$ 阶段的峰前应力-应变曲线划分为四个阶段：初始裂纹闭合阶段、线弹性变形阶段、稳定裂纹扩展阶段及非稳定裂纹扩展阶段。

深部砂岩三轴加卸载过程产生的体积应变表达式为

$$\varepsilon_v = \varepsilon_z + \varepsilon_y + \varepsilon_x$$

深部砂岩三轴加卸载过程产生的体积应变也可表示为

$$\varepsilon_v = \varepsilon_v^e + \varepsilon_v^c$$

z、y、x 三向主应变表达式分别为

$$\begin{cases} \varepsilon_z = \varepsilon_z^e + \varepsilon_z^c \\ \varepsilon_y = \varepsilon_y^e + \varepsilon_y^c \\ \varepsilon_x = \varepsilon_x^e + \varepsilon_x^c \end{cases}$$

由广义胡克定律可得，z、y、x 三向弹性主应变的表达式分别为

$$\begin{cases} \varepsilon_z^e = \dfrac{1}{E}\left[\sigma_z - \mu(\sigma_x + \sigma_y)\right] \\ \varepsilon_y^e = \dfrac{1}{E}\left[\sigma_y - \mu(\sigma_z + \sigma_x)\right] \\ \varepsilon_x^e = \dfrac{1}{E}\left[\sigma_x - \mu(\sigma_z + \sigma_y)\right] \end{cases}$$

则深部砂岩三轴加卸载过程产生的体积弹性应变可表示为

$$\varepsilon_v^e = \frac{1}{E}(1 - 2\mu)(\sigma_z + \sigma_y + \sigma_x)$$

可得，z、y、x 三向塑性主应变的表达式分别为

$$\begin{cases} \varepsilon_z^c = \varepsilon_z - \dfrac{1}{E}\left[\sigma_z - \mu(\sigma_x + \sigma_y)\right] \\[2mm] \varepsilon_y^c = \varepsilon_y - \dfrac{1}{E}\left[\sigma_y - \mu(\sigma_z + \sigma_x)\right] \\[2mm] \varepsilon_x^c = \varepsilon_x - \dfrac{1}{E}\left[\sigma_x - \mu(\sigma_z + \sigma_y)\right] \end{cases}$$

深部砂岩三轴加卸载过程产生的裂纹体积应变可表示为

$$\varepsilon_v^c = \varepsilon_v - \varepsilon_v^e = \varepsilon_v - \frac{1}{E}(1-2\mu)(\sigma_z + \sigma_y + \sigma_x)$$

式中：ε_z、ε_y、ε_x、ε_v 分别为深部砂岩在真三轴条件下产生的 z、y、x 三向主应变及体积应变；ε_z^e、ε_y^e、ε_x^e、ε_v^e 分别为深部砂岩在真三轴条件下产生的 z、y、x 三向弹性主应变及体积弹性应变；ε_z^c、ε_y^c、ε_x^c、ε_v^c 分别为深部砂岩在真三轴条件下产生的 z、y、x 三向塑性主应变及裂纹体积应变；σ_z、σ_y、σ_x 分别为深部砂岩在 z、y、x 三个方向上所受的主应力；E 为深部砂岩弹性模量；μ 为泊松比。

根据上述计算以及图 2-24 给出的各强度分界点的确定及其阶段划分依据，可得到各工况下深部砂岩各分界点及其对应的各向应变值。各工况下深部砂岩强度特征点详情表见表 2-16，变形特征点详情见表 2-17。

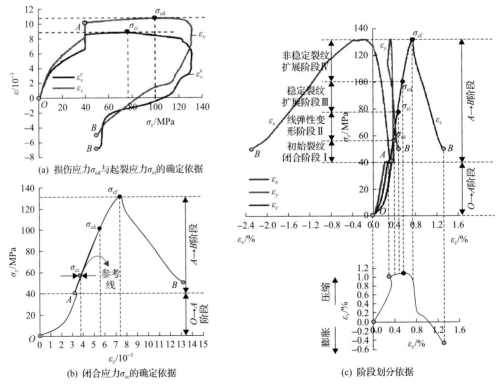

图 2-24 真三轴条件下深部砂岩强度分界点确定与阶段划分依据示意图

σ_{cf} 为峰值应力

表 2-16　各工况下深部砂岩强度特征点详情表

实验路径	H/m	σ_{cc}/MPa	σ_{ci}/MPa	σ_{cd}/MPa	σ_{cf}/MPa
路径 1	1000	50.46	72.87	108.07	121.76
	1500	72.70	97.78	142.70	161.11
	2000	86.30	113.02	153.87	178.41
路径 2	1000	47.92	71.83	92.65	112.13
	1500	57.63	77.52	100.66	131.16
	2000	82.53	104.68	144.80	167.99
路径 3	1000	44.22	68.11	89.53	104.15
	1500	54.97	78.92	117.55	127.28
	2000	78.79	96.66	132.04	159.89

表 2-17　各工况下深部砂岩变形特征点详情表

实验路径	H/m	ε_{zcc}/10^{-3}	ε_{ycc}/10^{-3}	ε_{xcc}/10^{-3}	ε_{zci}/10^{-3}	ε_{yci}/10^{-3}	ε_{xci}/10^{-3}	ε_{zcd}/10^{-3}	ε_{ycd}/10^{-3}	ε_{xcd}/10^{-3}	ε_{zcf}/10^{-3}	ε_{ycf}/10^{-3}	ε_{xcf}/10^{-3}
路径 1	1000	2.53	1.09	2.048	3.57	0.86	1.05	5.45	0.76	−2.37	6.39	0.87	−4.64
	1500	2.89	6.05	2.839	3.71	−2.94	1.51	5.67	2.52	0.11	7.22	2.58	−2.02
	2000	4.68	−2.21	3.26	6.09	4.66	2.06	8.65	−0.13	0.58	11.2	2.82	−1.95
路径 2	1000	3.36	3.67	2.131	4.78	3.493	0.16	7.40	2.87	0.54	7.56	2.43	−0.78
	1500	3.82	3.80	2.85	4.61	3.849	2.25	5.56	3.67	1.53	7.44	3.40	−1.16
	2000	6.15	4.11	3.22	7.24	4.56	2.32	9.40	4.64	1.86	11.6	4.65	−1.59
路径 3	1000	3.15	1.843	3.22	4.55	−0.003	2.66	5.90	−0.12	1.77	7.21	−0.07	0.10
	1500	5.04	3.203	2.83	5.86	2.622	2.83	7.97	2.44	0.78	9.69	0.06	−0.20
	2000	2.86	4.35	3.01	3.10	4.36	3.22	4.62	4.02	1.46	5.81	2.06	2.22

注：H 为模拟深度；ε_{jcc}、ε_{jci}、ε_{jcd}、ε_{jcf}（$j=z, y, x$）分别为强度分界点 σ_{cc}、σ_{ci}、σ_{cd}、σ_{cf} 对应的 z、y、x 三向主应变。

2）z 向主应变渐进演变特征分析

如图 2-25 所示，同一模拟深度、不同应力路径下的深部砂岩 z 向主应变渐进演变规

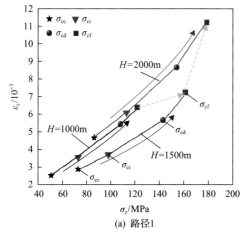

(a) 路径1

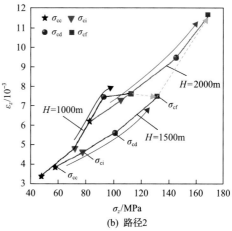

(b) 路径2

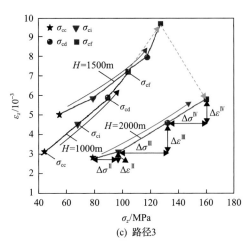

(c) 路径3

图 2-25　不同应力路径下深部砂岩 z 向主应变渐进演变特征

律较好地响应了对应工况下深部砂岩各强度分界点的演变特征，深部砂岩各强度分界点对应的 z 向主应变均是随着 z 向主应力的增大而不断增加。然而，同一模拟深度、不同应力路径下的深部砂岩 z 向主应变渐进演变程度还是存在一定差异的。

产生此种差异的主要原因为：路径 1 和路径 2 下的深部砂岩主要是 x 向主应力卸载以及 z 向主应力加载耦合作用导致的变形破坏。另外，路径 1 与路径 2 下的深部砂岩各强度分界点对应的 z 向主应变均是随着模拟深度的增加而不断增大，深部效应显著；但路径 3 下的深部砂岩各强度分界点对应的 z 向主应变渐进演变规律与路径 1、路径 2 的渐进演变规律有所不同，随着模拟深度的增加，路径 3 下的深部砂岩各强度分界点对应的 z 向主应变呈现先增大后减小的渐变规律[22]。

3)y 向主应变渐进演变特征分析

如图 2-26 所示，同一模拟深度、不同应力路径下的深部砂岩各强度分界点对应的 y 向主应变渐进演变规律存在显著差异。

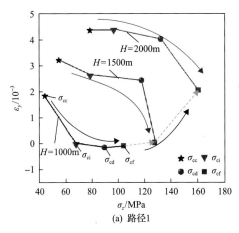

(a) 路径1

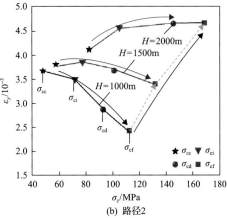

(b) 路径2

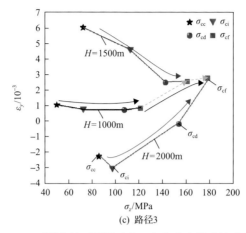

图 2-26　不同路径下深部砂岩 y 向主应变渐进演变特征

随着 z 向主应力的持续加载，y 向、x 向主应力的不断卸载，同一模拟深度、路径 3 下的深部砂岩各强度分界点对应的 y 向主应变也随之减小。然而，路径 1 与路径 2 下的深部砂岩各强度分界点对应的 y 向主应变渐进演变特征明显受深部效应的影响。

模拟深度为 1000m、1500m，路径 1 与路径 2 下的深部砂岩各强度分界点对应的 y 向主应变随着 z 向主应力的增大而减小，而模拟深度为 2000m，路径 1 与路径 2 下的深部砂岩各强度分界点对应的 y 向主应变却随着 z 向主应力的增大而增大[22]。

例如，模拟深度为 1000m，路径 2 下的深部砂岩各强度分界点对应的 y 向主应变渐进演变特征为 $3.67×10^{-3}→3.493×10^{-3}→2.87×10^{-3}→2.43×10^{-3}$，而模拟深度为 2000m，路径 2 下的深部砂岩各强度分界点对应的 y 向主应变渐进演变特征为 $4.11×10^{-3}→4.56×10^{-3}→4.64×10^{-3}→4.65×10^{-3}$。这表明，应力路径与深部效应均会显著影响深部砂岩 y 向主应变的渐进演变规律。

另外，路径 2 与路径 3 下的深部砂岩各强度分界点对应的 y 向主应变均是随着模拟深度增加而不断增大，深部效应显著。但路径 1 下的深部砂岩各强度分界点对应的 y 向主应变渐进演变规律与路径 2、路径 3 的渐进演变规律有所不同，随模拟深度增加，路径 1 下的深部砂岩各强度分界点对应的 y 向主应变呈现先增大后减小的渐变规律[22]。

例如，路径 3，模拟深度为 1000m、1500m、2000m 下的深部砂岩各强度分界点对应的 y 向主应变渐进演变特征分别为

ε_{ycc}：$1.843×10^{-3}→3.203×10^{-3}→4.35×10^{-3}$；

ε_{yci}：$-0.003×10^{-3}→2.622×10^{-3}→4.36×10^{-3}$；

ε_{ycd}：$-0.12×10^{-3}→2.44×10^{-3}→4.02×10^{-3}$；

ε_{ycf}：$-0.07×10^{-3}→0.06×10^{-3}→2.06×10^{-3}$。

路径 2，模拟深度为 1000m、1500m、2000m 下的深部砂岩各强度分界点对应的 y 向主应变亦存在类似渐进演变特征。

而路径 1，模拟深度为 1000m、1500m、2000m 下的深部砂岩各强度分界点对应的 y 向主应变渐进演变特征分别为

ε_{ycc}：$1.09×10^{-3}→6.05×10^{-3}→-2.21×10^{-3}$；

ε_{yci}：$0.86\times10^{-3}\rightarrow-2.94\times10^{-3}\rightarrow4.66\times10^{-3}$；

ε_{ycd}：$0.76\times10^{-3}\rightarrow2.52\times10^{-3}\rightarrow-0.13\times10^{-3}$。

路径 1 的渐进演变特征与路径 2、路径 3，模拟深度为 1000m、1500m、2000m 下的深部砂岩各强度分界点对应的 y 向主应变渐进演变特征存在明显差异。

4)x 向主应变渐进演变特征分析

如图 2-27 所示，同一模拟深度、不同应力路径下的深部砂岩各强度分界点对应的 x 向主应变渐进演变规律大体一致，均随着 z 向主应力的持续加载增大，深部砂岩各强度分界点对应的 x 向主应变也随之持续减小。

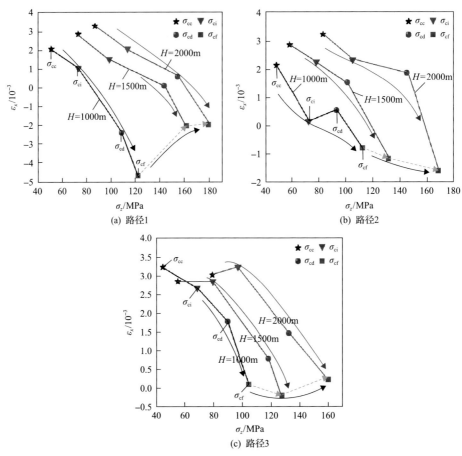

图 2-27 不同路径下深部砂岩 x 向主应力渐进演变特征

另外，各应力路径下的深部砂岩强度分界点对应的 x 向主应变均是随着模拟深度的增加而不断增大，深部效应显著[22]。

2.2.2 深部砂岩常规三轴"三阶段"加卸载下的力学特性

1. 实验设计

采用 GCTS 多场耦合力学实验系统(图 2-28)，开展模拟深度分别为 1000m、1500m、

2000m 的原始应力状态下应力-渗流耦合深部砂岩常规三轴"三阶段"加卸载力学实验，对应的初始应力状态分别为$\sigma_1=54$MPa，$\sigma_2=\sigma_3=50$MPa；$\sigma_1=40.5$MPa，$\sigma_2=\sigma_3=36.5$MPa；$\sigma_1=27$MPa，$\sigma_2=\sigma_3=23$MPa。

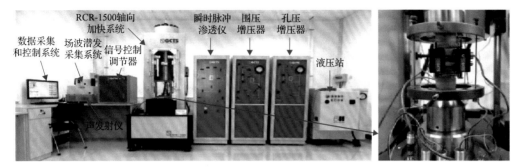

图 2-28　GCTS 多场耦合力学实验系统

实验采用"三阶段"加卸载方式模拟深部应力演化特征，其中，以模拟深度 2000 m 为例，对应的应力路径如图 2-29 所示。

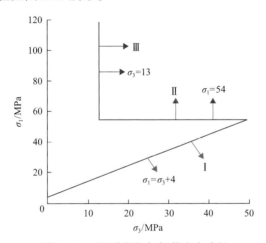

图 2-29　"三阶段"加卸载应力路径

(1)初始应力状态还原阶段：保持偏应力为 4MPa 恒定，三向同时加载至$\sigma_1=54$MPa、$\sigma_2=\sigma_3=50$MPa。

(2)围压卸载阶段(轴压$\sigma_1=54$MPa 保持恒定)：以 10MPa 为一级测渗透率，围压 50MPa 分别卸载至设定值 6MPa、13MPa、20MPa。

(3)轴向加载阶段(卸载设定围压保持恒定)：轴向以$\sigma_1=54$MPa 为起点，持续加载至试件破裂，同时以每 10MPa 为一级测渗透率。

2. 实验结果

通过对模拟深度为 1000m、1500m、2000m 的实验结果分析，发现深部砂岩应力-应变曲线中具有长短不一的"平台"特征，且模拟深度越小，"平台"长度越短，甚至趋近于消失[23]，如图 2-30 所示，ε_1 为轴向应变，σ_{cf} 为峰值强度，σ_{cr} 为残余强度，$\sigma_{3unload}$ 为围压卸载后的最终围压。

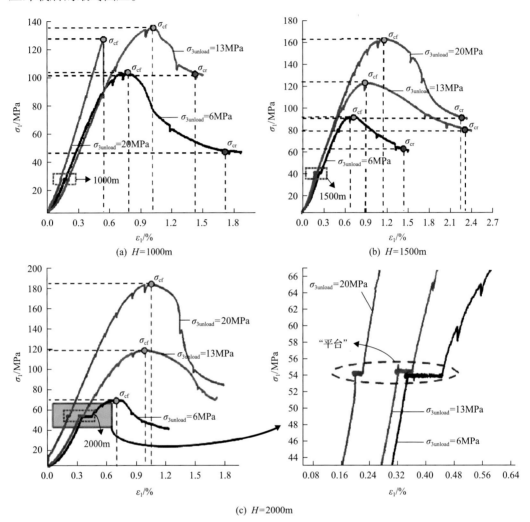

(a) *H*=1000m

(b) *H*=1500m

(c) *H*=2000m

图 2-30　"三阶段"加卸载条件下深部砂岩试件应力-应变曲线

此外，分析实验得到的砂岩应力-应变曲线(图 2-31)，可以将实验划分为(图 2-32)：
i 应力还原阶段；ii 围压卸载阶段；I 二次压密阶段；II 线弹性阶段；III 裂纹稳定扩展阶
段；VI 裂纹非稳态扩展阶段；V 峰后应变软化阶段。

渗透率从围压卸载阶段 ii 开始测试。

由实验过程中的特征现象可以看出：

(1)当还原至原岩应力状态，再卸载围岩压力时，存在"平台"现象，但随着模拟深
度的增加，"平台"趋近消失(图 2-33)。

(2)相对于常规三轴加载路径，原始应力状态还原加载过程存在二次压密阶段，室内
岩体力学实验突破了以零应力状态为起始点进行三轴加载实验，岩体试件刚度及压密程
度明显增强，为岩体力学实验提供了新思路。

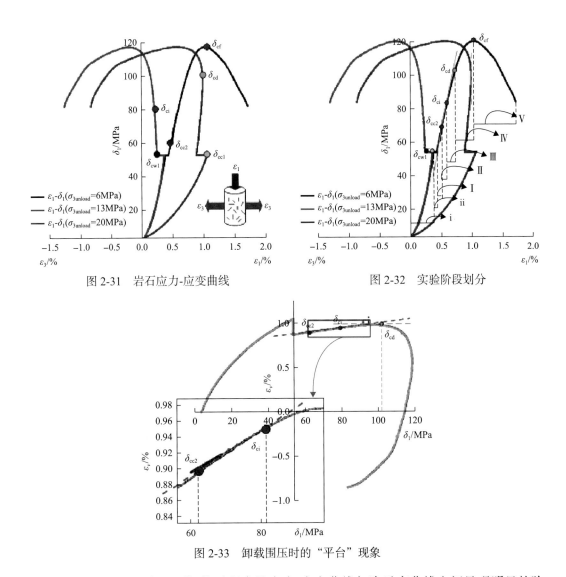

图 2-31　岩石应力-应变曲线　　　　　　图 2-32　实验阶段划分

图 2-33　卸载围压时的"平台"现象

(3) 原始应力状态还原加载过程中的应力-应变曲线与渗透率曲线之间呈现明显的阶段性对应特征 (图 2-34)。同时，岩体渗透率峰值点明显滞后于强度峰值点，这和三轴常规加载过程中产生的现象是一致的，产生这种现象的原因与岩石本身的特性有关。

由实验结果分析可以得出：渗透率-径向应变曲线和渗透率-轴向应变曲线整体趋势变化规律基本相同 (图 2-35)，径向的峰前弹性阶段弹性应变变化率明显高于轴向的峰前弹性阶段弹性应变变化率，径向应变比轴向应变更早偏离线弹性状态，从而岩样的径向塑性变形起始点超前于轴向塑性变形起始点，这就意味着径向塑性变形超前于轴向塑性变形。这也就间接地反映出径向应变相对于轴向应变可以更加灵敏地表征岩体渗透率变化特征[24]。

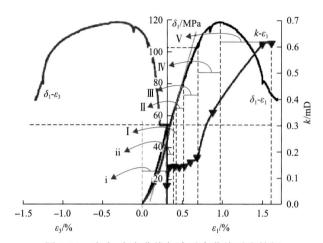

图 2-34 应力-应变曲线与渗透率曲线对应特征

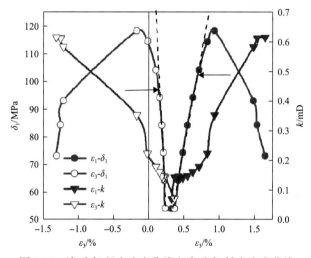

图 2-35 渗透率-径向应变曲线和渗透率-轴向应变曲线

应变与渗透率拟合结果表明(图 2-36)：

轴向应变与渗透率拟合方程为 $k = -0.064+0.4264\varepsilon_1$，拟合相关系数为 0.96563；

径向应变与渗透率拟合方程为 $k = 0.215–0.3137\varepsilon_3$，拟合相关系数为 0.9808；

体积应变与渗透率拟合方程为 $k=0.376–0.2431\varepsilon_v$，拟合相关系数为 0.95286。

轴向应变、径向应变及体积应变与渗透率的关系均符合较好的一次函数线性模型。但从拟合相关系数来看，径向应变更能灵敏地表征渗透率的动态变化[24]。

3. 深部砂岩变形及能量演化规律

"三阶段"加卸载下的深部砂岩变形存在三种类型的体积应变曲线(图 2-37)，在 III 阶段，随着轴向应力的增加：① 类型体积应变曲线呈现出二次压缩→扩容膨胀→延性扩容的显著特征；② 类型体积应变曲线呈现出二次压缩→扩容膨胀→屈服后体积恢复的反差特征；③ 类型体积应变曲线呈现出持续压缩至峰后残余阶段，并且整个压缩变形过程并未出现扩容点及扩容现象。

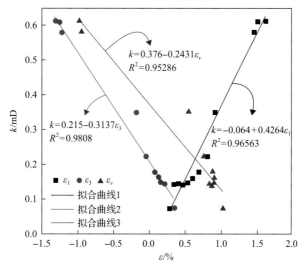

图 2-36　应变与渗透率拟合曲线

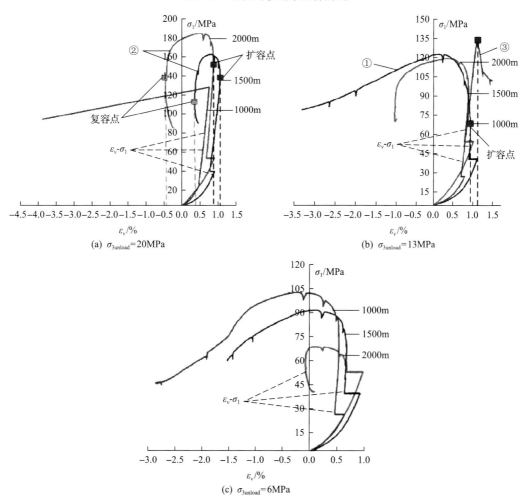

图 2-37　"三阶段"加卸载下深部砂岩体积变形曲线特征

在此基础上，建立模拟深度与卸载预设围压耦合变化下的峰值强度演化模型及残余强度演化模型（图 2-38）。

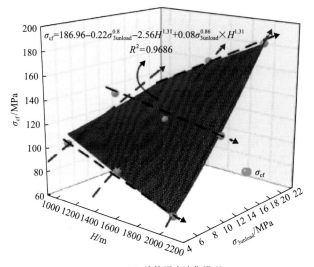

(a) 峰值强度演化模型

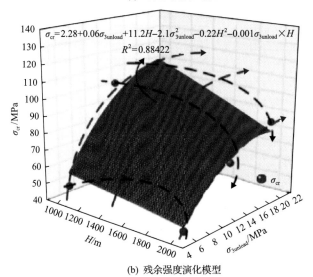

(b) 残余强度演化模型

图 2-38 "三阶段"加卸载下深部砂岩强度演化模型

峰值强度演化模型：

$$\sigma_{cf} = 186.96 - 0.22\sigma_{3unload}^{0.86} - 2.56H^{1.31} + 0.08\sigma_{3unload}^{0.86} \times H^{1.31}$$

残余强度演化模型：

$$\sigma_{cr} = 2.28 + 0.06\sigma_{3unload} + 11.2H - 2.1\sigma_{3unload}^{2} - 0.22H^{2} - 0.001\sigma_{3unload} \times H$$

深部砂岩变形全过程能量演化规律分析表明[25]，在"平台"处能量发生突变，见图

2-39, $U_{总}$ 为总输入能密度，U_e 为弹性能密度，U_d 为耗散能密度。

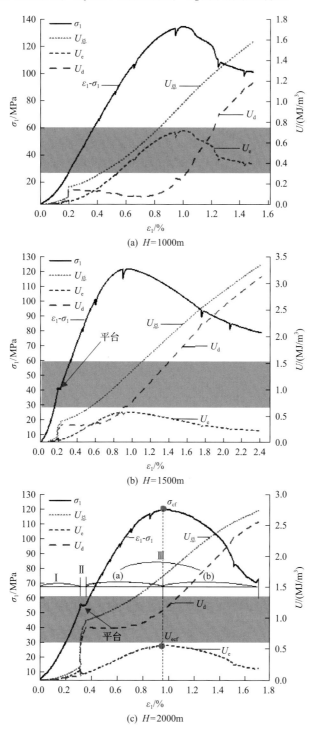

图 2-39　深部砂岩变形全过程能量演化曲线 ($\sigma_{3unload}=13\text{MPa}$)

"三阶段"加卸载下渗透率与能量演化之间的关联机制(图 2-40)：

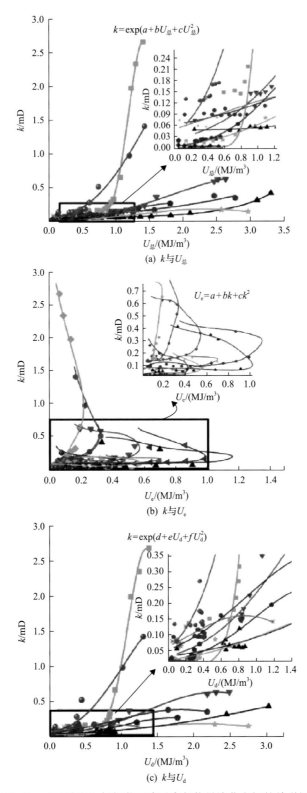

图 2-40　"三阶段"加卸载下渗透率与能量演化之间的关联机制

(1)深部砂岩变形全过程渗透率 k 与总输入能密度 $U_{总}$、弹性能密度 U_e 及耗散能密度 U_d 之间具有显著的关联性。

(2)渗透率与总输入能密度的关系符合幂指函数非线性增长模型,渗透率与弹性能密度的关系符合倒"U"形曲线演化模型,渗透率与耗散能密度的关系符合幂指函数非线性增长模型。

2.3　深部建井岩体水岩耦合软化效应

2.3.1　水岩耦合软化特性实验研究

岩石遇水后物理、化学及力学性质发生改变,造成岩石强度软化、岩体损伤与劣化,是围岩体失稳的根本原因。因此,研究岩体与水相互作用下吸水软化效应,对于深部井巷工程稳定控制具有重要的意义。为此,采用自主研发的深部软岩水理作用智能测试系统[26-28]开展深部建井岩体水岩耦合软化特性实验研究。

1. 实验装备

深部软岩水理作用智能测试系统包括液态和气态两状态水的测试。

(1)深部软岩液态水水理作用智能测试系统(图 2-41)由主体实验箱、称重子系统、温湿度监控和数据采集系统组成,可以测试岩石在有水压和无水压两种作用下的吸水规律的动态、实时数据,以及监测毛细水在岩石中的运移规律。

图 2-41　深部软岩液态水水理作用智能测试系统

(2)深部软岩气态水吸附智能测试系统(图 2-42)由样品实验箱、中央控制器、电子天平及数据采集系统组成,可以通过调节箱体内的温度和湿度,测试岩石在恒温恒湿环境下的水蒸气吸附规律的动态、实时数据,以及监测气态水在岩石中的运移规律。结合红外相机、近红外光谱分析仪等测试仪器，可以获得岩石吸水过程中的温度场、光谱特征变化规律。

图 2-42　深部软岩气态水吸附智能测试系统

2. 液态水吸附软化特性

在深部采矿工程中，开挖后围岩的围压和水文地质环境会发生变化。湿润环境下软岩的吸水可能性增大，强度显著下降，变形较大。为了模拟实际施工环境中岩石的吸水过程，设计了一种用于研究岩石吸水特性的计算机自动吸水测试仪，测试仪有两种实验模式：模式一是模拟毛细作用下吸水过程的无水压吸水性；模式二是模拟地下水渗流引起的吸水过程(压力下的吸水过程)。在模式二中，可以在岩样顶面加载一定的水压(本例中水头为 1m)。利用该实验系统，可以在无水压和有水压的情况下同时进行吸水实验。

实验获得了软岩在无水压和有水压条件下的液态水动态吸附规律(图 2-43)。由实验

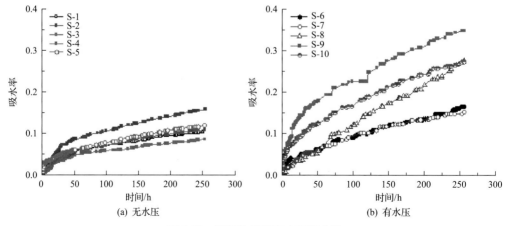

(a) 无水压　　　　　　　　　　　　(b) 有水压

图 2-43　深部软岩液态水吸附曲线

S-1～S-10 为样品编号

结果分析可以得出：深部软岩在有水压吸水和无水压吸水过程中，各样品的吸水量随时间增加，吸水速率随时间降低。各样品的吸水曲线变化趋势相同，但差异显著。各样品的吸水率因理化参数不同而不同。液态水吸附后的软岩试样单轴压缩试验结果见表2-18，岩石吸水率均与岩石单轴抗压强度、弹性模量具有良好的线性关系，即岩石单轴抗压强度和弹性模量随岩石吸水率的增加而线性减小[29]。

表 2-18　液态水吸附后不同含水率软岩试样单轴压缩试验结果

编号	含水率	单轴抗压强度/MPa	弹性模量/GPa	泊松比
S-1	0.175	73.30	18.81	0.26
S-2	0.207	69.71	16.68	0.20
S-3	0.106	71.35	10.86	0.24
S-4	0.482	62.63	14.69	0.18
S-5	0.596	61.59	14.13	0.23
S-6	0.292	76.16	13.35	0.15
S-7	0.518	70.21	11.94	0.18
S-8	0.701	73.10	8.70	0.11
S-9	0.393	68.50	14.50	0.14
S-10	0.528	71.71	15.91	0.29

3. 气态水吸附软化特性

在深部煤矿开采工程实践中，巷道围岩由于长期暴露在高温高湿的空气中，岩石不仅会吸收液态的地层水，同时也会吸收大量的气态水，利用深部软岩气态水吸附智能测试系统，可以模拟深部软岩对水蒸气的吸附现象。

实验获得了不同岩性软岩的气态水动态吸附规律(图2-44)，软岩吸水率均随吸水时间的增加而增加，吸水速率则是随着吸水时间的增加而减小，最终趋于平稳达到饱和。不同岩性软岩的吸水规律存在明显差异，相同岩性软岩的吸水规律差异较小，但也存在不同程度的差异性。气态水吸附后的软岩试样单轴压缩试验结果见表2-19，单轴抗压强

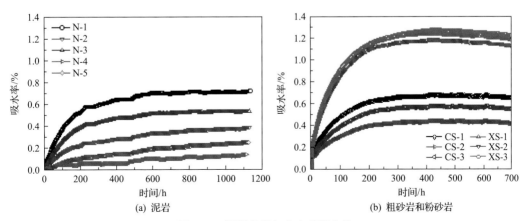

(a) 泥岩　　　　　　　　　　　　(b) 粗砂岩和粉砂岩

图 2-44　深部软岩气态水吸附曲线

CS 为粗砂岩编号，XS 为粉砂岩编号

表 2-19　气态水吸附后不同含水率软岩试样单轴压缩试验结果

编号	岩性	含水率	单轴抗压强度/MPa	弹性模量/GPa
N-2		0.39	55.82	16.89
N-4	泥岩	0.14	61.69	19.66
N-5		0.25	62.33	19.44
CS-1		0.65	61.60	5.1
CS-2	粗砂岩	0.42	112.0	12.9
CS-3		0.55	90.95	12.2
CS-4		0	89.50	14.3
XS-1		1.19	49.41	10.2
XS-2	粉砂岩	1.23	105.05	13.1
XS-3		1.22	15.70	5.6
XS-4		0	106.15	16.8

度、弹性模量均有随吸水率增加而减小的趋势。随着水蒸气吸附引起的吸水率的增加，软岩强度趋于下降，同时更容易发生变形；水蒸气吸附会导致岩石强度降低，变形易损性增加[30]。

4. 机理分析

从宏观上看，岩石的吸水特性受岩石孔隙率大小、孔喉直径大小、孔径分布、孔隙非均质性及孔隙连通性等孔隙微观结构特征的影响。可以通过压汞实验和核磁共振实验获得岩石的孔径分布曲线(图 2-45)。通常毛细管孔隙可分为三种类型，孔径在 0.2～500μm 的是毛细管，外力作用下水流可以在其内部流通；孔径在 500μm 以上的为超毛细管，水流能够在这种通道中运动；孔径小于 0.2μm 的为微毛细管，通常流体不可以在其中流动。因此，将孔径小于 0.2μm 的孔隙认为是无效孔隙，孔径大于或等于 0.2μm 的孔隙认为是有效孔隙。相对于无效孔隙，有效孔隙率的大小与软岩吸水的关系最为密切[31]。

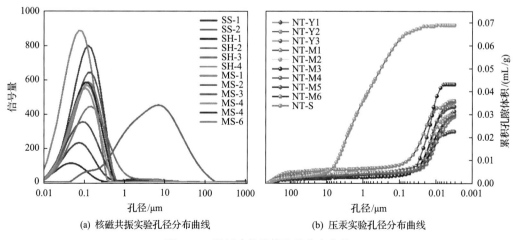

(a) 核磁共振实验孔径分布曲线　　　　(b) 压汞实验孔径分布曲线

图 2-45　深部建井岩体孔径分布曲线

图例符号都为样品编号

岩石的孔隙结构具有分形特征，分形维数能够定量表述孔隙结构的复杂程度，所以分形维数是分析孔隙结构特征对岩石吸水特性影响的一个重要指标。岩样的孔隙分形维数一般介于 2～3，分形维数越大，说明其孔隙复杂程度越高，孔隙界面越不光滑，岩石的非均质性越强。结果表明，有效孔隙分形维数越大即岩石的有效孔隙结构越复杂，岩石的吸水能力越差；相反，有效孔隙分形维数越小即岩石的有效孔隙结构复杂性越低，岩石的吸水能力越强。

从微观上讲，软岩在吸水过程中，吸水速率随时间的增加均逐渐降低，原因是吸水导致黏土矿物微结构发生了变化。以蒙脱石为例(图 2-46)，在岩石吸水前蒙脱石多呈层片状结构，而在吸水后常常会变成蜂窝状结构，导致孔隙之间连通性变差，孔壁膨胀，从而使岩样的吸水受到阻碍[32]。

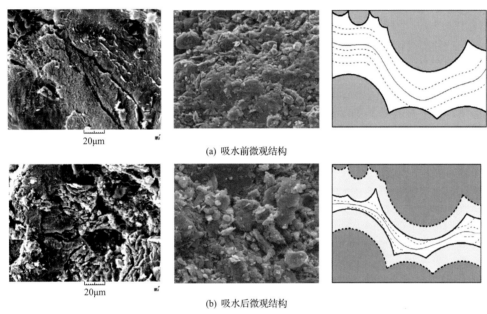

(a) 吸水前微观结构

(b) 吸水后微观结构

图 2-46　蒙脱石吸水膨胀前后微观结构变化

上述研究表明，黏土矿物和孔隙结构(孔隙率)等是影响深部建井岩体与水吸附的重要因素，揭示了吸水是导致岩体强度软化的内在原因。

2.3.2　深部建井岩体与水吸附的微观特性

1. 研究方法

软岩遇水变形产生破坏塌方，其本质是软岩中黏土矿物和水分子相互作用后，产生显著的膨胀性大变形。从微观角度出发，将软岩遇水变形概化为黏土矿物主要组分与水分子之间的相互作用模型，利用第一性原理计算方法对软岩黏土矿物吸附特性进行研究，不仅可以获得宏观实验手段难以得到的微观信息，还可以为宏观实验和经验理论提供依据，互为佐证，最终揭示出黏土矿物微观吸附特性对其宏观变形特征影响的内在本质。

地质软岩的主要组分是黏土矿物[33]，软岩与水吸附特性的基础是黏土矿物吸附特性。

软岩中普遍存在的黏土矿物有高岭石、蒙脱石、伊利石、绿泥石等，其中高岭石是黏土矿物最主要的成分之一[34,35]。针对此，当讨论软岩黏土矿物与水相互作用时，众多学者在多种黏土矿物中选择高岭石作为研究对象[36-39]。本节利用第一性原理计算方法，讨论从单个到多个水分子在高岭石表面的吸附行为，系统计算吸附水分子前后，高岭石原子和电子结构的变化，并详细讨论引起高岭石结构变化的内在因素如电荷密度和态密度等参数的变化，为解决矿井大变形问题、深部矿井设计工程等一系列软岩工程力学问题提供一种新思路和新方法。

高岭石是黏土矿物最主要的成分之一，是长石和其他硅酸盐矿物天然蚀变的产物，是一种含水的铝硅酸盐[40]。高岭石的晶体结构分子式[41]为 $Al_2[Si_2O_5](OH)_4$，属于三斜晶系，空间群为 $P1$。在结构上，高岭石属于1：1型二八面体结构的黏土矿物，它的基本单元由 SiO_4 四面体层和 $AlO_2(OH)_4$ 八面体层构成。在 SiO_4 四面体层中，六个 SiO_4 四面体相互以共顶角的形式连接构成 SiO_4 四面体六方环，六方环中的四面体并非严格的呈正方形分布，而是有一定的偏差。SiO_4 四面体的氧原子与氢氧根组成配位八面体，铝原子充填配位八面体中的三分之二，其余三分之一形成铝原子空位，结构单元层之间通过公用的氧原子以氢键和范德瓦耳斯力相连接，没有其他阳离子或水分子存在。整个结构可视为四面体和八面体片平行<001>面交替叠置而成，如图 2-47 所示。结构优化后的高岭石晶格常数分别为 a=5.154Å，b=8.942Å，c=7.401Å，三棱夹角分别为 α=91.69°，β=104.61°，γ=89.92°，与实验[23]测得的数据相似，计算模型可靠。

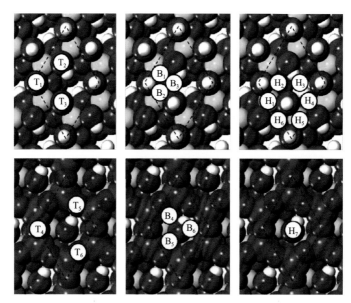

图 2-47 高岭石(001)和(00$\bar{1}$)表面及六种高对称吸附位置

2. 黏土矿物与水分子吸附、扩散、渗透作用

1)理想高岭石

首先，对水分子在高岭石(001)和(00$\bar{1}$)表面的吸附行为进行计算[42-44]，详细讨论这

两个表面所有水分子可能吸附的位置，如图 2-48(a)所示。结果表明高岭石表面(001)的三重空穴位对水分子有较强的吸附能力，吸附能最大为 1.21eV(表 2-20)，属于化学吸附。从图 2-48(a)可以看出，水分子中的氧原子和一个氢原子分别与高岭石表面的氢原子和氧原子相互作用，形成共价键。

(a) 水分子稳定吸附高岭石表面空穴位

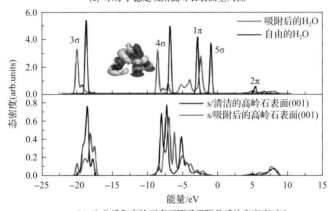

(b) 水分子和高岭石表面原子吸附前后的态密度对比

图 2-48　水分子在高岭石表面的吸附行为计算结果

其次，对高岭石(00$\bar{1}$)面吸附水分子计算后，结果表明高岭石(00$\bar{1}$)面对水分子的最大吸附能仅为 0.13eV，与(00$\bar{1}$)面相比吸附作用较小，属于物理吸附，因此对(00$\bar{1}$)面的吸附性不再做讨论。

讨论不同水分子覆盖度 Θ=1/16ML[①]、1/8ML、1/4ML、1/2ML、3/4ML、1ML 在高岭石表面的吸附行为。从表 2-20 可以看出，随着水分子覆盖度的增加，吸附能先逐渐增大后又减小，其中当 Θ=1/2ML 时，吸附能最大为 1.21eV。在整个计算的覆盖度范围内，高岭石(001)表面对水分子的吸附作用差别不大，结果表明高岭石(001)面对水分子有较强的吸附作用。分析吸附能随覆盖度的变化，特别是当覆盖度大于 1/2ML 后吸附能减小，主要是由于水分子个数增多，水分子之间逐渐显现排斥作用。

表 2-20　高岭石(001)表面的三重空穴位对不同覆盖度水分子的吸附能

覆盖度/ML	1/16	1/8	1/4	1/2	3/4	1
吸附能/eV	1.10	1.16	1.17	1.21	1.19	1.08

① ML 为 monolayers，专用单位。

为了更好地说明水分子和高岭石(001)面的相互作用和对高岭石结构的影响,分别计算不同覆盖度水分子在高岭石(001)表面吸附后,水分子中的氧原子到高岭石最上层表面的垂直距离(h_{O-H})以及第一层与第二层和第二层与第三层的层间距变化(Δd_{12}、Δd_{23}),如表2-21和图2-49所示。从表2-4和图2-49(a)中可以看到,水分子中的氧原子距离高岭石最上层表面的垂直距离随着覆盖度的增加而略有增大,说明随着吸附水分子个数的增加,高岭石表面对水分子的吸附能力变化不大,从垂直距离便可看出。同时随着不同个数的水分子吸附在高岭石表面后,周围的电荷重新分布致使距离水分子最近的第一层与第二层的层间距扩大了原有的1.26%~3.03%,第二层与第三层的层间距也扩大了原有的0.37%~0.89%,对照吸附能的最高点$\Theta=1/2ML$,相应第一层与第二层和第二层与第三层的层间距变化率最大也出现在$\Theta=1/2ML$。从图2-49(b)和图2-49(c)可以看出,随着吸附水分子个数的增加,高岭石第一层与第二层和第二层与第三层的层间距增大,表明覆盖度对高岭石分子结构的影响较大,整体表现为分子结构的膨胀。微观结果体现在宏观性质上,表现为高岭石由于吸附水分子导致整个体积膨胀,并随着吸附水分子的增大而加剧膨胀变形,导致矿井工程中出现软岩膨胀变形问题。

表2-21 不同覆盖度下高岭石(001)上面4层的层间距变化率

覆盖度/ML	h_{O-H}/Å	Δd_{12}/%	Δd_{23}/%
1/16	1.06	1.26	0.37
1/8	1.10	1.42	0.45
1/4	1.14	2.36	0.69
1/2	1.11	3.41	0.87
3/4	1.17	2.88	1.05
1	1.22	3.03	0.89

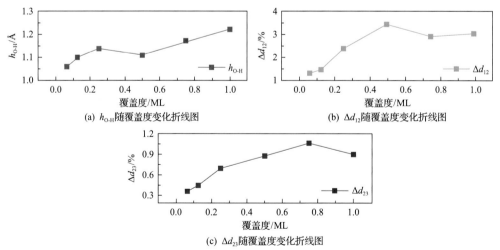

图2-49 水分子中的氧原子与高岭石最上层的垂直距离和层间距变化随覆盖度的变化折线图

在详细讨论了水分子在高岭石表面的稳定吸附位置和能量等性质变化后,自然会想进一步了解水分子在高岭石表面的动力学特征,比如水分子会在高岭石表面怎样扩散及对高岭石结构的影响等。因此，采用 NEB 方法，研究水分子在相邻吸附态之间的扩散过程及其对高岭石结构的影响。结果表明，水分子在高岭石(001)表面沿三个路径扩散，激活能分别是 0.073eV、0.109eV 和 0.129eV，如图 2-50 所示。这三个路径的过渡态都处于两个稳定吸附态之间的桥位置。三个路径的扩散势垒大致相同，表明水分子在高岭石(001)表面并没有倾向于某一个特殊的扩散路径。同时，假设水分子的振动频率为 1013Hz，采用 Arrhenius-型公式，将扩散势垒能量代入公式中，得到扩散势垒对应的温度大约为 113K，这表明在室温以下水分子极容易在高岭石(001)表面发生扩散现象。通过计算，得到扩散现象对高岭石结构的影响不大，可忽略不计。

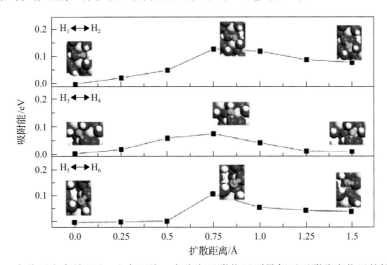

图 2-50　水分子在高岭石(001)表面从一个稳定吸附位置到最邻近吸附稳定位置的扩散路径

在详细讨论了水分子在高岭石(001)表面的吸附和扩散内容后，还讨论了水分子在高岭石(001)表面解离和渗透的可能性。用第一性原理静态计算和分子动力学模拟这两种方法对水分子在高岭石表面的解离和渗透性质进行计算。结果表明在各种动能条件下，水分子很快达到了稳定吸附状态并开始在平衡位置附近振动，不会发生解离和渗透作用。

2) 掺杂高岭石

在实际自然界中，高岭石晶体内部存在有大量的缺陷、杂质。这些缺陷、杂质在相当程度上影响了高岭石晶体的物理、化学性质，也同时影响了高岭石的吸水特性[45-51]。缺陷和杂质有很多种类，其中在晶体中最多的是点缺陷。在黏土矿物内部这些点缺陷大多来源外部的杂质原子或者是离子，一种是进入间隙或层间位置，另一种常见的形式是杂质替代，如图 2-51 所示。由于杂质和被替代元素的电荷差异，晶体内部出现多余的电子或者空穴，这些替代位置有可能转变为吸附水分子的位置。因此，研究替代性杂质在高岭石内部的影响是很有意义的。

由于镁、钙、铁这三种元素是高岭石中的主要杂质，其含量分别为 0.07%～0.71%、0.14%～0.54%、0.07%～0.31%。主要研究这三种杂质替代高岭石原有组成铝原子后，高岭石分子结构发生的变化，以及杂质掺杂后对高岭石与水之间相互作用的影响。通过计算表明，这三种杂质元素都有比较低的形成能，说明这三种杂质比较容易掺杂在高岭

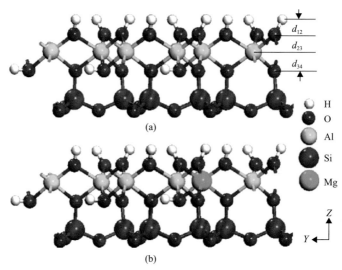

图 2-51　高岭石晶体结构侧面图(a)及掺杂后高岭石的晶体结构侧面图(b)

石中，同时这也与实际测到的杂质含量比较多的结果相符合。从表 2-22 可以看到，镁原子在替代高岭石原有铝原子后，导致周围的电荷重新分布致使靠近掺杂层的上层扩大了原有的 1.2%左右，掺杂层的下面那层的层间距也扩大了 1.14%。同样由于铁原子和钙原子的掺杂，相邻掺杂层的层间距都分别扩大了大约 1.2%和 1.4%。相似的是掺杂后高岭石最上表面都缩小了大约 1.1%。这样在宏观上仍然表现为高岭石由于杂质的掺入导致整个体积膨胀。

表 2-22　纯高岭石和掺杂高岭石表面层间距变化对比表

种类	Δd_{12}/%	Δd_{23}/%	Δd_{34}/%
纯高岭石	−1.06	−0.04	−0.02
掺杂镁高岭石	−1.10	1.20	1.14
掺杂钙高岭石	−1.10	1.23	1.09
掺杂铁高岭石	−1.25	1.46	1.37

利用第一性原理计算方法对掺杂镁、钙、铁的高岭石表面与水之间的吸附相互作用进行计算。通过静态弛豫计算结果表明，水分子在掺杂条件下高岭石表面的吸附仍然是三重空穴位，表明杂质对高岭石表面吸附水分子的位置没有影响，但是掺杂高岭石表面吸附水分子的能量与纯高岭石的吸附能比较有所差别，分别是 0.95eV、0.83eV、1.01eV，吸附能都小于纯高岭石表面。然而，与纯高岭石表面不同，由于杂质对高岭石分子结构的影响，水分子可以吸附在掺杂高岭石的第二层的氧原子之间，且第二层的吸附能要略小于表面吸附水分子的能量，如图 2-52 所示。

表 2-23 总结了吸附后的纯高岭石和掺杂高岭石(001)表面的弛豫。计算结果表明，水分子在掺杂高岭石(001)表面上的吸附引起层间距显著变化。在 0ML< Θ≤1ML 的覆盖度范围内，对于镁、钙、铁掺杂，Δd_{12} 分别从−1.95%增加到 3.44%，从 0.30%增加到

3.28%，从-3.32%增加到 4.51%，而 Δd_{23} 分别从-0.26%增加到 0.65%，从 0.08%增加到 0.64%，从-0.11%增加到 0.81%。这些变化反映了水分子吸附物对相邻的氢原子和氧原子的强烈影响，这是电荷重新分布所致。结果证实，金属掺杂对高岭石(001)表面的分子结构和吸附行为的影响是显著的。

(a)　　　　　　　　　　(b)

图 2-52　水分子在掺杂高岭石表面吸附的侧面图(a)及水分子吸附在掺杂高岭石第二层的侧视图(b)

表 2-23　吸附后纯高岭石和掺杂高岭石(001)表面弛豫

矿物	$\Delta d_{12}/\%$					$\Delta d_{23}/\%$				
	1/12ML	1/6ML	1/3ML	2/3ML	1ML	1/12ML	1/6ML	1/3ML	2/3ML	1ML
纯高岭石	-4.07	-2.76	0.92	2.84	3.15	-0.58	-0.22	0.07	0.56	0.69
掺杂镁高岭石	-1.95	0.33	1.75	3.11	3.44	-0.26	0.08	0.46	0.47	0.65
掺杂钙高岭石	0.30	1.91	2.49	3.39	3.28	0.08	0.47	0.51	0.68	0.64
掺杂铁高岭石	-3.32	0.04	4.41	4.39	4.51	-0.11	0.34	0.62	0.74	0.81

在对掺杂条件下高岭石表面和第二层吸附水分子的研究基础上，对水分子从表面渗透到第二层进行计算研究。选择镁、钙、铁金属元素为研究对象，对这些元素掺杂在高岭石中时对水分子渗透的影响进行讨论。研究水分子从掺杂高岭石表面最稳定的吸附位置渗透到第二层氧原子层的稳定吸附位置的渗透路径，从图 2-53 可以看出，由于杂质的影响，水分子可以从高岭石表面渗透到高岭石内部，但这个过程需要克服一个势垒做功。不同的杂质所需要克服的功是不同的，以镁、钙、铁金属杂质为例，渗透路径所需要的能量分别为 1.18eV、1.07eV、1.41eV。这些结果表明，水分子在常见杂质的影响下是可以比较容易地从高岭石表面渗透到高岭石内部的，这是与纯高岭石所不同的地方。

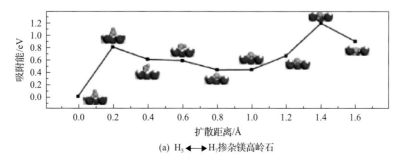

(a) H₅ ⟷ H₇掺杂镁高岭石

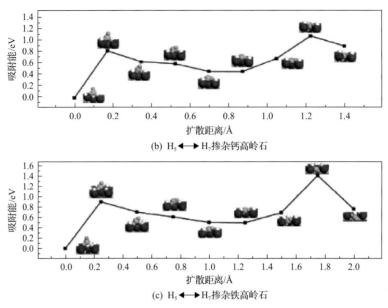

(b) H$_5$◀——▶H$_7$掺杂钙高岭石

(c) H$_5$◀——▶H$_7$掺杂铁高岭石

图 2-53　水分子在掺杂高岭石(001)表面渗透至内部的路径

2.4　深部建井岩体结构效应

2.4.1　实验装备

　　针对深部非均压应力场条件，层状岩体井巷围岩非对称大变形破坏问题，采用自主研发的深部工程破坏过程模型实验系统[52](图 2-54)开展深部建井岩体开挖结构效应实验研究[53-55]。该实验系统由主机系统、加载系统、监测系统及数据采集系统等组成，可实现：① 非线性加载、连续与非连续组合加载，模拟深部非均压力学环境；② 可在保持外荷载的同时对物理模型进行分步开挖巷道或硐室群并施加支护结构；③ 可进行超荷载作用下的物理模型破坏实验；④ 可观测巷道宏观破坏的全过程，也能同时监测巷道四

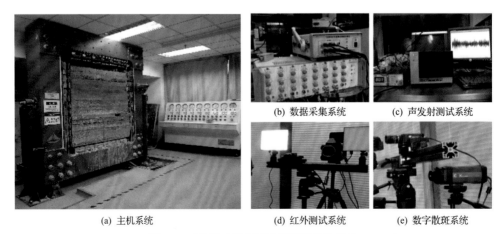

(a) 主机系统　　　　　　(b) 数据采集系统　　　(c) 声发射测试系统

(d) 红外测试系统　　　(e) 数字散斑系统

图 2-54　深部工程破坏过程模型实验系统

周位移和巷道围岩应变。

2.4.2　实验设计

以埋深 1000m 的某矿运输大巷为模拟原型，巷道在掘进过程中，揭露岩层的岩性主要为泥岩、煤层和砂岩，模拟岩层倾角分别为 10°、30°(图 2-55)。物理模型长、宽、高分别为 1.6m×1.6m×0.4m，几何相似常数 C_l=12，容重相似常数 C_γ=1，应力相似常数 C_σ=8，弹性模量的相似常数 C_E=15。

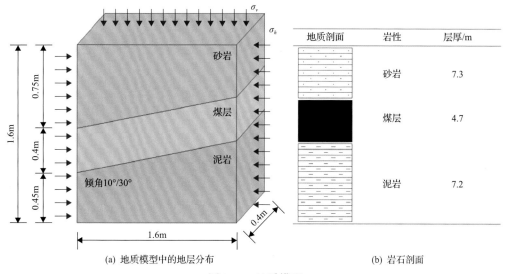

(a) 地质模型中的地层分布　　　　　　　(b) 岩石剖面

图 2-55　地质模型

模型在开挖过程中施加的应力边界条件如图 2-56 所示。实验通过对模型顶部及两侧

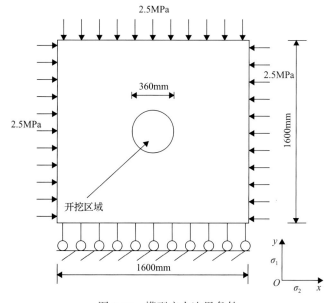

图 2-56　模型应力边界条件

施加荷载，在底部施加约束来模拟 1000m 埋深的原岩应力状态，其中，自重应力为 2.5MPa，初始水平构造应力为 2.5MPa。

实验加载路径如图 2-57 所示，共分为 A、B、C 三个阶段。其中阶段 A 为初始应力施加阶段，阶段 B 为巷道开挖阶段，阶段 C 为巷道形成后非均压应力场施加阶段，阶段 C 共有四个加载过程，每个过程历时 30min，其分别按照 1.2、1.4、1.6、1.8 的侧压系数进行逐级加载。

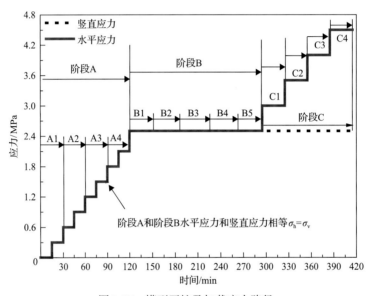

图 2-57   模型开挖及加载应力路径

2.4.3 倾斜岩层巷道开挖结构效应

1. 变形过程

施加水平荷载使侧压系数逐渐增加至 1.2（竖直荷载 2.5MPa，水平荷载 3.0MPa）、1.4（竖直荷载 2.5MPa，水平荷载 3.5MPa），巷道围岩的变形情况如图 2-58、图 2-59 所示。

从实验结果可以看出，在均压状态到侧压系数逐渐增加至 1.2、1.4 的非均压应力场过程中，巷道右上方顶板岩层发生了一定的错动，巷道右上角的岩层向临空面滑移了一段距离，侧压系数为 1.2 时，巷道右下角出现了不明显的微小裂纹；侧压系数为 1.4 时，裂纹略有扩展，底板岩层没有其他明显的变化。

施加水平荷载使侧压系数逐渐增加至 1.6（竖直荷载 2.5MPa，水平荷载 4.0MPa），巷道围岩的变形情况如图 2-60 所示。

从实验结果可以看出，在侧压系数逐渐增加至 1.6 的过程中，巷道的右上方区域和右下角区域处于较高的应力状态，因此巷道右上方区域出现了岩体弹射，巷道右下角也出现了破坏；巷道的底板岩层出现了明显的错动现象，底板岩层受到了明显的损伤破坏基本上已经处于失稳临界状态。

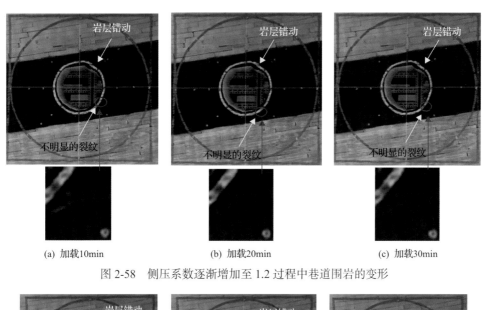

图 2-58　侧压系数逐渐增加至 1.2 过程中巷道围岩的变形

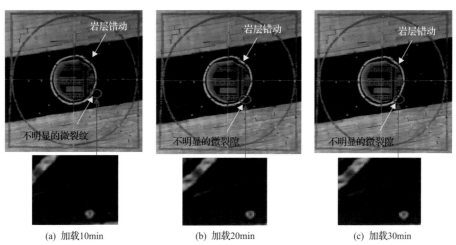

图 2-59　侧压系数逐渐增加至 1.4 过程中巷道围岩的变形

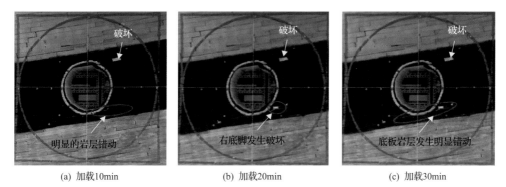

图 2-60　侧压系数逐渐增加至 1.6 过程中巷道围岩的变形

施加水平荷载使侧压系数逐渐增加至 1.8（竖直荷载 2.5MPa，水平荷载 4.5MPa），巷道围岩的变形情况如图 2-61 所示。

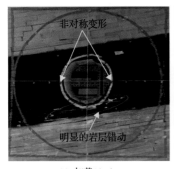
(a) 加载10min

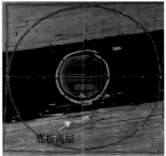
(b) 加载12min

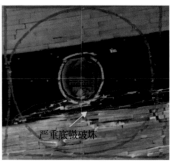
(c) 加载15min

图 2-61　侧压系数逐渐增加至 1.8 过程中巷道围岩的变形

从实验结果可以得出，在侧压系数逐渐增加至 1.8 的过程中，随着荷载的增大，巷道出现了较为明显的非对称变形，底板岩层向上产生挠曲，底板岩层出现离层现象，随着荷载的进一步增大，底板岩层发生折断向上隆起发生了严重的底臌破坏。

为了获取巷道围岩关键点的位移变形数据，在巷道围岩的表面选取了 1#、2#、3# 和 4# 四个关键测点，利用图像测量方法获取了这四个关键测点在侧压系数逐渐增加过程中的位移数据(图 2-62)，1# 测点的最终变形为 16mm，2# 测点的最终变形为 24mm，3# 测点的最终变形为 35mm，4# 测点的最终变形为 37mm。

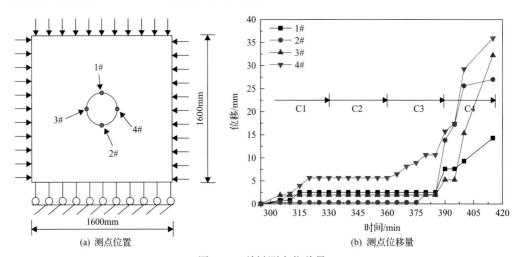

图 2-62　关键测点位移量

综合以上实验结果可以看出，在非均压应力场作用下，层状岩层巷道围岩变形表现出明显的结构效应，随之水平应力增加，巷道围岩变形，特别是底臌变形愈加严重，当水平应力较小时对巷道底臌的影响较小，当巷道围岩的水平应力达到一定的临界值后，巷道将会发生明显的底臌破坏现象。

2. 温度场变化

侧压系数逐渐增加至 1.2、1.4 的过程中，利用红外辐射测得巷道围岩的温度场变化如图 2-63、图 2-64 所示。

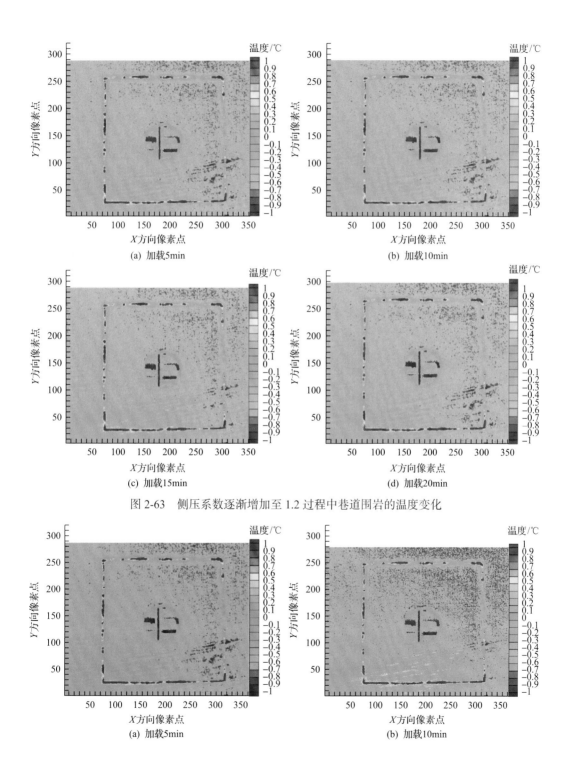

图 2-63　侧压系数逐渐增加至 1.2 过程中巷道围岩的温度变化

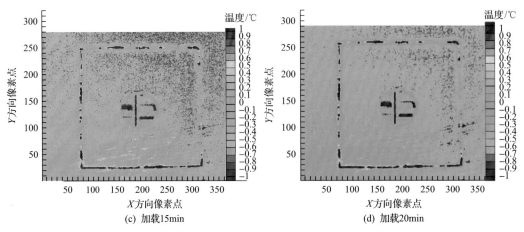

(c) 加载15min　　　　　　　　　　　　(d) 加载20min

图2-64　侧压力系数逐渐增加至1.4过程巷道围岩的温度变化

由温度场测量结果可知，在侧压系数逐渐增加至1.2、1.4的过程中，巷道底板的岩层温度出现了升高且温度升高明显区域在岩层层理面附近，表明在岩层之间产生了错动摩擦。

在侧压系数逐渐增加到1.6的过程中，巷道围岩的温度场变化如图2-65所示。

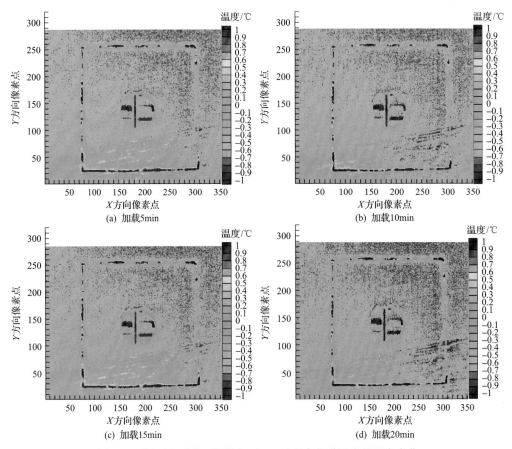

(a) 加载5min　　　　　　　　　　　　(b) 加载10min

(c) 加载15min　　　　　　　　　　　　(d) 加载20min

图2-65　侧压力系数逐渐增加至1.6过程中巷道围岩的温度变化

由实验结果可以看出，在侧压系数逐渐增加至 1.6 的过程中，巷道底板的岩层温度出现了升高再降低的过程，表明底板岩层之间经历了相对摩擦错动，然后离层发生。

在侧压系数逐渐增加至 1.8 的过程中，巷道围岩的温度变化如图 2-66 所示。

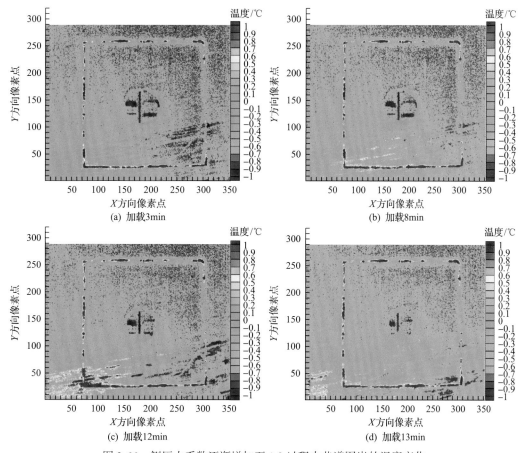

图 2-66　侧压力系数逐渐增加至 1.8 过程中巷道围岩的温度变化

由实验结果可以看出，在侧压系数逐渐增加至 1.8 的过程中，巷道底板岩层温度升高的区域不仅出现在巷道的下方区域，还出现在巷道底板的远侧区域，表明随着岩层错动的范围逐渐扩大，岩层错动破坏的区域和温度变化的区域基本上一致。

通过以上实验结果可以看出，随着侧压系数的增加，底板岩层发生挤压错动摩擦，在此过程中岩体受到损伤破坏强度不断降低，当侧压系数达到一定值时，层状岩体将发生剧烈的错动滑移，底板岩层离层折断，出现失稳破坏。巷道围岩发生破坏的过程伴随着异常的温度变化，巷道围岩的温度异常特征范围可以表征巷道围岩破坏的范围，因此，岩体的温度变化特征能够在一定程度上反映岩体的力学行为。

3. 应变场变化

在侧压系数逐渐增加至 1.2、1.4 过程中，巷道围岩的应变场变化基本一致(图 2-67、图 2-68)，只是后者应变量大于前者。

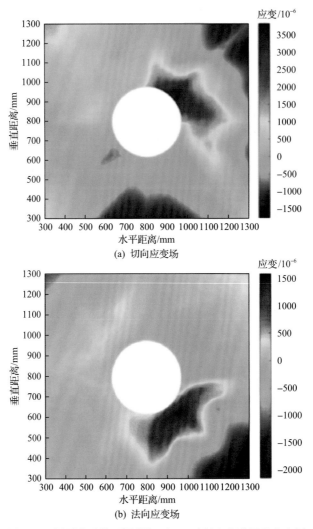

(a) 切向应变场

(b) 法向应变场

图 2-67　侧压力系数逐渐增加至 1.2 过程中巷道围岩应变场

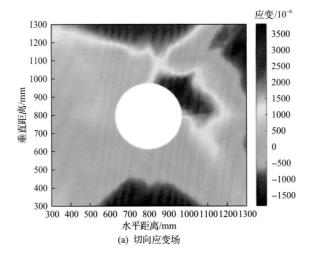

(a) 切向应变场

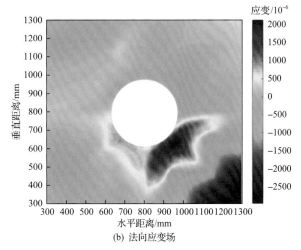

(b) 法向应变场

图 2-68　侧压力系数逐渐增加至 1.4 过程中巷道围岩的应变场

巷道围岩的切向应变测量结果表明，随着水平应力增加，巷道右上角区域出现了一个拉应变区，表明巷道的右上角处于较高的拉应力状态；巷道右上方的远场区域出现了一个压应变区，表明该区域处于较高的压应力状态；巷道的左下角以及底板下方的远场岩体均出现了压应变区，表明这些区域处于压应力状态。

巷道围岩的法向应变测量结果表明，随着水平应力增加，巷道的左上方出现了一个拉应变区，在巷道的右底角和底部也出现了拉应变区，表明这些区域处于拉应力区；巷道右底角的远场岩体出现了一个压应变区，说明这些区域处于压应力状态。

在侧压力系数逐渐增加至 1.6 过程中，巷道围岩的应变场如图 2-69 所示。

与侧压系数 1.4 时的应变场相比，切向应变场变化比较明显的区域在巷道的左底角，该区域的拉应变增加，说明此时巷道左底角的拉应力升高；而法向应变则基本上没有发生变化。

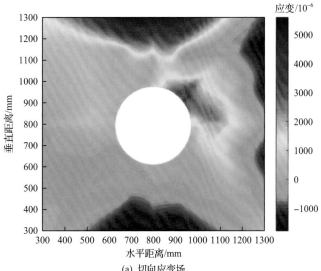

(a) 切向应变场

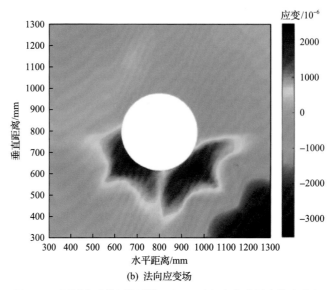

(b) 法向应变场

图 2-69　侧压力系数逐渐增加至 1.6 过程中巷道围岩的应变场

在侧压力系数逐渐增加至 1.8 过程中，巷道围岩的应变如图 2-70 所示。

与侧压系数 1.6 时的应变场相比，巷道顶板岩层远场岩体的拉应变增加，说明巷道顶板岩层的切向拉应力增加，其他区域的切向应变变化不明显；而法向应变则基本上没有发生变化。

通过以上分析结果可以看出，在非均压作用下，巷道发生底臌破坏时，巷道底板岩层受到较高的张拉应力，巷道底部的远侧岩体受到较高的压应力，底板岩层在这样的拉压共同作用下沿着巷道临空面方向产生了较大变形，从而导致底板岩层破坏失稳，最终发生底臌破坏。

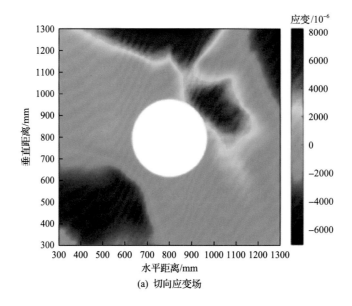

(a) 切向应变场

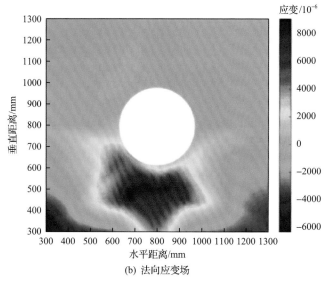

(b) 法向应变场

图 2-70　侧压力系数逐渐增加至 1.8 过程中巷道围岩的应变场

2.5　深部建井岩体高应力岩爆效应

2.5.1　井巷开挖应变岩爆效应

1. 实验装备

针对深部高应力条件下，井巷工程开挖过程中产生的岩爆大变形破坏现象，采用自主研发的第一代深部应变岩爆力学实验系统[56]和第二代 5000kN 液压伺服真三轴岩爆实验系统[57](图 2-71)开展相关实验研究[58-62]。

(a) 第一代深部应变岩爆力学实验系统

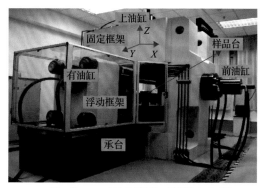

(b) 第二代5000kN液压伺服真三轴岩爆实验系统

图 2-71　岩爆实验系统

第一代深部应变岩爆力学实验系统由主机、液压控制系统和数据采集仪组成，主机最大加载能力为 450kN，荷载精度小于 0.5%。加载系统三向独立，通过三向刚性压头实现对试件均匀加载，单方向快速卸载时传力杆及加载压头快速掉落，暴露该方向的试件表面。

　　第二代 5000kN 液压伺服真三轴岩爆实验系统主要由固定框架、浮动框架和油缸等组成，垂直向和水平向的最大加载分别为 5000kN 和 2000kN，且在三个正交方向能独立加载。水平方向可以实现单面及多面的快速卸载来模拟地下岩体工程中开挖形成的具有多个临空面岩体结构的岩爆破坏现象。

　　2. 实验设计

　　第一代深部应变岩爆力学实验系统采用液压荷载手动控制对试件进行加载，实验时采用分级加载，每级应力为 3MPa，加载间隔约 5min。首先，对试件逐级施加至三向不等的应力，模拟地下工程围岩的初始应力状态，保持约 30min 后，以某一速率单面卸载水平最小主应力 σ_3 至 0，并暴露该方向的试件表面，并增大垂向最大主应力 σ_1 来模拟开挖引起的应力集中，保持约 15min，观察试件表面是否发生岩爆，若不发生岩爆，则恢复 σ_2 和 σ_3 的应力值至下一级应力水平，保持该状态 15min 并快速卸载 σ_3 至 0，同样增大 σ_1 模拟开挖引起的应力集中，保持约 15min，观察试件表面是否发生岩爆，重复上述加载、卸载过程，依次类推，直至岩爆现象的发生。岩爆实验应力转化和加载方法如图 2-72 所示。

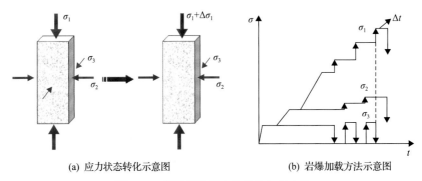

(a) 应力状态转化示意图　　　　　　(b) 岩爆加载方法示意图

图 2-72　岩爆实验应力转化和加载方法

　　第二代 5000kN 液压伺服真三轴岩爆实验系统采用伺服控制，加载速率为 2kN/s，卸载速率能够达到 40MPa/s。首先，对试件逐级施加至三向不等的应力，模拟地下工程围岩的初始应力状态，保持约 10min 后，根据工程现场实际工况快速卸载单面、双面、三面或四面分别模拟巷道硐壁、巷道交叉点、煤矿长臂开采过程中的工作面、岩柱岩爆。卸载后，垂向应力按照 2kN/s 的速率持续加载，直到岩爆发生。

　　3. 实验结果

　　表 2-24 列出了 4 例岩爆实验的测试结果，包括岩爆发生时的应力及其对应深度，以及最终岩爆破坏现象描述。对比可以发现，随着卸载速率的降低，花岗岩岩爆临界应力呈下降的趋势，对应岩爆临界深度随之减小，而岩爆过程持续时间也相应变短。同时，岩爆发生时的破坏现象也从大量碎屑弹射掉落变为少量颗粒碎屑弹出，部分片状碎屑弯折剥落，动力学破坏现象越来越不明显。粗略量测岩石表面爆坑尺寸，当卸载速率大时，

岩爆多出现大量块状颗粒弹射，最后伴随有片状碎屑弯折剥离，因而爆坑较深，而卸载速率很小时，岩爆前期的碎屑弹射现象不明显，主要是片状、薄片状碎屑的剥落，所以爆坑很浅。据粗略量测的尺寸，可以计算出爆坑体积，发现随着卸载速率的降低该体积呈逐渐下降趋势，预示着岩爆破坏强度的减弱。

表 2-24　不同应力路径下岩爆实验测试结果

卸载速率 /(MPa/s)	破坏时应力 $(\sigma_1/\sigma_2/\sigma_3)$/MPa	对应岩爆临界深度/m	发生最终岩爆破坏现象的描述	爆坑尺寸 /(cm×cm×cm)
20	130.9/38.8/0.0	2400	卸载后应力集中过程中声发射频繁，试件表面有裂纹出现并伴随局部较小颗粒弹射。36s 时顶部出现微小颗粒弹射；约 59s 时，试件顶部出现片状弹射。紧接着试件上部约占临空面 1/3 的面积出现较猛烈的片状剥离，并折断后以较高速度飞出，伴随较大响声，整个过程持续了约 1min	3.7×5.9×0.7
0.1	119.6/38.5/0.0	2000	卸载后约 40s，试件发生破坏。试件破坏过程持续约 30s，经历两次顶端大量碎屑弹射，最终在试件上部发生较大的片状弯折弹射破坏，伴有剧烈声响，整个过程持续了约 30s	2.3×5.8×0.5
0.05	92.3/32.4/0.0	1700	卸载后立刻破坏，试件顶部发生两次明显细小颗粒弹射，随后片状碎屑剥离弹出，整个过程持续了约 23s	4.8×6.0×0.2
0.025	92.1/30.1/0.0	1500	试件破坏前出现较小颗粒弹射，随后出现片状剥离及折断后掉落，伴随较大声响，整个过程持续了约 17s	3.4×6.0×0.2

实验得到了岩爆大变形破坏力学过程及其红外、声发射特征(图 2-73)，获取了岩爆发生时刻的能量变化红外特征，揭示了高应力岩爆能量积聚、转移及释放的规律。

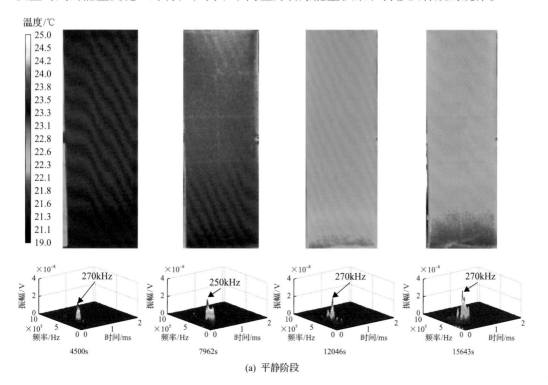

(a) 平静阶段

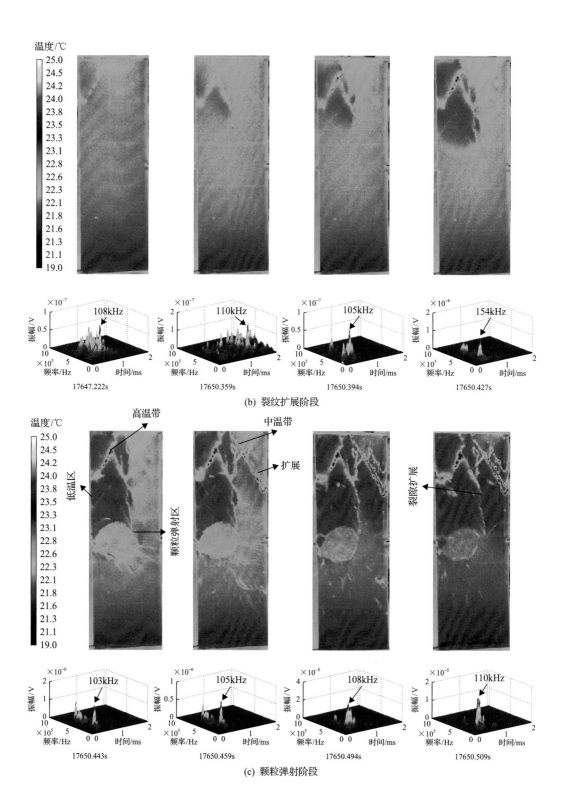

(b) 裂纹扩展阶段

(c) 颗粒弹射阶段

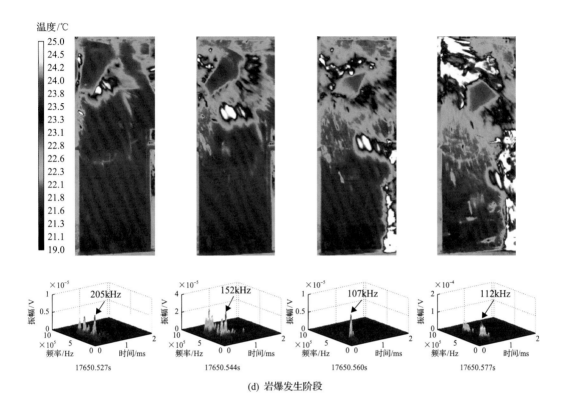

(d) 岩爆发生阶段

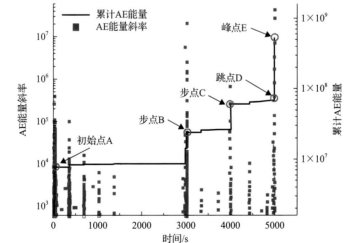

(e) 声发射(AE)累积能量变化

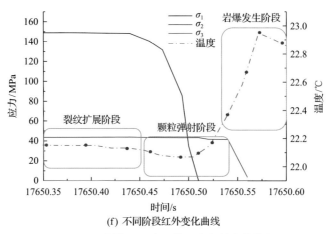

(f) 不同阶段红外变化曲线

图 2-73　岩爆过程中红外及声发射变化特征

　　实验结果表明，岩爆过程可按红外演化分为四个阶段，即平静阶段、裂纹扩展阶段、颗粒弹射阶段和岩爆发生阶段。在平静阶段，无明显的破坏现象，但随着应力的逐渐增大，岩石表面温度逐渐升高，声发射主频值变化区间为 220~280kHz。图 2-73(f) 显示在裂纹扩展阶段，岩石表面的平均温度基本不变，但在岩石上部出现明显的高温区，并逐渐发展成 "M" 形。在颗粒弹射阶段，岩石表面的红外温度呈现明显的下降趋势，并且由于大尺度裂纹的扩展，在高温区出现了明显的颗粒弹射现象，声发射主频也呈现升高趋势。在岩爆发生阶段，岩石从弹性变形转变为塑性变形，内部集聚的应变能快速释放，岩石顶部出现猛烈的弹射破坏现象，红外温度达到最高值，22.97℃。

　　图 2-74 为双面卸载的典型破坏过程。由图 2-74 可知，左面产生裂纹的时间比右面提前 9.5s，左面发生岩爆灾害比右面提前 2s；并且左右两面的破坏持续不一致(左面破坏持续时间为 12.5s，右面破坏持续时间不到 1s)。

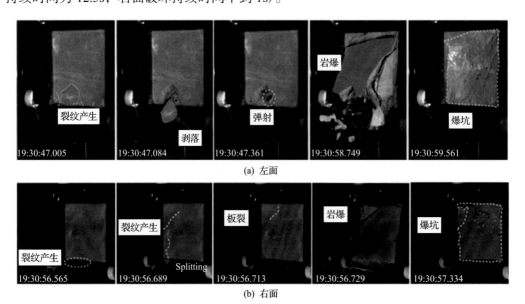

(a) 左面

(b) 右面

图 2-74　双面卸载应变岩爆现象

图 2-75 为三面卸载的典型破坏过程。由图 2-75 可知，岩爆破坏过程主要包括裂纹产生、裂纹扩展与贯通、颗粒弹射和岩爆。三面卸载岩爆破坏整个过程不到 1s，存储在岩石内部的应变能快速释放，导致岩石碎屑猛烈向外飞溅喷射。

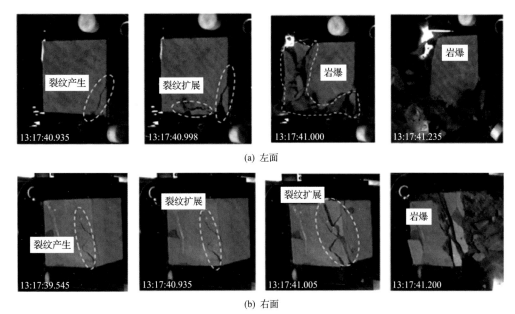

图 2-75　三面卸载应变岩爆现象

图 2-76 为四面卸载的典型破坏过程。由图 2-76 可知，破坏主要经历三个阶段，首先是岩块的顶部和底部产生微小裂纹；然后随着裂纹的扩展，岩石表面出现了岩片剥落；最终裂纹互相贯穿，产生岩爆破坏，整个持续时间不到 1s。

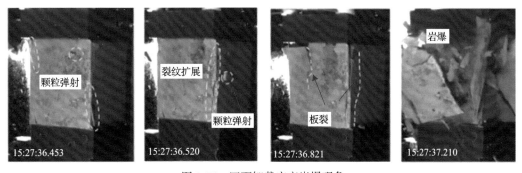

图 2-76　四面卸载应变岩爆现象

4. 结果分析

为了得到花岗岩岩样在不同卸载速率下岩爆过程中的微细观影响效应，对实验后的试件典型破裂面碎屑进行电镜扫描分析。图 2-77 为 4 种不同卸载速率下花岗岩试件的典型破裂面碎屑微观电镜扫描结果。对比分析可以发现，在卸载速率不同的情况下，发生岩爆后试件破裂面碎屑的特征存在明显的差异。当卸载速率为 20MPa/s，放大 100 倍时，碎屑微观表面主要有钾长石和斜长石晶间沿晶张性裂纹，右上角出现凹凸不平的沿晶—穿晶复合裂纹。放大 300 倍后，可以清楚看到泛白的石英与钾长石晶体间沿晶裂纹及石英晶体内部少量穿晶裂纹。当卸载速率为 0.1MPa/s，放大 100 倍时，碎屑微观表面不仅有石英和钾长石晶体的晶间沿晶张性裂纹，还有石英与石英间的晶间缝。放大 500 倍后，可以看到凸起的钾长石晶粒和石英晶粒的内部穿晶剪切断裂。当卸载速率降为 0.050MPa/s，放大 100 倍时，碎屑微观表面分布有凹凸不平的片柱状黑云母，还有少量的黑云母与钾长石晶体的沿晶裂纹，中部有细长的斜向裂纹。放大 500 倍后，观察该斜向裂纹，可以看到钾长石晶体表面有两条近乎平行的剪切错位穿晶裂纹，构成了表面开口的片状体，且中上部有一条细长的穿晶裂纹。当卸载速率为 0.025MPa/s，放大 100 倍时，碎屑微观表面有少量的石英晶体与钾长石晶体的沿晶裂纹，中间有一条细长钾长石表面的横向穿晶剪切裂纹。放大 500 倍后，可以看到该裂纹的扩展走向及角度。从微观角度可以发现，在岩爆过程中，破裂面碎屑微观均表现为沿晶张拉断裂和穿晶剪切断裂的复合形态。由于开挖卸荷，岩石内部微裂纹以沿晶张拉型为主，当卸载速率较大时，破裂面的张性特性越明显。随着卸载速率的降低，微观裂纹越来越不易被观察到。

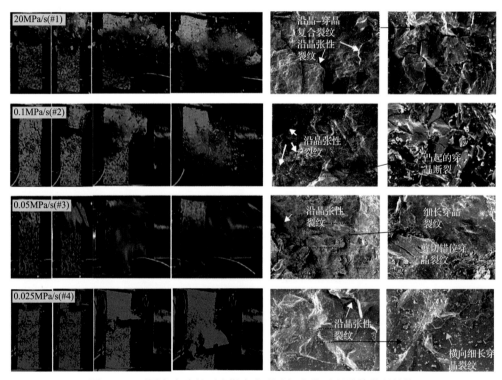

图 2-77　不同应力路径下岩爆大变形破坏力学过程及其微观结构

2.5.2　不同断面形状井巷开挖岩爆效应

1. 实验装备

冲击岩爆实验系统是何满潮院士在总结深部开采的特点并结合多年现场经验自主研

发的实验系统。该系统由主机、液压动力源、伺服控制器、试件盒四部分组成，如图 2-78
所示。主机采用三向浮动框架，可以解决真三轴实验过程中的三向正交对中和同步问题。
实验加载动作器活塞的最大行程为 150mm，位移精度<0.4%。实验主机提供的最大压力
为 500kN，荷载精度<0.5%。力的加载精度为 0.5kN/s，位移的加载精度为 0.004mm/s。

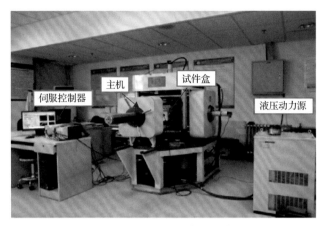

图 2-78　冲击岩爆实验系统

2. 实验设计

冲击岩爆是在指岩体开挖卸荷后，巷道结构已经形成且保持稳定，当受到周围的工
程扰动(机械开挖、顶板垮塌、爆破等)后巷道围岩积蓄应变能，并导致岩石弹射破坏。
其演化模型示意图如图 2-79 所示。实验采用红砂岩，尺寸为 110mm×110mm×50mm，中
间孔洞直径分别为 50mm、40mm、30mm、20mm(长短轴比分别为 1∶1、1∶0.8、1∶0.4、
1∶0.2)，实验扰动波形为斜坡波，按照岩石动力学实验要求，实验扰动幅值为 0.5mm/s(即
$4.5 \times 10^{-3} \mathrm{s}^{-1}$)。

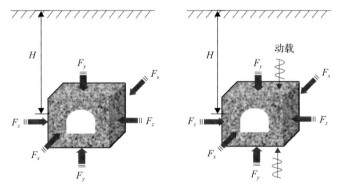

图 2-79　冲击岩爆演化模型示意图

应力路径可以描述为：先将试样加载到初始应力水平，之后在垂直向施加一个速率
较大的冲击扰动(0.5mm/s)，从而在巷道内部产生明显的岩爆现象。由于椭圆形有长短轴
之分，扰动荷载可以与短轴平行，也可以与短轴垂直，本次实验考虑了这两种情况，其

加载示意图和应力路径如图 2-80 所示。

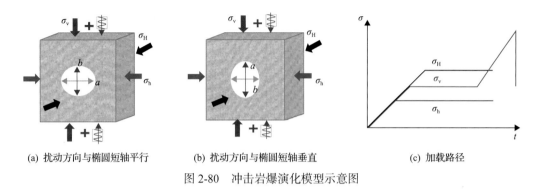

(a) 扰动方向与椭圆短轴平行　　　(b) 扰动方向与椭圆短轴垂直　　　(c) 加载路径

图 2-80　冲击岩爆演化模型示意图

3. 实验结果

开展不同长短轴比的椭圆形巷道冲击岩爆实验研究(图 2-81),获得了不同长短轴比的椭圆形巷道冲击岩爆破坏过程中的声发射变化特征(图 2-82~图 2-87)。

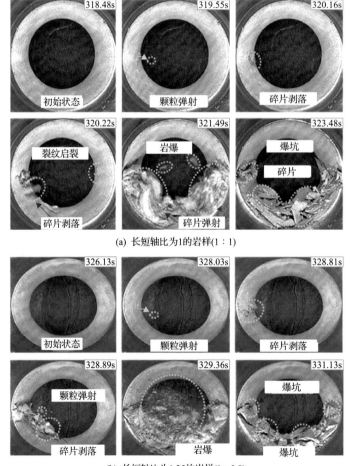

(a) 长短轴比为1的岩样(1∶1)

(b) 长短轴比为1.25的岩样(1∶0.8)

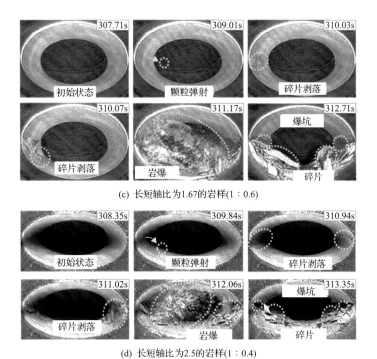

(c) 长短轴比为1.67的岩样(1∶0.6)

(d) 长短轴比为2.5的岩样(1∶0.4)

图 2-81　不同断面形状井筒/巷道冲击岩爆实验

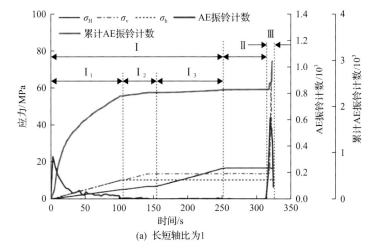

(a) 长短轴比为1

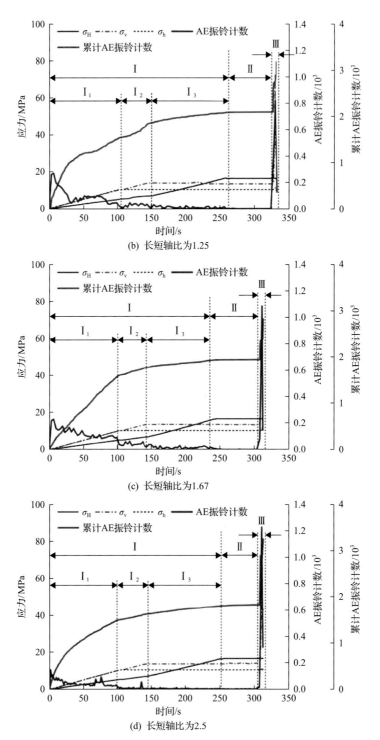

(b) 长短轴比为1.25

(c) 长短轴比为1.67

(d) 长短轴比为2.5

图2-82 不同长短轴比的冲击岩爆声发射计数变化(扰动方向平行于椭圆短轴)

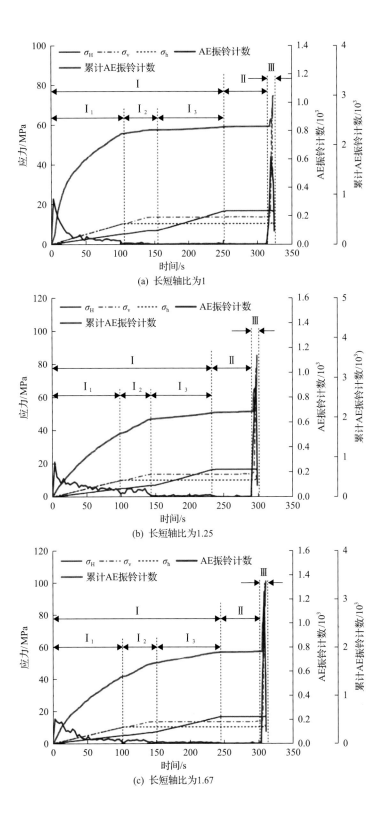

(a) 长短轴比为1

(b) 长短轴比为1.25

(c) 长短轴比为1.67

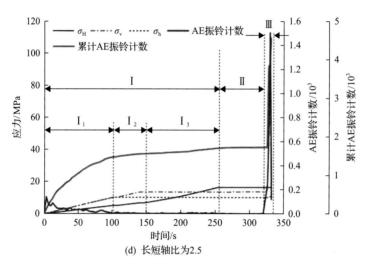

(d) 长短轴比为2.5

图 2-83　不同长短轴比的冲击岩爆声发射计数变化(扰动方向垂直于椭圆短轴)

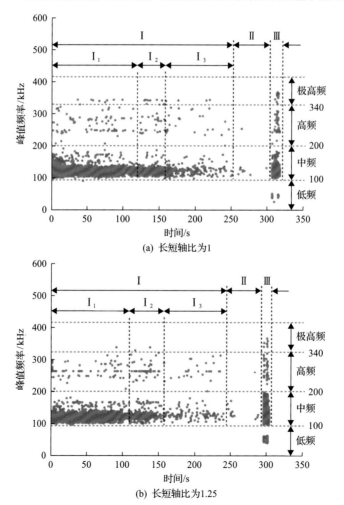

(a) 长短轴比为1

(b) 长短轴比为1.25

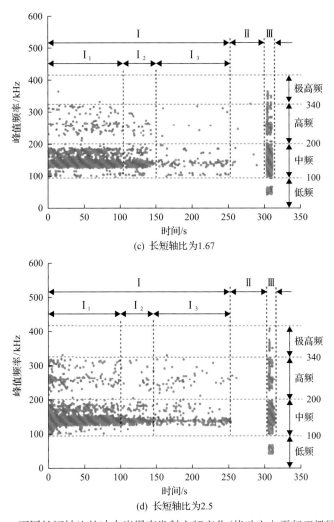

(c) 长短轴比为1.67

(d) 长短轴比为2.5

图 2-84　不同长短轴比的冲击岩爆声发射主频变化(扰动方向平行于椭圆短轴)

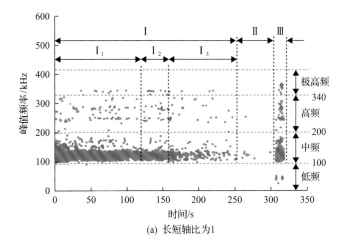

(a) 长短轴比为1

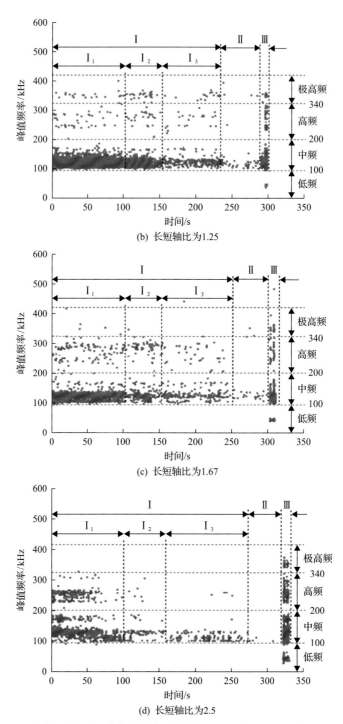

(b) 长短轴比为1.25

(c) 长短轴比为1.67

(d) 长短轴比为2.5

图 2-85 不同长短轴比的冲击岩爆声发射主频变化(扰动方向垂直于椭圆短轴)

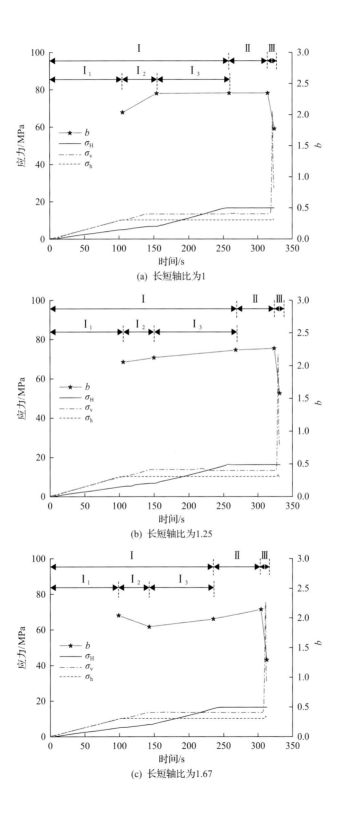

(a) 长短轴比为1

(b) 长短轴比为1.25

(c) 长短轴比为1.67

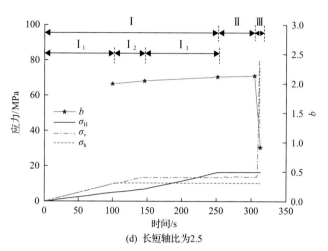

(d) 长短轴比为2.5

图 2-86　不同长短轴比的冲击岩爆声发射 b 值变化(扰动方向平行于椭圆短轴)

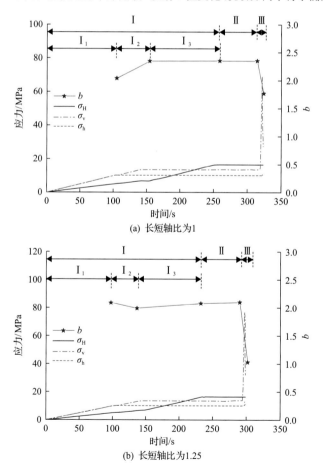

(a) 长短轴比为1

(b) 长短轴比为1.25

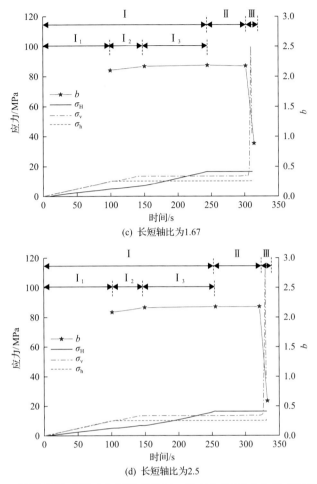

图 2-87　不同长短轴比的冲击岩爆声发射 b 值变化(扰动方向垂直于椭圆短轴)

根据实验结果，可将冲击岩爆过程分为三个阶段，Ⅰ为三向静应力加载达到初始地应力水平阶段，Ⅱ为应力保持阶段，Ⅲ为施加动力扰动阶段。其中阶段Ⅰ又可以细分为三个小阶段，I_1 为三向同时加载阶段，I_2 为一向保载、两向加载阶段，I_3 为两向保载、一向加载阶段，如图 2-82、图 2-83 所示，σ_H 为水平左右方向应力，σ_v 为垂直方向应力，σ_h 为水平前后方向应力。

在岩爆发生时刻，声发射参数发生了明显变化，AE 计数达到最大值，主频分布发散且出现了较多低频信号，b 值迅速下降。椭圆形巷道相较于圆形巷道更不易发生岩爆灾害，能够明显降低 AE 振铃计数，椭圆长短轴比越大，降低的比率越大。但随着深部应力的增大，椭圆形巷道产生岩爆时，长短轴比越大，将会有更多的 AE 振铃计数且 b 值降低幅度更大。总的来说，椭圆形巷道相较于圆形巷道更不易发生岩爆灾害，且椭圆长短轴比越大，越难发生冲击岩爆，但若发生冲击岩爆，剧烈程度则更高。

4. 结果分析

总体上看，不同长短轴比的试件 AE 振铃计数和累计 AE 振铃计数都表现出相同的变化趋势。在阶段 I_1，岩石三向同时受压，内部空隙和微裂纹闭合，产生了较多的声发射事件，此时 AE 振铃计数的活动性较强，累计 AE 振铃计数增加迅速。相对于阶段 I_1，阶段 I_2 和阶段 I_3 分别为两向同时加载和单向加载，岩石产生的声发射事件较少，AE 振铃计数活动性明显降低，累计 AE 振铃计数的增加速率明显变缓，阶段 I_3 的值要更小。说明加载方向的个数对声发射的活动性影响较大。在阶段 II AE 振铃计数基本为零，累计 AE 振铃计数保持水平，此时试样处于保载阶段，试样内部没有产生损伤和破坏。在阶段 III，受到扰动荷载的作用，岩石内部的裂纹迅速贯通，产生了宏观的破坏现象，声发射活动性明显增强，累计 AE 振铃计数迅速增加，在岩爆时刻达到最大值。

主频值是声发射波形经过快速傅里叶变换后所对应的最大频率，根据主频的分布特征，将其分为四个区间，分别为低频(0～100kHz)、中频(100～200kHz)、高频(200～340kHz)及超高频(>340kHz)。可以看出，不同长短轴比的试件在主频分布上有着相同的规律。在阶段 I_1，主频主要分布在 100～200kHz。在阶段 I_2，可以明显地看出主频带变窄，主要分布在 100～160kHz。随后，在阶段 I_3，主频分布带再次变窄，主要分布在 120～150kHz，说明加载方向的个数对主频带的分布有较大的影响，加载方向个数越多，主频带的分布越宽。在整个阶段 I 中，中频占主要地位，高频及超高频也存在该阶段，但是占比较小。在阶段 II，基本没有声发射信号。在阶段 III，由于岩爆现象的发生，可以明显地观察到信号的增多，出现了低频带的信号，分布范围在 40～70kHz。同时，之前变窄的中频带又再次变宽，将 100～200kHz 的分布带填充满，且中频带在所有频带分布中依旧占主要地位，高频和超高频分布带的信号点明显增多。在该阶段中，频带分布范围更广更宽。低频信号对应大破裂，高频信号对应小破裂，而该阶段出现了从低频到超高频的所有信号点，说明在岩爆破坏过程中，既存在大破裂现象，也存在微小破裂现象，也说明岩爆过程的复杂性，产生声发射信号的多样性。

选取各个阶段的末时刻作为分析的特征点，共计 5 个，求出该特征点的声发射 b 值。可以看出，不同长短轴比的试件在加载过程中 b 值的变化趋势基本相同。在阶段 I_2、I_3，除了长短轴比为 1.67 的试件，其他试件的 b 值都出现了增高的趋势，此时对应着小尺度的破裂，说明在加载至初始地应力的过程中，试件内部的裂纹闭合贯通，部分裂纹扩展，并没有产生较大破坏，以小尺度破坏为主。在阶段 II，处于保载阶段，b 值基本上保持不变。在阶段 III，b 值出现了大幅度的降低，这个阶段以大尺度破坏为主，岩石内部裂纹迅速贯通，大量碎屑从巷道剥落或喷射出来，形成宏观的岩爆现象。b 值的降低幅度可以反映破坏强弱。可以发现，随着长短轴比的增大，b 值的降低幅度也呈现增大的趋势，说明长短轴比大的试件在产生岩爆破坏时大尺度破坏的现象更为严重。

2.5.3　深部建井岩体岩爆应力演化模型

根据现场调查及理论与实验分析，可以建立工程现场岩爆应力演化模型和岩爆板裂结构演化模型。

1)岩爆应力演化模型

岩爆应力演化模型如图 2-88 所示。由岩爆应力演化模型可以看出，巷道开挖前，岩体处于三向应力平衡状态，巷道开挖后，由于工程岩体单向或双向突然卸载，积聚在岩体内的能量瞬间释放，从而造成岩爆。

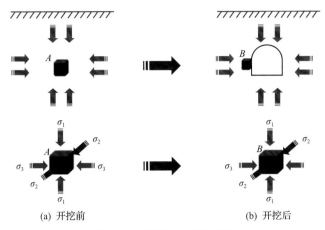

(a) 开挖前　　　　　　　　　　　(b) 开挖后

图 2-88　岩爆应力演化模型

2) 岩爆板裂结构演化模型

岩爆板裂结构演化模型如图 2-89 所示。由岩爆板裂结构演化模型可以看出，巷道开挖后，由于能量的不断积聚，使得巷道浅层围岩出现垂直板裂化，随着能量急剧的增大，围岩表面出现屈曲变形，当能量积聚到一定程度后，就会在围岩内部发生岩爆。

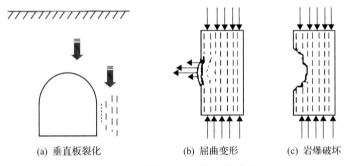

(a) 垂直板裂化　　　　　(b) 屈曲变形　　　　　(c) 岩爆破坏

图 2-89　岩爆板裂结构演化模型

2.5.4　岩爆能量准则

通过现场调研获得的岩爆破坏特点及室内实验分析可以看出，开挖临空和非均压造成的应力集中是诱发岩爆的主要因素。

根据 Mohr-Coulomb 强度准则，地下巷道围岩未开挖时，处于原始地应力状态，包络曲线位于莫尔包络线之内，整体是稳定的(图 2-90)。

由于巷道开挖后形成临空面，一向应力 σ_3 卸载为 0(图 2-90 中箭头①)，有效的支护会恢复部分已卸载的应力(图 2-90 中箭头②)，此时整体仍处于莫尔包络线之内，是稳定的。

在深部井巷开挖过程中，由于开采动压效应，切向应力 σ_1 逐渐集中，按照静水压力下围岩应力分布特点，应力集中系数最大可以达到原岩应力的 2 倍(图 2-91)。

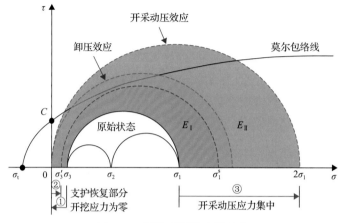

图 2-90　诱发岩爆的力学效应

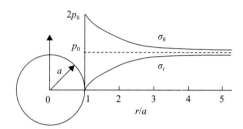

图 2-91　静水压力下围岩应力分布特点

此时，随着应力集中程度的不断增加，由开采动压效应形成的莫尔圆所产生的弹性变形能量 E_{II} 与支护-围岩所能承受的能量 E_I 之间就会产生能量差 ΔE（图 2-92），一旦超出煤岩体所能承受的极限，在动荷载作用下，就会造成能量的突然释放，从而产生岩爆大变形，而岩爆程度的强弱，则与应力集中所产生的能量 E_{II} 大小密切相关。由此可以建立深部建井岩体岩爆发生的能量准则：$\Delta E > 0$。

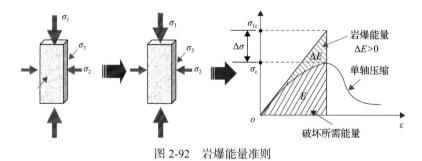

图 2-92　岩爆能量准则

2.6　深部建井突出型复合灾害机理

2.6.1　实验装备

针对深部建井过程中出现的由于井巷开挖造成的煤与瓦斯突出复合灾害，采用自主研发的深部矿建井复合灾害实验系统[63]（图 2-93）开展相关实验研究[63-65]。该实验系统由突出腔体系统、应力加载系统、声发射监测系统、数据采集控制系统组成。轴压、双向围压可加载至 30MPa，瓦斯压力可加载至 10MPa。突出腔室尺寸为 20cm×20cm×20cm，突出弱面设置为圆孔，直径尺寸为 80mm。采用抗压强度 20MPa（与煤样抗压强度接近），厚度为 5mm 的高强亚克力玻璃板遮挡密封。

图 2-93　深部矿建井复合灾害实验系统

2.6.2　实验设计

以我国某煤与瓦斯突出复合灾害典型矿井为例，结合该矿井深部岩体地应力实测资料确定不同埋深下实际地应力取值，采用相似模拟实验方法，原煤与型煤的密度比值取 1.1，长度比值为 7.5，地应力相似比为 8.3，瓦斯压力相似比为 1.0，进而确定实验垂直应力、最大水平应力、最小水平应力及瓦斯压力取值。

实验主要分为以下步骤。

(1) 型煤制作。将配比好的煤粉置于压力腔内，由上端压力机施加垂直方向的压力，为保证型煤试件强度和完整，分三次加载，最终成型压力为 20MPa，压力腔受压面积为 400cm²，计算得到的成型压力为 800kN。成型压力加载方案为：①将煤粉填满压力腔，施加 500kN 压力，稳压 10min；②卸载压力，将煤样上表面用刮板刮开防止二次施加压力时型煤试件出现断层，继续填满煤粉，进行二次加载，压力为 800kN，稳压 10min；③卸载压力，将煤粉填满压力腔，实施最后加载，压力为 800kN，稳压 30min。型煤成型后由突出口观察成型试件是否完整，有无破碎痕迹，若型煤试件完整，则准备下一步实验。若型煤试件破碎，则重复上述步骤重新压制型煤。成型良好的试件，由突出口处观察可发现型煤表面平整、光滑，无裂纹，成型后不再取出。

(2) 安装突出弱面。将带有密封圈的亚克力玻璃板通过挤压的方式安装在突出口，与型煤表面直接接触，模拟突出弱面。

(3) 设备连接及检查密闭性。型煤完成后，连接各操作系统，检查并确保突出装置的密封性及稳定性。

(4) 抽真空及充气吸附。对突出装置进行真空处理，用时约 3h，关闭真空阀门，充入氮气，施加孔隙压，模拟吸附 24h。

(5) 应力及瓦斯压力加载。根据模型与原型的相似比推出实验应力的取值，具体施加方案见表 2-25，根据《煤矿安全规程》中定义的瓦斯压力临界值 0.74MPa，故最小瓦斯压力设置为 0.75MPa。实验装置中突出弱面设计为主动突出，保持三向应力不变，逐级增加瓦斯压力，直至突出发生，至此完成一组实验。

(6) 数据收集与整理。保存并提取煤与瓦斯突出全过程中声发射监测仪测得的数据，以便日后数据整理和分析。

(7) 根据上述步骤，更换三向应力施加条件，重复实验。

表 2-25　三向应力及瓦斯压力加载方案

煤层深度/m	三向应力/MPa			瓦斯压力
	σ_v	σ_H	σ_h	
600	1.76	2.64	1.44	
800	2.20	3.20	1.88	0.75~1MPa 时，稳压 200s;
1000	2.70	3.80	2.30	1.0~2.0MPa 时，以每级 0.2MPa 加载，每次加压稳压 100s;
1200	3.27	4.36	2.77	2.0~3.0MPa 时，以每级 0.1MPa 加载，每次加压稳压 100s
1400	3.77	4.93	3.21	

2.6.3　实验结果

开展深部矿建井突出型复合灾害实验，再现突出型复合灾害孕育、潜伏、发生、发展全过程(图 2-94)，发现突出型复合灾害发生瞬时具有阵发间歇性及突出延时特征(图 2-95)，验证了突出层裂现象(图 2-96)。

1. 突出现象

由图 2-94 可知，在突出过程中，不同埋深下瓦斯压力变化情况基本相似，均是降低

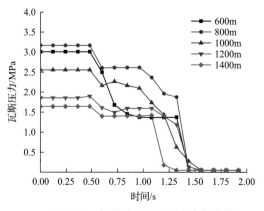

图 2-94　突出瞬时瓦斯压力降低曲线

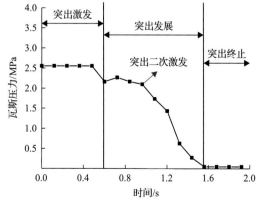

图 2-95　突出延时特征曲线

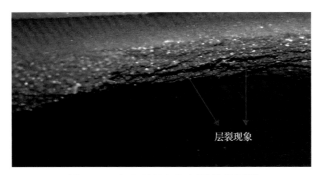

层裂现象

图 2-96　突出型复合灾害层裂现象[63]

到某一压力值稳定一段时间后再快速降低，直至接近大气压，此时突出完全结束，说明煤与瓦斯突出过程往往不是连续的，而是经过短暂暂停后再次达到突出临界条件诱发突出，形成二次突出甚至多次突出，如埋深 800m 条件下发生了三次突出，这是因为在 800m 实验条件下，临界瓦斯压力最高，因此抛出煤体在瓦斯压力梯度作用下会激发多次突出，其突出强度最为严重。

如图 2-95 所示，从瓦斯压力的变化过程可以看出，三次瓦斯压力的降幅分别为 15.3%、3.0% 和 97.8%，说明煤与瓦斯突出不是连续的，而是经过短暂暂停又再次激发的过程，这是因为腔内煤体应力状态发生变化导致煤体破坏失稳，达到临界突出条件时，积聚在煤体内部的弹性势能和瓦斯内能急剧释放，破碎煤体被抛出；由于部分突出碎煤堆积在突出口处，导致瓦斯-煤粉流通道减小，腔内瓦斯压力将会升高，当达到新的临界条件时，会再次将井壁附近的煤体粉碎并抛出，随着瓦斯压力逐渐减小，突出强度将逐渐减弱，难以满足突出条件，突出停止。突出后井壁残余煤样的突出孔洞会出现层裂现象(图 2-96)。

2. 突出型复合灾害危险性指标

利用声发射能量分析突出型复合灾害前兆规律，提出实验室尺度下预测突出型复合灾害的危险性指标。

指标 1：活跃期与平稳期累计 AE 能率比值 L_1。

实验模拟了不同埋深的深部地应力环境下，随瓦斯压力增加，复合灾害由孕育到发生的全过程(表 2-26)。期间通过声发射监测仪对其进行监测，以模拟 1000m 埋深时，声发射监测仪监测得到的能量变化曲线(图 2-97)，根据 AE 能量变化情况，可将煤与瓦斯突出分为四个时期。

表 2-26　不同埋深下瓦斯压力加载情况

埋深/m	瓦斯压力加载时间/s	临界瓦斯压力/MPa	相对突出强度/%
600	1921	3.010	86.50
800	1803	3.166	85.86
1000	1084	2.554	82.19
1200	720	1.892	78.46
1400	595	1.638	73.86

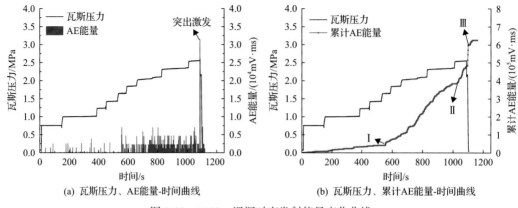

(a) 瓦斯压力、AE能量-时间曲线　　　　(b) 瓦斯压力、累计AE能量-时间曲线

图 2-97　1000m 埋深时声发射能量变化曲线

平稳期：在 0～550s 内为瓦斯压力加载初期，此时所收集的声发射信号较少，煤体内部仅产生微裂纹，释放能量较少，AE 能量处于较低水平，累计 AE 能量曲线上升平缓，上升斜率 k_1=82。

活跃期：在 550～1000s 内，随着瓦斯压力的持续加载，气体不断渗透进煤体微裂纹，使得煤体微裂纹扩展，融合成宏观裂纹，因此这一阶段 AE 能量大幅度增加，煤体内部信号活跃，强度大，累计 AE 能量曲线突然变陡，上升加快，上升斜率 k_2=758，变化幅度为前一阶段的 9.2 倍。

激发期：在 1000～1084s 内，瓦斯压力不断增大使得煤体内裂纹逐步增多达到峰值，此时煤体保持一个稳定状态，声发射信号相较前一阶段减弱，但仍维持较高水平；当加载时间为 1084s 时达到临界瓦斯压力发生突出，释放大量能量，瓦斯压力骤降，此时 AE 能量达到最大，为 31301mV·ms，对应累计 AE 能量曲线的斜率 k_3 接近无穷大。

终止期：在 1084s 后，瓦斯压力并不会直接降至大气压，而是经过短暂暂停后又再次激发，只有当突出孔洞内瓦斯压力不再满足突出条件时，突出终止，对应累计 AE 能量曲线则升高后变平缓，斜率 $k_4 \approx 0$。

由图 2-97 可知，在埋深 1000m 实验条件下，当累计 AE 能量曲线斜率增长幅度为原来的 9.2 倍时，煤与瓦斯突出危险性由弱突出危险转化为强突出危险。声发射的产生、衰弱与瓦斯压力加载过程紧密相关，瓦斯压力加载产生声发射信号，而声发射信号又能反映煤体的破裂情况，通过声发射能量变化分析煤与瓦斯突出前兆信息是完全可行的。

根据不同埋深下、不同阶段煤与瓦斯突出累计 AE 能量曲线变化特征，建立声发射各突变阶段能率和煤与瓦斯突出孕育阶段的对应关系。定义突变点 I 前阶段为突出孕育阶段平稳期，突变点 II 前阶段为突出孕育阶段活跃期，活跃期与平稳期累计 AE 能率(即累计 AE 能量曲线斜率)比值定义为 L_1，则有

$$L_1 = \frac{k_2}{k_1}$$

式中：k_1 为平稳期累计 AE 能率；k_2 为活跃期累计 AE 能率。

不同埋深下 L_1 计算结果见表 2-27。

表 2-27　不同埋深下 L_1 计算结果

埋深/m	k_1	k_2	L_1
600	168	1014	6.0
800	129	515	4.0
1000	82	758	9.2
1200	244	2296	9.4
1400	235	1487	6.3

通过对表 2-27 中不同埋深下不同阶段声发射指标统计分析，得到不同条件下 L_1 计算结果，确定实验条件下累计 AE 能率临界指标。

(1) 当 $L_1<4.0$ 时，可认为煤样处于煤与瓦斯突出孕育阶段平稳期，具有弱突出危险性。

(2) 当 $L_1>4.0$ 时，可认为煤样处于煤与瓦斯突出孕育阶段活跃期，具有强突出危险性。

(3) 当 $L_1=4.0$ 时，可认为煤样处于煤与瓦斯突出孕育阶段平稳期到活跃期的临界状态。

指标 2：平均 AE 能量临界指标。

以模拟 1000m 埋深时，平均 AE 能量变化曲线与瓦斯压力关系为例(图 2-98)，说明瓦

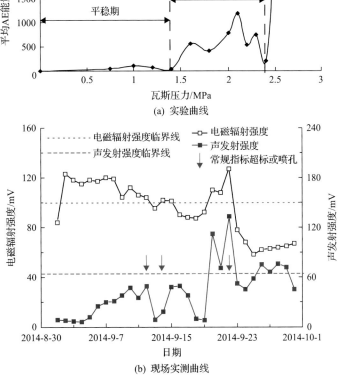

图 2-98　平均 AE 能量现场数据与实验数据比较

斯压力变化对突出型复合灾害的影响。

可以看出，在实验条件下，腔内煤体由"微裂纹"产生到"宏观裂纹"扩展，再到"失稳破坏突出"，各个阶段的 AE 能量变化明显，得到如下结论：在突出孕育阶段平稳期，煤体内部产生声发射能量水平较低，煤体仅发生微破裂，具有弱突出危险性，平均 AE 能量约为 67mV·ms；在突出孕育阶段活跃期，声发射能量发生突变，平均 AE 能量为 605mV·ms，变化幅度为前一阶段的 9.02 倍，此时煤体进入宏观破裂阶段，具有强突出危险性；当受载煤体达到临界突出条件发生突出时，平均 AE 能量将达到最大，为 2621mV·ms，约为前一阶段 AE 能量的 3 倍。

以不同埋深下、不同阶段煤与瓦斯突出平均 AE 能量变化特征，建立声发射能量参数和煤与瓦斯突出前兆信息的对应关系。定义活跃期与平稳期平均 AE 能量均值比值 L_2，激发期与平稳期平均 AE 能量均值比值 L_2'，则有

$$L_2 = \frac{\overline{E}_2}{\overline{E}_1}$$

$$L_2' = \frac{\overline{E}_3}{\overline{E}_1}$$

式中：$\overline{E}_1$ 为平稳期平均 AE 能量均值，mV·ms；$\overline{E}_2$ 为活跃期平均 AE 能量均值，mV·ms；$\overline{E}_3$ 为激发期平均 AE 能量均值，mV·ms，结果见表 2-28。

通过对表 2-28 中不同埋深下不同阶段声发射指标进行统计分析，最终得到不同阶段平均 AE 能量变化情况，根据不同条件下 L_2、L_2' 计算结果，确定实验室实验条件下平均 AE 能量临界指标。

(1) 当 $L_2 < 5.0$ 时，煤样处于煤与瓦斯突出孕育阶段平稳期，具有弱突出危险性；

(2) 当 $L_2 > 5.0$ 时，煤样处于煤与瓦斯突出孕育阶段活跃期，具有强突出危险性；

(3) 当 $L_2 = 5.0$ 时，煤样处于煤与瓦斯突出孕育阶段平稳期至活跃期的临界状态。

表 2-28 不同埋深下不同阶段声发射指标

埋深/m	平稳期/(mV·ms)	活跃期/(mV·ms)	激发期/(mV·ms)	L_2	L_2'
600	187	940	1885	5.0	10.1
800	130	682	1879	5.2	14.45
1000	67	605	2621	9.0	39.1
1200	267	1872	4350	7.01	16.26
1400	289	1611	3388	5.5	11.55

指标 3：高能级频次与低能级频次比值。

该指标可作为瓦斯突出孕育阶段平稳期和活跃期判别参数。结合前人研究结果，将 $E < 1000$mV·ms 声发射能量幅值定义为低能级，其发生的次数 N_L 定义为低能级频次；将 $E \geqslant 1000$mV·ms 声发射能量幅值定义为高能级，其发生的次数 N_H 定义为高能级频次。

根据不同埋深下、不同阶段煤与瓦斯突出能级频次变化特征(图 2-99)，建立不同能级频次和煤与瓦斯突出孕育阶段的对应关系。定义高能级频次与低能级频次比值 L_3，则有

$$L_3 = \frac{N_H}{N_L}$$

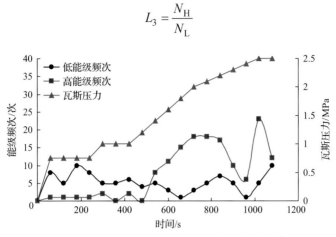

图 2-99　1000m 埋深时瓦斯压力与能级频次的关系

由图 2-99 可知，低能级频次的变化趋势为迅速升高—缓慢降低，而高能级频次的变化趋势为缓慢增长—迅速升高。在加载初期，即瓦斯压力小于 1.2MPa 时，低能级频次发生概率远高于高能级频次，约为高能级频次的 5 倍，说明此时低声发射能量占主导地位，煤体内部仅发生微破裂，产生微裂隙；当加载到 500s 后，即瓦斯压力加载至 1.4MPa 后，此阶段高能级频次占主导地位，约为低能级频次的 3.5 倍，煤体内部微裂隙不断扩展成宏观裂纹，煤体破坏严重，具有突出危险性。因此，根据煤与瓦斯突出实验过程中声发射能级频次的变化情况可得如下判据：当低能级频次为高能级频次的 5 倍时为受载煤体微破裂阶段，此时低能级频次占主导地位，具有弱突出危险性；当高能级频次为低能级频次的 3.5 倍时为受载煤体宏观裂纹破坏阶段，此时高能级频次占主导地位，具有强突出危险性。

比值 L_3 表述了加载过程中煤体声发射能量变化趋势，煤体内部产生声发射能量幅值较低时，仅产生微裂纹，此时低能级占主导地位；当声发射能量幅值较高时，煤体发生破裂，产生宏观裂纹，此时高能级占主体地位。分别计算不同埋深下能级频次比值，结果见表 2-29。

表 2-29　不同埋深下能级频次比值

时期	参数	埋深				
		600m	800m	1000m	1200m	1400m
平稳期	低能级频次/次	20	11	10	27	24
	高能级频次/次	6	3	2	4	6
	L_3	0.3	0.27	0.2	0.15	0.25
活跃期	低能级频次/次	6	6	4	11	12
	高能级频次/次	15	13	14	41	30
	L_3	2.5	2.2	3.5	3.7	2.5

研究表明,声发射能量与埋深具有很好的对应关系(图 2-100),据此提出了实验室尺度下基于声发射能量的煤与瓦斯突出危险性指标(表 2-30)。

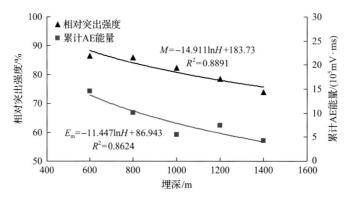

图 2-100　声发射能量与埋深的关系

M 为相对突出强度;E_m 为累计 AE 能量

表 2-30　基于声发射能量的煤与瓦斯突出危险性指标

突出危险性	L_1	L_2	L_3	高低能级频次变化趋势
弱	<4.0	<5.0	<0.3	低能级占主体地位
强	>4.0	>5.0	>2.2	高能级占主体地位

(1)当 $L_1<4.0$、$L_2<5.0$、$L_3<0.3$ 时,煤样处于突出孕育阶段平稳期,具有弱突出危险性。

(2)当 $L_1>4.0$、$L_2>5.0$、$L_3>2.2$ 时,煤样处于突出孕育阶段活跃期,具有强突出危险性。

(3)当 $L_1=4.0$、$L_2=5.0$、$0.3\leqslant L_3\leqslant2.2$ 时,煤样处于突出孕育阶段平稳期到活跃期的临界状态。

指标 4:从声发射能量角度定义反映突出型复合灾害突出孕育阶段危险性强弱的量化指标 N_1(图 2-101、图 2-102)。

图 2-101 为埋深 1200m 和 1400m 条件下突出型复合灾害声发射能量变化曲线。通过

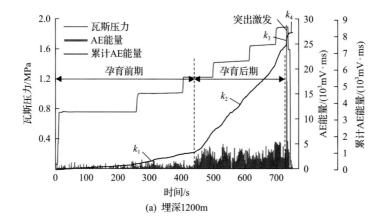

(a) 埋深1200m

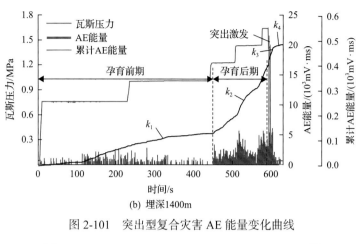

(b) 埋深1400m

图 2-101　突出型复合灾害 AE 能量变化曲线

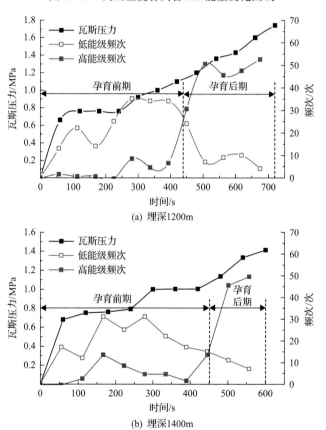

(a) 埋深1200m

(b) 埋深1400m

图 2-102　突出型复合灾害突出孕育阶段瓦斯压力与能级频次的关系

对比可知，在埋深 1400m 实验条件下声发射能量变化同样经历了"平稳—升高—峰值"的变化过程，与埋深 1200m 实验条件下声发射能量变化情况相似，不同的是在瓦斯压力为 0.75MPa 时声发射能量变化幅度较大，但是加载至 1MPa 时较之前声发射能量变化幅度减小，分析原因可能是煤体在高地应力水平下初始破坏较大，进行瓦斯压力加载后，型煤在瓦斯压力作用下会加快破裂，产生更多的声发射信号，声发射能量变化情况明显，微裂纹逐渐增多，但瓦斯压力不足以使微裂纹继续扩展，故破坏强度将会减弱，只有当瓦斯压力继续增加时，煤体内部才会产生宏观裂纹，累计 AE 能量曲线变陡。对应各个时期的累计 AE 能量曲线斜率分别为：在 0～451s，对应斜率 k_1=235；在 451～595s，对应斜率 k_2=1487，为前一阶段的 6.3 倍；在 595～604s，对应斜率 k_3 无穷大；在 604s 之后，累计 AE 能量趋于平缓，$k_4 \approx 0$。

随瓦斯压力加载，N_L、N_H 轨迹发生第一次交汇，表明从该点开始煤体内部裂隙增多，且尺度变大，具备了突出潜能。图 2-102 表明：不同埋深下 N_L、N_H 轨迹交汇时间点与突出孕育前后时间点对比数值相近，表明定义的声发射能级临界指标 E=1000mV·ms 具有合理性，能级频次可很好地反映突出过程中煤体破坏进入孕育后期的时间。在孕育前期低能级频次占主导地位，在孕育后期高能级频次占主导地位，随着埋深增加，突出孕育后期时间越短，突出突发性增强，所以在 N_L、N_H 第一次交汇时，应及时采取预防措施。

据此，提出了突出型复合灾害前兆危险性分区指标 N_1。N_1 表示煤体从稳定破坏阶段进入连续破坏阶段声发射强度的扩大倍数，计算方法为 $N_1 = \dfrac{V_2}{V_1}$。式中：V_1 为稳定破坏阶段单位时间声发射强度，mV；V_2 为连续破坏阶段单位时间声发射强度，mV。

埋深 1100～1700m，$N_1 \geqslant 7$ 时有突出危险；

埋深 1600～2700m，$N_1 \geqslant 3$ 时有突出危险（图 2-103）。

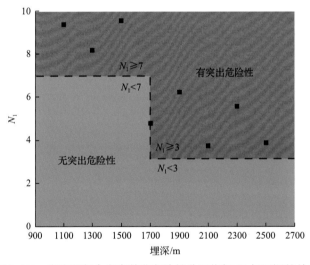

图 2-103 突出型复合灾害前兆危险性分区指标 N_1 与埋深的关系

危险性指标 N_1 计算结果在 3.74～9.54，总体表现为随着埋深的增大而降低。但在不同的埋深区间内，N_1 的变化规律表现出不同的分布特点。根据埋深条件，将 N_1 划分为两个集中区域。

(1) 当埋深处于 1100～1700m 范围内，计算得到 N_1 在 8.18～9.54，为了有效精准地预测、预防煤与瓦斯突出，将 N_1 突出危险范围设定为 $N_1 \geqslant 7$，即埋深在 1100～1700m 范围内，单位时间内的声发射强度突然增大 7 倍以上，预示着煤体进入连续破坏阶段，新生裂纹增多，裂纹扩展加剧，具备突出危险性，应及时加以预防。

(2) 当埋深加深时，在 1700~2500m 范围内，计算得到 N_1 在 3.74~6.24，为了有效精准地预测、预防煤与瓦斯突出，将 N_1 突出危险范围设定为 $N_1 \geqslant 3$，即埋深在 1700~2500m 范围内，单位时间内的声发射强度突然增大 3 倍以上，预示着煤体进入连续破坏阶段，新生裂纹增多，裂纹扩展加剧，具备突出危险性，应及时加以预防。本次实验最大埋深为 2500m，若煤层埋深条件继续加深，则当 $N_1 < 3$ 时，煤体也可能会具备突出危险性。

从危险性指标 N_1 随埋深的分布特点上可以看出，随着埋深的增加，煤体从无突出危险性到具备突出危险性所表现出的声发射现象更不明显，表明深部煤与瓦斯突出的突发性和难以预测的特点，因此，着重研究深部煤与瓦斯突出前兆信息和突出预测指标显得尤为重要。

即灾害孕育阶段，深部较浅部煤体破裂不显著，具有潜伏性和隐蔽性。深部较浅部，地应力越大，地应力侧压系数和临界瓦斯压力越小，煤与瓦斯突出临界指标越小，煤体有效应力越具有突出危险性，易发生低指标突出(图 2-104)，为煤炭深部建井复合灾害预测和防治提供科学参考。

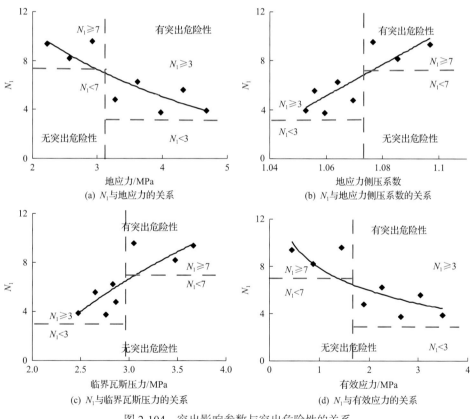

图 2-104　突出影响参数与突出危险性的关系

3. 突出规律分析

1) 声发射能量与突出参数的关系

结果表明(图 2-100)：不同埋深下相对突出强度与累计 AE 能量拟合曲线均符合对数

函数，二者变化趋势一致，随着埋深增加，累计 AE 能量与相对突出强度明显降低，可以推断，突出孕育阶段煤体破裂程度对煤与瓦斯突出强度有重要影响。分析可知，在地应力和瓦斯压力作用下，煤体内部微裂纹不断萌生、扩展、融合形成宏观裂纹，并以弹性波形式释放，产生声发射信号。煤体内部破裂越严重，则累计 AE 能量越高，积聚在煤体内部的弹性势能和瓦斯内能越多，因此达到临界条件时释放能量越多，使得煤与瓦斯突出越严重。可以看出，临界瓦斯压力、相对突出强度、累计 AE 能量三者密切相关，突出孕育阶段的煤体破裂程度是决定煤与瓦斯突出强度的重要因素。

2) 突出参数阶段性变化特征

在实验基础上研究发现，突出型复合灾害突出前兆信息深部和浅部有明显不同，相对突出强度、临界瓦斯压力等突出特征参数在不同埋深区间表现出阶段性变化特征(图 2-105、图 2-106)。

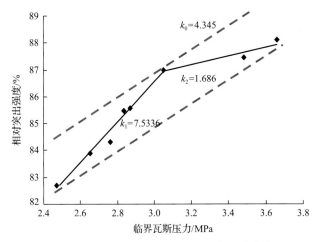

图 2-105　相对突出强度随临界瓦斯压力变化

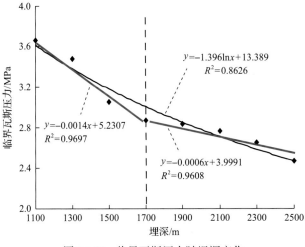

图 2-106　临界瓦斯压力随埋深变化

相对突出强度随临界瓦斯压力的增大表现出不同的变化趋势，可将相对突出强度与临界瓦斯压力之间的变化规律分为两个阶段。当临界瓦斯压力在 2.47~3.05MPa 时，相对突出强度随临界瓦斯压力的变化规律符合线性变化：$y=7.5336x+63.917$，$R^2=0.9775$，此阶段相对突出强度随临界瓦斯压力的增长率 $k_1=7.5336$。当临界瓦斯压力大于 3.05MPa 时，相对突出强度仍随临界瓦斯压力的增大而增大，但增长率下降，变化规律：$y=1.686x+81.779$，$R^2=0.8864$，增长率 $k_2=1.686$，与上一阶段相比下降了 77.62%，降幅明显，说明随着临界瓦斯压力的升高，煤与瓦斯突出强度增大，但增长率并非是固定值。当临界瓦斯压力大于某一值(本实验条件下为 3.05MPa)，相对突出强度随临界瓦斯压力的增长幅度减小，且降幅明显(降低 77.62%)，表现出两种不同的变化趋势，两个阶段的增长率分别为 $k_1=7.5336$ 和 $k_2=1.686$，与平均增长率 $k_0=4.3454$ 偏差幅度分别为 73.37% 和 61.20%，偏差幅度较大。因此，在实际工程中考察临界瓦斯压力对突出强度的影响时，不应定义为简单的线性关系，应考虑不同阶段的变化规律，临界瓦斯压力的跨度越大，变化规律的阶段性越强。

突出型复合灾害是由地应力和瓦斯压力共同作用引发的，随煤层埋深增加，地应力增大，导致突出临界瓦斯压力改变。具体临界瓦斯压力随埋深的变化规律如图 2-106 所示。随着埋深的增大，临界瓦斯压力逐渐降低，实验范围内基本符合对数变化规律，拟合关系为 $y=-1.396\ln x+13.389$，拟合相关系数为 $R^2=0.8626$。

临界瓦斯压力随埋深增加表现出两种不同变化规律。随着埋深的增加，相对深部的临界瓦斯压力变化规律较浅部明显不同。埋深在 1100~1700m 和 1700~2500m 范围内，临界瓦斯压力随埋深呈良好的线性变化，其拟合关系分别为

$$y = -0.0014x + 5.2307, \quad R^2 = 0.9697 \quad (1100\text{m} \leqslant x \leqslant 1700\text{m})$$

$$y = -0.0006x + 3.9991, \quad R^2 = 0.9608 \quad (1700\text{m} < x \leqslant 2500\text{m})$$

埋深 1100~1700m 区间内，临界瓦斯压力随埋深的变化率为–0.14MPa/100m，埋深 1700~2500m 区间内，临界瓦斯压力随埋深的变化率为–0.06MPa/100m，变化率降低了 2.33 倍。可以得出：当埋深达到一定深度后，临界瓦斯压力变化趋势将区别于浅部规律，因此，在深部开采过程中，若仍用浅部煤与瓦斯突出指标或参数预测深部突出灾害，准确性将极大降低。以上从实验室实验角度证明了深部开采过程中发生低指标、低参数突出原因。

3) 深部与浅部分界深度

通过定义并分析发生突出型复合灾害煤体破坏特征参数即起裂时间和起裂瓦斯压力变化规律，得到了深部和浅部起裂特征急剧变化分界深度为 1700m(图 2-107)，获得了深部较浅部突出孕育阶段活跃期能量增加显著，由波动特征逐渐向线性陡增特征过渡(图 2-108)。

从图 2-107 可以看出，有效起裂瓦斯压力与埋深呈负增长关系，线性拟合相关系数为 0.9189，有效起裂时间与埋深的线性拟合关系较差，但拟合相关系数也达到了 0.8856。随着埋深的增加，在本次实验范围内，相对深部区域煤体破坏特征参数变化规律较浅部明显不同。从图 2-107 中可以看到煤体破坏特征参数的两种变化趋势，以埋深 1700m 为转折点，当埋深超过 1700m 时，有效起裂时间和有效起裂瓦斯压力降低速率变缓。

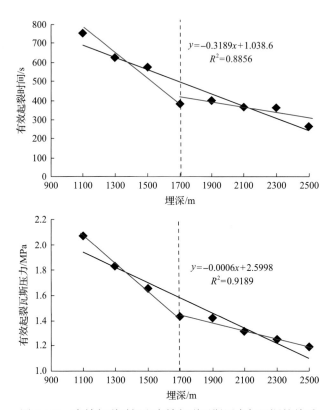

图 2-107　有效起裂时间和有效起裂瓦斯压力与埋深的关系

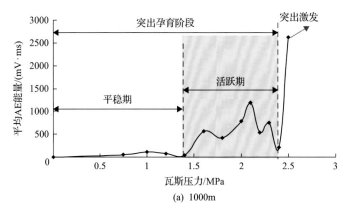

(a) 1000m

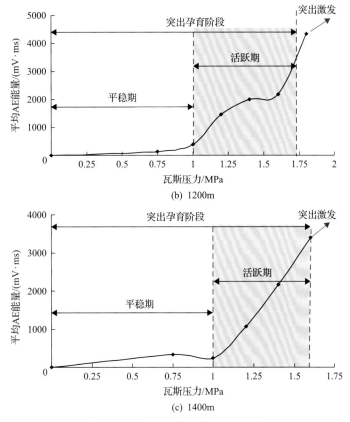

图 2-108　声发射能量陡增特征变化

4）声发射能量陡增特征

由图 2-108 可知，随埋深增加，煤与瓦斯突出复合灾害活跃期平均 AE 能量变化特征发生明显变化，由曲线波动特征向线性陡增特征过渡。埋深 1000m 时，煤与瓦斯突出复合灾害活跃期平均 AE 能量变化具有 3 个波峰和 2 个波谷；埋深 1200m 时，煤与瓦斯突出复合灾害活跃期平均 AE 能量变化曲线波动减少，只有 1 个波峰和 1 个波谷；埋深 1400m 时，煤与瓦斯突出复合灾害活跃期平均 AE 能量变化过渡为线性陡增特征，表明此时平均 AE 能量始终呈线性增加趋势，煤体内部破裂持续增加，煤与瓦斯突出复合灾害危险性增大。

2.6.4　结果分析

利用自主研发的深部矿建井复合灾害实验系统，开展深部复合灾害矿井不同埋深相似模拟实验，分析了煤与瓦斯突出复合灾害能量演化过程，建立了声发射参数特征和煤与瓦斯突出复合灾害前兆信息关系的指标。

研究结果表明：

（1）煤与瓦斯突出复合灾害过程经历了平稳期、活跃期、激发期和终止期 4 个时期，突出过程中声发射能量信号经历了"平稳→升高→峰值"的演化过程，表明煤与瓦斯突出是一个煤体破坏和能量积累的力学过程。

（2）在突出孕育阶段前期 AE 能量处于较低水平，累计 AE 能量上升平稳，低能级频次占主导地位，突出危险性较弱；突出孕育阶段后期 AE 能量大幅度增加，累计 AE 能量上升加快，高能级频次占主导地位，突出危险性较强。突出孕育不同时期 AE 能量信号的差异性可作为突出前兆信息，用于实时监测煤岩内部破裂动态变化情况，对突出复合灾害预测、预警具有指导意义。

（3）在煤与瓦斯突出复合灾害孕育阶段，低能级频次 N_L 的变化趋势为迅速升高—缓慢降低，而高能级频次 N_H 的变化趋势为缓慢增长—迅速升高。在孕育后期随着瓦斯压力的逐级加载，低地应力实验条件下，煤体声发射能级变化趋势呈波动特性，而在高地应力实验条件下，高能级频次发生概率显著增多，表明煤体所受地应力水平较高，煤体内部初始破坏严重，更易发生煤与瓦斯突出复合灾害。

（4）从声发射能量角度定义了反映煤与瓦斯突出孕育阶段危险性强弱的量化指标，分别为活跃期与平稳期累计 AE 能率比值 L_1、平均 AE 能量比值 L_2、高能级频次与低能级频次比值 L_3，建立了实验条件下突出危险性指标，当 $L_1<4.0$，$L_2<5.0$，$L_3<0.3$ 时，煤体具备弱突出危险性，当 $L_1>4.0$，$L_2>5.0$，$L_3>2.2$ 时，煤体具有强突出危险性；

（5）突出型复合灾害突出前兆信息深部和浅部有明显不同。相对突出强度、临界瓦斯压力等突出特征参数在不同埋深区间表现出阶段性变化特征，深部和浅部起裂特征急剧变化分界深度为 1700m，深部较浅部突出孕育阶段活跃期能量增加显著，由波动特征逐渐向线性陡增特征过渡。

参 考 文 献

[1] Bish D L. Rietveld refinement of the kaolinite structure at 1.5 K [J]. Clays and Clay Minerals, 1993, 41(4): 738-744.

[2] He M C, Zhao J. First-principles study of atomic and electronic structures of kaolinite in soft rock[J]. Chinese Physics B, 2012, 21(3): 036825.

[3] He M C, Zhao J, Fang Z J, et al. First-principles study of isomorphic（'dual-defect'）substitution in kaolinite[J]. Clays and Clay Minerals, 2012, 59(5): 501-506.

[4] Sato H, Ono K, Johnston C T, et al. First-principle study of polytype structures of 1:1 dioctahedral phyllosilicates[J]. American Mineralogist, 2004, 89: 1581-1585.

[5] Benazzouz B K, Zaoui A. A nanoscale simulation study of the elastic behaviour in kaolinite clay under pressure[J]. Materials Chemistry and Physics, 2012,132:880-888.

[6] Wang Z, Wang H, Cates M E. Effective elastic properties of solid clays [J]. Geophysics, 2001, 66: 428-440.

[7] He M C, Fang Z J, Zhang P. Theoretical studies on the defects of kaolinite in clays[J]. Chinese Physics Letters, 2009, 26(5): 059101.

[8] Zhao J, Qin X Z, Wang J M, et al. Effect of Mg(II) and Na(I) doping on the electronic structure and mechanical properties of kaolinite[J]. Minerals, 2020, 10(4): 368.

[9] Neder R B, Burghammer M, Grasl T H, et al. Refinement of the kaolinite structure from single-crystal synchrotron data [J]. Clays and Clay Minerals, 1999, 47: 487-494.

[10] Wenk H R, Voltolini M, Mazurek M, et al. Preferred orientations and anisotropy in shales: Callovo-Oxfordian shale（France）and opalinus clay[J]. Clays and Clay Minerals, 2008, 56: 285-306.

[11] Katahara K W. Clay mineral elastic properties[J]. SEG Technical Program Expanded, 1999, 15: 1691-1694.

[12] Wang Z, Wang H, Gates M E. Effective elastic properties of solid clays[J]. Geophysics, 2001, 66: 428-440.

[13] Zhao J, Cao Y, Zhang H J, et al. Investigation on atomic structure and mechanical property of Na- and Mg-montmorillonite under high pressure by first-principles calculations[J]. Minerals, 2021, 11(7):613.

[14] Tsipursky S I, Drits V. The distribution of octahedral cations in the 2∶1 layers of dioctahedral smectites studied by oblique-texture electron diffraction[J]. Clay Minerals, 1984, 19: 177-193.

[15] Voora V K, Al-Saidi W A, Jordan K D. Density functional theory study of pyrophyllite and M-montmorillonites (M = Li, Na, K, Mg, and Ca): role of dispersion interactions[J]. The Journal of Physical Chemistry A, 2011, 115: 9695-9703.

[16] Vanorio T, Prasad M, Nur A. Elastic properties of dry clay mineral aggregates, suspensions and sandstones[J]. Geophysical Journal International, 2003, 155: 319-326.

[17] Mondol N H, Jahren J, Bjørlykke K, et al. Elastic properties of clay minerals[J]. The Leading Edge, 2008, 27: 758-770.

[18] Benco L, Tunega D, Hafner J, et al. Upper limit of the O-H⋯O Hydrogen bond. AbInitio study of the kaolinite structure[J]. The Journal of Physical Chemistry B, 2001, 105(44): 10812-10817.

[19] 司雪峰, 宫凤强, 罗勇, 等. 深部三维圆形洞室岩爆过程的模拟试验[J]. 岩土力学, 2018, 39(2): 621-634.

[20] Brown E T, Hoek E. Trends in relationships between measured in-situ stresses and depth[J]. International Journal of Rock Mechanics and Mining Sciences, 1978, 15(4): 211-215.

[21] 张俊文, 范文兵, 宋治祥, 等. 真三轴不同应力路径下深部砂岩力学特性研究[J]. 中国矿业大学学报, 2021, 50(1): 106-114.

[22] 张俊文, 宋治祥, 范文兵, 等. 真三轴条件下砂岩渐进破坏力学行为试验研究[J]. 煤炭学报, 2019, 44(9): 2700-2709.

[23] 张俊文, 宋治祥. 深部砂岩三轴加卸载力学响应及其破坏特征[J]. 采矿与安全工程学报, 2020, 37(2): 409-418, 428.

[24] Zhang J W, Song Z X, Wang S Y. Mechanical behavior of deep sandstone under high stress-seepage coupling[J]. Journal of Central South University, 2021, 28(10): 3190-3206.

[25] Zhang J W, Song Z X, Wang S Y. Experimental investigation on permeability and energy evolution characteristics of deep sandstone along three-stage loading path[J]. Bulletin of Engineering Geology and the Environment, 2020, 80(1): 1-14.

[26] Na Z, He M C, Liu P Y. Water vapor sorption and its mechanical effect on clay-bearing conglomerate selected from China[J]. Engineering Geology, 2012, 141-142: 1-8.

[27] Na Z, Liu L B, Hou D W, et al. Geomechanical and water vapor absorption characteristics of clay-bearing soft rocks at great depth [J]. International Journal of Mining Science and Technology, 2014, 24(6): 811-818.

[28] 何满潮, 周莉, 李德建, 等. 深井泥岩吸水特性试验研究[J]. 岩石力学与工程学报, 2008(6): 1113-1120.

[29] 张娜, 何满潮, 郭青林, 等. 敦煌莫高窟围岩吸水特性及其影响因素分析[J]. 工程地质学报, 2017, 25(1): 222-229.

[30] 张秀莲, 韩宗芳, 韩文帅, 等. 南芬露天矿绿泥角闪岩吸水及强度软化规律[J]. 煤炭学报, 2018, 43(9): 2452-2460.

[31] 张娜, 王水兵, 何泉, 等. 深部煤系页岩吸水及软化效应微观机理研究[J]. 矿业科学学报, 2019, 4(4): 308-317.

[32] 张娜, 赵方方, 张毫毫, 等. 岩石气态水吸附特性及其影响因素实验研究[J]. 矿业科学学报, 2017, 2(4): 336-347.

[33] 彭涛, 何满潮, 马伟民. 煤矿软岩的黏土矿物成分及特征[J]. 水文地质工程地质, 1995, 2(2): 40-48.

[34] Peng T, He M C, Ma W M. Clay mineral composition and characteristics of soft rock in coal mine[J]. Hydrogelogy and Engineering Geology, 1995, 2(2): 40-48.

[35] 李志清, 余文龙, 付乐, 等. 膨胀土胀缩变形规律与灾害机制研究[J]. 岩土力学, 2010, 31(2): 270-275.

[36] Li Z Q, Yu W L, Fu L, et al. Research on expansion and contraction rules and disaster mechanism of expansive soil[J]. Rock and Soil Mechanics, 2010, 31(2): 270-275.

[37] 张乃娴, 李幼琴, 赵惠敏, 等. 黏土矿物研究方法[M]. 北京: 科学出版社, 1990: 2-17.

[38] Hu X L, Angelos M. Water on the hydroxylated (001) surface of kaolinite: from monomer adsorption to a flat 2D wetting layer [J]. Surface Science, 2008, 602(1): 960-974.

[39] Croteau T, Bertram A K, Patey G N. Simulation of water adsorption on kaolinite under atmospheric conditions[J]. The Journal of Physical Chemistry A, 2009, 113(27): 7826-7833.

[40] Adams J M. Hydrogen ion position in kaolinite by neutron profile refinement[J]. Clays and Clay Minerals, 1983, 31(6): 352-358.

[41] Benco L, Tunega D, Hafner J, et al. Orientation of OH groups in kaolinite and dickite: ab initio molecular dynamics study[J]. American Mineralogist, 2001, 86(9): 1057-1065.

[42] He M C, Fang Z J, Zhang P. Atomic and electronic structures of montmorillonite in soft rock[J]. Chinese Physics B, 2009, 18(7): 2933-2937.

[43] Zhao J, Gao W, Qin X Z, et al. First-principles study on adsorption behavior of as on the kaolinite (001) and (00$\bar{1}$) surfaces[J]. Adsorption, 2020, 26(3): 443-452.

[44] He M C, Zhao J. First-principles study of atomic and electronic structures of kaolinite in soft rock[J]. Chinese Physics B, 2012, 21(3): 036825.

[45] He M C, Fang Z J, Zhang P. Theoretical studies on the defects of kaolinite in clays[J]. Chinese Physics Letters, 2009, 26(5): 059101.

[46] He M C, Zhao J, Fang Z J, et al. First-principles study of isomorphic ('dual-defect') substitution in kaolinite[J]. Clays and Clay Minerals, 2012, 59(5): 501-506.

[47] Zhao J, Gao W, Tao Z C, et al. Investigation using density function theory, of coverage of the kaolinite (001) surface during hydrogen adsorption[J]. Clay Minerals, 2018, 53: 393-402.

[48] Zhao J, He M C, Hu X X, et al. Density functional theory investigation of carbon monoxide adsorption on the kaolinite (001) surface[J]. Chinese Physics B, 2017, 26: 079217.

[49] He M C, Zhao J. Adsorption, diffusion, and dissociation of H_2O on kaolinite(001): a density functional study[J]. Chinese Physics Letters, 2012, 29(3): 036801.

[50] Zhao J, Wang J M, Qin X Z, et al. First-principles calculations of methane adsorption at different coverage on the kaolinite (001) surface[J]. Materials Today Communications, 2019, 18: 199-205.

[51] He M C, Zhao J. Effects of Mg (II), Ca (II), and Fe (II) doping on the kaolinite(001) surface with H_2O adsorption[J]. Clays and Clay Minerals, 2012, 60(3): 330-337.

[52] He M C, Jia X N, Gong W L, et al. Physical modeling of an underground roadway excavation in vertically stratified rock using infrared thermography[J]. International Journal of Rock Mechanics and Mining Sciences, 2010, 47: 1212-1221.

[53] Sun X M, Song P, Zhao C W, et al. Physical modeling experimental study on failure mechanism of surrounding rock of deep-buried soft tunnel based on digital image correlation technology[J]. Arabian Journal of Geosciences, 2018, 11: 624.

[54] Sun X M, Chen F, Miao C Y, et al. Physical modeling of deformation failure mechanism of surrounding rocks for the deep-buried tunnel in soft rock strata during the excavation[J]. Tunnelling and Underground Space Technology, 2018, 74: 247-261.

[55] Sun X M, Xu H C, He M H, et al. Thermography analyses of rock fracture due to excavation and overloading for tunnel in 30° inclined strata[J]. Science China Technological Sciences, 2017, 60(6): 911-923.

[56] 何满潮, 苗金丽, 李德建, 等. 深部花岗岩试样岩爆过程实验研究[J]. 岩石力学与工程学报, 2007, 26(5): 865-876.

[57] He M C, Li J Y, Liu D Q, et al. A novel true triaxial apparatus for simulating strain bursts under high stress[J]. Rock Mechanics and Rock Engineering, 2021, 54(5): 759-775.

[58] He M C, Miao J L, Feng J L. Rock burst process of limestone and its acoustic emission characteristics under true-triaxial unloading conditions[J]. International Journal of Rock Mechanics and Mining Sciences, 2010, 47(2): 286-298.

[59] 何满潮, 赵菲, 杜帅, 等. 不同卸载速率下岩爆破坏特征试验分析[J]. 岩土力学, 2014, 35(10): 2737-2747.

[60] Sun X M, Xu H C, He M C, et al. Experimental investigation of the occurrence of rockburst in a rock specimen through infrared thermography and acoustic emission[J]. International Journal of Rock Mechanics and Mining Sciences, 2017, 93: 250-259.

[61] He M C, Ren F Q, Liu D Q, et al. Experimental study on strain burst characteristics of sandstone under true triaxial loading and double faces unloading in one direction[J]. Rock Mechanics and Rock Engineering, 2021, 54(1): 149-171.

[62] 何满潮, 李杰宇, 任富强, 等. 不同层理倾角砂岩单向双面卸荷岩爆弹射速度实验研究[J]. 岩石力学与工程学报, 2021, 40(3): 433-447.

[63] 唐巨鹏, 郝娜, 潘一山, 等. 基于声发射能量分析的煤与瓦斯突出前兆特征实验研究[J]. 岩石力学与工程学报 2021; 40(1): 31-42.

[64] 唐巨鹏, 张昕, 潘一山, 等. 深部巷道煤与瓦斯突出及冲击演化特征实验研究[J]. 岩石力学与工程学报, 2022, 41(6): 1081-1092.

[65] 唐巨鹏, 任凌冉, 潘一山, 等. 高地应力条件煤与瓦斯突出模拟实验研究[J]. 煤炭科学技术, 2022(2): 113-121.

第3章 深井含水岩层精细探测与注浆关键技术[*]

针对深井含水岩层精细探测与注浆关键技术难题，基于地震散射波偏移、双模并行电法、全程瞬变电磁感应监测等技术及算法模型，研发了三场耦合注浆效果监测仪器及技术，形成了深立井孔隙裂隙含水岩层精细预测预报技术；研制了水玻璃-聚氨酯复合纳米浆液和低黏度超细水泥浆液，揭示了其渗透、压裂机理及扩散规律；建立了深井注浆堵水效果分析方法及其评价体系。

3.1 透明化竖井孔隙裂隙复合含水岩层预测预报技术

3.1.1 深井含水岩层综合探测模式

深井含水岩层探测方法主要为钻探、物探两类。钻探为直接手段，效率低，一孔之见，仅利用钻探进行超前预报不能满足现代化安全高效施工的需求。针对含水岩层的物探技术有电磁法勘探、地震勘探和地球物理测井等方法[1]。电磁法勘探发展于 20 世纪 50 年代初，以直流电法勘探为主，80 年代有了较大进展，出现了大地电磁法、可控源声频大地电磁法、瞬变电磁法(TEM)、复电阻率法(CR)、激发极化法等多种勘探方法。地震勘探在油气、煤田等资源勘探中起到关键作用，三维地震勘探由 Walton 在 1972 年首次提出，经过多年发展，地震勘探技术从构造勘探进入岩性地震勘探，并通过地震属性识别地层流体性质。物探设备从分布式、便携式向远程监测模式发展，观测技术从二维、三维向四维多尺度发展，物理场运用从单场向多场、多参数发展，可以减少多解性，提高分辨率，达到精细勘探的效果。在竖井施工中，由于多变含水构造层的复杂性和背景干扰等因素，进行专门的综合地球物理探测与监测技术研究，达到地质条件透明化、注浆效果可视化是建井工程的需求与发展趋势。

针对 1500m 以深含水岩层微孔隙、微裂隙特征，形成了一套包含前期测井曲线精细解释、井地电法联合探测、三维 VSP 地震探测反演地下结构，中期井筒掘进综合地球物理跟踪探测，以及后期透明化井筒掘进地质条件的含水岩层综合探测模式。核心技术如下。

(1)掘进前期：结合地面施工钻孔测井曲线资料，对含水岩层层位及其富水特征进行精细解释；并开展井地电法联合探测，进行地电场数据采集和电阻率立体成像；开展三维 VSP 地震探测，获得井筒周边地层结构、构造特征；上述综合方法获得井筒掘进空间浅部、深部地质地球物理参数，透明化构建井筒掘进基础地质地球物理模型，并根据物性差异对存在的地质异常进行预测，为掘进过程提供参考。

(2)掘进过程中：利用瞬变电磁法、直流电法以及地震反射法对井筒掘进前方地质条件实施综合跟踪探测与分析；获得井筒掘进过程中的实时地质地球物理参数，动态修正

_____

  * 本章撰写人员：徐辉东，程桦，刘盛东，乔卫国，张平松，张惠武，王松青，周树清，刘林林。

基础地质地球物理模型，跟踪提供实时地质条件预报。

　　(3)多源地质地球物理参数融合分析：深井条件下孔隙裂隙复合含水岩层及异常含水体发育与覆存特征会表现出完全不同于浅部的复杂状况。而多场多参数地球物理信息对地质异常体分辨的敏感性有一定差异，利用多种方法进行综合超前探测可以提高地质判识与解释精度。针对掘进过程中获得的多源地质地球物理参数，在进行单一参数处理解释的基础上，开展多源地质地球物理参数融合分析，对含水岩层层位及其富水特征进行精细预测预报。

3.1.2　深井含水岩层综合探测模拟试验

　　基于井筒掘进地质条件的含水岩层综合探测模式，采用大量工程岩样实测方法充实不同岩样综合探测物理参数基础数据，开展井地电法联合探测、瞬变电磁法、地震反射法探测含水岩层模型试验，验证综合探测模式对井筒掘进前方不同深度、不同层位含水构造具有良好的探测效果。

　　探测模拟试验基于井筒物理模型，进行瞬变电磁法、井地电法联合探测实验，模拟井地、井中开挖等方式下多场数据采集与分析，讨论测试方法的有效性。

　　利用图 3-1 井筒模型进行井地电法联合探测物理模拟，采用砂石加水模拟岩层富水性的变化。在模型中部位置使用可吸水泡沫板形或高电阻率区域，可吸水泡沫板未吸水时为高电阻率响应，随着砂石中加水，泡沫板吸水，电阻率降低，从而可对比加水前后的实验效果。

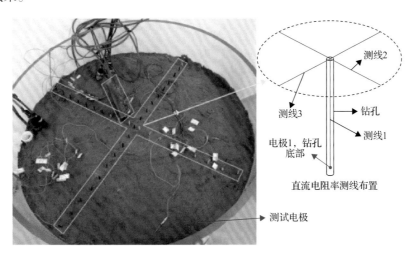

图 3-1　井地电法联合探测模拟试验电极布置

　　采用四极法测量，在模型顶部砂石表面布置测线，十字交叉形布设，在中心一侧设置一模拟钻孔，采用木棒固定电极方式进行孔中测线布设，实现井地电法联合探测。共布设 64 个电极，1 号电极位于孔底。分 4 次加水，每次加水静置半小时后进行数据采集，加水前采集一次背景值，获得模型不同水量时的电性响应特征。

　　研究表明，探测砂石视电阻率背景值中非设计高阻区域(绿色部分，非设计高阻区域中黄色高视电阻率是由于木棒影响，后期加水后，该影响消失)的视电阻率为 $200\Omega\cdot m$ 左右，与砂石基础电性参数一致。从图 3-2 可以看出，模型中砂石在持续加水后，视电阻

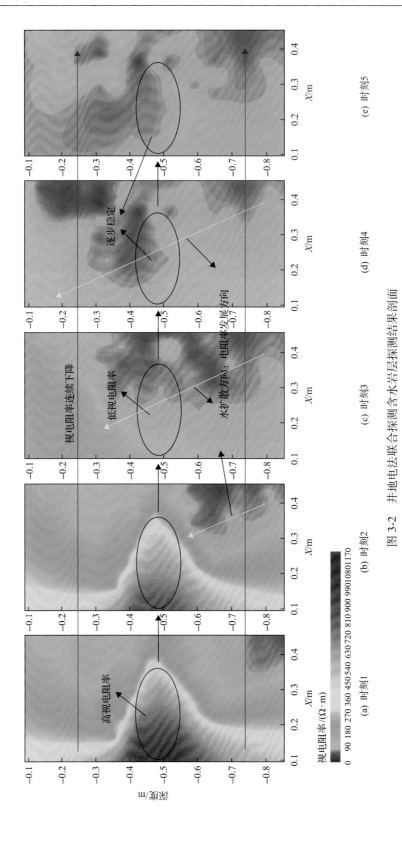

图 3-2　井地电法联合探测含水岩层探测结果剖面

率持续降低(红色实线箭头方向所示);图 3-2(a)中黑色实线圈出的位置表现出高视电阻率响应,与模型设计的高电阻率区域对应较好,且随着持续加水,泡沫板吸水,该区域视电阻率逐渐降低,最后趋于稳定;而且,从图 3-2 可以看出随着持续加水,模型横向及纵向上的视电阻率变化情况更细致地表现出来,整个模型的视电阻率变化是不均衡的,表明在加水过程中砂石缝隙中充水也是不均衡的。另外,探测结果显示水流的扩散方向(图 3-2 中黄色实线箭头方向所示)与实际水流扩散方向一致(注水孔位于模型边缘,加水后,水向模型内部及上部扩散),且与视电阻率降低的方向一致,表明井地电法联合探测法效果较好,分辨率较高。

设计了如图 3-3 所示的含水岩层瞬变电磁法模拟实验,对含水岩层进行不同水量置入,通过加水量的大小进行探测与分辨,获得模型不同水位的响应特征。

图 3-3　含水岩层瞬变电磁法模拟试验

从物理模型试验电阻率剖面(图 3-4)中明显看出砂石的视电阻率随着水量的增加而出现不均匀降低,且模型底部砂石的视电阻率先降低,与水在模型中的扩散特征(水在模型中是不均匀扩散的,整体从模型底端向顶端扩散)一致,得出砂石的电性特征与其含水特征具有较高的相关关系,验证了瞬变电磁法基于电性特征分析可以判断含水岩层富水

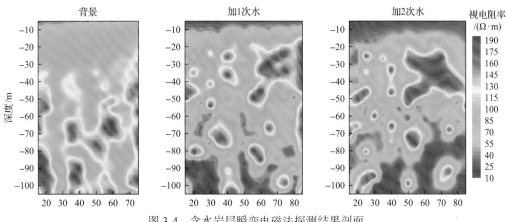

图 3-4　含水岩层瞬变电磁法探测结果剖面

特征的有效性，表明瞬变电磁法对含水岩层超前探测是可行且有效的，可以通过其电性特征综合分析判断含水岩层富水特性。

为了进一步验证井地电法联合探测法对井筒掘进前方不同深度、不同层位含水岩层的探测效果，设计了野外探测试验。由于垂直深度内不同地层具有不同的物理性质，对其加水后会有不同的电性变化，所以可以在野外施工浅层地质钻孔，利用孔内注水使孔周边地层发生电性变化，模拟不同深度、不同层位的含水构造，分析井地电法联合探测法的探测效果。在草地上开展探测试验，在探测区内布设一深 10m、直径 40mm 的注水孔。采用三极法测量，测线布置为十字交叉形，如图 3-5 所示，形成一个正方形探测区域。

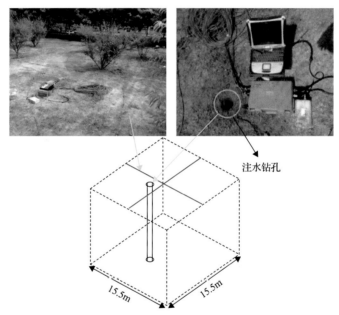

注水钻孔

15.5m   15.5m

图 3-5　井地电法联合探测法地层原位试验

为保证试验的严谨性，对钻孔注水前分不同时间观测两次背景值，然后分 4 次注水，每次注水后静置 2h，使注水有效扩散后再进行数据采集。随着钻孔注水量不断增加，其地下岩土层的电性条件不断变化，根据采集的电位、电流反演探测区电阻率变化特征，分析不同深度、不同层位岩土层的含水量变化情况。

根据现场采集不同时段的数据，提取三极法中单极-偶极电位差数值，进行探测区电性参数反演。图 3-6 为探测期间的 6 个不同深度视电阻率三维切片对比图，分别为 $Z= -0.15$m、$Z= -0.83$m、$Z= -1.73$m、$Z= -3.01$m、$Z= -4.64$m、$Z= -6.57$m。首先，观察背景值切片，图 3-6 中探测土壤视电阻率与土壤基础电性参数基本一致，而且两次观测到的背景值没有大的差异，基本保持一致，这为后期注水后岩土层电阻率发生变化进行解释以及结果分析提供了依据。但在背景值切片图中发现钻孔周边存在规律性低视电阻率区域，分析认为是钻孔施工过程中泥浆液的浸泡导致，而且对比两次观测到的背景值，没有发现大的差异，所以并不会对试验结果产生影响。

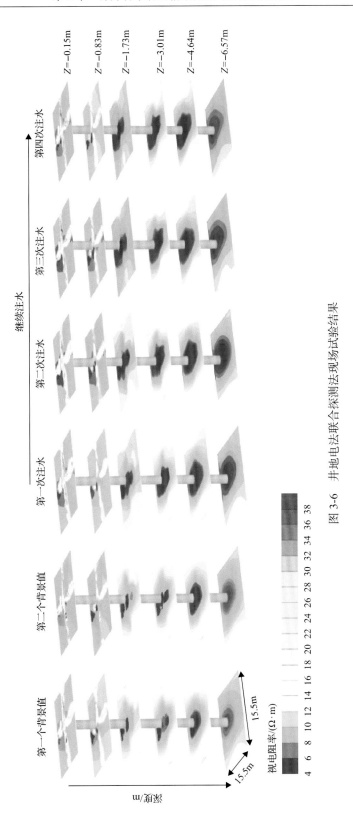

图 3-6　井地电法联合探测法现场试验结果

随着注水量的不断增加，探测结果中地层的电阻率在不断降低，且图中低视电阻率响应区与注水钻孔位置较吻合，证明了井地电法联合探测法对地层电性差异特征进行探测的可行性。而且，由试验结果看出，在不同注水量情况下，注水钻孔周边地层电阻率发生不同程度的降低，但由于该试验为野外探测试验，很难控制土层的含水量达到饱和，所以未体现出视电阻率变化与含水量之间的对数函数关系。但基于视电阻率变化与含水量之间的关系，在探测出低视电阻率区域扩散发育情况的同时，可以间接探测孔内水流的扩散情况，然后可以判断钻孔周边地层裂隙发育等物性情况，表明井地电法联合探测法对井筒掘进地质条件超前探测的有效性。另外，将背景值与第一次注水试验结果中深度为 $Z = -4.64\text{m}$ 及 $Z = -6.57\text{m}$ 的两组视电阻率切片进行对比，发现背景值中深度 $Z = -4.64\text{m}$ 处的视电阻率比深度 $Z = -6.57\text{m}$ 处更低，但随着第一次注水的完成，深度 $Z = -6.57\text{m}$ 处较深度 $Z = -4.64\text{m}$ 处有更加明显的低视电阻率异常响应，分析认为是第一次注水后，水流在深度 $Z = -6.57\text{m}$ 处扩散，导致周边地层电阻率异常降低，但由于注水量不大，未明显影响到深度 $Z = -4.64\text{m}$ 处，该试验结果进一步验证了井地电法联合探测法对井筒掘进前方不同深度、不同层位含水构造的探测效果。

针对淮南矿区潘一东煤矿开展立井井筒掘进地质条件综合探测与分析研究。工程现场地震反射法在井筒底板布置测线，其测线长度 7.6m；瞬变电磁法沿着正北方向从井壁往下至底板布测线，完成测试点 12 个，如图 3-7 所示。

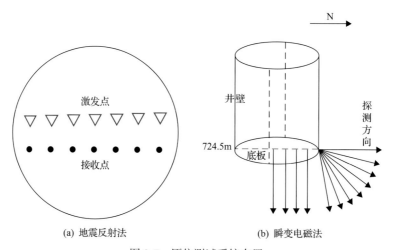

(a) 地震反射法　　　　　(b) 瞬变电磁法

图 3-7　原位测试系统布置

图 3-8 为井筒垂向超前探测剖面结果，该剖面可对井筒开挖方向断层位置进行判定。探测介质直接为粉砂岩，结合直达波速度选取偏移速度为 2300m/s。从图 3-9 可以看出，在井筒轴心线方向 85.5m 处具有一组强的能量条带，即反射异常界面。在沿井壁至底板的测线瞬变电磁法剖面结果中，色彩代表岩层的视电阻率，可以发现在剖面中存在倾斜的视电阻率分布，这与岩层的倾斜方向一致。同时在井筒轴心线方向 85m 处出现一条带状低视电阻率区域，其值为 $18 \sim 20\Omega \cdot \text{m}$，而其上、下部岩层视电阻率为 $24\Omega \cdot \text{m}$ 以上。该低视电阻率条带倾向与 F32 断层倾向近于一致，分析为构造带影响结果，可辅助判定断层带的位置。断层带中电阻率变低，但其基值较大，为 $18\Omega \cdot \text{m}$ 以上，根据以往探测经验

认为其含水性不强。

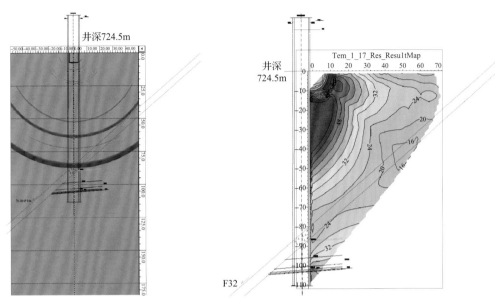

图 3-8　井筒垂向超前探测剖面结果示意图

综合地震反射法及瞬变电磁法探测结果，得出主井井筒轴心线方向揭露断层的位置在 810～816m，即在标高–786.8～–792.8m 段，岩层整体含水性不强。

针对我国西部某矿井建设中揭露侏罗系和白垩系，工程现场采用直流电法和瞬变电磁法探测含水岩层和构造[2]。以探测当日主斜井巷道迎头后方适当位置(根据现场条件确定)为 1 号电极点，按照电极距平均 5m 向迎头后方布置，共布置电极 32 个，布置测线总长为 155m；瞬变电磁法按照"U"形观测系统布置，在巷道迎头布置 11 个测点，以巷道迎头立面中心为原点，沿巷道左帮、迎头和右帮 45°范围内实施瞬变电磁法数据采集，每个数据点处观测 3 个方向，分别为 45°顶板、顺层和 45°底板，每次瞬变电磁法探测巷道采集 11×3=33 个物理点，具体如图 3-9 所示。

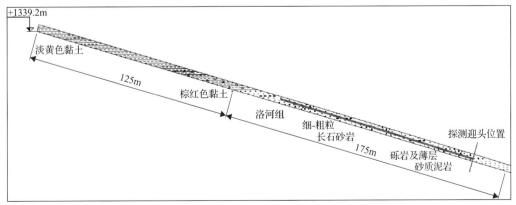

(a) 直流电法布置图

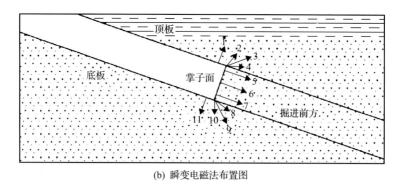

(b) 瞬变电磁法布置图

图 3-9 西部某矿井主斜井超前探测现场布置图

图 3-10 为主斜井迎头超前探测结果。由图 3-10(a)可以看出，探测迎头前方 100m 范围内 0~35m、70~76m、84~92m 判断岩层可能具有一定的赋水性或者岩性发生一定的变化；另外，44~54m 判断可能发育构造异常；其他范围的岩层赋水性较差。再观察图 3-10(b)，可以看出以 20Ω·m 为岩层含水电阻率判断准则，迎头前方 10~30m 范围内视电阻率有异常，判断岩层具有一定的赋水性或巷道岩层岩性发生变化；30~70m 岩层富水性较差。

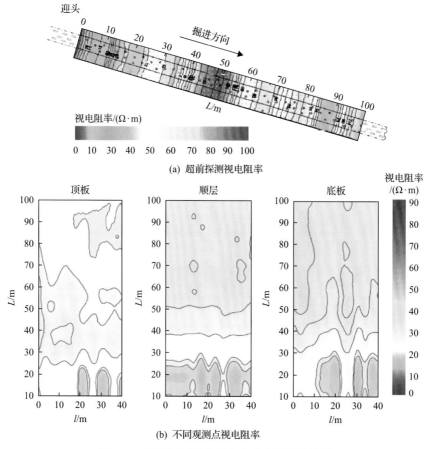

(b) 不同观测点视电阻率

图 3-10 西部地区斜井瞬变电磁法探测结果图

根据瞬变电磁法超前探测结果及巷道地质条件综合分析,认为在有效控制的 100m 范围内,探测迎头前 0~35m、70~76m、84~92m 岩层具有一定的赋水性或岩性发生变化;44~54m 岩层电性参数变化大,判断可能存在构造异常。后期掘进段水文地质资料收集对比发现,主斜井在实际掘进至 760m 段巷道左帮锚杆出水,其对应探测结果中的 70~76m。

3.1.3 多源信息数据融合反演计算方法

煤矿 1500m 以深的含水构造超前探测中,多场多参数地球物理信息对地质异常体分辨的敏感性有一定差异,通过百分数归一化、权重判断方程、综合异常等级等数学统计,提出了超前探测地震及电磁探测等多源信息数据融合反演计算方法,形成了综合解释技术进行地质异常判识,有效提升了对前方地质条件综合解释的准确率[3,4]。基于井筒地震及电磁透射探测数据特征,确定了多源异构数据融合反演采用基于交叉梯度约束的联合反演方法。

利用数值模拟方法,进行基于交叉梯度约束的地震波走时与直流电法联合反演模拟试验。在相同位置设置速度异常体和电阻率异常体。地震模型为低速体,异常体速度为 1500m/s,背景速度为 3500m/s。电阻率模型为低阻体,背景电阻率为 100Ω·m,异常体电阻率为 10Ω·m,经过多次迭代反演后,地震波走时和直流电法的反演流程如图 3-11 所示。

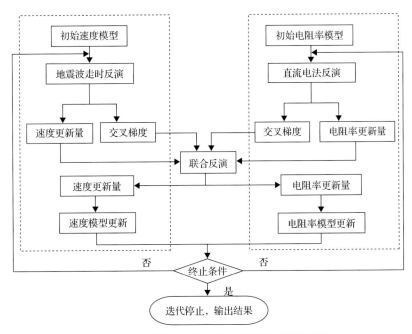

图 3-11 地震波走时与直流电法联合反演流程图

由图 3-12 对比可以看出,联合反演结果对高速高值异常体分布表征更为准确,反演结果与实际异常体埋藏深度吻合较好。

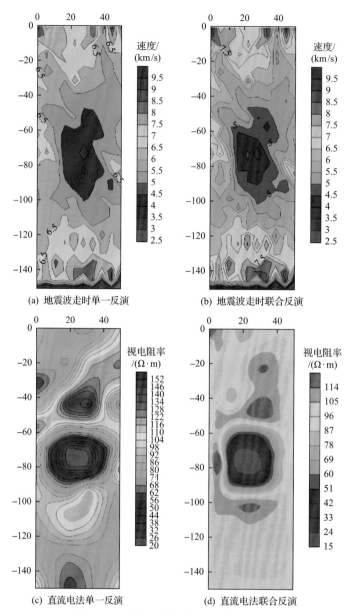

(a) 地震波走时单一反演　　　　　(b) 地震波走时联合反演

(c) 直流电法单一反演　　　　　(d) 直流电法联合反演

图 3-12　联合反演与单一反演结果对比

3.1.4　岩层含水特征三维可视化表达

　　三维可视化技术是空间数据的一种表达形式，它利用大量的三维空间数据，通过计算机建立虚拟的三维模型，从而诠释数据的空间分布特征。将三维可视化技术应用在地球物理探测数据的地质解释上，可从整个三维空间着手进行分析，对勘探数据实现精细解释[5]。

　　1. 岩层含水性测井资料三维可视化物理模拟

　　构建井筒掘进物理模型，进行地球物理测井岩层含水性三维可视化物理模拟。采用砂石加水模拟岩层含水性的变化，在模型中部位置设计一个高电阻率区域，使用可吸水泡沫板，随着砂石中加水，泡沫板吸水，电阻率降低，加水前后分析可提高实验对比效果。模型如图 3-13 所示，在模型顶部中心一侧设置一个模拟钻孔，采用木棒固定电极进行孔中视电阻率测井。

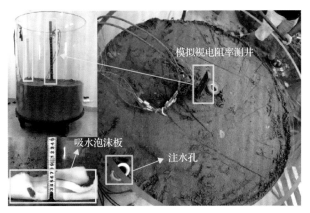

图 3-13 井筒掘进物理模型

图 3-14 为井筒模型视电阻率曲线电性综合解释三维立体图，图 3-14(a) 左侧为井筒物理模型实物，图 3-14(a) 右侧分别为模型视电阻率背景值、四次加水后视电阻率，可以看出模型中砂石在持续加水后，视电阻率持续降低(图中暖色代表高视电阻率，冷色代表低视电阻率)，与介质的物性改变保持一致。视电阻率曲线[图 3-14(b)]变化响应明显。而且，模型中设计的高电阻率区域(红色线框区域)在未加水背景值中表现出高阻响应，随着持续注水，泡沫板吸水，该区域视电阻率逐渐降低，与整体测试结果一致，凸显了实验效果。

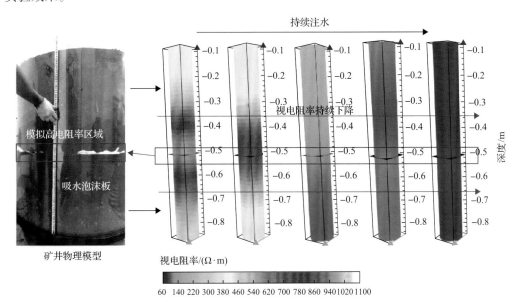

(a) 视电阻率曲线电性综合解释三维立体图

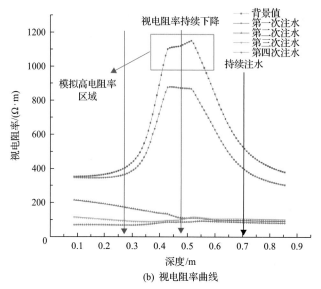

图 3-14　视电阻率曲线电性综合解释结果

2. 岩层含水性测井资料三维可视化应用

以内蒙古鄂尔多斯盆地侏罗系和白垩系井筒及周边钻孔测井曲线为研究对象，分析含水层位、分布及其含水特征。图 3-15 为鄂尔多斯盆地某矿井筒区域测井曲线电性综合

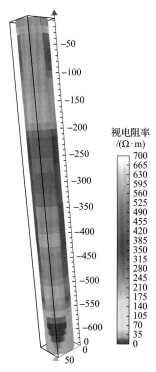

图 3-15　井筒电性解释参数立体图

解释及其立体图。从图 3-15 可以看出，井筒施工前方地层不同层段具有不同的电性特征，图 3-15 可视化程度高，可有效指导井筒施工设计。

3.2　深井含水岩层微裂隙注浆新材料

微裂隙发育是深井围岩(埋深 1000m 以上)的主要特征之一，该类围岩渗透特点是无明显出水点，虽经多次注浆治理，但注浆防渗效果不佳。目前，国内外开发了众多水泥基和化学注浆材料，其中普通水泥基注浆材料在动水中抗分散性差，注浆难度大；化学注浆材料因具有快凝高膨胀性，注浆控制难度大，有时还会引起深井围岩发生较大变形且凝胶强度难以保持长期稳定性[6]。现有的注浆材料在深井凿井过程中难以实现高压顶水注浆，研制高围压、高水压条件下渗透性强、可注性好、绿色无污染、固结体强度高、凝胶时间易于控制的新型注浆材料是当前发展的主要方向。

3.2.1　深井围岩微裂隙在不同深度下的压裂-渗流特征

针对深部含水岩层高地压、高水压、裂隙连通性差、孔隙结构复杂等特征，采用理论分析、模型实验、数值模拟相结合的方法，系统开展深部岩层起裂-扩展机制、注浆扩展规律等研究，主要研究工作如下[7]。

建立煤矿深部岩层劈裂注浆起裂模型，获得不同应力状态下裸孔段的起裂压力及起裂方向；裸孔段发生起裂时的起劈注浆压力为

$$P_0 = \sigma_t + \sigma_H \left(1 - 2\cos 2\theta\right) + \left(\sigma_v \sin^2 \alpha + \sigma_h \cos^2 \alpha\right)\left(1 + 2\cos 2\theta\right)$$
$$- \frac{\left(\sigma_v - \sigma_h\right)\sin^2 2\alpha \cos^2 \theta}{\sigma_h \sin^2 \alpha + \sigma_v \cos^2 \alpha - 2v\left(\sigma_H + \sigma_v \sin^2 \alpha + \sigma_h \cos^2 \alpha\right)\cos 2\theta}$$

式中：P_0 为起裂压力；θ 为起裂方向；σ_H、σ_h、σ_v 分别为最大水平主应力、最小水平主应力、垂直主应力；σ_t 为岩体抗拉强度；α 为裸孔段轴向与竖直方向夹角。

分别构建考虑裂缝几何形态及浆液黏度时变特性的纵向和横向劈裂扩展数学模型(图 3-16、图 3-17)，以裂隙尖端处应力强度因子 K_1 等于断裂韧性 K_{IC} 作为劈裂判别条件，提出了考虑浆液黏度流变性的深部岩层劈裂扩展方程。

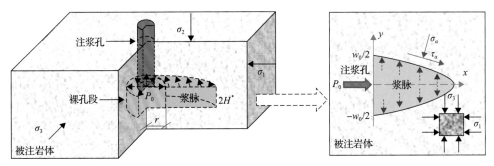

图 3-16　注浆纵向劈裂扩展数学模型

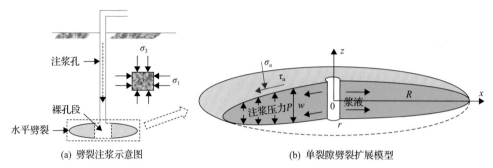

(a) 劈裂注浆示意图   (b) 单裂隙劈裂扩展模型

图 3-17 注浆横向劈裂扩展数学模型

考虑浆液黏度流变性的纵向劈裂扩展方程为

$$P_0 = \frac{K_{IC}}{2+\pi}\sqrt{\frac{\pi}{R}} + \frac{(4+3\pi^2)\sqrt{\pi}kH^*ER^{5/2}}{4(2+\pi)qK_{IC}} - \frac{3(8+\pi^2)\sqrt{\pi R}E\tau_0}{16(2+\pi)K_{IC}} + \sigma_\alpha$$

式中：τ_0 为屈服剪切力；H^* 为裂缝高度；k 为浆液黏度时变参数；q 为注浆速率；R 为裂隙半长；E 为被注岩体弹性模量

考虑浆液黏度流变性的横向劈裂扩展方程为

$$P_0 = \frac{\sqrt{\pi}}{2\sqrt{R}}K_{IC} + \frac{3\pi^{3/2}kER^{7/2}}{2qK_{IC}} - \frac{3\sqrt{\pi R}E\tau_0}{4K_{IC}} + \sigma_\alpha$$

研究发现(图 3-18)，被注岩体弹性模量、埋深和侧压系数越大，劈裂注浆阻力越大，裂缝越难以扩展；注浆初期，浆液黏度较低，注浆压力及注浆速率是浆液劈裂扩散范围的主控因素，当浆液黏度达到一定值后，黏度成为浆液扩散范围的主控因素。

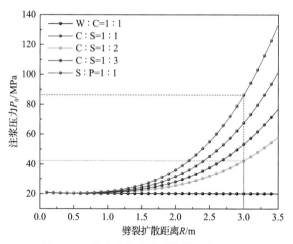

图 3-18 浆液黏度对劈裂扩散距离的影响

W 为水；C 为水泥；S 为水玻璃；P 为聚氨酯

基于 Monte-Carlo 模拟法,通过嵌入 MATLAB 随机裂隙生成代码生成随机裂隙网络,实现对裂隙发育岩层的模拟；通过 POLARIS_InsertCohElem 插件进行 Cohesive 黏结单元的全局嵌入，实现对软弱岩层的模拟。最终形成黏度时变浆液在随机裂隙岩层的劈裂扩散数值分析方法，并得到起裂-扩展理论解析解验证。

随机裂隙建模生成算法(图 3-19)如下。

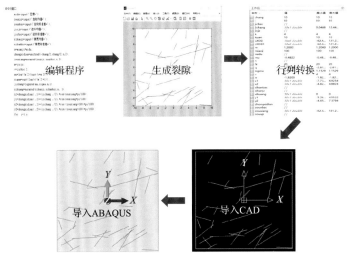

图 3-19　随机裂隙绘制过程

步骤 1，统计出岩层内裂隙的迹长、倾角、间距等几何参数，再参考统计结果确定岩层内裂隙的几何参数的概率模型，并拟合出该模型所服从的分布函数。

步骤 2，利用 MATLAB 参考以上几种参数的概率分布函数编写生成随机裂隙的代码，如本节设定为正态分布，利用 Monte-Carlo 模拟法生成符合统计分布规律的随机裂隙，将程序界面上裂隙坐标的变量由行向量通过命令转换为列向量并导入 EXCEL。

步骤 3，将导出的数值转换为坐标点，通过 CAD 绘制出随机裂隙图，将 CAD 图再导入到 ABAQUS 内，即可进行布种和网格划分。

基于 MATLAB 软件编制随机节理生成程序，建立不同迹长的二维平面应变模型，探究浆液在深部岩层的劈裂扩散规律。有限元模型如图 3-20 所示。模型整体高度 30m，宽

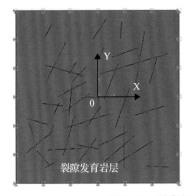

图 3-20　裂隙发育岩层有限元模型

度 30m，注浆口设置在模型中心点位置，注浆口附近的十字交叉黏结单元为预制的起裂路径，抗拉强度为岩层的抗拉强度，剩余随机裂隙因为天然裂隙，抗拉强度设置为极小。X 轴为 σ_h 方向，Y 轴为 σ_H 方向，Z 轴为 σ_v 方向，垂直于二维平面。模型岩层网格类型采用 CPE4P，预制的随机裂隙采用 COH2D4P，横向和竖向都施加法向位移约束。

被注岩层埋深 H 选取 500m、1000m、1500m 和 2000m 四个水平，渗透率选取 $0.01\mu m^2$、$0.05\mu m^2$、$0.1\mu m^2$ 和 $0.15\mu m^2$ 四个水平，抗拉强度参考室内实验选取 2MPa、3MPa、4MPa 和 5MPa。根据三因素四水平正交试验方法，需要对 16 种不同地层参数的工况进行数值模拟，具体参数设计见表 3-1。

表 3-1　不同工况注浆模拟正交设计表

编号	H/m	$k/\mu m^2$	σ_t/MPa	编号	H/m	$k/\mu m^2$	σ_t/MPa
P1	500	0.01	2	P9	1500	0.01	4
P2	500	0.05	3	P10	1500	0.05	5
P3	500	0.10	4	P11	1500	0.10	2
P4	500	0.15	5	P12	1500	0.15	3
P5	1000	0.01	3	P13	2000	0.01	5
P6	1000	0.05	2	P14	2000	0.05	4
P7	1000	0.10	5	P15	2000	0.10	3
P8	1000	0.15	4	P16	2000	0.15	2

取注浆速率 q 为 60L/min，根据 Brown 和 Hoek 总结的世界各国垂直应力 σ_v 随深度 H 变化的公式 $\sigma_v=0.027H\sigma_t$，则地层深度为 500m、1000m、1500m 及 2000m 的垂直应力分别为 13.5MPa、27.0MPa、40.5MPa 及 54.0MPa，侧压系数取 1。图 3-21 为不同工况注浆数值模拟的部分结果，随机裂隙岩体注浆起劈压力随埋深增大而增大，同样注浆方式，深部岩体裂隙连通性下降显著。

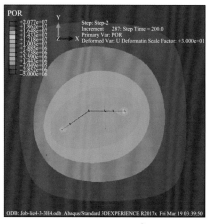

(a) P4：$H=500m$，$k=0.15\mu m^2$，$\sigma_t=5MPa$

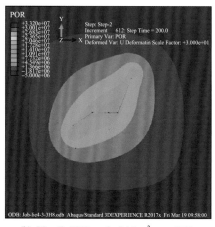

(b) P8：$H=1000m$，$k=0.15\mu m^2$，$\sigma_t=4MPa$

 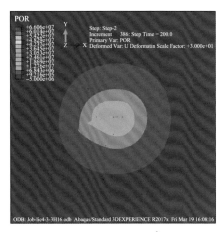

(c) P12：$H=1500\mathrm{m}$，$k=0.15\mathrm{\mu m}^2$，$\sigma_\mathrm{t}=3\mathrm{MPa}$　　　(d) P16：$H=2000\mathrm{m}$，$k=0.15\mathrm{\mu m}^2$，$\sigma_\mathrm{t}=2\mathrm{MPa}$

图 3-21　不同工况注浆数值模拟的部分结果

根据量纲分析理论，并结合裂隙发育岩层数值模拟的结果，可推导出起劈压力 P_1 及结束注浆时的注浆压力（注浆终压）P_2 的计算公式：

$$\begin{cases} P_1 = aH^b k^c \sigma_\mathrm{t}^d \\ P_2 = eH^f k^g \sigma_\mathrm{t}^i \end{cases}$$

式中：P_1、P_2 分别为起劈压力及注浆终压，MPa；H 为被注岩层埋深，m；k 为渗透率，$\mathrm{\mu m}^2$；σ_t 为抗拉强度，MPa；a、b、c、d、e、f、g、i 为待求常数。

由表 3-2 数据，利用 Origin 拟合求解得到起劈压力 P_1 及注浆终压 P_2 的计算公式：

$$\begin{cases} P_1 = 0.16639 H^{0.82186} k^{0.01692} \sigma_\mathrm{t}^{0.12951} \\ P_2 = 0.11229 H^{0.82633} k^{-0.08106} \sigma_\mathrm{t}^{-0.07987} \end{cases}$$

表 3-2　不同工况注浆模拟的起劈压力及结束注浆时的注浆压力

编号	起劈压力 P_1/MPa	注浆终压 P_2/MPa	编号	起劈压力 P_1/MPa	注浆终压 P_2/MPa
P1	28.83	26.16	P9	74.88	61.49
P2	30.89	23.17	P10	80.95	52.50
P3	30.39	21.51	P11	72.69	53.53
P4	30.27	20.77	P12	75.30	48.92
P5	47.34	46.63	P13	99.34	75.66
P6	44.91	37.27	P14	95.58	69.11
P7	58.23	34.56	P15	92.80	68.23
P8	57.77	33.20	P16	91.79	66.06

为探究各地层参数对起劈压力 P_1 及注浆终压 P_2 的影响程度，进行极差分析。结果表明，影响起劈压力 P_1 的主次顺序依次为岩层埋深 H、抗拉强度 σ_t、渗透率 k，影响注浆终压 P_2 的主次顺序依次为岩层埋深 H、渗透率 k、抗拉强度 σ_t。

为了更直观地观察地层参数对起劈压力 P_1 及注浆终压 P_2 的影响趋势,确定渗透率 k 为 $0.1\mu m^2$ 时,绘制岩层埋深 H 和抗拉强度 σ_t 与起劈压力 P_1 的三维走势图如图 3-22 所示;确定抗拉强度 σ_t 为 3MPa 时,绘制岩层埋深 H 和渗透率 k 与注浆终压 P_2 的三维走势图如图 3-23 所示。

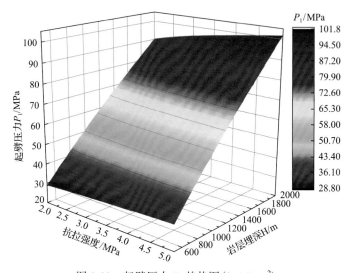

图 3-22　起劈压力 P_1 趋势图($k=0.1\mu m^2$)

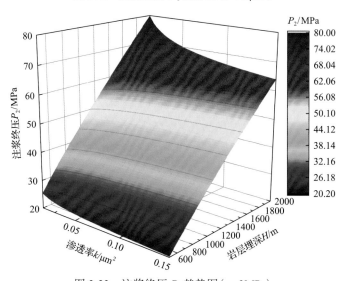

图 3-23　注浆终压 P_2 趋势图($\sigma_t=3MPa$)

综合分析表明:被注岩层起劈压力与浆液黏度、注浆速率、岩层渗透率等因素无关,主要受地层深度(应力状态)与岩石抗拉强度影响,注浆速率、岩层渗透率与浆液扩散半径成正比,浆液黏度对浆液扩散有抑制作用;1500m 以深后,被注岩层渗透率和抗拉强度对注浆压力的影响逐渐减小,地应力则成为导致注浆压力升高的主因。1500m 深岩层,需要不小于 74.88MPa 的起裂压力才能使裂隙连通性增大。

3.2.2　深井微裂隙低黏度超细水泥复合浆液

以浆液初始黏度、扩散直径、析水率、凝结时间、抗折强度、抗压强度等评价浆液性能的参数，对两种低黏度超细水泥复合浆液开展正交试验，得到不同因素、不同水平作用下的浆液性能参数，见表 3-3 和表 3-4。

表 3-3　方案 1 纳米硅溶胶改性超细水泥复合浆液性能参数

参数	初始黏度/(mPa·s)	扩散直径/cm	析水率/%	初凝时间/h	终凝时间/h	抗折强度/MPa	抗压强度/MPa
1	21.7	37.85	5.3	6.5	8.4	1.70	19.56
2	7.4	38.92	2.0	10.2	15.6	1.50	17.01
3	6.9	40.14	9.0	18.6	25.3	2.42	29.30
4	12.3	38.75	3.5	7.2	9.4	2.49	16.31
5	23.9	41.75	2.0	5.6	8.2	2.07	24.35
6	61.3	34.92	1.8	4.7	6.8	2.61	12.42
7	75.4	33.94	1.4	4.2	5.7	1.39	18.27
8	50.9	36.40	2.3	5.3	7.4	1.02	11.77
9	95.2	28.85	1.0	3.7	5.5	2.16	17.37

表 3-4　方案 2 纳米碳酸钙改性超细水泥复合浆液性能参数

参数	初始黏度/(mPa·s)	扩散直径/cm	析水率/%	初凝时间/h	终凝时间/h	抗折强度/MPa	抗压强度/MPa
1	4.7	61	20	7.16	12.67	2.83	22.38
2	7.18	51	5	6.9	12.5	3.36	32.64
3	13.8	41.85	3	6.55	11.78	4.82	29.84
4	5.84	54.5	8.2	10	13.53	4.60	25.11
5	7.09	53	8	9.5	12.83	3.88	30.10
6	10.19	45.5	4	8.93	12.33	3.46	23.92
7	5.49	54.75	13	7.06	10.28	3.16	25.03
8	7.11	52.75	6	6.06	11	3.83	29.7
9	11.3	44.5	3	8	14	4.33	25.36

利用极差分析法，得到正交试验条件下两种方案的最优配比。方案 1 最优配比：水灰比、纳米硅溶胶掺量、超细粉煤灰掺量、减水剂掺量分别为 1.2、2.0%、30%、0.4%。方案 2 最优配比：水灰比、纳米碳酸钙掺量、超细粉煤灰掺量、减水剂掺量分别为 1.5、1.0%、40%、0.5%。

利用旋转黏度计对超细水泥复合浆液的流动性进行测定，得到不同外加剂作用下浆液的黏度变化曲线(图 3-24～图 3-27)，揭示了外加剂对浆液黏度的影响规律。

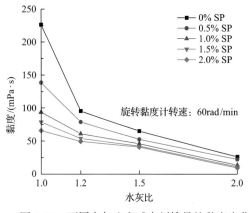

图 3-24　不同水灰比和减水剂掺量的黏度变化

SP 为减水剂掺量

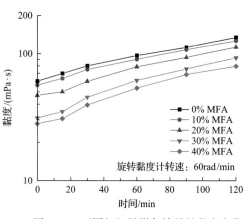

图 3-25　不同超细粉煤灰掺量的黏度变化

MFA 为超细粉煤灰掺量

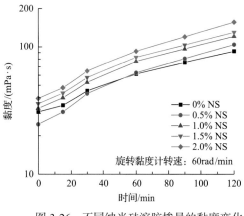

图 3-26　不同纳米硅溶胶掺量的黏度变化

NS 为纳米硅溶胶掺量

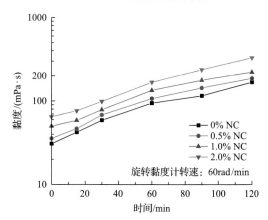

图 3-27　不同纳米碳酸钙掺量的黏度变化

NC 为纳米碳酸钙掺量

3.2.3　深部高压下微裂隙注浆渗流特性试验

以深井砂岩为研究对象，基于相似理论，研究微裂隙砂岩相似材料的组成成分，正交试验设计优选得到了微裂隙砂岩相似材料物理力学参数。基于粗糙度对微裂隙注浆过程中浆液渗流的影响，提出一种利用光源模拟技术、三维离散点云数据处理技术来表征粗糙度的新方法，其基本流程就是通过三维激光扫描技术获取裂隙表面三维数据坐标点（图 3-28），并依据三维图像处理软件生成微裂隙三维模型（图 3-29）；然后通过三维离散点云数据处理技术将三维模型沿 X 方向或 Y 方向以最小带状网格的形式离散，并在每一条带状网格的渗流方向设置一光源；光源会在裂隙带状网格的表面产生不同灰度的阴影，并将带有不同灰度的离散带状网格进行灰度值及其对应的面积分类统计，并基于光源入射角度与灰度的关系，最终获得裂隙表面所有的起伏角度及其面积统计。以裂隙表面起伏角度及其面积统计为依据，对影响裂隙表面粗糙度的几何形貌参数进行深入剖析，进而表征与微裂隙渗流行为紧密相关的粗糙度。

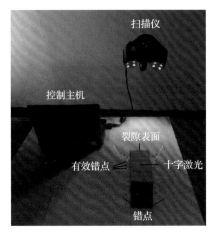

图 3-28　裂隙三维激光扫描

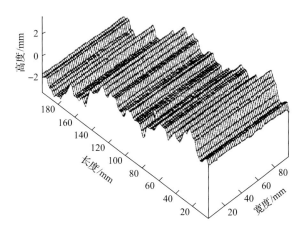

图 3-29　微裂隙三维模型

　　微裂隙三轴应力注浆模型实验系统，如图 3-30 所示。该装置可以实现在高轴压、高围压条件下对岩体微裂隙渗流注浆过程动态实时监测。微裂隙三轴应力注浆模型实验系统主要技术指标如下。

　　(1)试块尺寸：300mm×100mm×100mm。

　　(2)最大围压：60MPa。

　　(3)最大轴向压力：60MPa。

　　(4)最大注浆压力：15MPa。

　　(5)围压、轴压、渗流压力测量精度：±2%。

　　(6)加载速率：0.001～0.5MPa/s。

图 3-30　微裂隙三轴应力注浆模型实验系统

　　利用研发的微裂隙三轴应力注浆模型实验系统，对微裂隙砂岩相似模型展开一系列注浆实验，对渗流过程中裂隙表面的变形及注浆扩散机理进行研究(图 3-31)。

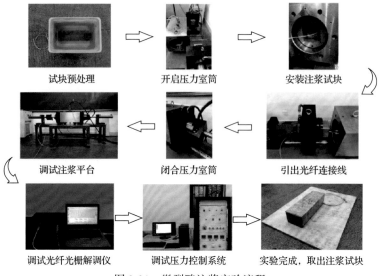

图 3-31 微裂隙注浆实验流程

1. 微裂隙注浆试块的制备

根据深井砂岩的物理力学性质，细砂岩相比于粗砂岩、中砂岩更为致密，并且稳定性、均质性更高，为避免因为材料的各向异性引起渗流实验的误差，选择了具有代表性的砂岩相似材料代替深井微裂隙砂岩。根据砂岩微裂隙注浆模拟实验的设计和要求，制备了 JRC=0～2、JRC=4～6、JRC=10～12（JRC 为节理粗糙度系数）三种不同粗糙度的微裂隙砂岩注浆试块。微裂隙砂岩注浆试块的裂隙开度为 0.2mm。

2. 微裂隙砂岩注浆实验

根据深井围岩在工程现场中不同深度处应力场和渗流场的赋存条件，基于相似模型理论（类砂岩强度/原岩强度为 1/2），微裂隙注浆实验在 10～15MPa 选择多个不同的围压水平，对三种不同粗糙度的试块进行注浆实验。其中，试块裂隙表面均匀设置 5 个光纤光栅传感器测点（FBG1～FBG5），以光纤光栅传感器的应变增量作为围岩孔隙尺寸变化的依据。

3. 围岩裂隙尺寸随深度变化的规律

本节中围岩裂隙尺寸的变化以应变增量来表示，并以不同围压模拟不同深度条件。注浆实验获得了不同粗糙度砂岩试块在不同围压、注浆压力条件下的微裂隙表面 5 个测点的应变增量，如图 3-32 所示（微裂隙开度为 0.2mm）。

随着深度的增大，即随着围压的增加，光纤光栅传感器测点的应变增量逐渐增大，但是增长幅度前期较慢，后期较快。

4. 不同粗糙度下微裂隙注浆渗流特性

通过对注浆渗流量的监测，获得了不同围压和不同注浆压力条件下粗糙微裂隙体

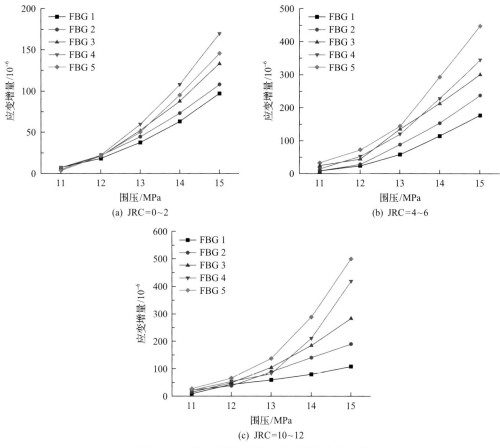

图 3-32　不同粗糙度试块的应变增量变化曲线

积流速。在不同围压下，不同粗糙度试块的浆液体积流速随注浆压力的变化曲线如图 3-33 所示。

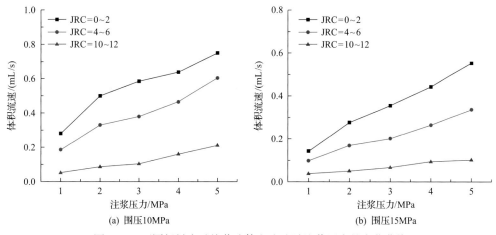

图 3-33　不同粗糙度试块浆液体积流速随注浆压力的变化曲线

对比图 3-33（a）和（b），对于具有相同粗糙度的试块，随着围压的增大，浆液体积流速有所较小。分析认为，试块所受围压增大，使得裂隙初始开度减小，进一步增大了浆液流动的阻力，使得浆液体积流速降低，且微裂隙粗糙度越大，体积流速所受到的影响越大。

3.2.4　高强、高韧性新型注浆堵水材料

煤系地层在 1500m 以深后，煤层底板普遍位于奥陶系灰岩层之上，受建井及采动影响，底板裂隙发育后，则富水性最强、水压高的"奥灰水"突水概率显著增加，是煤矿深井建设的重大风险。此外，我国西部地区深井穿越地层以白垩系和侏罗系为主，沉积环境主要为河相、湖泊相，含水岩层表现为低孔隙微渗透特性。

对于微裂隙开度小于 0.2mm 的岩体，工程上通常定义为微裂隙岩层。微裂隙介质堵水注浆对浆材颗粒粒度的大小、浆液的流动性及稳定性提出了更高的要求。研究表明，以水泥基为主的粒状浆材，普遍存在约 10% 的颗粒大于 $64\mu m$，其水化活性低，在微裂隙岩层注浆过程中易形成堵塞导致扩散半径有限，且存在固结时间长、体积稳定性差、脆性突出等问题[8]。深部高地压导致的围岩大变形后则岩层渗透性又显著增大，需要反复注浆封水。

目前，化学注浆材料作为溶液类浆材，具有浆液黏度低、可注性好的优点，能注入细微的孔隙、裂隙中。常用的化学注浆材料中，丙烯酰胺类浆液固结体强度不高，脲醛树脂类浆液注浆过程腐蚀设备，聚氨酯类浆液价格高等均不同程度地限制其推广应用。开发微裂隙岩层渗透性好、黏度适中、凝结快且时间可调、耐水性好、固结强度高、抗变形性好的新型注浆材料，并研究其在不同介质中的渗透扩散机理，是注浆堵水技术长期以来的重要发展方向[9]。

以聚氨酯和水玻璃为主要注浆材料，通过研发催化剂，调和有机材料和无机材料的混合性能，使其强度、渗透性不低于纯聚氨酯浆液的同时，在密实性、韧性、反应温度方面能满足深部岩层使用要求，同时降低成本。

主要通过理论分析获得催化剂选用方向，然后开展正交法试配确定其合理配比，制备出新型的水玻璃聚氨酯双液注浆材料。

注浆材料由 A、B 两组分组成，其中 A 组分浆液为高官能度的聚亚甲基聚苯基异氰酸酯（polymethylene polyphenyl isocyanate，PAPI），增塑剂为邻苯二甲酸二丁酯（dibutyl phthalate，DBP），催化剂为二甲基环己胺类混合试剂；B 组分浆液为水玻璃，使用时将 A、B 组分等体积混合均匀即可。该新型双液注浆材料加固和堵水机理如下。

首先浆液注入岩层后，B 组分水玻璃溶液与 A 组分中的 DBP 混合均匀，在催化剂作用下原位逐渐生成纳米级凝胶小颗粒，充填孔隙裂隙，形成堵水通道。

$$\mathrm{Na_2O} \cdot n\mathrm{SiO_2} + \mathrm{H_2O} + \text{（邻苯二甲酸二丁酯）} \longrightarrow \text{（邻苯二甲酸二钠）} + 2\,\text{丁醇—OH} + n\mathrm{SiO_2}\downarrow$$

其次 PAPI 在催化剂作用下和水反应生成胺和 CO_2，反应产生的 CO_2 起到促进纳米级凝胶小颗粒继续原位生成的作用，同时因为生成的 CO_2 全部被吸收不引起材料发泡。

$$OCN\!-\!R\!-\!NCO + H_2O \longrightarrow H_2N\!-\!R\!-\!NH_2 + CO_2$$

$$CO_2 + Na_2O \cdot nSiO_2 \longrightarrow Na_2CO_3 + nSiO_2 \downarrow$$

最后生成的胺可以和剩余的 PAPI 反应，在水玻璃凝胶颗粒表面原位聚合，产生交联密度很大的聚脲，交联起来的有机相将水玻璃凝胶颗粒包覆起来形成完整的固结体，形成高强加固效果。其反应历程如下：

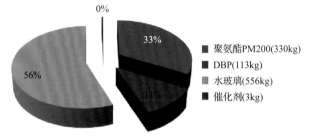

聚脲将二氧化硅颗粒物包覆，从而固结成一个整体。

通过大量实验试配，获得了催化剂的主要配方和主材的配合比，如图 3-34 所示。

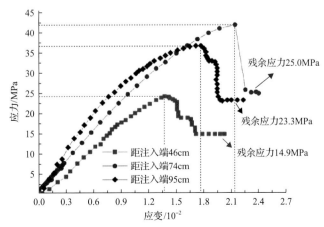

图 3-34　新型双液注浆材料配比

研发的新型双液注浆材料为溶液性和油性介质，无颗粒，泵压性能稳定，渗透性、流动性好，反应温度低于 80℃。注浆后，固结速度快，在 3～15min 可调。固结过程中在微裂隙内反应析出微米级、纳米级的二氧化硅颗粒，结石体密实度高，强度达 20～40MPa。成本相比纯聚氨酯等有机注浆料降低约 40%。

对颗粒级配的破碎砂岩进行室内注浆模型实验，注浆后的岩心力学行为表现出峰后应力跌落区(图 3-35)，浆液的韧性显著。

图 3-35　新型双液注浆材料结石体力学行为

3.2.5　微裂隙含水岩层纳米注浆材料渗透注浆堵水技术

国内外对于基岩段含水岩层较多、赋水情况复杂的立井筒普遍采取"冻—注—凿"三平行作业方式施工,其中注浆堵水主要有地面预注浆、工作面预注浆、井壁壁间(壁后)注浆三种方式[10-13]。

目前,在注浆技术体系中,注浆钻孔施工技术和工艺相对成熟;而制约注浆效果的主要环节为:①复杂含水岩层的精确探测;②浆液的可注性、新型注浆材料及相应的注浆工艺;③注浆效果合理评估及复注。

1. 新型双液注浆材料注浆装备系统

基于聚氨酯和水玻璃的新型双液注浆材料的混合技术要求,实验优选了单缸双作用活塞泵+混合器+压力高精度动态监测系统的注浆系统。单缸双作用活塞泵可保障浆液 A、B 组分混合比例与设计相吻合;通过增设喷淋装置,适时降低注浆泵的柱塞温度;研制了具有过滤和混合功能的筒式混合器(图 3-36),其尺寸小、易于对接,能过滤聚氨酯在空气中暴露后产生的少量晶体,同时保障浆液充分混合后达到反应要求。压力高精度动态监测系统可实时反馈注浆孔口压力的变化,并记录注浆时程曲线。

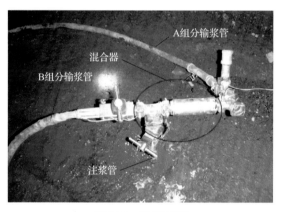

图 3-36　注浆系统

2. 白垩系和侏罗系含水岩层壁后注浆实验

内蒙古鄂尔多斯联海煤业有限公司白家海子矿井中央 2 号风井井筒井口标高+1219m,井筒净直径为 6.8m,井筒深度 680.05m,井筒采用全深冻结法施工完毕后,开始对埋深 550～630m 层位进行壁后注浆,注浆每排间距 13m。注浆实验段位于埋深 627m处,层位岩性为细砂岩、粉细砂岩,是井筒与马头门连接段,施工扰动大。取壁后注浆工程的最后一排注浆孔注入新型双液注浆材料,每排均布 8 个孔。壁后孔隙水压在 4～7.5MPa,钻孔穿透井壁后涌水情况如图 3-37 所示。

根据现场施工条件,双组分浆液各装入一个 50L 的转料桶进行配制封装,其中 A 组分白料为水玻璃 66.6kg,B 组分黑料由聚氨酯(PM200)35kg、DBP12kg、催化剂 0.033kg混合搅拌配制而成,固化时间 12～15min,共配料约 1.6t。

图 3-37　钻孔高水压情况

对矿用注浆系统进行地面试运转，测试注浆后固结特性。根据运转情况，对注浆系统优化加装了双浆液静态混合器和注浆压力实时采集系统，使得双浆液混合更为均匀，从而满足纳米浆液注浆要求。采集注浆压力的动态变化过程，可用于分析浆液在围岩内渗透劈裂情况。整个运转调试保证了井下注浆工程的顺利实施。

实验前，先对壁后含水层注水泥-水玻璃浆液，孔深为 3m，注浆压力 10MPa，井壁一圈注 8 个孔。水泥-水玻璃浆液固结后，对已注孔进行透孔，采用新型双液注浆材料复注。注浆压力同样控制为不超过 10MPa，注浆孔深为 3.2m。

注浆结果反映出水泥-水玻璃浆液注浆后，验证孔涌水量减小至 7.55L/min，注浆压力增长快，持续 3min 压力超过 12MPa 后停止注浆防止破坏井壁，整个注浆过程浆液注入量小于 10L。

图 3-38 为两种注浆材料的注浆压力时程曲线。

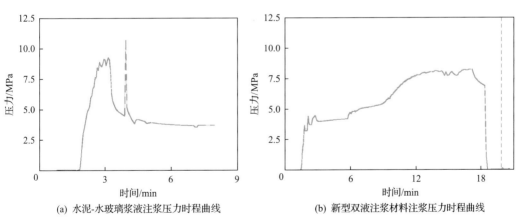

(a) 水泥-水玻璃浆液注浆压力时程曲线　　　　(b) 新型双液注浆材料注浆压力时程曲线

图 3-38　两种注浆材料的注浆压力时程曲线

透孔后注入新型双液注浆材料，注浆压力稳定在 8.5～9.5MPa，15min 单孔注入 440L，约 0.62t，由于新型双液注浆材料备料不足停止。注浆后 15min，出水点的涌水量显著降低，验证孔涌水量减小至 1.546L/min，起效快。水泥-水玻璃浆液与新型双液注浆材料的注浆压力时程曲线对比表明：新型双液注浆材料注入量较水泥-水玻璃浆液大幅提升，注浆压力较水泥-水玻璃浆液更为稳定。

3. 千米深井巷道底板含水岩层注浆加固堵水实验

1）实验基本条件

淮南顾桥矿东区-1000m 马头门及车场大巷道位于砂岩和砂质泥岩层位，巷道主要断面规格为：宽×高=5.6m×4.6m。巷道采用 $\Phi6mm$ 钢筋网、$\Phi22mm×2500mm$ 锚杆、$\Phi22mm×6300mm$ 锚索及混凝土喷层进行支护。锚杆间排距为 900mm×900mm，锚索间排距为 1.5m×1.5m，初期底板未设支护[14]。

巷道掘进后，围岩变形表现为典型的高应力软岩特征，即变形速率较小，持续时间长；特别是底板变形在 3 个月左右开始急剧增大，钻孔发现底板以下 1.5 m 砂岩裂隙水丰富。为此，先后进行了以下治理。

（1）底板锚索配合 T 型钢带组合加固，排距 1.5m。采用地锚机按设计位置施工底板锚索孔，将 $\Phi21.8mm×6200mm$ 锚索放入孔内，再将水泥浆通过注浆机、注浆管路灌入锚索孔，待水泥凝固后开挖沟槽安装 T 型钢带并加套锁具集中涨拉锚索进行固定，T 型钢带规格为长×宽=4000mm×160mm，垫板规格为长×宽×厚=150mm×150mm×16mm。

（2）对底板分两次进行注浆加固。第一次采用深浅孔结合注浆，浅部孔深 1.5m，深部孔深 2.5m。巷道底板每排布置 4 个孔，排距 2.0m，距巷道帮 0.4m 处两边各一个，下扎 45°，孔间距 1.6m。注浆时对每个孔实行插花交叉分次注浆。底板浅孔注浆压力不超过 2.0MPa；深孔注浆压力 4.0～6.0MPa。注浆材料为水泥单浆液，注浆水灰比一般在 0.3:1。第二次注浆时间滞后第一次约 3 个月，采用相同的布孔方式间隔进行注浆，注浆孔最大深度达 5m。

（3）进行套棚喷浆二次支护。采用 29U 型钢加工的 U 型棚，棚距为 800mm。架棚段喷层厚 150mm，强度 C20。

巷道采用上述方案修复后，钻孔探测表明底板裂隙水仍以微渗情况浸润砂质泥岩，导致底臌流变仍在持续增长。

2）实验设计
① 注浆断面布置

根据现场工程概况，在原支护方案实施后，利用 FLAC3D 有限元软件对顾桥矿东区车场大巷道围岩变形进行数值模拟。图 3-39 为巷道原支护方案实施后，围岩变形图及围岩塑性区分布图。

从巷道原支护状态下围岩变形分布图可以看出，受深部高地应力影响，巷道围岩形成大范围的塑性破坏区，其巷道松动圈发育范围表现为竖椭圆特征[15]。根据上述机理和巷道前期注浆治理方法，实验在断面如图 3-40 所示，在巷道底板中间钻深 7m 的注浆孔内进行新型双液注浆材料注浆实验，注浆压力根据理论计算取不大于 6MPa。

取底板岩层孔隙率为 1%，对该区域进行注浆模拟，得出 60L/min 注浆速率下的压力时间变化曲线如图 3-41 所示。

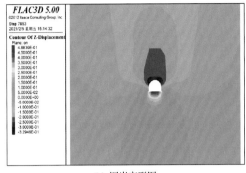
(a) 围岩变形图

(b) 围岩塑性区分布图

图 3-39　巷道围岩变形模拟

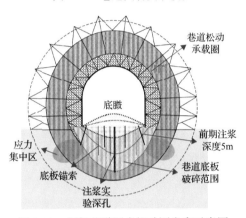

图 3-40　深部巷道围岩松动圈发育示意图

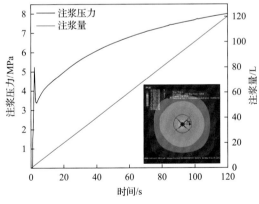

图 3-41　注浆速率为 60L/min 时压力时程曲线

② 注浆量估算

依托现场施工条件，注浆采用底板地锚钻机打孔，孔径为 40～50mm，采用钢制注浆管封孔，封孔长度约 5m。

根据岩层结构特征，结合以往注浆数值模拟，推演假想浆液扩散区为倒圆台区域。取假想浆液扩散区上圆台半径为 3m，下圆台半径为 2.5m，高度为 3m 计算，则单孔注浆充填体积为 0.741m³，浆液密度为 1.4kg/m³，单孔注浆量约需要 1.05t。

取 24m 长巷道进行实验，设计注浆排距为 3m，共需注 5～6 个孔。总注浆量可按 6t 准备。

3）注浆结果及分析

由图 3-42 可知，注浆单孔浆液注入量为 0.5～1.4t，5 个孔合计 6t；注浆压力稳定在 1.9～5.5MPa 的情况下，可在底板裂隙空间内稳定劈裂扩散及渗流，可沿底板锚索注浆后的微隙空间返浆（图 3-43）。实验段巷道底板自新型双液注浆材料加固施工后，经过 10 个多月效果检验，未再出现底臌现象。

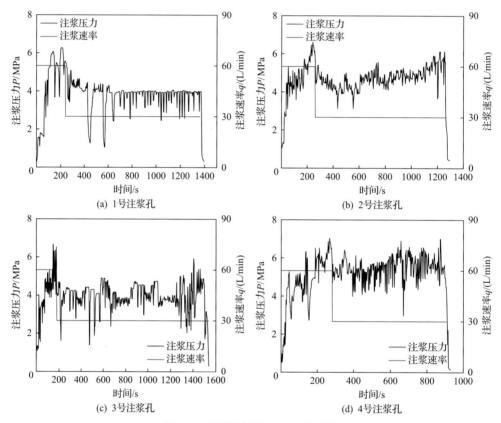

图 3-42 注浆压力随时间变化曲线

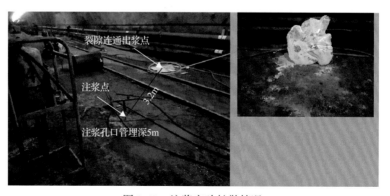

图 3-43 注浆实验扩散情况

3.3　深井注浆效果震电磁三场耦合高精度检测评价方法

深井注浆效果震电磁三场耦合高精度检测评价方法基于现有的 SEMOS 三场采集系统(图 3-44)实现震电磁三场主被动信号采集,采集注浆过程中的震电磁三场信号特征,形成单一解释、多种方法联合解释和三场综合评价解释方法,最终实现注浆效果震电磁三场耦合高精度检测评价[16]。

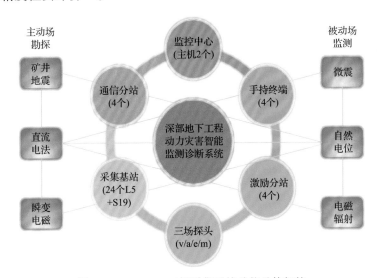

图 3-44　SEMOS 三场采集系统功能总体架构

实验获得了震电磁三场注浆检测的解释方法,对西部白家海子矿侏罗系含水岩层井筒壁后注浆开展了三场耦合检测,通过数值模拟和正反演分析,获得了壁后注浆的高精度识别和检测,支撑了震电磁三场耦合高精度检测评价方法的可行性。

3.3.1　注浆效果震电磁三场特征分析

针对震电磁三场耦合高精度检测评价方法建立数值模型,进行震电磁三场的正演,实现震电磁三场理论信号的分析。分析注浆前后震电磁三场的特征和特点,以及三场的耦合特征,为后续注浆效果震电磁三场耦合高精度检测技术提供地质地球物理基础。

1. 深井注浆地球物理理论模型构建

根据井筒的结构建立井筒注浆物性变化的数值模型。井筒建立后,井壁的建设会对井筒周边一定范围内的原状地层产生破坏,对井筒周边的稳定性产生重要的影响,后期在水平应力的作用下对井筒的安全产生影响,因此深井建设过程中壁厚原状地层扰动产生的裂隙改造十分的重要[17]。

针对千米深井建设的问题,选取在一定厚度的砂岩层建立数值模型。图 3-45(a)表示井筒建设后周边扰动的地层模型,不考虑岩性在纵向上的变化,只考虑裂隙发育带对井筒周边的影响。设置井筒的直径 8m，裂隙发育带的厚度在 10m，原状岩层为无限延伸的均匀各向同性介质。原状地层的物性参数为密度 2.7g/cm³，P 波速度 3200m/s，电阻率 1500Ω·m。裂隙发育带的密度 2.2g/cm³，P 波速度 2500m/s，电阻率 800Ω·m。进行井筒周边注浆加固后[图 3-45(b)]，裂隙发育带的物性参数改变，原来裂隙发育带的宽度为 10m，注浆改造后，浆液向外扩散，改造区域的宽度为 15m。注浆后的改造区域密度为 2.8g/cm³，P 波速度 4000m/s,电阻率 3000Ω·m。

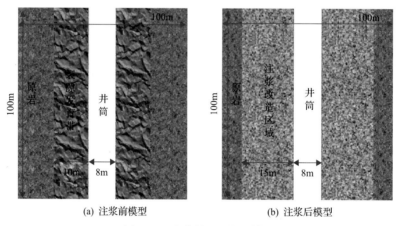

(a) 注浆前模型　　　(b) 注浆后模型

图 3-45　注浆前后的物理模型

2. 震电磁三场正演特征分析

利用数值模拟的波场快照进行模型地震波场特征研究，图 3-46、图 3-47 为第 8 炮记录的不同分量注浆前后波场快照。

从图 3-46 可以看出：①X、Y 两个分量记录存在的差异主要在波的能量与相位上，反射 P 波在两个分量上均存在；②在 19ms 时刻，可以看到入射 P 波在模型松动圈界面位置发生反射，形成向回传播的反射 P 波并被井筒上的检波器接收到，相位与速度一致。

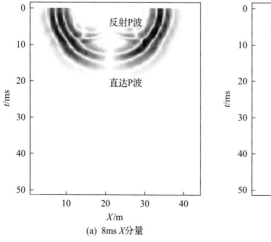

(a) 8ms X分量

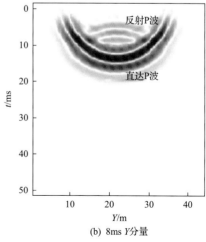

(b) 8ms Y分量

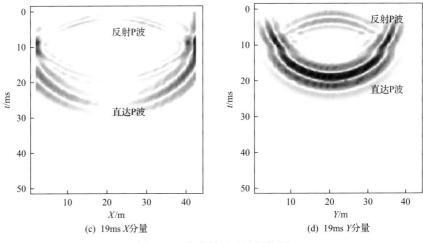

(c) 19ms X分量　　　　　　　　(d) 19ms Y分量

图 3-46　注浆前地震波场快照

图 3-47 为注浆后地震波场快照。发射线圈位于扩散图中井筒的左侧。感应电动势曲

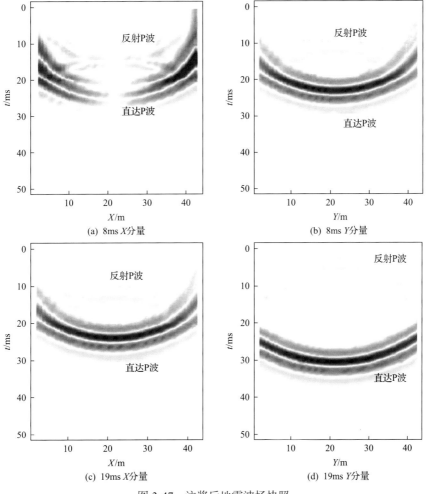

(a) 8ms X分量　　　　　　　　(b) 8ms Y分量

(c) 19ms X分量　　　　　　　　(d) 19ms Y分量

图 3-47　注浆后地震波场快照

线呈近似椭圆状,长轴位于 X 轴,短轴近似垂直。这是由于纵向上电阻率条带分布,横向上电阻率呈层分布。场扩散到高阻层传播速度快。

　　井筒方向 XZ 平面内注浆前感应电动势 X 分量的扩散特征如图 3-48 所示。瞬变电磁的发射线圈靠近左侧井筒壁。注浆后感应电动势的扩散如图 3-49 所示,注浆后,井筒周边均变成高阻。电磁波在高阻介质中迅速向外扩散。由于发射线圈靠近左侧井壁,右侧井筒和右侧井壁都是高阻,电磁波向右侧传播的速度比左侧要快。

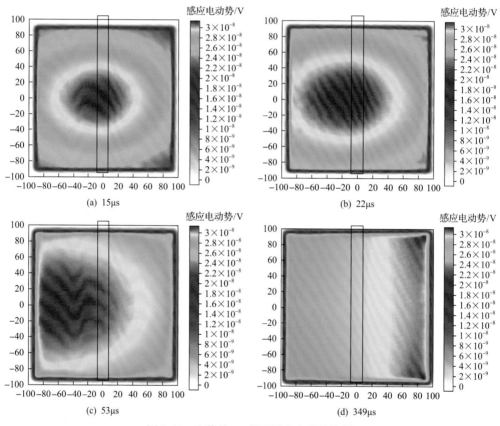

图 3-48　注浆前 XZ 剖面瞬变电磁场快照

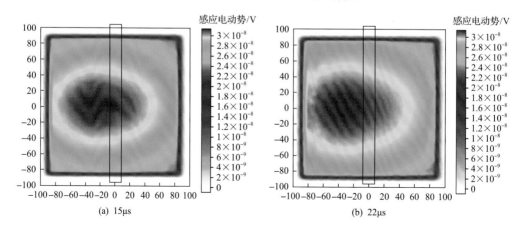

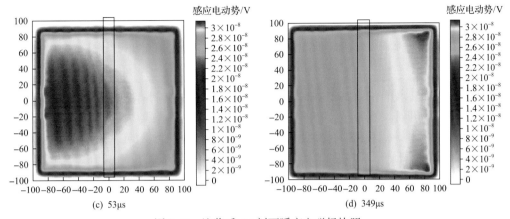

图 3-49　注浆后 XZ 剖面瞬变电磁场快照

对井筒周围注浆前后直流电场开展研究，数值模拟结果表明注浆前后靠近井筒附近的电阻率增大。对于高阻浆液的注浆，井筒壁厚改造加固，使用直流电场可以有效探测注浆浆液的扩散情况。图 3-50(c)是注浆前后的差值，注浆后视电阻率存在较大的差异，这为三场检测技术中的直流电法勘探提供了地质地球物理基础。

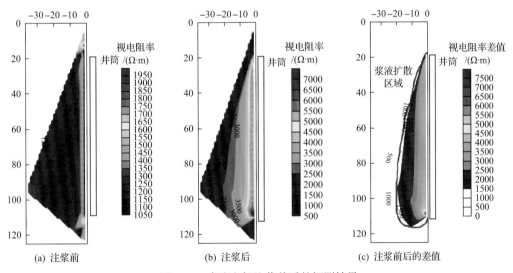

图 3-50　直流电场注浆前后的探测结果

从注浆模型三场特征的研究结果可以看出，地震波场、直流电场和瞬变电磁场注浆前后场的特征都表明三场方法可以反映出注浆前后的变化。研究结果表明三场方法对于注浆检测具有地质地球物理前提，三场方法可以用于注浆检测。

3.3.2　深井震电磁三场耦合注浆效果检测评价方法与技术

针对深井震电磁三场耦合注浆效果检测评价方法，分别对井筒和千米深井下巷道内进行现场实验。白家海子井筒的初次实验验证了该评价方法探测数据对探测注浆变化有效。顾桥矿千米深井数据的采集为震电磁三场耦合评价提供了基础数据，支持向量机等数学方法的应用为三场耦合评价提供了理论基础。

1. 井筒中三场观测技术研究

由于井筒的特殊结构需要研究合适的震电磁三场观测装置进行注浆效果的探测与评价。井筒中探测浆液的扩散主要的难度有井筒空间狭小，空间有限，限制了许多地球物理方法的开展。针对这些问题，开展井筒震电磁三场观测装置的研究。

图 3-51 是井筒中电极的一个布置方式。在井筒内环向上布置 4 个电极，同时在井筒不同高度上也布置类似的装置。形成井筒周边立体的探测装置。这样的探测装置的好处是井筒纵向上可以形成测深曲线，在环向上可以形成圆形探测，对井筒进行立体成像。电法可以针对立体布置的电极对井筒进行二维和三维反演。同时利用环向上的自然电位信息探测浆液在井筒周边的扩散情况。类似的地震三分量检波器也可以这样安装，井筒这样布置装置可以实现井筒周边的主被动探测。环向上利用噪声源成像技术探测注浆效果的密实度。也可以使用主动源方法探测井筒壁厚岩层注浆的情况。井筒立体布置，可以尝试井筒不同方向上探测的三维地震成像研究。

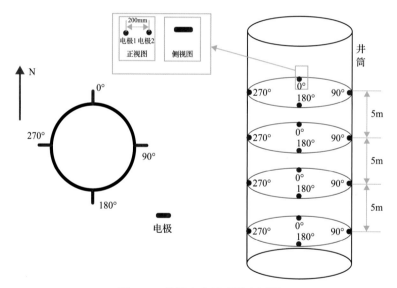

图 3-51　井筒中电极观测布置图

在白家海子进行现场实验,用自然电场评价井筒马头门注浆改造后的浆液填充情况。图 3-52 是应用自然电场法探测壁厚注浆的现场施工布置图、自然电极坐标图和电位谱图。对井筒注浆后周边自然电位出现显著的高低变化，通过自然电位的变化，实现井筒周边浆液扩散方向的指示。

应用瞬变电磁场对白家海子注浆前后的井筒进行探测，实现了瞬变电磁场对注浆浆液情况的探测[18]。注浆后井筒周边的电阻率出现增大。现场实验结果表明(图 3-53)，当已知注浆处，瞬变电磁场能够有效探测注浆的扩散情况，瞬变电磁场方法可以实现深井壁厚注浆的探测。

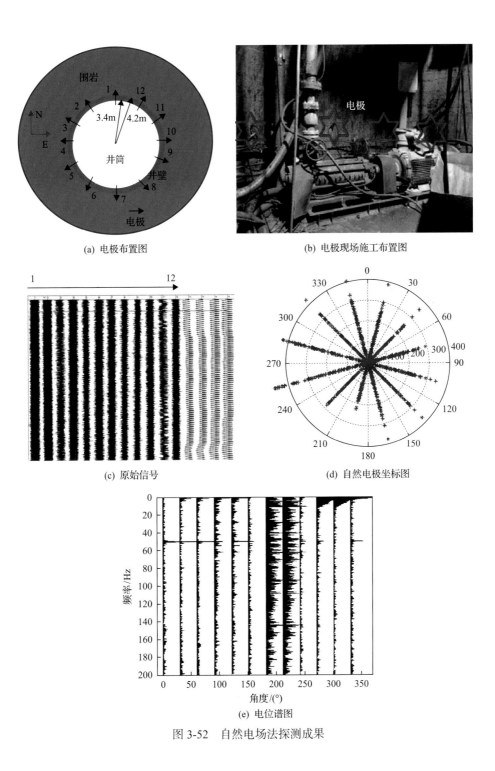

(a) 电极布置图

(b) 电极现场施工布置图

(c) 原始信号

(d) 自然电极坐标图

(e) 电位谱图

图 3-52　自然电场法探测成果

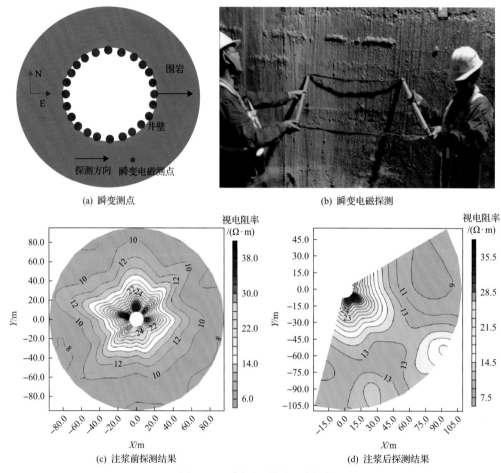

(a) 瞬变测点　　　　　　　　(b) 瞬变电磁探测

(c) 注浆前探测结果　　　　　　　(d) 注浆后探测结果

图 3-53　瞬变电磁场探测成果

利用被动源噪声地震方法对井筒周边浆液的扩散情况进行探测实验，在井筒周边 E、S、W、N 四个方向布置检波器。检波器采用三分量，实现不同方向上的地震信号的探测。将采集到的信号利用格林函数转化为自激自收的地震记录，实现井筒周边注浆情况的检测。被动源噪声地震方法分析合成后的时频信号，可实现周边浆液扩散的检测(图 3-54)。

2. 千米深巷道内震电磁三场观测技术研究

在淮南顾桥矿千米深巷道内的底板注浆段进行震电磁三场探测。巷道内布置震电磁三场测线，如图 3-55 所示。在巷道内一次布置三分量地震检波器，测量电极；应用震电磁采集主机，实现震电磁三场的同步探测与采集。现场采集的数据被用于注浆效果震电磁三场耦合高精度检测评价。

图 3-56(a)是地震 Z 分量 P 波的处理结果。由图 3-56 可以看出，水平 0～5m 范围，深 3～5.5m 范围充填较好；水平 6～8m 范围浅部水泥充填量少，相对分布均匀。水平 8～12m 浅部充填较完整。深部存在较大的空白区域为充填；14m、17.5m 附近和 22～30m 范围浆液填充不好，主要裂隙被水泥浆充填。

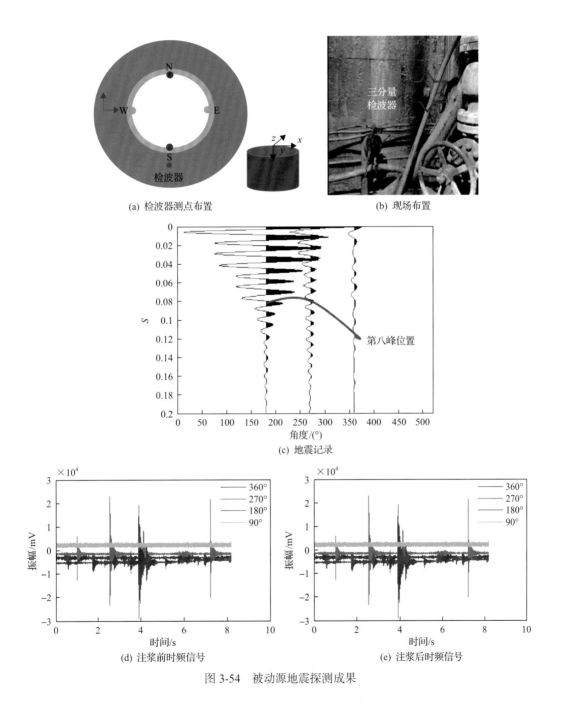

(a) 检波器测点布置　　　　　　　　　　　(b) 现场布置

(c) 地震记录

(d) 注浆前时频信号　　　　　　　　　　　(e) 注浆后时频信号

图 3-54　被动源地震探测成果

图 3-55　施工现场示意图

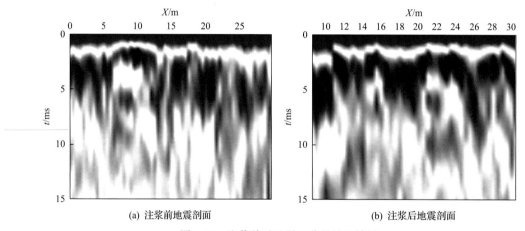

(a) 注浆前地震剖面　　　　　　　　　　　　(b) 注浆后地震剖面

图 3-56　注浆前后地震三分量处理结果

　　图 3-56(b)是 Z 分量进行化学浆注浆后的反射波剖面,与图 3-56(a)对比得到化学浆注浆后的效果。进行化学浆注浆后,明显浅部的蓝色区域连续性增强,剖面更加明显,说明采用地震方法可以有效地进行化学浆注浆扩散特征的监测。从 Z 分量更能清楚地反映地下注浆扩散的位置信息。在水平坐标 24~30m 范围内,岩石裂隙和孔隙被化学浆充填,注浆前后反射剖面变化明显。由于随注浆孔距离的增加,仍存在局部未充填。总体三个分量在化学浆注浆后都能够较清晰地反映地下岩石结构的变化情况。

　　采用温纳三极装置对比注浆前后的结果,同样也反映出注浆后整体电阻率变小,注浆前最高电阻率为 32Ω·m,注浆后最高电阻率为 24Ω·m,电阻率明显有变化,电阻率等值线出现变化,说明直流电法对化学注浆的检测有效。图 3-57(a)中 1 号区域与其相邻的等值线为 20 的区域表现出的是低阻区域,说明存在一个纵向上的导水裂隙带,注浆后图 3-57(b)中该区域的等值线降低为 18Ω·m,且低阻区域扩大,2 号范围及周围低阻区代表的是注浆后浆液的主要流动趋向。后期通过震电磁三场对比,实践证明这是底板存在裂隙,钻井液灌入地下导致的。

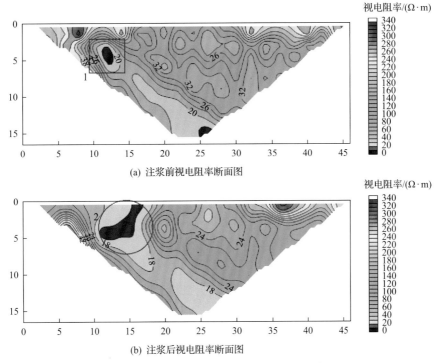

(a) 注浆前视电阻率断面图

(b) 注浆后视电阻率断面图

图 3-57　温纳三极装置探测下注浆前后视电阻率断面图

图 3-58（a）是化学浆注浆视电阻率探测测线布置。

图 3-58（b）是化学浆注浆前后视电阻率探测结果中存在 3 个明显的高阻区域，主要是因为前期底板浅部进行过化学浆的底板加固。在 3～20m 范围内加固效果较好。加固后视电阻率具有较好的完整性。20～30m 范围内浅部进行过少量水泥浆的底板加固工作。

图 3-58（b）是化学浆注浆后的瞬变电磁探测结果。5～22m 范围内电阻率整体增大。但是在 X 轴 10m 位置高阻异常内部分裂成两个区域。虽然化学浆整体加注对区域内的电阻率起到增大的作用，但是局部注浆孔注入的化学浆，低于前期加注过的水泥浆的电阻率，出现局部电阻率的减小。

(a) 现场探测图

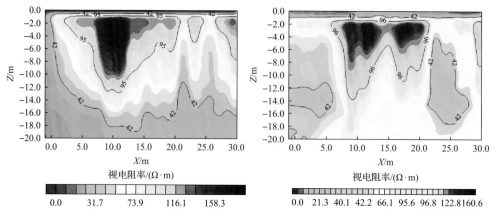

(b) 注浆前测线2-斜阶跃全期视电阻率计算结果图-XZ切片　　(c) 注浆后测线2-斜阶跃全期视电阻率计算结果图-XZ切片

图 3-58　测线 2 视电阻率剖面图

3.3.3　注浆效果震电磁三场耦合高精度检测评价方法

针对三场特征形成了一套注浆效果震电磁三场耦合高精度检测技术，实现了三场主动与被动场特征的分析方法，三场耦合高精度检测评价方法使用支持向量机方法实现了三场数据的综合评价，用于解决深井注浆检测。

1. 震电磁三场采集技术

震电磁三场耦合高精度检测评价方法主要利用深部地下工程动力灾害智能检测系统（SEMOS）实现注浆过程中的震电磁三场信号的主被动采集。SEMOS 系统包括监测主机、通信分站、采集基站、三场探头、激励分站和手持终端等设备；采集震电磁三场信号，主要研究地震勘探、直流电法、瞬变电磁、微震、自然电位和电磁辐射，解决注浆过程中的监测评价。

三场采集系统的设备如图 3-59 所示，该设备可以实现多物理场的数据采集，实现一种机器设备兼容多种物理信号的同步接收，全程监测注浆过程中的物理信号变化。避免了需要多种物探设备采集，不能同时监测只能单次测量，并且各种物理信号的采集还不同时，不具有对比性。

(a) 震电磁三场采集设备

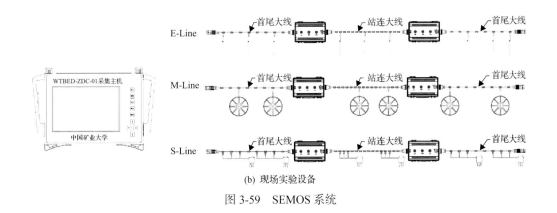

(b) 现场实验设备

图 3-59　SEMOS 系统

2. 震电磁三场评价体系

通过分析地震波场特征、直流电阻率特征、直流激电特征、瞬变电磁电阻率特征、水压裂和注浆压裂微震特征、注浆电位特征和注浆压裂电磁辐射特征，研究主动源和被动源方法的地球物理特征，为注浆效果震电磁三场耦合高精度检测评价提供识别特征。通过震电磁主动源与被动源方法的研究，可以对注浆效果进行单一地球物理方法的独立分析解释，也可以实现主动源三种方法和被动源三种方法的联合解释，减少单一物理反演方法的多解性带来的错误解释。最终形成注浆效果震电磁三场耦合高精度检测评价体系(图 3-60)。

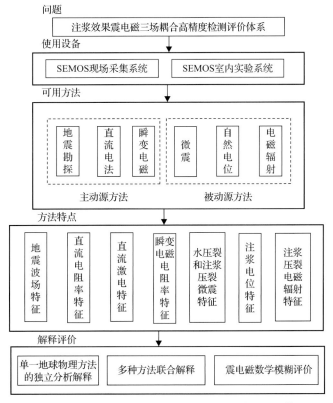

图 3-60　注浆效果震电磁三场耦合高精度检测评价体系

3. 震电磁三场耦合评价技术

支持向量机方法可以对微震、电法、瞬变电磁等多种信号进行综合判别，克服了单一信号的多重解，提高了地球物理探测的精度。微震、电法、瞬变电磁等信号能根据岩石的物理属性区分裂隙带和注浆区域等，但由于同一信号对应的物理属性可能不唯一[19]，支持向量机方法减弱了单因素分类识别的局限性，可为注浆前后岩体的区分提供新的研究思路。

支持向量机方法是根据统计学习理论中的相关原理提出的采用结构风险最小化原理的一种最优化学习算法。通过解决凸二次优化问题而找到的极值解为最优解，因此可以使用样本分类。若有一个定义在 n 维空间的训练数据集 $\{(x_i, y_i), i=1, 2, \cdots, m\}$，其中 $x_i=[x_{i,1}, x_{i,2}, \cdots, x_{i,N}]\check{T} \in R \tilde{n}$ 为 $\tilde{n}$ 维空间的样本，在样本中所有的属性都和向量中的元素一一对应；$Y \in R$ 为与该样本所对应的输出值。

$$F(x) = \text{sgn}\big[g(x)\big]$$

$$g(x) = \omega x + b$$

式中：$\omega=[\omega_1, \omega_2, \cdots, \omega_{\tilde{N}}]\check{T}$ 为 $\tilde{n}$ 维系数向量；x 为样本数据；b 为常数。

由上式可知，$\tilde{n}$ 维向量空间的超平面 $g(x) = \omega x + b$ 将数据划分为 +1 类和 –1 类。超平面中的两个参数 ω 和 b 需要支持向量机方法根据训练数据集进行确定。

根据最大间隔原则引入惩罚参数 $C(C>0$，C 越大则惩罚越严重$)$ 和松弛变量 ξ，$i=1, 2, \cdots, n$ 时，则可构建支持向量机方法的最优化问题：

$$\min_{\omega, b, \xi} \frac{1}{2}\|\omega\|^2 + C\sum\nolimits_{i=1}^{n} \xi_i$$

$$\text{s.t.} \quad y_i\big(\omega x_i + b\big) + \xi_i \geqslant 1, \quad i=1,2,\cdots,n$$

$$\xi_i \geqslant 0, \quad i=1,2,\cdots,n$$

通过改进式的最优化问题可得到最优解 ω^* 和 b^*；最后可求得决策函数。

最终的函数如下：

$$F(x) = \text{sgn}(\omega^* x + b^*)$$

关于注浆前后岩石的性质，包含地震波速、电阻率、密度、极化率等因素，各次级因素还包含更次一级因素，这些因素之间相互影响，同时也存在着相互联系，因此对注浆前后的岩石性质评价需要综合所有的因素做出综合评价才是合理的。

运用多层次模糊评价法对注浆前后的结果进行综合评价，可以分为四个步骤。

(1)确定评价对象的影响因素集合 U。

(2)确定评价对象各影响因素的隶属度。

(3)确定各影响因素对评价对象的权重。

(4)综合评价，得出评价结果。

设评价对象的影响因素集合为 U，确定 U 的方法如下。

设评价对象的影响因素为 $U\{u_1, u_2, \cdots, u_m\}$，其中 m 为评价对象的一级影响因素，可含有二级、三级甚至四级的子因素。

层次数与问题的复杂程度和所需要分析的详尽程度有关，在进行注浆前和注浆后的评价时，划分为三级层次。

确定评价集合 V。为衡量模糊指标的优劣程度，根据心理学测度原理，规定指标的评价等级。评价集合为 $V=\{v_1, v_2, \cdots, v_n\}$，其中 n 取决于地质选区方案。在进行注浆前评价时，n 取 3；在进行注浆后评价时，n 也取 3。

最终的结果依据微震、电法和瞬变电磁三种方法所测量的结果做归一化后，依次在相应位置加权后求和。

$$S(x, y) = s(x, y)/\mathrm{abs}(\max(s(x, y)))$$

式中：$S(x, y)$ 为微震信号归一化后各点的值；$s(x, y)$ 为各点微震信号的原始数据；abs 为绝对值。

$$E(x, y) = e(x, y)/\mathrm{abs}(\max(e(x, y)))$$

式中：$E(x, y)$ 为电法信号归一化后各点的值；$e(x, y)$ 为各点电法信号的原始数据。

$$T(x, y) = t(x, y)/\mathrm{abs}(\max(t(x, y)))$$

式中：$T(x, y)$ 为瞬变电磁信号归一化后各点的值；$t(x, y)$ 为各点瞬变电磁信号的原始数据。

最终得到的结果如下：

$$R(x, y) = \frac{1}{3}S(x, y) + \frac{1}{3}E(x, y) + \frac{1}{3}T(x, y)$$

4. 三场耦合高精度评价

注浆效果震电磁三场耦合高精度检测在淮南顾桥矿进行现场实验，对巷道工作面进行三场数据的采集。采集的三场数据使用 SEMOS 系统实现震电磁三场的一体采集，采用支持向量机方法实现对震电磁三场的耦合评价。耦合评价方法实现了震电磁三种方法探测结果的综合分析。

图 3-61(a)、(c)、(e) 是微震、直流电法、瞬变电磁法的化学浆注浆前处理结果。对比三种地球物理场的勘探结果表明，在 X 轴 13m，深 5m 的位置存在一个异常体。直流电法在此位置表现为低阻，瞬变电磁法表现为高阻，可以推测这个位置，大裂隙发育或存在较大的空隙，下部充满矿化度较高的水，上部存在含空气的裂隙。从直流电法在这一位置浅部电阻率较高推测，由底板水泥浆加固或者加固后，底板再次轻微底臌，重新在浅部形成裂隙。瞬变电磁法和直流电法勘探视电阻率结果不一致的主要原因是底板的复杂特征和瞬变电磁场与直流电场勘探原理不同。结合地震勘探方法，在此位置确实存

在异常[20]。对比三种方法在 X 轴附近的红线位置。瞬变电磁法和直流电法结果的特征基本一致，视电阻率在线上的变化，从左到右表现为"低高低"的变化。同时地震信号也有很好的对应关系。

图 3-61 中(b)、(d)、(f)是化学浆注浆后震电磁三场探测的结果。在 X 轴 15m 位置向下延伸与原来 X 轴 13m 位置，深 5m 位置形成低阻带。主要原因是在巷道内使用地锚钻机，钻探注浆孔的水从钻孔中溢出，由巷道内沿着裂隙下渗到巷道底板。从钻孔中溢出的液体矿化度高，因此造成直流电法 15m 位置形成较低的低阻带。对比瞬变电磁法化学浆注浆前后的结果，也可以看出 15m 两侧电阻率变低。在 X 轴 15m 两侧，底板下 5m 位置不难看出电阻率增大，可以说明在此注浆孔位置，注入的化学浆充填效果好，引起视电阻率的增大。直流电法受直流裂隙含水的影响较大，瞬变电磁法能更好地反映化学

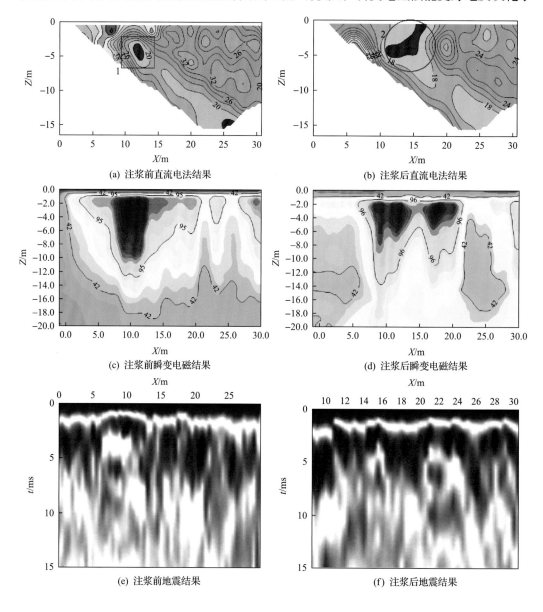

(a) 注浆前直流电法结果　　　　　　　　　(b) 注浆后直流电法结果

(c) 注浆前瞬变电磁结果　　　　　　　　　(d) 注浆后瞬变电磁结果

(e) 注浆前地震结果　　　　　　　　　(f) 注浆后地震结果

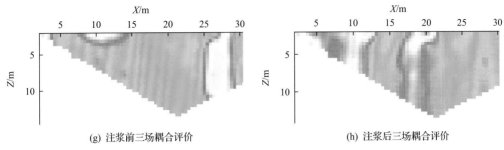

(g) 注浆前三场耦合评价　　　　　　　　　　(h) 注浆后三场耦合评价

图 3-61　三场探测结果对比

浆注浆填充的效果。由于化学浆的注浆孔位置分布不均，在 15m 位置没有很好的充填。
图 3-61(c)地震勘探 Z 分量的探测结果在 X 轴 10m 位置下方的空洞被化学浆填充，直流
电法和瞬变电磁法在此位置视电阻率都明显增大。很显然，只使用单一方法很难全面地
对注浆效果做出较为准确的分析，结合震电磁三场的探测结果可以提高解释的准确性，
避免单一方法解释带来的错误判断。以 15m 位置为例，直流电法探测为低阻，但是两侧
附近又存在注浆孔，很难做出合理解释，结合其他两种方法就很容易给出合理的判断。

参 考 文 献

[1] Farrag A A, Ebraheem M O, Sawires R, et al. Petrophysical and aquifer parameters estimation using geophysical well logging and hydrogeological data, Wadi El-Assiuoti, Eastern Desert, Egypt[J]. Journal of African Earth Sciences, 2019, 149(JAN.): 42-54.

[2] Hu X W, Zhang P S, Yan G P, et al. Spread stack interpretation means of apparent resistivity in roadway advanced detection with transient electromagnetic method[J]. Journal of China Coal Society, 2014, 39(5): 925-931.

[3] Lin J, Jiang C D, Lin T, et al. Underground magnetic resonance sounding (UMRS) for detection of disastrous water in mining and tunneling[J]. Chinese Journal of Geophysics, 2013, 56(11): 3619-3628.

[4] Lu j, Wang Y, Chen J Y. Detection of tectonically deformed coal using model-based joint inversion of multi-component seismic data[J]. Energies, 2018, 11: 829.

[5] Ma L, Xue H J, Wen X G, et al. Prediction of K2 limestone and its aquosity by joint inversion of logging and seismic data[J]. Coal Geology and Exploration, 2016, 44(4): 142-146.

[6] Ghosh S, Chatterjee R, Shanker P. Estimation of ash, moisture content and detection of coal lithofacies from well logs using regression and artificial neural network modelling[J]. Fuel, 2016, 177: 279-287.

[7] Szabó N P, Dobróka M, Turai E, et al. Factor analysis of borehole logs for evaluating formation shaliness: a hydrogeophysical application for groundwater studies[J]. Hydrogeology Journal, 2014, 22: 511-526.

[8] Szabó N P, Kormos K, Dobróka M. Evaluation of hydraulic conductivity in shallow groundwater formations: a comparative study of the Csókás' and Kozeny-Carman model[J]. Acta Geodaetica et Geophysica, 2015, 50: 461-477.

[9] Wang X, Xu S P, Yun X M, et al. The application of well logging technology to coal seam roof strata's water abundance assessment[J]. Chinese Journal of Engineering Geophysics, 2014, 11(6): 762-766.

[10] Bharti A K, Pal S K, Priyam P, et al. Detection of illegal mine voids using electrical resistivity tomography: the case-study of Raniganj coalfield (India)[J]. Engineering Geology, 2016, 213: 120-132.

[11] Cheng H, Cai H B. Safety situation and thinking about deep shaft construction with freezing method in China[J]. Journal of Anhui University of Science and Technology (Natural Science), 2013, 6(2): 1-9.

[12] Das P, Pal S K, Mohanty P R, et al. Abandoned mine galleries detection using electrical resistivity tomography method over Jharia coal field, India[J]. Journal of the Geological Society of India, 2017, 90(2): 169-174.

[13] Day-Lewis F D, Linde N, Haggerty R, et al. Pore network modeling of the electrical signature of solute transport in dual-domain media[J]. Geophysical Research Letters, 2017, 44(10): 4908-4916.

[14] Xu S P, Yun X M, Wang H Z, et al. Exquisite interpretation of geological features of No. 1 coal seam mining area in a mine in Huainan by logging of coal field exploration[J]. Journal of Hefei University of Technology, 2015, 38(9): 1265-1269.

[15] Xu S P, Wang X, Yun X M, et al. Exquisite interpretation on gas storage characteristic of coal and rock stratum by logging parameters of coal field[J]. Coal Geology and Exploration, 2015, 43(5): 100-102.

[16] Yan S, Xue G Q, Qiu W Z, et al. Feasibility of central loop TEM method for prospecting multilayer water-filled goaf[J]. Applied Geophysics, 2016, 13(4): 587-597.

[17] Yuan L. Scientific conception of precision coal mining[J]. Journal of China Coal Society, 2017, 42(1): 1-7.

[18] Yu C, Liu X, Liu J, et al. Application of transient electromagnetic method for investigating the water-enriched mined-out area[J]. Applied Sciences, 2018, 8(10): 1-11.

[19] Zhang B, Chen X W, Zhang H R. Application of induced polarization method in the mine groundwater prospecting[J]. Journal of Guangxi University (Natural Science Edition), 2012, 37(5): 1004-1007.

[20] Zhang P S, Liu Y S, Hu X W. Application and discussion of the advanced detection technology with DC resistivity method in tunnel[J]. Chinese Journal of Underground Space and Engineering, 2012, 9(1): 135-140.

第4章 深井高效破岩与洗井排渣关键技术[*]

针对深井高效破岩与洗井排渣关键技术难题，开展了深部高应力岩体中爆炸应力波传播及其冲击破碎能量耗散规律研究，分析了深部高应力岩体中爆生裂纹的扩展行为，揭示了深井爆破力学机理；研发了深井深孔精细化爆破技术，形成了深井钻爆法高效施工工艺技术体系；研制了新型全液压遥控凿岩机和装岩机，形成了深井机械化掘进施工的工艺技术体系。

4.1 深井爆破力学机理研究

4.1.1 深部高应力岩体中爆炸应力波的传播规律

国内外众多学者对深部岩体的爆破力学机理进行了深入的研究和探索。1971 年，Kutter 和 Fairhurst[1]发表了对爆破力学机理研究的经典文献，采用 PMMA 和岩石爆破实验研究了爆炸应力波和爆生气体对岩体的破坏作用，发现了爆生裂纹优先向静态压应力场中最大主应力方向扩展的现象。1996 年，Rossmanith 和 Knasmillner[2]等在采用 PMMA 立方体试件研究堵塞效应的实验过程中，也发现静态压应力场对爆生裂纹的扩展路径具有明显的影响，爆生裂纹会逐渐向最大主应力方向靠拢，且裂纹方向与静态压应力场方向倾斜时，静态压应力场对裂纹的扩展起到阻碍作用，当裂纹方向向静态压应力场方向偏转并一致后，静态压应力场对裂纹扩展的阻碍作用大大降低。刘殿书等[3]对初始应力条件下的爆炸应力波的传播过程进行了光弹试验研究，发现初始应力影响着爆炸应力波形的传播过程。杨立云等[4,5]采用焦散线试验，研究了爆生主裂纹和翼裂纹在动静组合应力场中的扩展规律，分析了初始静态压应力场对裂纹扩展的影响。

适合岩体爆破模拟的计算方法主要有有限元、边界元、有限差分和离散元等，国内外众多学者[6-16]对各种计算方法做了尝试和深入研究，并采用不同计算方法相结合，开展了地应力场和岩体的断裂破坏关系、破坏形式以及不同埋深和侧压系数条件下的岩石爆生裂纹扩展规律的模拟研究。

在深部岩土爆破施工过程中，岩土介质处于高应力环境中，深部岩土的爆破破坏形式与浅部岩土有较大差异。深部岩体的爆破致裂是爆炸应力场和高地应力场共同作用下的动态响应。其中，爆炸应力场是动态应力场，地应力场则是典型的静态压应力场。深部岩体爆破物理本质是爆炸应力波在初始高应力岩体介质中传播、衰减以及其对岩体做功的过程。但对于初始应力场对爆炸应力波传播规律的影响效应研究不足，尤其是高地应力场中爆炸应力场的传播特征。

---

[*] 本章撰写人员：杨仁树、杨立云、秦晓光、王衍森、王占军、李清、温富成、任彦龙、岳中文、杨国梁、刘宁、高随芹。

为此，采用超高速数字图像相关方法进行深部岩体高地应力状态下的爆破模型实验[17,18]。根据相似准则，开展了埋深 0~2000m 的二维模型实验，揭示爆炸应力波在深部岩体中的传播特征，分析平面弹性模型试件的爆炸应力波传播规律与全场应变演化，以及特征监测点的应变时程变化规律。

通过分析爆炸应变场的时空演化过程，发现在炮孔远区范围内静态压应力场的存在对爆炸应变场的时空分布特征没有影响效应，间接说明爆炸应力波在深部地层中的传播与浅部地层没有明显差异(图 4-1)。

基于爆破压缩区、裂隙区和震动区的划分以及弹性力学理论，提取炮孔远区 4 个测点的时间-应变数据(图 4-2)，发现无论是否施加静态压应力场，炮孔远区内以弹性应力波作用为主的爆炸应力波在深部地层中的传播规律与浅部地层无明显差异，衰减规律均满足 $\varepsilon_{max}=697+718\cdot e^{-0.166s}$ (s 为距离)。进一步定量说明了静态压应力场的存在对爆炸应变场的时空分布特征和应力波的传播没有影响。

通过分析弹性应力波作用为主的炮孔远区内的应变演化过程(图 4-3)，发现在弹性应力波作用的炮孔远区，深部岩体爆破后的动静组合应变场满足静态压应变场和动态应变场的线性叠加规律(图 4-4)。动静组合应力场中，炮孔远区内任一点应变 ε 等于静态应变 $\varepsilon_{静}$ 和动态应变 $\varepsilon_{动}$ 之和，$\varepsilon=\varepsilon_{静}+\varepsilon_{动}$。

4.1.2 深部高应力岩体爆生裂纹的扩展行为

为了更好地开展深部高应力岩体爆破力学机理的实验，自主设计研发了用于模拟深部岩石爆破致裂的动静组合加载系统[18](图 4-5~图 4-7)。动静组合加载系统实现了动态荷载和静态荷载的同时施加，满足了动静应力的耦合。其中，动态荷载主要是爆炸加载，静态荷载包括压缩荷载和拉伸荷载。

在实验室进行爆炸模型实验时，通常采用敏感度较高的单质猛炸药叠氮化铅 $Pb(N_3)_2$。叠氮化铅相关性能参数为：爆容 308L/kg，爆热 1524kJ/kg，爆温 3050℃，爆速 4478m/s。实验时，首先将药包置于模型试件上的炮孔中，然后将模型试件安放在加载架上，炮孔两侧用铁质夹具固定夹紧，如图 4-5 所示。通过在炮孔中插入一根探针起爆线，探针与高压发炮器相连，利用高压发炮器放电产生的火花引爆炸药。高压发炮器还与顺序触发装置相连，通过顺序触发装置可以实现多个炮孔的精确顺序微差或同时起爆，最小起爆时间设计间隔为 1μs。实验过程中，由于实验过程的瞬时性，为了记录爆炸和试件破坏现象，采用高速相机进行记录，此时，需要同步触发顺序触发装置。

在进行爆炸模型实验时，预先设置好起爆顺序和间隔时间，然后对高压发炮器充电，当充电完成后，启动顺序触发装置，高压发炮器将按照预设顺序和时间对炸药进行起爆。另外启动顺序触发装置的同时，通过触发相机线给相机一个外触发信号，相机亦启动拍摄功能，完成对爆炸事件的采集和记录。另外，炸药爆炸时会产生炮烟，影响相机的拍摄效果。因此，实验中采用导烟管来减轻炮烟对拍摄效果的影响。另外，为防止爆炸产生的碎片飞溅造成对实验室人员伤害和物品损坏，在模型两侧各放置一块钢化玻璃板作为防护。

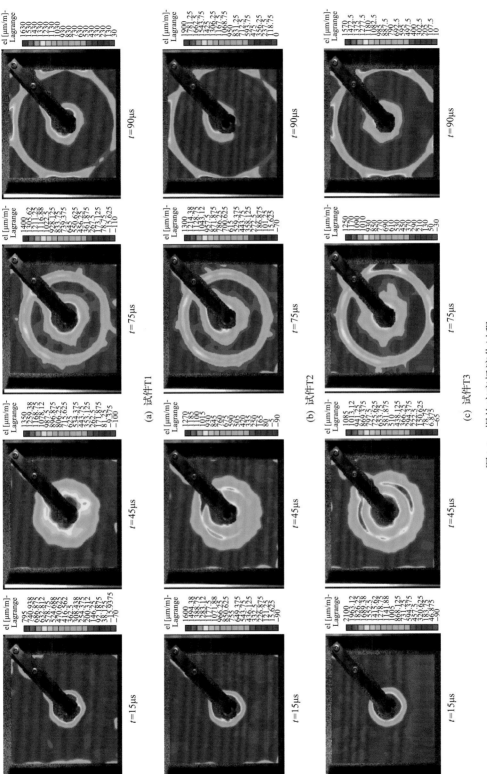

图4-1　爆炸应变场演化过程

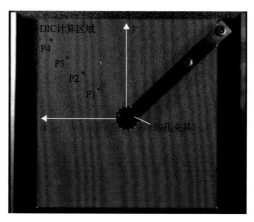

图 4-2　计算区域与测点位置示意图

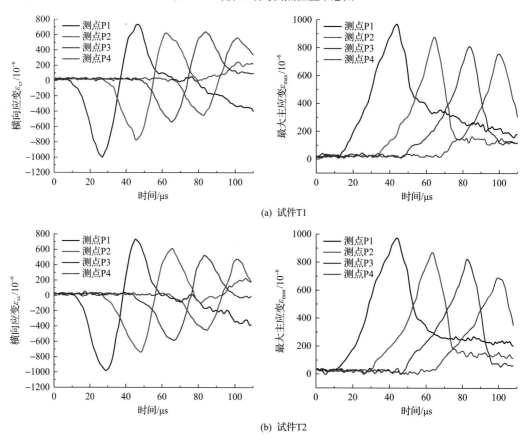

(a) 试件T1

(b) 试件T2

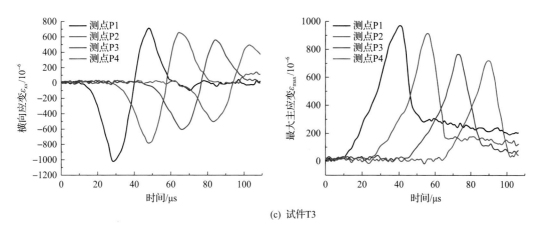

(c) 试件T3

图 4-3　试件 T1、T2、T3 不同测点处应变演化曲线

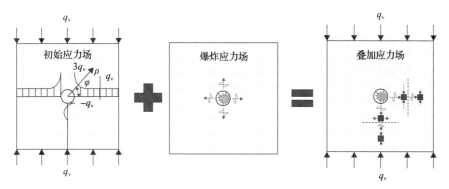

图 4-4　动静组合应力场的叠加特性示意图

试件 T1（$\sigma=0$MPa）+静态压应力场（$\sigma=3$MPa）=试件 T2（$\sigma=3$MPa）；试件 T1（$\sigma=0$MPa）+静态压应力场（$\sigma=6$MPa）=试件 T3（$\sigma=6$MPa）

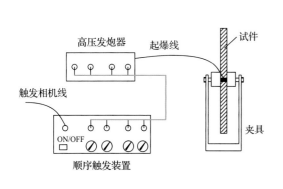

图 4-5　爆炸加载系统

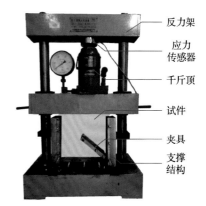

图 4-6　静态压应力加载装置

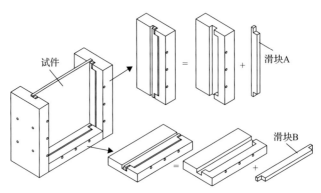

图 4-7　支撑结构组装示意图

开展的实验包括平面和立体两种物理模型。为使得试件处于较高的压缩应力状态，设计了如图 4-6 所示的静态压应力加载装置。液压千斤顶施加的压力通过反力架（刚度很大）转化为均布应力，作用于试件上部边界，应力传感器可以实时读取液压千斤顶的压力，并经过换算得到施加在试件上的静态压应力。

对于平面模型实验，图 4-6 中的支撑结构保证了试件在较高的静态压应力作用下仍能保持稳定，这对实验的顺利实施十分关键。图 4-7 为加载装置支撑结构的组装示意图。将试件插入支撑结构的槽腔中，推动滑块 A 和滑块 B 与试件接触，为了减小加载过程中试件与支撑结构之间的摩擦阻力，保证静态压应力在试件内部的均匀分布，在试件与支撑结构接触的部位涂抹润滑油，再拧紧滑块螺栓使其轻压并固定试件。值得注意的是，当试件被固定后，需要保证能够较为轻松地将试件从支撑结构中抽离出来，证明试件被稳定固定的同时，试件与支撑结构之间的摩擦阻力可以忽略。

模型材料选用 PMMA，其动态力学参数为：纵波波速 v_p=2125m/s，横波波速 v_s=1090m/s，弹性模量 E_d=3.595GN/m^2，泊松比 v_d=0.32，光学常数 c_t=0.08m^2/GN。试件几何尺寸为 315mm×285mm×10mm，炮孔直径 6mm，位于试件中央。为研究静态压应力场对爆生裂纹分布与动态行为的影响，共设计了 4 组实验方案。其中，动态加载方案保持一致，装药量均为 120mg 叠氮化铅；根据相似准则，静态加载方案分别为 0MPa、3MPa、6MPa、9MP，依次编号为 S1、S2、S3、S4。

实验结果如图 4-8 所示。在竖向荷载作用下，试件中的预制炮孔周围产生应力集中，形成了哑铃状的焦散斑，其中，在炮孔壁上最大主应力方向位置处产生最大拉应力。随

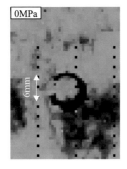 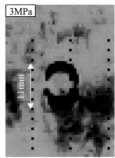 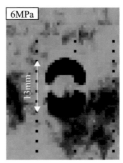 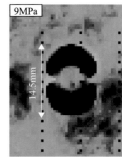

图 4-8　爆炸作用下炮孔周围焦散斑

着围压(竖向荷载)的增加，焦散斑增大，说明炮孔周围的应力集中程度也越来越强。由于 PMMA 材料的强度和板材的结构整体稳定问题，竖向荷载只施加到 9MPa，没有继续再增加。对不同阶段的围压荷载下的哑铃状焦散斑特征长度 D 进行测量，测量结果见表 4-1。当竖向荷载为 0MPa 时，炮孔周围没有焦散斑。

表 4-1　炮孔周围静态焦散斑特征长度结果

结果	$p - q$			
	0MPa	3MPa	6MPa	9MPa
理论计算结果/mm	0	11.1	13.2	14.6
实验测量结果/mm	0	11	13	14.5

考虑一个半径为 R 的圆形炮孔在无限大平面内受到竖直应力 p 和水平应力 q 的作用（其中 $p>q$)，炮孔产生拉应力集中，形成哑铃状焦散斑。用哑铃状焦散斑特征长度 D，得到炮孔周边的主应力差为

$$p - q = \frac{1}{12 \times 2.67 z_0 cdR^2} D^4 \tag{4-1}$$

式中，z_0 为参考平面到物体平面的距离；c 为焦散光学常数；d 为板的有效厚度；R 为半径。

依据式(4-1)，对不同围压荷载差值 $p - q$ 下的焦散斑特征长度 D 进行理论计算，计算结果见表 4-1。

由表 4-1 可知，理论计算结果与实验测量结果吻合较好；产生的偏差，主要是由于高速相机像素有限带来的测量误差。

图 4-9 为爆破后的试件照片。试件 S1 在单一爆破荷载作用下，炮孔近区由爆炸应力波作用产生了密集细小裂纹；在炮孔中远区，形成了 4 条扩展较长的主裂纹，这主要是爆生气体的高压射流作用于孔壁，加大裂纹尖端的拉应力，驱动裂纹扩展；同时，爆炸应力波在裂纹尖端发生反射和绕射，产生拉应力波，进一步加剧裂纹尖端的拉应力集中，驱动裂纹扩展。试件 S2、S3 和 S4 炮孔周围裂纹分布呈明显的规律性：只产生了两条爆生主裂纹，且方向沿着最大主应力方向(竖向静态荷载方向)，呈现较好的控制爆破效果(切槽爆破和聚能药包)。

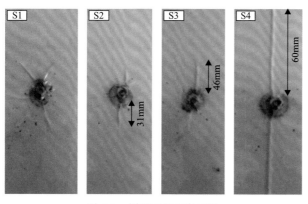

图 4-9　爆破后的试件照片

　　试件 S2、S3 和 S4 受竖向静态荷载和爆破荷载的双重作用：首先，在竖向静态荷载作用下，炮孔周围产生应力集中，在最大主应力方向的炮孔壁上产生拉应力；继而，炮孔壁受到爆破荷载的叠加作用。在动静荷载组合作用下，首先在炮孔壁上的最大拉应力处产生裂纹，裂纹的产生和扩展释放了能量，间接减少了炮孔壁上其他裂纹的形成与扩展。

　　图 4-10 记录了试件 S4 实验过程，不同时刻的焦散线照片，展示了爆生主裂纹的扩展行为。试件 S1 的裂纹扩展呈随机性，而试件 S2、S3 和 S4 的裂纹在竖向静态荷载作用下主要向最大主应力方向扩展。因此，对试件 S2、S3 和 S4 的裂纹扩展轨迹进行测量，根据不同时刻焦散线照片上记录的裂纹尖端位置绘制主裂纹扩展长度与时间曲线，如图 4-11 所示。

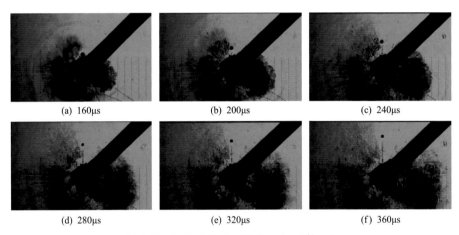

(a) 160μs　　　　　　　　　　(b) 200μs　　　　　　　　　　(c) 240μs

(d) 280μs　　　　　　　　　　(e) 320μs　　　　　　　　　　(f) 360μs

图 4-10　不同时刻的焦散线照片（试件 S4）

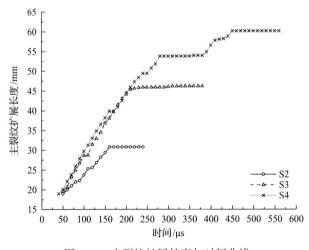

图 4-11　主裂纹扩展长度与时间曲线

　　结合图 4-10 和图 4-11，试件 S2、S3 和 S4 的爆炸主裂纹扩展长度分别为 31mm、46mm 和 60mm，说明随着竖向静态荷载的增加，在最大主应力方向（竖向静态荷载方向）的爆生裂纹扩展长度越长。原因仍然主要是竖向静态荷载越大，炮孔壁上最大主应力方向的拉应力越大，继而在爆破荷载作用下，越容易在此处产生破坏。首先出现裂纹，导致能量优先继续在该位置释放，驱动裂纹扩展长度达到最大。

从图 4-11 可见，试件 S2 的裂纹在 160μs 停止扩展；试件 S3 在 220μs 停止扩展；试件 S4 的爆生主裂纹扩展过程中，在 270～380μs 停止扩展，然后继续扩展，出现了一段停滞期。这主要是由于竖向静态荷载在裂纹尖端产生应力集中，与反射应力波在裂纹尖端产生的应力集中叠加，在双重叠加作用下，裂纹尖端积聚了足够的能量，应力集中程度超过了试件的断裂韧性，推动裂纹继续扩展。另外，从图 4-11 可以发现试件 S2～S4 的扩展速度明显不同。其中，试件 S2 的平均扩展速度最小，S3 次之，S4 最大。也说明了竖向静态荷载作用促进了裂纹的扩展。

测量图 4-10 中不同时刻的焦散斑特征长度 D，代入式(4-1)计算出应力强度因子，绘制裂纹尖端应力强度因子与时间的关系曲线，如图 4-12 所示。

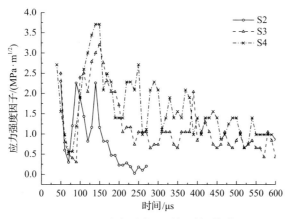

图 4-12　应力强度因子与时间关系

由图 4-12 可见：①各试件主裂纹的应力强度因子具有明显差异，其中 S4 最大，S3 次之，S2 最小；②试件 S4 的应力强度因子最大值为 3.71MPa·m$^{1/2}$，试件 S3 最大值为 2.78MPa·m$^{1/2}$，试件 S2 的最大值为 2.26MPa·m$^{1/2}$。原因仍然主要是竖向静态荷载在裂纹尖端产生应力集中，竖向静态荷载越大，产生的应力集中程度越大。通过对爆生裂纹的焦散线结果进一步分形研究(图 4-13、图 4-14)，发现竖向静态荷载增加了全场爆生裂纹分形维数和全场损伤程度，进一步揭示了静态压应力场对裂纹扩展的导向作用。通过对试件裂隙区范围内不同分区(图 4-15)的分形维数拟合直线(图 4-16)，揭示了静态压应力作用增加了沿静态压应力方向的爆生裂纹的分形维数和损伤程度，减小了竖向静态压应力方向的爆生裂纹的分形维数和损伤程度。

爆生主裂纹扩展的焦散线照片(图 4-17)和动态应力强度因子、扩展速度随时间的变化曲线(图 4-18、图 4-19)也较好地印证了静态压应力的导向作用。

进一步采用 LS-DYNA 数值软件，对岩石在 0MPa、20MPa、40MPa、60MPa、80MPa、100MPa 下的爆破过程进行模拟(图 4-20)，分析围压对岩石爆生裂纹分布规律的影响(图 4-21)，得到了与实验相同的规律：在施加竖向应力后，模型的损伤裂纹会沿着平行于加压的方向进行扩展，且裂纹的长度会随着压力的增加而增加。

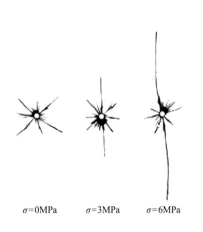

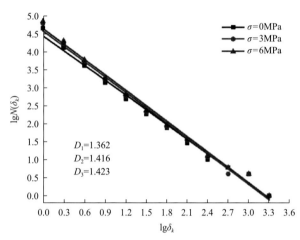

$\sigma=0$MPa　　$\sigma=3$MPa　　$\sigma=6$MPa

图 4-13　不同围压下裂纹分布二值图

图 4-14　不同围压下爆生裂纹分形维数

δ_k 为建立的以方形网格边长为元素的递减序列；$N(\delta_k)$ 为用边长 δ_k 的方形网格覆盖目标几何时所需的最小网格数目；D 为分形维数

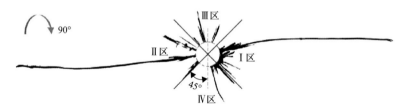

图 4-15　$\sigma=6$MPa 试件的裂隙区爆生裂纹分区示意图

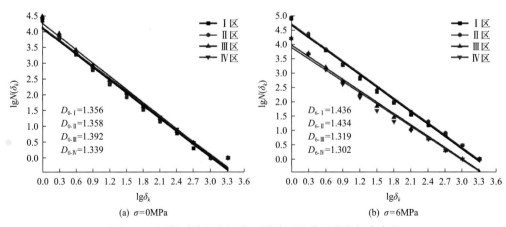

(a) $\sigma=0$MPa　　　　　　　　　　(b) $\sigma=6$MPa

图 4-16　试件裂隙区范围内不同分区的分形维数拟合直线

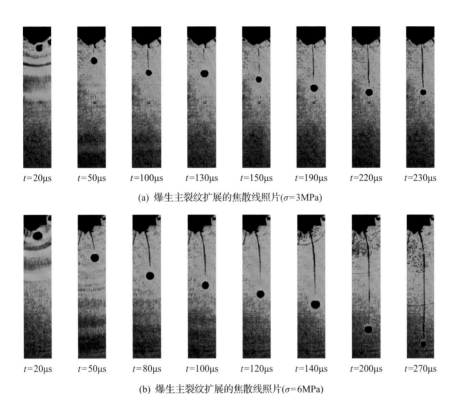

(a) 爆生主裂纹扩展的焦散线照片(σ=3MPa)

(b) 爆生主裂纹扩展的焦散线照片(σ=6MPa)

图 4-17 不同围压下爆生主裂纹扩展的焦散线照片

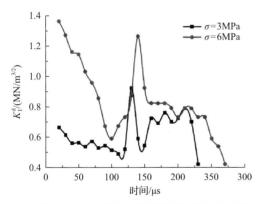

图 4-18 动态应力强度因子与时间的关系

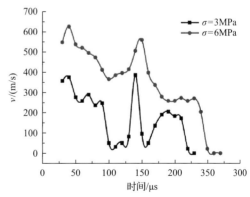

图 4-19 扩展速度与时间的关系

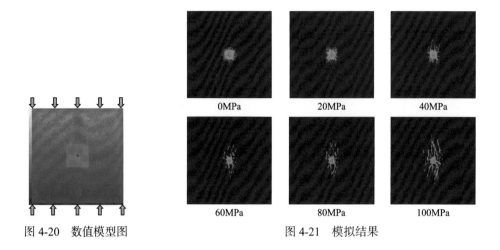

图 4-20　数值模型图　　　　　　　　　　　图 4-21　模拟结果

4.1.3　含空孔岩体动载扰动下能量耗散规律

　　采用分离式霍普金森压杆实验技术开展相关研究。通过调节围压大小、冲击速率、空孔几何参数，研究围压、应变率、空孔的影响规律，分析试件的能量演化、破坏模式等。

　　为模拟深部岩层应力环境，采用油压加载方式向岩石施加初始荷载，综合考虑所用岩石的静态强度、地层静水压力计算方式（$\sigma = H \cdot \gamma$）、设备性能等因素，将围压加载梯度设置为 0MPa、4MPa、8MPa、12MPa、16MPa。考虑在巷道开挖中，掘进面处的岩体应力得以释放，压力较小，因此轴压均设置为 3MPa，围压加载方案如图 4-22 所示。

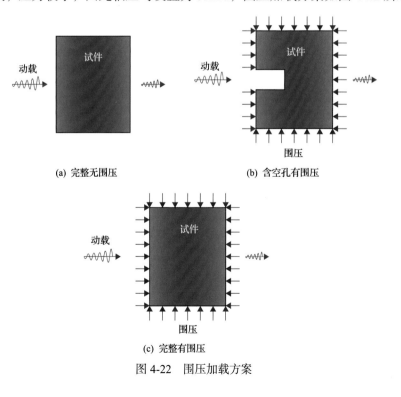

(a) 完整无围压　　　　　　　　　(b) 含空孔有围压

(c) 完整有围压

图 4-22　围压加载方案

作为一种特殊的天然材料，受成因和地质构造的影响，岩石的组织结构极为不均匀，内部存在大量的天然缺陷，而且这些缺陷的分布完全是随机的，因此岩石材料是一种非均质的多相复合材料。为减小岩石内部缺陷对实验结果造成的误差，实验材料选用较为均质的红砂岩，该种岩石表观呈暗红色，整体完整，没有任何宏观缺陷，波速离散小。红砂岩的物理力学参数见表 4-2。

表 4-2　红砂岩的物理力学参数

材料	密度/(g/cm³)	单轴抗压强度/MPa	抗拉强度/MPa	平均 P 波波速/(m/s)
红砂岩	2.35	58.2	2.6	2432

取心后将岩石试件制作为圆柱体，在圆柱体一个端面中心处打孔，保证空孔轴线方向与试件轴线方向平行，试件如图 4-23 所示。

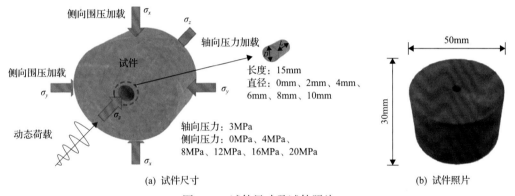

(a) 试件尺寸　　　　　　　　　　　　　(b) 试件照片

图 4-23　试件尺寸及试件照片

D 和 L 分别为试件的直径和高度，设计尺寸为 D=50mm，L=30mm。d 和 l 分别为试件内空孔的直径和高度，d 分别为 0mm、2mm、4mm、6mm、8mm、10mm，l 均为 15mm。

实验采用的分离式霍普金森压杆装置如图 4-24 所示。该装置主要包括动力控制系统、杆件系统、数据采集系统和围压加载系统。

杆的弹性模量为 206GPa，波速为 5158m/s，杆的直径为 50mm，入射杆长度为 3000mm，透射杆长度为 2500mm，应变片均黏贴在杆的中间位置。应变片阻值为 120Ω，灵敏度为 2.08，增益为 1000，桥路电压为 2V，采用半桥电路，采样频率为 10MHz。

实验时，子弹撞击入射杆产生入射脉冲，当入射脉冲到达 Strain gauge1 时，超动态采集仪开始记录，捕捉入射波信号 ε_{in}，同时保留部分历史记录；入射脉冲继续向前传播，到达入射杆与试件接触面后，由于波阻抗的差异，部分波反射回入射杆，形成发射信号 ε_{re}，由 Strain gauge1 记录；部分波穿过岩石试件，到达透射杆，透射杆上 Strain gauge2 记录的信号即为该部分透射过来的波，即透射波 ε_{tr}。

由于传统的应力分析方法不适用于岩石含空孔材料，因此本节采用试件两端的荷载来反映材料的承载力，为进一步减小误差，采用两端的平均值作为最终实验值，如式(4-2)所示：

$$\begin{cases} P_1 = E_b A_b \left[\varepsilon_{in}(t) + \varepsilon_{re}(t) \right] \\ P_2 = E_b A_b \varepsilon_{tr}(t) \end{cases} \Rightarrow P = \frac{P_1 + P_2}{2} \tag{4-2}$$

式中：P_1 为入射杆与试件面处作用力；P_2 为透射杆与试件面处作用力；E_b 为杆的弹性模量；A_b 为杆的横截面积；ε_{in} 为入射波信号；ε_{re} 为反射波信号；ε_{tr} 为透射波信号。

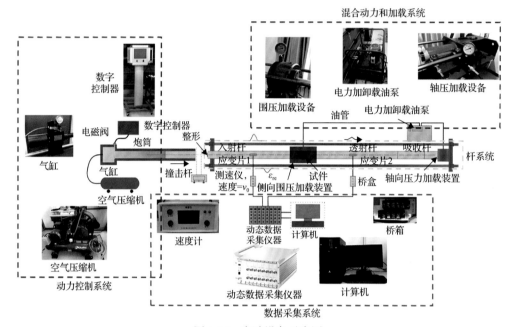

图 4-24　实验设备示意图

通过式(4-2)得到的试件承载力，见表 4-3。

表 4-3　试件承载力实验值

孔径/mm	围压/MPa	承载力/MN	孔径/mm	围压/MPa	承载力/MN
0	0	0.153	6	0	0.138
	4	0.628		4	0.626
	8	0.641		8	0.642
	12	0.675		12	0.656
	16	0.698		16	0.676
2	0	0.147	8	0	0.133
	4	0.664		4	0.656
	8	0.671		8	0.676
	12	0.696		12	0.691
	16	0.728		16	0.717
4	0	0.142	10	0	0.128
	4	0.619		4	0.603
	8	0.635		8	0.629
	12	0.677		12	0.654
	16	0.697		16	0.679

承载力的孔径效应：从图 4-25 可以发现，在单轴冲击荷载作用下，岩石承载力随孔径增加而减小，并呈现线性关系，其表达式可表示为 $F=-0.0025d+0.15$，$R^2=0.9966$，说明孔径的存在对岩石承载力有明显的削弱作用，这种削弱作用随着孔径的增加而增强。当围压为 4～16MPa 时，岩石试件承载力随孔径增加并无显著的规律性，但在整体上呈现反"W"形分布，其两个拐点分别出现在孔径为 2mm 和 8mm 时，当孔径为 10mm 时，承载力达到最低值。

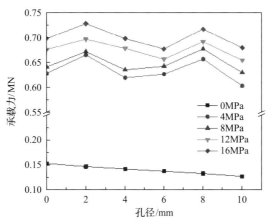

图 4-25　试件承载力随孔径变化关系

承载力的围压效应：由图 4-26 可知，当岩石试件从无约束到有约束状态后，岩石试件的承载力产生突跃式增加，且随着围压的逐渐增加岩石试件的承载力均增加。当围压为 4MPa 时，孔径为 10mm 的岩石试件承载力最小，为 0.603MN；当围压为 16MPa 时，孔径为 2mm 的岩石试件承载力最大，为 0.728MN；两者差值为 0.125MN。各孔径下岩石试件的承载力与围压均表现为线性递增关系，其表达式为

$$\begin{cases} F=0.0054+0.636\sigma_L, & R^2=0.9331, & \sigma_L=4\sim16\text{MPa}, & d=2\text{mm} \\ F=0.0069+0.588\sigma_L, & R^2=0.9673, & \sigma_L=4\sim16\text{MPa}, & d=4\text{mm} \\ F=0.0041+0.609\sigma_L, & R^2=0.9936, & \sigma_L=4\sim16\text{MPa}, & d=6\text{mm} \\ F=0.0049+0.636\sigma_L, & R^2=0.9900, & \sigma_L=4\sim16\text{MPa}, & d=8\text{mm} \\ F=0.0063+0.578\sigma_L, & R^2=0.9998, & \sigma_L=4\sim16\text{MPa}, & d=10\text{mm} \end{cases} \tag{4-3}$$

式中：F 为承载力；σ_L 为围压；d 为孔径。

综上所述，可将含空孔岩石试件与孔径和围压的关系概括为以下几点：①空孔和围压的存在均对岩石承载力产生显著影响；②围压对岩石试件承载力提升作用明显，各空孔下岩石试件承载力随围压增加呈线性增长；③空孔对岩石承载力作用较为复杂，呈现"M"形波动变化特征。

分析认为，围压对岩石承载力的提升作用主要是由于岩石试件内部或多或少地分布着一些张开型微空隙或微裂纹。在围压作用下，微缺陷收缩、微裂纹闭合，使得岩石密

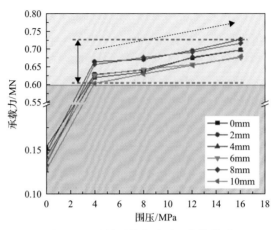

图 4-26　试件承载力随围压变化关系

度增大，抵抗外界扰动能力增强，且围压越高，微裂纹受到的压力越大，微缺陷闭合程度越高、闭合数量越多，因而岩石的承载力增加，即围压对岩石承载力的强化作用。对于含空孔岩石，上述过程同样存在，但也同时存在围压对岩石结构的作用，导致岩石内部应力的重新分布及在空孔拐角处产生应力集中现象，这两种情况的出现将对岩石承载力有削弱作用。而初始应力的重新分布过程、空孔拐角处应力集中程度则直接与空孔直径密切相关，因此可以说是由空孔导致的劣化作用。试件的最终承载力是上述两种作用综合作用的结果。

　　从能量的原理来分析，传统的霍普金森压杆实验中，由炮膛发射的子弹所携带的动能是所有能量的来源，子弹与入射杆撞击后，入射杆中产生向前传播的入射能 E_{in}，入射能在经过杆件与岩石试件反射和透射后，部分转变为杆件中的弹性应变能，即为反射能 E_{re} 和透射能 E_{tr}，部分能量被试件耗散，即耗散能 E_{ab}，这部分能量主要用于岩石的变形和破坏，部分以其他形式释放，如电磁能、声能、动能等。因此耗散能的计算公式可以表示为

$$E_{ab} = E_{in} - E_{re} - E_{tr} \tag{4-4}$$

入射能 E_{in}、反射能 E_{re}、透射能 E_{tr} 可以由式(4-5)计算得到:

$$\begin{cases} E_{in} = A_b E_b C_b \int_0^t \varepsilon_{in}^2(t) \\ E_{re} = A_b E_b C_b \int_0^t \varepsilon_{re}^2(t) \\ E_{tr} = A_b E_b C_b \int_0^t \varepsilon_{\sigma}^2(t) \end{cases} \tag{4-5}$$

式中，C_b 为杆的波速。

　　由图 4-27 可以看出，当孔径为 0~8mm 时，岩石的耗散能随着孔径的增大而增大，当孔径为 10mm 时，耗散能显著减小，出现断崖式下跌。由图 4-27 可知，各围压状态下，10mm 孔径岩石试件耗散能均小于完整岩石试件；当孔径为 2~8mm 时，岩石试件耗散

能大于其处于完整状态时。

$$
\begin{cases}
E_{ab} = 22.0 + 2.24d - 0.15d^2, & R^2 = 0.9999, \ \sigma_L = 0\text{MPa} \\
E_{ab} = 291.3 - 0.70d + 1.27d^2, & R^2 = 0.9971, \ \sigma_L = 4\text{MPa} \\
E_{ab} = 309.8 - 2.61d + 1.42d^2, & R^2 = 0.9723, \ \sigma_L = 8\text{MPa} \quad (d=0\sim8\text{mm}) \\
E_{ab} = 270.6 + 3.83d + 0.24d^2, & R^2 = 0.9972, \ \sigma_L = 12\text{MPa} \\
E_{ab} = 279.6 - 1.04d + 1.22d^2, & R^2 = 0.9920, \ \sigma_L = 16\text{MPa}
\end{cases}
\tag{4-6}
$$

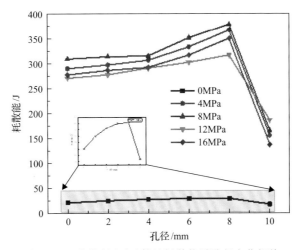

图 4-27 不同围压下试件的耗散能随孔径变化规律

结合试件承载力的分析，围压及空孔对试件承载力是一种类似竞争的关系，当围压较低时，空孔影响占主导地位；当围压较高时，围压影响超过空孔影响占主导地位；同样地，当空孔直径较小时，围压影响占主导地位；当空孔直径较大时，空孔产生的削弱作用将超过围压产生的强化作用。因此，可以说高地应力场和空孔直径的存在改变了试件内应力波的传播过程，对试件的损伤变形有较大影响。

从图 4-28 可以发现，施加主动围压约束后，岩石耗散能发生突跃式增加，当围压处于 4～16MPa 时，岩石耗散能显著大于其处于单轴加载时的耗散能。

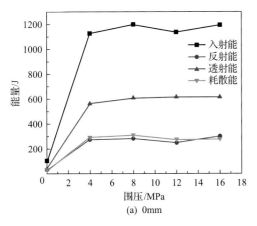

(a) 0mm

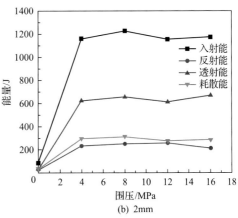

(b) 2mm

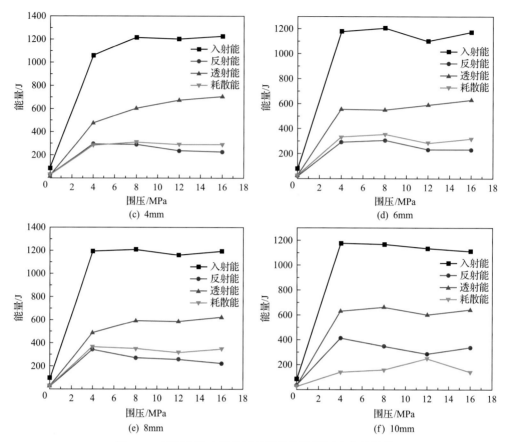

图 4-28　不同空孔直径的试件耗散能随围压变化的规律

在相同的冲击速率作用下，除当空孔直径为 10mm 时，试件在低围压时的耗散能比在高围压时的耗散能略大，产生这种现象的原因可能是：围压越高，试件在冲击荷载作用下侧向变形时受到的反作用力越大，裂纹的扩展受到限制作用越大，裂纹扩展越困难，所耗散的能量越小。这也正是在高围压条件下，岩石试件破坏需要更高能量的入射波作用或需要更多次的冲击作用的原因。

岩石试件在高围压条件下相同的裂纹扩展所需的能量变大，这主要是由于低围压时以产生相对集中的主裂纹导致试件破坏，而高围压时，动载作用后将在试件中产生分布比较均匀的损伤裂纹，试件破坏时产生的裂纹数目比低围压时多，因而耗散的总能量更大。

以围压 4MPa，空孔直径为 4mm 的试件为例，研究岩石耗散能随冲击速率变化的关系，通过实验发现，岩石能量分布存在明显的冲击速率效应，入射能、反射能、透射能、耗散能均随着冲击速率的增加而增大。如图 4-29 中黄色实线所示，耗散能与冲击速率存在指数型非线性关系，其表达式为

$$E_{ab} = 33.0e^{0.0968v}, \quad R^2 = 0.9666 \tag{4-7}$$

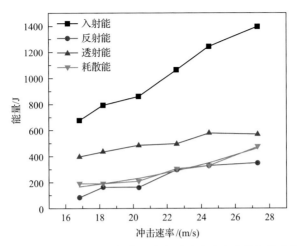

图 4-29　空孔直径 4mm 岩石试件能量分布随冲击速率变化规律(围压 4MPa)

岩石对能量的耗散能力随着冲击速率的增加而增强。在相同地应力条件下，冲击速率越高，单位体积围岩耗散的能量越多。

岩石变形破坏过程是能量的复杂转化过程,岩石细观破坏与能量耗散存在密切联系。实际上，在应力达到峰值强度前岩石不断吸收外界的能量，而应力达到峰值强度后岩石破坏则是能量不断释放的过程。岩石的变形破坏过程实质上是能量耗散和释放的过程，伴随着其内部细观结构的演化。也就是说，岩石内部损伤与其能量演化过程密切相关，能量是其细观结构变化的动力源，如图 4-30 所示。

4.1.4　含空孔岩体动载扰动下破坏特征

岩体变形主要由四种基本变形所引起：①岩石材料的弹塑性变形；②岩石材料的黏性变形；③内部结构面的弹塑性闭合、收缩变形；④内部结构面的滑移变形等。

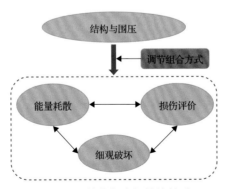

图 4-30　外载与内部结构关系

对实验后的试件破坏情况进行分析，收集各工况下实验后的试件进行分析，并采用计算机断层扫描(computed tomography, CT)技术等对岩石试件内部细观裂纹进行研究，探讨围压下含空孔岩石试件的破坏特征。

以 12MPa 为例，分析岩石试件宏观破坏随空孔直径的变化特征。从图 4-31 可以明

显看出，当空孔直径由 0mm 逐渐扩大至 10mm，在相同的围压(12MPa)和相同的冲击能
量(气缸气压为 0.7MPa，速度约为 22.5m/s)作用下，试件的破坏逐渐加剧，当空孔直径
为 0mm 和 2mm 时，冲击后试件表面基本保持完整；当空孔直径为 4mm 时，沿空孔周
围出现明显的破坏，并在空孔周边发育少许微小的径向裂纹；当空孔直径为 6mm 时，在
空孔外 6mm 处产生环向裂纹，空孔内部出现大量微小碎屑，说明空孔的存在为岩石变形
提供了补偿空间；当空孔直径为 8mm 时，试件破坏进一步加剧，空孔呈现一定程度的塌
陷，环向裂纹圈向环向裂纹带发展，并在试件周边产生若干条径向裂纹；当空孔直径为
10mm 时，空孔塌陷明显，呈现出漏斗型破坏，试件整体发生破坏。

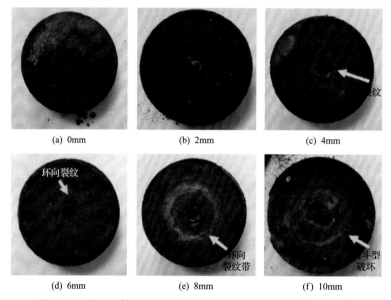

图 4-31　岩石试件破坏形态随空孔直径变化规律(围压 12MPa)

　　将围压为 0MPa 和 16MPa 时的破坏后岩石试件形态进行对比分析。由图 4-32 可知，
当围压为 0MPa 时，在相同的冲击能量(气缸气压为 0.1MPa，速度约为 5.5m/s)作用下，
无围压状态时岩石破碎严重，各含空孔岩石试件均发生剧烈破坏，破坏后的碎屑形态主
要有以下几种：①矩形断面的大块，该部分碎块主要是拉伸应力导致的破坏；②三角形
断面的锥体，锥形体主要是剪切应力导致的破坏；③薄片状碎屑，主要是拉伸应力导致
的剥离；④颗粒状碎屑。

(c)　4mm　　　　　　　　　　　(d)　6mm

(e)　8mm　　　　　　　　　　　(f)　10mm

图 4-32　岩石破坏形态随空孔直径变化的规律（围压分别为 0MPa、16MPa）

如图 4-32 所示，围压（16MPa）的存在对岩石破坏形态影响显著，加载后试件基本保持完整，体现了围压对岩石变形的约束效应。分析认为，一方面围压的存在导致岩石内部缺陷闭合，抵抗外界扰动的形变能力增强；另一方面围压限制了岩石的侧向变形，为岩石变形提供了反作用力。

岩石破坏形态具有明显的冲击速率效应：随着冲击速率的增加，岩石破坏加剧。如图 4-33 所示，对于空孔直径为 4mm 的岩石，其劣化主要体现在内部损伤的加剧，其宏观上仍然保持完整。随着冲击速率的增加，空孔周边相继出现环形压缩区、环形裂纹、径向裂纹和空孔坍塌。

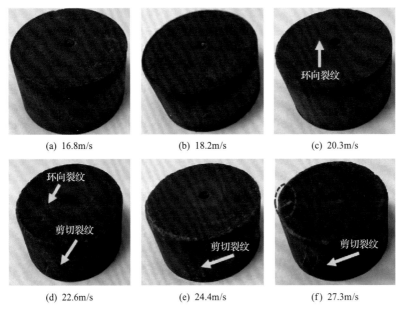

(a)　16.8m/s　　　　　　(b)　18.2m/s　　　　　　(c)　20.3m/s

(d)　22.6m/s　　　　　　(e)　24.4m/s　　　　　　(f)　27.3m/s

图 4-33　孔径 4mm 岩石试件破坏形态随冲击速率变化的规律（围压 4MPa）

采用 CT 机进行测试，获得空孔直径为 8mm，围压为 12MPa 时试件的内部裂纹分布照片。主要对空孔上部、中部、底部及试件底部断面的裂纹分布进行分析，研究空孔对岩石试件损伤的影响。

由图 4-34 可以看出，在空孔上部，空孔形状保持较为完整，基本为圆形，在圆孔外发育有多圈环向裂纹，第一圈环向裂纹距离圆孔约为 5mm，第二圈环向裂纹距离圆孔约为 8mm，第三圈环向裂纹距离岩样边缘较近，距离约为 2mm。同时可以发现，沿第二圈环向裂纹发育有大量径向裂纹。随着空孔深度增加，空孔破坏加剧，呈现出椭圆形，与第一圈环向裂纹合并，第二圈环向裂纹直径增加，宽度也有明显的增长。

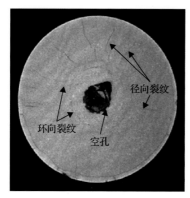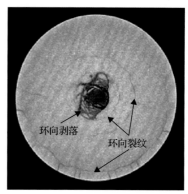

图 4-34　空孔上部 CT 扫描照片

图 4-35 为空孔中部 CT 扫描照片。由图 4-35 可以发现，空孔破坏严重，内部出现环状剥离碎屑，分析认为，这是由于爆炸应力波在空孔处发生反射导致岩石拉伸破坏。与空孔上部处的 CT 扫描照片一致，空孔中部同样在岩样边缘存在环向裂纹，距离岩样边缘约为 6mm，沿着边缘处环向裂纹发育有多条至边缘处的径向裂纹。

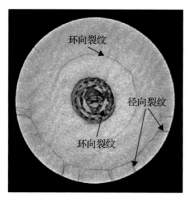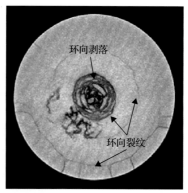

图 4-35　空孔中部 CT 扫描照片

图 4-36 为空孔底部及试件底部 CT 扫描照片。空孔底部存在完整的残孔根底，断面处只存在一圈呈螺旋放大状的环向裂纹，环向裂纹与试件边缘的距离明显大于空孔中部；此外，可以发现，在环向裂纹末端发育有若干径向裂纹。从试件底部 CT 扫描照片中可以发现，试件底部存在一圈闭环的环向裂纹，与试件边缘的平均距离约为 5mm。同时可

以看出，在试件内部存在一条剪切破坏导致的弧形裂纹。

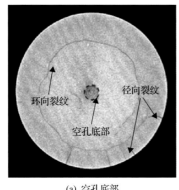 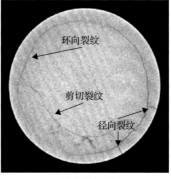

(a) 空孔底部　　　　　　　　　(b) 试件底部

图 4-36　空孔底部及试件底部 CT 扫描照片

由 CT 剖面图(图 4-37)可以看出，孔口处空孔基本保持完整，长度约为 5mm，占空孔长度的 1/3；随后由于拉伸剥离作用，空孔腔体变大，近似于壶状，在壶中部出现两条明显的张拉裂纹，且发育程度较高，近乎将试件在该处切断；壶底部没有明显发育横向裂纹，较为完整。

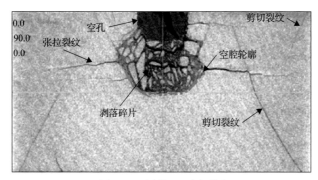

图 4-37　试件 CT 剖面图

此外，可以发现两条控制性剪切裂纹分布于试件中，沿试件中心呈对称分布，发育轨迹为从空孔附近的试件表面或壶中部横向张拉裂纹处至试件边缘处。在试件边缘处还可以发现一些较短的剪切裂纹。

以上研究表明：

(1)围压及空孔直径对岩石的承载力具有明显影响，单轴压缩时岩石承载力随空孔直径增加而减小，有围压时，岩石承载力随空孔直径增加呈倒 "W" 形分布。

(2)相同冲击荷载与围压作用下，空孔直径为 0～8mm 时，岩石的耗散能随着空孔直径的增加而增大，当空孔直径为 10mm 时，耗散能显著减小；当冲击荷载与空孔直径相同时，除当空孔直径为 10mm 时，岩石在低围压时的耗散能比在高围压时的耗散能略大。

(3)相同冲击速率下，完整岩石无围压状态破碎程度最大，含空孔岩石有围压状态破碎程度次之，完整岩石有围压状态破碎程度最小。当冲击荷载及围压一定时，破碎程度随空孔直径增加而加剧。

(4)通过 CT 扫描照片发现，孔口至 1/3 孔深处空孔保持较为完整，2/3 孔深至孔底处由于空孔处爆炸应力波的反射拉伸作用，孔腔明显扩大，呈壶状；岩石中发育有多条环向裂隙，并沿环向裂隙发育有若干条径向裂纹；岩石轴向存在控制性的剪切裂纹。

4.2 深井深孔精细化爆破技术

4.2.1 深井掏槽爆破应力状态

立井的直眼深孔掏槽爆破只有一个自由面，周围岩石的夹制力很大，地应力较高，爆破条件较差，并且要求岩石破碎并抛掷出槽腔，因此，掏槽孔的布置和装药结构就显得十分重要。掏槽孔的作用就是在工作面上首先造成一个槽腔，为后续爆破创造新的自由面。掏槽爆破技术是深孔爆破技术的关键，是决定爆破进尺和炮眼利用率的关键因素，国内外学者针对掏槽形式的优化开展了大量的研究。牛学超等[19]就立井掘进深孔爆破中的掏槽形式和掏槽参数、周边光面爆破参数和光爆装药结构等技术问题进行了分析和探讨，提出了一些较为切合实际的技术观点。单仁亮等[20]在石灰岩井筒爆破中设计了三种不同形式的分段直眼掏槽方式，分析得到复式正方形分层分段直眼效果最佳。李启月等[21]提出了两种深孔爆破成井模式，分别是多孔球状药包爆破成井模式和直眼掏槽爆破成井模式。瑞典的 Langefors 和 Kihstrom[22]早在 1963 年对含空孔直眼掏槽爆破进行了研究，通过破碎抛掷、变形等破坏形态，对不同空孔直径爆破参数进行分类研究，建立了半理论、半经验的公式确定空孔的作用。Cho 和 Kaneko[23]运用数值模拟方法，分析了不同波形作用下的炮孔压力下的岩石动态破裂过程。Mohammadi 和 Bebamzadeh[24]运用数值模拟方法，通过进行爆生气体与爆破岩石间的气固耦合计算，得到了爆生气体作用下岩石破碎过程的计算模型。

立井爆破施工单次起爆药量大，爆破对围岩的损伤破坏严重，如何控制立井周边成型，降低炸药爆破对井壁围岩造成的次生灾害，保护围岩的稳定性，是立井爆破参数设计中需要考虑的问题。聚能药包控制爆破技术能够实现爆炸裂纹的精准控制，获得较为平整的开挖面，减少超、欠挖形成，国内外学者对其开展了大量的理论、实验和数值模拟研究。在理论研究方面，Fourney 等[25-27]率先提出了在炮孔中使用聚能药包，并通过实验验证了聚能药包可以在岩石中产生定向裂纹，结合动光弹和高速摄影对聚能药包的定向断裂爆破机理进行研究，验证了聚能药包在定向爆破方面的可行性。李彦涛等[28]从应力强度因子的角度分析了聚能处的应力强度，得出在装药量等相关要素相同的条件下，利用聚能药包爆破可以取得更好的效果。在实验研究方面，杨仁树等[29-32]采用有机玻璃板为实验模型材料，利用新型数字焦散线系统配合高速摄影研究整个聚能药包的动态破坏过程，分析有机玻璃板在聚能药包作用下裂纹的动态扩展规律，对聚能药包定向断裂爆破机理进行系统的研究。在数值模拟研究方面，Ma 和 An[33]和 Cho 等[34]采用 LS-DYNA 数值模拟软件模拟了聚能药包定向爆破，研究了聚能药包定向爆破裂纹扩展规律，为实际工程提供了依据。李显寅等[35]利用模拟软件分析了聚能药包在爆炸过程中聚能处的力学效应，发现在聚能处的应力作用明显，从而达到定向爆破的目的。

　　常规的掏槽爆破方法和周边聚能药包控制爆破技术的提出是忽略地应力因素的，在实际应用中也具有良好的爆破效果，但在深部岩体中相关爆破技术的适用性需要进一步研究和分析。

　　深井掘进时，迎头工作面应力重分布。利用有限元软件 ABAQUS，沿掘进工作面垂直方向延伸一定深度，模拟炮孔周围的应力分布，采用六因素四水平正交分析法，分析不同开挖深度、掘进工作面尺寸、岩性对水平应力分布的敏感性。研究结果(图 4-38)表明，掘进工作面尺寸的变化对卸压区和应力集中区的距离影响最大，其次是岩性和开挖深度。此外，开挖深度对峰值应力影响最大。当采用深孔爆破时，炮孔将处于应力升高区，围岩夹制作用将更加显著。

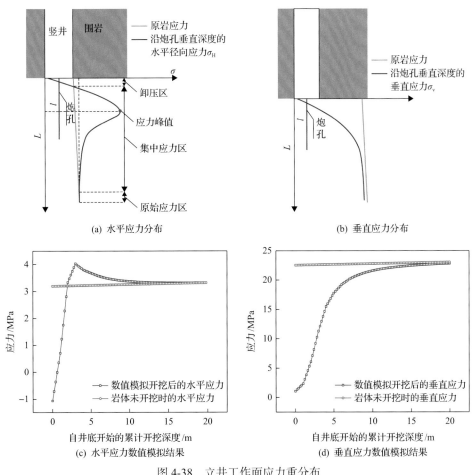

图 4-38　立井工作面应力重分布

l 为炮孔深度；L 为开挖深度

4.2.2　高应力对掏槽爆破影响效应的实验研究

1. 高应力岩体掏槽爆破技术——小型三维掏槽爆破实验

开展有围压作用(模拟 0m/1000m/2000m 埋深)的楔形和锥形掏槽爆破实验和数值分

析, 模型及装药设计如图 4-39 所示。通过对比爆后槽腔体积、破碎块度等结果(图 4-40),
发现高应力的方向、大小对槽腔的成型有明显的影响。

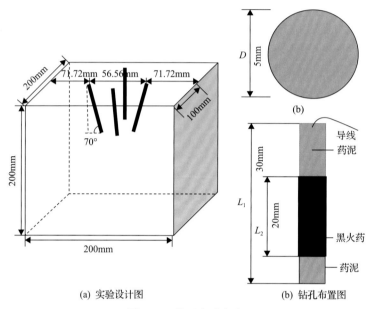

(a) 实验设计图   (b) 钻孔布置图

图 4-39 模型实验方案

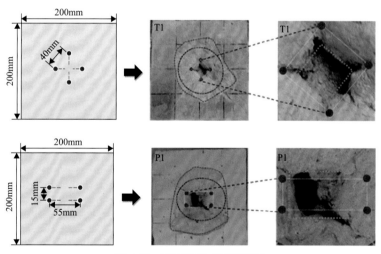

图 4-40 不同实验方案及结果

T1 为锥形试件; P1 为楔形试件

研究发现: 高应力的存在对槽腔成型有明显的影响。针对锥形掏槽, 施加高应力后,
槽腔的 "喇叭状" 轮廓线由圆形转变为椭圆形, 且椭圆形的长轴方向与高应力方向一致。
槽腔的长度、体积明显增加, 但是宽度、深度有所减小, 且减小的不明显。而且在施加
单轴压力的情况下, 爆炸后模型试件无明显残孔, 炮孔利用率高。针对楔形掏槽爆破,
施加高应力后, 当高应力的方向与楔形掏槽孔连线较长的一侧垂直时, 槽腔的深度、长
度、宽度及体积都会增加; 当高应力的方向与楔形掏槽孔连线较长的一侧平行时, 槽腔

的长度会有所增大，但宽度、深度和体积都明显减小，见图 4-41 和表 4-4。

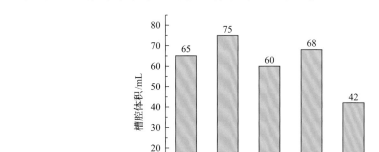

图 4-41 爆后槽腔体积直方图

表 4-4 掏槽爆破后槽腔尺寸统计

试件	槽腔长度/mm	槽腔宽度/mm	槽腔深度/mm	体积/mL
T1	30	32	71	65
T2	35	30	67	75
P1	38	20	68	60
P2	40	22	70	68
P3	40	17	63	42

分析爆破后的碎屑大块率(图 4-42、图 4-43)会发现，高应力的存在对爆破后岩体的块度有明显的影响。对于锥形掏槽，高应力使石膏碎屑大块率显著减小；而对于楔形掏槽，无论高应力方向水平或者垂直，石膏碎屑大块率都会增加，但增加幅度较小。即相同加载情况下，高应力对锥形掏槽的爆破结果影响更显著。

结合数值仿真的结果(图 4-44)发现，在平行于加压方向上的损伤值会明显增加，模型实验的槽腔长度会增加；在垂直于加压方向上的损伤值会有所减小，模型实验的槽腔宽度会减小。

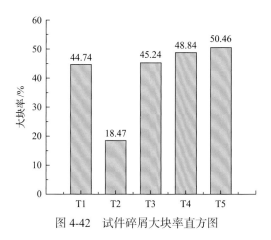

图 4-42 试件碎屑大块率直方图

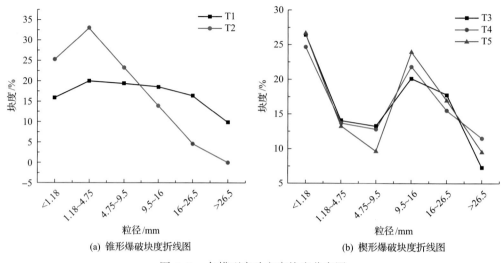

(a) 锥形爆破块度折线图　　　　　　(b) 楔形爆破块度折线图

图 4-43　各模型实验方案块度分布图

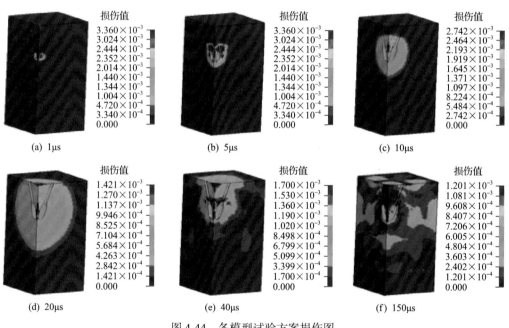

(a) 1μs　　　　　　　(b) 5μs　　　　　　　(c) 10μs

(d) 20μs　　　　　　　(e) 40μs　　　　　　　(f) 150μs

图 4-44　各模型试验方案损伤图

2. 高应力岩体掏槽爆破技术——大型三维掏槽爆破实验

模型实验采用中国矿业大学(北京)深部岩土力学与地下工程国家重点实验室自主研发的一套新型地质力学模型实验系统(图4-45)[36]。系统主要包含四部分：组合式加载架、液压加载装置、伺服控制系统和数据采集系统。组合式加载框架高强稳固，加载空间灵活调整；液压加载装置紧密排布，可协同或独立工作；伺服控制系统内置自反馈模式，稳定控制液压加载值；数据采集系统实时记录数据且可直观显示，方便观察。

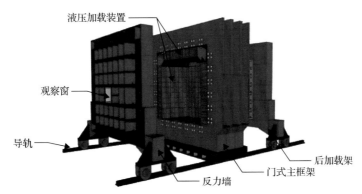

图 4-45　新型地质力学模型实验系统

　　模型实验使用高爆力单质黑索金作为爆源，柱状装药。与乳化炸药相比，黑索金属于高爆力、高爆压及高爆速炸药，为实现炸药与模型材料的相对匹配，应选用强度、弹性模量较高的配比方案制作模型，充分利用冲击波与爆生气体能量破岩，结合静力学相似，最终确定模型材料配比方案(表 4-5)。

表 4-5　模型材料配比方案及物理力学参数

砂胶比	胶凝物比例	铁精粉	拌和水	黏聚力/kPa	单轴抗压强度/MPa	弹性模量/MPa	P 波波速/(m/s)
1∶1	3∶2	20%	35%	98	3.05	1320	4312

　　模型主要包含两部分，分别模拟围岩与岩巷中心掏槽区(图 4-46)：围岩部分使用预制加气混凝土砌块铺设，分为基础层、周边围岩层及上覆围岩层，砌块体积大且整体性好，受力时体现出良好的弹塑性，能够最大限度地降低液压荷载在传递过程中的减损；岩巷中心掏槽区由表 4-5 中确定的配比方案浇筑，沿岩巷轴向分层铺设，层间使用相同配比的水泥砂浆砌缝，模拟岩体内部结构面。单次实验完成后，更换中心掏槽区的水泥砂浆材料，周围加气混凝土砌块保持相对位置不动，尽可能缩短实验周期，提高实验效率。

　　研究大直径空孔直眼掏槽(图 4-47)和楔形复合掏槽成腔机制影响因素，探究高地应力岩巷掏槽爆破围压效应影响特性，揭示不同围压条件下典型掏槽孔布设形式的岩体动力学响应特性。

图 4-46　模型实物图

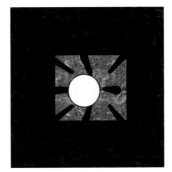

(a) 炮孔布设示意图

(b) 炮孔布设实物图

图 4-47　大直径空孔直眼掏槽布设方案

　　分析不同围压加载方案(表 4-6)爆破后腔体形态特征(图 4-48、图 4-49),结合碎岩筛分析及分形维数计算结果(图 4-50),总结围压对掏槽爆破成腔效果的影响规律,结果表明:当最大水平主应力方向与掘进方向平行时,围压效应有助于破岩成腔,碎屑大块率较少,块度分布较均匀;当最大水平主应力方向垂直于掘进方向时,碎岩抛掷受阻,破岩成腔效果不显著,碎屑大块率较大,块度分布不均;相同围压环境,楔直复合掏槽碎屑大块率均小于大直径空孔直眼掏槽,直眼掏槽碎屑大块率围压敏感性程度较高,变化幅度较大。

表 4-6　模型实验加载方案设计

形式	加载方案	应力相似比 C_σ	σ_v/MPa	σ_h/MPa	σ_H/MPa	加载特征
大直径空孔 直眼掏槽	DK-Ⅰ		0.8	1	2.5	σ_H平行掘进方向
	DK-Ⅱ		0.8	1	2.5	σ_H垂直掘进方向
	DK-Ⅲ	16	2.5	1.25	2	σ_v为最大主应力
	DK-Ⅳ		2.5	2.5	2.5	静水压力加载
	DK-Ⅴ		0	0	0	无初始应力

图 4-48　最大水平主应力方向与掘进方向平行时的掏槽效果

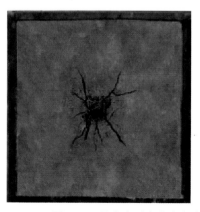

图 4-49　最大水平主应力方向与掘进方向垂直时的掏槽效果

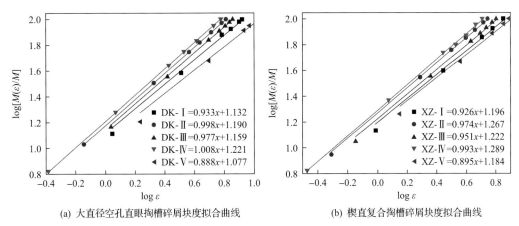

(a) 大直径空孔直眼掏槽碎屑块度拟合曲线　　　　　(b) 楔直复合掏槽碎屑块度拟合曲线

图 4-50　不同加载方案的碎屑块度分形维数拟合曲线

$\log\varepsilon$ 为分形维数，$\log[M(\varepsilon)/M]$ 为对数计算

采用计盒维数表征岩体介质受围压影响的损伤演化规律，分区域、分方向量化槽腔扩展轮廓、爆生裂纹分布及扩展路径、微裂隙发育程度等关键信息(图 4-51～图 4-54)。

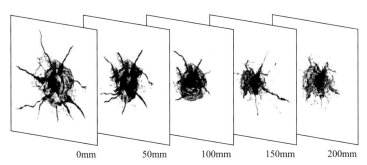

　　0mm　　　　50mm　　　　100mm　　　　150mm　　　　200mm

图 4-51　大直径空孔直眼掏槽不同炮孔深度岩体破坏形态

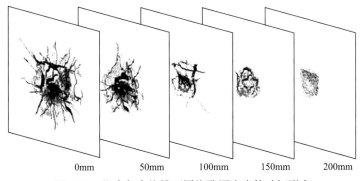

　　0mm　　　　50mm　　　　100mm　　　　150mm　　　　200mm

图 4-52　楔直复合掏槽不同炮孔深度岩体破坏形态

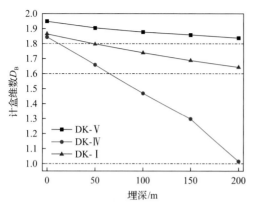 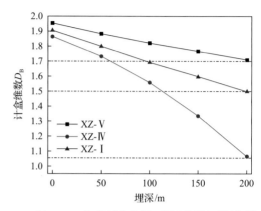

图 4-53　大直径空孔直眼掏槽不同埋深断面损伤量　　　图 4-54　楔直复合掏槽不同埋深断面损伤量

结果表明：槽腔近区，围岩受损程度较高，区域性或方向性分布特征不显著；槽腔远区，宏观裂纹扩展受围压约束抑制作用较明显，裂隙区分布区域缩小，方向性特征为裂纹扩展路径向最大主应力方向偏转，临近最大主应力方向区域计盒维数较大，损伤程度高；在掘进方向的不同层面上，临空面处损伤范围最大，掘进层面不断深入岩体介质，损伤程度逐渐降低，静水压力条件下损伤值下降最为显著，最大主应力方向与掘进方向一致时，损伤值下降较为缓慢。

基于掏槽爆破围压效应模型实验相关参数，联合运用 HyperMesh 以及 ANSYS/LS-DYNA 开展针对大直径空孔直眼掏槽围压效应的数值模拟研究，仿真结果如图 4-55 所示。通过对比不同加载方案槽腔周边有效应力分布演化规律，获得了该种典型掏槽孔布设方式的岩体动态响应特征。数值模拟结果表明：处于围压环境下，槽腔周边围岩有效应力峰值较小，爆炸应力波传播速度变化下显著；直眼掏槽有效应力峰后曲线呈振荡式衰减。

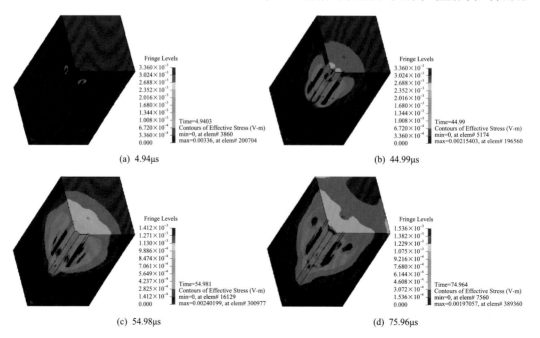

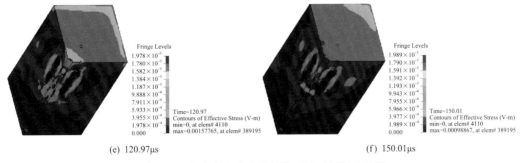

(e)　120.97μs　　　　　　　　　　　　　　　(f)　150.01μs

图 4-55　大直径空孔直眼掏槽不同时刻爆破效果

4.2.3　深井 6m 深孔掏槽爆破技术

深孔爆破时，炮孔处于应力升高区，围岩夹制作用更加显著。高应力岩体掏槽爆破中，岩石受到的夹制作用大，使用常规的掏槽爆破方法炮眼利用率较低，单循环爆破掘进进尺无法满足生产需求。尤其是在遇到高应力硬岩深孔掏槽爆破时，岩石的普氏系数高($f>12$)，炮孔底部岩石夹制作用大，爆后产生大量残孔，炮眼利用率低的问题更加突出，严重影响工程的掘进进度。

针对高应力岩体掏槽爆破中自由面少、地应力高、夹制力大的特点，对以往掏槽爆破技术加以改进，提出了孔内分段直眼掏槽爆破技术，掏槽孔上下间隔，分段装药，使用炮泥将上下分开(图 4-56)，上段先起爆，为下段充分创造新的自由面，也使得下段爆破能够利用爆后岩体内的残余应力，增强炸药对岩石的破坏作用，改善岩石的破碎效果，以获得更大和更深的槽腔，提高单循环进尺，进而可以缩短工序衔接时间，提高施工效率，降低成本，提高经济效益(图 4-57)。孔内分段直眼掏槽爆破技术为解决高应力岩体掏槽爆破难题提供了一种新的思路[37]。

从能量匹配角度分析，上下分段爆破使炸药能量的分配发生了改变。上部岩石夹制作用小，自由面充足，所需要的破岩能量少；下部岩石基本没有自由面，夹制作用大，所需要的破岩能量多。孔内分段直眼掏槽爆破技术使得爆炸产生的能量更多地被用来破碎下部岩石，更少地被用来上部岩石的抛掷，从而有利于提高炮眼利用率和减小爆破震

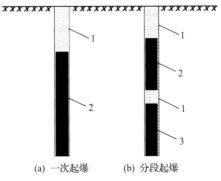

(a)　一次起爆　　　　(b)　分段起爆

图 4-56　装药结构示意图

1-堵塞段；2-炸药(1 段雷管起爆)；3-炸药(2 段雷管起爆)

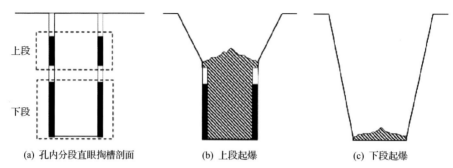

(a) 孔内分段直眼掏槽剖面   (b) 上段起爆   (c) 下段起爆

图 4-57　孔内分段直眼掏槽示意图

动。在不改变炸药总能量的条件下，能量合理化分配是孔内分段直眼掏槽爆破技术能够改善爆破效果的根本原因。

在深孔爆破中，岩石受到的夹制作用随着炮孔深度的增大而非线性增大，将岩石的抗爆力曲线抽象为一条曲线 OD；而炸药的破岩能力在装药条件不变的情况下不随装药深度变化，将炸药的破岩能力抽象为一条直线 EF，如图 4-58 所示。一次起爆中，P 点为岩石抗爆力和炸药破岩能力的临界平衡点，P 点对应的孔深为 B，当孔深小于 B 时，炸药的破岩能力大于岩石的抗爆力，岩石在爆破作用下破碎且脱离岩体抛掷出去；当孔深等于 B 时，炸药的破岩能力等于岩石的抗爆力，近似可以认为埋深 B 为该装药条件下的理论破岩深度；当孔深大于 B 时，炸药的破岩能力小于岩石的抗爆力，埋深 B 以下的岩石在炸药爆破后产生破碎和裂隙，不能将岩石抛掷出去。

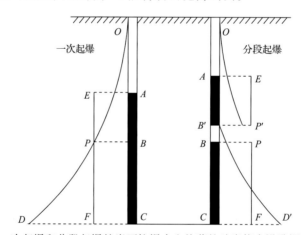

图 4-58　一次起爆和分段起爆的岩石抗爆力和炸药的破岩能力沿孔深的变化曲线

对比分段起爆的曲线，在不改变装药总长度的情况下，通过将炮孔分为上下两段，上段先起爆，为下段创造出充足的自由面，减小了下段岩石的夹制作用，理论破岩深度增大。AB 段炸药向上平移到 AB' 段，B' 以上的岩石在爆炸作用下破碎且抛掷后，新的自由面产生，使得下段的岩石夹制作用曲线内缩为 $B'D'$，使得 B' 以下的部分岩石也可以破碎抛掷形成槽腔。总而言之，孔内分段直眼掏槽爆破技术可以在不改变炸药总能量的前提下，有效释放自由面，改善爆破效果。

在孔内分段直眼掏槽爆破中，假设掏槽区域是一个底面半径 R，高度 H 的圆柱状分段装药模型，如图 4-59 所示，圆周上均匀分布 b 个掏槽孔(掏槽孔孔径 r 远小于 R)，炮孔的装药系数为 α，孔深与高度相同装药线密度(单位长度药卷的质量)为 a，上段装药长度为 L_u，下段装药长度为 L_d，装药总长度为 L，上下两段间隔长度为 L_0。根据经典的炸药量(Q)与岩石破碎体积(V)成比例理论，可以分别计算整个模型单耗、上段单耗和下段单耗的理论公式：

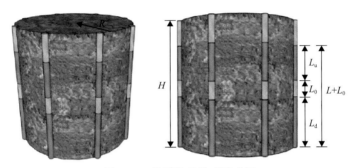

图 4-59　分段装药模型示意图

整个模型单耗：

$$
\begin{aligned}
V &= \pi R^2 H \\
Q &= H\alpha ab = ab\alpha H \\
q &= \frac{Q}{V} = \frac{H\alpha ab}{\pi R^2 H} = \frac{\alpha ab}{\pi R^2}
\end{aligned}
\tag{4-8}
$$

模型上段单耗：

$$
\begin{aligned}
V_u &= \pi R^2 (H - L_d - L_0) \\
Q_u &= (L - L_d)ab = ab(L - L_d) \\
q_u &= \frac{Q_u}{V_u} = \frac{ab(L - L_d)}{\pi R^2 (H - L_d - L_0)}
\end{aligned}
\tag{4-9}
$$

模型下段单耗：

$$
\begin{aligned}
V_d &= \pi R^2 (L_d + L_0) \\
Q_d &= abL_d \\
q_d &= \frac{Q_d}{V_d} = \frac{abL_d}{\pi R^2 (L_d + L_0)}
\end{aligned}
\tag{4-10}
$$

将式(4-8)、式(4-9)和式(4-10)得到的单耗进行比较：

$$\begin{cases} q = \dfrac{Q}{V} = \dfrac{ab}{\pi R^2} \times \alpha \\[3mm] q_u = \dfrac{Q_u}{V_u} = \dfrac{ab}{\pi R^2} \times \dfrac{(L - L_d)}{(H - L_d - L_0)} \\[3mm] q_d = \dfrac{Q_d}{V_d} = \dfrac{ab}{\pi R^2} \times \dfrac{L_d}{(L_d + L_0)} \end{cases} \qquad (4\text{-}11)$$

定义单耗比为上下分段单耗之比，用 K_q 来表示，则其公式为

$$K_q = \frac{q_u}{q_d} \qquad (4\text{-}12)$$

式中：q_u 为上段单耗，kg/m^3；q_d 为下段单耗，kg/m^3。

通过式(4-11)发现，在掏槽区域半径 R，高度 H，掏槽孔个数 b，装药系数 α，装药线密度 a，装药总长度 L，间隔长度 L_0 这些参数均为常量的情况下，通过改变下段装药长度 L_d 和上段装药长度 L_u，可以得到式(4-11)中 q、q_u 和 q_d 随着装药长度分配变化的曲线，通过式(4-12)换算以后得到 K_q 的曲线。

为了更直观地展现上下分段装药长度比对整体单耗、上段单耗和下段单耗的影响，以瑞海立井现场实验为例，a=2kg/m，b=8，H=5.2，R=0.8，α=0.78，L_0=0.5m。代入式(4-11)，绘制 q、q_d、q_u、K_q 和 L_d 的关系曲线（图4-60、图4-61）。

从图4-60可以得到，①随着下段装药长度的增加，下段单耗逐渐增大，但增幅逐渐缓慢，而上段单耗逐渐减小，下降趋势加快；②C 点为"临界分段点"，在 C 点时，q_u=q_d=q；C 点以左，$K_q>1$，$q_u>q_d$；C 点以右，$K_q<1$，$q_u<K_q$。从理论上分析，存在一个理想的 K_q 值可以实现分段情况下最佳爆破效果，称这个 K_q 值为最佳单耗比。受岩石形式、炸药种类、爆破参数等多种因素的影响，最佳单耗比会有所不同，考虑到下分段岩石的夹制作用比较大，理想的最佳单耗比的取值范围在0.5～0.8。

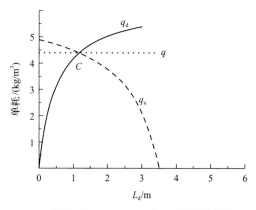

图4-60 q、q_d、q_u 和 L_d 的关系曲线

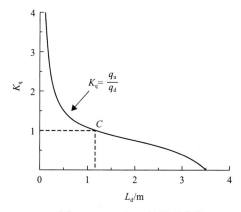

图4-61 K_q 和 L_d 的关系曲线

以瑞海立井为工程背景，以相似理论为基础，采用量纲分析法推导相似准则，并考虑实际情况最终确定模型实验中的几何相似比为 15：1，容重相似比为 1：1，然后依据

相似准则计算其他参数的相似比。模型的尺寸如图 4-62 所示，上段直径 1200mm，下段直径 1000mm，高度 700mm。模拟掏槽的区域半径 60mm，设计深度 300mm。

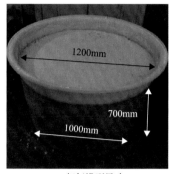

(a) 相似模型尺寸

(b) 掏槽区域

图 4-62　模型结构图

模型所用的原材料为石膏，按照设计配比(石膏：水：缓凝剂=1：1.5：0.005)搅拌均匀后分层浇筑，使用震动器充分震动密实并排出气泡，在合适的温度和湿度下养护 21d。测定养护好的石膏的基本物理力学参数，见表 4-7。

表 4-7　石膏的基本物理力学参数

密度/(g/cm³)	容重/(g/cm³)	抗压强度/MPa	弹性模量/GPa	泊松比	P 波波速/(m/s)
1.46	1.4	6.5	0.445	0.3	3010

模型实验的设计炮眼深度 300mm，装药系数均为 0.7，总装药长度 210mm，为了实现分段效果共设计了长 210mm、105mm、63mm、147mm 四种规格的药包，药包内径 6mm，外径 6.1mm，炸药用的是黑火药，采用起爆探针以反向起爆方式起爆。制作药包时先将起爆探针固定在橡皮泥中，然后固定在塑料吸管底部，使用胶水充分加固，然后用小木棍捣实后开始装药，装入炸药后，填塞棉花，用于清扫在装药时散落在药包内壁上的炸药，同时也使炸药与橡皮泥分离，防止上部使用橡皮泥封堵时炸药与橡皮泥混在一起，最后使用橡皮泥加胶水封堵，如图 4-63 所示。

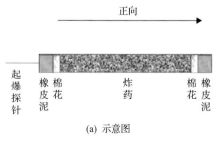

(a) 示意图

(b) 成品图

图 4-63　药包

模型实验共浇筑了 4 个模型，记作 M-1、M-2、M-3 和 M-4，它们的掏槽区域均布置了 8 个直径 6mm 的掏槽孔，炮眼深度 300mm，装药系数均为 0.7，上下装药分段比例依次为 5∶5、3∶7、7∶3 和不分段，见表 4-8。其中 M-1、M-2 和 M-3 为实验组，按照 1 段炸药-2 段炸药的起爆顺序反向起爆。M-4 为对照组，采用一次反向起爆。掏槽眼布置方式如图 4-64 所示，4 个模型的起爆顺序及装药结构如图 4-65 所示。

表 4-8 实验分组情况

分组	模型编号	上下分段比例
实验组	M-1	5∶5
	M-2	3∶7
	M-3	7∶3
对照组	M-4	不分段

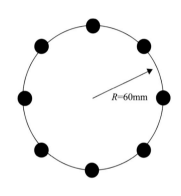

图 4-64 掏槽眼布置

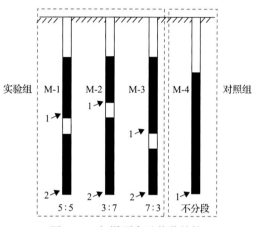

图 4-65 起爆顺序及装药结构

按照图 4-66 在硬纸板上绘制 1∶1 的炮孔布置图，在石膏模型上进行定位炮孔。提前定制孔径 8mm，总长 450mm，行程 310mm 的超长麻花钻，在长方体木块上钻制垂直的 8mm 的空孔，钻孔时，使硬纸板的中心和模型的中心完全重合，然后将各个孔位进行标记，在钻头上量取钻孔长度和木块长度之和，使用绝缘胶带标记，将钻头穿过木块，木块和模型保持平整紧密贴合，成孔效果如图 4-67 所示。钻孔完成后，将提前制作好的药包，以反向装药的形式放置到炮孔中，使用小木棍轻轻捣实，使药包底部与炮孔底部正好接触，然后使用提前晾好的细砂封堵，使用胶水加固。

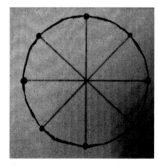

图 4-66 1∶1 炮孔布置图

图 4-67 成孔效果图

1. 炮眼利用率

每次爆破实验结束后，测量掏槽爆破后的槽腔深度并计算炮眼利用率。具体操作方法为：每次爆破实验结束后，清理槽腔内的碎石膏，露出炮眼的眼底，然后测量每个炮眼的残留部分与到原模型表面的距离，取平均值作为掏槽深度，然后计算炮眼利用率。详细实验结果见图 4-68 和表 4-9。

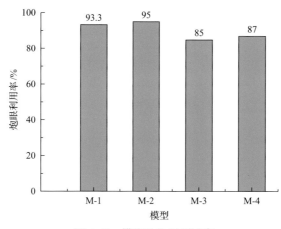

图 4-68　模型的炮眼利用率

表 4-9　炮眼利用率统计表

参数	M-1	M-2	M-3	M-4
上下分段比例	5∶5	3∶7	7∶3	不分段
掏槽深度	28	28.8	25.5	26.1
炮眼利用率/%	93.3	95	85	87
槽腔平均直径/cm	19.0	18.9	19.4	19.2
槽腔体积/cm^3	7910	8150	7520	7600

2. 槽腔体积

爆破实验结束后，对每个模型掏槽爆破后的槽腔半径、槽腔体积进行测量。槽腔半径的测量方法为：每次实验后，清理掏槽腔内的碎石膏，划定槽腔的边界位置，用直尺量取最大破坏直径和最小破坏直径，取其平均值作为槽腔直径。槽腔体积的测量方法：将槽腔内碎石膏清除干净，向槽腔内倒入提前筛好晾干的细砂，用量筒测量倒入细砂的体积，即槽腔的体积。实验结果见图 4-69、图 4-70 和表 4-9。

3. 块度

每次爆破实验结束后，收集模型周围散落的石膏碎块，并进行筛分。采用国家标准的等级石子筛，分 8 个等级，把每个级配下的石膏碎块进行称重。把筛分后的碎石膏的质量、累计质量、质量百分比、累计质量百分比作成图 4-71、图 4-72 和表 4-10。

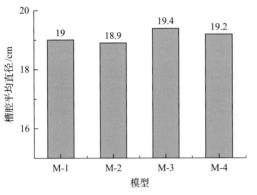

图 4-69　模型的槽腔平均直径

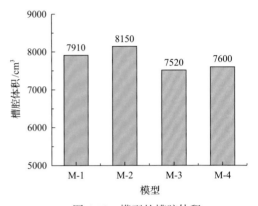

图 4-70　模型的槽腔体积

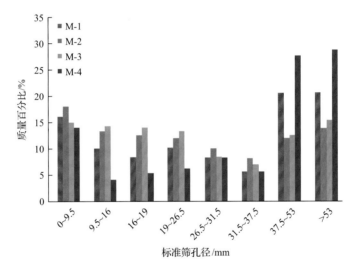

图 4-71　爆破块度分布直方图

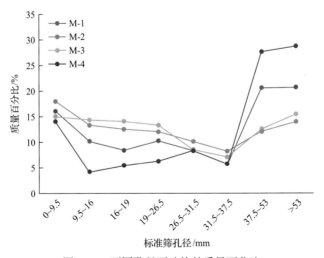

图 4-72　不同孔径下碎块的质量百分比

表 4-10　不同方案的爆破碎块块度筛分统计表

编号	碎块块度分级/mm	<9.5	9.5～16	16～19	19～26.5	26.5～31.5	31.5～37.5	37.5～53	>53
M-1	质量/kg	0.62	0.39	0.32	0.39	0.32	0.22	0.80	0.81
	累计质量/kg	0.62	1.01	1.33	1.72	2.04	2.26	3.06	3.87
	质量百分比/%	16.0	10.1	8.4	10.2	8.3	5.7	20.6	20.7
	累计质量百分比/%	16.0	26.1	34.5	44.7	53.0	58.7	79.3	100
M-2	质量/kg	0.72	0.53	0.50	0.48	0.40	0.32	0.48	0.55
	累计质量/kg	0.72	1.25	1.75	2.23	2.63	2.95	3.43	3.98
	质量百分比/%	18.0	13.3	12.5	12.0	10.1	8.2	12.0	13.9
	累计质量百分比/%	18.0	31.3	43.8	55.8	65.9	74.1	86.1	100
M-3	质量/kg	0.55	0.52	0.51	0.49	0.31	0.26	0.46	0.57
	累计质量/kg	0.55	1.07	1.58	2.07	2.38	2.64	3.1	3.67
	质量百分比/%	15.0	14.3	14	13.3	8.5	7.0	12.5	15.4
	累计质量百分比/%	15.0	29.3	43.3	56.6	65.1	72.1	84.6	100
M-4	质量/kg	0.52	0.15	0.20	0.23	0.31	0.21	1.02	1.07
	累计质量/kg	0.52	0.67	0.87	1.10	1.41	1.62	2.64	3.71
	质量百分比/%	14	4.1	5.4	6.2	8.3	5.7	27.6	28.7
	累计质量百分比/%	14	18.1	23.5	29.7	38.0	43.7	71.3	100

从炮眼利用率来看，3∶7>5∶5>7∶3≈不分段，上下分段 3∶7 掏槽效果最好，不分段的掏槽效果和 7∶3 的掏槽效果较差。因为 4 个模型的装药系数均为 0.7，所以认为掏槽爆破区的炸药总能近似一致，上下分段比例的改变其实是能量分配比例的改变。在上段拥有一个自由面的优势情况下分配较小的装药量，而更多的炸药分配到下段去破碎夹制作用较大和自由面较少的下段岩石，从而炮眼利用率更高，实验结果与理论具有较好的一致性。上下分段比例 7∶3 违背了能量合理分配的原理，所以尽管也是孔内分段掏槽，但是其爆破效果并不理想。

从爆后块度来看，首先依照相似准则，将直径超过 37.5mm 的石膏碎块认为是大块矸石，比较这 4 个模型的大块率，M-1 的大块率为 41.3%；M-2 的大块率为 25.9%；M-3 的大块率为 27.9%；M-4 的大块率为 56.3%。可见，采用分段装药的模型大块率均小于不采用分段装药的模型，原因在于分段爆破可以让炸药爆炸产生的能量更均匀地释放到石膏模型中，从而使得上下岩石被破碎的更加“均匀”。

从槽腔平均直径和槽腔体积来看，上下分段比例为 3∶7 时，槽腔的平均直径最小，为 18.9cm，槽腔体积最大，为 8150cm³；上下分段比例为 7∶3 时，槽腔的平均直径最大，为 19.4cm，槽腔体积最小，为 7520cm³；上下分段比例为 5∶5 和不分段装药时，槽腔的平均直径和槽腔体积介于最大和最小之间。分析其原因，上下分段比例为 3∶7 时，炸药爆炸产生的能量更多地去破碎石膏，较少的一部分能量转化为抛掷石膏的动能和爆炸伴随的声能、热能，所以槽腔体积更大，与此同时，由于能量更多地集中在下部，下部石膏得到了充分破碎，减轻了对槽腔区域以外的破坏，所以槽腔的平均直径更小。

为了实现掏槽腔体岩体抛掷过程，利用大型计算软件 AUTODYN 中的 SPH 无网格光滑粒子流方法，处理爆破模拟中大变形、变形边界及运动交界面等问题。它基于 Lagrange 算法，但无须构建网格，经过多年发展，其求解精度和准确性都有所提高，已经可以满足工程中对模拟问题误差的要求。

利用 AUTODYN 软件建立立井掏槽模型，岩石材料选择 RHT 本构模型，该本构模型在 HJC 模型的基础上引入了残余失效面、弹性极限面和最大失效面，失效方程为

$$\sigma_{eq}^*(p,\theta,\dot\varepsilon)=Y_{TXC}^*(p)R_3(\theta)F_{rate}(\dot\varepsilon) \tag{4-13}$$

式中：$\sigma_{eq}^*(p,\theta,\dot\varepsilon)$ 为失效面等效应力强度；$R_3(\theta)$ 为罗德角因子；$F_{rate}(\dot\varepsilon)$ 为材料的硬化因子；$Y_{TXC}^*(p)$ 为压缩子午线上的等效应力强度，它们分别表示为

$$Y_{TXC}^*(p)=A\left(p^*-p_{spall}^*F_{rate}(\dot\varepsilon)\right)^N \tag{4-14}$$

$$F_{rate}(\dot\varepsilon)=\begin{cases}\left(\dfrac{\varepsilon}{\dot\varepsilon_0}\right)^a, & p>\dfrac{f_c}{3}, \ \varepsilon_0=3\times10^{-5}s^{-1}\\[3mm]\left(\dfrac{\varepsilon}{\dot\varepsilon_0}\right)^a, & p>\dfrac{f_t}{3}, \ \varepsilon_0=3\times10^{-6}s^{-1}\end{cases} \tag{4-15}$$

$$R_3(\theta)=\frac{2(1-Q_2^2)\cos\theta+(2Q_2-1)\left[4(1-Q_2^2)\cos^2\theta+5Q_2^2-4Q_2\right]^{\frac12}}{4(1-Q_2^2)\cos^2\theta+(1-Q_2^2)^2} \tag{4-16}$$

$$Q=\frac13\arccos\left(\frac{3\sqrt3 J_3}{2J_2^{1/2}}\right), \ 0\leqslant\theta\leqslant\frac{\pi}{3} \tag{4-17}$$

$$Q_2=\frac{r_t}{r_c}=Q_0+B_Q p^*, \ 0.51\leqslant Q_2\leqslant1.00 \tag{4-18}$$

式中：层裂强度 $p_{spall}^*=p_{spall}/f_c$，$p_{spall}$ 为材料的层裂强度；f_c 为单轴抗压强度；f_t 为单轴抗拉强度；ε_0 为压缩应变率系数；J_2、J_3 为偏应力张量的第二、第三不变量；r_t 为拉子午线处的偏应力；r_c 为压子午线处的偏应力；B_Q 为压力影响系数；A、N、a、Q_0 为材料常数。$A=1.78$，$N=0.60$，$p_{spall}=0.1$，$Q_0=0.69$，$B_Q=0.01$。现场岩石性质为花岗岩，单轴抗压强度为 121MPa，岩石密度为 2848kg/m³，P 波波速为 4904m/s，S 波波速为 2835m/s。现场施工中采用碎石子作为封堵材料，而不是传统炮泥材料，封堵材料的本构与参数的确定和岩体一致。

井筒岩石及炸药单元选用光滑无网格 SPH 粒子，边界采用无反射边界条件，模型的

上部采用自由边界。

立井井筒模型为莱州市瑞海矿业有限公司副井，根据现场施工参数构建模型，立井井筒直径为 7.3m，高 8m，采用中心 8 孔掏槽形式，与现场炮孔布置一致，炮孔直径 55mm，孔深 6m，装药段长度 4.4m，封堵段长度 1.6m，装药系数为 0.73。沿两炮孔中心位置方向间隔 1.2m 取 6 个测点，对于连续装药，其中 4 个测点位于装药段，2 个测点位于封堵段。数值模型如图 4-73 所示。

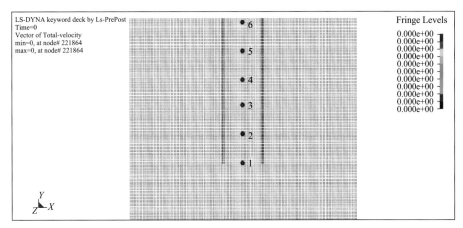

图 4-73　连续装药掏槽数值模型

图 4-74 为立井掏槽孔连续装药下掏槽腔体的形成过程，针对 4.4m 的装药长度，炸药的传爆过程大约需要 0.8ms，实际立井工程采用的二号岩石乳化炸药爆速为 4600m/s，在完全爆轰的条件下与模拟中炸药传播时间相近。0.2ms 时，炸药从炮孔底部开始传爆，此时岩体运动速度主要受爆炸应力波与爆生气体共同作用沿径向扩展，随着炸药传爆的进行，爆炸应力波在岩石中的传播与装药轴向呈一定夹角，岩石的运动方向代表裂隙的生成方向，反映出岩体抛掷的角度。0.8ms 时，炸药爆炸过程结束，此时速度全场呈倒三角形。7ms 时，在炸药爆炸能量的作用下非装药段岩体向上移动，在顶部自由面处形成两条竖向裂纹。炮孔装药段左右两侧岩石向两侧位移，炮孔扩腔。15.0ms 时，掏槽腔体上部岩体脱离原自由面，但堵塞段岩体形成的大块明显，装药段距孔底 2m 左右岩体没有形成明显的向上位移，说明这种装药方式下，由于孔底夹制作用，岩体破坏与抛掷困难，在工程实践中造成炮孔利用率降低。

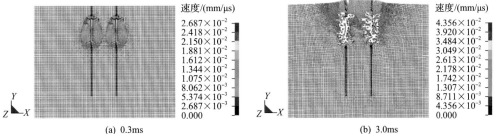

(a)　0.3ms　　　　　　　　　　　　　(b)　3.0ms

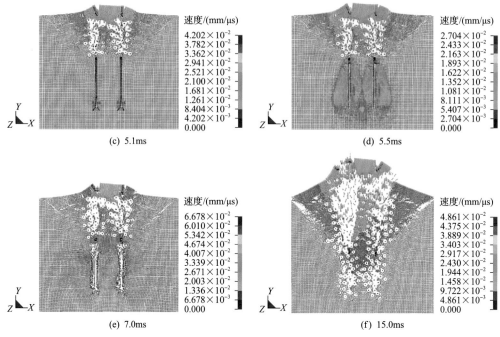

(c) 5.1ms   (d) 5.5ms

(e) 7.0ms   (f) 15.0ms

图 4-74 连续装药掏槽不同时刻岩石抛掷形态

图 4-75 为岩石的抛掷速度时程曲线，测点 1~测点 4 位于装药段，测点 5 和测点 6 位于封堵段。从图 4-75 中可以看出，掏槽腔体传播速度整体分为两个阶段，第一阶段岩石主要受炸药爆炸应力波与爆生气体的共同作用，速度出现急剧上升，这时越靠近自由面岩石的运动速度越大，这是由于竖向方向上介质的连续性，当岩体没有完全断裂时，介质之间相互关联，速度连续传递形成的。第二阶段为速度的稳定区，这是由于炸药爆炸完成，岩体之间相互脱离，在爆炸能量与重力加速度的共同作用下，岩体抛掷速度区域稳定。测点 6 位于掏槽腔体顶部自由面处，最终的抛掷速度稳定在 60m/s 左右。

图 4-76 为岩石的有效应力时程曲线，在装药段测点 4 处的应力最大，最大值为 152MPa，说明柱状药包最大应力位于非起爆一侧。由于设置岩石的单轴抗压强度为 121MPa，孔底测点岩石所受最大应力小于岩石的单轴抗压强度。同时在自由面测点 6 处所测应力最大值

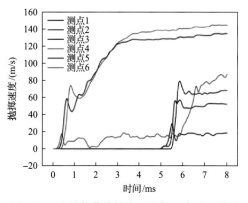

图 4-75 连续装药掏槽岩石抛掷速度时程曲线

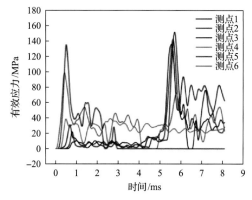

图 4-76 连续装药掏槽岩石有效应力时程曲线

也远小于岩石的单轴抗压强度，这同样解释了岩石在非装药段形成大块的原因。

为了对比分析孔内分段装药优势，根据实验室模型的实验结果，建立上段装药占比 0.4 的计算模型，孔深 6m，上段总长 2.4m，下段总长 3.6m，其中上段装药长度为 1.6m，封堵 0.8m；下分段装药长度为 2.8m，封堵 0.8m。这样模型装药总长度和孔内不分段时一致，建立同等大小模型，在两炮孔中间位置布置间隔 1.2m 的 6 个测点，两分段间隔时间为 5.0ms，都采用孔底起爆的方式，计算模型如图 4-77 所示。

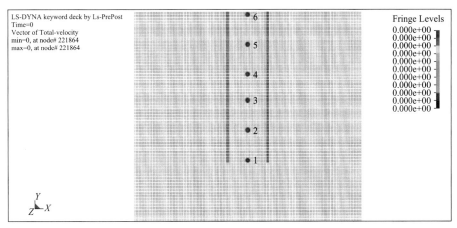

图 4-77　分段装药掏槽数值模型

图 4-78 为分段装药掏槽腔体岩石的抛掷过程，0.3ms 时，上段炸药爆炸传爆完成，上部岩体受炸药爆炸作用开始位移。3.0ms 时，炮孔周边岩体发生明显位移，同时自由面岩体向上位移，非装药段岩体发生断裂。5.1ms 时，下段起爆，传爆从孔底向上进行，此时上部岩体已经形成新的自由面。7.0ms 时，下段炸药传爆完成，周边岩体形成空腔

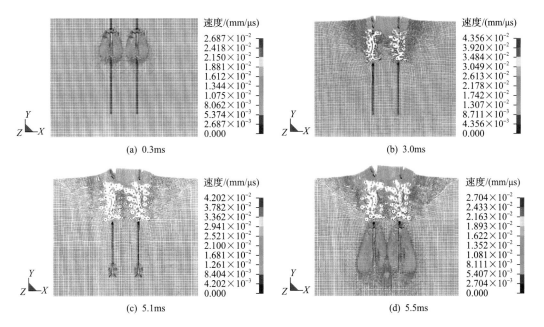

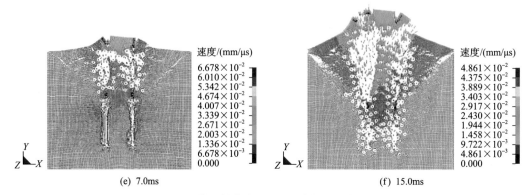

(e) 7.0ms (f) 15.0ms

图 4-78 分段装药掏槽不同时刻岩石抛掷形态

体，与连续装药同时段相比，上部已经形成更大的掏槽空间，为下部岩体腔体的形成提供更大的空间。15.0ms 时，上部岩体抛掷高度比连续装药时高，下段孔底位置岩体向上位移。与连续装药相比，分段装药改变了掏槽腔体形成过程，上部腔体先形成，为下部岩体的抛掷与破碎提供了更多的自由面，减小了下段装药时的最小抵抗线，使得炮孔利用率增大。

图 4-79 为岩石的抛掷速度时程曲线，测点 4 位于上段的底部，开始时岩体位移速度小，这是由于上段炸药爆炸时此点位置的岩体受上部岩体约束作用抛掷速度小，但随着下段炸药起爆，炸药能量推动岩体运动，测点位移速度增大。测点 5、测点 6 位于上段装药段与封堵段，最终抛掷速度稳定在 120m/s，比连续装药时速度大，这是由于分段装药后，上段封堵段减小，炸药的抵抗线减小，炸药爆炸后岩体抛掷速度增大。测点 1、测点 2、测点 3 位于下部岩体的装药段，上部岩体抛掷后，形成新的自由面以及爆炸腔体，下部炸药的抵抗线减小，岩体的抛掷速度比连续装药同位置测点速度大，同时孔底段岩体的抛掷速度也明显大于连续装药时的抛掷速度，说明分段装药时孔底段岩体位移增大，炮眼利用率增大。

图 4-80 为岩石的有效应力时程曲线，分段装药下岩石的应力状态发生改变，由一次应力状态转变为两次应力状态，下部岩体应力状态要大于上部岩体，这样更有利于下部岩石的抛掷。

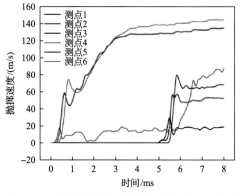

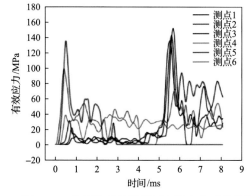

图 4-79 分段装药掏槽岩石抛掷速度时程曲线   图 4-80 分段装药掏槽岩石有效应力时程曲线

为了对比不同分段比例下装药腔体的掏槽效率，设计孔内不同分段比例下岩体的掏槽装药形式，装药形式和水泥砂浆模型方案一致，分别为孔内连续装药，上段装药占比 0.3、0.4、0.5、0.6、0.7，共 6 组掏槽装药形式，计算模型与计算结果如图 4-81 所示。

AUTODYN 计算软件不能对掏槽腔体体积进行精确计算，为了对比各分段装药下掏槽腔体体积的大小，对计算后模型的损伤程度进行分析，损伤程度可以表征掏槽腔体围岩的破坏程度，对计算后的数值结果采用二值化处理。为了保证各处理图像区域的一致性，处理图像只限原模型区域。先对计算图像进行截取，只保留和原模型大小相等的区域，对图像进行二值化处理，各分段装药模拟结果二值化处理图像如图 4-82 所示。

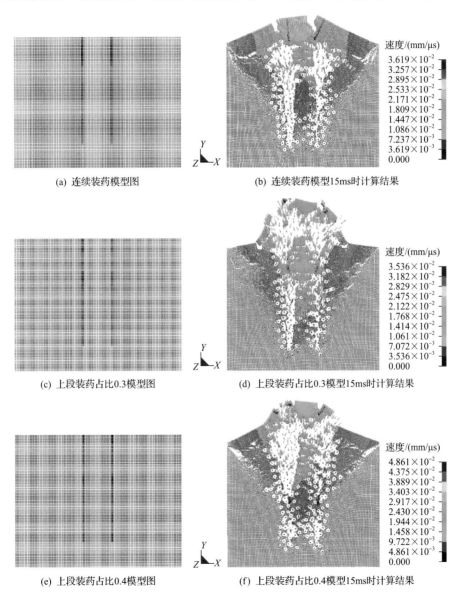

(a) 连续装药模型图　　　(b) 连续装药模型15ms时计算结果

(c) 上段装药占比0.3模型图　　　(d) 上段装药占比0.3模型15ms时计算结果

(e) 上段装药占比0.4模型图　　　(f) 上段装药占比0.4模型15ms时计算结果

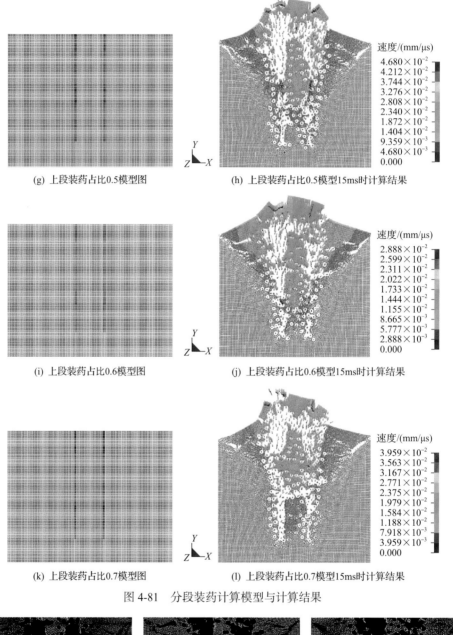

(g) 上段装药占比0.5模型图

(h) 上段装药占比0.5模型15ms时计算结果

速度/(mm/μs)
4.680×10⁻²
4.212×10⁻²
3.744×10⁻²
3.276×10⁻²
2.808×10⁻²
2.340×10⁻²
1.872×10⁻²
1.404×10⁻²
9.359×10⁻³
4.680×10⁻³
0.000

(i) 上段装药占比0.6模型图

(j) 上段装药占比0.6模型15ms时计算结果

速度/(mm/μs)
2.888×10⁻²
2.599×10⁻²
2.311×10⁻²
2.022×10⁻²
1.733×10⁻²
1.444×10⁻²
1.155×10⁻²
8.665×10⁻³
5.777×10⁻³
2.888×10⁻³
0.000

(k) 上段装药占比0.7模型图

(l) 上段装药占比0.7模型15ms时计算结果

速度/(mm/μs)
3.959×10⁻²
3.563×10⁻²
3.167×10⁻²
2.771×10⁻²
2.375×10⁻²
1.979×10⁻²
1.584×10⁻²
1.188×10⁻²
7.918×10⁻³
3.959×10⁻³
0.000

图 4-81　分段装药计算模型与计算结果

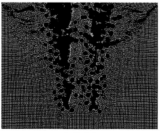

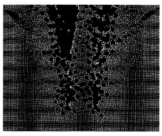

(a) 连续装药

(b) 上段装药占比0.3

(c) 上段装药占比0.4

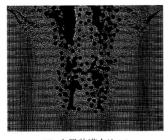
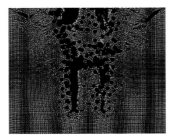
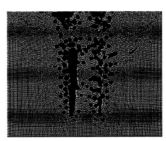

　(d) 上段装满占比0.5　　　　　(e) 上段装满占比0.6　　　　　(f) 上段装满占比0.7

图 4-82　二值化处理结果

分形理论已经被广泛应用于岩体等非连续介质破坏分析过程中。爆炸荷载下，介质形成裂隙发生破坏，岩体破坏的块度和裂纹分布特征均满足分形原理，可以通过分形维数来表征岩体内部破坏程度。

对于目前分形维数的计算方法有计盒维数、相似维数、信息维数等，其中计盒维数计算简单，能够直观反映介质所选区域目标的占有情况。计盒维数表达式为

$$\lg N_{\delta_k} = -D_f \times \lg \delta_k + b \tag{4-19}$$

式中：N_{δ_k} 为含有裂纹区域的盒子数目；D_f 为区域裂纹场的分形维数；δ_k 为裂纹区域分割小方网格边长；b 为初始维数。对于岩体材料，岩体本身含有大量孔隙、裂隙等缺陷，随着爆炸荷载的影响，这些缺陷不断增大，形成更多的内部裂隙，基于此，可以建立材料损伤度 ω 与分形维数 D 的关系，表达式为

$$\omega = \frac{D_t - D_0}{D_t^{max} - D_0} \tag{4-20}$$

式中：D_t 为介质爆炸后内部造成损伤面积的分形维数；D_0 为介质爆炸前内部初始损伤面积的分形维数；D_t^{max} 为介质达到最大损伤面积时的分形维数，对于平面问题 $D_t^{max}=2$；对于三维问题 $D_t^{max}=3$。

根据计盒维数的计算方法统计各分段装药下掏槽腔体的分形维数，如图 4-83 所示。连续装药下掏槽腔体的分形维数 $D=1.6783$，上段装药占比 0.3 时掏槽腔体的分形维数 $D=1.8654$，上段装药占比 0.4 时掏槽腔体的分形维数 $D=1.8990$，上段装药占比 0.5 时掏槽腔体的分形维数 $D=1.8348$，上段装药占比 0.6 时掏槽腔体的分形维数 $D=1.8018$，上段装药占比 0.7 时掏槽腔体的分形维数 $D=1.7353$。

根据损伤度计算公式，建立各模型损伤度与上段装药占比关系图，如图 4-84 所示。连续装药下损伤度为 0.8392，掏槽腔体损伤度最小，上段装药占比 0.4 时损伤度为 0.9495，掏槽腔体损伤度最大。

在莱州市瑞海矿业有限公司副井(井筒净径为 6.5m，井深 1326.5m)开展 6m 深孔掏槽爆破现场实验，对比实验上段装药占比 0.4、0.6 和连续装药三种方案，得出上段装药占比 0.4 时最优，炮眼利用率达到了 92%，炸药单耗为 2.9kg/m³，相比连续装药时炮孔利用率提高了 10.0%，炸药单耗降低了 11.0%，获得现场认可。爆破效果见表 4-11。

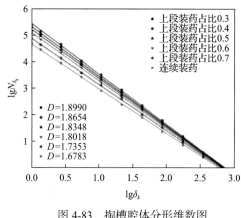

图 4-83　掏槽腔体分形维数图

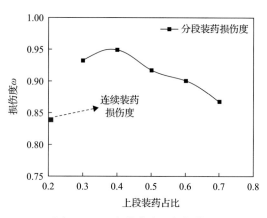

图 4-84　上段装药占比与损伤度的关系

表 4-11　上段装药占比 0.4 时基岩爆破效果表

指标	单位	数量
炮眼利用率	%	92
每循环进尺	m	5.5
每循环爆破实体岩石体积	m³	230.18
每立方米岩石雷管消耗量	个/m³	0.5
每立方米岩石炸药消耗量	kg/m³	2.9

4.2.4　高应力对周边光面爆破影响规律研究

采用石膏砌块模型,开展围压(模拟 0/1000/2000m 埋深围压)和爆炸共同作用的光面爆破实验研究[38,39](图 4-85~图 4-88),结合超高速数字图像相关实验系统和超声波测试技术,对爆破后的光爆面成型效果、保留岩体损伤分布等进行分析,揭示地应力作用对光面爆破效果的影响机理。

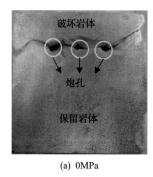

(a) 0MPa

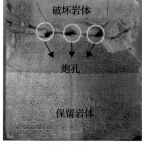

(b) 1MPa

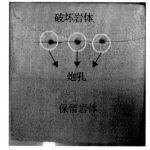

(c) 2MPa

图 4-85　破坏裂纹扩展示意图

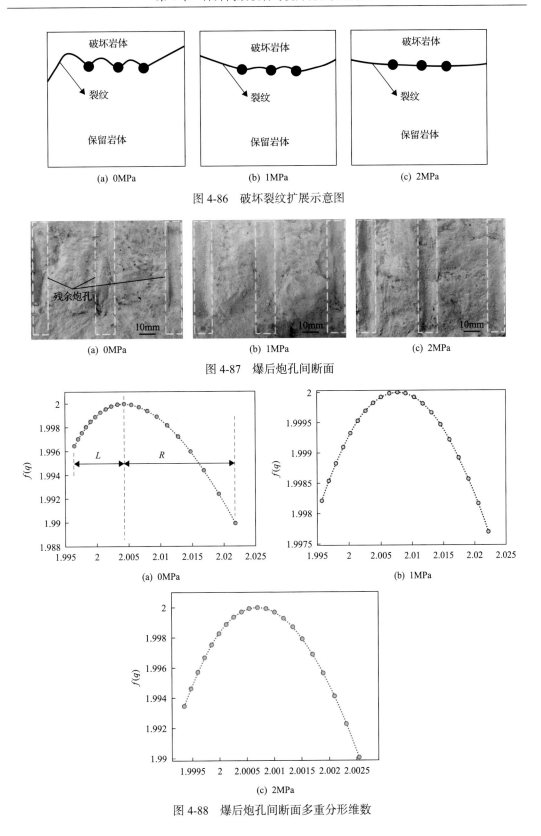

(a) 0MPa　　　　　　(b) 1MPa　　　　　　(c) 2MPa

图 4-86　破坏裂纹扩展示意图

(a) 0MPa　　　　　　(b) 1MPa　　　　　　(c) 2MPa

图 4-87　爆后炮孔间断面

(a) 0MPa

(b) 1MPa

(c) 2MPa

图 4-88　爆后炮孔间断面多重分形维数

研究表明：随着围岩压力的增加，炮孔之间的裂纹轮廓逐渐从不规则"之"字形过渡到平滑直线形，裂纹成型效果得到改善。

4.2.5 深井 6m 周边聚能药包控制爆破技术

定向断裂控制爆破技术起源于传统的光面爆破，聚能药包爆破则是一种具有代表性的定向断裂控制爆破技术。聚能药包结构如图 4-89 所示。从聚能药包冲击波超压变化曲线（图 4-90）可以看出，通过改变装药结构，使聚能方向的冲击波超压增强至垂直聚能方向的 2.3 倍，从而让裂纹在预定方向上优先起裂、扩展和贯通，从而获得光滑的爆破面[40-44]。

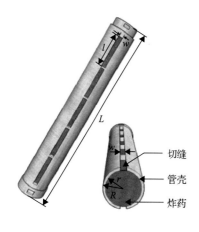

图 4-89　聚能药包结构示意图

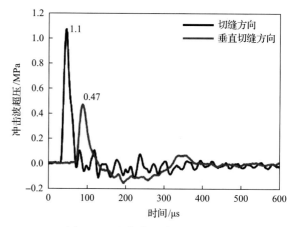

图 4-90　聚能药包冲击波超压变化曲线

聚能药包爆破在实际应用中具有良好的定向爆破效果，但在深部岩体中聚能药包爆破的适用性需要进一步讨论和分析。采用动静组合加载实验装置和数字激光焦散线实验方法，对不同初始静态压应力场下聚能药包爆破的爆生裂纹扩展行为进行研究（图 2-91～图 2-96），探究聚能方向与水平方向呈不同夹角时，初始压应力场对爆生裂纹扩展规律的影响效应，为深部岩体中开展聚能药包控制爆破技术提供科学指导。

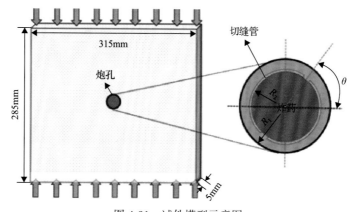

图 4-91　试件模型示意图

R_1 为聚能管外径；R_2 为聚能管内径；θ 为切缝与水平方向的夹角

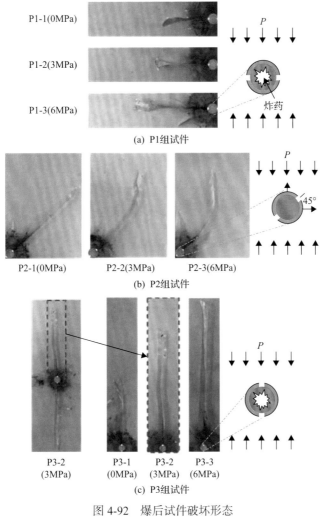

(a) P1组试件

(b) P2组试件

(c) P3组试件

图 4-92　爆后试件破坏形态

P 为压力

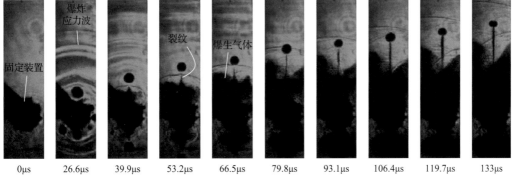

图 4-93　试件破坏过程动态焦散线图片

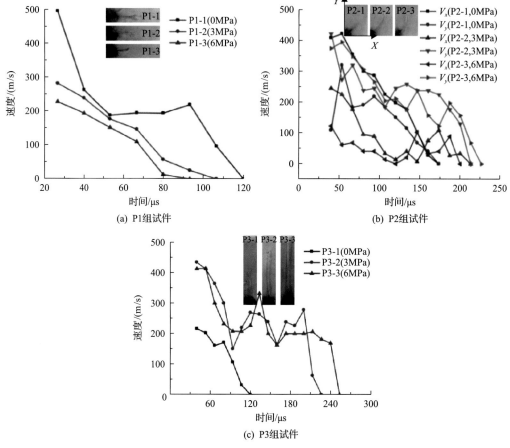

(a) P1组试件　　　　　　　　　　(b) P2组试件

(c) P3组试件

图 4-94　裂纹扩展速度与时间的曲线

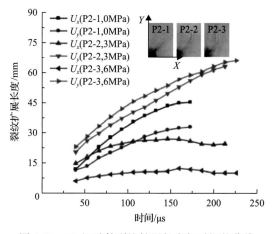

图 4-95　P2 组试件裂纹扩展长度与时间的曲线

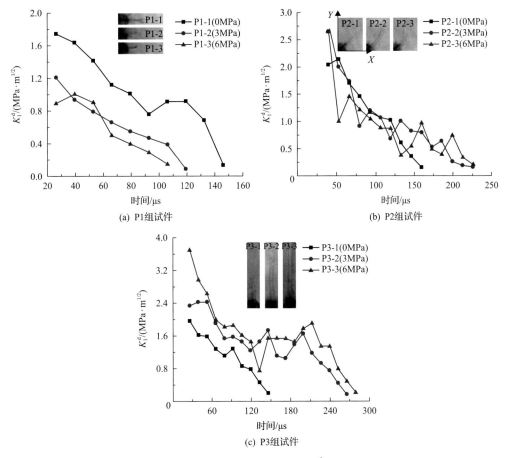

(a) P1组试件

(b) P2组试件

(c) P3组试件

图 4-96　裂纹尖端动态应力强度因子(K_1^d)与时间的曲线

研究表明，当聚能方向与初始压应力场方向垂直时，初始压应力场的存在阻碍了聚能方向裂纹的扩展；当聚能方向与初始压应力场方向平行时，初始压应力场的存在促进了裂纹的扩展，有利于聚能爆破。

在莱州市瑞海矿业有限公司副井开展 6m 深孔聚能药包控制爆破现场实验。设计半圈聚能药包半圈普通药包的周边眼爆破方案(图 4-97)。沿井筒轴线按照模板高度 3m 等间隔布置 5 个测点，1#测点距工作面 3m，其他测点距工作面距离依次为 6m、9m、12m、15m。工程实践表明，用聚能药包爆破后，削弱了振动叠加效应，降低了爆破震动 20%～40%(图 4-98～图 4-100)，周边眼间距增加 50%，炮孔数量减少 1/4～1/3，节省了炸药、雷管等火工品消耗量，减少了单循环起爆总装药量、孔数，节省了打眼时间，大幅降低支护成本及工程相关的辅助费用，具有显著的经济效益。

对比分析聚能药包和普通药包的爆破效果，统计半眼残痕和围岩损伤超声波测试结果。发现在聚能药包装药一侧，炮孔周边形成比较光滑的断面，炮孔半眼残痕率达82.3%(普通药包为 10%～20%)；采用聚能药包的井壁围岩损伤范围较普通药包减小33.3%。

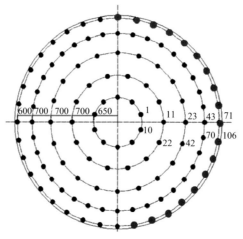

图 4-97　周边定向断裂炮孔布置图

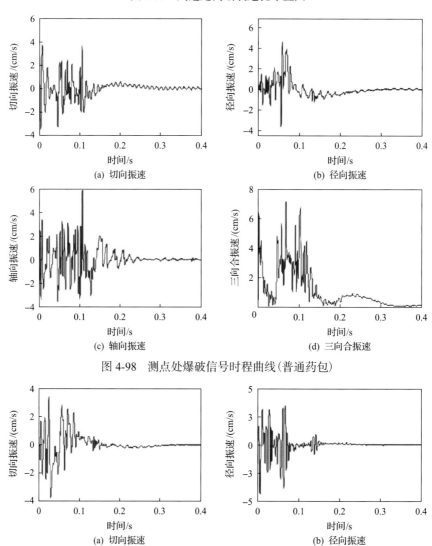

(a) 切向振速　　　　　　　　　　　(b) 径向振速

(c) 轴向振速　　　　　　　　　　　(d) 三向合振速

图 4-98　测点处爆破信号时程曲线(普通药包)

(a) 切向振速　　　　　　　　　　　(b) 径向振速

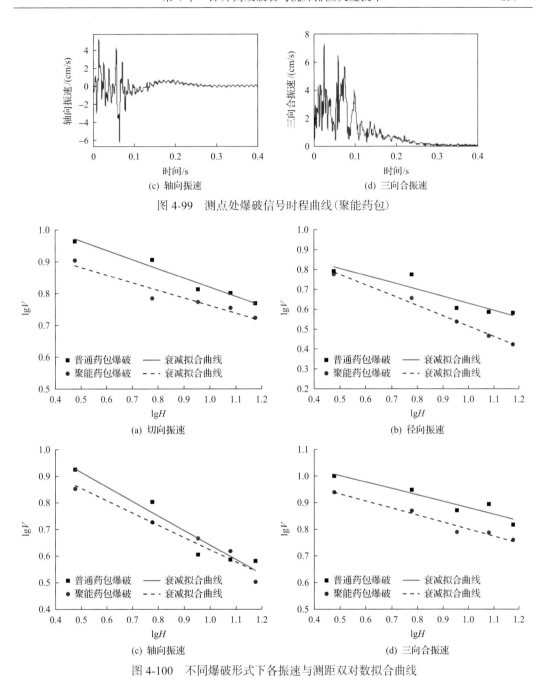

(c) 轴向振速

(d) 三向合振速

图 4-99　测点处爆破信号时程曲线（聚能药包）

(a) 切向振速

(b) 径向振速

(c) 轴向振速

(d) 三向合振速

图 4-100　不同爆破形式下各振速与测距双对数拟合曲线

4.3　深井钻爆法施工机械装备

4.3.1　新型立井全液压凿岩钻机

我国矿山立井机械化快速施工中，破岩方式主要为钻爆法，凿岩普遍采用以压风为动力的伞钻。

世界上第一台气动凿岩机于 1844 年研制成功，1861 年开始应用。南非于 20 世纪 60 年代末应用配有气动凿岩机的立井凿岩钻架。我国煤矿伞钻的研制始于 20 世纪 70 年代初期，1976 年第一台 FJD6 型伞钻开始应用于立井凿岩掘进。1978 年，我国先后从日本、德国引进 ZC3436 型、ZC3437 型、TYST-5 型、T4-K 型伞钻。我国应用的伞钻主要有 SJZ5.5、SJZ5.6、SJZ6.7、XFJD6.10、XFJD6.11、XFJD6.12 等型号。主要配备 YGZ70 型钻机、B25 六角型钎杆、38～55mm 合金钻头。伞钻支撑臂及动臂为液压驱动，液压系统机体自带，钻机为压风驱动，地面压风站提供压风，经井筒内悬吊管路输送到工作面。现有的气动伞钻存在噪声大、粉尘污染严重、效率低、硬岩钻孔速度慢、能耗大及施工人员多等问题。

20 世纪 20 年代，英国多尔曼研制出世界上第一台液压凿岩机。1970 年，法国 Montabert 公司研制出实用的液压凿岩机。我国于 1980 年研制出第一代液压凿岩机。1985 年，辽宁省葫芦岛市莲花山凿岩钎具公司在引进法国 EIMCO-SECOMA 公司技术的基础上，研制出 HYD-200 型液压凿岩机。20 世纪 90 年代，加拿大开发出一种新型的悬吊式立井凿岩钻架。该钻架固定于吊盘上，配有 2～4 台液压凿岩机，钻眼深度超过 5m，在加拿大得到推广应用，有效提高了立井掘进进度，同时减少了施工人员。目前液压凿岩机向大功率自动化方向发展，性能参数进一步优化，液压控制系统不断完善和提高，已经实现了凿岩过程自动化。

针对目前立井全液压凿岩钻机在不同工作面上的施工工艺要求，确定了立井全液压凿岩钻机的总体结构及技术参数，并针对关键机械结构开展了设计和选型计算，在此基础上针对关键零部件的强度和振动模态等进行了 ANSYS 有限元分析，针对新型的水气混合洗孔的关键喷嘴装置，开展了 CFD 多相流仿真优化计算，最终研制的新型立井全液压凿岩钻机满足各方面指标要求，并在印度铜矿立井工程中取得了较好的经济效益。

针对国内条件，确定了新型立井全液压凿岩钻机的主要性能参数(表 4-12)。

表 4-12　新型立井全液压凿岩钻机主要性能参数

参数	数值
整机长度	9.6m
整机重量	约 14t(含泵站)
直径(收起)	2m
最小矿井直径	6.0m
最大矿井直径	10m
打孔深度	6.1m
可伸缩中心柱的行程	860mm
操作方式	手动
整机结构方式	泵站与整机一体化方案

对新型立井全液压凿岩钻机的总体结构、工艺流程、液压系统、冲洗装置、防卡钎装置等进行优化和选型设计，且采用 SolidWorks 建立重要部件的三维模型(图 4-101)，并运用 ANSYS 有限元软件对关键部件进行强度和振动模态分析(图 4-102)，优化钻孔过程中钻杆和钻机的共振问题。

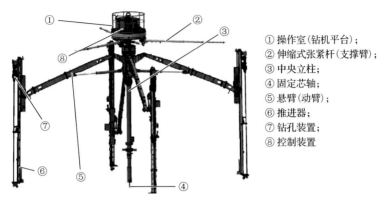

① 操作室（钻机平台）；
② 伸缩式张紧杆（支撑臂）；
③ 中央立柱；
④ 固定芯轴；
⑤ 悬臂（动臂）；
⑥ 推进器；
⑦ 钻孔装置；
⑧ 控制装置

图 4-101　新型立井全液压凿岩钻机钻架结构三维模型

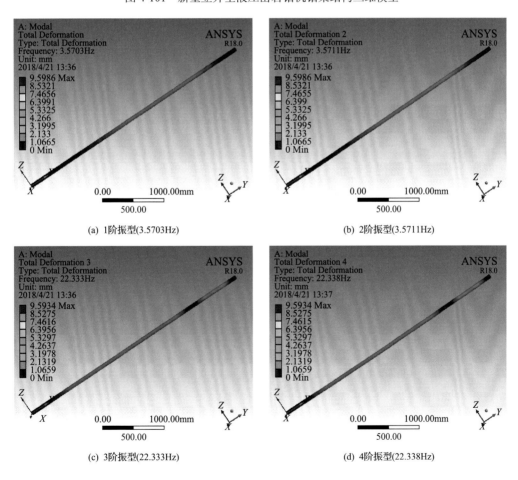

(a) 1阶振型(3.5703Hz)　　　　　　　　(b) 2阶振型(3.5711Hz)

(c) 3阶振型(22.333Hz)　　　　　　　　(d) 4阶振型(22.338Hz)

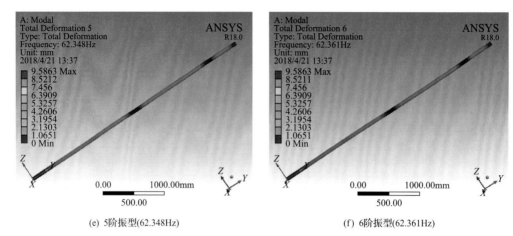

(e) 5阶振型(62.348Hz)　　　　　　　　(f) 6阶振型(62.361Hz)

图 4-102　钻杆的 1～6 阶振型图

　　新型立井全液压凿岩钻机采用模块化设计，主要由伞型钻架、液压泵站、电气柜及维护用液压站四大部分组成，其中伞型钻架的钻机在工作时布置在井底工作面，从而有效降低提升绳的负荷；液压系统和电气系统通过管路和线路连接到伞型钻架相应部件上，造孔完成后将管线断开收回至工作吊盘上；操作控制系统采用集成化设计，将支撑臂、中央立柱、动臂、钻臂的操作集成在同一遥控面板上，操作安全快捷；操作控制系统与造孔均采用液压驱动，简化动力系统。钻机的关键组件如图 4-103 所示。其整体结构相对于传统立井全液压凿岩钻机，优化更加合理。

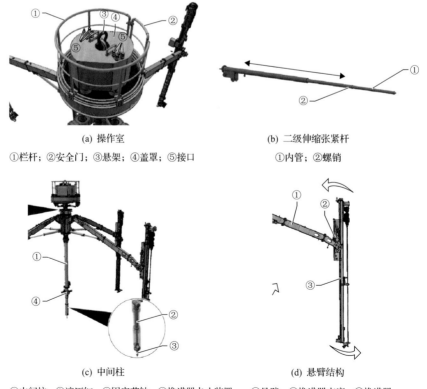

(a) 操作室
①栏杆；②安全门；③悬架；④盖罩；⑤接口

(b) 二级伸缩张紧杆
①内管；②螺销

(c) 中间柱
①中间柱；②液压缸；③固定芯轴；④推进器卡止装置

(d) 悬臂结构
①悬壁；②推进器支座；③推进器

(e) 推进器支座　　　　　　　　　　(f) 滑架

①推进器；②钻杆；③冲击钻机；　　　①前部钻杆导向件；②中间钻杆导向件；③钻机；

④推进器支座；⑤链条驱动装置；⑥链条　④软管卷筒；⑤滑座；⑥进给缸；⑦冲击机构限位阀门；

　　　　　　　　　　　　　　　　　　⑧软管支架；⑨滑架框架；⑩顶头

图 4-103　新型立井全液压凿岩钻机关键组件设计

针对国产立井全液压凿岩钻机采用水洗孔排渣，易导致软岩遇水膨胀，降低爆破效率，而采用空气洗孔方式又存在粉尘污染和噪声的难题。新型立井全液压凿岩钻机采用水气混合洗孔方式，有效解决了单一洗孔方式存在的不足，从而确保造孔速度稳定；并通过 Fluent 仿真分析，针对水气混合洗孔的关键喷嘴装置开展了 CFD 多相流仿真优化计算(图 4-104、图 4-105)，确定了较佳的喷嘴形式(圆锥形)和喷嘴锥度(45°)。

与传统液压伞钻相比，新型立井全液压凿岩钻机具有如下五大技术特征。

(1)实行智能遥控操作，完善安全防护和危险预警，安全性能大幅提升。

(2)采用自平衡装置和钻孔功率自适应调节装置，大幅提升钻孔效率。

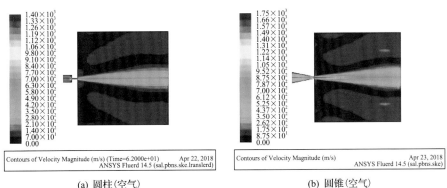

(a) 圆柱(空气)　　　　　　　　　　(b) 圆锥(空气)

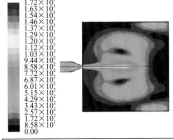

(c) 圆柱-圆锥(空气)

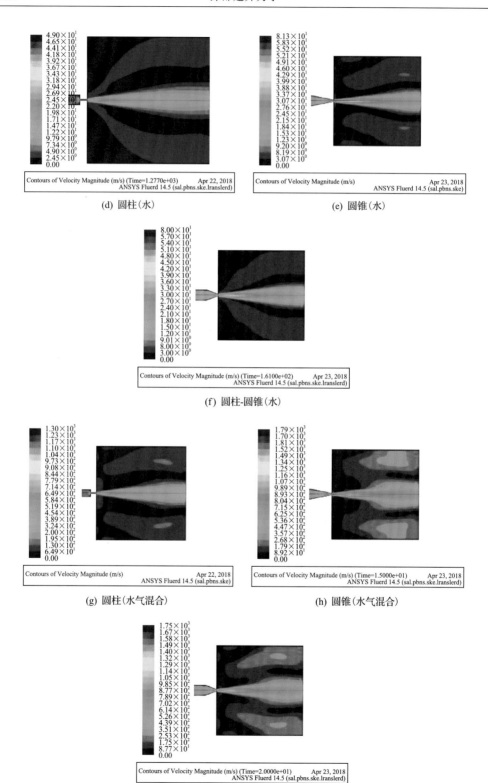

(d) 圆柱(水)

(e) 圆锥(水)

(f) 圆柱-圆锥(水)

(g) 圆柱(水气混合)

(h) 圆锥(水气混合)

(i) 圆柱-圆锥(水气混合)

图 4-104 喷嘴形式的 CFD 数值仿真计算

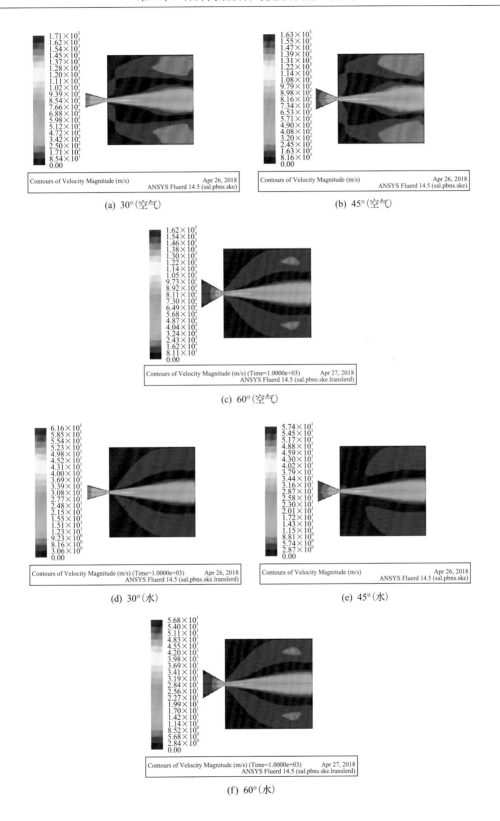

(a) 30°（空气）

(b) 45°（空气）

(c) 60°（空气）

(d) 30°（水）

(e) 45°（水）

(f) 60°（水）

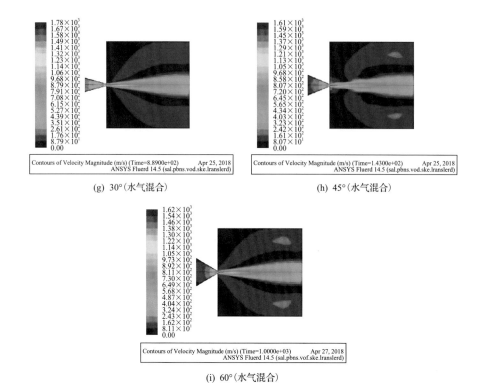

(g) 30°(水气混合)　　　　　　　　　　　(h) 45°(水气混合)

(i) 60°(水气混合)

图 4-105　喷嘴锥度的 CFD 数值仿真计算

(3)采用新型凿岩机,延长钻具寿命,提高钻孔可靠性。

(4)选用水气混合洗孔排渣方式,提高除尘降噪效果。

(5)增设防卡钎装置,减少钻具消耗,提高钻孔效率。

综上所示,新型立井全液压凿岩钻机的总体性能参数,达到了原始设计方案的基本要求(表 4-13),并在印度铜矿立井进行了工业应用(图 4-106)。在效率方面,总作业时间在现有水平基础上减少了 20%;在节能方面,大幅减少空气压缩机、钻具等设备和材料,节能 20%~30%;在噪声方面,大幅降低了作业噪声,四台液压凿岩机声强降低到 111dB(原来一台气动凿岩机声强约 130dB)。

表 4-13　新型立井全液压凿岩钻机关键指标及参数

指标	参数
凿岩速度	2.25m/min(f=8)
整机长度	9.6m
直径(收起)	2m
最小矿井直径	6.0m
最大矿井直径	10m
打孔深度	6.1m
伸缩中心柱行程	860mm
操作方式	手动
整机结构方式	泵站与整机一体化

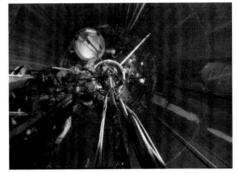

(a) 应用地点　　　　　　　　　　　　　(b) 井下施工

图 4-106　新型立井全液压凿岩钻机工业应用

4.3.2　新型立井全液压抓岩机

在立井掘进施工中，装岩是最繁重、最费时的一道工序，占循环时间的 50%～60%，是影响立井掘进速度的主要因素。气动中心回转抓岩机在实际应用中存在噪声大、能耗高、体积庞大、大斗容气动动力不足、效率低等缺陷。随着立井向大直径超深立井方向发展，急需研制更为高效的新型电动液压装岩系统，以实现高效率、低能耗、降低噪声功能，改善作业环境，保障作业安全。电动液控技术在抓岩机使用早期就曾提出，由于过去电控及液压技术的差距，加上井筒恶劣的作业条件，限制了电动液压装岩设备的发展。以风动为动力的中心回转式抓岩机一直作为主要的装岩方式使用至今。随着技术的进步，电控及液压技术逐步发展成熟。研制和使用电液控制装岩设备是必然的趋势。在国外，南非研制过液压抓岩机，抓斗容积为 $0.56m^3$ 和 $0.85m^3$，泵站安装在吊盘上，但没有作为主体设备推广，也没有更多可以借鉴的技术。在我国，早期研制过 $0.6m^3$ 靠壁式液压抓岩机，但并没有推广应用。

针对国内现有立井装岩施工的实际工况以及相关设备的制造与生产条件，确定了新型立井全液压抓岩机的主要性能参数(表 4-14)，对其总体结构(图 4-107)、工艺流程、液压系统、电气系统等进行了优化和选型设计，且采用 SolidWorks(ProE)建立了重要部件的三维模型，并运用 ANSYS 有限元软件对关键部件进行了强度分析，优化了抓岩机

表 4-14　新型立井全液压抓岩机的技术参数

指标	参数
适用井筒直径	5～10m
设备最大出矸能力	$64.2m^3/h$
提升能力	35kN(含抓斗重量)
抓斗容积	0.6～1m^3
挖斗容积	0.2m³
节能水平	3 倍气动
噪声水平	≤80dB
整机重量	≤8t

在装岩作业中的负载能力。针对立井全液压抓岩机进行了设计研制，并协同新型立井全液压凿岩钻机搭建了立井高效凿岩与排渣实验研究平台，平台实验效果较好。

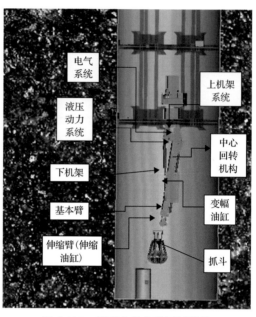

图 4-107　　新型立井全液压抓岩机

新型立井全液压抓岩机采用模块化设计，关键组件设计如图 4-108 所示。针对国产立井全液压抓岩机在立井装岩作业中容易存在工作死角的问题，新型立井全液压抓岩机采用 360°回转台配合变幅装置与多级伸缩油缸，从而实现了 360°的回转运动、超长的挖掘臂与抓斗行程以及大覆盖变幅角度的整体运动结构，从而实现液压抓岩机在立井装岩作业中的全空间覆盖，保证装岩作业无死角，并在抓斗的设计过程中进行了可升级的设计，实现了大抓取能力的升级空间，进一步提高了抓岩机的装岩能力与装岩效率。

针对传统气动抓岩机能耗大等问题，新型立井全液压抓岩机通过选用电驱动液压装置提供动力，动力强、效率高、能耗低。并采用司机室内的操控板远程操作系统，设有多种安全保护和警示措施，在操控面板、钻架平台、液压泵站及电控柜上均安装紧急停机开关，并增设设备移动状态信号灯、各机构摆动警示灯、油温监控显示等装置，提高设备应用的安全性能。

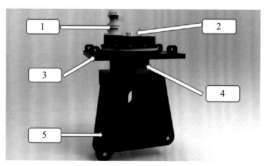

(a) 回转工作系统

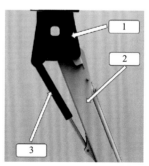

(b) 变幅工作系统

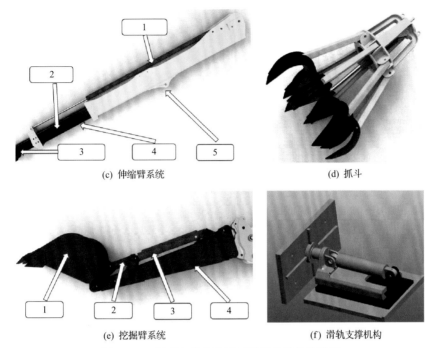

(c) 伸缩臂系统　　　　　　　　　(d) 抓斗

(e) 挖掘臂系统　　　　　　　　(f) 滑轨支撑机构

图 4-108　新型立井全液压抓岩机关键组件设计

与传统气动抓岩机相比，新型立井全液压抓岩机具有如下四大技术特征。

(1)采用变量泵配合变速散热控制系统，大幅提高装岩效率并降低能耗。

(2)采用新型升降型挖掘臂结构形式，实现单台液压抓岩机布置 360°无死角。

(3)采用智能遥控操作，完善安全防护与危险预警，安全性能大幅提升。

(4)采用新型抓岩机增加设备可靠性，延长设备寿命。

中煤矿山建设集有限责任公司在宿州搭建了立井高效凿岩与排渣实验研究平台(直径 6m，深 30m)，进行了现场调试与应用，发现新型立井全液抓岩机在工作效率、节能、粉尘控制和噪声控制四个方面相较于传统气动抓岩机具备显著优势，满足预期各项指标(表 4-15)。在效率方面，总作业时间在现有水平基础上减少 50%；在节能方面，相比传统气动抓岩机，实现节能 3 倍；在噪声方面，降低到≤80dB(原来一台气动抓岩机声强约 100dB)。

表 4-15　新型立进全液压抓岩机关键指标及参数

指标	参数
抓岩生产能力	64.2m³/h
适用井筒直径	5~10m
提升能力	35kN
回转角度	360°
抓斗容积	0.6~1m³
节能水平	3 倍气动
噪声水平	≤80dB

4.4　深井高效钻井法关键技术与装备

4.4.1　千米深井高应力硬岩钻具系统

竖井掘进机法是深井建设中重要的发展方向。自 20 世纪 70 年代，国外已有相关的装备研发，而国内目前只有一台样机（MSJ5.8/1.6D）。采用竖井掘进机法进行深井建设时，洗井排渣技术是最大的难点。目前大多数竖井掘进机采用的都是机械式排渣，与钻机采用的流体排渣相比，其具有机械方式运输设备复杂、易出现故障、破岩面的岩屑存留率较高、除尘和冷却钻头较复杂等缺点。大直径钻井通常采用气举反循环泥浆洗井技术，泥浆等流体洗井具有可连续洗井、携带岩屑能力强、通过流场优化可减少洗井死角、提高洗井效率等优点，因此与机械排渣相比，流体（液体、空气、泡沫等）排渣理论上属于效率较高的排渣方式[45-47]。在我国西部缺水地区，尤其是在不含水、弱含水地层中钻井，空气洗井技术的工程造价低、钻进效率高等优势将更为突出，这对于我国西部地区开发深部固体矿产资源，采用竖井掘进机法开展深井建设，将具有重要意义。空气洗井，目前多用于石油、天然气等小直径钻井，在大直径井筒施工中尚无先例。随着井筒直径增大，空气洗井技术预计将面临洗井气体径向流速低、携岩性能下降、空气消耗量大等问题，从而影响井筒掘进效率。

国外研究应用竖井钻井技术已有 150 多年的历史，研制出的竖井钻机品种繁多，应用领域广泛。1850 年德国人肯特（Kent）使用冲击钻井设备凿了一口直径 4.25m、深 98m 的井筒，标志着大直径钻井技术的诞生。1871 年德国人郝尼格曼（Honig mann）开始试验研究回转式钻机，钻成了两口直径 1.5m、深 85m 的井筒，应用了压气反循环冲洗排渣的方法，钻井技术得到初步发展。1892～1950 年，欧洲国家采用郝尼格曼的方法钻成了 40 余口井筒，直径介于 2～7.65m，井深为 80～512m，这种钻井方法的特点是通过旋转钻具破碎岩石，一次成井或多次扩孔成井，使用泥浆冲洗及护壁。到 20 世纪 70 年代，联邦德国、苏联、美国等研制出不同类型的竖井钻机，应用于采矿工业和核试验井筒钻进。1980 年美国休斯公司开始研制 CSD-300 型钻机，在澳大利亚西部的阿格纽镍矿岩层中钻成一个直径 4.267m、深 663m 的风井。目前竖井直径介于 1.52～4.9m，深度达到 426m，多用于风井和进水井。

钻井法在深部钻井中面临一系列不足。例如，钻井动力主要通过钻杆由地面向下传动，损失严重；掉钻事故难以根除，一旦掉钻处理难度极大；全井筒泥浆护壁条件下钻进阻力大、速度慢，且后期泥浆处理技术难度大、成本高；钻进过程中不能及时完成井筒永久支护，容易出现井帮坍塌；钻井偏斜控制难度大；后期漂浮下沉井壁时风险高等。井筒越深，上述问题越突出。

为此，研发了千米深井高应力硬岩钻具系统[48]。新型钻具系统的总体三维结构如图 4-109 所示，由柔性接头、导向器、配重和钻头等组成（图 4-110～图 4-114）。钻头是钻机的主要破岩部件，破岩直径为 2.6m，总重约为 350t。整个钻具系统通过柔性接头与钻杆连接，通过柔性接头的内六方与钻杆的外六方配合，传递扭矩，采用牙嵌式的连接方式完成升、降；其余各部件之间的上下连接均为法兰、工字卡、螺栓连接，传递扭矩，这种设计可以有效防止掉钻事故的发生。

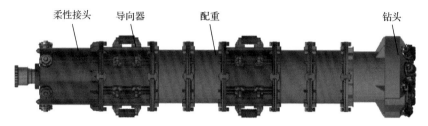

图 4-109　千米深井高应力硬岩钻具系统三维示意图

图 4-110　径向带滚动轮的导向器

图 4-111　球形销轴式柔性接头

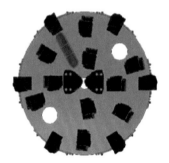

图 4-112　适应破碎硬岩切割的平底刀盘

图 4-113　增强钻具稳定的稳杆器

图 4-114　牙嵌式双壁钻杆

研发了新型双壁钻杆(图 4-115),解决了千米深井垂直排渣输送难题,实现了气、渣分道输送技术,克服了传统钻杆中心管输送压缩气体,阻挡岩渣排放通道的缺陷。

研发了新型球形销轴式柔性接头(图 4-116),破解了千米深井钻杆稳定性难题,增加了千米级深井施工时的自适应性,使振动应力得以更好地释放。

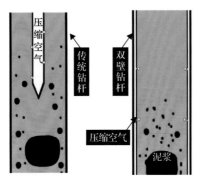

图 4-115　牙嵌式连接气液分流双壁钻杆　　　　图 4-116　球形销轴式柔性接头

研制了新型钻头,采用鞍式刀座和罐式刀座结合的方式(图 4-117),刀具采用球齿滚刀(其中,外侧采用球形齿,其他采用锥形齿);采用 ANSYS 平台,建立新型钻头的有限元仿真模型(图 4-118),进行钻头掘进中的力学分析,保证钻头的强度和应力均匀。

图 4-117　新型钻头

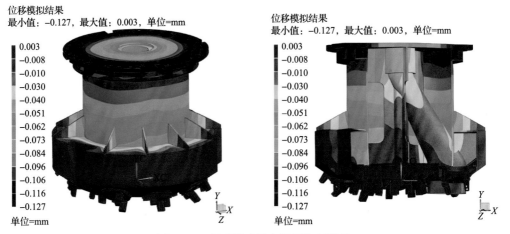

图 4-118　新型钻头的有限元仿真模型

4.4.2 钻井的洗井排渣系统

常用的流体洗井介质包括液体(泥浆和清水)、空气、泡沫。

泥浆是最主要的洗井介质,具有较好的携渣能力,且通过泥皮生成、液柱压力,能较好地维护井壁的稳定性,是我国煤炭系统钻井普遍采用的洗井介质。清水洗井减少了泥浆配制环节,有助于降低技术复杂度与成本,但护壁能力与携渣能力较低,主要用于稳定性较好的全岩地层小直径钻井工程。空气的密度小,洗井冲击力小,必须采用很高的速度才能排出岩渣,且护壁能力差,但对工作面岩屑的压持作用微弱,有助于提高破岩效率。空气洗井主要适用于干旱无水或缺水地区,在岩石稳定性较好的岩层中使用,美国、加拿大、澳大利亚、俄罗斯等国均有应用。目前空气洗井均用于小直径钻井,煤矿大直径钻井尚未见到空气洗井的报道[49-51]。

常用的洗井方式分为正循环洗井、反循环洗井和正反混合循环洗井。

以液体洗井为例,正循环洗井是用泵从贮浆池中将洗井液压入钻杆直达工作面,冲洗刀具,冲洗井底;洗井液与钻屑混合后,沿井孔上升到地面,净化后的洗井液又排回到贮浆池。反循环洗井有压气反循环洗井、泵吸反循环洗井和真空泵反循环洗井。反循环洗井原理与正循环相反。采用正循环洗井时,对刀具与井底的冲洗效果较好,可减少岩屑反复破碎,但井径越大,洗井液上返越慢,不能携带较大颗粒的岩屑,且对泵压及流量要求越高,因此通常适用于小直径钻井(正循环洗井的井径均在 3m 内),煤矿大直径钻井适用反循环洗井[52]。

鉴于此,为揭示深井高应力条件下高效爆炸破岩和机械破岩的力学机理,并提出相应的方法,研发高效破岩关键技术与装备;查明各因素对气体洗井和液体洗井效率的影响规律,研发相应的高效洗井排渣关键技术,从而形成井筒高效掘进关键技术。

大直径竖井掘进机通常采用压气反循环洗井工艺(又称气举反循环),利用钻杆内外压力差实现洗井排渣。竖井掘进机凿井因难以形成钻杆内外压差,致使反循环洗井困难,目前多采用泵吸式,或刮板料斗等机械式排渣。现有排渣方式存在着岩屑径向运移速度慢、易原位沉积并反复破碎、易存在死角等不足,严重影响破岩与排渣效率。

针对竖井掘进机凿井现有排渣技术的不足,研究提出了适用于竖井掘进机凿井的流体(空气、液体或泡沫)反循环洗井排渣系统,具体包括如下。

(1)通过在竖井掘进机刀盘上方增设密封盘,形成迎头密封舱,为采用一定压力的流体开展反循环洗井创造条件。

(2)通过在刀盘上设置一定数量的高压射流口,并沿一定角度向工作面喷射出流量、压力可调的洗井流体介质,实现对工作面岩屑的冲洗搬运,提高井底岩屑向排渣管底口的运移效率。

(3)通过在排渣管内设置一定数量的口径、角度可调的引射流装置,利用引射效应,提高排渣管内洗井介质的上返流速,加速岩屑的排出。

竖井掘进机流体洗井系统如图 4-119 所示,该系统已获批国家发明专利。

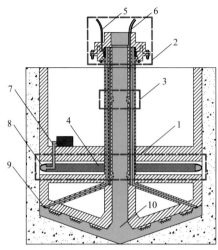

1.刀盘密封装置；2.动静转换装置；
3.引射流装置；4.密封板基体；
5.射流管进气口；6.引射流管进气口；
7.加压管路；8.高压橡胶囊；
9.射流口；10.排渣口

图 4-119　竖井掘进机流体洗井系统

4.4.3　深井高效洗井关键技术数值模拟研究

竖井掘进机的刀盘、排渣口、排渣管等几何参数(图 4-120)，以及刀盘转速、射流入射速度等均会影响洗井排渣效果；液体、空气、泡沫等不同洗井介质条件下，各因素的影响规律也未必相同。为此，首先不考虑固相岩屑，基于竖井掘进机流体洗井问题的数值模型(图 4-121)，通过数值分析，研究不同因素对洗井流场的影响规律，并开展洗井系统基本几何参数的优化[53]。

1. 液体洗井系统单相流场数值分析及基本几何参数的优化

液体洗井系统纯流场数值模拟中，对于流场优化的判断标准包括：漫流层分布形态(射流产生的漫流层能到达井心且偏离方向较小)、能量损耗(相同入口压力下，出口流速尽量大)。

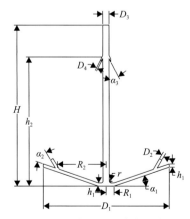

图 4-120　模型几何参数示意图

D_1 为刀盘直径；D_2 为射流口直径；D_3 为排渣管内直径；D_4 为排渣管上的引射孔内直径；R_1 为刀盘底面中心锥台半径；R_2 为射流口到排渣管轴线的距离；h_1 为刀盘底面的竖向净空高度；h_2 为引射口到刀盘底面的高度；H 为竖井掘进机排渣管总高度；α_1 为刀盘锥面与锥台夹角(锐角)；α_2 为射流口轴线与刀盘锥面的夹角；α_3 为引射口轴线与排渣管轴向的夹角

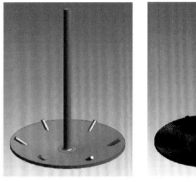

(a) 几何模型图　　　　　　　　　(b) 有限元网格

图 4-121　竖井掘进机流体洗井问题数值模型

通过研究得到以下主要结论(图 4-122、图 4-123)。

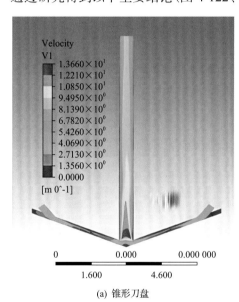
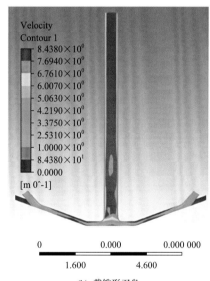

(a) 锥形刀盘　　　　　　　　　　(b) 截锥形刀盘

图 4-122　刀盘形状对流场的影响

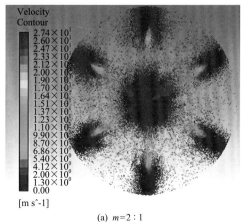

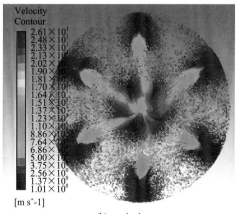

(a) $m=2:1$　　　　　　　　　　(b) $m=1:1$

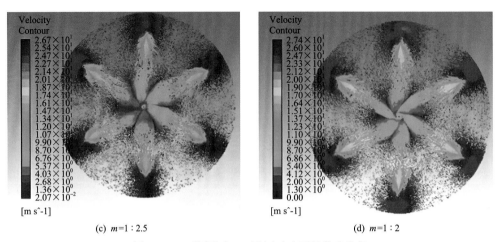

(c) $m=1:2.5$ (d) $m=1:2$

图 4-123 不同进出口面积比(m)下的井底流场

(1) 刀盘竖剖面不宜采用锥形，而宜采用截锥形或平直形；采用截锥形时，锥顶角对流场基本无影响，可根据破岩及偏斜控制的需要而选择。

(2) 净空高度 h_1 取值小于漫流层厚度时将增加系统能耗；当 h_1 明显大于漫流层厚度时，会减弱射流冲击破岩面而产生的漫流层效果。

(3) 随进出口面积比 m 减小，能量损耗增大，流量下降，但排渣管内洗井介质流速提高；同时射流产生的漫流层偏转情况逐渐减弱。

(4) 射流口数量为奇数时，吸渣口处回旋现象较明显；射流口数量为偶数时基本不出现回旋现象；射流口数量过少，射流覆盖面积不均；射流口数量过多则口径较小，产生的漫流层流速较低，不能有效携岩。

(5) 射流口径越大，相同 L_2 取值时漫流层偏转越小；但随射流口径增大，L_2 不发生偏转及偏转较小的最大取值并无太大提升，主要在 2.5~3.0m。

(6) 射流角度存在最优值。当射流角度较小时，射流不能有效冲击破岩面形成较大范围的漫流层；过大时能量损耗较大，较优取值约为 20°。

(7) 引射流角度的最优范围为 150°~160°；引射流口高度宜靠近吸渣口，强化对射流产生的漫流层的引导作用。

最终基于纯流场数值模拟，得到液体洗井系统几何参数的优化取值，见表 4-16。

表 4-16 液体洗井系统几何参数优化取值

参数	H	h_1	h_2	D_1	D_2	D_3	L_1	L_2	L_3	α_1	α_2	α_3	n	R_1
取值	10m	0.3m	1.1m	8m	0.22m	0.54m	1m	3m	0.73m	7.5°	20°	30°	6	0.1m

L_1、L_2 为沿排渣管底口到入射口的洗井流场分析路径中，刀盘底面锥台段和锥面段的分析路径；L_3 为沿排渣管底口到相邻两入射口连线中点的洗井场分析路径中，刀盘底面锥台段的分析路径，n 为刀盘底面的入射口数量。

2. 气体洗井系统单相流场数值分析及基本几何参数的优化

对于竖井掘进机空气洗井系统，开展空气流场的数值模拟研究。首先通过理论分析和数值模拟试算，选取纯空气流场的基本模型、流场分析评价指标，进而针对刀盘与井底的夹角、井底净空高度、排渣管内径、射流口内径、射流口个数、射流口角度等参数，开展单因素分析、多因素正交分析，得到在井底中心平面平均流速、排渣管内总压降两种指标下，不同参数对井内空气流场的影响规律。

基本模型的典型参数取值见表 4-17。

表 4-17　空气洗井系统数值分析时的典型参数取值

典型参数	取值	典型参数	取值
D_1	8m	R_1	$D_1/16$
D_2	0.2m	R_2	$0.425D_1$
D_3	0.4m	α_1	10°
D_4	0.1m	α_2	15°
H	10m	α_3	30°
h_1	0.2m	r	$D_1/40$
h_2	0.5H		

图 4-124、图 4-125 分别是排渣管内、刀盘底部空间的洗井空气流速、压力的分布曲线。

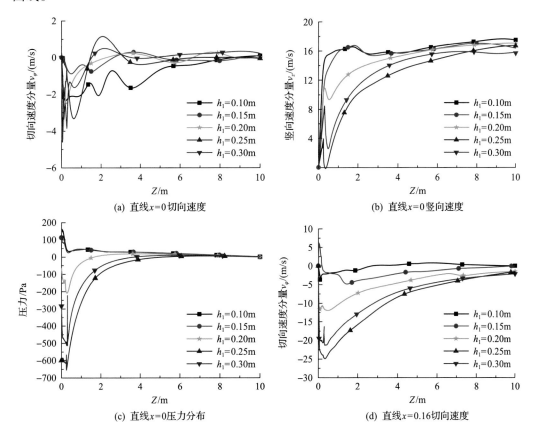

(a) 直线 $x=0$ 切向速度　　(b) 直线 $x=0$ 竖向速度

(c) 直线 $x=0$ 压力分布　　(d) 直线 $x=0.16$ 切向速度

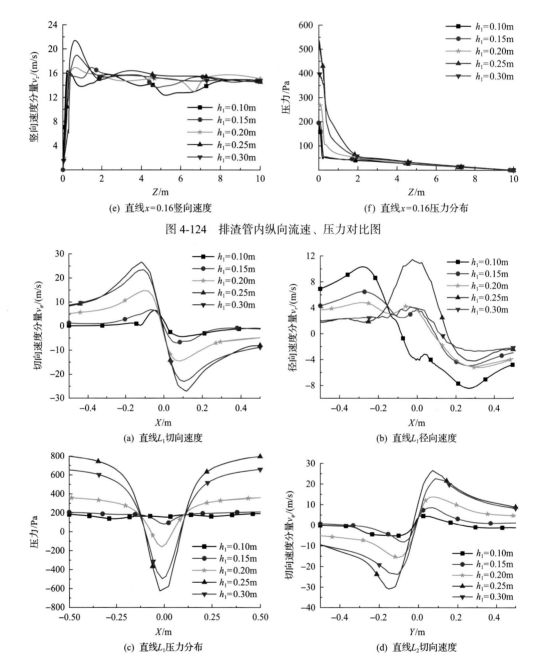

(e) 直线x=0.16竖向速度　　　　　　　(f) 直线x=0.16压力分布

图 4-124　排渣管内纵向流速、压力对比图

(a) 直线L_1切向速度　　　　　　　(b) 直线L_1径向速度

(c) 直线L_1压力分布　　　　　　　(d) 直线L_2切向速度

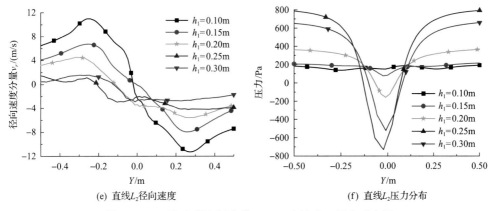

(e) 直线 L_2 径向速度　　　　　　　　(f) 直线 L_2 压力分布

图 4-125　刀盘底部空间直线 L_1、L_2 上流速、压力对比图

图 4-126、图 4-127 分别是刀盘底部取不同的净空高度时，刀盘底部整体模型速度矢量图、$Z=0.5h_1$ 平面速度矢量图。

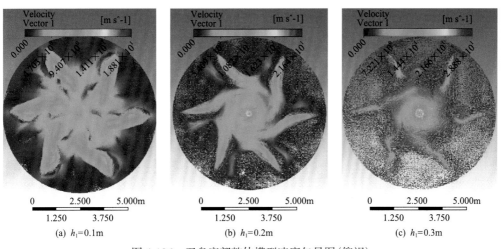

(a) $h_1=0.1$m　　　　　　(b) $h_1=0.2$m　　　　　　(c) $h_1=0.3$m

图 4-126　刀盘底部整体模型速度矢量图(仰视)

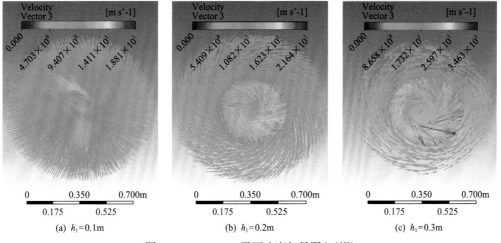

(a) $h_1=0.1$m　　　　　　(b) $h_1=0.2$m　　　　　　(c) $h_1=0.3$m

图 4-127　$Z=0.5h_1$ 平面速度矢量图(正视)

研究得到的主要结论如下。

（1）刀盘与井底夹角最优值在 10°～15°，此时可同时满足流场的水平旋转速度较小、竖向速度较大的要求，且井底空气涡流和旋转较弱。

（2）井底净空高度越小，流场内水平旋转切向速度越小，竖向速度越大，空气涡流和旋转越弱，井底流场气流连续性越强，流场更有利于排渣。

（3）排渣管内径的最优值为 0.4m，此时可满足刀盘底部空间气流的连续性较强的同时，流场内水平旋转速度较小、竖向速度较大。

（4）在其他参数取典型值条件下，最优井径约为 8m；此时可同时满足流场内空气的涡流和旋转较弱，井底空间高速区所占面积较大且气流的连续性较强。

（5）最优射流口内径为 0.2m，射流口个数为 5 个或 6 个，射流口角度为 15°～20°，此时刀盘底部空间气流的连续性较强，涡流和旋转较弱。

（6）对井内流场影响最大的参数为排渣管内径，影响最小的参数为井底净空高度。

3. 泡沫洗井系统单相流场数值分析及基本几何参数的优化

通过在竖井掘进机流体洗井系统上增设发泡系统，形成泡沫洗井系统。为探究泡沫洗井时系统几何参数对洗井效率的影响，开展了单因素及多因素正交数值分析，得到了以下主要结论。

（1）刀盘与井底夹角在 5°～30°时，随 α_1 增大，排渣管内的切向速度逐渐减小，有利于排渣；α_1 取 5°或 30°时，刀盘底部径向速度在中心处均存在"负值"，不利于岩屑运移；α_1 超过 25°时，井底漫流层覆盖面积减小，涡流区增大，影响排渣效率。综合分析认为 α_1 取 10°～20°时最佳。

（2）井底净空高度 h_1 在 0.1～0.2m 时，压力、流速分布最佳。刀盘底部径向速度随 h_1 增大而减小；h_1 过大则漫流层与高速区占比逐渐减小，h_1 过小则排渣管中心涡流区增大。综合分析认为 h_1 取 0.15～0.2m 最优，如图 4-128 所示。

（3）对于直径为 4～12m 的井筒，当取 4m 时，排渣管内存在压力和流速径向分布不均现象，流体竖向流速在不同井筒直径下变化较小；当井筒直径大于 10m 后，漫流层难以覆盖整个井底。综合分析认为最优井筒直径为 6～8m。

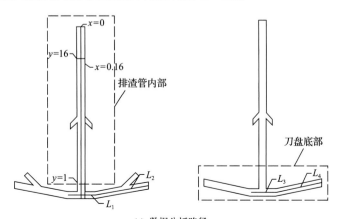

(a) 数据分析路径

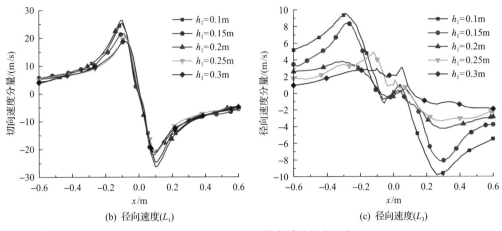

(b) 径向速度(L_1)　　　　　　　　　　(c) 径向速度(L_3)

图 4-128　井底空间洗井介质的径向速度

(4)排渣管内径 D_3 选取 0.2～0.6m，内径取 0.2m 时，管内压力过高，不利于生产安全；大于 0.489m 时，管内流速过低，排渣效率低；随内径增大，井底高速区占比增加，且涡流区增加。综合分析认为排渣管内径取 0.4m 时效果最好，如图 4-129 所示。

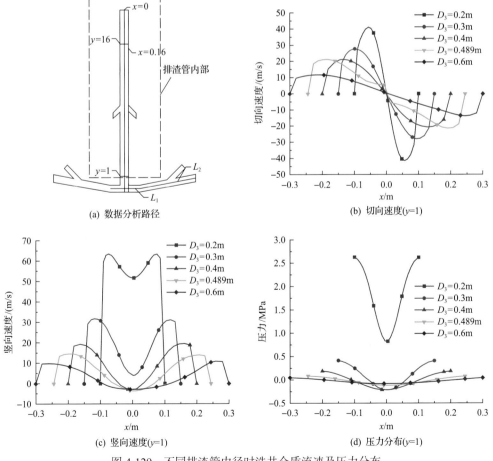

(a) 数据分析路径　　　　　　　　　　(b) 切向速度(y=1)

(c) 竖向速度(y=1)　　　　　　　　　　(d) 压力分布(y=1)

图 4-129　不同排渣管内径时洗井介质流速及压力分布

(5)射流口内径 D_2 选取 0.1～0.3m，射流口内径较小则流量大时对应压力过大；随射流口内径增大，漫流层覆盖面积及漫流速度均逐渐减小，中心涡流区范围逐渐扩大。综合分析认为射流口内径取 0.2m 最佳。

(6)射流口个数选取 3～7 个。取 7 个射流口时，排渣管入口处存在速度为负的区域；当射流口个数为 4 个和 6 个时，井底清岩效果较好；随射流口个数增加，井底高速区占比增加，但高速区平均速度减小；且相同流量下，射流口个数越多则相应单个射流口的流速就较低。综合分析认为射流口个数取 6 个为宜。

(7)射流口角度选取 10°～35°时，尽管随射流口角度变化，压力与速度分量存在非线性变化，但总体影响较小；随射流口角度 α_2 在 10°～20°范围内增大，井底漫流速度逐渐增大，随后在 20°～35°范围内逐渐减小。综合分析认为选取漫流速度峰值 $\alpha_2=20°$。

(8)射流口采用同径布置方式，取距钻杆中心 $0.325D_1$～$0.425D_1$。总体而言，随着射流口位置 R_2 的改变，除改变井底漫流速度峰值位置外，对排渣管内部及井底切向速度无明显影响；随 R_2 增大，漫流层覆盖面积先增大后减小，当 R_2 取 $0.375D_1$ 时，漫流层覆盖面积和漫流速度均达到峰值。分析得出，射流口位置改变对排渣管内和井底流场的影响较小。综合分析认为选取 $0.375D_1$ 作为最优参数。

(9)引射流选取距井底为 0.1H～0.9H。结果表明，引射流能明显提高安设位置以上的管内流体竖向流速，引射流口靠近井底的位置效果较好。

(10)引射流角度选取 10°～30°。结果表明，引射流角度对于直径较大的排渣管影响较小，管内流速、压力均无明显改变。

(11)引射流内径选取 0.05～0.15m。当引射流内径取 0.1m 时，其排渣管内流体竖向速度达到最大，有利于提高排渣效率。

(12)以排渣管内总压降和井底中心平面聚集速度为评价指标，开展正交分析，结果表明，排渣管内径对管内压降影响最大，其次是井径、井底净空高度、刀盘与井底夹角、射流口角度影响较小；排渣管内径对井底径向速度影响最大，其次依次为井底净空高度、井径、刀盘与井底夹角、射流口角度。

4.4.4　竖井掘进机流体洗井模拟实验系统及相似模型实验

为开展竖井掘进机凿井过程中洗井工艺参数及排渣效率的研究，研制了竖井掘进机流体洗井模拟实验系统。该实验系统以开展液体洗井工艺研究为主，通过功能模块(组建)的改造，可用于气体、泡沫洗井实验。

1. 竖井掘进机流体洗井模拟实验系统研制

开展竖井掘进机洗井问题的相似模型实验，首先需推导相似准则，并基于一定工程原型开展相似模化，为相似模型实验系统研制提出具体要求。

因尚无实际工程，因此模型实验将以参照自选的工程原型进行。对于液体、空气、泡沫洗井介质而言，准则推导及相似模化，基本可共用实验系统。

以空气洗井为例，影响因素包括空气流速、岩屑流速、压力、密度、排渣管内径、射流口内径等 24 个，可采用因次分析法推导相似准则。

首先确定 3 个无量纲参数即相似准则：

$$\pi_1 = \alpha_1, \quad \pi_2 = \alpha_2, \quad \pi_3 = \alpha_3$$

此外共有 21 个参数，取 ρ_1、t、H 为基本参数，采用因次分析法推得如下准则：

$$\pi_4 = \frac{v_1 t}{H}, \pi_5 = \frac{v_2 t}{H}, \pi_6 = \frac{\rho_2}{\rho_1}, \pi_7 = \frac{\rho_0 t^2}{\rho_1 H^2}, \pi_8 = \frac{P t^2}{\rho_1 H^2}$$

$$\pi_9 = \frac{\mu t}{\rho_1 H^2}, \pi_{10} = \frac{g t^2}{H}, \pi_{11} = \frac{D_1}{H}, \pi_{12} = \frac{h_1}{H}, \pi_{13} = \frac{D_2}{H},$$

$$\pi_{14} = \frac{D_3}{H}, \pi_{15} = \frac{h_2}{H}, \pi_{16} = \frac{l_1}{H}, \pi_{17} = \frac{l_2}{H}, \pi_{18} = \frac{D_4}{H}$$

$$\pi_{19} = \frac{d_1}{H}, \pi_{20} = \omega t, \pi_{21} = \frac{Q t}{H^3}$$

整理可得准则方程：

$$F\left(\begin{array}{c} \dfrac{P-P_0}{\rho_1 v_1^2}, \dfrac{\rho_1 v_1 l_1}{\mu}, \dfrac{P-P_0}{\rho_2 v_2^2}, \dfrac{v_2^2}{g l_2}, \dfrac{v_2 t}{H}, \dfrac{D_1}{H}, \dfrac{h_1}{H}, \dfrac{D_2}{H}, \dfrac{D_3}{H}, \\ \dfrac{h_2}{H}, \dfrac{D_4}{H}, \dfrac{d_1}{H}, \dfrac{l_1}{H}, \dfrac{l_2}{H}, \dfrac{Q t}{H^3}, \omega t, \alpha_1, \alpha_2, \alpha_3 \end{array}\right) = 0$$

根据假定的工程原型：直径 8m 的竖井，掘进速度 12m/d，刀盘转速 0～5r/min，排渣高度为 10m；其他原型参数具体取值或范围见表 4-18。

表 4-18　空气洗井相似模化时的参数取值

参数	单位	原型参数	模型参数
刀盘与井底夹角 α_1	(°)	15	15
井底净空高度 h_1	m	0.2	0.01
井筒直径 D_1	m	8	0.4
排渣管直径 D_3	m	0.4	0.02
射流口内径 D_2	m	0.2	0.01
岩屑颗粒直径 d_1	cm	0.5～5	0.25～0.0025
排渣高度 H	m	20	1
射流口入口流速	m/s	10～30	1.86～4.75
密封场内压力	MPa	1～2	0.05～0.1
入口空气流量	m³/h	3600-10800	2～6
射流口个数 n		6	6
射流口角度 α_2	(°)	15	15
空气密度 ρ_1	kg/m³	1.29	1.29
岩屑密度 ρ_2	kg/m³	2600	2600

参数	单位	原型参数	模型参数
重力加速度 g	m/s²	9.81	9.81
刀盘转速 ω	r/min	0～5	0～20

根据原型参数，开展相似模化。

(1)确定模拟方案：同类模拟。

(2)确定几何相似比：

$$C = C_{D_1} = C_{D_2} = C_{D_3} = C_{D_4} = C_{h_1} = C_{h_2} = C_{d_1} = C_{\alpha_1} = C_{\alpha_2} = C_{\alpha_3} = 20$$

(3)使用原型材料，即

$$C_{\rho_1} = C_{\rho_2} = 1$$

(4)在原型重力场下进行实验，即

$$C_g = 1$$

(5)计算得到其余参数相似比：

$$C_{v_1} = C_{v_2} = C_t = \sqrt{20}，\quad C_p = C_{p_0} = 20，\quad C_Q = 400\sqrt{20}，\quad C_\omega = \sqrt{20}/20$$

根据原型参数取值和相似比，得到模型参数取值或范围，见表4-19。

根据相似模化得到的模型参数，研制了1:20竖井掘进机流体洗井排渣模型实验系统。实验台主体由无刀具刀盘、排渣管、驱动装置、筒体、送砂装置以及其他附属构件组成(图4-130)。实验台可模拟岩屑的产生、洗井介质射流、刀盘旋转等。

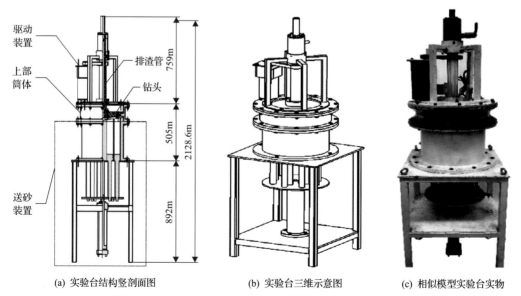

(a) 实验台结构竖剖面图　　　　(b) 实验台三维示意图　　　　(c) 相似模型实验台实物

图 4-130　竖井掘进机流体洗井排渣模型实验系统主体结构

该系统通过将适量岩屑预先装进刀盘迎头的空腔内，通过活塞杆顶推使岩屑按一定速率上升，推进到刀盘底部空间，以模拟钻进时的岩屑产生。

入射流功能是将液体、空气等通过管路连接至刀盘上方的进液/气口，按一定压力或流量压入，经射流喷嘴沿径向喷出，冲洗搬运岩屑。

刀盘旋转是通过可调速伺服电机带动排渣管及刀盘转动，同时开启下部顶进油缸、空气压缩机、驱动电机，模拟洗井排渣过程。

此外，针对不同洗井介质，该实验台还配备了相应的供液/气装置、洗井流体及岩屑的收集装置；相关辅助装置均设置有可靠的计量仪器。

该实验台可满足液体、空气、泡沫等多种洗井流体的模拟实验需要；采用不同洗井介质时，只需对部分配件(如入射口规格、排渣后外部的集渣装置等)进行针对性改进。

2. 竖井掘进机凿井的空气/泡沫洗井相似模型试验

针对空气洗井特点，在对模型实验台改进的基础上，开展了相似缩比为1∶20的空气洗井模型实验，针对刀盘转速、入口空气流量等因素(表 4-19)，研究了上述因素对洗井排渣效果的影响，确定了典型参数下各因素的最优值。

表 4-19　空气洗井模型试验中的典型参数取值

参数	取值	参数	取值
刀盘与井底的夹角/(°)	15	射流口内径/m	0.01
井底净空高度/m	0.01	射流口个数	6
钻井直径/m	0.4	射流口角度/(°)	15
排渣管直径/m	0.02	岩屑密度/(kg/m³)	2600
排渣高度/m	1	岩屑颗粒直径/mm	0.5
刀盘转速/(r/min)	6	入口空气流量/(m³/h)	4

(1)随着刀盘转速的增大，清渣率和输送比呈对数性增大，增大至 8.0r/min 后，趋于稳定。综合分析认为 8.0r/min 为刀盘转速的最优值，如图 4-131 所示。

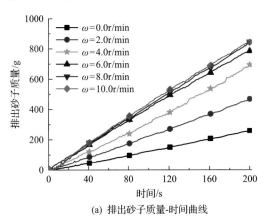

(a) 排出砂子质量-时间曲线

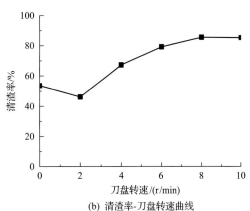

(b) 清渣率-刀盘转速曲线

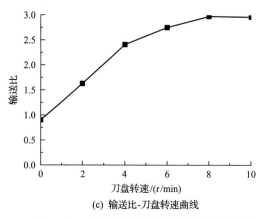

(c) 输送比-刀盘转速曲线

图 4-131 刀盘转速对洗井排渣效果的影响

(2)随入口空气流量的增大，清渣率先逐渐增大后趋稳，输送比先基本不变后减小，拐点均为 4m³/h。综合分析认为入口空气流量为 4m³/h 时，排渣效率最高，如图 4-132 所示。

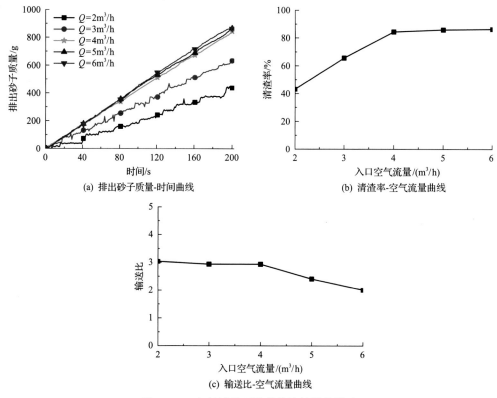

(a) 排出砂子质量-时间曲线

(b) 清渣率-空气流量曲线

(c) 输送比-空气流量曲线

图 4-132 空气流量对洗井排渣效果的影响

(3)排渣管高度在 1～3m 范围内，其取值变化对洗井排渣效率几乎没有明显影响。

(4)随着排渣管内径增大，输送比逐渐减小，而临界流量与排渣管内径呈指数关系。综合分析认为最优的排渣管内径处于 16～20mm，如图 4-133 所示。

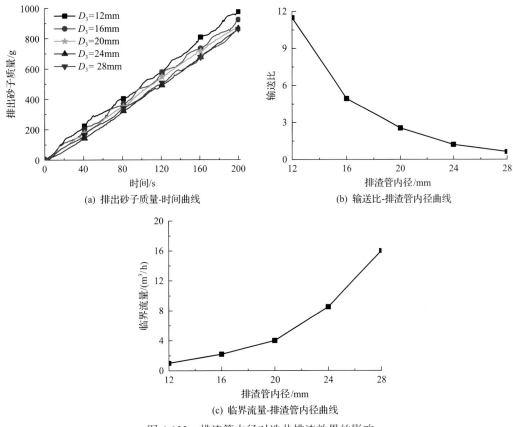

(a) 排出砂子质量-时间曲线　　　　(b) 输送比-排渣管内径曲线

(c) 临界流量-排渣管内径曲线

图 4-133　排渣管内径对洗井排渣效果的影响

（5）随着射流口个数增多，清渣率、输送比和临界流量均与射流口个数呈对数正相关变化，为提高清渣率和输送比且控制空气消耗量，射流口宜选取 4~6 个。

（6）射流口内径的最优值为 6~8mm，此时可满足清渣率、输送比较大的同时，所需的空气总流量最小。

（7）随着岩屑（砂子）粒径的变化，清渣率变化甚微，但输送比随着砂子粒径增大呈负相关变化，即相同入口空气流量下，洗井效率随砂子粒径增大而降低，如图 4-134 所示。

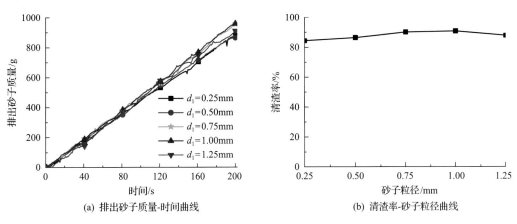

(a) 排出砂子质量-时间曲线　　　　(b) 清渣率-砂子粒径曲线

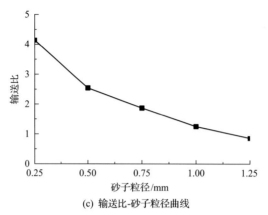

(c) 输送比-砂子粒径曲线

图 4-134 岩屑(砂子)粒径对洗井排渣效果的影响

(8)将模型实验的结果与数值模拟进行对比分析,其中射流口内径、排渣管高度的分析结果完全相同,入口空气流量、岩屑粒径、射流口个数分析结果基本相同,而排渣管内径的分析结果略有不同,但相差不大。

通过 1 : 20 缩比下泡沫洗井的相似模型实验,研究泡沫气液比、刀盘转速、注入流量、岩屑粒径、泡沫黏度对泡沫排渣效率的影响。

主要结论如下。

(1)针对竖井掘进机凿井的特点,以发泡能力和稳定性为评价指标,研制了黏度介于 100~250MPa·s 的洗井泡沫配方,掌握了泡沫黏度、耐温性与稳定性之间的关系,如图 4-135 所示。

(2)气液比较小时泡沫稳定性差,携渣性能差;随气液比增加及泡沫稳定性提高,排渣效率大幅提高;气液比超过 30 后,排渣率提高不明显,如图 4-136(a)所示。

(3)刀盘转速对泡沫排渣率影响较大,排渣率随转速增大呈非线性增加,但当刀盘转速超过 4r/min 后,排渣率提升幅度将减小,如图 4-136(b)所示。

(4)随着泡沫流量增大,排渣率明显提高;当流量超出界限值(试验中 4m³/h)后,排渣率增幅逐渐降低,如图 4-136(c)所示。泡沫流量较小时,排渣管出口处并无堆积现象,仍可靠自身黏度携带岩屑,但混合流体流速较低。

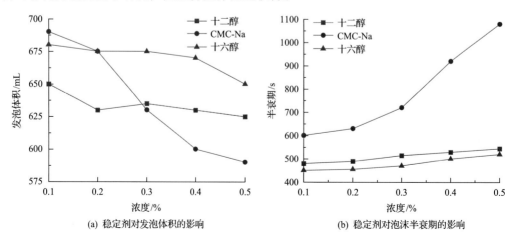

(a) 稳定剂对发泡体积的影响   (b) 稳定剂对泡沫半衰期的影响

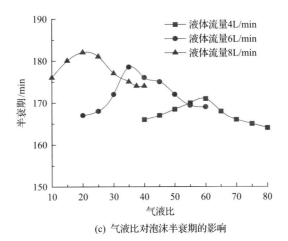

(c) 气液比对泡沫半衰期的影响

图 4-135　不同因素对洗井泡沫性能的影响

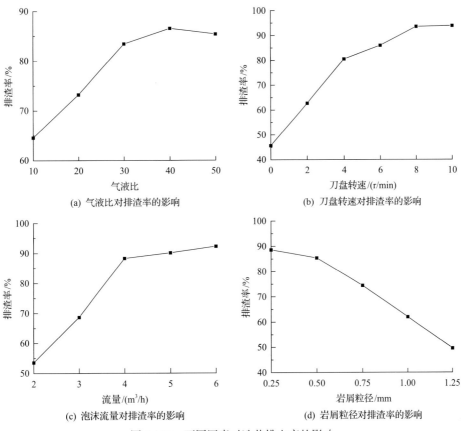

(a) 气液比对排渣率的影响

(b) 刀盘转速对排渣率的影响

(c) 泡沫流量对排渣率的影响

(d) 岩屑粒径对排渣率的影响

图 4-136　不同因素对洗井排查率的影响

(5)随着岩屑粒径增大，泡沫排渣率下降，表明实验采用的泡沫悬浮能力及黏度无法满足排渣要求，因此应通过实验确定不同泡沫的悬浮能力及其黏度对应的极限岩屑粒径；反之，在岩屑中位及最大粒径已知的条件下，应通过实验配制满足其携渣要求的泡沫，如图 4-136(d)所示。

(6)随泡沫黏度增加,排渣率先增后减,当添加稳泡剂至基液黏度大于17.5MPa·s后,洗井效率大幅下降。

总体而言,综合对比相似模型实验结果与数值计算结果可知,二者总体规律一致,表明数值模拟获得的洗井流场规律具有一定的可靠性。

(1)竖井掘进机凿井中逆重力方向排渣是关键技术难点。通过在掘进迎头形成密封空间,利用一定压力的流体洗井介质冲洗工作面,通过排渣管内的引射流加速岩屑上返速度,实现反循环洗井系统研发。

(2)竖井掘进机流体洗井的排渣率主要受两类因素影响,一是洗井系统流体循环空间的几何参数;二是洗井流体、岩屑的物理力学性质及洗井介质的流量、压力等工艺参数。为此,针对不同的洗井介质,首先分别开展洗井系统几何参数的优化,其次考虑岩屑的存在,提出多相流数值模拟、模型实验的基本研究路线。

(3)针对液体、空气、泡沫洗井介质,分别开展单相流场、含岩屑两相流场数值分析,掌握不同因素对洗井流场及其排渣效率的影响规律。

(4)通过相似模型实验,进一步验证了部分主要因素对液体、空气、泡沫洗井排渣效率的影响规律。

(5)总体而言,通过室内实验研究,较全面地掌握了竖井掘进机凿井中不同因素对流体洗井排渣效率的影响规律,证实了流体反循环洗井排渣技术的可行性,为后续进一步开展工业性实验奠定了基础。

参 考 文 献

[1] Kutter H K, Fairhurst C. On the fracture process in blasting[J]. International Journal of Rock Mechanics and Mining Sciences, 1971, 8: 181-202.

[2] Rossmanith H P, Knasmillner R E, Daehnke A, et al. Wave propagation, damage evolution, and dynamic fracture extension. Part II. Blasting[J]. Materials Science, 1996, 32(4): 403-410.

[3] 刘殿书, 王万富, 杨吕俊. 初始应力条件下爆破机理的动光弹试验研究[J]. 煤炭学报, 1999, 24(6): 612-614.

[4] 杨立云, 杨仁树, 许鹏, 等. 初始压应力场对爆生裂纹行为演化效应的试验研究[J]. 煤炭学报, 2013, 38(3): 404-410.

[5] Yang L Y, Yang R S, Qu G L, et al. Caustic study on blast-induced wing crack behaviors in dynamic-static superimposed stress field[J]. International Journal of Mining Science & Technology, 2014, 24(4): 417-423.

[6] Grady D E, Kipp M E. Continum modeling of explosive fracture in oil shale[J]. International Journal of Rock Mechanics and Mining Sciences, 1980, 17: 147-157.

[7] Donze F V, Bouchez J, Magnier S A. Modeling fractures in rock blasting[J]. International Journal of Rock Mechanics and Mining Sciences, 1997, 34: 1153-1163.

[8] Ma G W, Hao H, Zhou Y X. Modeling of wave propagation induced by underground explosion[J]. Computers and Geotechnics, 1998, 22: 283-303.

[9] Cho S H, Kaneko K. Influence of the applied pressure waveform on the dynamic fracture processes in rock[J]. International Journal of Rock Mechanics & Mining Sciences, 2004, 41: 771-784.

[10] Wang G, Al-Ostaz A, Cheng A D, et al. Hybrid lattice particle modeling of wave propagation induced fracture of solids[J]. Computer Methods in Applied Mechanics and Engineering, 2009, 199(1): 197-209.

[11] Dehghan Banadaki M M, Mohanty B. Numerical simulation of stress-wave induced fractures in rock[J]. International Journal of Impact Engineering, 2012, 40(41): 16-25.

[12] Hamdi E, Romdhane N B, Le Cléac'h J M. A tensile damage model for rocks: application to blast induced damage assessment[J]. Computers and Geotechnics, 2011, 38(2): 133-141.

[13] Onederra I A, Furtney J K, Sellers E, et al. Modelling blast induced damage from a fully coupled explosive charge[J]. International Journal of Rock Mechanics and Mining Sciences, 2013, 58: 73-84.

[14] Saiang D. Stability analysis of the blast-induced damage zone by continuum and coupled continuum–discontinuum methods[J]. Engineering Geology, 2010, 116(1): 1-11.

[15] Ma G W, An X M. Numerical simulation of blasting-induced rock fractures[J]. International Journal of Rock Mechanics & Mining Sciences, 2008, 45: 966-975.

[16] 王长柏, 李海波, 谢冰, 等. 岩体爆破裂纹扩展影响因素分析[J]. 煤炭科学技术, 2010, 10(38): 31-34.

[17] Yang R S, Ding C X, Yang L Y, et al. Hole defects affect the dynamic fracture behavior of nearby running cracks[J]. Shock and Vibration, 2018(2018): 1-8.

[18] Yang L, Ding C, Yang R, et al. Full field strain analysis of blasting under high stress condition based on digital image correlation method[J]. Shock and Vibration, 2018, 2018(PT. 12): 1-7.

[19] 牛学超, 杨仁树, 赵世兵. 立井深孔掘进爆破中的掏槽和光爆[J]. 煤炭科学技术, 2002, 30(4): 27-29.

[20] 单仁亮, 马军平, 赵华, 等. 分层分段直眼掏槽在石灰岩井筒爆破中的应用研究[J]. 岩石力学与工程学报, 2003(4): 636-640.

[21] 李启月, 李夕兵, 范作鹏, 等. 深孔爆破一次成井技术与应用实例分析[J]. 岩石力学与工程学报, 2013, 32(4): 664-670.

[22] Langefors U, Kihstrom B. The modemn technique of rock blasting[M]. New York: John Wiley & Sons Inc., 1963.

[23] Cho S H, Kaneko K. Influence of the applied pressure waveform on the dynamic fracture processes in rock[J]. International Journal of Rock Mechanics and Mining Sciences, 2004, 41(5): 771-784.

[24] Mohammadi S, Bebamzadeh A. A coupled gas-solid interaction model for FE/DE simulation of explosion[J]. Finite Elements in Analysis and Design, 2005, 41(13): 1289-1308.

[25] Fourney W L, Dally J W, Holloway D C. Controlled blasting with ligamented charge holders[J]. International Journal of Rock Mechanics & Mining Sciences & Geomechanics Abstracts, 1978, 15(3): 121-129.

[26] Fourney W L, Barker D B, Holloway D C. Model studies of well stimulation using propellant charges[J]. International Journal of Rock Mechanics & Mining Sciences& Geomechanics Abstracts, 1983, 20(2): 91-101.

[27] Fourney W L, Barker D B, Holloway D C. Model studies of explosive well stimulation techniques[J]. International Journal of Rock Mechanics & Mining Sciences & Geomechanics Abstracts, 1981, 18(2): 113-127.

[28] 李彦涛, 杨永琦, 成旭. 切缝药包爆破模型及生产试验研究[J]. 辽宁工程技术大学学报(自然科学版), 2000(2): 116-118.

[29] Yang R S, Wang Y B, Ding C X. Laboratory study of wave propagation due to explosion in a jointed medium[J]. International Journal of Rock Mechanics and Mining Sciences, 2016, 81: 70-78.

[30] Yang R S, Xu P, Yue Z W, et al. Dynamic fracture analysis of crack-defect interaction for mode I running crack using digital dynamic caustics method[J]. Engineering Fracture Mechanics, 2016, 161: 63-75.

[31] 杨仁树, 王雁冰. 切缝药包不耦合装药爆破爆生裂纹动态断裂效应的试验研究[J]. 岩石力学与工程学报, 2013, 32(7): 1337-1343.

[32] 杨仁树, 王雁冰, 薛华俊, 等. 切缝药包爆破岩石爆生裂纹断面的 SEM 试验[J]. 中国矿业大学学报, 2013, 42(3): 337-341.

[33] Ma G W, An X M. Numerical simulation of blasting-induced rock fractures[J]. International Journal of Rock Mechanics & Mining Sciences, 2008, 45(6): 966-975.

[34] Cho S H, Nakamura Y, Mohanty B. Numerical study of fracture plane control in laboratory-scale blasting[J]. Engineering Fracture Mechanics, 2008, 75(13): 3966-3984.

[35] 李显寅, 蒲传金, 肖定军. 论切缝药包爆破的剪应力作用[J]. 爆破, 2009, 26(1): 19-21.

[36] 杨仁树, 张宇菲, 王梓旭, 等. 新型地质力学模型实验系统的研制与应用[J]. 煤炭学报, 2018, 43(2): 398-404.

[37] Yang R S, Zheng C D, Yang L Y, et al. Study of two-step parallel cutting technology for deep-hole blasting in shaft excavation[J]. Shock and Vibration, 2021(3): 1-12.

[38] Yang R S, Ding C X, Li Y L, et al. Crack propagation behavior in slit charge blasting under high static stress conditions[J]. International Journal of Rock Mechanics and Mining Sciences, 2019, 119: 117-123.

[39] Yang R S, Fang S Z, Yang A, et al. In situ stress effects on smooth blasting: model test and analysis[J]. Shock and Vibration, 2020(2): 1-14.

[40] Yang R S, Zuo J J, Green I. Experimental study on directional fracture blasting of cutting seam cartridge[J]. Shock and Vibration, 2019(1): 1-11.

[41] 杨仁树, 左进京, 杨国梁. 聚能药包定向控制爆破的试验研究[J]. 振动与冲击, 2018, 37(24): 24-29.

[42] 杨仁树, 丁晨曦, 杨立云, 等. 含缺陷 PMMA 介质的定向断裂控制爆破试验研究[J]. 岩石力学与工程学报, 2017, 36(3): 690-696.

[43] 杨仁树, 左进京, 杨立云, 等. 爆炸应力波作用下动、静裂纹相互作用的实验研究[J]. 爆炸与冲击, 2017, 37(6): 952-958.

[44] 杨仁树, 丁晨曦, 杨国梁, 等. 微差爆破的爆生裂纹扩展特性试验研究[J]. 振动与冲击, 2017, 36(24): 97-102.

[45] 焦宁. 竖井掘进机空气洗井流场及排渣效率研究[D]. 徐州: 中国矿业大学, 2020.

[46] 陈政霖. 竖井掘进机泡沫洗井流场及排渣效率研究[D]. 徐州: 中国矿业大学, 2020.

[47] 孟陈祥. 竖井掘进机液体洗井系统及流场研究[D]. 徐州: 中国矿业大学, 2019.

[48] 高随芹, 陈明, 周艳. AD-60/300 动力头竖井钻机的研制与应用[J]. 矿山机械, 2019, 47(6): 1-4.

[49] 张永成, 刘志强. 钻井法凿井技术的发展和展望——小型钻井实验 40 周年纪念[J]. 建井技术, 2003, 24(2): 1-6.

[50] 张永成, 孙杰, 王安山. 钻井技术[M]. 北京: 煤炭工业出版社, 2008.

[51] 张永成, 史基盛, 王占军, 钻井施工手册[M]. 北京: 煤炭工业出版社, 2010.

[52] 刘志强. 竖井掘进机凿井技术[M]. 北京: 煤炭工业出版社, 2018.

[53] 焦宁, 王衍森, 孟陈祥. 竖井掘进机空气洗井流场与携渣效率的数值模拟[J]. 煤炭学报, 2020(Sol): 522-531.

第5章　深井复杂多变地层高效支护关键技术[*]

针对深井复杂多变地层高效支护关键技术难题,基于非均压建井模式,建立初始非均匀地应力场中外壁-井筒冻结壁-含水围岩相互作用力学模型并求得解析解,探明外壁的外荷载随各影响因素(初始地应力、井壁参数、冻结壁和含水围岩参数、掘砌半径比等)的变化规律,研究不同施工阶段、不同参数取值对外壁受力的影响,建立非均匀地应力场条件下外壁设计方法;研制适用于井壁 3D 打印的混凝土支护材料,以及笛卡儿坐标系下的井壁模型 3D 打印系统及其技术工艺。

5.1　深井井筒冻结壁大变形设计方法

冻结法^[1,2]是深厚不稳定、含水地层中最主要的凿井方法,占 90%以上。自 1883 年德国工程师波茨舒(Poetsch)发明冻结法以来,冻结法在世界上得到了广泛的应用,成为复杂地层建井的有效手段。在苏联、波兰、德国等,总共有 8 个冻结井筒的土层厚度超过 400m、500m,最大为 571m^[3];1955~2016 年,中国已建成近千个冻结井筒,2002 年以后建成穿过土层厚度超过 400m、500m、600m、700m 的冻结井筒 71 个、28 个、4 个、3 个,穿过土层厚度最大达 753.95m,为世界之最。

冻结壁的设计理论是冻结法凿井工程成败的技术核心之一。千米深井在建井时面临高地应力、高水压、复杂多变地层等恶劣环境,冻结法凿井的难度随土层厚度增大而急剧增大。一般情况下,使用厚壁筒公式设计冻结壁厚度,工程实践表明:拉梅(Lame)公式适用于土层深度约 150m;多姆克(Domke)公式适用于土层深度约 300m;当深度为 300~400m 时,使用里别尔曼(Liberman)和维亚洛夫(Vialov)公式进行设计还是比较合理的。杨维好等^[4,5]假设冻结壁为均质理想弹塑性和理想塑性材料且遵从莫尔-库仑屈服准则,考虑其与围岩间的相互作用和初始地应力场,基于平面应变轴对称卸载模型,推导出严格解析解,并据此建立深厚土层冻结壁厚度计算公式,成功用于 400~800m 土层中冻结壁的设计。现场实测发现:随土层深度增加至 400~800m,尽管冻结壁的平均温度达–25~–15℃,厚度达 6~12m,但是,立井冻结壁的径向绝对位移可达到开挖半径的 5%~10%^[6,7];当深度达 800~1000m 时,冻结壁的径向绝对位移会更大。如此大的位移,使得冻结壁呈现出明显的大变形特征。

当冻结壁发生大变形时,变形前后的冻结壁尺寸、位置有显著差异。然而,此前的所有冻结壁设计公式均是基于小变形假设条件的,忽略了大变形对冻结壁尺寸、位置的影响,这将给超深冻结壁内、外半径的设计结果带来较高的误差。鉴于冻结壁厚度设计与小孔收缩(扩张)类似,因此,小孔收缩(扩张)的弹塑性、理想塑性、应变硬化与软化

---

* 本章撰写人员:杨维好,张驰,代东生,李方政,郭金刚,李学华,崔灏,韩涛,李伟。

的有限应变解析解[8-16]对本节冻结壁的设计具有很重要的意义。Papanastasiou 和 David Durban 报道了莫尔-库仑屈服准则和 Drucker-Prager 准则[17-19]无限硬化介质内圆柱孔收缩 (扩张)的解析解,但是,其得到的微分方程只能用数值方法求解。

本节所研究的冻结壁设计问题既要考虑初始地应力,又要考虑冻结壁与未冻地层之间的相互作用。鉴于大变形力学问题难以求得解析解,通过合理假设,将大应变解简化成能适用于一定范围大变形的冻结壁厚度设计新公式,为超深土层冻结壁的设计提供依据。

5.1.1 力学模型

1. 基本假设

(1)冻结壁和未冻土呈轴对称分布,处于平面应变状态。

(2)冻结壁是均质理想弹塑性材料,弹性模量与泊松比分别为 E_f、μ_f;冻结壁进入塑性后体积不可压缩,且满足莫尔-库仑屈服准则。未冻土是均质线弹性材料,弹性模量与泊松比分别为 E_u、μ_u。

(3)一次性瞬间挖除开挖半径 r_1 范围内的土体。

(4)冻结前后,地层的初始应力不变,初始位移为 0。

2. 定解条件

力学模型分成三个区域,分别用 1 表示冻结壁塑性区;2 表示冻结壁弹性区;3 表示未冻土(图 5-1)。三个区域内的径向应力、环向应力分别为 σ_{ir}、$\sigma_{i\theta}$,位移为 u_{ir},其中 $i = 1$,2,3。变形前冻结壁的内半径、外半径与塑性半径分别为 r_1、r_2 与 r_p;变形后对应的半径分别为 r_1'、r_2' 与 r_p'。变形前后的径向坐标分别表示为 r 和 r'。

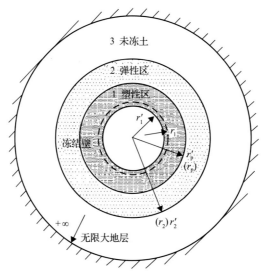

图 5-1 力学模型

初始地应力场表示为

$$\sigma_r^0 = \sigma_\theta^0 = -p_0 \tag{5-1}$$

式中：p_0 为水平地压，MPa。

立井开挖之后，冻结壁内缘的径向应力为

$$\sigma_{1r}\big|_{r=1} = 0 \tag{5-2}$$

地层无限远处的位移与应力边界条件分别为

$$u_{3r}\big|_{r\to+\infty} = 0 \tag{5-3}$$

$$\sigma_{3r}\big|_{r\to+\infty} = \sigma_{3\theta}\big|_{r\to+\infty} = -p_0 \tag{5-4}$$

冻结壁内塑性半径处的应力与位移连续条件为

$$\sigma_{1r}\big|_{r=r_\mathrm{p}} = \sigma_{2r}\big|_{r'=r_\mathrm{p}} \tag{5-5}$$

$$\sigma_{1\theta}\big|_{r=r_\mathrm{p}} = \sigma_{2\theta}\big|_{r=r_\mathrm{p}} \tag{5-6}$$

$$u_{1r}\big|_{r=r_\mathrm{p}} = u_{2r}\big|_{r=r_\mathrm{p}} \tag{5-7}$$

冻结壁与未冻地层界面上的径向应力与位移连续条件表示为

$$\sigma_{2r}\big|_{r=r_2} = \sigma_{3r}\big|_{r=r_2} \tag{5-8}$$

$$\left|u_{2r}\right|_{r=r_2} = u_{3r}\big|_{r=r_2} \tag{5-9}$$

5.1.2　应力和位移的解

1. 冻结壁塑性区的应力与位移解

塑性区的平衡微分方程为

$$\frac{\mathrm{d}\sigma_{1r}}{\mathrm{d}r} + \frac{\sigma_{1r} - \sigma_{1\theta}}{r} = 0 \tag{5-10}$$

冻土是一种岩土材料，其遵从的莫尔-库仑屈服条件为[20]

$$a\sigma_{1r} - \sigma_{1\theta} = Y \tag{5-11}$$

式中：$a = \dfrac{1+\sin\varphi_\mathrm{f}}{1-\sin\varphi_\mathrm{f}}$，$Y = \dfrac{2c_\mathrm{f}\cos\varphi_\mathrm{f}}{1-\sin\varphi_\mathrm{f}}$，$\varphi_\mathrm{f}$ 和 c_f 分别为冻土的内摩擦角和黏聚力。

将式(5-11)代入式(5-10)，并结合边界条件式(5-2)，求得塑性区的应力为

$$\begin{cases} \sigma_{1r} = -\dfrac{Y}{a-1}\left[\left(\dfrac{r}{r_1}\right)^{a-1} - 1\right] \\[4mm] \sigma_{1\theta} = -\dfrac{aY}{a-1}\left[\left(\dfrac{r}{r_1}\right)^{a-1} - 1\right] - Y \end{cases} \tag{5-12}$$

为了考虑大变形的影响，采用 Chadwick 定义的对数应变：

$$\begin{cases} \varepsilon_{1r} = \ln\left(\dfrac{\mathrm{d}r'}{\mathrm{d}r}\right) \\[3mm] \varepsilon_{1\theta} = \ln\left(\dfrac{r'}{r}\right) \\[3mm] \varepsilon_{1z} = 0 \end{cases} \tag{5-13}$$

式中：ε_{1r}、$\varepsilon_{1\theta}$ 和 ε_{1z} 分别为冻结壁塑性区的径向应变、环向应变和轴向应变。

塑性区的总应变等于其弹性应变和塑性应变之和，即

$$\begin{cases} \varepsilon_{1r} = \varepsilon_{1r}^{\mathrm{e}} + \varepsilon_{1r}^{\mathrm{p}} \\[2mm] \varepsilon_{1\theta} = \varepsilon_{1\theta}^{\mathrm{e}} + \varepsilon_{1\theta}^{\mathrm{p}} \end{cases} \tag{5-14}$$

式中：$\varepsilon_{1r}^{\mathrm{e}}$、$\varepsilon_{1\theta}^{\mathrm{e}}$ 分别为径向弹性应变、环向弹性应变；$\varepsilon_{1r}^{\mathrm{p}}$、$\varepsilon_{1\theta}^{\mathrm{p}}$ 分别为径向塑性应变、环向塑性应变。

根据文献[20]，结合式(5-1)，塑性区的弹性应变表示为

$$\begin{cases} \varepsilon_{1r}^{\mathrm{e}} = \dfrac{(1-\mu_{\mathrm{f}})(\sigma_{1r} + p_0) - \mu_{\mathrm{f}}(\sigma_{1\theta} + p_0)}{2G_{\mathrm{f}}} \\[4mm] \varepsilon_{1\theta}^{\mathrm{e}} = \dfrac{(1-\mu_{\mathrm{f}})(\sigma_{1\theta} + p_0) - \mu_{\mathrm{f}}(\sigma_{1r} + p_0)}{2G_{\mathrm{f}}} \end{cases} \tag{5-15}$$

式中：$G_{\mathrm{f}} = \dfrac{E_{\mathrm{f}}}{2(1+\mu_{\mathrm{f}})}$。

莫尔-库仑塑性势函数的表达式为

$$\phi = \beta\sigma_{1r} - \sigma_{1\theta} \tag{5-16}$$

式中：ϕ 为塑性势函数；$\beta = \dfrac{1+\sin\psi}{1-\sin\psi}$，$\psi$ 为冻土的剪胀角。

根据文献[21]，当内摩擦角与剪胀角相等时，塑性势与屈服条件相同，则得到关联的莫尔-库仑流动法则。此外，通过减小剪胀角来获取非关联的莫尔-库仑流动法则。鉴于非关联性引起更弱的材料行为，则当冻结壁进入塑性状态后，应当采用非关联的流动法则。

基于塑性势理论，求得塑性应变为

$$
\begin{cases}
\varepsilon_{1r}^{\mathrm{p}} = \lambda \dfrac{\partial \phi}{\partial \sigma_{1r}} = \lambda \beta \\[2mm]
\varepsilon_{1\theta}^{\mathrm{p}} = \lambda \dfrac{\partial \phi}{\partial \sigma_{1\theta}} = -\lambda
\end{cases}
\tag{5-17}
$$

式中：λ 为塑性标量因子。

根据式(5-17)，得到塑性应变之间的关系式为

$$
\varepsilon_{1r}^{\mathrm{p}} + \beta \varepsilon_{1\theta}^{\mathrm{p}} = 0
\tag{5-18}
$$

联合式(5-13)～式(5-15)和式(5-18)，得到

$$
(r')^{\beta}\mathrm{d}r' = \mathrm{e}^{-\omega_1\left(\frac{r}{r_1}\right)^{a-1}+\omega_2} r^{\beta}\mathrm{d}r
\tag{5-19}
$$

式中：$\omega_1 = \dfrac{1-(a+1)\mu_{\mathrm{f}}+\left[a-(a+1)\mu_{\mathrm{f}}\right]\beta}{2G_{\mathrm{f}}(a-1)}Y$；$\omega_2 = \dfrac{(1-2\mu_{\mathrm{f}})(\beta+1)\left[Y+(a-1)p_0\right]}{2G_{\mathrm{f}}(a-1)}$。

积分式(5-19)得到变形前后的径向坐标的关系式为

$$
\int_{r_1'}^{r_{\mathrm{p}}'} (r')^{\beta}\mathrm{d}r' = \int_{r_1}^{r_{\mathrm{p}}} \mathrm{e}^{-\omega_1\left(\frac{r}{r_1}\right)^{a-1}+\omega_2} r^{\beta}\mathrm{d}r
\tag{5-20}
$$

则塑性区的位移为 $u_{1r} = r' - r$。

2. 冻结壁弹性区与未冻地层的应力和位移解

冻结壁弹性区和未冻地层的应力与位移解等于卸载模型(图 5-2)的解与初始地应力和位移的叠加。因此，依据厚壁圆筒公式，且考虑冻结壁与未冻地层之间的相互作用[22,23]，结合式(5-3)、式(5-4)、式(5-8)和式(5-9)，得到冻结壁弹性区和未冻地层的应力和位移解为

$$
\sigma_{2r} = -p_0 + p_{\mathrm{u}}\frac{r_2^2/r^2 - m}{r_2^2/r_{\mathrm{p}}^2 - m}
\tag{5-21}
$$

$$
\sigma_{2\theta} = -p_0 - p_{\mathrm{u}}\frac{r_2^2/r^2 + m}{r_2^2/r_{\mathrm{p}}^2 - m}
\tag{5-22}
$$

$$
u_{2r} = -r\frac{p_{\mathrm{u}}}{2G_{\mathrm{f}}}\frac{(1-2\mu_{\mathrm{f}})m + r_2^2/r^2}{r_2^2/r_{\mathrm{p}}^2 - m}
\tag{5-23}
$$

$$
\sigma_{3r} = -p_0 + p_{\mathrm{u}}\frac{1-m}{r_2^2/r_{\mathrm{p}}^2 - m}\left(\frac{r_2}{r}\right)^2
\tag{5-24}
$$

$$\sigma_{3\theta} = -p_0 - p_{\text{u}} \frac{1-m}{r_2^2 / r_{\text{p}}^2 - m} \left(\frac{r_2}{r}\right)^2 \tag{5-25}$$

$$u_{3r} = -\frac{p_{\text{u}}}{2G_{\text{u}}} \frac{1-m}{r_2^2 / r_{\text{p}}^2 - m} \frac{r_2^2}{r} \tag{5-26}$$

式中：p_0 为水平地压；p_{u} 为冻结壁弹性区内缘径向卸载量；$m = 1 - 2 / M$，$M = \dfrac{E_{\text{f}}}{E_{\text{u}}} \dfrac{1+\mu_{\text{u}}}{1-\mu_{\text{f}}^2} - \dfrac{1}{1-\mu_{\text{f}}} + 2$；$G_{\text{u}}$ 为剪切模量。

根据式(5-5)，求得塑性半径处的径向卸载量为

$$p_{\text{u}} = p_0 - \frac{Y}{a-1}\left[\left(\frac{r_{\text{p}}}{r_i}\right)^{a-1} - 1\right] \tag{5-27}$$

根据式(5-6) $\sigma_{1\theta}\big|_{r=r_{\text{p}}} = \sigma_{2\theta}\big|_{r=r_{\text{p}}}$ 得到塑性半径的迭代关系式为

$$\left(\frac{r_{\text{p}}}{r_{\text{l}}}\right)^{a-1} = \frac{2\left(\dfrac{p_0}{Y} + \dfrac{1}{a-1}\right)}{\dfrac{a+1}{a-1} - m\left(\dfrac{r_{\text{p}}}{r_2}\right)^2} \tag{5-28}$$

塑性半径处、冻结壁外缘的位移分别为

$$u_{2r}\big|_{r=r_{\text{p}}} = -r_{\text{p}} \frac{p_{\text{u}}}{2G_{\text{f}}}\left[\frac{2(1-\mu_{\text{f}})m}{r_2^2 / r_{\text{p}}^2 - m} + 1\right] \tag{5-29}$$

$$u_{2r}\big|_{r=r_2} = -r_2 \frac{p_{\text{u}}}{2G_{\text{f}}} \frac{(1-2\mu_{\text{f}})m + 1}{r_2^2 / r_{\text{p}}^2 - m} \tag{5-30}$$

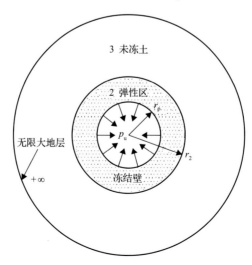

图 5-2　卸载模型

5.1.3　计算冻结壁厚度的新公式

1. 新公式的导出

冻结壁大、小变形的位置如图 5-3 所示。立井开挖之后，冻结壁的内半径、外半径、塑性半径和厚度分别由 r_1、r_2、r_p 和 T 变为 r_1'、r_2'、r_p' 和 T'。

设计冻结壁的厚度时，Domke 选取塑性半径等于内半径和外半径的几何平均数，鉴于小变形等同于没有变形，所以小变形的位置等同于冻结壁变形后的位置，则有 $r_p' = \sqrt{r_1' r_2'}$ 成立。根据文献[4]，求得变形后无量纲的冻结壁外半径的迭代关系式为

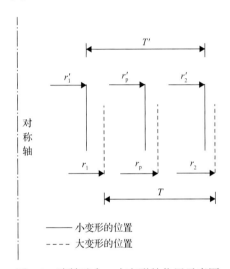

图 5-3　冻结壁大、小变形的位置示意图

$$y' = \sqrt[n]{A + B(y')^{n-1}} \tag{5-31}$$

式中：$y' = r_2'/r_1'$；$A = 1 + nq/(n+1), q = 2p_0/Y - 1$；$B = nm/(n+1)$；$n = (a-1)/2$，$a = \dfrac{1+\sin\varphi}{1-\sin\varphi}$。

变形后的无量纲冻结壁厚度为

$$t' = y' - 1 \tag{5-32}$$

式中：$t' = T'/r_1'$。

考虑大变形的影响，开挖之后，冻结壁内半径、外半径和塑性半径处的位移表示为

$$u_{1r}\big|_{r=r_1} = r_1' - r_1 \tag{5-33}$$

$$u_{2r}\big|_{r=r_2} = r_2' - r_2 \tag{5-34}$$

$$u_{2r}\big|_{r=r_p} = r_p' - r_p \tag{5-35}$$

联合式(5-20)、式(5-27)、式(5-29)、式(5-30)和式(5-33)～式(5-35)，得到考虑大变形影响的无量纲的冻结壁内半径、外半径与塑性半径的迭代关系式为

$$
\begin{cases}
\displaystyle\int_1^{\sqrt{y'}} (\xi')^\beta \, \mathrm{d}\xi' = \int_x^\rho \mathrm{e}^{-\omega_1\left(\frac{\xi}{x}\right)^{2n} + \omega_2 \xi^\beta} \mathrm{d}\xi \\[3mm]
F = 1 - j\left(\rho^{2n} x^{-2n} - 1\right) \\[2mm]
\rho = \sqrt{y'} + \rho(1+u_1)\,\overline{p}_0 F\left[\dfrac{2(1-\mu_1)m}{y^2 \rho^{-2} - m} + 1\right] \\[4mm]
y = y' + \dfrac{y(1+\mu_1)\,\overline{p}_0 kF}{y^2 \rho^{-2} - m}
\end{cases}
\tag{5-36}
$$

式中：$\xi' = r'/r_1'$；$\xi = r/r_1'$；$x = r_1/r_1'$；$y = r_2/r_1'$；$\rho = r_p/r_1'$；$j = n^{-1}(q+1)^{-1}$；$\overline{p}_0 = p_0/E_f$；$k = m(1-2\mu_f)+1$。

式(5-36)为考虑到大变形特征的冻结壁内半径、外半径的新公式。很显然，式(5-36)不能直接求解，需要将第一式转化成合理的形式。式(5-36)中的第一式变为

$$
\frac{\mathrm{e}^{-\omega_2}}{\beta+1}\left[(y')^{\frac{\beta+1}{2}} - 1\right] = \int_x^\rho \mathrm{e}^{-\omega_1\left(\frac{\xi}{x}\right)^{2n}} \xi^\beta \mathrm{d}\xi
\tag{5-37}
$$

指数函数可以在其定义域内展成无穷级数，则有

$$
\mathrm{e}^{-\omega_1\left(\frac{\xi}{x}\right)^{2n}} = \sum_{i=0}^\infty (-1)^i \frac{\omega_1^i}{i!}\left(\frac{\xi}{x}\right)^{2ni}
\tag{5-38}
$$

注意到式(5-38)中的无穷级数能够迅速收敛，因此，取其很少项便可获得精确的结果。将典型参数代入式(5-38)，经计算与对比，无穷级数取其前 6 项的计算结果与真值十分接近，误差远小于万分之一。将式(5-38)代入式(5-37)并积分，得到：

$$
\frac{\mathrm{e}^{-\omega_2}}{\beta+1}\left[(y')^{\frac{\beta+1}{2}} - 1\right] = \sum_{i=0}^\infty \frac{(-1)^i \omega_1^i}{(2ni+\beta+1)i!} \frac{\rho^{2ni+\beta+1} - x^{2ni+\beta+1}}{x^{2ni}}
\tag{5-39}
$$

式(5-39)右边无穷级数取其前 6 项，并替换式(5-36)中的第一式。把 1 作为 y' 的初值，利用式(5-31)进行迭代，经过 4 次迭代之后，得到误差小于 1‰ 的 y' 终值。把 1、y' 和 $\sqrt{y'}$ 作为 x、y 和 ρ 的初值，利用式(5-36)进行迭代，一般经过 4～5 次迭代后得到误差小于 1‰ 的 x、y 和 ρ 的终值。

考虑一种完全不关联的情况：冻土的剪胀角 $\psi = 0°$，则 $\beta = 1$；同时，忽略塑性区的弹性应变，则式(5-20)变为

$$
x = \sqrt{1 + \rho^2 - y'}
\tag{5-40}
$$

用式(5-40)替换式(5-36)中的第一式可得更为简单的设计公式。

变形前无量纲的冻结壁厚度为

$$t = y - x \tag{5-41}$$

式中： $t = T/r_1'$ 。

定义无量纲的井帮位移为

$$\bar{u} = x - 1 \tag{5-42}$$

比较考虑与不考虑井帮位移的设计理论，得到被低估的土方开挖量百分比为

$$w_l = 100\left(x^2 - 1\right) \tag{5-43}$$

2. 比较与验证

取典型工程参数，使用式(5-32)计算得到的尺寸，建立轴向单位深度的平面有限单元模型[24,25]，分别进行大、小变形数值计算，并将计算得到的结果与式(5-41)和式(5-42)求得的结果进行对比和分析，如图 5-4～图 5-6 所示。另外，记无量纲的黏聚力为 $\bar{c}_f = c_f/E_f$ ，无量纲的未冻土弹性模量 $\bar{E}_u = E_u/E_f$ ，冻土与未冻土的泊松比取值为 $\mu_f = \mu_u = 0.2$ 。

由图 5-4 可知，无量纲的井帮位移和无量纲的冻结壁厚度随着无量纲的地压增加而增大。然而，无量纲的井帮位移与无量纲的冻结壁厚度随无量纲的黏聚力与内摩擦角的增加而减小(图 5-5、图 5-6)。当冻结壁变形较小时，井帮位移的理论值与小变形计算

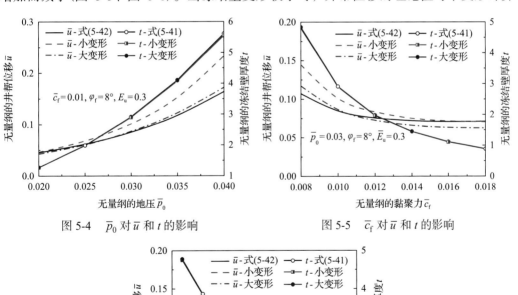

图 5-4　$\bar{p}_0$ 对 $\bar{u}$ 和 t 的影响　　　　图 5-5　$\bar{c}_f$ 对 $\bar{u}$ 和 t 的影响

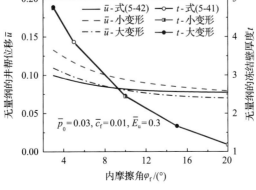

图 5-6　φ_f 对 $\bar{u}$ 和 t 的影响

结果相符，井帮位移较大时与大变形的数值计算结果相符很好。理论计算得到的冻结壁厚度与大、小变形的数值计算结果皆相符，没有明显的差别，这主要是因为冻结壁的外半径处在弹性区域(弹性变形很小)。

5.1.4　工程算例

某井筒穿过新生界厚黏土层，冻结壁的平均温度为–20℃，未冻土和–20℃冻土的弹性模量与泊松比分别为 E_u = 100MPa，μ_u= 0.2，E_f = 300MPa，μ_f = 0.2。–20℃冻土的黏聚力 c_f = 3.5MPa，内摩擦角φ_f = 8°，屈服强度σ_s = 8.0MPa。变形后井帮的半径为r_1' = 5m(井筒的净半径)。试算 400～800m 深度内立井的冻结壁内半径、冻结壁外半径、冻结壁厚度与被低估的土方开挖量百分比。

水平地压的计算公式[2]为

$$p_0 = 0.013 \cdot h \tag{5-44}$$

式中：h 为深度，m。

根据式(5-31)、式(5-36)、式(5-39)和式(5-40)～式(5-44)，求得立井的冻结壁内半径、冻结壁外半径、冻结壁厚度如图 5-7～图 5-9 所示。

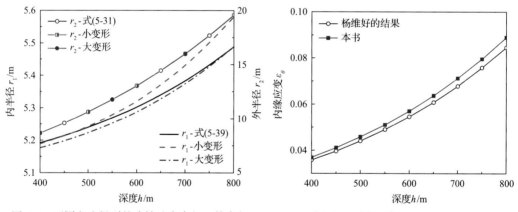

图 5-7　不同方法得到的冻结壁内半径、外半径　　　　图 5-8　不同设计理论的内缘应变比较

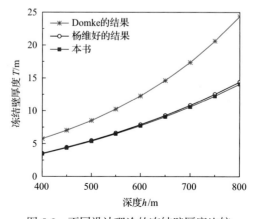

图 5-9　不同设计理论的冻结壁厚度比较

　　根据表 5-1 和图 5-7，冻结壁内半径随深度非线性增大。400～550m 深度内，冻结壁内半径的新公式计算结果与小变形数值计算结果相符很好；550～650m 深度内，新公式计算结果介于大、小变形数值计算结果之间；650～800m 深度内，新公式计算结果偏离小变形计算结果越来越远，而与大变形计算结果相一致。

　　正如表 5-1 所示，被低估的土方开挖量百分比介于 7.5%～20.5%。深度越大，被低估的土方开挖量百分比越大。

　　因为 Domke 公式不适用于超深土层中冻结壁的设计，所以其计算结果与新公式计算结果差别很大。新公式与杨维好设计理论差别在于：新公式考虑了井帮位移对冻结壁内半径与外半径及其厚度的影响。图 5-8 展示出依据杨维好设计理论的冻结壁内缘变形之大，且随深度非线性增大。实际工程中，这部分变形要再次被挖除以获取井筒净空间，如此做法必然削减冻结壁的厚度，降低其安全性。

　　如图 5-9 所示，冻结壁厚度随深度非线性增大。此外，新公式与杨维好设计理论的差异随深度增加，最大差距达 32cm（表 5-2）。

表 5-1　不同方法得到的冻结壁内半径、外半径

h/m	r_1/m			r_2/m			w_1/%
	式(5-39)	SS	LS	式(5-31)	SS	LS	
400	5.19	5.19	5.18	8.65	8.65	8.64	7.8
450	5.21	5.21	5.20	9.58	9.58	9.57	8.7
500	5.24	5.24	5.22	10.61	10.61	10.60	9.8
550	5.27	5.28	5.25	11.76	11.76	11.75	11.0
600	5.30	5.32	5.29	13.03	13.03	13.02	12.5
650	5.34	5.37	5.33	14.43	14.44	14.42	14.1
700	5.38	5.43	5.37	15.98	15.99	15.96	15.9
750	5.43	5.50	5.43	17.69	17.70	17.67	18.0
800	5.49	5.58	5.49	19.57	19.58	19.55	20.5

注：SS 表示小变形数值计算结果；LS 表示大变形数值计算结果。

表 5-2　不同设计理论的比较

h/m	冻结壁厚度/m			内缘应变	
	Domke	杨维好	本书	杨维好	本书
400	5.75	3.52	3.46	0.036	0.037
450	7.03	4.45	4.37	0.040	0.041
500	8.52	5.48	5.37	0.044	0.046
550	10.25	6.62	6.49	0.049	0.051
600	12.27	7.89	7.73	0.055	0.057
650	14.62	9.29	9.09	0.061	0.064
700	17.37	10.83	10.60	0.068	0.071
750	20.61	12.54	12.26	0.076	0.080
800	24.36	14.40	14.08	0.085	0.089

5.1.5　结论

本节建立了考虑大变形特性的冻结壁内半径、外半径与厚度的设计新公式；分析了地应力、冻土黏聚力、冻土内摩擦角、弹性模量等参数对冻结壁有效厚度、井帮位移等的影响，有如下结论。

(1)在设计超深土层冻结壁厚度时，应该计入井帮大变形的影响；深度越大，井帮变形的影响越大。

(2)本节建立的冻结壁厚度设计新公式不但适用于小变形冻结壁，而且适用于应变高达 0.15 的大变形冻结壁。该理论能更安全、合理地为超深土层冻结壁的设计提供理论支撑。

(3)新公式能准确地计算开挖土方量和冻土量。算例显示，按以往理论设计冻结壁厚度，被低估的土方开挖量百分比为 7.5%～20.5%，且低估土方量随深度增加而增大。

5.2　深井井筒低冻胀力冻结施工技术

在深厚含水不稳定土层中，必须先施工形成冻结壁作为临时支护结构，然后在冻结壁的保护下进行井筒掘砌施工。本节建立多圈管冻结过程的水、热、力三场耦合作用模型，通过数值模拟和物理模拟，研究掌握 600～800m 特厚土层中冻胀力变化规律和冻结管的受力规律。结合已有多圈管冻结技术，研发成功分圈异步控制冻结技术，预防了冻结管断裂，节省约 40%冻结设备。

5.2.1　特厚土层中冻胀力变化规律数值计算研究

1. 有限元模型的建立

1)几何模型

由于所研究对象为环向循环对称的，在 ANSYS 中可以通过对称简化模型进行计算分析(图 5-10)。从井筒中心到冻结降温影响区外，选择一定弧度的扇形区域，建立具有一定高度的三维有限元模型。根据中国矿业大学建工学院大量的计算研究结果，在冻结壁向井外发展的过程中,井外降温区的宽度不超过外圈冻结管外侧冻结壁厚度 E_0 的 5～8

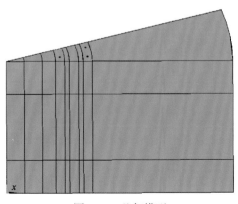

图 5-10　几何模型

倍。在冻结工程施工中，在黏土中冻结壁向外发展的厚度 E_0 一般不会超过 3m，故影响区的宽度为 15～24m。外圈冻结管的布置半径为 8～16m，因此影响区半径为(8～16)+(15～24)=23～40m。各圈冻结孔的布置圈径、孔数按设计方案变化。

　　2)边界条件

　　计算冻结壁的冻胀力，需开展地层冻结温度场、应力场的顺序耦合分析。因此，涉及两种物理场的边界问题。

　　温度场边界条件如下。

　　(1)模型的顶、底部端面：绝热边界。

　　(2)沿径向的两竖剖面(过井心)：绝热边界。

　　(3)平行于井筒中心线的竖向圆柱面：恒温边界(为初始地温)。

　　应力场边界条件如下。

　　(1)模型的顶、底部端面：竖向位移边界(UZ=0)。

　　(2)沿径向的两竖剖面(过井心)：对称边界。

　　(3)平行于井筒中心线的竖向圆柱面：径向位移边界(UX=0)。

　　3)单元类型与网格剖分

　　在现有的大型商用数值计算软件中尚未有适合模拟冻胀的成熟技术。为此，首先开展非稳态温度场的数值模拟；而后利用现有商用有限元程序的多场耦合分析功能，开展冻结壁受力和变形的数值分析。在进行非稳态温度场的数值模拟时，采用 SOLID70 单元模拟土体，采用 SHELL57 单元模拟冻结管；在进行热力耦合时，采用 SOLID45 单元模拟土体，采用 SHELL63 单元模拟冻结管。

　　SOLID70 是八节点六面体单元，具有各向同性和三个方向的热传导能力。该单元有 8 个节点且每个节点只有 1 个温度自由度。该单元可以用于三维静态或瞬态的热分析，并可补偿由于恒定速度场质量输运带来的热流损失。该单元能实现匀速热流的传递。假如模型包括实体传递结构单元，那么也可以进行结构分析。该单元能够用等效的结构单元代替(如 SOLID45 单元)。

　　SOLID45 单元可用于三维实体结构模型。单元由 8 个节点结合而成，每个节点有 3 个方向的自由度。该单元具有塑性、蠕变、膨胀、应力强化、大变形和大应变的特征。

　　SHELL57 是热壳三维的具有面内导热能力的单元，具有 4 个节点，每个节点有 1 个温度自由度。该单元可用于三维的稳态或瞬态的热分析问题。如果包含该单元的模型还需要进行结构分析，可被一个等效的结构单元代替(如 SHELL63)。

　　SHELL63 是一种四节点线弹性单元，它遵循基尔霍夫假设，即变形前垂直中面的法线变形后仍垂直于中面，而且该单元可以同时考虑弯曲变形及中面内的膜力，比较符合冻结管的实际受载情况。

　　网格划分时，直接对模型进行体单元划分不方便，采用扫掠方式划分。先对模型的底面或顶面进行平面单元剖分,直至认为合理;以已经完成网格划分的底面或顶面为"源"面，沿竖向划分成体单元。网格划分的具体情况如图 5-11～图 5-13 所示。

　　2. 计算方案

　　影响冻结壁冻胀力的因素众多，其中包括冻结管管径、管间距、圈间距、土性、土体的含水量、冻结管的布置形式、土体深度和冻结壁的平均温度等。由于模型较大，进行一次数值计算的时间较长，因此不能面面俱到地考虑每一个影响因素，另外物理实验中研究的土体主要是饱和细砂，所以综合考虑，计算中将冻结管管径、管间距、圈间距固定在典型水平上，以饱和细砂为主要研究对象，主要影响因素定为土体的含水量、土体深度和冻结时间。

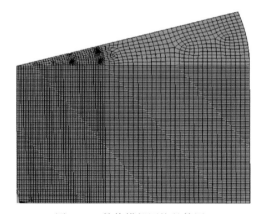

图 5-11　数值模拟网格整体图

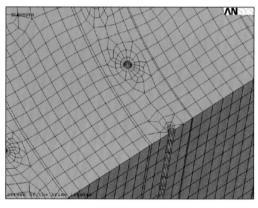

图 5-12　数值模拟网格局部图

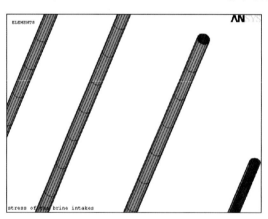

图 5-13　冻结管网

1) 计算参数

冻结管布置参数见表 5-3。

表 5-3　双排冻结管布置参数

冻结孔布置	参数
外圈冻结孔圈径/m	18
内圈冻结孔圈径/m	12
外圈冻结管个数/个	40
内圈冻结管个数/个	30

数值计算中融土与冻土的导热系数按式(5-45)和式(5-46)计算：

$$\lambda_u = s_w^{1/2}\left\{(1-n)\lambda_s + n\left[s_w\lambda_w + (1-s_w)\lambda_g\right]\right\} + \left(1-s_w^{1/2}\right)\lambda_g \tag{5-45}$$

$$\lambda_f = s_w^{1/2}\left\{(1-n)\lambda_s + n\left[s_w\lambda_i + (1-s_w)\lambda_g\right]\right\} + \left(1-s_w^{1/2}\right)\lambda_g \tag{5-46}$$

式中：λ_u 为融土的导热系数，W/(m·K)；λ_f 为冻土的导热系数，W/(m·K)；λ_s 为土颗粒的导热系数，W/(m·K)；λ_w 为水的导热系数，W/(m·K)；λ_i 为冰的导热系数，W/(m·K)；λ_g 为空气的导热系数，W/(m·K)；s_w 为土体饱和度；n 为孔隙率。

细砂骨架的导热系数取 2W/(m·K)，水的导热系数取 0.6W/(m·K)，冰的导热系数取 2.24W/(m·K)。

冻土与融土的比热分别按式(5-47)和式(5-48)计算：

$$c_{du} = \frac{c_{su} + wc_w}{1+w} \tag{5-47}$$

$$c_{df} = \frac{c_{sf} + (w-w_u)c_i + w_u c_w}{1+w} \tag{5-48}$$

式中：c_{du}、c_{df} 为融土比热和冻土比热容，kJ/(kg·℃)；c_{su}、c_{sf} 为融土骨架的比热和冻土骨架的比热容，kJ/(kg·℃)；c_w、c_i 为水和冰的比热容，kJ/(kg·℃)；w、w_u 为土中总含水量及未冻土含水量。

按常规，一般计算时近似地认为 $w_u = 0$，可取 $c_{su} = 0.85$kJ/(kg·℃)，$c_{sf} = 0.778$kJ/(kg·℃)、$c_w = 4.182$kJ/(kg·℃)，$c_i = 2.09$kJ/(kg·℃)。

与单纯的升、降温过程相比，相变过程中的热量吸收或释放相当显著。因此，冻土相变过程(更准确地说，是土中水的相变)不可忽略。ANSYS 程序中，介质的相变可用焓值的变化来模拟。

设温度 T_0 时单位体积土体的焓为零，则 T_- 温度下焓值可表示为

$$H_{T_-} = \int_{T_0}^{T_-} \rho c_{df}\mathrm{d}T = \rho c_{df}(T_- - T_0) \tag{5-49}$$

T_+ 温度下焓值可表示为

$$H_{T_+} = H_{T_-} + \psi \tag{5-50}$$

T 温度下焓值可表示为

$$H_T = H_{T_+} + \int_{T_+}^{T} \rho c_{du}\mathrm{d}T = H_{T_+} + \rho c_{du}(T - T_+) \tag{5-51}$$

式中：ψ 为单位体积土的相变热，kJ/m³。

其中，ψ 可由式(5-52)计算：

$$\psi = (w - w_{\mathrm{u}}) \rho_{\mathrm{d}} \Omega \tag{5-52}$$

式中：ρ_{d} 为土的干密度，kg/m^3；Ω 为水的结冰潜热，Ω=335kJ/kg。

数值计算中冻结管的弹性模量为 210GPa，泊松比为 0.2。饱和细砂的弹性模量及泊松比参照山东巨野矿区部分矿井井筒检测孔的冻土物理、力学性质实验研究报告，并参考相关文献，进行适当的修正取值，见表 5-4。

表 5-4　饱和细砂的弹性模量及泊松比

深度/m	弹性模量/MPa			泊松比		
	−40℃	−1℃	≥0℃	−40℃	−1℃	≥0℃
300	700	160	80	0.30	0.32	0.34
400	850	180	90	0.29	0.31	0.33
500	1000	200	100	0.28	0.30	0.32
600	1200	240	110	0.27	0.29	0.31

土的冻胀变形系数是影响冻胀力计算结果最为关键的参数。数值计算中对于饱和细砂考虑冻结排水效应。按孔隙水完全结冰膨胀，推求出其原位冻胀过程中的体积冻胀系数，进而计算其热应变系数。考虑到饱和细砂的冻结排水效应，在建模过程中将模型划分成多个条带，通过设置条带不同的热应变系数来模拟冻结排水效应对冻结壁冻胀力的影响。考虑冻结排水效应，两圈管之间区域产生排水冻结时，认为靠近冻结管部分的土体中的水有 9%被挤压到两圈管之间，形成一个高含水区，水结冰后体积膨胀系数为 9%。

利用 ANSYS 有限元程序，通过设定温度非线性的负的线膨胀变形系数，即可实现对地层冻结过程中冻胀变形及冻胀力模拟。

2)计算方案规划

(1)对一组典型参数下冻结壁冻胀力展开分析。

冻结管的直径为 159mm，土体含水量为 20%，深度为 500m，冻结管外表面的降温速度是根据冻结盐水降温计划以及冻结管内、外温差的经验值计算得到的，如图 5-14 所示。模拟土层厚度为 20m，高含水区条带宽度取 1m，数值计算中涉及的其他参数由上面给定的公式在 ANSYS 中编程计算获得。

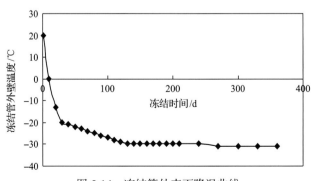

图 5-14　冻结管外表面降温曲线

(2)分别研究土体的含水量、土体的深度对冻结壁冻胀力的影响。

表 5-5 为单因素实验因素水平表。

表 5-5　单因素实验因素水平表

含水量/%	12	16	20	24
深度/m	300	400	500	600

3. 计算结果与分析

仅给出典型参数下的数值计算结果与分析。

1)温度场分析

模型特征点的降温曲线如图 5-15 所示。

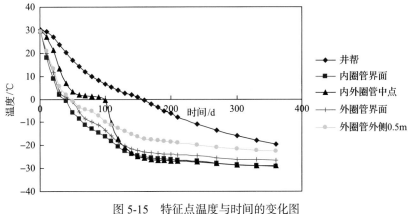

图 5-15　特征点温度与时间的变化图

(1)两圈管之间有明显的相变区降温缓和段,其他特征点这种的趋势不明显。

(2)内圈管在 30~40d 交圈;外圈管在 40~50d 交圈;两圈管之间在 100d 发生径向交圈。

(3)由于两圈管之间产生排水冻结,水被封在两圈管之间,大量孔隙水结冰潜热的释放使得降温曲线呈现出明显的相变区降温趋缓段。在两圈管交圈之后,两圈管之间的温度迅速下降。

冻结时间为 30d、60d、120d 和 210d 的温度场如图 5-16 所示。

2)位移场分析

土体冷缩过程中,井帮位置的冻土向井内发生一定的位移是可能的;但是,由于冻结壁具有环向自约束性,因此冻结壁总的冻胀位移方向朝着井外也是必然的(表 5-6,图 5-17)。

3)应力场分析

地层冻结过程中,部分时刻的冻结壁特征点径向应力计算值见表 5-7,冻结壁特征点的径向应力情况如图 5-18 所示,由计算值及径向应力变化曲线可见如下规律。

(1)井帮及冻结管内圈位置径向出现了拉应力,两圈管之间的冻胀区域及外圈管外侧的径向应力以压应力为主。其中,井帮及内圈管位置出现“拉应力”是由于冻结壁整体径向冻(膨)胀,如果考虑原始地应力的存在,则绝对应力仍为压应力。

（2）径向冻胀应力是从内外圈管开始交圈后出现的，出现时间在 80～90d。

（3）径向冻胀力在刚出现时发展较快，随着时间的推移趋于平稳，两圈管之间的冻胀区域径向冻胀力稳定在 0.2MPa 左右，外圈管界面处的径向冻胀力稳定在 0.6MPa 左右。

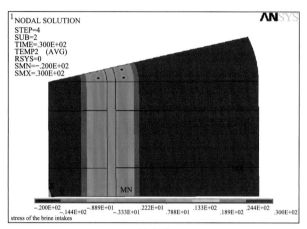

(a) 30d

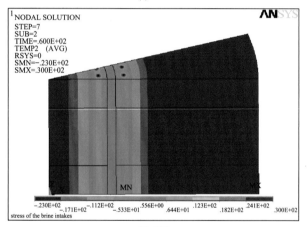

(b) 60d

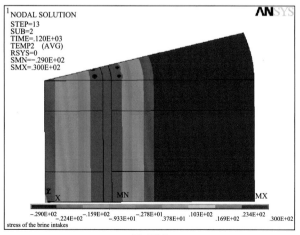

(c) 120d

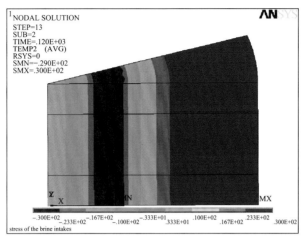

(d) 210d

图 5-16　温度场云图

表 5-6　冻结壁特征点位移

时间/d	位移/m				
	井帮	内圈管界面	内外圈管中点	外圈管界面	外圈管外侧 0.5m
1	4.72×10^{-7}	-1.30×10^{-6}	-3.34×10^{-6}	-4.62×10^{-6}	-6.20×10^{-6}
30	-4.03×10^{-7}	-1.23×10^{-5}	-2.45×10^{-5}	-3.20×10^{-5}	-4.28×10^{-5}
60	-1.22×10^{-5}	-2.80×10^{-5}	-3.87×10^{-5}	-4.59×10^{-5}	-5.48×10^{-5}
90	-2.59×10^{-5}	-4.08×10^{-5}	2.51×10^{-3}	4.58×10^{-3}	4.37×10^{-3}
120	4.11×10^{-3}	4.76×10^{-3}	1.55×10^{-2}	2.36×10^{-2}	2.27×10^{-2}
150	5.64×10^{-3}	6.01×10^{-3}	1.67×10^{-2}	2.47×10^{-2}	2.37×10^{-2}
180	5.48×10^{-3}	5.74×10^{-3}	1.64×10^{-2}	2.44×10^{-2}	2.35×10^{-2}
210	5.07×10^{-3}	5.34×10^{-3}	1.61×10^{-2}	2.41×10^{-2}	2.32×10^{-2}
240	4.59×10^{-3}	4.91×10^{-3}	1.57×10^{-2}	2.37×10^{-2}	2.28×10^{-2}
270	4.20×10^{-3}	4.58×10^{-3}	1.54×10^{-2}	2.34×10^{-2}	2.26×10^{-2}
300	3.85×10^{-3}	4.29×10^{-3}	1.51×10^{-2}	2.32×10^{-2}	2.23×10^{-2}
330	3.46×10^{-3}	3.97×10^{-3}	1.48×10^{-2}	2.29×10^{-2}	2.20×10^{-2}
360	3.12×10^{-3}	3.69×10^{-3}	1.46×10^{-2}	2.27×10^{-2}	2.18×10^{-2}

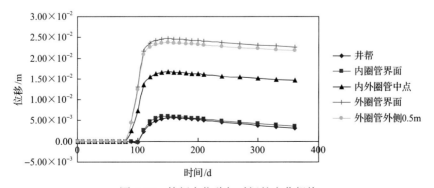

图 5-17　特征点位移与时间的变化规律

表 5-7 冻结壁特征点径向应力

时间/d	径向应力/MPa				
	井帮	内圈管界面	内外圈管中点	外圈管界面	外圈管外侧 0.5m
1	2.49×10^{-5}	-4.26×10^{-4}	6.56×10^{-5}	-3.19×10^{-4}	-4.30×10^{-5}
30	-2.04×10^{-5}	-1.62×10^{-3}	4.27×10^{-4}	-1.97×10^{-3}	-1.23×10^{-4}
60	-6.40×10^{-4}	-8.05×10^{-3}	3.57×10^{-4}	-4.84×10^{-3}	-4.72×10^{-4}
90	-1.36×10^{-3}	-1.15×10^{-2}	-6.96×10^{-2}	-7.88×10^{-2}	-5.52×10^{-2}
120	2.16×10^{-1}	2.57×10^{-1}	-2.21×10^{-1}	-4.15×10^{-1}	-2.96×10^{-1}
150	2.97×10^{-1}	3.91×10^{-1}	-2.14×10^{-1}	-5.05×10^{-1}	-3.63×10^{-1}
180	3.15×10^{-1}	4.28×10^{-1}	-2.18×10^{-1}	-5.25×10^{-1}	-3.74×10^{-1}
210	3.40×10^{-1}	4.51×10^{-1}	-2.19×10^{-1}	-5.45×10^{-1}	-3.96×10^{-1}
240	3.60×10^{-1}	4.62×10^{-1}	-2.26×10^{-1}	-5.58×10^{-1}	-4.02×10^{-1}
270	3.94×10^{-1}	4.85×10^{-1}	-2.27×10^{-1}	-5.72×10^{-1}	-4.14×10^{-1}
300	4.27×10^{-1}	5.05×10^{-1}	-2.27×10^{-1}	-5.87×10^{-1}	-4.31×10^{-1}
330	4.56×10^{-1}	5.17×10^{-1}	-2.30×10^{-1}	-5.98×10^{-1}	-4.42×10^{-1}
360	4.82×10^{-1}	5.28×10^{-1}	-2.31×10^{-1}	-6.03×10^{-1}	-4.44×10^{-1}

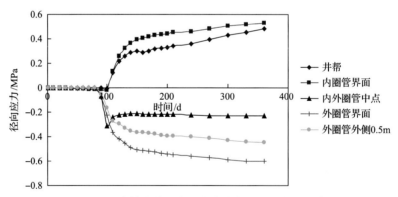

图 5-18 冻结壁特征点径向应力与时间的变化规律

地层冻结过程中,部分时刻的冻结壁特征点切向应力计算值见表 5-8,冻结壁特征点的切向应力情况如图 5-19 所示,由计算值及切向应力变化曲线可见如下规律。

(1)两圈管之间的冻胀区域切向应力为压应力,其他位置的切向应力为相对拉应力。其中,井帮及内圈管位置出现拉应力是由于冻结壁整体径向冻(膨)胀,外圈管及外侧区域出现径向拉应力是由于冻结壁整体径向外移,挤压土体。

(2)切向冻胀应力是从内外圈管开始交圈后出现的,与径向冻胀力几乎同时出现。

(3)切向冻胀力在刚出现时发展较快,随着时间的推移趋于平稳,两圈管之间的冻胀区域切向冻胀力(压)稳定在 11MPa 左右,外圈管界面处的切向冻胀力(拉)稳定在 1.8MPa 左右。

表 5-8　冻结壁特征点切向应力

时间/d	切向应力/MPa				
	井帮	内圈管界面	内外圈管中点	外圈管界面	外圈管外侧 0.5m
1	2.48×10^{-5}	4.98×10^{-4}	-1.69×10^{-5}	3.98×10^{-4}	7.98×10^{-5}
30	-2.12×10^{-5}	4.72×10^{-3}	-1.66×10^{-4}	3.41×10^{-3}	6.18×10^{-4}
60	-6.40×10^{-4}	1.02×10^{-2}	-3.91×10^{-4}	6.97×10^{-3}	9.07×10^{-4}
90	-1.37×10^{-3}	1.14×10^{-2}	4.89×10^{-3}	2.47×10^{-1}	1.28×10^{-1}
120	2.16×10^{-1}	6.95×10^{-1}	-7.70	1.58	9.75×10^{-1}
150	3.04×10^{-1}	9.77×10^{-1}	-9.83	1.83	1.18
180	4.91×10^{-1}	9.77×10^{-1}	-1.04×10^{-1}	1.86	1.29
210	5.96×10^{-1}	9.46×10^{-1}	-1.05×10^{-1}	1.85	1.32
240	6.40×10^{-1}	8.99×10^{-1}	-1.07×10^{-1}	1.83	1.34
270	6.78×10^{-1}	8.83×10^{-1}	-1.09×10^{-1}	1.86	1.38
300	7.00×10^{-1}	8.58×10^{-1}	-1.11×10^{-1}	1.86	1.40
330	6.96×10^{-1}	8.21×10^{-1}	-1.12×10^{-1}	1.84	1.40
360	6.86×10^{-1}	7.88×10^{-1}	-1.13×10^{-1}	1.82	1.40

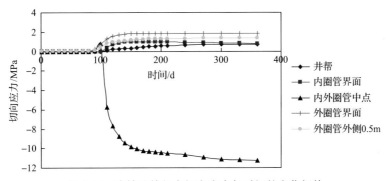

图 5-19　冻结壁特征点切向应力与时间的变化规律

地层冻结过程中,部分时刻的冻结壁特征点竖向应力计算值见表 5-9,冻结壁特征点的竖向应力情况如图 5-20 所示,由计算值及竖向应力变化曲线可见如下规律。

表 5-9　冻结壁特征点竖向应力

时间/d	竖向应力/MPa				
	井帮	内圈管界面	内外圈管中点	外圈管界面	外圈管外侧 0.5m
1	1.59×10^{-5}	2.32×10^{-5}	1.56×10^{-5}	2.51×10^{-5}	1.18×10^{-5}
30	-1.33×10^{-5}	9.80×10^{-4}	8.36×10^{-5}	4.61×10^{-4}	1.59×10^{-4}
60	-4.10×10^{-4}	6.30×10^{-4}	-1.11×10^{-5}	6.33×10^{-4}	1.41×10^{-4}
90	-8.72×10^{-4}	-4.23×10^{-5}	-2.07×10^{-2}	4.97×10^{-2}	2.17×10^{-2}
120	1.38×10^{-1}	2.76×10^{-1}	-8.55	3.39×10^{-1}	2.01×10^{-1}

续表

时间/d	竖向应力/MPa				
	井帮	内圈管界面	内外圈管中点	外圈管界面	外圈管外侧 0.5m
150	1.92×10^{-1}	3.94×10^{-1}	-1.10×10^{-1}	3.82×10^{-1}	2.41×10^{-1}
180	2.41×10^{-1}	4.04×10^{-1}	-1.16×10^{-1}	3.85×10^{-1}	2.68×10^{-1}
210	2.78×10^{-1}	4.01×10^{-1}	-1.18×10^{-1}	3.76×10^{-1}	2.68×10^{-1}
240	2.95×10^{-1}	3.90×10^{-1}	-1.19×10^{-1}	3.67×10^{-1}	2.73×10^{-1}
270	3.15×10^{-1}	3.91×10^{-1}	-1.21×10^{-1}	3.70×10^{-1}	2.81×10^{-1}
300	3.30×10^{-1}	3.90×10^{-1}	-1.23×10^{-1}	3.64×10^{-1}	2.80×10^{-1}
330	3.36×10^{-1}	3.82×10^{-1}	-1.24×10^{-1}	3.56×10^{-1}	2.78×10^{-1}
360	3.40×10^{-1}	3.76×10^{-1}	-1.25×10^{-1}	3.50×10^{-1}	2.78×10^{-1}

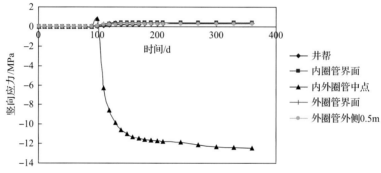

图 5-20　冻结壁特征点竖向应力与时间的变化规律

(1) 两圈管之间的冻胀区域内竖向应力为压应力，其他位置的竖向应力为相对拉应力。其中，其他位置出现拉应力是由于冻结壁整体径向冻(膨)胀。

(2) 竖向冻胀应力是从内外圈管开始交圈之后出现的，与径向冻胀力几乎同时出现。

(3) 竖向冻胀力在刚出现时发展较快，随着时间的推移趋于平稳，两圈管之间的冻胀区域的竖向冻胀力(压)稳定在 12.5MPa 左右，其他区域竖向冻胀力(拉)都小于 0.5MPa。

4) 应变场分析

地层冻结过程中，部分时刻的冻结壁特征点径向应变计算值见表 5-10，冻结壁特征点的径向应变情况如图 5-21 所示，由计算值及径向应变变化曲线可见如下规律。

(1) 井帮到内圈管的范围表现为拉应变，两圈管之间的冻胀区域及外圈管外部区域表现为压应变。其中井帮及内圈管位置出现相对拉应变是由于冻结壁整体径向冻(膨)胀。

(2) 由冻胀引起的径向应变是从内外圈管开始交圈后出现的，出现时间在 80～90d。

(3) 冻结过程中，最大径向压应变发生在冻结至 120d，位于两圈管之间的冻胀区域，最大值为 0.00863，外圈管及以外部分最大的拉应变为 0.00181。

地层冻结过程中，部分时刻的冻结壁特征点切向应变计算值见表 5-11，冻结壁特征点的切向应变情况如图 5-22 所示，由计算值及切向应变变化曲线可见如下规律。

(1) 两圈管之间的冻胀区域切向应变以压应变为主，其他区域均表现为拉应变。其他区域出现相对拉应变是由于冻结壁整体径向冻胀。

表 5-10　冻结壁特征点径向应变

时间/d	径向应变				
	井帮	内圈管界面	内外圈管中点	外圈管界面	外圈管外侧 0.5m
1	1.18×10^{-7}	-5.93×10^{-6}	6.60×10^{-7}	-4.55×10^{-6}	-7.23×10^{-7}
30	-9.37×10^{-8}	-4.35×10^{-5}	4.53×10^{-6}	-3.20×10^{-5}	-3.72×10^{-6}
60	-3.04×10^{-6}	-3.30×10^{-5}	4.85×10^{-6}	-2.49×10^{-5}	-6.45×10^{-6}
90	-6.45×10^{-6}	-3.15×10^{-5}	-6.38×10^{-4}	-4.13×10^{-4}	-3.55×10^{-4}
120	1.03×10^{-3}	-4.21×10^{-5}	8.63×10^{-3}	-1.76×10^{-3}	-1.60×10^{-3}
150	1.27×10^{-3}	-5.67×10^{-6}	8.47×10^{-3}	-1.81×10^{-3}	-1.62×10^{-3}
180	3.90×10^{-4}	4.39×10^{-5}	8.45×10^{-3}	-1.77×10^{-3}	-1.58×10^{-3}
210	2.42×10^{-4}	8.95×10^{-5}	8.46×10^{-3}	-1.77×10^{-3}	-1.57×10^{-3}
240	2.14×10^{-4}	1.26×10^{-4}	8.47×10^{-3}	-1.74×10^{-3}	-1.54×10^{-3}
270	2.27×10^{-4}	1.59×10^{-4}	8.47×10^{-3}	-1.73×10^{-3}	-1.52×10^{-3}
300	2.52×10^{-4}	1.94×10^{-4}	8.48×10^{-3}	-1.72×10^{-3}	-1.52×10^{-3}
330	2.87×10^{-4}	2.24×10^{-4}	8.48×10^{-3}	-1.71×10^{-3}	-1.51×10^{-3}
360	3.20×10^{-4}	2.52×10^{-4}	8.50×10^{-3}	-1.70×10^{-3}	-1.49×10^{-3}

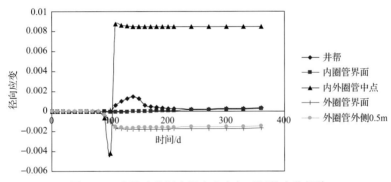

图 5-21　冻结壁特征点径向应变与时间的变化规律

表 5-11　冻结壁特征点切向应变

时间/d	切向应变				
	井帮	内圈管界面	内外圈管中点	外圈管界面	外圈管外侧 0.5m
1	1.18×10^{-7}	6.27×10^{-6}	-4.28×10^{-7}	4.92×10^{-6}	8.98×10^{-7}
30	-1.04×10^{-7}	5.71×10^{-5}	-3.29×10^{-6}	3.89×10^{-5}	6.07×10^{-6}
60	-3.05×10^{-6}	3.60×10^{-5}	-5.02×10^{-6}	2.87×10^{-5}	8.75×10^{-6}
90	-6.50×10^{-6}	3.13×10^{-5}	3.37×10^{-4}	6.35×10^{-4}	5.21×10^{-4}
120	1.03×10^{-3}	9.03×10^{-4}	-9.81×10^{-3}	2.90×10^{-3}	2.53×10^{-3}
150	1.41×10^{-3}	1.11×10^{-3}	-9.64×10^{-3}	2.94×10^{-3}	2.54×10^{-3}
180	1.33×10^{-3}	1.05×10^{-3}	-9.68×10^{-3}	2.87×10^{-3}	2.53×10^{-3}
210	1.25×10^{-3}	9.75×10^{-4}	-9.72×10^{-3}	2.82×10^{-3}	2.49×10^{-3}
240	1.14×10^{-3}	8.97×10^{-4}	-9.78×10^{-3}	2.76×10^{-3}	2.44×10^{-3}
270	1.04×10^{-3}	8.41×10^{-4}	-9.82×10^{-3}	2.73×10^{-3}	2.41×10^{-3}
300	9.58×10^{-4}	7.90×10^{-4}	-9.85×10^{-3}	2.69×10^{-3}	2.39×10^{-3}
330	8.62×10^{-4}	7.34×10^{-4}	-9.89×10^{-3}	2.66×10^{-3}	2.36×10^{-3}
360	7.78×10^{-4}	6.85×10^{-4}	-9.92×10^{-3}	2.62×10^{-3}	2.33×10^{-3}

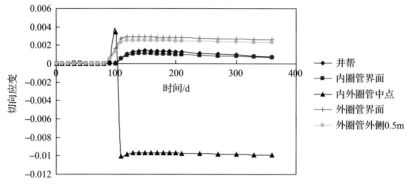

图 5-22　冻结壁特征点切向应变与时间的变化规律

(2) 由冻胀引起的切向应变是从内外圈管开始交圈后出现的，出现时间在 80～90d。

(3) 冻结过程中，最大切向压应变发生在冻结至 120d，位于两圈管之间的冻胀区域，最大值为 0.00992，外圈管及以外部分最大的拉应变为 0.00294。

地层冻结过程中，部分时刻的冻结壁特征点竖向应变计算值见表 5-12，冻结壁特征点的竖向应变情况如图 5-23 所示，由计算值及竖向应变变化曲线可见如下规律。

(1) 两圈管之间的冻胀区域竖向应变以压应变为主，其他区域均表现为拉应变。其他区域的拉应变很小，基本可以忽略。

(2) 由冻胀引起的竖向应变是从内外圈管开始交圈后出现的，出现时间在 80～90d。

(3) 冻结过程中，最大竖向压应变发生在冻结至 120d 时，位于两圈管之间的冻胀区域，最大值为 0.019。

表 5-12　冻结壁特征点竖向应变

时间/d	竖向应变				
	井帮	内圈管界面	内外圈管中点	外圈管界面	外圈管外侧 0.5m
1	-6.08×10^{-13}	-1.95×10^{-14}	8.01×10^{-14}	8.70×10^{-14}	8.67×10^{-14}
30	-9.81×10^{-12}	-3.84×10^{-12}	-3.49×10^{-12}	1.75×10^{-12}	2.31×10^{-12}
60	6.10×10^{-12}	4.72×10^{-12}	2.69×10^{-13}	-3.85×10^{-12}	-4.28×10^{-12}
90	4.69×10^{-11}	-2.02×10^{-9}	-1.90×10^{-9}	-1.16×10^{-9}	-1.23×10^{-9}
120	7.59×10^{-9}	1.25×10^{-8}	-1.19×10^{-2}	-3.65×10^{-9}	-9.06×10^{-9}
150	4.80×10^{-9}	8.18×10^{-9}	-1.19×10^{-2}	3.58×10^{-9}	6.84×10^{-10}
180	2.55×10^{-9}	3.34×10^{-9}	-1.19×10^{-2}	-9.63×10^{-10}	-3.19×10^{-9}
210	2.13×10^{-9}	2.31×10^{-9}	-1.19×10^{-2}	-2.21×10^{-9}	-4.45×10^{-9}
240	6.67×10^{-10}	1.32×10^{-9}	-1.19×10^{-2}	-9.09×10^{-10}	-2.29×10^{-9}
270	-1.09×10^{-9}	-1.78×10^{-10}	-1.19×10^{-2}	-2.39×10^{-9}	-3.74×10^{-9}
300	-9.55×10^{-10}	-2.36×10^{-10}	-1.19×10^{-2}	-1.63×10^{-9}	-2.56×10^{-9}
330	-1.70×10^{-9}	-8.34×10^{-10}	-1.19×10^{-2}	-1.93×10^{-9}	-2.74×10^{-9}
360	-1.37×10^{-9}	-7.30×10^{-10}	-1.19×10^{-2}	-1.47×10^{-9}	-2.07×10^{-9}

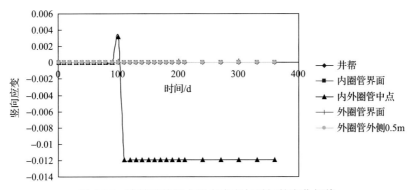

图 5-23　冻结壁特征点竖向应变与时间的变化规律

5.2.2　特厚土层中冻胀力变化规律模拟实验计算研究

1. 相似准则推导

立井冻结温度场的求解问题是一个有相变、移动边界、内热源、边界条件复杂的不稳定导热问题。由于冻结壁在竖直方向的尺寸较水平方向大得多，且在冻结过程中岩土层在竖直方向的热传导相对弱得多，故立井冻结温度场可简化为平面导热问题。

实际冻结工程中都采用多圈冻结管进行冻结。多管冻结与单管冻结的差别在于几何边界条件更复杂些，但遵守相同的导热规律。因此，用单管导热方程描述其规律不失一般性。单管冻结导热方程为

$$\frac{\partial t_n}{\partial \tau} = \alpha_n \left(\frac{\partial^2 t_n}{\partial r^2} + \frac{1}{r} \frac{\partial t_n}{\partial r} \right) \quad (\tau > 0, \quad 0 < r < \infty) \tag{5-53}$$

式中：t_n 为温度分布，℃；n 为表示岩土状态，$n = 1$ 表示融土，$n = 2$ 表示冻土；τ 为冻结时间，s；r 为圆柱坐标，以冻结管中心为原点，m；α_n 为导温系数，m^2/s，$\alpha_n = \lambda_n / c_n$；$\lambda_n$ 为导热系数，$W/(m \cdot ℃)$；c_n 为容积比热，$J/(m^3 \cdot ℃)$。

在冻结开始前，岩土中具有均一的初始温度 t_0，有初始条件：

$$t(r, 0) = t_0 \tag{5-54}$$

在无限远处，温度场不受冻结的影响，其温度为初始温度，因此有

$$t(\infty, \tau) = t_0 \tag{5-55}$$

在冻结壁锋面上，永远为冻结温度 t_d，即

$$t(\xi_N, \tau) = t_d \tag{5-56}$$

在冻结壁锋面两侧，有下列热平衡方程：

$$\lambda_2 \frac{\partial t_2}{\partial r} \bigg|_{r = \xi_N} - \lambda_1 \frac{\partial t_1}{\partial r} \bigg|_{r = \xi_N} = \psi \frac{d\xi_N}{d\tau} \tag{5-57}$$

在冻结管外壁上，有

$$t(r_0, \tau) = t_c \tag{5-58}$$

式中：t_0 为初始温度，℃；t_d 为土的结冰温度，℃；t_c 为盐水温度，℃；ξ_N 为冻结锋面的坐标，m；r_0 为冻结管外半径，m；ψ 为岩土冻结时，单位容积岩石放出的潜热量，J/m³。

多管冻结与单管冻结相比，主要增加冻结管布置圈半径和相邻冻结管间距这两个参数。

根据上述数学模型，并考虑工程参数，可列出影响温度场的因素为

$$t_n = f\left(a_n, c_n, \psi, \tau, t_n, t_0, t_c, t_d, r_0, r, R_i, S_i\right) \tag{5-59}$$

式中：R_i 为第 i 圈冻结管布置半径，m；S_i 为第 i 圈冻结管的管间距，m；i 为冻结孔布置圈数，$i = 1$，2，3，4。

用因次分析法可得如下准则。

(1) 几何准则：

$$\pi_1 = \frac{r}{r_0}, \quad \pi_2 = \frac{R_i}{r_0}, \quad \pi_3 = \frac{S_i}{r_0}$$

(2) 温度准则：

$$\pi_4 = \frac{t_n - t_d}{t_0 - t_d}, \quad \pi_5 = \frac{t_c - t_d}{t_0 - t_d}$$

(3) 傅里叶准则：

$$\pi_6 = \frac{a_n \tau}{r_0^2}$$

(4) 科索维奇准则：

$$\pi_7 = \frac{\psi}{c_0 (t_0 - t_d)}$$

因此，得出用无因次准则来表示的冻结温度场的准则方程为

$$\frac{t_n - t_d}{t_0 - t_d} = F\left(\pi_1, \pi_2, \pi_3, \pi_5, \pi_6, \pi_7\right) \tag{5-60}$$

马尔特诺夫和伊万诺夫提出了下述冻结过程的水输运模型[26]：

$$\frac{\partial W}{\partial \tau} = G\left(\frac{\partial^2 W}{\partial r^2} + \frac{1}{r}\frac{\partial W}{\partial r}\right) \tag{5-61}$$

$$W\left(\xi_{\mathrm{N}},\tau\right)=W_{\xi_{\mathrm{N}}}-W_{u}^{*} \tag{5-62}$$

$$W(r,0)=W_{0}-W_{u}^{*} \tag{5-63}$$

$$W(\infty,\tau)=W_{0}-W_{u}^{*} \tag{5-64}$$

式中：$W_{\xi_{\mathrm{N}}}$ 为相变界面的含水量；W_{u}^{*} 为不参与土体冻结过程中水分迁移的含水量；W_{0} 为土体的初始含水量；G 为土体的水分扩散系数，$\mathrm{m^{2}/s}$。

由上述方程经相似转换，可得如下准则方程：

$$\frac{W}{W_{0}-W_{u}^{*}}=F\left(\frac{G\tau}{r^{2}},\frac{\xi}{r}\right) \tag{5-65}$$

可以看出，水分迁移的过程与冻结过程在数学模型上是相似的，两者均有傅里叶准则。因此，在几何相似的条件下，只要温度场相似，水分场可以"自模拟"而达到相似。

冻结壁可视为由弹塑性体组成的无限长厚壁圆筒，其数学模型如下。

(1) 平衡方程：

$$\sigma_{r}-\sigma_{\theta}+r\frac{\mathrm{d}\sigma_{r}}{\mathrm{d}r}=0 \tag{5-66}$$

(2) 物理方程如下。

弹性区：

$$\begin{cases} \varepsilon_{r}=\dfrac{1}{E}\left(\sigma_{r}-\mu\sigma_{\theta}\right)=\dfrac{\mathrm{d}u}{\mathrm{d}r} \\[2mm] \varepsilon_{\theta}=\dfrac{1}{E}\left(\sigma_{\theta}-\mu\sigma_{r}\right)=\dfrac{u}{r} \end{cases} \tag{5-67}$$

塑性区：

$$\begin{cases} \varepsilon_{r}+\varepsilon_{\theta}+\varepsilon_{z}=\dfrac{1}{3K}\left(\sigma_{r}+\sigma_{\theta}+\sigma_{z}\right) \\[2mm] \varepsilon_{r}-\varepsilon_{z}=\lambda\left(\sigma_{r}-\sigma_{z}\right) \\[2mm] \varepsilon_{\theta}-\varepsilon_{z}=\lambda\left(\sigma_{\theta}-\sigma_{z}\right) \end{cases} \tag{5-68}$$

$$P=A_{z}\cdot\gamma H \tag{5-69}$$

式中：σ_{r}、σ_{θ}、σ_{z} 为径向应力、切向应力和轴向应力，MPa；ε_{r}、ε_{θ}、ε_{z} 为径向应变、切向应变和轴向应变，无量纲；u 为径向位移；E 为弹性模量，MPa；μ 为泊松比，无量纲；K、λ 为比例系数；P 为作用于冻结壁的水平外载，MPa；A_{z} 为侧压系数；γ 为岩土容重，$\mathrm{kN/m^{3}}$；H 为地层厚度，m。

冻结壁的应力场取决于外载、冻结时产生的冻胀力，以及构成冻结壁的冻土强度，由此可见保证外载、冻胀力和冻土强度相似，模型冻结壁应力场即可达到与原型相似。

由上述公式可得如下相似准则。

（1）力学准则：

$$\pi_8 = \frac{\sigma}{E}, \quad \pi_9 = \frac{P}{\gamma H}$$

（2）几何准则：

$$\pi_{10} = \varepsilon_t, \quad \pi_{11} = \varepsilon_r, \quad \pi_{12} = \frac{u}{r}$$

由上述准则可知，只要模型岩土与原型相同，且施加的垂直力与原型相同深度的垂直力数值相等，则模型产生的地压与原型相同。

冻土强度的主要影响因素为温度，冻胀力的主要影响因素为温度、水分和土性。保证模型与原型冻结壁的傅里叶准则数相等，则两者的温度分布和导热的不稳定程度相同。同时土性和含水量相同，且初始条件和边界条件相似，则可实现冻结壁应力场和变形场的自模拟。

2. 原型参数与模化设计

地层为深度300m的黏土—细砂—黏土地层，上层黏土厚7.0m，中间细砂厚15.9m，下层黏土厚6.0m。其中黏土的干密度为1.8g/cm³，含水量为20%~25%；细砂的干密度为1.7g/cm³，含水量为27%~32%。原型井筒主要冻结参数见表5-13。

表5-13　原型井筒主要冻结参数

项目		单位	数值	备注
井筒净直径		m	5.0	
井筒最大掘进直径		m	7.5	
冻结壁最大设计厚度		m	7.0	
外圈冻结孔	圈径	m	19.1	冻结管规格 $\Phi159\text{mm} \times 7\text{mm}$
	孔数	个	40	
	开孔间距	m	1.56	
内圈冻结孔	圈径	m	14.7	冻结管规格 $\Phi159\text{mm} \times 7\text{mm}$
	孔数	个	30	
	开孔间距	m	1.54	

1）几何缩比

根据实验台的结构特征、原型井筒主要冻结参数、测试精度要求及选材方便，冻结管外径选 $\Phi8\text{mm}$，则几何缩比 $C_l = 19.875$。模型的外圈冻结孔圈径为1000mm，冻结管40个，开孔间距为78.5mm；内圈冻结孔圈径为740mm，冻结管30个，开孔间距为77.5mm。

2）温度缩比

由于实验中使用的材料与原型相同，热物理参数也都相同，故由科索维奇准则：

$$\pi_7 = \frac{\psi}{c_0(t_0 - t_d)}$$

可得 $C_t = 1$，即温度缩比为 1，即模型中各点温度与原型对应点温度相同，即盐水温度、冻结温度、初始温度与原型相同。

3）时间缩比

据傅里叶准则：

$$\pi_6 = \frac{a_n \tau}{r_0^2}$$

得

$$\frac{C_{a_n} C_\tau}{C_{r_0}^2} = 1, \quad C_{a_n} = 1, \quad C_\tau = C_{r_0}^2$$

即时间缩比是几何缩比的平方，模型实验采用的几何缩比是 $C_{r_l} = 19.875$，所以时间缩比 $C_\tau = 19.875^2 = 395$。原型与模型的材料相同，则 $C_{a_n} = 1$。由此得 $C_\tau = C_l^2 = 19.875^2 = 395$。即模型实验 1d 冻结时间相当于原型 395d 的冻结时间。

4）外载

由前述知，模型材料与原型一致，保证两者的冻结壁温度场相似，则冻结壁的应力场和变形场可实现自模拟。由此可知模型的外载与原型相同，在本实验中垂直地压取 $0.02H$ MPa，则 300m 深度处垂直地压为 6MPa。对于水平地压，本实验假设当施加垂直荷载时，实验台筒壁对土体的径向约束力为水平地压。

3. 实验过程

（1）制作底层液压囊。

（2）分层填土。对于黏土，采用人工重力夯实，砂土用水夯实。砂土夯实方法为每层填土 100mm，然后向砂层注入水，水位高出顶层 100cm，待 10min 后由真空泵抽干砂层中的水。当砂层填到设计高度后，将水注满实验台腔体，待 12h 后真空泵开始抽水，直至抽干为止。

（3）安装冻结管。当填土到指定位置后，安装冻结管[图 5-24（a）]。

（4）埋设传感器。当填土到测试层面后，按传感器布置方案埋设传感器，并将导线引出实验台[图 5-24（b）、（c）]。

（5）浇顶层沥青。顶层沥青厚度为 200mm。

（6）安装实验台上盖，连接各加压管路和测试系统。

(7)加压，同时通过真空泵抽取砂体中的水和空气，直至底压稳定在 2.0MPa 左右。然后向砂层中注水，同时加压，当排水管出水时停止注水，关闭排水管阀门。在此过程中开始采集数据。

(8)当压力达到实验要求并保持稳定时，开始冻结。

(9)当井心温度达到−20℃时结束实验。

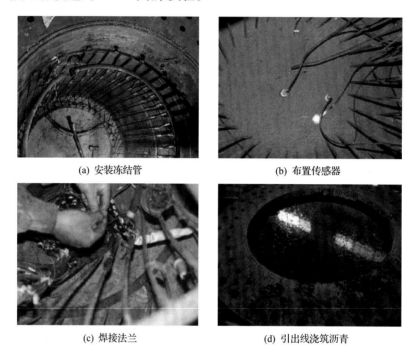

(a) 安装冻结管   (b) 布置传感器

(c) 焊接法兰   (d) 引出线浇筑沥青

图 5-24 实验过程图

4. 实验结果分析

1)冻胀力与时间的关系

将开始降温后各测点测值与降温前相应测点测值之差作为冻胀力。图 5-25～图 5-28 为各测点冻胀力与时间的关系。表 5-14 为各点在不同冻结时间的冻胀力。

由图 5-25 可见，两圈管之间的径向冻胀力在 13d 左右开始出现，而后逐渐增大，T203 在 106d 达到峰值，峰值为 0.21MPa，T163 在 121d 达到峰值，峰值为 0.24MPa。峰值后径向冻胀力随着时间增长降低，在 200d 左右降低为 0，340d 左右径向冻胀力以较快速度开始增大，至 421d 增长速度变缓，最终 T203 点的径向冻胀力为 0.94MPa，T163 点的径向冻胀力为 0.45MPa。

由图 5-26 和表 5-14 可见，两圈管之间的切向冻胀力在 13d 左右开始出现，随着时间增长切向冻胀力逐渐增大。至 64d 切向冻胀力随时间增长开始减小，并处于波动状态，在 100～110d 切向冻胀力开始随时间以较快速度增长，最终 T157 点切向冻胀力达到 1.64MPa，T211 达到 1.08MPa。

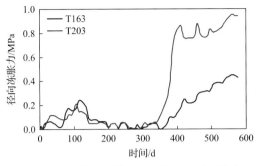

图 5-25　两圈管之间的径向冻胀力与时间的关系

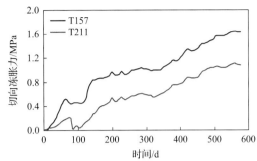

图 5-26　两圈管之间切向冻胀力与时间的关系

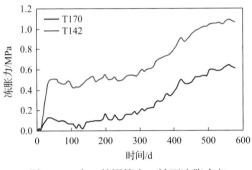

图 5-27　内、外圈管主、轴面冻胀力与
时间的关系

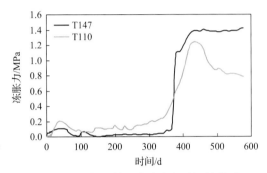

图 5-28　井帮、井心冻胀力与时间的关系

表 5-14　不同冻结时间时各点的冻胀力

时间/d	两圈管之间径向冻胀力/MPa		两圈管之间切向冻胀力/MPa		内圈管主、轴面冻胀力/MPa	外圈管主、轴面冻胀力/MPa	井帮冻胀力/MPa	井心冻胀力/MPa
	T163	T203	T157	T211	T170	T142	T147	T110
1	0.016	0.000	0.000	0.005	0.000	0.005	0.005	0.049
5	0.016	0.005	0.005	0.000	0.005	0.011	0.011	0.049
10	0.005	0.011	0.016	0.005	0.016	0.022	0.005	0.064
30	0.065	0.118	0.183	0.065	0.129	0.194	0.479	0.110
60	0.027	0.081	0.516	0.183	0.091	0.129	0.479	0.060
90	0.156	0.124	0.463	0.075	0.065	0.091	0.490	0.007
120	0.237	0.151	0.511	0.135	0.059	0.065	0.430	0.041
150	0.075	0.048	0.839	0.285	0.086	0.118	0.511	0.003
180	0.065	0.059	0.877	0.414	0.097	0.102	0.495	0.015
210	0.043	0.043	0.920	0.484	0.113	0.108	0.500	0.023
270	0.000	0.005	1.022	0.597	0.161	0.151	0.543	0.028
360	0.027	0.215	1.098	0.689	0.296	0.441	0.716	0.102
450	0.226	0.769	1.356	0.882	0.473	1.211	0.942	1.377
540	0.420	0.893	1.614	1.071	0.608	0.823	1.049	1.386

由图 5-27 和表 5-14 可见，内圈管主、轴面(T170)和外圈管主、轴面(T142)的冻胀力在 13d 左右开始出现。其增长速度较快，外圈管主、轴面冻胀力在 33d 达到 0.50MPa，内圈管主、轴面冻胀力在 33d 达到 0.13MPa。此后随着时间增长冻胀力逐渐增大，但增长速度明显小于第 1 阶段。最终外圈管主、轴面冻胀力达到 1.09MPa，内圈管主、轴面冻胀力达到 0.65MPa。

由图 5-28 和表 5-14 可见，冻结前期(0~340d)井帮(T147)和井心(T110)处测值虽有波动但变化较小，从 340d 开始出现冻胀力，且增长速度较快。至 432d 左右达到峰值，其中井帮处冻胀力为 1.40MPa，井心处冻胀力为 1.24MPa。此后井帮处冻胀力基本保持不变，而井心处的冻胀力开始降低。

由以上分析可知，冻结壁内部的冻胀力无论是在空间上还是在时间上其发展变化都是不均匀的。在两圈管之间冻胀力在 13d 左右出现，而在内圈管内侧的井帮和井心冻胀力在 340d 出现。两圈管之间的径向冻胀力要小于井帮和井心处的冻胀力。

2)孔隙水压力与时间关系

冻结后两圈管之间、井帮处和井心处的孔隙水压与时间的关系如图 5-29~图 5-31 所示。图中的孔隙水压为开始降温后孔隙水压与降温前孔隙水压之差。由图 5-29 可见，两圈管之间的孔隙水压在前期处于波动状态，但变化较小，至 10d 后孔隙水压开始随时间逐渐增加，到 33d 后达到最大值，为 0.103MPa，此后逐渐减小至冻结，冻结临界点的孔隙水压为 0.08MPa。由图 5-30 可见井帮处孔隙水压初期处于波动状态，至 33d 开始增加，但在增长过程中有波动，至 192d 达到最大值 0.17MPa，而后开始降低，冻结前孔隙

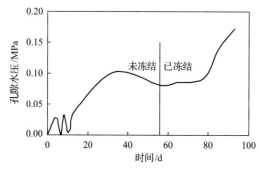

图 5-29 两圈管之间孔隙水压与时间的关系

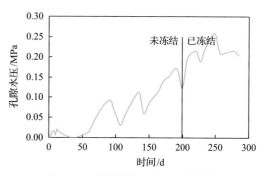

图 5-30 井帮孔隙水压与时间的关系

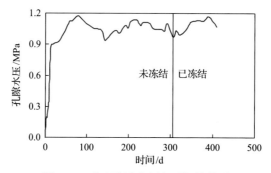

图 5-31 井心孔隙水压与时间的关系

水压为 0.12MPa。由图 5-31 可见井心处开始时孔隙水压便随着时间增长而增加，且在初期增加较快。在 13d 达到 0.9MPa，此后增长速度有所减缓，至 77d 达到最大值 1.17MPa，峰值后呈降低趋势，但降低幅度不大，至冻结前孔隙水压为 0.97MPa。由此可见，冻结过程中孔隙水压在时空变化也是不均匀的，两圈管之间至井帮处的最大孔隙水压为 0.10~0.17MPa，到达最大孔隙水压的时间分别为 33d 和 192d；而井心处的孔隙水压一直处于增长状态，最大孔隙水压为 1.17MPa。

3）冻胀力与冻结壁温度场特征参数的关系

不同测点冻胀力与冻结壁厚度的关系如图 5-32~图 5-35 所示。由图 5-32 可见，两圈管之间的径向冻胀力随着冻结壁厚度的增加基本表现出减小的趋势，当冻结壁厚度增加到 10.0m 后，冻胀力迅速增大。两圈管之间的切向冻胀力（图 5-33）随着冻结壁厚度增加而增大，但在冻结壁厚度不同发展阶段增长速度明显不同，其中在 5.5~6.0m 和 11.7~12.0m 阶段内增长速度较快，其他阶段冻胀力增长较慢。内、外圈管主、轴面冻胀力（图 5-34）随冻结壁厚度增加而增大，其增速可分两个阶段，在 4.6~11.7m 内冻胀力增速较慢，而在 11.7~12.0m 内冻胀力迅速增大。井帮和井心处的冻胀力在冻结壁发展前期变化较小，当冻结壁发展到 11.7m 时冻胀力迅速增加。

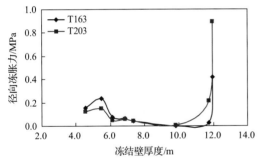

图 5-32　两圈管之间径向冻胀力与
冻结壁厚度的关系

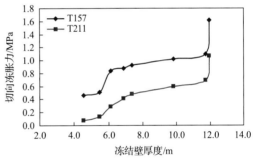

图 5-33　两圈管之间切向冻胀力与
冻结壁厚度的关系

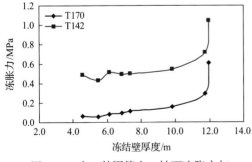

图 5-34　内、外圈管主、轴面冻胀力与
冻结壁厚度的关系

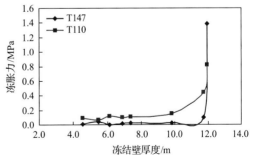

图 5-35　井帮、井心冻胀力与
冻结壁厚度的关系

不同测点冻胀力与冻结壁平均温度的关系如图 5-36~图 5-39 所示。两圈管之间的径向冻胀力初期随着冻结壁平均温度下降而减小，当温度为 –16~–14℃时，冻胀力随着温

度降低以较快速度增加(图 5-36)。两圈管之间的切向冻胀力随着冻结壁平均温度降低而增大,切向冻胀力的增加速度可分四个阶段,–8.5～–8.0℃和–17.2～–15.8℃冻胀力发展较快(图 5-37)。内、外圈管主、轴面冻胀力随冻结壁平均温度下降而增大,其增长速度可分两个阶段,在–14.0～–7.5℃冻胀力增加速度较慢,而在–17.2～–14.0℃冻胀力增速很大(图 5-38)。在前期井帮和井心处冻胀力不随冻结壁平均温度变化,当温度达到–15.8℃后冻胀力随着温度降低迅速增加。

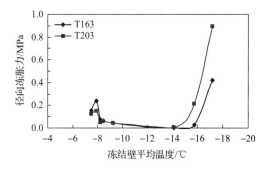

图 5-36　两圈管之间径向冻胀力与
冻结壁平均温度的关系

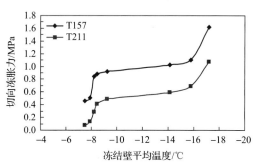

图 5-37　两圈管之间切向冻胀力与
冻结壁平均温度的关系

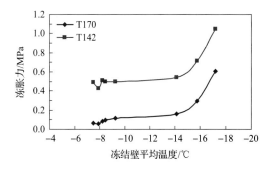

图 5-38　内、外圈管主、轴面冻胀力与
冻结壁平均温度的关系

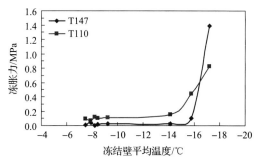

图 5-39　井帮、井心冻胀力与
冻结壁平均温度的关系

由此可见在冻结壁厚度不同发展阶段,以及冻结壁平均温度降低过程中不同位置的冻胀力的变化是不同的。两圈管之间的径向冻胀力在前期减小,后期迅速增大,切向冻胀力逐渐增大,但增长速度不同,可分为四个阶段;内、外圈管主、轴面冻胀力逐渐增大,其增长速度可分两个阶段;井帮和井心处的冻胀力在前期无变化,而到了后期迅速升高。

5.2.3　冻结管受力变形规律数值模拟研究

1. 有限元模型的建立

无论是双圈管、三圈管还是四圈管冻结,现场冻结管断裂多是发生在最内圈管上,因此，本次数值模拟主要对双圈管地层冻结过程中冻结管受力变形开展研究。

1）几何模型

多圈管冻结时冻结管断裂的主要原因可归结为：在冻结壁形成过程中产生冻胀应力，该力使得冻结管产生弯曲应力，在井筒开挖时产生的冻胀应力得以释放，导致冻结壁产生较大位移致使冻结管断裂。因此，本次模拟主要针对多圈管冻结时的断管现象，重点计算冻胀力对冻结管受力与变形的影响。通过本次模拟找出冻结过程中影响冻结管断裂的主要原因。考虑到不同土性中产生的冻胀力不同，且在交界面处由于土体冻结特性的差异，冻结管会受到较大的剪切应力，如果冻结管接头位于该位置，则会使冻结管更易断裂。因此，模拟土层取为四层，分别为黏土、砂土、黏土、砂土，且为了减小上下边界条件对模拟的影响，底层和顶层厚度取 10m，中间两层厚度取 2m，假设它们之间的交界面为水平。

原型井筒冻结参数见表 5-15。因模型具有对称性，取 1/8 圆柱体，建立具有一定高度的三维有限元模型进行分析（图 5-40）。根据大量研究结果，在冻结壁向井外发展的过

表 5-15　某井筒冻结参数

项目		单位	数值	备注
井筒净直径		m	5.5	
井筒最大掘进直径		m	10.5	
冻结壁最大设计厚度		m	10.5	
外圈冻结孔	圈径	m	21.5	冻结管规格 ϕ159mm×7mm
	孔数	个	40	
内圈冻结孔	圈径	m	15	冻结管规格 ϕ159mm×7mm

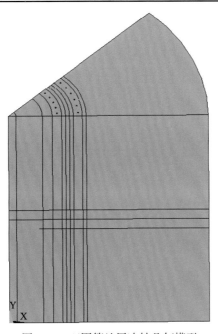

图 5-40　双圈管地层冻结几何模型

程中，井外降温区的宽度不超过外圈冻结管外侧冻结壁厚度 E_0 的 5～8 倍。在冻结工程施工中，黏土中冻结壁向外发展的厚度 E_0 一般不会超过 3m，故影响区的宽度为 15～24m。外圈冻结管的布置半径为 8～16m，因此影响区半径为 (8～16)+(15～24)=23～40m。实际计算时，取影响半径为 31.5m，为井筒最大掘进直径的 3 倍。

2）边界条件

模拟在冻胀力及冻结壁变形作用下冻结管的受力及变形，需开展温度场和应力场顺序耦合分析。因此，涉及两种物理场的边界问题，边界条件见表 5-16。

表 5-16　温度场与应力场数值模拟边界条件

边界类型	上、下端面	对称面（侧面）	外边界圆弧面
温度场边界	绝热边界	绝热边界	恒温边界（初始地温）
应力场边界	$u|_z=0$	对称边界	$u|_x=0$

温度场的荷载为随时间变化的冻结管外表面温度。假定各圈孔同时开机冻结，且盐水温度与流量均相同。

应力场荷载包括两部分：一是各个时间点上作用于土体的温度荷载，二是初始地压（竖向和水平向）。实质上，初始地压通过影响深部原状土的弹性模量而影响冻胀力，采用本次计算模型，只需调整土与冻土的弹性模量，辅以上述边界约束条件，即可达到模拟不同深度处冻胀力的目的。因此，本数值模拟不施加初始竖向和水平向地压，只给定不同深度处相应土与冻土的弹性模量与泊松比来模拟不同深度的地层。

3）单元类型与网格划分

首先开展瞬态温度场的数值模拟，采用 SOLID70 单元模拟土体，采用 SHELL57 单元模拟冻结管；然后进行热力耦合模拟，采用 SOLID45 单元模拟土体，采用 SHELL63 单元模拟冻结管。

网格划分时采用扫掠方式进行，先对模型的底面或顶面进行平面单元剖分，然后以已经完成网格划分的底面或顶面为"源"面沿竖向扫掠形成体单元。网格划分的具体情况如图 5-41 所示。

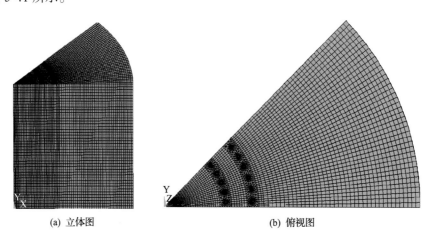

　　(a) 立体图　　　　　　　　　　　　　(b) 俯视图

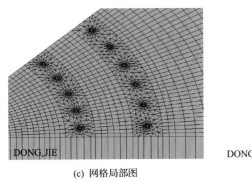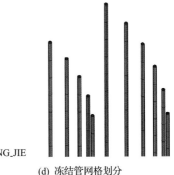

(c) 网格局部图　　　　　　　　　　(d) 冻结管网格划分

图 5-41　模型网格划分

2. 计算方案

1) 计算参数

数值计算中冻结管的弹性模量为 210GPa，泊松比为 0.2。深部土体的弹性模量与先期受到的自重荷载产生的固结有很大关系，且随土体温度的变化而变化，尤其在负温时，土体中的水结冰，强度有很大提高。本次模拟深度取 500m，土体在冻结状态下的基本物理参数见表 5-17。

表 5-17　土体基本物理参数随温度的变化情况

土性	项目	温度					
		–31℃	–1℃	–0.5℃	0.5℃	1℃	31℃
砂土	弹性模量/MPa	600	200	180	100	100	100
	泊松比	0.28	0.30	0.30	0.32	0.32	0.32
黏土	弹性模量/MPa	400	100	80	50	50	50
	泊松比	0.14	0.24	0.26	0.30	0.30	0.30

①结冰温度

根据中国矿业大学的研究，结冰温度（冰点）的计算公式为

$$t_{d} = t_{s} + \eta p \tag{5-70}$$

式中：t_{d} 为有外载条件下含盐湿土的结冰温度，℃；t_{s} 为无外载条件下含盐湿土的结冰温度，℃；η 为当有荷载作用时，不含盐湿土结冰温度随外载的平均变化率，一般取–0.075℃/MPa；p 为土的孔隙水压力（按 1 倍土深的水压计，以压为正），MPa。

②导热系数

当温度梯度为 1℃/m 时，单位时间内通过单位面积的热量称为导热系数（λ），其单位为 W/(m·K)，它是反映冻土传热难易的指标。

一般实验中只给出–10℃和 25℃情况下土层在未冻结状态和冻结状态下的导热系

数。根据相关文献，融土和冻土的导热系数随温度降低 1℃降低 2‰～5‰，数值计算中融土与冻土的导热系数可按式(5-45)和式(5-46)计算。

细砂骨架的导热系数为 2W/(m·K)，水的导热系数为 0.6W/(m·K)，冰的导热系数为 2.24W/(m·K)。

③比热容

单位质量的土体温度改变 1℃所需的热量称作质量热容或比热容，单位为 kJ/(kg·℃)。实验表明，土的比热容具有按各种物质成分的质量加权平均的性质(土中气相填充物的含量以及比热容均很小，可以忽略不计)。因此，融土与冻土的比热容可按式(5-47)和式(5-48)计算。

一般计算时可近似取 $w_u = 0$，$C_{su} = 0.85$kJ/(kg·℃)，$C_{sf} = 0.78$kJ/(kg·℃)，$C_w = 4.2$kJ/(kg·℃)，$C_i = 2.1$kJ/(kg·℃)。

④相变热

在有限元计算中，相变热一般用焓的变化来表示。

假定土体冻结前后能达到的最高温度、最低温度分别为 T、T_0，且在温度区间$[T_-, T_+]$内产生相变(图 5-42)。同时，假定土体比热容、密度在冻结过程中保持不变。并设定某一温度 T_0(低于冰点)处的单位体积土体的焓值为零，则在相变温度 T 处的焓值可用式(5-49)计算。

由相变温度 T_- 至相变温度 T_+ 处的焓增量为单位体积的相变热 φ，可按式(5-52)计算。

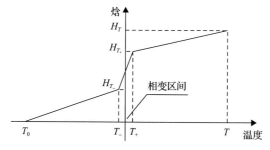

图 5-42　焓-温度关系示意图

T_+温度下的焓值可用式(5-50)计算。

T 温度下的焓值可用式(5-51)计算。

T_+和 T_-为相变区间的温度，可以取冰点温度 T_d 和 T_d–0.5℃。设定 $T_0 = $ –35℃时，焓为 0kJ/m³，则计算得到在 T_-、T_+及 T 处的焓值。

⑤土的冻胀变形系数

在本次数值计算线膨胀变形系数时，由于认知和技术的限制，没有考虑土体颗粒骨架在冻结时的收缩，并忽略不同土性矿物成分的影响。假定土体单元为球体，土体饱和，冻结膨胀则是由土中水的冻胀引起，水结冰后体积膨胀系数为 9%。将土中水膨胀产生的体积变形折算成整个土体单元的体积膨胀，线膨胀变形系数则取球体单位的径向线性膨胀。根据上述假设，其线膨胀变形系数可按式(5-71)计算：

$$a = \sqrt[3]{1 + \frac{0.09 \times w \times \rho_{\mathrm{d}}}{1000}} - 1 \tag{5-71}$$

式中：a 为负温时土体的线膨胀变形系数，无量纲；w 为土体的含水量，%；ρ_{d} 为土体干密度，kg/m^3。

本次数值模拟按孔隙水完全结冰膨胀，推求出土体原位冻胀过程中的体积膨胀系数，进而计算其线膨胀变形系数，即冻胀率。考虑到冻结排水效应，在建模过程中将模型划分为多个条带，通过设置条带不同的热应变系数来模拟冻结排水效应对冻胀力的影响。

利用 ANSYS 有限元程序，通过设定温度非线性的负的线膨胀变形系数，即可实现对地层冻结过程中冻胀变形及冻胀力的模拟。

需要说明的是：ANSYS 中，温度应变的计算均需设定恒定的参考温度，即介质的线膨胀变形系数始终是相对于该参考温度而言。因此，计算时，必须首先按式(5-72)将冻胀率转化为不同温度下的线膨胀变形系数(实际转化计算由程序完成)。

$$\alpha_T = \frac{\alpha_{\mathrm{f}}}{T - T_{\mathrm{ref}}} \tag{5-72}$$

式中：α_T 为 T 温度点时的线膨胀变形系数，无量纲；α_{f} 为土的冻胀率，无量纲；T_{ref} 为温度变形计算时的参考温度，℃。

2)计算方案规划

地层冻结过程中影响冻结管受力变形的主要因素有很多，其中有冻结管管径、管间距、圈间距、土层性质、土体的含水量、土体深度、冻结时间、盐水温度等，由于模型较大，计算一次的时间较长，因此，不可能考虑到每一个影响因素，参考相关研究成果，确定本次计算的主要因素为砂土含水量 W_{S}，砂土弹性模量 E_{S}，黏土含水量 W_{N}，黏土弹性模量 E_{N}。

本次计算先取一组典型参数展开分析，然后安排正交实验分析，找出地层冻结过程中影响冻结管受力变形的主要因素，并给其排序。在典型参数下取黏土含水量为 20%，砂土含水量为 20%，弹性模量及泊松比见表 5-17。数值计算中涉及的其他参数由上面给定的公式在 ANSYS 中编程计算获得。在正交实验下每个因素取三个水平，见表 5-18，采用正交表 L9(3^4)，正交实验安排见表 5-19。

表 5-18　因素水平表

因素		砂土含水量 W_{S} /%	黏土含水量 W_{N} /%	砂土弹性模量 E_{S}	黏土弹性模量 E_{N}
	1	20	20	SA	NA
水平	2	25	25	SB	NB
	3	30	30	SC	NC

注：土的弹性模量与土体深度有关，本次数值计算模拟埋深为 400m、500m、600m 的土体，表中 S 表示砂土，N 表示黏土，A、B、C 分别表示埋深为 400m、500m、600m 的土体，不同土层深度的弹性模量均以 500m 为基准乘以一个系数得到，分别为 0.7、1、1.3。

表 5-19   地层冻结正交实验安排表

组号	W_S /%	W_N /%	E_S	E_N
1	20	20	SA	NA
2	20	25	SB	NB
3	20	30	SC	NC
4	25	20	SB	NC
5	25	25	SC	NA
6	25	30	SA	NB
7	30	20	SC	NB
8	30	25	SA	NC
9	30	30	SB	NA

冻结管的规格为 $\Phi159mm \times 7mm$，冻结管外表面的降温速度是根据冻结盐水降温计划以及冻结管内外温差的经验值计算得到的，如图 5-43 所示。

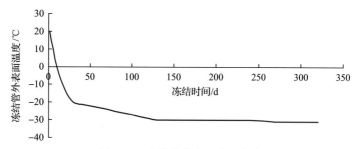

图 5-43   冻结管外表面降温曲线

3. 计算结果与分析

1) 双圈管冻结温度场

冻结时间为 40d、120d、220d 和 320d 时模型的温度场云图如图 5-44 所示。模型特征点随冻结时间的降温曲线如图 5-45 所示。

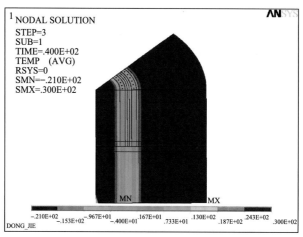

(a) 40d

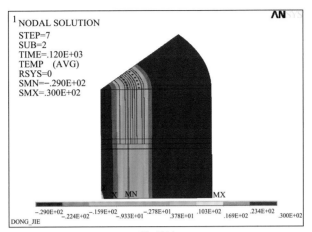

(b) 120d

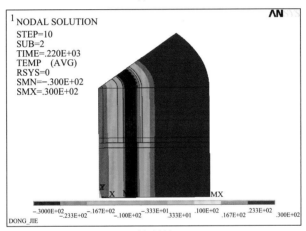

(c) 220d

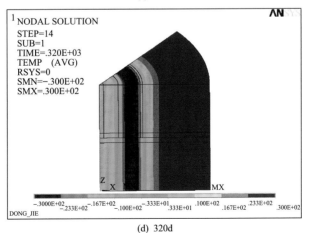

(d) 320d

图 5-44　双圈管冻结下冻结温度场云图

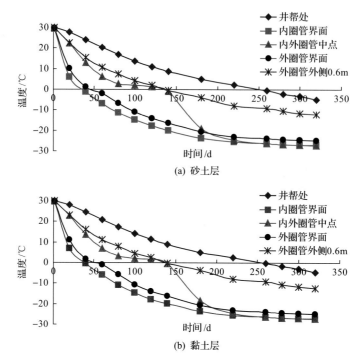

图 5-45 双圈管冻结下特征点温度与时间的变化曲线

由计算结果可得如下基本结论。

（1）无论是黏土层还是砂土层，在两圈管之间有明显的相变区降温缓和段，这是由于在冻结过程中，两圈管之间产生排水冻结，在两圈管之间封存大量的孔隙水，这部分水结冰释放的潜热使得两圈管之间出现明显的降温缓和段。

（2）在黏土层中，内圈管在 30～40d 时交圈，外圈管在 50～60d 时交圈，两圈管间在 110～120d 时交圈。在砂土层中，内圈管在 30～40d 时交圈，外圈管在 40～50d 时交圈，两圈管间在 110～120d 时交圈。对比数值可以发现，在黏土层中外圈管交圈时间要长于砂土层。

2）冻结管位移场

地层冻结过程中，冻结管测点 1 处的径向位移结果见表 5-20。

表 5-20 双圈管冻结下冻结管测点径向位移

时间/d	砂土层/mm		界面层/mm		黏土层/mm	
	内圈管	外圈管	内圈管	外圈管	内圈管	外圈管
1	0.01	0.01	0.01	0.01	0.01	0.01
20	0.28	0.65	0.29	0.64	0.29	0.64
40	1.59	2.99	1.61	2.98	1.64	3.06
60	4.15	6.89	4.16	6.89	4.18	7.04
80	6.08	10.42	6.11	10.45	6.09	10.60
100	7.66	13.62	7.68	13.69	7.66	13.88

续表

时间/d	砂土层/mm		界面层/mm		黏土层/mm	
	内圈管	外圈管	内圈管	外圈管	内圈管	外圈管
120	9.30	17.53	9.32	17.63	9.31	17.82
140	10.23	21.49	10.30	21.60	10.35	21.82
180	12.74	25.22	12.99	25.30	13.24	25.44
220	13.90	26.21	14.21	26.27	14.53	26.36
260	14.78	26.90	15.10	26.97	15.44	27.08
280	15.31	27.29	15.64	27.38	15.99	27.50
300	15.50	27.41	15.82	27.51	16.16	27.65
320	16.01	27.79	16.33	27.91	16.68	28.07

内外圈管在同一土层中的径向位移对比如图 5-46 所示。内外圈管在不同土层中的径向位移对比如图 5-47 和图 5-48 所示。

由上述结果可得如下基本结论。

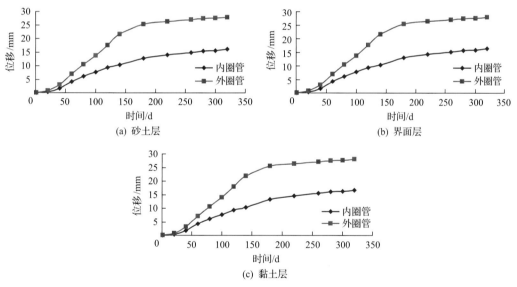

(a) 砂土层

(b) 界面层

(c) 黏土层

图 5-46 双圈管冻结下内外圈管在同一土层中的径向位移对比

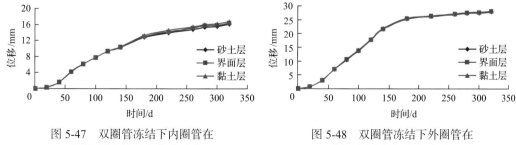

图 5-47 双圈管冻结下内圈管在
不同土层中的径向位移对比

图 5-48 双圈管冻结下外圈管在
不同土层中的径向位移对比

(1)内圈管的最大位移为 16.33mm，外圈管的最大位移为 27.91mm，可见在冻结过程中，位移由内向外逐渐增大。

(2)内外圈管在同一土层中，外圈管的位移远大于内圈管，其位移比值在 1.5~1.7。在不同土层中，内圈管在黏土层中位移最大，界面层次之，砂土层最小，最大差值为 0.67mm，而外圈管同样是在黏土层中位移最大，砂土层中位移最小，最大差值为 0.28mm，可见，不同土体的冻胀作用对冻结管的位移影响不大。

3）冻结管应力场

内圈管测点 1 和测点 3 在不同土层中的应力见表 5-21 和表 5-22。外圈管测点 1 和测点 3 在不同土层中的应力值见表 5-23 和表 5-24。内圈管特征点在不同土层中的应力-时间曲线如图 5-49 所示。外圈管特征点在不同土层中的应力-时间曲线如图 5-50 所示。

由计算结果可得如下基本结论。

(1)同单圈管冻结一样，双圈管冻结条件下位于冻结管上的近井心测点 1 和远井心测点 3 应力变化规律基本相似。无论是内圈管还是外圈管，砂土层中的竖向应力为最大，界面层次之，黏土层最小。

(2)冻结开始至 20d 时，在不同土层中各测点的应力变化基本相同，此后，各点的应力发展出现明显的不同。

(3)各点竖向应力在不同土层位置的变化规律基本一致，120d 之前应力增长速度较快，在这之后应力趋于稳定。在冻结过程中，随着温度的降低，冻结管周围的冻土发生竖向膨胀，冻结管被周围的冻土紧紧包裹住，使得冻结管受到较大拉应力的作用。

表 5-21　双圈管冻结下内圈管测点 1 的应力

时间/d	径向应力/MPa			切向应力/MPa			竖向应力/MPa		
	砂土	界面	黏土	砂土	界面	黏土	砂土	界面	黏土
1	0.0	0.0	0.0	0.2	0.1	0.0	29.4	29.4	29.4
20	0.6	0.4	0.3	15.8	11.2	6.4	138.7	129.3	120.1
40	2.3	1.7	1.1	57.0	43.7	27.9	186.1	154.6	124.6
60	3.2	2.8	2.2	80.7	70.3	54.8	215.4	171.2	125.5
80	3.2	2.8	2.3	80.7	70.4	57.4	226.7	177.2	127.4
100	3.2	2.8	2.2	80.0	69.8	56.7	233.7	182.4	130.1
120	3.1	2.6	2.1	77.8	66.7	54.3	244.2	192.6	138.6
140	3.0	2.6	2.1	75.7	65.1	53.8	243.1	187.4	130.1
180	2.7	2.4	2.1	68.0	60.6	52.7	247.4	188.4	127.2
220	2.5	2.3	2.0	63.4	57.6	51.2	248.2	189.6	128.3
260	2.4	2.2	1.9	59.5	54.5	49.0	247.1	189.3	128.4
280	2.3	2.1	1.9	56.9	52.2	47.0	245.2	187.8	127.1
300	2.2	2.0	1.8	55.9	51.5	46.6	245.6	188.9	128.8
320	2.1	2.0	1.8	53.5	49.4	44.8	244.2	187.8	127.8

表 5-22　双圈管冻结下内圈管测点 3 的应力

时间/d	径向应力/MPa			切向应力/MPa			竖向应力/MPa		
	砂土	界面	黏土	砂土	界面	黏土	砂土	界面	黏土
1	0.2	0.1	0.1	0.0	0.0	0.0	29.4	29.4	29.4
20	−0.8	−1.6	−2.2	0.0	−0.1	−0.1	135.1	126.6	118.5
40	−35.0	−24.8	−12.0	−1.4	−1.0	−0.5	166.0	140.2	117.2
60	−58.0	−50.9	−36.3	−2.3	−2.0	−1.4	185.4	145.9	107.9
80	−57.1	−49.9	−36.7	−2.3	−2.0	−1.5	196.6	153.0	109.5
100	−53.9	−47.1	−34.0	−2.1	−1.9	−1.3	204.6	159.0	112.7
120	−48.9	−41.7	−29.0	−1.9	−1.7	−1.2	216.5	170.9	122.8
140	−45.8	−38.7	−26.4	−1.8	−1.5	−1.0	215.7	166.4	115.6
180	−37.4	−31.3	−20.7	−1.5	−1.2	−0.8	218.9	169.6	118.4
220	−32.8	−27.1	−17.2	−1.3	−1.1	−0.7	221.2	172.2	121.0
260	−28.9	−23.4	−14.0	−1.1	−0.9	−0.6	222.1	173.0	121.9
280	−26.3	−21.0	−11.7	−1.0	−0.8	−0.5	221.6	172.4	121.3
300	−25.4	−20.2	−11.2	−1.0	−0.8	−0.4	222.7	173.8	122.8
320	−22.9	−17.9	−9.0	−0.9	−0.7	−0.4	222.6	173.5	122.5

(4)各测点的径向应力和切向应力变化规律基本一致,不同的是测点 1、测点 2 的切向应力远大于径向应力,其值相差 25 倍左右,而测点 3、测点 4 的径向应力远大于切向应力,其值也相差 25 倍左右。

(5)在外圈管测点中,各测点的应力变化同内圈管一致,不同的是外圈管各测点的各向应力小于对应的内圈管各测点的值。

表 5-23　双圈管冻结下外圈管测点 1 的应力

时间/d	径向应力/MPa			切向应力/MPa			竖向应力/MPa		
	砂土	界面	黏土	砂土	界面	黏土	砂土	界面	黏土
1	0.0	0.0	0.0	−0.1	−0.1	0.0	29.4	29.4	29.4
20	−0.1	0.0	0.0	−2.3	−0.2	1.2	133.5	127.2	120.7
40	0.5	0.5	0.5	12.5	12.1	11.7	173.1	151.9	129.2
60	1.6	1.3	1.0	39.4	33.4	25.4	197.0	160.9	121.1
80	2.1	2.0	1.7	53.1	49.7	42.8	219.5	176.2	126.3
100	2.1	1.9	1.7	51.9	48.5	43.0	230.0	184.1	130.2
120	1.8	1.7	1.5	46.1	42.0	37.9	237.9	191.1	135.7
140	1.5	1.3	1.3	36.9	33.9	32.0	234.7	187.2	131.8
180	1.1	1.1	1.1	27.5	26.8	28.4	232.6	192.1	143.2
220	1.0	1.0	1.1	25.3	25.3	27.7	231.8	192.6	145.9
260	0.9	0.9	1.0	23.2	23.6	26.4	232.4	194.2	148.1
280	0.9	0.9	1.0	21.9	22.6	25.6	230.7	192.2	146.3
300	0.8	0.9	1.0	21.2	22.4	25.6	231.9	193.3	147.2
320	0.8	0.8	1.0	19.9	21.3	24.8	231.9	193.2	146.9

表 5-24 双圈管冻结下外圈管测点 3 的应力

时间/d	径向应力/MPa			切向应力/MPa			竖向应力/MPa		
	砂土	界面	黏土	砂土	界面	黏土	砂土	界面	黏土
1	0.2	0.1	0.1	0.0	0.0	0.0	29.4	29.4	29.4
20	3.0	1.2	−0.9	0.1	0.0	0.0	134.6	127.4	120.4
40	−1.3	−0.6	0.7	−0.1	0.0	0.0	169.6	147.7	127.3
60	−25.1	−18.9	−8.9	−1.0	−0.7	−0.4	182.4	147.6	115.4
80	−39.4	−35.2	−24.4	−1.6	−1.4	−1.0	198.9	156.5	114.5
100	−38.0	−33.7	−23.3	−1.5	−1.3	−0.9	210.2	165.1	118.7
120	−30.3	−25.8	−16.0	−1.2	−1.0	−0.6	222.3	175.5	126.3
140	−20.3	−16.5	−8.0	−0.8	−0.7	−0.3	223.7	174.8	124.0
180	−11.8	−8.6	−1.9	−0.5	−0.3	−0.1	230.6	183.4	132.6
220	−9.8	−6.5	0.0	−0.4	−0.3	0.0	231.9	185.0	134.3
260	−7.9	−4.6	1.7	−0.3	−0.2	0.1	233.6	187.4	137.0
280	−6.7	−3.6	2.8	−0.3	−0.1	0.1	232.1	186.0	135.8
300	−6.3	−3.2	3.1	−0.3	−0.1	0.1	233.2	187.2	137.0
320	−5.1	−2.0	4.1	−0.2	−0.1	0.2	233.6	187.6	137.4

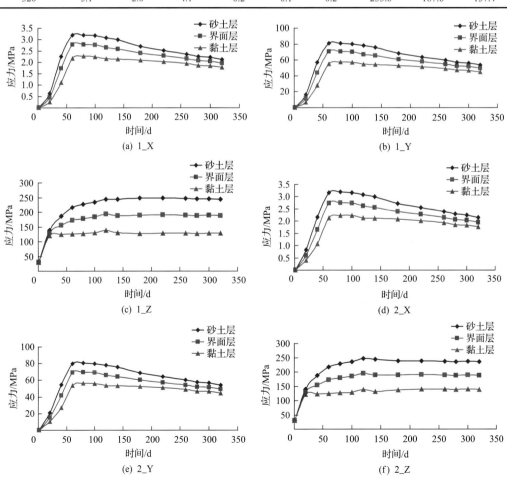

(a) 1_X

(b) 1_Y

(c) 1_Z

(d) 2_X

(e) 2_Y

(f) 2_Z

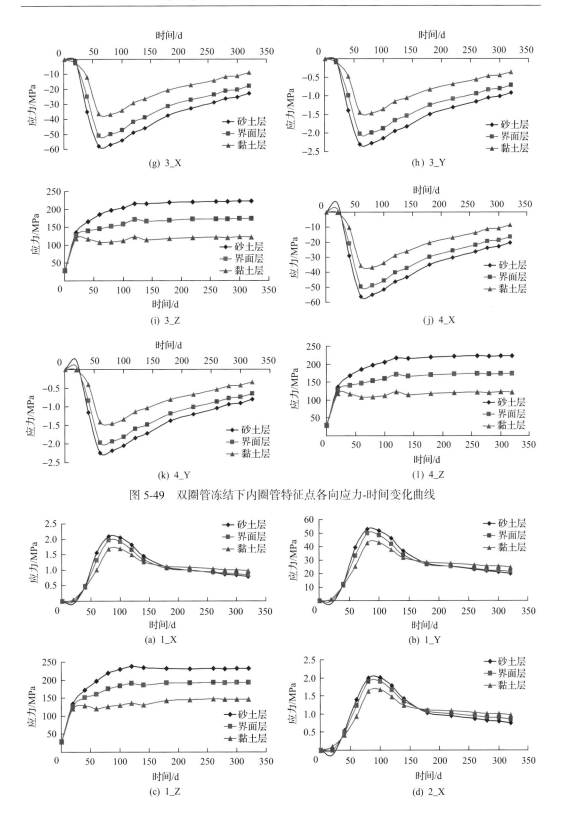

(g) 3_X

(h) 3_Y

(i) 3_Z

(j) 4_X

(k) 4_Y

(l) 4_Z

图 5-49　双圈管冻结下内圈管特征点各向应力-时间变化曲线

(a) 1_X

(b) 1_Y

(c) 1_Z

(d) 2_X

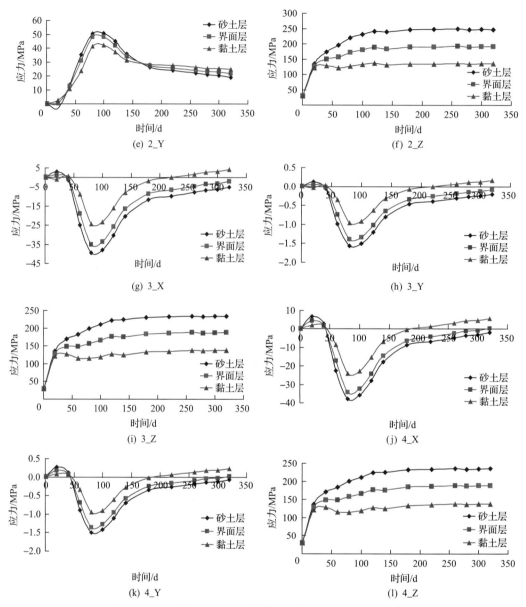

图 5-50　双圈管冻结下外圈管特征点各向应力-时间变化曲线

4)冻结管应变场

内圈管测点 1 和测点 3 在不同土层中的应变见表 5-25 和表 5-26。外圈管测点 1 和测点 3 在不同土层中的应变见表 5-27 和表 5-28。内、外圈管特征点在不同土层中的应变-时间曲线如图 5-51 和图 5-52 所示。

由计算结果可得如下基本结论。

(1)与应力类似，无论内、外圈管，砂土层中的各向应变为最大，界面层次之，黏土层最小。

(2)冻结前 20d，各测点的各向应变呈线性增长，且在不同土层中的增长速度基本一致，表明冻结管前期由于自身的冷缩作用产生的应变在不同土层中都一样。20d 后所有测点的竖向应变继续增大，增长速率逐步减缓，在 120d 后各测点应变趋于一个常值，数值大小在 $500 \times 10^{-6} \sim 1\,200 \times 10^{-6}$。

表 5-25　双圈管冻结下内圈管测点 1 的应变

时间/d	径向应变/10^{-6}			切向应变/10^{-6}			竖向应变/10^{-6}		
	砂土	界面	黏土	砂土	界面	黏土	砂土	界面	黏土
1	−28.2	−28.1	−28.1	−27.3	−27.5	−27.8	139.9	140.0	140.1
20	−144.2	−131.7	−119.2	−57.5	−70.2	−84.1	645.0	604.4	565.4
40	−220.8	−180.6	−140.0	92.0	59.0	12.9	829.8	693.1	565.9
60	−266.8	−216.8	−161.4	176.0	169.3	139.3	946.0	745.4	543.4
80	−277.5	−222.5	−165.2	165.1	163.5	149.9	999.8	774.3	549.8
100	−283.6	−227.0	−167.2	155.4	155.9	143.8	1033.0	799.4	563.4
120	−292.0	−234.4	−173.5	134.9	131.6	124.5	1086.0	851.3	606.3
140	−289.3	−228.2	−165.0	125.9	128.9	130.5	1083.0	827.8	566.1
180	−287.5	−225.7	−161.5	85.4	107.0	127.9	1111.0	837.0	553.7
220	−284.8	−224.6	−161.3	63.1	91.4	119.6	1119.0	845.9	560.1
260	−280.7	−221.9	−159.7	45.8	77.2	109.1	1118.0	847.3	562.7
280	−277.0	−218.7	−157.0	35.4	67.7	100.8	1111.0	842.5	559.0
300	−276.6	−219.3	−158.3	30.1	63.4	97.7	1114.0	848.7	567.0
320	−273.4	−216.6	−155.9	20.4	54.4	89.7	1110.0	845.5	564.4

表 5-26　双圈管冻结下内圈管测点 3 的应变

时间/d	径向应变/10^{-6}			切向应变/10^{-6}			竖向应变/10^{-6}		
	砂土	界面	黏土	砂土	界面	黏土	砂土	界面	黏土
1	−27.1	−27.4	−27.7	−28.2	−28.1	−28.1	139.9	140.0	140.1
20	−132.4	−128.3	−123.1	−128.0	−119.3	−111.3	643.9	604.5	566.7
40	−323.2	−250.7	−168.4	−131.4	−114.6	−102.5	825.0	692.2	570.2
60	−450.7	−379.3	−274.1	−132.3	−100.1	−75.1	940.4	745.2	549.8
80	−457.1	−381.5	−277.8	−143.6	−107.7	−76.2	992.6	778.1	557.7
100	−449.7	−373.9	−267.8	−153.7	−115.5	−81.4	1028.0	803.8	570.1
120	−436.9	−359.7	−254.0	−168.9	−131.0	−94.8	1079.0	855.2	613.6
140	−421.7	−341.3	−234.8	−170.5	−128.9	−90.0	1072.0	830.7	576.8
180	−385.2	−309.2	−210.4	−179.9	−137.6	−97.0	1079.0	838.4	584.5
220	−365.7	−291.9	−196.6	−185.6	−143.3	−102.1	1086.0	846.6	593.4
260	−347.8	−275.5	−182.4	−189.6	−146.9	−105.3	1086.0	847.2	594.2
280	−335.4	−263.4	−171.0	−191.0	−148.2	−106.6	1081.0	841.9	589.2
300	−331.9	−261.0	−169.7	−192.8	−150.1	−108.4	1086.0	847.7	595.7
320	−320.2	−249.8	−159.2	−194.5	−151.6	−109.7	1083.0	844.0	592.0

表 5-27　双圈管冻结下外圈管测点 1 的应变

时间/d	径向应变/10^{-6}			切向应变/10^{-6}			竖向应变/10^{-6}		
	砂土	界面	黏土	砂土	界面	黏土	砂土	界面	黏土
1	−27.9	−28.0	−28.0	−28.3	−28.3	−28.2	139.9	140.0	140.1
20	−125.4	−121.0	−115.9	−138.0	−122.0	−109.2	637.9	606.0	573.6
40	−174.4	−154.0	−132.0	−105.9	−87.4	−68.0	811.9	711.4	603.9
60	−217.7	−178.7	−134.7	−1.5	4.3	4.5	899.0	733.0	551.5
80	−249.5	−205.8	−153.0	41.7	67.1	81.9	992.5	790.0	559.1
100	−258.7	−212.3	−156.9	26.3	53.8	79.3	1044.0	828.5	577.4
120	−261.8	−214.1	−158.2	−9.0	16.3	49.6	1087.0	868.7	608.9
140	−251.7	−204.2	−150.0	−49.4	−18.4	25.4	1081.0	858.1	596.1
180	−242.6	−203.4	−158.1	−91.5	−56.3	−2.2	1081.0	888.2	653.9
220	−240.0	−202.8	−160.1	−101.3	−64.2	−8.2	1079.0	892.3	667.2
260	−239.1	−203.0	−161.3	−111.7	−73.4	−16.4	1084.0	901.4	679.3
280	−236.4	−200.4	−158.9	−116.5	−76.3	−18.5	1077.0	893.0	671.4
300	−237.1	−201.2	−159.7	−120.5	−78.5	−19.4	1083.0	898.3	675.7
320	−236.1	−200.3	−158.8	−126.9	−83.4	−22.9	1085.0	899.1	675.1

表 5-28　双圈管冻结下外圈管测点 3 的应变

时间/d	径向应变/10^{-6}			切向应变/10^{-6}			竖向应变/10^{-6}		
	砂土	界面	黏土	砂土	界面	黏土	砂土	界面	黏土
1	−27.0	−27.3	−27.7	−28.2	−28.1	−28.1	139.9	140.0	140.1
20	−113.8	−115.6	−118.9	−130.5	−122.2	−114.0	637.7	605.3	574.2
40	−167.7	−143.6	−117.9	−160.6	−140.2	−121.7	809.0	703.9	605.3
60	−292.1	−229.8	−152.0	−154.6	−126.2	−103.1	893.2	721.8	558.2
80	−375.4	−315.2	−224.1	−159.4	−122.2	−90.5	986.1	780.3	569.4
100	−379.9	−316.3	−223.1	−171.2	−131.5	−95.2	1039.0	819.4	588.2
120	−354.7	−288.8	−195.9	−188.6	−147.4	−108.1	1088.0	861.0	617.3
140	−309.1	−244.2	−155.9	−197.6	−153.9	−112.0	1086.0	848.7	598.5
180	−275.2	−215.1	−135.1	−210.7	−168.1	−124.9	1110.0	881.9	633.4
220	−267.2	−207.1	−127.9	−213.4	−171.2	−127.9	1114.0	887.5	639.3
260	−259.5	−200.4	−122.2	−216.5	−175.0	−131.8	1120.0	897.1	650.7
280	−253.0	−193.9	−116.0	−216.0	−174.4	−131.4	1112.0	889.1	643.7
300	−252.1	−193.3	−115.9	−217.3	−175.9	−132.8	1117.0	894.6	649.2
320	−246.6	−188.2	−111.3	−218.6	−177.1	−134.0	1117.0	895.2	650.0

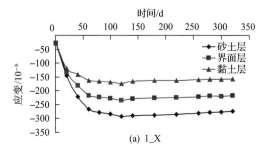

(a) 1_X

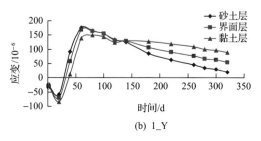

(b) 1_Y

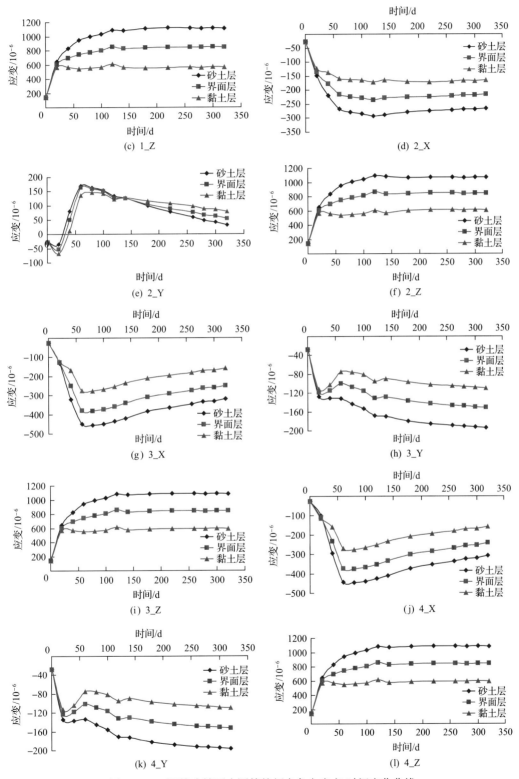

图 5-51 双圈管冻结下内圈管特征点各向应变-时间变化曲线

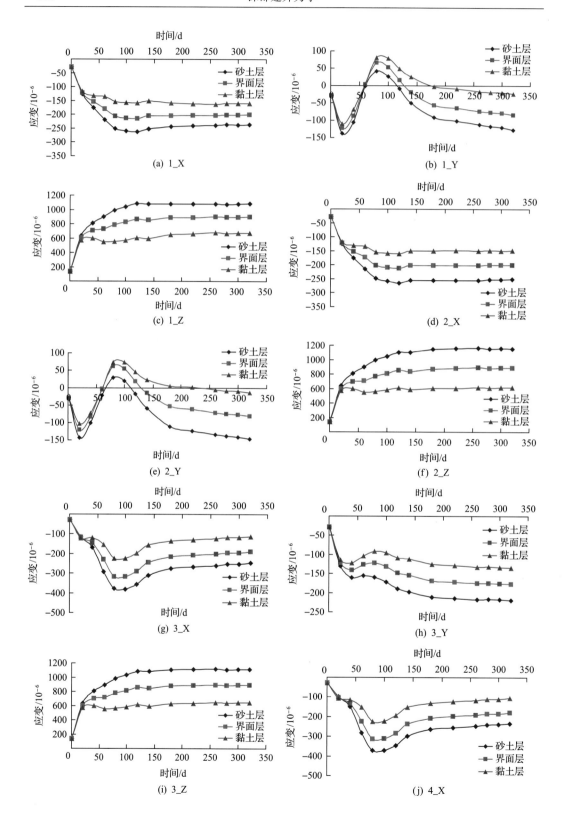

(a) 1_X

(b) 1_Y

(c) 1_Z

(d) 2_X

(e) 2_Y

(f) 2_Z

(g) 3_X

(h) 3_Y

(i) 3_Z

(j) 4_X

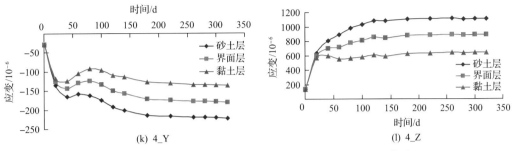

(k) 4_Y　　　　　　　　　　　　　　(l) 4_Z

图 5-52　双圈管冻结下外圈管特征点各向应变-时间变化曲线

5.2.4　分圈异步控制冻结数值计算研究

1. 有限元模型的建立

1) 几何模型

根据煤矿地质条件和井筒特征，按平面问题建立冻结温度场的数值计算模型，为简化计算，根据温度场的对称性，取 90°夹角作为研究对象。

根据大量多圈管温度场计算研究结果，在冻结壁向井外发展的过程中，井外降温区的宽度不超过外圈冻结管外侧冻结壁厚度 E_0 的 5～8 倍。在冻结工程施工中，在黏土中冻结壁向外(外圈孔外侧)发展的厚度 E_0 一般不会超过 5m，故最大影响区的宽度一般不超过 40m。外圈冻结管的最大布置半径为 13.5m，因此预计的最大影响区半径为 13.5 + 40 = 53.5m，数值计算中外圈孔外侧冻土影响范围取 100m。

计算模型如图 5-53 和图 5-54 所示。

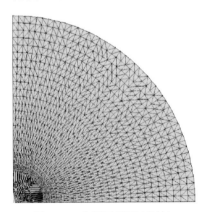

图 5-53　有限元模型(整体)

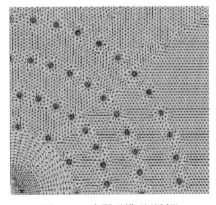

图 5-54　有限元模型(局部)

2) 边界条件

外边界：外圈孔外侧 100m，为恒温边界，温度取原始地温。

对称边界：有限元模型的两侧，为绝热边界。

盐水温度：以冻结管外壁温度作为盐水温度，计算中不考虑冻结管壁内外表面温差。

温度场的其他初始计算参数见表 5-29。

表 5-29　温度场初始计算参数

参数	原始地温/℃	土层密度/(g/cm³)	土层含水率/%	未冻土导热系数/[W/(m·℃)]	土体骨架比热容/[J/(kg·℃)]
取值	30	1.9	20	1.51	0.832

3)单元类型与网格划分

采用平面三角形单元进行网格划分,在冻结管区域网格最密,其次是预计的冻结区,在外边界处网格最稀疏。一般冻结区节点间距为 0.1m。网格划分示意图如图 5-52 和图 5-53 所示,实际的网格更密。

2. 计算方案

1)计算参数

本节以示范工程煤矿主井冻结设计方案为基础,开展相关研究。主井冻结孔设计方案见表 5-30,即采用 3 圈孔加防片孔的冻结方案。

表 5-30　主井冻结孔设计方案

冻结孔	圈径/m	孔数/个	孔距/m	冻结管直径/mm	冻结深度/m
防片孔(FP)	10.5	13	2.536	140	342
第1圈(R1,内圈)	15.3	32	1.501	159	783
第2圈(R2,中圈)	20.8	40	1.633	159	894/783
第3圈(R3,外圈)	27.0	46	1.843	159	775

异步开机时间方案见表 5-31,即防片孔(FP)和第 1 圈孔(R1,内圈)首先开机,第 2 圈孔(R2,中圈)与第 1 圈孔的开机间隔取 3 个水平,分别为 10d、30d 和 50d;第 3 圈孔(R3,外圈)和第 2 圈孔的开机间隔取 3 个水平,分别为 30d、60d 和 90d。其中,"对比方案"为所有圈孔同时开启。需要说明的是,本案例预计冻结 150d 后进行开挖施工,开挖施工后,防片孔即进行关闭。

表 5-31　异步开机时间方案

方案	延迟开机时间/d			
	防片孔(FP)	第1圈(R1)	第2圈(R2)*1	第3圈(R3)*2
对比方案	0	0	0	0
计算方案	0	0	10、30、50	30、60、90

注:*1 为第 2 圈孔与第 1 圈孔的开机间隔时间;*2 为第 3 圈孔和第 2 圈孔的开机间隔时间。

盐水降温计划见表 5-32、图 5-55 和图 5-56,即防片孔和第 1 圈孔的降温计划按照以往经验取值,第 2 圈孔和第 3 圈孔的降温计划分别采用慢速降温、中速降温和快速降温三种降温方案。

表 5-32　盐水降温方案

冻结孔	方案	冻结天数									
		1d	10d	30d	60d	90d	120d	180d	270d	360d	540d
FP+R1/℃	—	10	0	−25	−30	−31	−32	−35	−35	−35	−35
R2/℃	YZ-1	10	−5	−10	−15	−20	−25	−30	−35	−35	−35
	YZ-2	10	−15	−20	−25	−27	−30	−35	−35	−35	−35
	YZ-3	10	−25	−30	−31	−32	−33	−35	−35	−35	−35
R3/℃	YW-1	20	15	−5	−15	−20	−25	−30	−35	−35	−35
	YW-2	15	10	−10	−22	−27	−30	−35	−35	−35	−35
	YW-3	5	−5	−17	−30	−35	−35	−35	−35	−35	−35

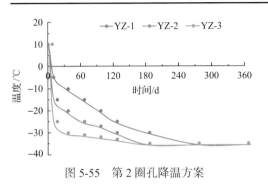

图 5-55　第 2 圈孔降温方案

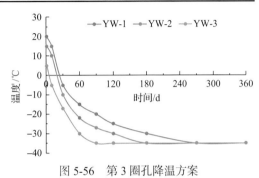

图 5-56　第 3 圈孔降温方案

2)计算方案规划

首先，根据冻结壁设计要求，计算第 2 圈孔开机时间和相应的盐水降温方案，计算方案见表 5-33，计算层位选为−165m。

表 5-33　第 2 圈孔控制冻结计算方案

选项	计算方案	延迟开机时间/d	盐水降温方案
对比方案	ZQ-N0	不开	—
第 2 圈不延迟	ZQ-0-1	0	YZ-1
	ZQ-0-2		YZ-2
	ZQ-0-3		YZ-3
第 2 圈延迟 10d	ZQ-10-1	10	YZ-1
	ZQ-10-2		YZ-2
	ZQ-10-3		YZ-3
第 2 圈延迟 30d	ZQ-30-1	30	YZ-1
	ZQ-30-2		YZ-2
	ZQ-30-3		YZ-3
第 2 圈延迟 50d	ZQ-50-1	50	YZ-1
	ZQ-50-2		YZ-2
	ZQ-50-3		YZ-3

其次，再对比计算分析第 3 圈孔的开机时间和盐水降温方案，计算层位选为–750m（表 5-34）。

表 5-34　第 3 圈孔控制冻结计算方案

选项	计算方案	延迟开机时间/d	盐水降温方案
对比方案	WQ-N0	不开	—
第 3 圈不延迟	WQ-0-1	0	YW-1
	WQ-0-2		YW-2
	WQ-0-3		YW-3
第 3 圈延迟 10d	WQ-30-1	30	YW-1
	WQ-30-2		YW-2
	WQ-30-3		YW-3
第 3 圈延迟 60d	WQ-60-1	60	YW-1
	WQ-60-2		YW-2
	WQ-60-3		YW-3
第 3 圈延迟 90d	WQ-90-1	90	YW-1
	WQ-90-2		YW-2
	WQ-90-3		YW-3

3. 计算结果与分析

1) 中圈孔控制冻结计算结果分析

不同计算方案时，内圈孔、中圈孔交圈时间，及内圈与中圈之间土层冻实时间计算结果见表 5-35，分析计算结果可知：

表 5-35　中圈孔控制冻结计算方案

计算方案	内圈($R1$)交圈时间 τ_{j1}/d	中圈($R2$)交圈时间 τ_{j2}/d	内圈与中圈之间土层冻实时间 τ_{j12}/d	$\tau_{j2}-\tau_{j12}$/d
ZQ-N0	36.9	304.8	115	189.8
ZQ-0-1	34.8	68.6	72.7	−4.1
ZQ-0-2	34.8	43.2	70.7	−27.5
ZQ-0-3	34.8	30.6	60.1	−29.5
Δ_{max}	0	38	12.6	—
ZQ-10-1	34.8	74.9	74.8	0.1
ZQ-10-2	34.8	51.7	70.7	−19
ZQ-10-3	34.8	36.9	64.3	−27.4
Δ_{max}	0	38	10.5	—
ZQ-30-1	36.9	93.9	79.1	14.8
ZQ-30-2	36.9	68.5	79.1	−10.6
ZQ-30-3	36.9	55.9	74.9	−19
Δ_{max}	0	38	4.2	—
ZQ-50-1	36.9	106.5	89.6	16.9
ZQ-50-2	36.9	85.4	87.54	−2.14
ZQ-50-3	36.9	74.9	85.4	−10.5
Δ_{max}	0	31.6	4.2	—

注：方案 ZQ-N0 中 τ_{j2} 和 τ_{j12} 均为冻结壁发展到该位置的时间。

(1) 内圈孔交圈时间 τ_{j1} 受中圈孔控制冻结的影响很小，中圈孔延迟开机 10～50d，在三种降温方案下，内圈孔交圈时间仅变化了 2.1d。

(2) 为减小内圈与中圈之间封闭水的存在，降低冻胀危害，理想的冻结壁是由内向外发展，即中圈孔的交圈时间应大于内圈与中圈之间土层的冻实时间。中圈孔延迟开机时间多，开机后盐水采用慢速降温时，可以满足以上要求，如计算方案 ZQ-10-1、ZQ-30-1 和 ZQ-50-1，$\tau_{j2}-\tau_{j12}$ 分别为 0.1d、14.8d 和 16.9d。

中圈孔控制冻结方案的选择主要决定于冻结壁设计要求，因此分析冻结温度场的发展规律，对比不同方案冻结壁的形成规律，是决定控制冻结方案选择的关键。本节通过对比分析正式开挖时(设计冻结工期 150d 开挖，同时须考虑实际工程中往往提前开挖，如冻结 90d 后开始试挖)的温度场的发展规律，并结合冻结交圈计算结果，以获得合理的中圈孔控制冻结方案。

计算结果如下。

(1) 90d 和 150d 时，各方案冻结壁厚度和平均温度计算结果见表 5-36。

(2) 90d 和 150d 时，冻结壁径向温度分布如图 5-57～图 5-64 所示。

(3) 90d 和 150d 时，部分方案计算结果云图如图 5-65～图 5-80 所示。

结果分析如下。

(1) 在冻结工期为 150d 时，所有方案(不包括对比方案 ZQ-N0)形成的冻结壁厚度均大于 8.0m，冻结壁平均温度低于–15℃，均可满足正式掘砌要求。但掘砌中若改变工期，提前开挖，根据 90d 计算结果，中圈孔延迟开机时间 50d 时，冻结壁厚度较小(一般在 4.8～5.1m)，冻结壁平均温度较高(–8.5℃)。

(2) 综合考虑实际造孔的不均匀性及冻结壁的安全性，中圈孔延迟开机时间宜控制在 10～30d。

(3) 结合冻土交圈与冻实情况，为便于地层中冻胀水的向外流动，减小地层冻胀力，中圈孔延迟开机时间宜控制在 30d 左右，并采用中速降温方案。

表 5-36　冻结壁计算结果

计算方案	冻结工期 90d		冻结工期 150d	
	冻结壁厚度/m	冻结壁平均温度/℃	冻结壁厚度/m	冻结壁平均温度/℃
ZQ-N0	4.7	–8.2	6.1	–18.4
ZQ-0-1	6.5	–13.7	9.1	–20.0
ZQ-0-2	6.8	–17.2	9.3	–21.8
ZQ-0-3	7.3	–18.6	9.6	–22.1
ZQ-10-1	6.1	–12.4	8.6	–19.0
ZQ-10-2	6.3	–16.1	8.9	–20.4
ZQ-10-3	6.7	–17.8	9.1	–21.0
ZQ-30-1	5.1	–15.5	8.4	–18.5
ZQ-30-2	5.9	–14.3	8.5	–19.8
ZQ-30-3	6.2	–16.2	8.7	–20.2
ZQ-50-1	4.8	–8.5	8.1	–16.1
ZQ-50-2	4.9	–8.5	8.3	–17.2
ZQ-50-3	5.1	–8.5	8.5	–18.5

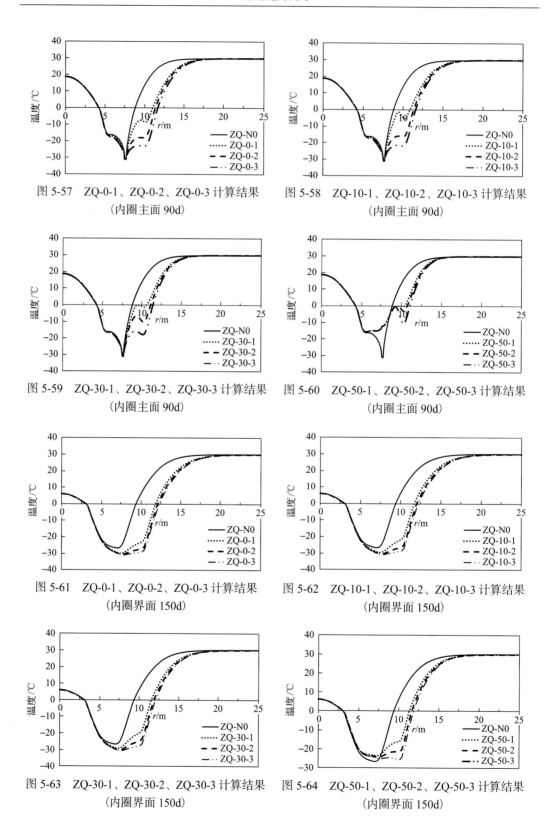

图 5-57　ZQ-0-1、ZQ-0-2、ZQ-0-3 计算结果
（内圈主面 90d）

图 5-58　ZQ-10-1、ZQ-10-2、ZQ-10-3 计算结果
（内圈主面 90d）

图 5-59　ZQ-30-1、ZQ-30-2、ZQ-30-3 计算结果
（内圈主面 90d）

图 5-60　ZQ-50-1、ZQ-50-2、ZQ-50-3 计算结果
（内圈主面 90d）

图 5-61　ZQ-0-1、ZQ-0-2、ZQ-0-3 计算结果
（内圈界面 150d）

图 5-62　ZQ-10-1、ZQ-10-2、ZQ-10-3 计算结果
（内圈界面 150d）

图 5-63　ZQ-30-1、ZQ-30-2、ZQ-30-3 计算结果
（内圈界面 150d）

图 5-64　ZQ-50-1、ZQ-50-2、ZQ-50-3 计算结果
（内圈界面 150d）

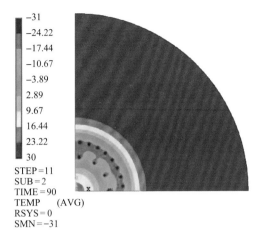

STEP=11
SUB=2
TIME=90
TEMP　(AVG)
RSYS=0
SMN=−31

图 5-65　ZQ-N0 计算结果（90d）

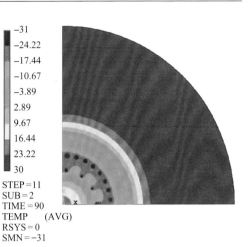

STEP=11
SUB=2
TIME=90
TEMP　(AVG)
RSYS=0
SMN=−31

图 5-66　ZQ-0-1 计算结果（90d）

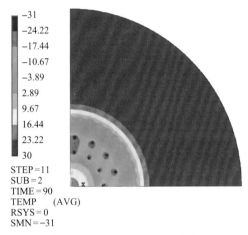

STEP=11
SUB=2
TIME=90
TEMP　(AVG)
RSYS=0
SMN=−31

图 5-67　ZQ-50-1 计算结果（90d）

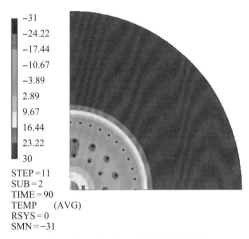

STEP=11
SUB=2
TIME=90
TEMP　(AVG)
RSYS=0
SMN=−31

图 5-68　ZQ-50-3 计算结果（90d）

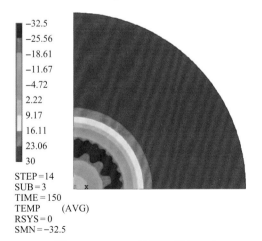

STEP=14
SUB=3
TIME=150
TEMP　(AVG)
RSYS=0
SMN=−32.5

图 5-69　ZQ-N0 计算结果（150d）

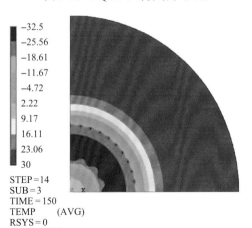

STEP=14
SUB=3
TIME=150
TEMP　(AVG)
RSYS=0
SMN=−32.5

图 5-70　ZQ-0-1 计算结果（150d）

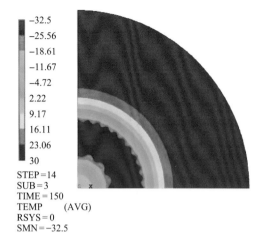

图 5-71　ZQ-0-2 计算结果(150d)

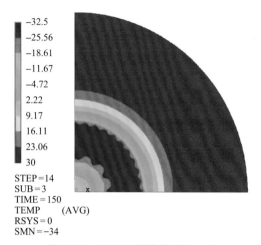

图 5-72　ZQ-0-3 计算结果(150d)

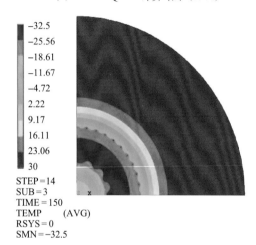

图 5-73　ZQ-10-1 计算结果(150d)

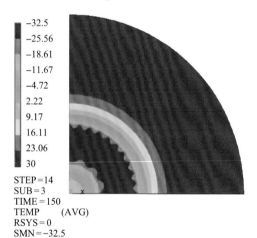

图 5-74　ZQ-10-2 计算结果(150d)

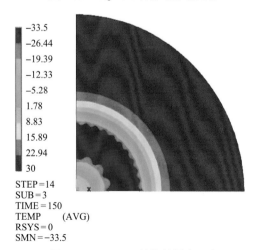

图 5-75　ZQ-10-3 计算结果(150d)

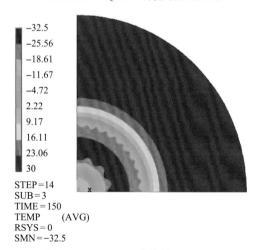

图 5-76　ZQ-30-1 计算结果(150d)

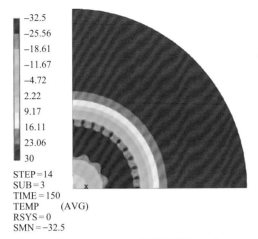

图 5-77　ZQ-30-2 计算结果(150d)

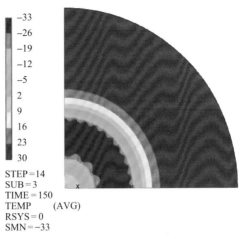

图 5-78　ZQ-30-3 计算结果(150d)

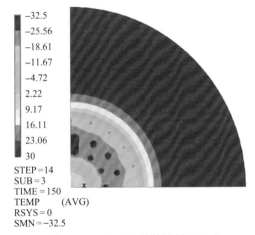

图 5-79　ZQ-50-1 计算结果(150d)

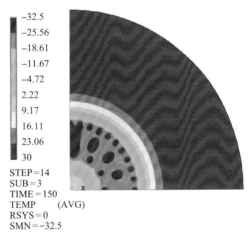

图 5-80　ZQ-50-3 计算结果(150d)

2)外圈孔控制冻结计算结果分析

不同计算方案时,中圈孔、外圈孔交圈时间,以及中圈与外圈之间土层冻实时间计算结果见表 5-37,分析计算结果可知:

(1)计算范围内,中圈孔交圈时间 τ_{j2} 受外圈孔控制冻结的影响较小,外圈孔延迟开机 30～90d 在三种降温方案下,中圈孔交圈时间仅变化了 8.4d。

(2)为减小中、外圈之间封闭水的存在,降低冻胀危害,理想的冻结壁是由内向外发展,即外圈孔的交圈时间应大于(或接近于)中圈与外圈之间土层的冻实时间。中圈孔延迟开机的时间多,开机后盐水采用慢速降温时,可以满足以上要求,如计算方案 WQ-60-1、WQ-60-2、WQ-90-1～WQ-90-3,$\tau_{j2}-\tau_{j12}$ 在 -2.1～25.3d。即若要达到冻结排水、预防冻胀的目的,外圈孔壁中圈孔延迟开机时间在 60d 以上。

外圈孔控制冻结方案的选择须考虑冻结壁设计要求,可对比分析不同控制方案冻结壁的形成与发展规律,来决定控制冻结方案的选择。本节主要分析深部地层(750m)冻结工期 350d 和 510d 时温度场的计算结果,以获得合理的外圈孔控制冻结方案。

计算结果如下。

(1)360d 和 510d 时，各方案冻结壁厚度和平均温度计算结果见表 5-38。

表 5-37 中圈孔控制冻结计算方案

计算方案	中圈(R1)交圈时间 τ_{j2} /d	外圈(R2)交圈时间 τ_{j3} /d	中、外圈之间土层冻实时间 τ_{j23} /d	$\tau_{j3}-\tau_{j23}$ /d
WQ-N0	70.6	463.1	190.9	272.2
WQ-0-1	64.3	91.8	112.8	−21
WQ-0-2	64.3	74.8	106.5	−31.7
WQ-0-3	62.2	60.1	91.7	−31.6
Δ_{max}	2.1	31.7	21.1	—
WQ-30-1	66.4	117.1	123.4	−6.3
WQ-30-2	66.4	100.1	121.2	−21.1
WQ-30-3	66.4	85.4	110.7	−25.3
Δ_{max}	0	31.7	12.7	—
WQ-60-1	70.6	146.6	133.9	12.7
WQ-60-2	70.6	129.7	131.8	−2.1
WQ-60-3	68.6	110.7	127.6	−16.9
Δ_{max}	2	35.9	6.3	—
WQ-90-1	70.6	176.1	150.8	25.3
WQ-90-2	70.6	159.3	148.7	10.6
WQ-90-3	70.6	142.4	142.4	0
Δ_{max}	0	33.7	8.4	—

表 5-38 冻结壁计算结果

计算方案	冻结工期 360d		冻结工期 510d	
	冻结壁厚度/m	冻结壁平均温度/℃	冻结壁厚度/m	冻结壁平均温度/℃
WQ-N0	8.25	−18.2	8.95	−25.2
WQ-0-1	11.6	−26.2	12.0	−27.2
WQ-0-2	11.7	−26.9	12.1	−27.2
WQ-0-3	11.8	−27.3	12.2	−27.3
WQ-30-1	11.4	−25.0	11.7	−26.6
WQ-30-2	11.5	−25.5	11.7	−26.8
WQ-30-3	11.6	−26.0	11.9	−26.8
WQ-60-1	11.2	−24.8	11.5	−26.4
WQ-60-2	11.3	−25.1	11.6	−26.5
WQ-60-3	11.4	−25.8	11.7	−26.7
WQ-90-1	10.85	−24.6	11.3	−26.2
WQ-90-2	11.1	−24.9	11.4	−26.4
WQ-90-3	11.3	−25.6	11.6	−26.5

(2)360d 和 510d 时，冻结壁径向温度分布如图 5-81～图 5-88 所示。

(3)360d 和 510d 时，部分方案计算结果云图如图 5-89～图 5-102 所示。

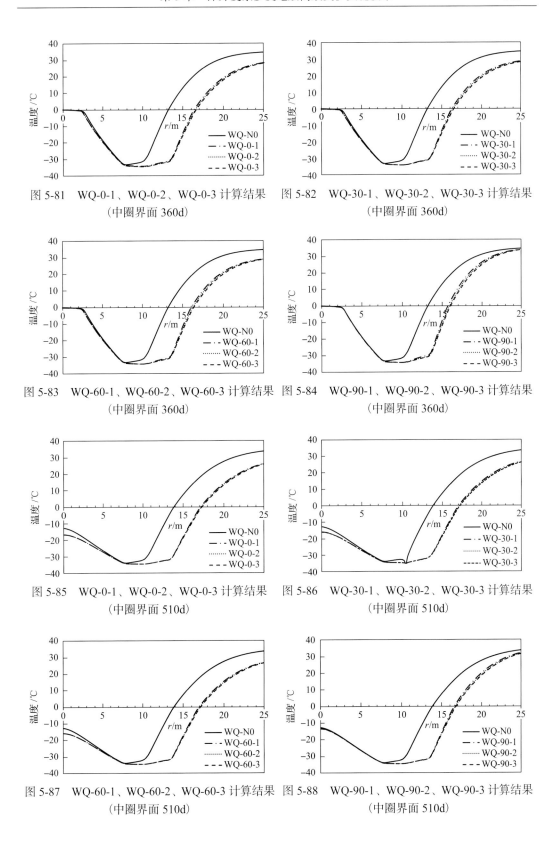

图 5-81　WQ-0-1、WQ-0-2、WQ-0-3 计算结果
（中圈界面 360d）

图 5-82　WQ-30-1、WQ-30-2、WQ-30-3 计算结果
（中圈界面 360d）

图 5-83　WQ-60-1、WQ-60-2、WQ-60-3 计算结果
（中圈界面 360d）

图 5-84　WQ-90-1、WQ-90-2、WQ-90-3 计算结果
（中圈界面 360d）

图 5-85　WQ-0-1、WQ-0-2、WQ-0-3 计算结果
（中圈界面 510d）

图 5-86　WQ-30-1、WQ-30-2、WQ-30-3 计算结果
（中圈界面 510d）

图 5-87　WQ-60-1、WQ-60-2、WQ-60-3 计算结果
（中圈界面 510d）

图 5-88　WQ-90-1、WQ-90-2、WQ-90-3 计算结果
（中圈界面 510d）

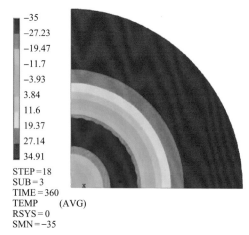

图 5-89　WQ-N0 计算结果（360d）

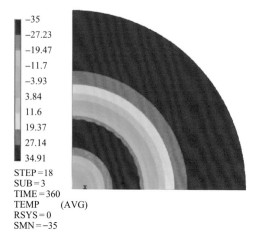

图 5-90　WQ-0-1 计算结果（360d）

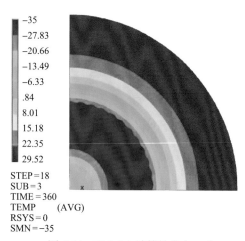

图 5-91　WQ-0-2 计算结果（360d）

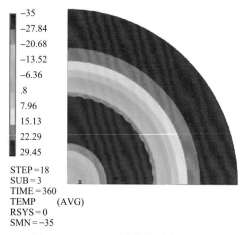

图 5-92　WQ-0-3 计算结果（360d）

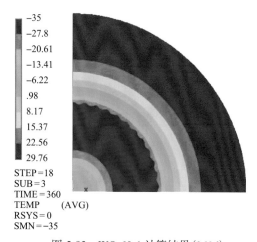

图 5-93　WQ-60-1 计算结果（360d）

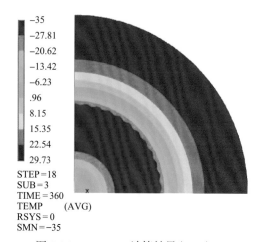

图 5-94　WQ-60-2 计算结果（360d）

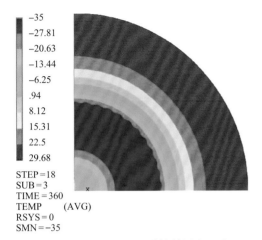

-35
-27.81
-20.63
-13.44
-6.25
.94
8.12
15.31
22.5
29.68
STEP=18
SUB=3
TIME=360
TEMP　　(AVG)
RSYS=0
SMN=-35

图 5-95　WQ-60-3 计算结果（360d）

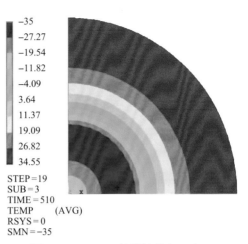

-35
-27.27
-19.54
-11.82
-4.09
3.64
11.37
19.09
26.82
34.55
STEP=19
SUB=3
TIME=510
TEMP　　(AVG)
RSYS=0
SMN=-35

图 5-96　WQ-N0 计算结果（510d）

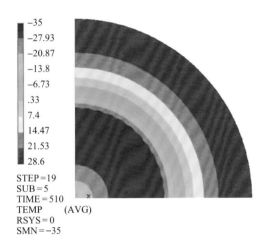

-35
-27.93
-20.87
-13.8
-6.73
.33
7.4
14.47
21.53
28.6
STEP=19
SUB=5
TIME=510
TEMP　　(AVG)
RSYS=0
SMN=-35

图 5-97　WQ-0-1 计算结果（510d）

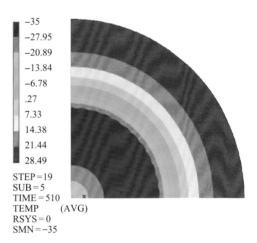

-35
-27.95
-20.89
-13.84
-6.78
.27
7.33
14.38
21.44
28.49
STEP=19
SUB=5
TIME=510
TEMP　　(AVG)
RSYS=0
SMN=-35

图 5-98　WQ-0-2 计算结果（510d）

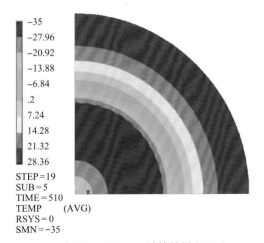

-35
-27.96
-20.92
-13.88
-6.84
.2
7.24
14.28
21.32
28.36
STEP=19
SUB=5
TIME=510
TEMP　　(AVG)
RSYS=0
SMN=-35

图 5-99　WQ-0-3 计算结果（510d）

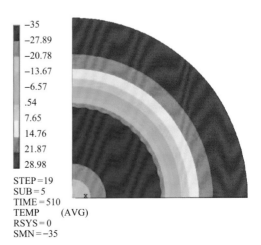

-35
-27.89
-20.78
-13.67
-6.57
.54
7.65
14.76
21.87
28.98
STEP=19
SUB=5
TIME=510
TEMP　　(AVG)
RSYS=0
SMN=-35

图 5-100　WQ-60-1 计算结果（510d）

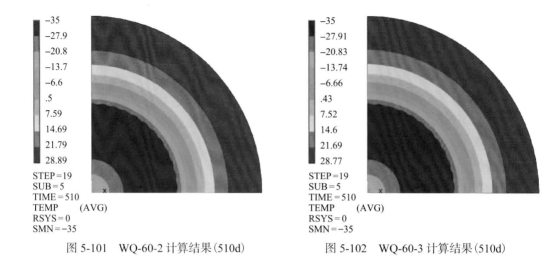

图 5-101　WQ-60-2 计算结果（510d）　　　　图 5-102　WQ-60-3 计算结果（510d）

结果分析如下。

（1）冻结工期 360d 时，整个冻结壁发展已进入相对稳定期，计算范围内外圈孔的开机时间和盐水降温方案对冻结壁的影响较小，除了开机延迟时间较长，盐水降温速度较慢的方案（如 WQ-90-1），大多能满足设计要求。至 510d 时，冻结壁厚度增大较小，而平均温度相对下降 1.0～1.5℃，因为此时冻结壁向外发展的速度已经接近平衡，即冻结壁已进入维持阶段。

（2）综合实际冻结工程中，由于冻结孔偏斜造成的间距增大，并考虑到冻结冷量损耗，外圈孔宜在中圈孔开机后 60d 左右进行开机，并采用计算中推荐的中速降温方案，通过控制冻结可达到外圈孔交圈时间略大于中圈与外圈之间土层的冻实时间，有利于冻结圈之间的夹层水向外侧挤出，既保障了冻结壁设计要求，又达到了降低冻胀、减小井壁荷载的目的。

4. 小结

将分圈异步冻结与冻结控制技术相结合，系统分析多圈孔冻结过程中温度场的发展规律和冻结壁形成规律，主要结论如下。

（1）结合实际工程，研究分析不同开机方案时冻结壁温度场发展规律，分析异步冻结、分圈控制过程冻结壁的发展过程，提出中圈孔、外圈孔合理开机时间，并获得与之相匹配的盐水控制方案。

（2）中圈孔宜延迟开机 30d 左右，采用推荐的中速降温方案；外圈孔宜比中圈孔延迟 60d 左右开机，采用推荐的中速降温方案；通过合理的异步冻结控制技术，可实现外圈孔交圈时间大于中圈与外圈孔之间土层的冻实时间，有利于冻结圈之间的夹层水向外侧挤出，既保障了冻结壁设计要求，又达到了降低冻胀、减小井壁荷载的目的。

5.3　深井井筒高性能砼井壁施工技术

5.3.1　配合比实验研究

1. 高强混凝土实验室配制强度

《高强混凝土应用技术规程》(JGJ/T 281—2012)及《纤维混凝土应用技术规程》(JGJ 221—2010)中，高强混凝土配制强度按如下方式确定

$$f_{\mathrm{cu,0}} \geqslant 1.15 f_{\mathrm{cu,k}}$$

式中：$f_{\mathrm{cu,0}}$ 为混凝土配制强度，MPa；$f_{\mathrm{cu,k}}$ 为混凝土立方体抗压强度标准值，MPa。

对于东副立井使用的 CF80、CF90 混凝土，实验室配制强度要求：

$f_{\mathrm{cu,0}} \geqslant 1.15 \times 80 = 92\mathrm{MPa}$。

$f_{\mathrm{cu,0}} \geqslant 1.15 \times 90 = 103.5\mathrm{MPa}$。

2. 混凝土配比实验过程及前期实验结果

混凝土配比实验过程如图 5-103～图 5-112 所示。

山东新巨龙能源有限责任公司、山东省建筑科学研究院有限公司、中国矿业大学研究团队经大量的实验及初步验证工作后，对 CF80、CF90 的混凝土配比进行了实验，其所得到的混凝土配比见表 5-39。

说明：表 5-40 的监测结果为山东省建筑科学研究院采用一批玄武岩和砂进行初步配比的实验结果。表 5-41～表 5-45 的监测结果为中国矿业大学采用一批玄武岩和砂进行初步配比的实验结果，玄武岩粒型较差，实验结果有些离散性，后期实验选用粒型较好的玄武岩继续开展相关工作。从实验结果分析，初步满足配制 CF80 和 CF90 混凝土的要求，砂、石材料性能需要改善，大量使用时需要严格控制各材料质量。

图 5-103　成排钢纤维(3D80/50BG)

图 5-104　钢纤维投入搅拌机

图 5-105   浇筑钢纤维混凝土

图 5-106   钢纤维在混凝土中分布情况

图 5-107   钢纤维坍落度测试

图 5-108   浇筑钢纤维混凝土试块

图 5-109   浇筑完的钢纤维混凝土试块

图 5-110   钢纤维混凝土试块压力实验 1

图 5-111   钢纤维混凝土试块压力实验 2

图 5-112   钢纤维混凝土试块破坏后

表 5-39　CF80、CF90 混凝土配合比

混凝土类别	每立方米混凝土材料用量/kg					
	水	水泥	外加剂	砂	石	钢纤维
CF80 内、外壁	145	418（山水 P.O52.5）	140（NC-H90）	699	1048	35
CF90 内壁	142	410（山水 P.O52.5）	180（NC-H90）	687	1031	35
CF80 内、外壁	145	418（中联 P.O52.5）	140（NC-H90）	699	1048	35
CF90 内壁	142	410（中联 P.O52.5）	180（NC-H90）	687	1031	35

表 5-40　CF80、CF90 混凝土抗压强度

混凝土类别	每立方米混凝土材料用量/kg						抗压强度/MPa			
	水	水泥	外加剂	砂	石	钢纤维	1d	3d	7d	28d
CF80 内、外壁	145	418（山水 P.O52.5）	140（NC-H90）	699	1048	35	28.6	61.1	72.7	89.4
CF90 内壁	142	410（山水 P.O52.5）	180（NC-H90）	687	1031	35	26.4	66.4	87.9	100
CF80 内、外壁	145	418（中联 P.O52.5）	140（NC-H90）	699	1048	35	57.3	74.4	84.8	96.8
CF90 内壁	142	410（中联 P.O52.5）	180（NC-H90）	687	1031	35	53.1	74.6	90.8	108.8

表 5-41　CF80、CF90 混凝土坍落度测试结果

混凝土类别	每立方米混凝土材料用量/kg						坍落度/mm	
	水	水泥	外加剂	砂	石	钢纤维	出机	30min
CF80 内、外壁	145	418（山水 P.O52.5）	140（NC-H90）	699	1048	35	200	190
CF90 内壁	142	410（山水 P.O52.5）	180（NC-H90）	687	1031	35	210	205
CF80 内、外壁	145	418（中联 P.O52.5）	140（NC-H90）	699	1048	35	210	210
CF90 内壁	142	410（中联 P.O52.5）	180（NC-H90）	687	1031	35	200	200

表 5-42　CF80 内，外壁抗压强度（山水水泥）

试块尺寸及养护条件	龄期/d	峰值压力/kN	峰值强度/MPa	平均抗压强度/MPa
100mm×100mm×100mm 标养	1	351.5	35.2	35.1
		345.2	34.5	
		355.0	35.5	
	3	570.3	57.0	58.2
		591.5	59.2	
		585.4	58.5	
	7	590.8	59.1	64.7
		683.1	68.3	
		665.6	66.6	
	28	933.8	93.4	86.0
		813.0	81.3	
		833.0	83.3	

试块尺寸及养护条件	龄期/d	峰值压力/kN	峰值强度/MPa	平均抗压强度/MPa
100mm×100mm×100mm 50℃高温养护	1	666.1	66.6	67.3
		698.1	69.8	
		654.8	65.5	
	3	705.6	70.6	69.6
		658.6	65.9	
		724.9	72.5	
	7	834.6	83.5	80.2
		795.9	79.6	
		776.4	77.6	

表 5-43 CF90 内壁抗压强度（山水水泥）

试块尺寸及养护条件	龄期/d	峰值压力/kN	峰值强度/MPa	平均抗压强度/MPa
100mm×100mm×100mm 标养	1	357.4	35.74	35.9
		370.6	37.06	
		347.5	34.75	
	3	791.2	79.12	71.3
		710.3	71.03	
		638.1	63.81	
	7	729.2	72.92	72.0
		751.0	75.1	
		678.3	67.83	
	28	—	89.4	89.0
		—	88.9	
		—	88.8	
100mm×100mm×100mm 50℃高温养护	1	676.0	67.6	64.2
		654.6	65.46	
		596.0	59.6	
	3	1002.0	100.2	98.8
		1014.0	101.4	
		949.3	94.93	
	7	1028.0	102.8	93.6
		905.3	90.53	
		875.3	87.53	

表 5-44　CF80 内，外壁抗压强度（中联水泥）

试块尺寸及养护条件	龄期/d	峰值压力/kN	峰值强度/MPa	平均抗压强度/MPa
100mm×100mm×100mm 标养	1	469.4	46.9	47.5
		471.3	47.1	
		482.8	48.3	
	3	674.0	67.4	62.3
		590.6	59.1	
		605.6	60.6	
	7	728.7	72.9	72.0
		711.5	71.2	
		585.5	58.6	
	28	—	76.8	74.1
		—	81.6	
		—	75.5	
100mm×100mm×100mm 50℃高温养护	1	753.2	75.3	71.8
		688.1	68.8	
		712.0	71.2	
	3	822.1	82.2	88.5
		898.5	89.9	
		934.8	93.5	
	7	808.8	80.9	81.6
		797.6	79.8	
		842.1	84.2	

表 5-45　CF90 内壁抗压强度（中联水泥）

试块尺寸及养护条件	龄期/d	峰值压力/kN	峰值强度/MPa	平均抗压强度/MPa
100mm×100mm×100mm 标养	1	406.5	40.7	40.8
		418.6	41.9	
		399.5	40.0	
	3	611.4	61.1	61.8
		625.2	62.5	
		617.6	61.8	
	7	675.5	67.6	70.0
		689.9	69.0	
		734.7	73.5	
	28	—	81.9	—
		—	66.9	
		—	67.4	

试块尺寸及养护条件	龄期/d	峰值压力/kN	峰值强度/MPa	平均抗压强度/MPa
		733.9	73.4	
	1	679.7	68.0	68.4
		639.7	64.0	
100mm×100mm×100mm 50℃高温养护		985.0	98.5	
	3	887.7	88.8	91.4
		867.9	86.8	
		865.5	86.6	
	7	958.1	95.8	88.1
		820.7	82.1	

3. 推荐的混凝土配合比

在配制原则与原料选择的基础上，通过大量实验，推荐的 CF80、CF90 混凝土的配合比见表 5-46。

表 5-46　混凝土参考配合比

混凝土	每立方米混凝土材料用量/kg						初始坍落度/mm	半小时后坍落度/mm
	水泥	矿物掺合料	水	砂	碎石	钢纤维		
CF80	418	140	145	699	1048	35	200~215	200~215
CF90	410	180	142	687	1031	35	220~230	215~225

4. 推荐的原材料

在原料选择和满足配制原则的基础上，进行了大量的 CF80、CF90 混凝土配合比实验工作，经大量实验后推荐 CF80、CF90 的使用材料如下。

(1) 石子。选择母岩强度高、质地均匀的玄武岩碎石，颗粒粒径 5~20mm 连续级配，含泥量小于 0.5%，针片状含量不大于 5%，压碎值小于 8%。(注：考虑到石料场石子为分粒径筛选，5~20mm 粒径石子可由 5~10mm、10~15mm、15~20mm 粒径石子混合获得，建议质量比为 2∶6∶4)。粗骨料的其他质量指标应符合《普通混凝土用砂、石质量及检验方法标准》(JGJ 52—2006) 的规定。

(2) 砂。选择细度模数为 2.6~3.0 的 II 区中、粗河砂，砂的含泥量和泥块含量应分别不大于 2.0% 和 0.5%，其他指标应符合《普通混凝土用砂、石质量及检验方法标准》(JGJ 52—2006) 的规定。

(3) 水泥。同实验用水泥相同。

(4) 矿物掺合料。矿物掺合料采用山东省建筑科学研究院有限公司生产的 NC-H(HNC) 型复合掺料。

(5) 钢纤维。浙江博恩金属制品有限公司生产的钢纤维，型号为 RC80/50BN(长径比为 80，长度为 50mm，等效直径为 0.62mm，8100 根/kg) 黏结成排型。贝卡尔特应用材料科技(上海)有限公司生产的佳密克丝钢纤维，型号为 3D 80/50BG(长径比为 80，长度为 50mm，等效直径为 0.62mm，8037 根/kg)。两种钢纤维均能够满足配置 CF80、CF90混凝土的需求。

(6)水。符合《混凝土用水标准》(JGJ 63—2006)的规定混凝土搅拌用水。

5.3.2　外壁混凝土早期强度增长规律的室内模拟实验研究

1. 实验方案

在新巨龙煤矿矿井外壁设计时，不仅要保证井壁的最终承载力，更应该考虑其早期承载力。为科学指导井壁设计与现场施工，结合新巨龙煤矿的工程情况，开展了外壁高强钢纤维混凝土早期强度增长规律的室内实验研究。

实验室采用两种方法能够较好地获得冻结井壁混凝土强度随龄期与井壁径向位置变化的增长情况。

(1)"模拟井壁浇筑"，即模拟浇筑外壁弧段并养护。首先，提供一个与工程实际情况相同的边界条件(井帮温度相同、冻结壁温度梯度相同、外界对流换热空气温度相同)，然后浇筑厚度等于井壁厚度、高度与宽度适宜的井壁模型。养护至一定龄期后，在井壁模型内部沿着径向方向取混凝土试块来测定其早期强度。

(2)"模拟井壁温度"，模拟外壁温度变化，在变温的环境中对标准试块养护。参照相同条件下外壁浇筑后的内部平均温度的变化过程，利用温控型养护箱来提供相同的温度变化环境，开展混凝土养护与早期强度实验。

混凝土早期强度实验采用"模拟井壁浇筑"方式。为保证实验结果的可靠性与实用性，采取如下措施：①实验混凝土的原材料，包括石子、砂、水泥、矿物掺合料和钢纤维与现场工程使用的相同；②混凝土龄期仅考虑 1d、3d、7d，并保证龄期的准确。

CF80、CF90 内外壁混凝土室内模拟实验配合比见表 5-47。

表 5-47　CF80、CF90 内外壁混凝土早期强度增长规律室内模拟实验配合比

混凝土	每立方米混凝土材料用量/kg						初始坍落度/mm	半小时后坍落度/mm
	水泥	矿物掺合料	水	砂	碎石	钢纤维		
CF80	418	140	145	699	1048	35	200～215	200～215
CF90	410	180	142	687	1031	35	220～230	215～225

2. 实验过程

实验井壁模型浇筑、取样与强度测试的部分照片见图 5-113～图 5-128。

3. 实验结果分析

根据《普通混凝土配合比设计规程》(JGJ 55—2011)规定：CF80 混凝土的配制强度为 92.0MPa，CF90 混凝土的配制强度为 103.5MPa。

图 5-113　预先放置试模

图 5-114　浇筑试模

图 5-115　浇筑大体积混凝土(一)

图 5-116　浇筑大体积混凝土(二)

图 5-117　坍落度测试(一)

图 5-118　坍落度测试(二)

图 5-119　振捣

图 5-120　振捣后的大体积混凝土

图 5-121　大体积混凝土长度

图 5-122　大体积混凝土宽度

图 5-123　拆模（一）

图 5-124　拆模（二）

图 5-125　拆模（三）

图 5-126　取出的混凝土试块

图 5-127　加载

图 5-128　破坏后的混凝土试块

采用"模拟井壁浇筑"方法开展高强钢纤维混凝土早期强度增长规律实验。实验过程中，浇筑 4 组 CF80、CF90 标准试块，养护 1d、3d、7d、28d 后测试其抗压强度，测试结果见表 5-48。测试井壁模型 CF80、CF90 混凝土强度变化结果见表 5-49 和表 5-50。

表 5-48　CF80、CF90 混凝土标准养护试块抗压强度

试块尺寸及养护条件	龄期/d	压力/kN	抗压强度/MPa	抗压强度平均值/MPa	同配置强度之比/%
CF80 150mm×150mm×150mm 标养	1	983.7	43.7	43.1	46.9
		1006.0	44.7		
		921.2	40.9		
	3	1767.2	78.5	73.7	80.2
		1640.5	72.9		
		1570.3	69.8		
	7	2040.8	90.7	92.5	100.5
		2090.8	92.9		
		2109.6	93.8		
	28	2359.2	104.9	103.7	112.8
		2318.4	103.0		
		2325.5	103.4		
CF90 150mm×150mm×150mm 标养	1	724.6	32.2	33.0	31.9
		751.4	33.4		
		753.3	33.5		
	3	1692.8	75.2	76.6	74.0
		1671.7	74.3		
		1807.5	80.3		
	7	2105.5	93.6	98.3	95.0
		2221.7	98.7		
		2308.8	102.6		
	28	2457.5	109.2	107.6	104.0
		2341.9	104.1		
		2466.1	109.6		

表 5-49　CF80 混凝土早期强度

试块编号	至井帮距离/mm	1.5d			3d			7d		
		压力/kN	强度/MPa	平均强度	压力/kN	强度/MPa	平均强度	压力/kN	强度/MPa	平均强度
上 1	100	1532.6	68.1	65.8	1798.0	79.9	78.7	2201.6	97.8	92.7
中 1		1519.7	67.5		1803.7	80.2		2203.2	97.9	
下 1		1387.6	61.7		1712.4	76.1		1854.9	82.4	
上 2	500	1631.5	72.5	约 80	2043.7	90.8	91.6	2165.9	96.3	100.6
中 2		>1800	>80		2080.8	92.5		2357.0	104.8	
下 2		>1800	>80		2057.1	91.4		2265.7	100.7	
上 3	1000	1698.7	75.5	约 80	1849.7	82.2	87.2	2439.0	108.4	102.3
中 3		>1800	>80		1931.9	85.9		2258.0	100.4	
下 3		>1800	>80		2101.1	93.4		2208.8	98.2	

表 5-50　CF90 混凝土早期强度

试块编号	至井帮距离/mm	1.5d			3d			7d		
		压力/kN	强度/MPa	平均强度	压力/kN	强度/MPa	平均强度	压力/kN	强度/MPa	平均强度
上 1		1546.1	68.7		1970.2	87.6		2127.5	94.6	
中 1	100	1496.2	66.5	66.9	1805.1	80.2	82.8	2300.2	102.2	97.7
下 1		1472.6	65.4		1811.4	80.5		2169.3	96.4	
上 2		1651.6	73.4		2234.3	99.3		2475.4	110.0	
中 2	500	1608.6	71.5	72.5	2266.7	100.7	96.7	2554.6	113.5	109.1
下 2		>1800	>80		2028.2	90.1		2333.4	103.7	
上 3		>1800	>80		1926.3	85.6		2347.6	104.3	
中 3	1000	>1800	>80	约85	1988.7	88.4	87.9	2498.1	111.0	108.9
下 3		>1800	>80		2019.9	89.8		2507.5	111.4	

注：由于 CF80、CF90 混凝土早期强度增长快，实验浇筑混凝土试块数量多，拆模困难，导致拆模时间延长，试块强度超过压力机最大量程，约为 80MPa，同实验室配置强度的比例约为 60%，综合实验结果可满足工程需要。

分析表 5-48 可知，CF80、CF90 混凝土早期强度增长较快，标准养护 7d 后即可达到配置强度的 95%以上；标准养护 28d 后 CF80 混凝土强度达到了配置强度的 112.8%，CF90 混凝土强度达到了配置强度的 104%。根据标准试块抗压强度测试结果，CF80、CF90 混凝土早期强度均满足工程需要，可在工程施工中应用。

此次研究不考虑"随着冻结压力的增长，井壁混凝土受力状态变化"对井壁混凝土早期强度增长的影响。在不同浇筑条件下，混凝土强度同配制强度之比见表 5-51，其比值能够反映高强钢纤维混凝土早期强度增长速率情况。综合配合比实验结果早期强度满足工程需要。

表 5-51　不同条件下 CF80、CF90 混凝土强度同配制强度之比

混凝土强度等级	强度比值类别	龄期及强度之比/%	
		3d	7d
CF80	模型井壁内侧强度/配制强度	85.5	100.8
	模型井壁中侧强度/配制强度	99.6	109.3
	模型井壁外侧强度/配制强度	94.8	111.2
CF90	模型井壁内侧强度/配制强度	80.0	94.4
	模型井壁中侧强度/配制强度	93.4	105.4
	模型井壁外侧强度/配制强度	84.9	105.2

5.3.3　外壁混凝土早期温度场变化规律的室内模拟实验研究

冻结井壁温度场模拟实验的关键是水泥水化放热过程的模拟，水泥水化属于化学

反应过程，在相似缩比实验中较难找到合适的替换材料，而且井壁结构的升温过程和井壁内部能够达到的最高温度直接受到井壁厚度和井壁周围环境温度的影响。若采用缩小的相似模型，减薄井壁厚度，其热量损失对实验结果的影响将是无法评价的，实验过程与实际情况也将严重不符。本实验采用"原型"实验，开展几何缩比为1∶1的实验。

1. 实验系统

实验系统根据其用途分为实验模型系统、制冷系统和测温系统。

1) 实验模型系统

实验模型系统包括(图 5-129～图 5-134)冻结壁模型箱和井壁模型箱。充分考虑实验台的保温性能与实验台强度，实验台使用木板和槽钢为基本材料，利用螺杆连接各个结构。

冻结壁模型箱为达到强度和导热性两方面的要求，使用 6mm 厚钢板整体焊接而成，在冻结壁模型箱的下方、上方、左方、右方各铺设 50cm 厚高密度聚苯乙烯泡沫板以达到保温的效果。暴露冻结壁模型箱的前后两面以模拟实际井壁开挖过程中的冻结壁低温环境。在冻结壁模型箱的前后两面各设置一个井壁模型箱。

图 5-129　冻结壁模型箱

图 5-130　冻结壁模型箱保温

图 5-131　冻结壁模型箱上部保温

图 5-132　冻结管路

图 5-133 冻结壁冻结效果

图 5-134 冻结壁保温

冻结壁模型箱的有效尺寸(长、宽、高)分别为 1.0m、0.8m、0.7m,冻结壁材料选为河砂,砂的含水量控制在 10%左右。在冻结壁模型箱填砂过程中夯实即可。

井壁模型箱采用木板和槽钢经螺栓组合而成,既能够保证一定的强度要求,也能保证冻结壁较高的保温要求。井壁模型箱共计 2 个(图 5-135、图 5-136),对称分布,井壁模型箱在完成保温后的净尺寸(长、宽、高)为 1.5m、0.8m、1.0m。

2)制冷系统

制冷系统包括制冷设备、低温盐水输送管路、冻结管及空气制冷盘管等。

冻结壁制冷大致流程为:管路连接制冷设备供水管,经水泵增压后达到分水盘管,由分水盘管分出两条管路,分别负责左右两侧冻结管供冷,冻结管流出的盐水再由集水盘管汇合后返回制冷机降温重新循环。

冻结过程中,通过控制"恒温面"与实验"井帮"之间的温度梯度和内圈冻结管到井帮之间的温度梯度相等,且实验"井帮"温度与实际井帮温度相等,即可以保证实验条件与工程实际情况相符(图 5-137、图 5-138)。

3)测温系统

测温系统包括温度传感器、数据采集仪及计算机(图 5-139~图 5-142)。

温度测量采用 T 型(铜~康铜)热电偶。T 型(铜~康铜)热电偶温度测量精度±0.5℃。

数据采集仪包括 DATATaker85G。

数据的显示与处理则通过计算机进行。

数据采集时间间隔为 2min。

图 5-135 井壁模型箱整体布置图

图 5-136 井壁模型箱

图 5-137　循环盐溶液

图 5-138　制冷机

图 5-139　井壁测温板

图 5-140　冻结壁测温点布置

图 5-141　数据采集

图 5-142　井壁模拟实验系统

2. 实验过程

整个实验分为冻结壁温度场模拟实验与井壁温度场模拟实验。

1)冻结壁温度场模拟实验

在冻结壁模型安装结束后,即可开展冻结壁温度场模拟实验,目的是为井壁温度场与强度的实验创造出一个与工程实际相吻合的外部环境。

实验步骤与操作如下。

(1)按现场实测的土体参数配制土体,实验中选择砂作为填筑对象,主要控制参数为含水量和密度。

(2)在填砂过程中布置径向和横向热电偶,实时测量冻结壁温度。

(3)在填砂过程中安装冻结管,保证冻结管与井帮距离保持一致,实验中冻结管布置近似为冻结壁内某一恒温面。

(4)开机冻结一段时间,保证"内圈冻结管轴面温度"与"井帮处温度"保持在 12h 内基本不再变化,且达到实验规划数值,此时即可近似认为冻结壁温度场分布与工程境况近似。

(5)此时拆除井帮处保温材料,即可开始浇筑井壁模型开展井壁温度场与强度实验。

为保证实验结果的可靠性,必须保证冻结壁温度场的模拟精度,这不仅包括井壁模型浇筑时井帮温度与井壁温度场与工程原型相似,还包括"冻结温度场的发展速率"与原型相似。否则,随着时间的延长,模型冻结壁中的温度与原型差异会越来越大,在此条件下就很难保证实验结果的可靠性。考虑到实验箱体的保温效果良好,当箱内的砂全部冻结时,冻结管的供冷量转化为冷量损失量和冻土的降温量,这就会导致"恒温面"、井帮温度和两者之间的温度梯度控制比较困难,因此实验中应充分利用控制阀门的开启程度与调节盐水温度的措施保证冻结壁温度场模拟的可靠性。

2)井壁温度场模拟实验

在确定混凝土配合比与实验台组装工作完成后即可开展井壁温度场模拟实验。

实验过程与操作如下(图 5-143、图 5-144)。

(1)开展冻结壁温度场模拟,当井帮温度达到既定温度后通过调节制冷机温度和制冷液流量使井帮温度保持稳定,待井帮温度保持恒温后才可浇筑井壁。

(2)在混凝土搅拌前须清理实验台,检查实验材料是否备齐,设备是否良好。

(3)严格按照钢纤维混凝土的搅拌工艺和配比拌制混凝土。

图 5-143　浇筑混凝土　　　　　　　　图 5-144　安放测温板

(4)为了准确测量模型井壁内部各点的温度情况,将模型井壁从高度方向上分为三层,利用测温板测量井壁内部各点的温度情况。

(5)浇筑第一层混凝土,浇筑到 17cm 时安放第一块测温板。为了便于拆装,测温板在安放前两面刷润滑油,并在混凝土上敷设一层很薄的塑料薄膜。为了达到测温板的重复使用,在测温板表面敷设一层塑料布。

(6)浇筑第二层混凝土,浇筑到 17cm 时安放第二块测温板。

(7)浇筑第三层混凝土,浇筑到 17cm 时安放第三块测温板。

(8)在第三块测温板上加盖 50cm 厚高密度聚苯乙烯泡沫板以保证模型井壁的顶部保温并开始测温,测温间隔 2min,在实验过程中注意数据保存,谨防丢失。

(9)达到预定龄期后拆除测温板,整理测试仪器,为下一次实验做准备。

3. 实验结果分析

在保证模拟冻结壁温度与现场冻结壁温度近似的情况下测量模型井壁不同位置的各点的温度。开展 CF80、CF90 外壁混凝土早期温度场变化规律的室内模拟实验研究，测量各点的 1D、3D、7D 温度。

按照实验获得的 CF80、CF90 混凝土配比开展实验。严格控制混凝土的入模温度和模拟井帮温度，混凝土的水化过程可以实现较高精度的自模拟。

外壁水化热温度场的变化源于：水化生热率与生热量的变化、冻结壁温度场的影响、井壁内表面的热量散失。可见，保证井内环境条件的相似，也是确保外壁温度场模拟结果可靠性的重要因素。外壁水化热温度场实验的温度传感器布置方式见表 5-52。CF80、CF90 外壁混凝土早期温度场变化规律如图 5-145～图 5-172 所示。

表 5-52 温度传感器布置

混凝土	测温板位置	测点数量	测点间距/mm	测点编号	编号方向
CF80	上层	12	100	ES1 → ES12	井壁内表面 → 外表面
	中层	12	100	EZ1 → EZ12	井壁内表面 → 外表面
	下层	12	100	EX1 → EX12	井壁内表面 → 外表面
CF90	上层	12	100	WS1 → WS12	井壁内表面 → 外表面
	中层	12	100	WZ1 → WZ12	井壁内表面 → 外表面
	下层	12	100	WX1 → WX12	井壁内表面 → 外表面

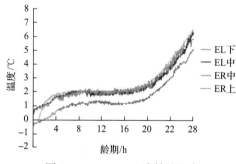

图 5-145 CF80 1D 冻结壁温度

E 为 CF80 实验组；实验箱以冻结壁为对称面，
左侧为 L，右侧为 R；上、中、下为竖向空间位置

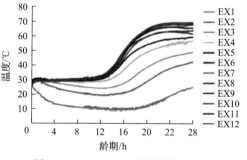

图 5-146 CF80 1D 下层混凝土温度

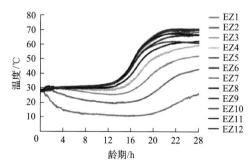

图 5-147 CF80 1D 中层混凝土温度

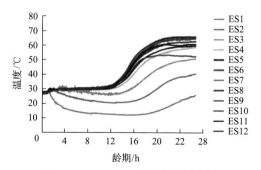

图 5-148 CF80 1D 上层混凝土温度

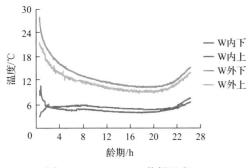

图 5-149　CF90 1D 井帮温度

W 为 CF90 实验组；内为紧贴井帮位置处；
外为紧贴井壁内缘处；上、下为竖向空间位置

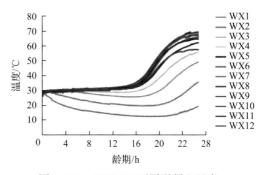

图 5-150　CF90 1D 下层混凝土温度

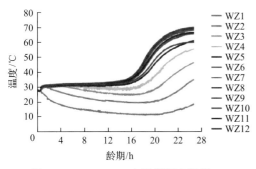

图 5-151　CF90 1D 中层混凝土温度

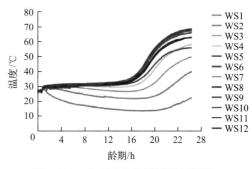

图 5-152　CF90 1D 上层混凝土温度

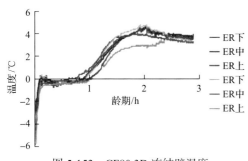

图 5-153　CF80 3D 冻结壁温度

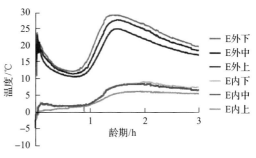

图 5-154　CF80 3D 井帮温度

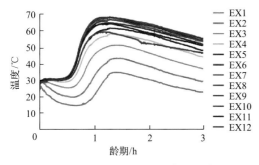

图 5-155　CF80 3D 下层混凝土温度

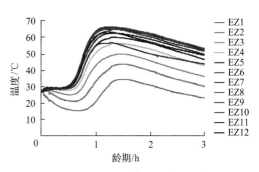

图 5-156　CF80 3D 中层混凝土温度

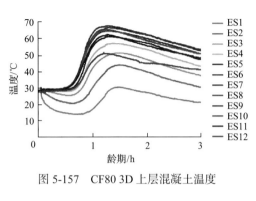

图 5-157　CF80 3D 上层混凝土温度

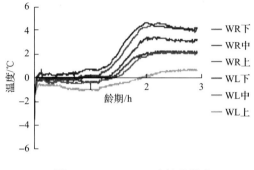

图 5-158　CF90 3D 冻结壁温度

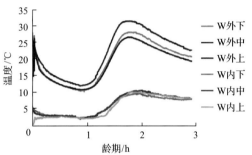

图 5-159　CF90 3D 井帮温度

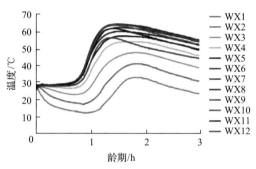

图 5-160　CF90 3D 下层混凝土温度

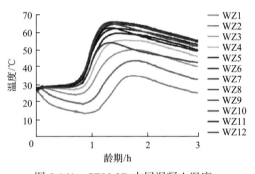

图 5-161　CF90 3D 中层混凝土温度

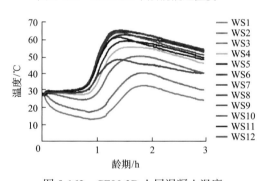

图 5-162　CF90 3D 上层混凝土温度

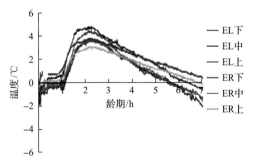

图 5-163　CF80 7D 冻结壁温度

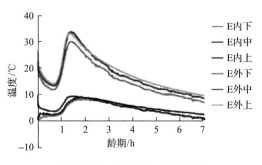

图 5-164　CF80 7D 井帮温度

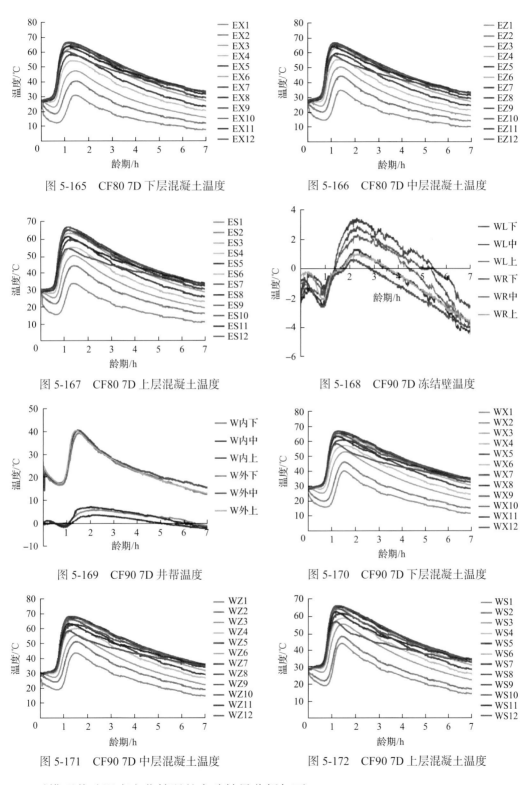

图 5-165　CF80 7D 下层混凝土温度

图 5-166　CF80 7D 中层混凝土温度

图 5-167　CF80 7D 上层混凝土温度

图 5-168　CF90 7D 冻结壁温度

图 5-169　CF90 7D 井帮温度

图 5-170　CF90 7D 下层混凝土温度

图 5-171　CF90 7D 中层混凝土温度

图 5-172　CF90 7D 上层混凝土温度

对模型井壁温度变化情况的实验结果分析如下。

(1)根据外壁温度场随时间变化曲线看出：在入模温度约为 28℃情况下，CF80 混凝土浇筑后 0～0.4d 内，温度上升速率相当小，胶凝材料基本处在"诱导期"，水化速率很慢；在 0.4～0.6d 内，温度上升速率开始增大，胶凝材料水化速率加快，温度开始明显升高；在 0.6d 以后温度开始急剧升高，水化热的释放速率在 0.6～1.4d 达到最大，表现为温升最快，在较短时间内既可以达到最高温度。CF90 混凝土浇筑后 0～0.5d 内，温度上升速率相当小；在 0.5～0.7d 内，温度上升速率开始增大，在 0.7d 以后温度开始急剧升高，水化热的释放速率在 0.7～1.5d 达到最大，表现为温升最快，在较短时间内既可以达到最高温度。

(2)CF80 混凝土的入模温度在 29℃左右，井壁混凝土浇筑后最高温度在 70℃；CF90 混凝土的入模温度在 28℃左右，井壁混凝土浇筑后最高温度在 69℃。

(3)井壁温度从井壁中间偏外壁位置开始向两侧先升高后降低，并且在井壁中间偏外壁位置达到温度最高值。

5.3.4　井壁-泡沫板-冻结壁的热、力相互作用规律研究

1. 泡沫板的选型

针对冻结法凿井施工的需要，对模塑聚苯乙烯板(EPS 板)、挤塑聚苯乙烯板(XPS 板)、聚乙烯板(PE 板)的压缩性能开展综合对比，分析表明：虽然 XPS 板具有隔热性能好、抗冲击强度高等特点，但压缩强度高，可压缩性能差，不利于发挥变形缓冲作用，因此，不考虑采用 XPS 板作为壁后保温材料。

在此背景下，重点开展了不同密度的 EPS 板(密度 20～30kg/m³)、PE 板(密度 30～55kg/m³)的全过程压缩变形曲线、低压压缩刚度、蠕变特性的实验研究，并对不同压缩率条件下的泡沫板开展导热系数测定，结果如下。

(1)同等密度条件下，PE 板比 EPS 板具有更好的可压缩性，即更小的压缩刚度；换言之，要想获得同等的压缩特性，PE 板的密度必须高于 EPS 板。

(2)低压条件下(100kPa)，PE 板会产生显著的压缩变形，而 EPS 板基本无变形，这对于抵抗混凝土浇筑过程中的流体压力具有重要意义。

(3)低压蠕变实验表明，PE 板具有明显的蠕变特征，而 EPS 板基本不发生蠕变变形。对于流态的混凝土而言，泡沫板的初始抗压缩、抗流变能力对于保证井壁接茬的质量具有重要意义。

(4)EPS 板普遍具有较高的压缩性，且抗冲击性差；但是，随着密度的增大，其抗冲击性能得到改善。总体而言，密度为 20～25kg/m³ 的 EPS 板具有更好的压缩性，以及相对可以接受的抗冲击性。

(5)PE 板的压缩、隔热性能均良好，抗冲击性好，但其压缩强度偏低。如果新拌流态混凝土的密度按 20kg/m³ 计算，则一次浇筑高度为 3m 时，竖向及侧向压力将超过60kPa。在该压力荷载下，密度为 30kg/m³ 的 PE 板压缩率将超过 20%，密度为 45kg/m³ 的 PE 板压缩率将达到 10%，密度为 50kg/m³ 的 PE 板压缩率将达到 8%，而密度为 55kg/m³ 的 PE 板压缩率将达到 5%左右。与此相应，早期过低的压缩强度会导致压缩率超过一定

数值后压缩荷载急剧增大,即泡沫板在压缩末段的刚度剧增。

冻结法凿井中井壁外部泡沫板的存在,一方面发挥保温性能,另一方面即更为重要的是发挥变形缓冲性能。考虑到壁后泡沫板厚度不宜过大,为有效地抵抗混凝土浇筑初期的流态混凝土侧向压力(此时应尽可能不产生压缩),并在冻结壁来压后尽可能大地发挥变形缓冲性能(此时应能在较低的荷载下,达到尽可能高的压缩率)。综合上述实验研究结果认为:

(1)冻结法凿井施工中,壁后泡沫板应选用 EPS 板。

(2)为有效地抵抗流态混凝土压力,保证井壁接茬质量,并发挥良好的变形缓冲性能,EPS 板应具有较低的压缩刚度,且在低压(75~100kPa)下尽量不可压缩。为此,宜选用密度介于 20~25kg/m³ 的 EPS 板,且优先选用 20kg/m³ 的 EPS 板。

(3)考虑到 EPS 板需具有一定的抗冲击性能,必要时可以选择 25kg/m³ 的 EPS 板,并通过改进井壁混凝土的浇筑工艺与技术措施,降低井壁浇筑时对泡沫板的损坏,进而保证井壁质量。

基于此分析,以下将基于密度为 20kg/m³ 的 EPS 板的热物理及力学参数,通过温度场、力学相互作用研究,确定壁后泡沫板的合理厚度。

2. 井壁-泡沫板-冻结壁的热相互作用

基于混凝土水泥水化热释放规律的室内实验及理论研究成果,利用大型有限元软件 ANSYS 建立数值计算模型,首先模拟深部冻结壁的形成,进而模拟冻结井外壁的浇筑过程,并考虑 EPS 板的存在,研究冻结壁温度场与井壁温度场的相互影响规律。

通过本研究,一方面可评估泡沫板的隔热效果,获得井壁浇筑后其内部最高温度、内外最大温差、井壁外侧面最低温度等参数,以评估井壁混凝土养护条件及其体积稳定性,为温度裂缝控制提供重要的依据;另一方面可评估井壁水化热释放对冻结壁冻土的影响,进而评估冻结壁的稳定性(井帮冻土如果受水化热影响而大幅融化,将加剧冻结壁变形,导致冻结压力增大,不利于冻结管、冻结壁乃至外层井壁结构的安全)。

1)计算模型

在冻结法凿井过程中,当进行深部井壁掘砌时,先由内圈冻结管散发冷量形成一个以冻结管圈径为半径的均匀冻结区。此时冻结区内的温度基本稳定,可将内圈冻结管轴面视为一个温度恒定的冷源。因此,在数值模拟时可只考虑冻结管圈径区域,将井壁温度场模型简化为轴对称模型计算(图 5-173)。

计算模型取值参数为万福副井设计参数,具体如下。

井筒净半径 $R_0 = 3.5$m;

内层井壁厚度 JB_N = 1.25m;

外层井壁厚度 JB_W = 1.3m;

壁后泡沫板厚度 BH_PMB = 0.075m;

内圈冻结管到井帮距离 JB_DJG = 2.7m;

正常掘砌段高近似为 $H = 2.5$m;

每段高井壁浇筑时的分层数 $N_0 = 5$;

每段高浇筑时间 $T_0 = 5\text{h}$；

每段高开挖及钢筋绑扎时间(即两段高浇筑时间间隔) $T_1 = 19\text{h}$；

总段高数为 N，$N = 5$，即连续模拟 5 个段高的浇筑。

2)边界条件

①初始条件

外壁在未浇筑前即处于初始的稳定温度状态。初始的稳定温度状态可以根据已知的模型各部分温度按照稳态热分析的方式计算得到。需要注意的是，尽管内圈冻结管区域内的温度已基本不发生变化，但仍不是绝对的稳定，按稳态热分析处理虽有一定的误差，但计算模拟结果能较正确地反映实际温度状态。

②边界条件

外壁在进行浇筑前顶部及底部为绝热边界；内圈冻结管轴面边界及井帮位置为恒温边界；每个段高进行砌筑后相应位置的井帮恒温边界取消，浇筑完成后形成的外壁内表面视为对流散热边界，其余位置不变。外壁每段浇筑过程用生死单元进行模拟计算。

由于各层位初始及边界条件基本相同，所以在后续的计算中不再赘述。

3)计算参数

影响外壁水化热温度场与冻结壁温度场相互影响计算结果的因素有很多，除了泡沫板保温性能及混凝土配比外，井帮温度、井内环境温度、井内风速等也起到了重要的作用。本研究以深厚复杂土层–700m 深度高强度混凝土外壁为原型展开，主要研究在不同井内空气温度、井帮温度及泡沫板厚度条件下，井壁水化热温度场与冻结壁温度场的变化规律。具体数据如下(图 5-174)。

(1)井帮温度取–18℃、–23℃。

(2)在计算过程中不考虑井内空气温度随时间的变化情况，在不同的计算方案中分别取 0℃、5℃。

(3)井内风速取 0.5m/s。

(4)内圈冻结管轴面温度为–30℃。

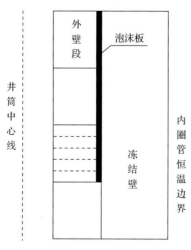

图 5-173　有限元模型

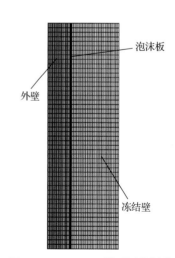

图 5-174　ANSYS 模型网格划分

(5)井壁混凝土入模温度为15℃。

(6)泡沫板选择75mm和100mm两种厚度进行计算。

(7)混凝土强度等级为CF85。

4)计算方案

本层位数值模拟影响因素主要有泡沫板厚度、井帮温度及井内空气温度，具体计算方案见表5-53。

计算方案编号中，"F"代表副井，"L"和"H"分别代表数值的大小，按照井帮温度、井内空气温度、泡沫板厚度排序，后面编号与此相同。例如，"F700LHL"代表副井700m段，井帮温度–23℃，井内空气温度5℃，泡沫板75mm。

表 5-53 计算方案

深度/m	井帮温度/℃	井内空气温度/℃	计算方案编号	
			泡沫板 75mm	泡沫板 100mm
676-703	–23	0	F700LLL	F700LLH
		5	F700LHL	F700LHH
	–18	0	F700HLL	F700HLH
		5	F700HHL	F700HHH

5)计算结果分析

①计算结果汇总

井壁水化热温度场与冻结壁温度场计算结果见表5-54、表5-55，现对计算结果作如下说明。

(1)表 5-54 和表 5-55 中及后续分析中的数值均为第三段高竖向中间部位的计算结果，时间以第三段井壁混凝土全部浇筑完毕为起点。

(2)表5-54和表5-55中最高温度、最大温差、最大融化范围等均为大致结果，部分数据进行了线性插值处理，但与准确值的误差较小，不会影响到结果的可靠性。

(3)数值计算中最终时间为第三段井壁浇筑完成后21d，基本可以反映冻结壁温度场与井壁温度场的变化情况。

表 5-54 井壁温度、温差及降温

方案编号	最高温度/℃	最高温度出现时间/d	井壁内外最大温差/℃	最大温差出现时间/d	内表面降至0℃时间/d	外表面降至0℃时间/d
F700LLL	63.5	1	49.2	1	12.8	9.4
F700LLH	64.2	1	49.9	1	12.8	9.4
F700LHL	63.9	1	47.8	1	>20	12.8
F700LHH	64.5	1	48.4	1	>20	12.8
F700HLL	63.8	1	49.5	1	13.8	9.8
F700HLH	64.3	1	49.9	1	13.8	9.8
F700HHL	64.2	1	48.1	1	>20	13.8
F700HHH	64.7	1	48.5	1	>20	13.8

表 5-55　冻结壁冻土升温、融化与回冻

方案编号	井帮最高升温至/℃	井帮最高升温时间/d	冻土最大融化范围/mm	融土回冻完成时间/d
F700LLL	17.3	2.8	300	9.8
F700LLH	15.4	2.8	300	9.8
F700LHL	17.9	2.8	300	12.8
F700LHH	16.8	38	300	12.8
F700HLL	19.2	2.8	350	10.8
F700HLH	17.3	2.8	350	10.8
F700HHL	19.7	2.8	360	14.8
F700HHH	18.3	38	360	14.8

(4)井内空气温度、风速等在计算过程中虽有变化，但变化幅度较小，在数值计算过程中取定值。

(5)在其他深度井壁水化热温度场与冻结壁温度场数值计算过程中，依然遵循上述说明。

②井壁最高温度影响因素

井壁浇筑后由于混凝土水化反应放热导致温度升高，计算结果显示井壁混凝土不仅升温较快，且温度峰值较高，下面就表 5-54 中计算结果，分析不同厚度泡沫板及井内空气温度对井壁最高温度的作用效果。

(1)泡沫板厚度。据图 5-175，当其他条件相同时，泡沫板 75mm 与 100mm 两种情况下，井壁最高温度仅相差 0.5℃左右。由此可见，泡沫板厚度对井壁最高温度的影响较小。

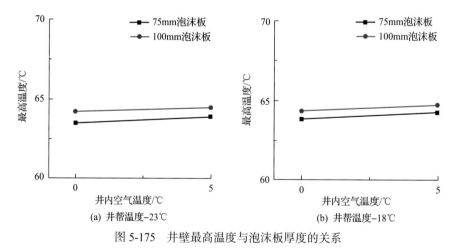

图 5-175　井壁最高温度与泡沫板厚度的关系

(2)井内空气温度。计算结果表明，当其他条件相同时，井内空气温度分别为 0℃和 5℃的情况下，井壁最高温度仅相差 1℃以内。由此可见，井内空气温度对井壁最高温度的影响也较小。

(3)井帮温度。计算结果表明，当其他条件相同时，井帮温度分别为-18℃和-23℃的

情况下，井壁最高温度也基本相差不大，因此可以看出，井帮温度对井壁最高温度的影响较小。

③井壁内外温差影响因素

计算结果表明，在井帮温度、井内空气温度及泡沫板厚度不同的情况下，井壁内外温差基本维持在 48.5～50℃，出现最大温差的时间基本为 1d 左右。由此可知，井帮温度、井内空气温度及泡沫板厚度对井壁内外温差影响不大。

④冻土融化范围

计算结果表明，在相同的条件下，井帮温度升高 5℃时，壁后冻土融化范围增加 55mm 左右。因此可以看出，井帮温度的降低有助于缩小冻土融化范围，提高井壁施工的安全性。

⑤掘进预测

本段计算方案参数来源于副井 700m 段，井壁水化热温度场与冻结壁温度场的相互影响情况预计较接近计算方案 F700LHL，即井帮温度–23℃，井内空气温度 5℃，泡沫板厚度为 75mm。

外壁在混凝土浇筑完 1d 左右达到最高温度，约 63.9℃。

井壁内外最大温差约为 47.8℃，在 1d 左右出现。

井帮冻土在浇筑完 2.8d 达到最高温度，约为 17.9℃；壁后冻土最大融化范围接近 300mm。

模拟计算虽不能精确反映万福副井实际开挖、混凝土浇筑过程温度场的变化情况，但计算结果对实际施工仍有一定参考价值。因此结合计算结果及以往施工经验，万福副井 700m 段在施工过程中应注意如下问题。

(1)注意控制温度裂缝。在两种情况下，井壁内外最大温差均超过 25℃，这将使混凝土产生温度裂缝，不利于井壁混凝土耐久性和使用性。因此在实际工程建设中可采取措施适当降低混凝土水化热的释放量以及提高井壁内部热量向外传递的速率等，以便有效控制井壁内外最大温差。

(2)井帮冻土的强度控制。由于外壁浇筑后产生大量水化热，造成井帮冻土出现大面积融化，使井帮冻土强度下降，不利于冻结壁的稳定性。因此一方面需要采取措施加快井帮冻土的回冻，另一方面可以提高混凝土早期强度，使井壁混凝土在井帮冻土未达到最大融化范围前即具有一定强度。

(3)混凝土强度增长。在计算时间 21d 内，外壁内侧混凝土温度均处于正温状态，不存在冻害危险，但外壁外侧混凝土在第 13d 后温度低于 0℃，无法满足 28d 正温养护条件，因此需采取措施，保证混凝土强度增长。

3. 井壁-泡沫板-冻结壁的相互作用力

冻结法凿井施工中，开挖造成冻结壁卸载进而诱发应力重分布以及冻结壁蠕变变形。过大及过快的冻结壁变形将诱发急剧增长的冻结压力，这对现浇混凝土井壁的初期受力不利。适宜密度、合理厚度的泡沫板材料铺设，将能显著改善冻结壁与井壁的相互作用，为井壁强度的增长提供一定的时间和空间，起到较好的让压作用。

本节将基于 EPS 板的压缩特性曲线以及深部冻土的流变特性，开展不同泡沫板条件下冻结壁与井壁的相互作用研究，获得特厚表土层中冻结壁与井壁之间冻结压力的增长规律，进而评估 EPS 板的隔热、让压性能，为壁后泡沫板选择及优化设计提供重要的依据。

1)计算模型

建模时，考虑不同模型尺寸对地下工程的受力和变形影响不同。考虑围岩为线弹性材料时，一般确定开挖引起的扰动范围为开挖半径的 3～5 倍。实践表明，在 3 倍半径处，应力变化一般已经降到 10%左右，而 5 倍半径一般为 3%以下。综合考虑计算精度和效率，副井和风井围岩范围分别取自井帮到围岩外边界 7 倍和 8 倍开挖荒径。井筒开挖属于空间轴对称模型，故取平面模型进行分析，如图 5-176 所示。

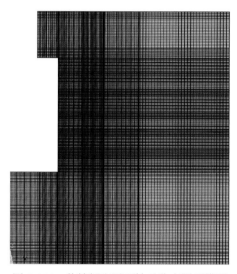

图 5-176　井筒掘砌平面轴对称有限元模型

模型由上部已支护段、中间模拟开挖段、底部下卧段三部分组成。全模型采用参数化方法建立，具有以下特点。

(1)冻土、井壁、泡沫板几何和物理性质可变，适应广泛。

(2)温度场和应力场顺序耦合，实现了对冻土参数的温度非线性模拟。

(3)能够模拟任意开挖段高，开挖分层数、支护和掘砌时间可调。

(4)模拟实验后处理方便，数据、云图自动提取和保存。

2)边界条件

①温度场

通过内外冻结锋面及冻结壁温度赋值，开展冻结温度场数值计算，模拟冻结温度场分布。把冻结温度场模拟结果，以节点温度的形式施加在应力场分析模型节点上，作为分析的初始温度，能比较真实地模拟冻土力学参数的非线性。整个过程把冻结温度场看成稳态温度场。

模型上、下边界施加绝热边界，围岩外边界为恒温边界，取原始地温。

根据冻结温度场和冻结壁温度检测，冻结壁施加最低平均冻结温度，内外冻结锋面施加岩土冻结温度。

②应力场

进行结构分析时，把初始应力当作是一项荷载来施加，但仅能在静态分析和瞬态分析中使用，可以进行线性分析和非线性分析，初始应力荷载只能施加在分析的第一个荷载步中。在施加初始应力荷载时，要注意支持的单元类型、所选取的单元集以及荷载施加位置等问题，本节中所采用的结构分析单元(PLANE183)均符合要求。

初始应力荷载的施加不是施加"应力历史"而是一种荷载，在模型上施加荷载时，势必为产生位移。然而，实际地层中初始应力是一种"应力历史"，在初始应力状态下，只存在应力，不存在位移。因此，在模拟地层初始应力场时，先生成初应力文件，再读入初始应力文件，此时模型中的应力为初始应力，而各节点的位移为零(实际模拟中，位移不为零，位移值很小，可近似为零)。

应力场模拟时模型的边界条件如下。

(1)模型底部边界施加竖向位移约束，即 UY = 0。

(2)模型上边界施加上覆地层自重(按平均容重 20kN/m³ 计算)，$p_1 = 0.02H$ MPa；围压外边界冻土侧压力公式 $p_2 = 0.013H$ MPa，其中，H 为地层深度。

3)计算方案

计算模型中，泡沫板的弹性模量和泊松比按直线压缩模型中对应阶段取值，在数值模拟"开挖-支护"循环中不断地替换泡沫板弹性模量。数值计算中将连续模拟 5 个段高的掘砌施工，针对第一段高冻结壁变形压力和冻结壁表面位移展开数据分析。每个段高开挖时长为 20h，支护时长 8h，即 28h 内完成一个段高的开挖和支护。副井和风井数值计算方案见表 5-56，"冻土本构"栏中"EPC"分别表示"黏弹塑性"本构模型。

表 5-56　500m、600m、700m 深度处冻结壁变形压力数值计算方案

地层深度/m(及泡沫板厚度/mm)	编号	冻土本构	泡沫板弹性模量/MPa	开挖段数/段	计算时长/h
500	A-1	EPC	无泡沫板	5	140
	B-1	EPC	0.634	5	140
	C-1	EPC	1.982	5	140
600	A-2	EPC	无泡沫板	5	140
	B-2	EPC	0.634	5	140
	C-2	EPC	1.982	5	140
700(75)	A-3	EPC	无泡沫板	5	140
	B-3	EPC	0.634	5	140
	C-3	EPC	1.982	5	140
700(100)	A-4	EPC	无泡沫板	5	140
	B-4	EPC	0.634	5	140
	C-4	EPC	1.982	5	140

注：为了比较 700m 层位处不同泡沫板厚度对冻结壁和井壁相互作用的影响，分别取泡沫板厚度 75mm 和 100mm 进行数值计算。

4)计算结果分析

①数值模拟结果说明

(1)图表中的时间均以"第一段高开挖"作为起点。

(2)图表中，冻结壁变形压力、冻结壁内表面位移数据均取自第一段高井帮和泡沫板

界面处 9 个数据采样点，数据编号为 JIEDIAN1～JIEDIAN9，如图 5-177 所示。

（3）图表中冻结壁变形压力和位移与时间曲线绘制，仅取若干个数据点。

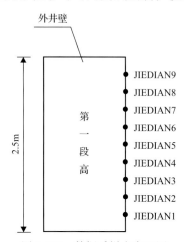

图 5-177　数据采样点布置图

②700m 深度计算结果分析

A-3、B-3 和 C-3 方案的计算结果，如图 5-178～图 5-180 和表 5-57 所示。

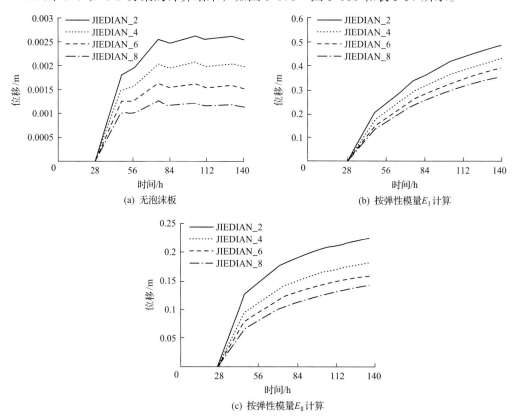

(a) 无泡沫板　　　(b) 按弹性模量 E_{I} 计算

(c) 按弹性模量 E_{II} 计算

图 5-178　副井 700m 层位冻结壁内表面绝对位移与时间曲线

"无泡沫板"为 A-3 方案；"按弹性模量 E_{I} 计算"为 B-3 方案；"按弹性模量 E_{II} 计算"为 C-3 方案；E_1=0.634MPa；E_2=1.982MPa

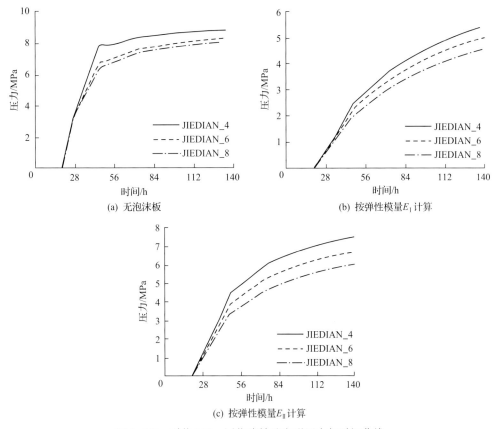

图 5-179　副井 700m 层位冻结壁变形压力与时间曲线

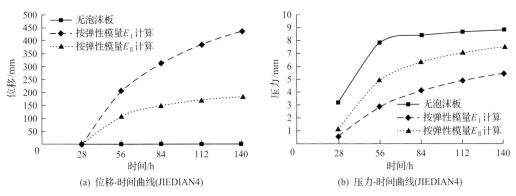

图 5-180　副井 700m 冻结壁位移和压力与时间的曲线

进一步分析，可以得到如下规律。

(1)下部邻近段高的开挖对当前段高冻结壁的变形增长影响显著。下部邻近段高的开挖都造成当前段高冻结壁内表面变形持续增长，相邻越远，影响越小。由表 5-57 可以看出，在壁后没有充填泡沫板的情况下，冻结壁内表面绝对位移基本不再增长。如按泡沫板弹性模量 E_{I} 计算，在计算时长 140h 内，冻结壁内表面绝对位移最大值和最小值分别约为 500mm 和 340mm；如按泡沫板弹性模量 E_{II} 计算，在计算时长 140h 内，冻结壁内表面绝对位移最大值和最小值分别约为 220mm 和 180mm，比按弹性模量 E_1 计算结果分别减小了 280mm 和 160mm。

表 5-57　副井 700m 泡沫板各压缩刚度下的计算结果（取 JIEDIAN4 结果）

结果参量	泡沫板弹性模量	时间/h				
		28	56	84	112	140
冻结壁内表面绝对位移/mm	无泡沫板	0	1.56	1.96	2.0	2.01
	E_1	0	205	313	383	433
	E_{II}	0	108	148	169	182
冻结壁变形压力/MPa	无泡沫板	3.17	7.82	8.38	8.64	8.80
	E_1	0.57	2.90	4.12	4.91	5.47
	E_{II}	1.11	4.92	6.32	7.05	7.51
冻结壁变形压力占永久水平地压的百分比/%		12.1	54.1	69.4	77.4	82.5

(2) 开挖下部邻近段高对当前段高冻结变形压力的增长影响显著。无论有无壁后充填泡沫板，下部邻近段高开挖会引起当前段高冻结壁弹塑性变形的增长，同时变形压力也会增大，开挖段高距当前段高越远，增长趋势越缓慢。从表 5-57 中数据可以看出，在无泡沫板充填的情况下，由于第二个段高"开挖+支护"循环的影响，当前段高的冻结壁变形压力从 28h 支护完成后的 3.17MPa，迅速增加到 56h 第二段高支护完成的 7.82MPa，增加了 4.65MPa；充填泡沫板后，冻结壁变形压力的增长幅度明显减小，分别为 2.33MPa 和 3.81MPa（对应泡沫板压缩阶段 E_1 和 E_{II}）。

(3) 冻结壁变形压力占永久水平地压的百分比，从 28h 的 12.1% 增加到 56h 的 54.1%，此后开挖段，增长幅度较小，到 140h 达到 82.5%，表明充填泡沫板延缓了冻结壁变形压力增长，保证了井筒质量。

③700m 深度不同泡沫板厚度比较分析

泡沫板压缩实验中分别采用 75mm 和 100mm 两种规格的泡沫板，为了比较两种厚度的泡沫板对冻结壁和井壁相互作用的影响，在副井 700m 层位分别进行两种泡沫板厚度情况下的数值计算分析，结果如图 5-181、图 5-182 所示。

根据图 5-181 和图 5-182 分析可以得到，相同层位不同泡沫板厚度情况下，冻结壁绝对位移和变形压力规律如下。

(1) 泡沫板厚度 100mm 情况下的冻结壁绝对位移大于 75mm 厚度泡沫板对应值。对比图 5-181 中 (a) 和 (b) 可以看出，壁后充填 75mm 厚度泡沫板情况下，140h 时对应冻结壁绝对位移最大值和最小值分别约为 500mm 和 350mm；当泡沫板厚度增大到 100mm 时，对应绝对位移最大值和最小值达到 600mm 和 420mm 左右。再由图 5-181(c) 和 (d) 可以看出，泡沫板变形刚度增加，冻结壁内表面绝对位移减小。

(2) 泡沫板厚度 100mm 情况下冻结壁变形压力小于 75mm 厚度泡沫板对应值。对比图 5-182 中 (a) 和 (b) 可以看出，壁后充填 75mm 厚度泡沫板情况下，140h 对应冻结壁变形压力最大值和最小值分别约为 6MPa 和 4.6MPa；当泡沫板厚度增大到 100mm 时，对

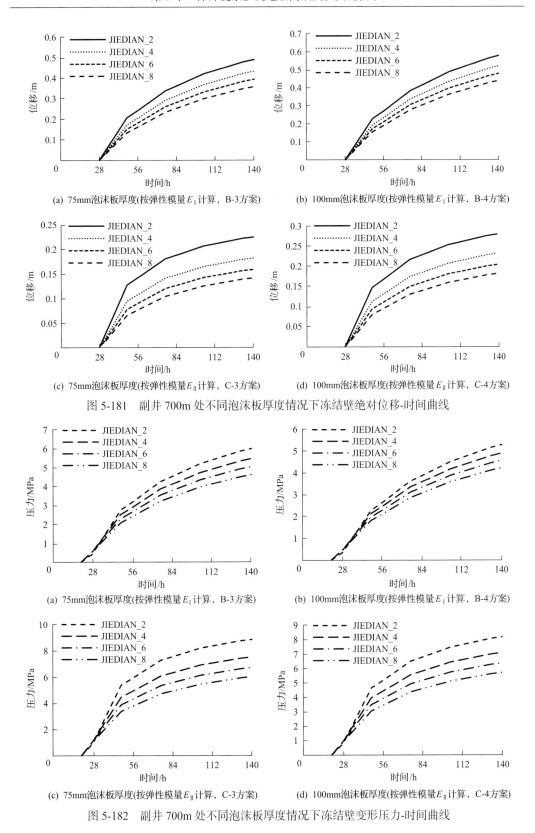

(a) 75mm泡沫板厚度(按弹性模量E_{I}计算，B-3方案)

(b) 100mm泡沫板厚度(按弹性模量E_{I}计算，B-4方案)

(c) 75mm泡沫板厚度(按弹性模量E_{II}计算，C-3方案)

(d) 100mm泡沫板厚度(按弹性模量E_{II}计算，C-4方案)

图 5-181　副井 700m 处不同泡沫板厚度情况下冻结壁绝对位移-时间曲线

(a) 75mm泡沫板厚度(按弹性模量E_{I}计算，B-3方案)

(b) 100mm泡沫板厚度(按弹性模量E_{I}计算，B-4方案)

(c) 75mm泡沫板厚度(按弹性模量E_{II}计算，C-3方案)

(d) 100mm泡沫板厚度(按弹性模量E_{II}计算，C-4方案)

图 5-182　副井 700m 处不同泡沫板厚度情况下冻结壁变形压力-时间曲线

应的冻结壁变形压力最大值和最小值分别约为 5.2MPa 和 4.1MPa。再由图 5-182(c)和(d)可以看出,泡沫板变形刚度增加,冻结壁变形压力增大。

综上所述,两种泡沫板厚度相比,壁后充填 100mm 厚度泡沫板情况下,冻结壁内表面绝对位移更大,且冻结壁变形压力较小,也就是说,100mm 厚度的泡沫板为冻结壁流变变形提供较大的让压空间,至少在模拟 140h 内引起的冻结壁变形压力更小,可以说在井壁浇筑初期(6d 内),外壁后充填 100mm 厚度泡沫板的让压作用要比充填 75mm 厚度泡沫板效果好。

4. 小结

通过对壁后泡沫板物理力学性能、冻结壁与井壁温度场相互影响、力学相互作用的研究,得到以下结论。

(1)深厚复杂土层冻结法凿井施工中,壁后泡沫板应选用 EPS 板。

(2)为有效地抵抗混凝土浇筑时的压力,并保证井壁初凝后发挥良好的变形缓冲性能,宜选用密度介于 20~25kg/m³ 的 EPS 板,且优先选用 20kg/m³ 的 EPS 板。

(3)考虑到 EPS 板需具有一定的抗冲击性能,必要时可选择 25kg/m³ 的 EPS 板,并通过改进井壁混凝土浇筑工艺与技术措施,降低井壁浇筑对泡沫板的损坏,保证井壁质量。

(4)井筒深度 650m 以浅,壁后泡沫板的厚度取 75mm 是可行的。井筒深度 650m 以深,鉴于冻结时间延长将导致冻结壁强度、刚度更大,因而壁后泡沫板厚度取 75mm 也应是可行的。

(5)冻结凿井过程中,建议加强信息化施工技术研究。通过对冻结壁变形及冻结压力的实时监测,及时评估壁后泡沫板厚度的合理性,必要时(例如,井壁浇筑后 1d 时的冻结压力增长过快,冻结压力超过初始水平地压的 35%),可将泡沫板厚度增大至 100mm。

(6)冻结压力的增长不仅与泡沫板压缩性能(取决于其密度与厚度)有关,更与冻结壁的强度与刚度等工程力学性能密切相关。建议通过强化冻结,并对井筒掘砌速度进行严格、理性地控制,确保深度黏土层的有效冻结时长,进而切实提高深度冻结壁的承载性能,以有效降低冻结压力的增长速度,确保井壁结构的早期安全。

5.3.5 钢纤维混凝土井壁施工技术研究

1. 混凝土工作性能指标与强度发展指标的确定

1)工作性能指标

根据冻结井壁混凝土的特点分析,要求冻结井内、外层井壁混凝土水化热较低,防止温度裂缝的出现;外层井壁混凝土应具有良好的抗渗和抗冻性能、早强与高强;内层井壁应具有良好的防裂、防水性能。针对冻结井壁混凝土设计、使用要求、施工方式与养护温度的特点,规定其工作性能指标如下:

(1)提高混凝土抗渗性能,保证良好的耐久性;

(2)早强,满足外层井壁抵抗冻结压力的需要;

(3)使用矿物掺合料等量取代水泥,降低水化热;

(4)初始坍落度应在 180mm 以上，坍落度经时损失小；

(5)钢纤维易于分散，分散后均匀性较好；

(6)混凝土的配制工艺简单，可大规模生产应用；

(7)材料本地化、就近化，取材方便且经济性好。

2)强度发展指标

山东巨野矿区龙固、郭屯、郓城煤矿冻结法施工中，冻结井外壁浇筑后压力在早期增长迅速：外壁浇筑 1d，由于泡沫板的存在及混凝土水化反应启动时间不长，冻结压力增长缓慢，一般不会超过全程最大值的 10%～20%；浇筑后 3d，约有 75%的地层冻结压力增长至全程最大值的 10%～65%，最高值达到最大值的 71%；浇筑后 7d，80%的地层冻结压力增长至全程最大值的 40%～80%，最高值达到最大值的 83%。由此确定井壁混凝土的强度发展指标为：1d、3d 和 7d 强度应分别达到井壁设计强度的 35%、75%和 90%。

2. 高性能钢纤维混凝土用原材料选择与管理

高性能钢纤维混凝土对原材料有着较为苛刻的要求，尤其是工业化生产过程中，原材料的选择是配制高性能钢纤维混凝土的关键因素之一。

(1)石子。混凝土使用的石子首先除需要满足国家规范提出的高强高性能混凝土对石子的相关要求外，钢纤维混凝土采用的石子粒径不宜大于 20mm 和纤维长度的 2/3，而当石子粒径大于 20mm 时，应选用适宜的纤维，经过专门实验检验达到设计要求的增强、增韧的指标后，方可采用；还必须确保石子的供应量充足，同时为确保混凝土质量稳定，在混凝土生产期间原则上不更换石子。

(2)水泥。用于生产高性能钢纤维混凝土的水泥必须兼有较高的 28d 抗压强度和好的流动性，确保水泥与减水剂的相容性好，在运输和浇筑过程中可以控制混凝土的坍落度损失和保持良好的工作性。并非相同标号的水泥配制同一强度高性能混凝土都具有相同的效果，水泥细度、石膏形态与数量、碱含量和 C3A 含量等都是影响因素，因此应通过试配来选择水泥，同时为确保混凝土质量稳定，在混凝土生产期间原则上不更换水泥。

(3)矿物掺合料。矿物掺合料对提高混凝土耐久性、增进后期强度、抑制碱骨料反应、降低混凝土水化热等方面发挥着关键的作用。目前使用的矿物掺合料主要有粉煤灰、磨细矿渣、磨细天然沸石和硅灰等。每种掺合料各有特点，在混凝土中发挥出不同的作用，在配制高性能钢纤维混凝土时，应根据冻结井壁的特点来调整矿物掺合料的各组分所占比例。考虑到外层井壁的特点或施工季节、施工工艺的差异，要求混凝土具有不同的性能参数，此时可以调整矿物掺合料的成分或各成分所占比例来满足工程需要。

原材料的质量稳定是保证高性能钢纤维混凝土组成均匀、质量稳定的重要条件。因此，原材料需有专人负责按要求采购，而且要有专人管理，并有固定的堆放地点。在原材料进入施工场地后，应对原材料的品种、规格、数量及质量证明书等进行验收核查，并按国家规范的相关要求进行取样与复验。经检验合格的原材料方能投入使用。

3. 工业性实验情况简介

考虑到室内实验条件与现场实际工程条件(温度条件、湿度条件、振捣工艺、养护条件等)的差异，在新巨龙东副井 CF90 段井壁正式使用前，选择在副井-665～-669m 段外壁进行 CF90 混凝土井壁的工业性实验，结合东副井 CF90 混凝土"实验段"的施工，开展"现场同条件外壁钢纤维混凝土早期强度增长规律的现场实测实验研究"。

外壁 CF90 混凝土早期强度现场实验结果见表 5-58，其强度对比结果见表 5-59。

表 5-58　CF90 混凝土现场实验结果统计表——井壁同条件

龄期及试块尺寸	3d-100mm×100mm×100mm			7d-100mm×100mm×100mm			28d-150mm×150mm×150mm		
单个试块强度/kN	683.31	667.63	753.76	934.67	932.52	840.06	2233.37	1650.71	2254.57
单个试块强度/MPa	68.3	66.8	75.4	93.5	93.3	84.0	99.3	—	100.2
有效强度/MPa		70.2			90.2			99.3	

表 5-59　CF90 混凝土现场实验结果统计表——标养

序号	龄期/d	混凝土强度/MPa			有效强度/MPa	强度比/%
1	1	47.2	41.8	48.4	45.8	51
2	3	71.4	64.2	69.0	68.2	76
5	7	87.3	82.2	79.3	82.9	92
4	28	90.1	95.4	93.2	92.9	103
5	103	96.7	104.1	105.7	102.2	114

对现场实验段混凝土试块强度变化规律分析如下。

通过现场实验段外壁 CF90 混凝土试块实验，获得了 CF90 外壁混凝土早期强度增长规律。研究表明：外壁混凝土早期强度增长明显快于标准养护；龄期越短，差异越显著；实验段混凝土标准养护强度在 3d、7d、28d、103d 分别能够达到混凝土强度的 76%、92%、103%、114%。实验段外壁同条件养护混凝土强度在 3d、7d、28d 分别能够达到混凝土强度的 77.8%、100.2%、110.2%，且不会出现冻害问题。根据实验段混凝土 3d、7d、28d 试块强度结果：CF90 混凝土配比满足了设计要求，可以在外壁施工中应用。

4. 为保证工程实施所采取的措施

为了确保该段井壁能够达到设计要求，施工中采取以下措施。

1）原材料的质量控制

强化原材料的质量控制，专人采购、专人管理、固定地点堆放，严格验收手续，按规范规定取样送检，不合格材料绝对不准使用。

2）原材料计量

原材料计量应准确，严格按照设计的配比称量，其允许偏差需符合以下规定：

（1）胶凝材料（水泥、矿物添加剂等）±1%；

（2）化学外加剂（高效减水剂、其他化学外加剂）±1%；

（3）粗、细骨料±2%；

（4）拌和用水±1%；

（5）钢纤维±2%。

水胶比对高性能钢纤维混凝土强度的影响十分显著，因此拌和用水的计量应准确，保证混凝土水胶比在基本控制范围内。使用露天堆放的骨料时，应根据其含水量变化随时调整拌和用水量。

3）高性能钢纤维混凝土搅拌工艺

搅拌的投料次序和方法应以搅拌过程中钢纤维不结团、不产生弯曲或折断，不因搅拌机超负荷而停止运转，出料口不堵塞为原则。搅拌时间也是关键因素：时间不够钢纤维分散不均匀，时间过长钢纤维易弯曲。因此，搅拌时间应通过现场搅拌实验确定，并应该比普通混凝土规定的搅拌时间延长 1~2min。高性能钢纤维混凝土拌制时必须使用强制式搅拌机，搅拌的检验标准为：钢纤维分布均匀性（不结团）、纤维是否弯曲或折断、混凝土流动性，同时兼顾工艺简便。

根据实验结果，优选出高性能钢纤维混凝土的搅拌工艺。高性能钢纤维混凝土搅拌工艺流程见图 5-183。搅拌工艺如下。

（1）先加入石骨料、砂、胶凝材料与钢纤维，开动强制式搅拌机，钢纤维应尽量均匀添加，避免钢纤维大体积堆放，搅拌 10~30s。

（2）缓慢注入水，继续搅拌 3~4min，具体搅拌时间也可视混凝土流动性而定。

（3）出料。

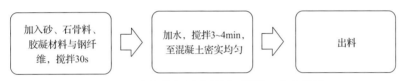

图 5-183　高性能钢纤维混凝土搅拌工艺流程图

矿物掺合料均为粉状，因此，在加入胶凝材料后应搅拌充分，同时保证加水后搅拌时间不低于 3min，才能保证高效减水剂发挥减水效率。混凝土在搅拌过程中会经历一个流动性缓慢增大的过程，直到搅拌后期行动性才会显著增大。高性能混凝土的黏度较普通混凝土大，即使在坍落度达到 240mm 以上时，黏度同样很高，这是高性能混凝土的一个特点。所以，适当延长搅拌时间不会出现混凝土质量下降的情况。

4）混凝土浇筑和振捣

（1）混凝土浇筑分层对称进行，每层高度 300mm 左右。

（2）振捣分布间距一般为 300~400mm，每次浇筑一层振捣一次。

（3）垂直点振，不平拉，不过振，不漏振。

（4）严格控制振捣时间 10~30s。

5.4　功能梯度材料井壁设计

5.4.1　理论分析

1. N 层功能梯度井壁弹性解

竖井井壁可简化为受外部围压荷载、内部无外载的厚壁圆筒。假设井壁在环向为均质、各向同性材料，材料参数在径向呈梯度变化。本节在前人研究的基础上，得到功能梯度井壁的弹性力学解，可以求得井壁的应力、应变及位移。

计算模型如图 5-184 所示。并规定：

$$N_{i+1} = E_{i+1}/E_i$$

$$\gamma_{i+1} = R_{i+1}/R_i$$

式中：E_i 为第 i 层的弹性模量；R_i 为第 i 层的外半径。

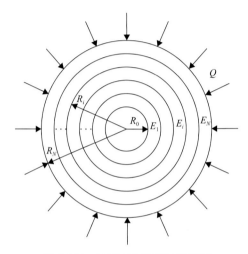

图 5-184 N 层空心圆筒计算模型

基于 Lame 解答，每一层的径向应力、切向应力及位移可表示如下：

$$\begin{cases} (\sigma_r)_i = \dfrac{A_i}{r^2} + 2C_i \\[2mm] (\sigma_\theta)_i = \dfrac{A_i}{r^2} + 2C_i \\[2mm] (u_r)_i = \dfrac{1-\nu^2}{E_i}\left[-\left(1+\dfrac{\nu}{1-\nu}\right)\dfrac{A_i}{r} + 2\left(1-\dfrac{\nu}{1-\nu}\right)C_i r + I_i\cos\theta + K_i\sin\theta \right] \end{cases} \quad (5\text{-}73)$$

式中：A_i、C_i、I_i、K_i 为待定常数；r 与 θ 为极坐标系；ν 为混凝土泊松比。由于井壁结构的对称性，所以 $I_i = K_i = 0$。在每一层间的接触面上径向应力和位移应该是连续的，因此：

$$\begin{cases} (\sigma_r)_i\big|_{r=R_i} = (\sigma_r)_{i+1}\big|_{r=R_i} \\[2mm] (u_r)_i\big|_{r=R_i} = (u_r)_{i+1}\big|_{r=R_i} \end{cases} \quad (5\text{-}74)$$

相邻层之间挤压力关系如下：

$$\begin{cases} \dfrac{A_i}{R_{i-1}^2} + 2C_i = -q_{i-1} \\ \dfrac{A_{i+1}}{R_{i+1}^2} + 2C_{i+1} = -q_{i+1} \end{cases} \tag{5-75}$$

式中：q_{i-1} ($i=2,3,\cdots,N$) 是 $i-1$ 层与 i 层之间的挤压力；q_0、q_N 分别为井壁最内层与最外层压力，其中，$q_0=0$，$q_N=Q$。

根据式 (5-75)，可得到井壁内外侧应力关系：

$$\begin{cases} \dfrac{A_1}{R_0^2} + 2C_1 = -q_0 = 0 \\ \dfrac{A_N}{R_N^2} + 2C_N = -q_N = -Q \end{cases} \tag{5-76}$$

联立式 (5-73)、式 (5-74)、式 (5-76)，可得 $(A_i,\ C_i)$ 与 $(q_{i-1},\ q_{i+1})$ 的关系式：

$$\begin{cases} \dfrac{A_i}{R_i^2} = \left\{ \dfrac{1}{2}\left(1-\dfrac{v}{1-v}\right)(1-N_{i+1}) + \dfrac{1}{2}\left[\left(1+\dfrac{v}{1-v}\right)+\left(1-\dfrac{v}{1-v}\right)N_{i+1}\right]\gamma_{i+1}^2 \right\}\dfrac{q_{i-1}}{\delta_i} - \gamma_{i+1}^2\dfrac{q_{i+1}}{\delta_i} \\ 2C_i = -\left[1-\dfrac{1}{2}\left(1+\dfrac{v}{1-v}\right)(1-N_{i+1}) + \dfrac{1}{2}\left(1+\dfrac{v}{1-v}\right)(1-N_{i+1})\gamma_{i+1}^2\right]\dfrac{q_{i-1}}{\delta_i} - \gamma_i^2\gamma_{i+1}^2\dfrac{q_{i+1}}{\delta_i} \end{cases} \tag{5-77}$$

其中：

$$\begin{aligned} \delta_i = &1 + \dfrac{1}{2}\left(1+\dfrac{v}{1-v}\right)(1-N_{i+1})(\gamma_{i+1}^2-1) - \dfrac{1}{2}\left(1-\dfrac{v}{1-v}\right)(1-N_{i+1})\gamma_i^2 \\ &-\dfrac{1}{2}\left[\left(1+\dfrac{v}{1-v}\right)+\left(1-\dfrac{v}{1-v}\right)N_{i+1}\right]\gamma_i^2\gamma_{i+1}^2 \end{aligned} \tag{5-78}$$

在任意一层中，径向应力满足：

$$(\sigma_r)_i\big|_{r=R_i} = \dfrac{A_i}{R_i^2} + 2C_i = -q_i \tag{5-79}$$

将式 (5-77) 代入式 (5-79) 可得

$$q_{i+1} = -\dfrac{\delta_i q_i - (\gamma_{i+1}^2-1)N_{i+1}q_{i-1}}{(\gamma_i^2-1)\gamma_{i+1}^2} \tag{5-80}$$

因此，式 (5-77) 可以写成

$$\begin{cases} \dfrac{A_i}{R_i^2} = \dfrac{1}{1-\gamma_i^2}(q_{i-1}-q_i) \\ 2C_i = -\dfrac{1}{1-\gamma_i^2}(q_{i-1}-\gamma_i^2 q_i) \end{cases} \tag{5-81}$$

为求得 q_i 的表达式，首先给出 q_0、q_1 的表达式，根据式(5-80)可得

$$\Delta_i = -\frac{\delta_i \Delta_{i-1} - \left(\gamma_{i+1}^2 - 1\right) N_{i+1} \Delta_{i-2}}{\left(\gamma_i^2 - 1\right)\gamma_{i+1}^2}, \quad i = 2,3,\cdots,N$$

其中：$\Delta_0 = -1$，$\Delta_1 = \dfrac{\delta_1}{\left(\gamma_i^2 - 1\right)\gamma_2^2}$。

可得

$$q_i = -\Delta_{i-1} q_1, \quad i = 2,3,\cdots,N$$

$$q_1 = -\frac{Q}{\Delta_{N-1}}$$

因此，每一层相互作用力计算公式为

$$q_i = -\Delta_{i-1}\frac{Q}{\Delta_{N-1}}, \quad i = 2,3,\cdots,N-1 \tag{5-82}$$

式(5-82)给出了 N 层厚壁圆筒相邻两层挤压力的精确解。因此，可以通过 Lame 解答求出厚壁圆筒任意位置的应力解和位移解[27]。

2. 典型弹性模量函数

假设厚壁圆筒满足 Tresca 屈服准则，且材料每点的单向屈服应力 σ_s 都相同，则在上述预定条件 $\sigma_\theta - \sigma_r = c = \text{constant}$，当 $c < \sigma_s$ 时，整个厚壁圆筒为弹性状态；当 $c = \sigma_s$ 时，整个厚壁圆筒全部达到塑性状态。此时，厚壁圆筒径向方向弹性模量 $E(r)$ 连续变化，井壁材料为理想功能梯度材料，从而达到充分利用整个区域内材料性能的目的。通过反分析的方法，利用所需应力分布求得弹性模量函数。基于统一强度理论，得到典型弹性模量函数为[28]

$$E(r) = C\left[\frac{1-2\nu}{1-\nu}\ln\left(r/R_0\right)+1\right]^{\frac{2(1-\nu)}{1-2\nu}} \tag{5-83}$$

式中：C 为积分常数；R_0 为内径；ν 为泊松比。

在 R_0 已知的前提下，通过规定功能梯度井壁 $\dfrac{R_N + R_0}{2}$ 位置处弹性模量 E^*，即 $E^* = E\left(\dfrac{R_N + R_0}{2}\right)$，得到积分常数 C 的值，从而确定特定井壁形式所需要的弹性模量函数 $E(r)$，进一步得到功能梯度井壁每一层的弹性模量取值。

3. 函数形式优选

假设井壁满足 Tresca 屈服准则，可求得井壁受力最合理时的弹性模量函数。由于混

凝土结构在施工方法上无法得到理想功能梯度混凝土材料，需要通过分层的方式，实现井壁混凝土的梯度变化。由于分层厚壁圆筒与理想功能梯度厚壁圆筒的力学特性并不相同，因此以下讨论弹性模量函数形式对井壁力学特性的影响，并通过计算结果，确定分层功能梯度井壁的最优函数形式。将井壁的弹性模量按照不同的函数形式进行变化，其中包括线性函数、指数函数、幂函数与典型弹性模量函数，分析不同函数形式对井壁应力与位移的影响。计算模型参数见表 5-60。

使用 ABAQUS 进行数值模拟计算，采用二维平面模型，井壁截面为对称边界，在井壁外侧施加荷载。计算模型示意图如图 5-185 所示。所有计算模型的网格划分形式相同，划分为 2400 个单元，单元类型为 CPE4R，网格划分如图 5-186 所示。

表 5-60　计算模型参数

参数	内半径 R_0/m	外半径 R_N/m	外部压力 p/MPa	厚径比 λ	$E(R_0)$/GPa	$E(R_N)$/GPa	泊松比 ν	分层数 N
取值	0.9	1.5	10	1/2	32.5	78.3	0.25	10

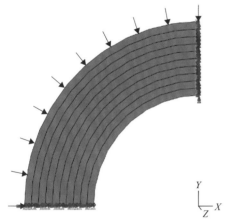

图 5-185　计算模型示意图

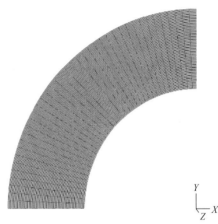

图 5-186　网格划分

可得四种不同函数形式的具体表达式。

典型弹性模量函数：

$$E(r) = 32.5 \times \left[\frac{2}{3}\ln(r/0.9) + 1 \right]^3$$

线性函数：

$$E(r) = 76.33r - 36.2$$

指数函数：

$$E(r) = 8.69e^{1.4655r}$$

幂函数：

$$E(r) = 38.96r^{1.72}$$

通过已确定的不同函数形式方程，可得到不同函数在典型分层数时的弹性模量 E_i，见表 5-61。

表 5-61　不同函数形式下的弹性模量 E_i $(i=1\sim10)$

函数形式	E_i $(i=1\sim10)$/MPa
典型弹性模量函数	78.3、73.6、69、64.3、59.6、55、50.4、45.8、41.3、36.9
线性函数	78.3、73.7、69.1、64.6、60.0、55.4、50.8、46.2、41.7、37.1
指数函数	78.4、71.8、65.8、60.2、55.1、50.5、46.2、42.4、38.8、35.5
幂函数	78.3、72.9、67.8、62.8、58.0、53.3、48.8、44.5、40.3、36.3

增加三组均质井壁作为对照组，其弹性模量为 32.5GPa、55.4GPa、78.3GPa，其余参数保持一致。

不同函数形式计算得到的应力和位移云图如图 5-187 和图 5-188 所示。

可以看出，在分层数、模型尺寸、内外层弹性模量相同的情况下，不同函数形式计算得到的应力和位移分布规律相同，但是在最大应力和最小应力数值上不同。

不同函数形式计算的最大应力、最小应力、最大位移、最小位移汇总见表 5-62。可以看出，弹性模量以线性函数分布时的应力和位移均最小，指数函数分布时最大。可以证明圆柱和球体的环向应力的最优值是一个常数，且剪切模量在径向上呈线性变化。井

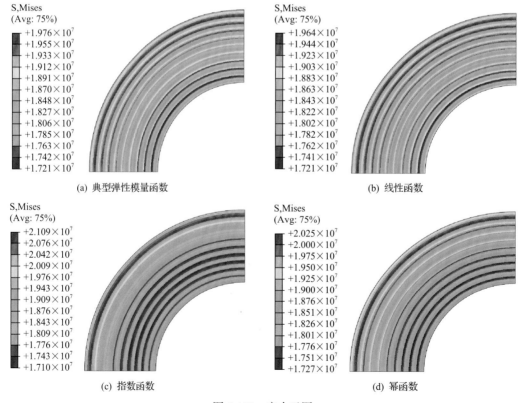

(a) 典型弹性模量函数　　　　　　　　　　(b) 线性函数

(c) 指数函数　　　　　　　　　　(d) 幂函数

图 5-187　应力云图

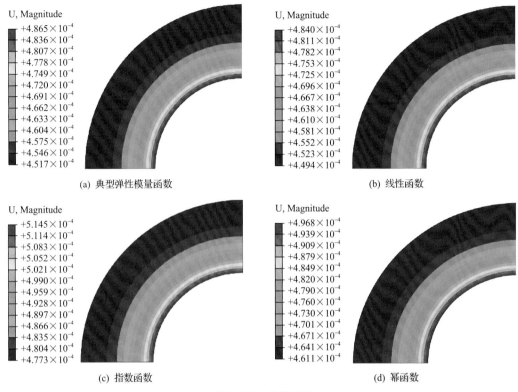

(a) 典型弹性模量函数　　　　　　　　　　(b) 线性函数

(c) 指数函数　　　　　　　　　　(d) 幂函数

图 5-188　位移云图

表 5-62　不同函数应力位移结果对比

函数形式	最大应力/MPa	最小应力/MPa	最大位移/mm	最小位移/mm
典型弹性模量函数	19.76	17.21	0.4865	0.4517
线性函数	19.64	17.21	0.4840	0.4494
指数函数	21.09	17.10	0.5145	0.4773
幂函数	20.25	17.27	0.4968	0.4611

壁弹性模量沿径向梯度的变化不会引起径向应力的显著变化，但会对环向应力的分布产生较大的影响。

　　沿井壁截面选取一条路径，方向为由井壁内侧至井壁外侧。环向应力、径向应力、环向应变、径向位移等计算结果如图 5-189 所示。

　　功能梯度材料井壁的环向应力从井壁内侧到井壁外侧在整体上是上升的趋势，而均质井壁的环向应力在路径上逐渐减小，在井壁内侧环向应力最大，也足以说明功能梯度材料井壁可以减少井壁内侧的应力集中现象。均质井壁的应力分布与弹性模量的大小无关。

4. 一般弹性模量函数

　　基于以上研究成果，提出分层功能梯度井壁呈线性函数分布的一般弹性模量函数。在规定最外层井壁弹性模量的前提下，通过改变弹性模量常数 k^*，得到不同的井壁弹性模量分布函数，从而使功能梯度井壁获得不同的弹性模量变化梯度。

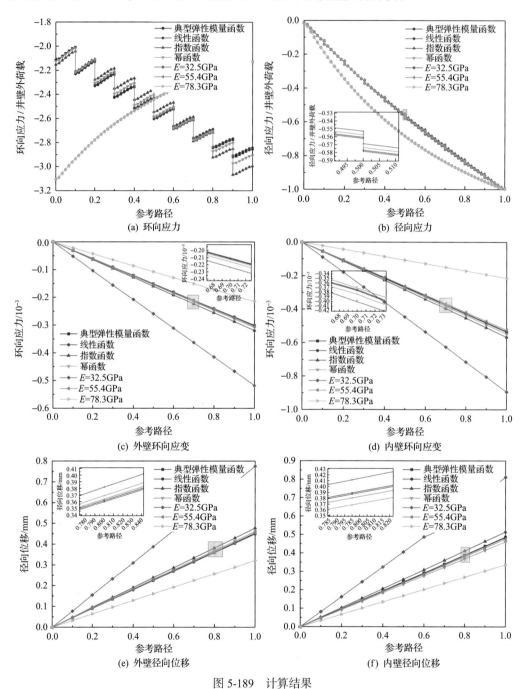

图 5-189　计算结果

注：参考路径为井壁径向截面上，井壁内侧至井壁外侧的路径。由于井壁厚度和
井壁内半径在不同实验中会发生变化，因此对参考路径进行了归一化处理

定义弹性模量常数 $k^* = \dfrac{E_N - E_i}{E_N(N-i)}$，如图 5-190 所示。规定井壁弹性模量呈线性函数

分布，得到一般弹性模量函数为

$$E_i = E_N \left[1 - k^*(N-i) \right] \qquad (5\text{-}84)$$

式中：E_i 为第 i 层井壁弹性模量，$i \in [1, N]$；E_N 为第 N 层井壁弹性模量。

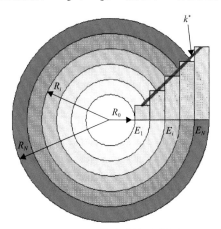

图 5-190　井壁计算示意图

典型弹性模量函数在有限的井壁厚度范围内近似为线性变化，因此其可以看作一般弹性模量函数的一种特殊情况。通过对典型弹性模量函数的弹性模量常数进行分析，发现弹性模量常数与功能梯度井壁的分层数和厚径比有关。在典型弹性模量函数下，功能梯度井壁的弹性模量常数取值见表 5-63。在相同厚径比下，弹性模量常数与分层数之间存在关系为 $\dfrac{k_m^*}{k_n^*} = \dfrac{n}{m}$，其中，$m$ 为功能梯度井壁分层数。

表 5-63　典型弹性模量函数下功能梯度井壁弹性模量常数 k^* 取值

λ	n				
	2	3	4	5	6
3/11	0.217558	0.145039	0.108779	0.087023	0.072519
0.1	0.091784	0.061189	0.045892	0.036713	0.030594
0.15	0.132066	0.088044	0.066033	0.052826	0.044022
0.2	0.169052	0.112701	0.084526	0.067621	0.056351
0.25	0.203034	0.135356	0.101517	0.081213	0.067678
0.3	0.234272	0.156182	0.117136	0.093709	0.078091
0.35	0.263008	0.175339	0.131504	0.105203	0.087669
0.4	0.289455	0.192970	0.144728	0.115782	0.096485

注：λ 为井壁厚径比 $\lambda = t/(t+R_0)$，t 为井壁厚度，R_0 为井壁内半径；n 为功能梯度井壁分层数。涉及表中不存在的厚径比时，可根据线性插值计算得到相应的弹性模量常数。

由弹性模量常数的定义可知，k^* 存在一定的取值范围，且分层数不同，弹性模量常数的取值范围不同。以三层功能梯度井壁为例，对弹性模量常数 k^* 的取值范围讨论。当

$k^* = 0.5$ 时，$E_1 = 0$；当 $k^* = 0$ 时，$E_1 = E_N$；当 $k^* = -0.5$ 时，$E_1 = 2E_N$。实际上，最内层井壁弹性模量不可能为 0，因此必然存在 $k^* < 0.5$。为实现功能梯度井壁材料的"柔性让压"，最内层井壁弹性模量必然小于最外层井壁弹性模量，因此必然存在 $k^* > 0$。由此可得，三层功能梯度井壁弹性模量常数的取值范围为 $0 < k^* < 0.5$。以此类推，对于 N 层功能梯度井壁而言，必然存在 $k^* > 0$。当 $k^* = 0$ 时，功能梯度井壁退化为均质井壁。由最内层井壁弹性模量不可能为 0 可知，必然存在 $k^* < \dfrac{1}{N-1}$。因此，N 层功能梯度井壁弹性模量常数的取值范围为 $0 < k^* < \dfrac{1}{N-1}$。

5. 井壁混凝土破坏准则

在《混凝土结构设计规范》(GB 50010—2010)中，采用与实验结果相符较好的、以八面体应力无量纲表达的幂函数破坏准则，其一般方程为

$$\frac{\tau_{\text{oct}}}{f_{\text{c}}^*} = a\left(\frac{b - \sigma_{\text{oct}} / f_{\text{c}}^*}{b - \sigma_{\text{oct}} / f_{\text{c}}^*}\right)^d \tag{5-85}$$

$$c = c_{\text{t}}\left(\cos\frac{3}{2}\theta\right)^{1.5} + c_{\text{c}}\left(\sin\frac{3}{2}\theta\right)^2 \tag{5-86}$$

式中：τ_{oct} 为八面体剪应力；f_{c}^* 为混凝土单轴抗压强度，MPa，应根据结构分析方法和极限状态验算需要，取为标准值、设计值、平均值或实验值；σ_{oct} 为八面体正应力；θ 为相似角；a、b、c_{t}、c_{c}、d 可根据单轴抗压强度、单轴抗拉强度、二轴等压强度、三轴等拉强度和三轴等压强度进行标定。

根据国内外众多学者的实验结果，得到了可适用于各种实验条件和全部多轴应力范围的特征强度值，即 $a = 6.9638$、$b = 0.09$、$c_{\text{t}} = 12.2445$、$c_{\text{c}} = 7.3319$、$d = 0.9297$，此破坏准则计算结果精度较高。

由上述混凝土多轴破坏准则建立井壁破坏包络面方程：

$$f = a\left(\frac{b - \sigma_{\text{oct}} / f_{\text{c}}^*}{b - \sigma_{\text{oct}} / f_{\text{c}}^*}\right)^d - \frac{\tau_{\text{oct}}}{f_{\text{c}}^*} \tag{5-87}$$

当 $f = 0$ 时，井壁混凝土达到破坏临界状态；当 $f > 0$ 时，井壁正常工作；当 $f < 0$ 时，井壁破坏。

5.4.2 数值计算

1. 功能梯度井壁力学特性数值计算

功能梯度井壁的径向应力与单层均质井壁的径向应力分布趋势相似，且环向应力在井壁设计中更为重要，因此重点针对环向应力进行分析。在之后的分析中，参考路径为井壁径向截面上井壁内侧至井壁外侧的路径，路径长度为井壁厚度。由于井壁厚度和井

壁内半径在不同实验中会发生变化，因此对参考路径进行归一化处理，同样环向应力归一化处理为 σ_θ/Q（Q 为外部荷载），符号表示为拉正压负。

由图 5-191 可知，在井壁截面参考路径上，随着井壁内半径的变化，得到的三层功能梯度井壁的环向应力分布形式以及井壁的径向位移与环向应变的变化趋势保持一致。具体表现为从整个功能梯度井壁的角度来看，井壁环向应力由井壁内侧至井壁外侧逐渐增大；从每一层井壁的角度来看，井壁环向应力由井壁内侧至井壁外侧逐渐减小，与均质井壁变化规律相同；井壁径向位移表现为由井壁内侧至井壁外侧逐渐减小，具体数值的变化范围很小；井壁环向应变表现为由井壁内侧至井壁外侧逐渐减小，具体数值的变化较为明显，井壁内外缘环向应变数值相差较大。

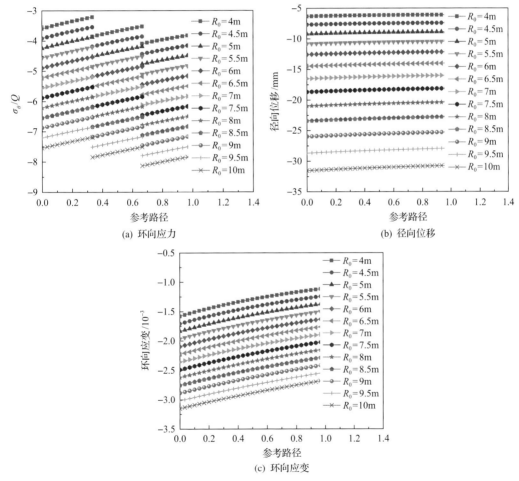

图 5-191　内半径变化时井壁环向应力、径向位移、环向应变分布形式

由图 5-192 可知，当井壁内半径逐渐增大时，在功能梯度井壁内外缘处，井壁环向应力和环向应变均呈线性增加，井壁径向位移呈非线性增加，且随着半径增加，曲线斜率绝对值增加，即径向位移增加速率增大。当井壁内半径为 4m 时，井壁内缘环向应力为 53.84MPa；当井壁内半径为 8m 时，井壁内缘环向应力为 93.22MPa，即当井壁内半径

增长一倍，井壁内缘环向应力增加了 73.14%。当井壁内半径为 4m 时，井壁内缘环向应变为 1.58×10^{-3}；当井壁内半径为 8m 时，井壁内缘环向应变为 2.62×10^{-3}，即当井壁内半径增长一倍，井壁内缘环向应变增加 65.82%。当井壁内半径为 4m 时，井壁内缘径向位移为 6.31mm，当井壁内半径为 8m 时，井壁内缘径向位移为 20.98mm，即当井壁内半径增长一倍，井壁内缘径向位移增加 232.49%。

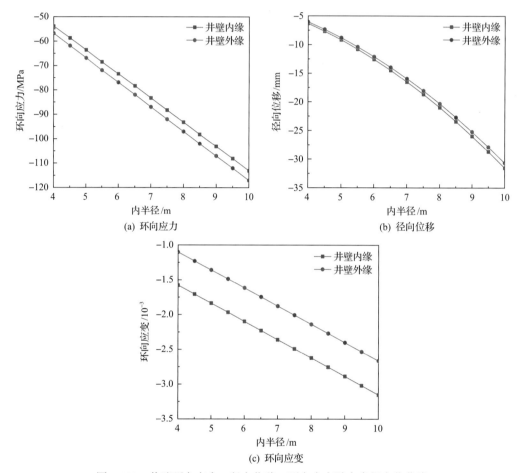

图 5-192　井壁环向应力、径向位移、环向应变随内半径变化曲线

　　不同井壁内半径时井壁参考路径上各屈服点计算值分布曲线，如图 5-193 所示。不同的井壁内半径得到的屈服点计算值分布形式相同，均为井壁内缘最先达到破坏点。井壁内半径越大，破坏就越严重。

　　由图 5-194(a)、(c)可知，在井壁截面参考路径上，随着井壁厚度的变化，得到的三层功能梯度井壁的环向应力、环向应变分布形式基本一致。由图 5-194(b)可知，井壁的径向位移分布形式有所不同。在井壁厚度较小时，井壁参考路径上各点径向位移由内到外逐渐减小，随着井壁厚度的增加，井壁参考路径上各点径向位移由内到外呈现出先增加后减少的趋势，井壁最大径向位移发生在井壁中部位置。由图 5-194(c)可知，在井壁截面参考路径上，井壁由内到外环向应变逐渐增大。

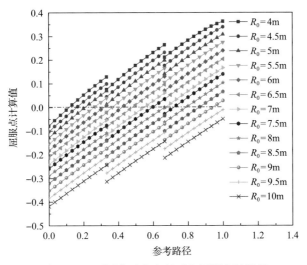

图 5-193　不同井壁内半径时各屈服点计算值

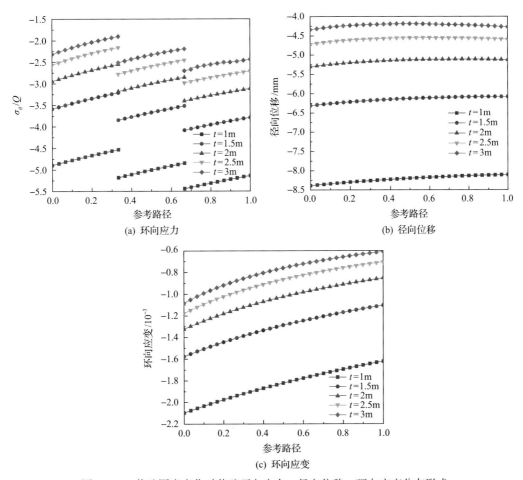

(a) 环向应力

(b) 径向位移

(c) 环向应变

图 5-194　井壁厚度变化时井壁环向应力、径向位移、环向应变分布形式

由图 5-195 可知，井壁不同位置处环向应力、径向位移、环向应变随井壁厚度变化

趋势基本相同。随着井壁厚度的增加，井壁环向应力、径向位移、环向应变均减小。井壁厚度增加，可以减少井壁应力集中程度，但随着井壁厚度的增加，应力减小幅度减小，环向应力随井壁厚度变化曲线逐渐趋于稳定，说明三层功能梯度井壁与单层井壁特性相似，当厚度增加到一定程度时，应力集中的减少效果是有限的。

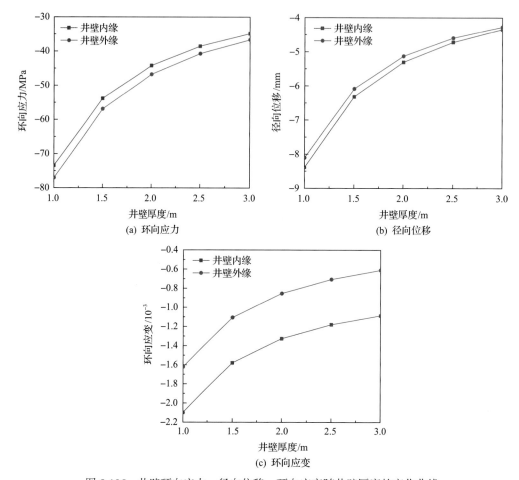

图 5-195　井壁环向应力、径向位移、环向应变随井壁厚度的变化曲线

　　不同井壁厚度时井壁参考路径上各屈服点计算值分布曲线，如图 5-196 所示。不同的井壁厚度得到的屈服点计算值分布形式大致相似，均为井壁内缘最先达到破坏点。井壁厚度越大，破坏就越轻。但是可以明显看出，厚度不断增加，井壁内缘屈服点计算值增加程度减小。

　　由图 5-197(a) 和图 5-198(a) 可知，改变功能梯度井壁弹性模量 E^* 对井壁环向应力的分布及大小没有影响。而通过设置弹性模量梯度变化使井壁环向应力重分布，相较于均质井壁有很大改变。

　　由图 5-197(b)、(c) 和图 5-198(b)、(c) 可知，功能梯度井壁弹性模量影响井壁结构的变形性状。不同弹性模量下，径向位移在参考路径上的变化趋势是相同的。从图 5-197(b)可以看出，井壁内外缘的径向位移和环向应变均随井壁弹性模量呈线性变化，与井壁的弹性模量成反比，井壁弹性模量越大，所产生的径向位移越小。功能梯度井壁选取合适的弹性模量可以有效地将位移控制在安全合理的范围内。

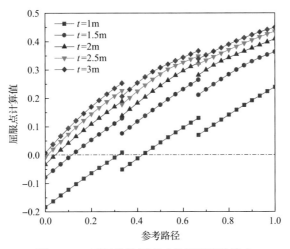

图 5-196　不同井壁厚度时各屈服值计算点

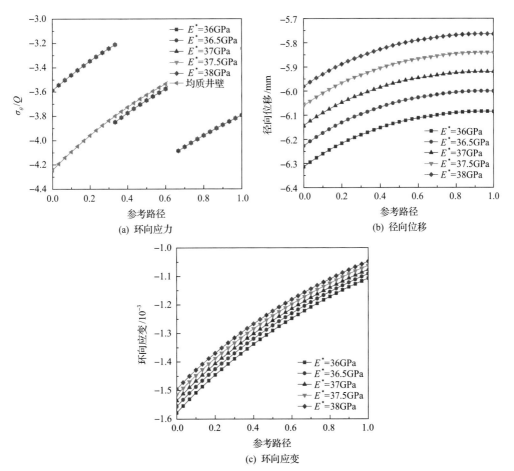

(a) 环向应力

(b) 径向位移

(c) 环向应变

图 5-197　井壁弹性模量变化时井壁环向应力、径向位移、环向应变分布形式

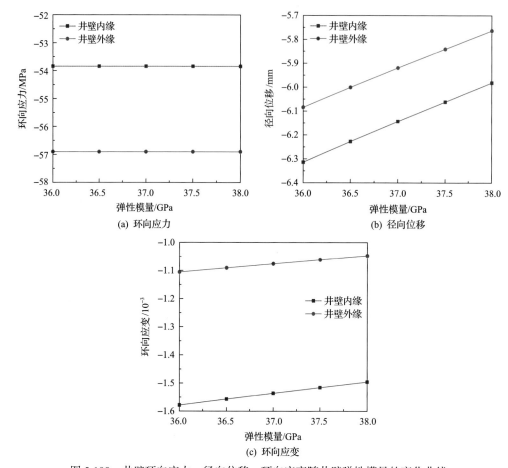

图 5-198　井壁环向应力、径向位移、环向应变随井壁弹性模量的变化曲线

　　不同井壁弹性模量时井壁参考路径上各屈服点计算值分布曲线，如图 5-199 所示。弹性模量的变化对井壁破坏程度没有影响。

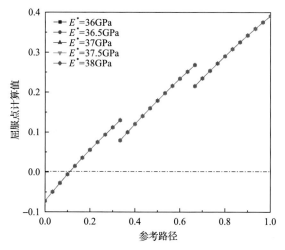

图 5-199　不同井壁弹性模量时各屈服点计算值

　　由图 5-200 可知，混凝土抗压强度对功能梯度井壁弹性状态下的内力分布、径向位移、环向应变等不产生直接影响。不同井壁混凝土抗压强度时井壁参考路径上各屈服点

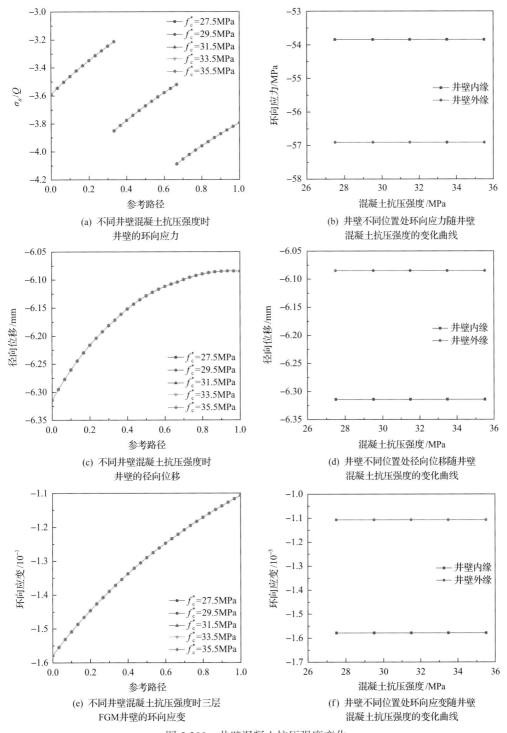

(a) 不同井壁混凝土抗压强度时
井壁的环向应力

(b) 井壁不同位置处环向应力随井壁
混凝土抗压强度的变化曲线

(c) 不同井壁混凝土抗压强度时
井壁的径向位移

(d) 井壁不同位置处径向位移随井壁
混凝土抗压强度的变化曲线

(e) 不同井壁混凝土抗压强度时三层
FGM井壁的环向应变

(f) 井壁不同位置处环向应变随井壁
混凝土抗压强度的变化曲线

图 5-200　井壁混凝土抗压强度变化

计算值分布曲线，如图 5-201 所示。混凝土的抗压强度直接影响井壁屈服点分布。

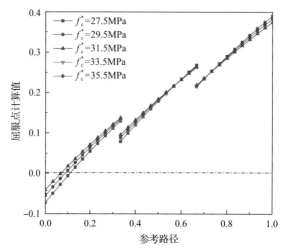

图 5-201　不同井壁混凝土抗压强度时各屈服点计算值

由图 5-202(a)和图 5-203(a)可知，井壁混凝土的泊松比会对井壁环向应力的分布产生细微的影响。随着井壁泊松比不断增加，井壁内缘环向应力逐渐增加，井壁外缘环向应力逐渐减小，但总体变化幅度很小。

由图 5-202(b)和图 5-203(b)可知，井壁泊松比的增加会使井壁的径向位移数值减小。当井壁泊松比增加时，井壁参考路径上的径向位移曲线斜率增加，径向位移在井壁截面分布差异性加大。当泊松比为 0.2 时，井壁内外缘径向位移差值为 0.23mm；当泊松比为 0.35 时，井壁内外缘径向位移差值增加为 0.74mm。

由图 5-202(c)和图 5-203(c)可知，井壁泊松比增加，井壁环向应变会减少。井壁内外缘环向应变的减小幅度基本相同，泊松比变化对径向位移影响较大，而对内力分布影响较小。

不同井壁混凝土泊松比时井壁参考路径上各屈服点计算值分布曲线，如图 5-204 所示。泊松比会对井壁屈服点分布产生一定的影响。

由图 5-205(a)可知，功能梯度井壁在不同分层数时，井壁截面上的环向应力分布形式相似，环向应力在每一层由内到外减小，而从整体上看，由内层到外层环向应力增加，环向应力的分段数与功能梯度井壁的分层数一致。由图 5-206(a)可知，功能梯度井壁的内侧与外侧环向应力变化趋势相反，随着分层数的增加，井壁内缘环向应力逐渐减少，井壁外缘环向应力逐渐增加。也就是说，分层数越多，井壁内侧应力集中越弱，而越能发挥井壁外侧受力能力。

由图 5-205(b)可知，功能梯度井壁在分层数不同时，在井壁截面上径向位移的变化趋势一致，径向位移均从井壁内侧向井壁外侧逐渐减小。由图 5-206(b)可知，无论是井壁内缘还是井壁外缘，径向位移随着分层数的增加而增加，曲线逐渐趋于平稳。井壁内缘与井壁外缘径向位移的差值在 0.21~0.25mm。

由图 5-205(c)可知，功能梯度井壁在分层数不同时，井壁截面上环向应变的变化趋势一致，近似呈线性变化，均从井壁内侧至井壁外侧逐渐减小。由图 5-206(c)可知，无论是井壁内缘还是井壁外缘，环向应变随着分层数的增加而增加，曲线逐渐趋于平稳。井壁内缘与井壁外缘环向应变的差值在 $450×10^{-3}$~$496×10^{-3}$ 之间。

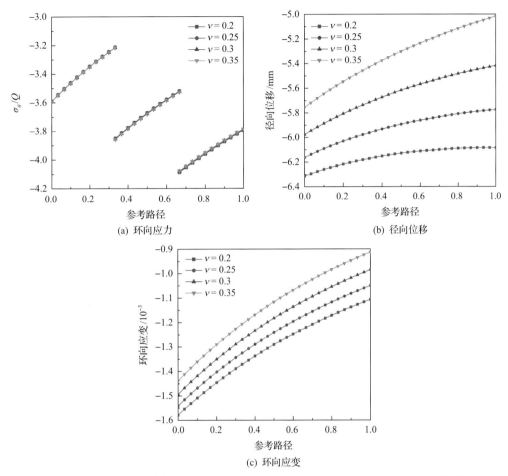

图 5-202　井壁混凝土泊松比变化时井壁环向应力、径向位移、环向应变分布形式

　　不同井壁分层数时井壁参考路径上各屈服点计算值分布曲线，如图 5-207 所示。分层数的数量与屈服点计算值曲线段的数量一致，分层数越多，每一层之间的屈服点计算值越接近。

　　井壁弹性模量常数改变时井壁应力、应变、位移分布形式如图 5-208 所示。径向应力与环向应力做了归一化处理。由图 5-208(a)、(b)可知，弹性模量常数改变会改变井壁应力分布形式。随着弹性模量常数的增加，外层井壁承受的应力逐渐增大。其中，径向应力随着弹性模量常数的增加，分布由"凹"形转为"凸"形。对于环向应力，随着弹性模量常数的增加，井壁内侧应力集中减小显著，但是会出现明显的应力跳跃现象，即层间环向应力相差会逐渐增大。由图 5-208(c)、(d)可知，弹性模量常数改变对井壁变形分布形式影响较小。其中，环向应变由井壁内缘向井壁外缘逐渐减小，最大环向应变出现在井壁内缘。井壁不同位置处应力、应变、位移随井壁弹性模量常数变化曲线如图 5-209 所示。随着弹性模量常数的不断增加，功能梯度井壁外缘的环向应力、环向应变与径向位移均呈非线性逐渐增加；功能梯度井壁内缘的环向应力减小，环向应变与径向位移均逐渐增加。

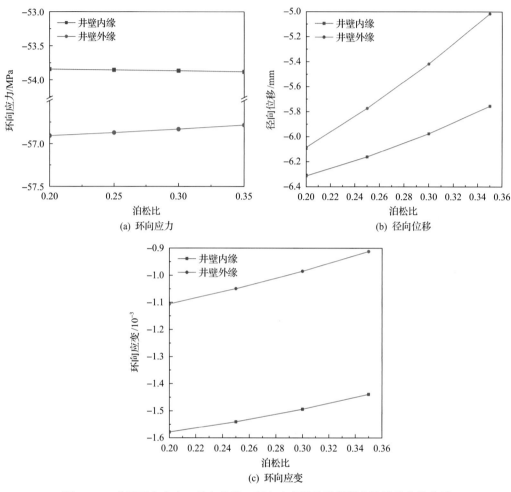

(a) 环向应力

(b) 径向位移

(c) 环向应变

图 5-203　井壁环向应力、径向位移、环向应变随井壁混凝土泊松比变化曲线

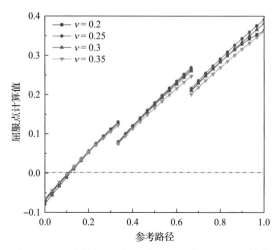

图 5-204　不同井壁混凝土泊松比时各屈服点计算值

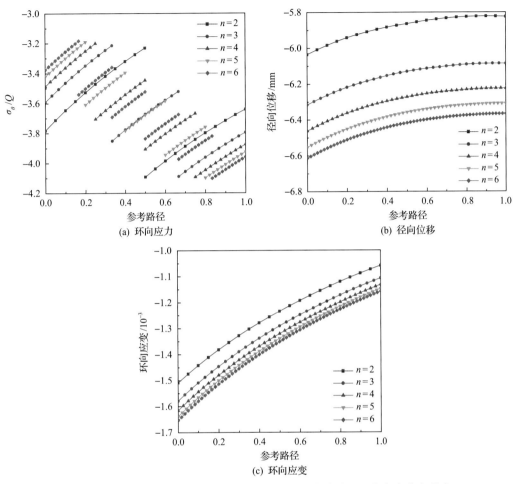

图 5-205　井壁分层数变化时井壁环向应力、径向位移、环向应变分布形式

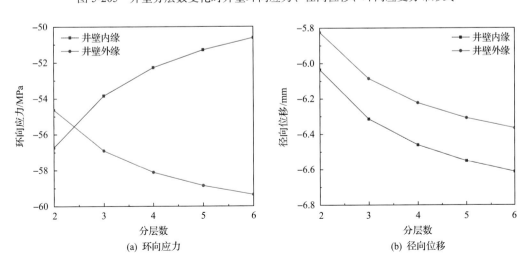

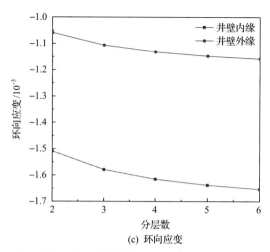

(c) 环向应变

图 5-206　井壁环向应力、径向位移、环向应变随井壁分层数变化曲线

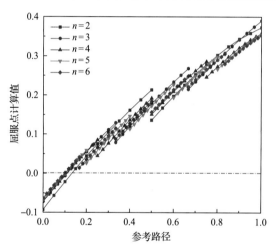

图 5-207　不同井壁分层数时各屈服点计算值

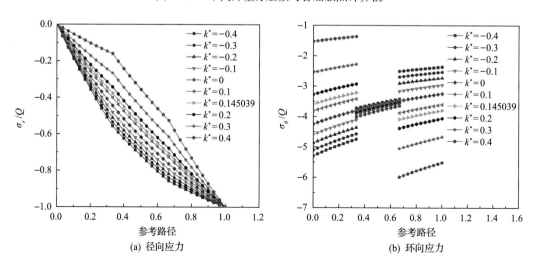

(a) 径向应力　　　　　　　　　　(b) 环向应力

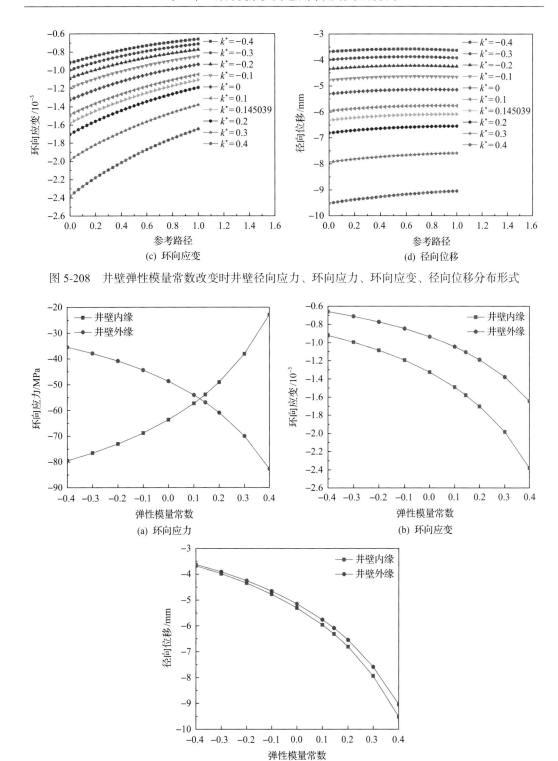

图 5-208　井壁弹性模量常数改变时井壁径向应力、环向应力、环向应变、径向位移分布形式

图 5-209　井壁不同位置处环向应力、环向应变、径向位移随井壁弹性模量常数的变化曲线

不同井壁弹性模量常数时井壁参考路径上的各屈服点计算值如图 5-210 所示。随着弹性模量常数的增加，井壁内缘屈服点计算值逐渐变大，外层井壁屈服点计算值逐渐减小。当 $k^* = 0.4$ 时，由最外层井壁内缘先达到强度破坏状态。当 $k^* = 0.3$ 时，几乎三层井壁同时到达破坏状态，此时对于井壁材料承载能力的利用最为充分。

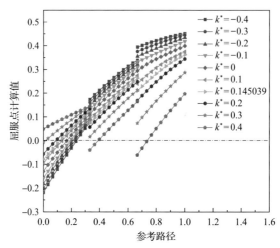

图 5-210　不同井壁弹性模量常数时各屈服点计算值

在典型弹性模量函数下，可得三层功能梯度井壁的破坏模式如图 5-211 所示。当 $f > 0$ 时，井壁正常工作；当 $f < 0$ 时，井壁达到应力破坏。图 5-211 中井壁灰色部分表示已达到应力破坏区域，无色部分表示井壁还处于弹性工作状态，蓝色虚线为井壁的应力破坏临界线。随着外部荷载 Q 的不断增加，井壁从弹性使用状态开始出现破坏区域。三层功能梯度井壁破坏模式可以分为以下几个阶段。

正常使用阶段：整个井壁均处于弹性工作状态，即 $Q = 10\text{MPa}$。

第一层井壁开始破坏阶段：第一层井壁开始由井壁内缘发生破坏，其余部分井壁均处于弹性工作状态，即 $Q = 12\text{MPa}$。

第二层井壁开始破坏阶段：第一层井壁破坏程度持续增大，还未达到全部破坏，而第二层井壁开始由井壁内缘发生破坏，其余部分井壁均处于弹性工作状态，即 $Q = 24\text{MPa}$。

第一层井壁全部破坏阶段：第一层井壁完全破坏，第二层井壁破坏程度持续增大，其余部分井壁均处于弹性工作状态，即 $Q = 30\text{MPa}$。

第三层井壁开始破坏阶段：第一层井壁完全破坏，第二层井壁破坏程度持续增大，第三层井壁开始由井壁内缘发生破坏，即 $Q = 34\text{MPa}$。

前两层井壁全部破坏阶段：第二层井壁完全破坏，第三层井壁破坏程度持续增大。

完全破坏阶段：三层井壁完全破坏。

在一般弹性模量函数下，由于弹性模量常数的不同，外层井壁内缘先发生破坏。因此可得，功能梯度井壁的破坏模式与普通井壁类似，均是从井壁内缘开始破坏，但是对于功能梯度井壁，可能是某一层井壁的内缘开始破坏。在功能梯度井壁的正常使用中，并不能达到完全破坏的情况，当某一层井壁内缘达到破坏时，井壁就已经不能再继续安全使用。因此认为功能梯度井壁的失效与否取决于每一层井壁中是否存在井壁内缘破坏。

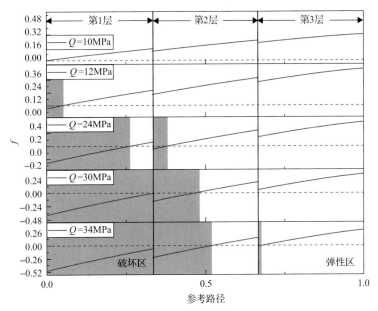

图 5-211　典型弹性模量函数下三层功能梯度井壁的破坏模式图

f 为屈服点计算值

由图 5-212(a)可知，井壁内半径的变化会对井壁极限承载力产生很大的影响。随着井壁内半径逐渐增加，井壁极限承载力逐渐减少。而三层功能梯度井壁的极限承载力均高于同条件的均质井壁的极限承载力。当内半径为 4m 时，均质井壁的极限承载力为 8.59MPa，三层功能梯度井壁的极限承载力为 10.16MPa，后者承载力提高了 18.3%；当内半径为 8m 时，均质井壁的极限承载力为 5.31MPa，三层功能梯度井壁的极限承载力为 5.87MPa，后者承载力提高了 10.5%。可以看出，随着井壁内半径的增加，同样条件下三层功能梯度井壁的承载力提高效果受限。

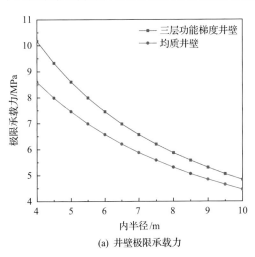

(a) 井壁极限承载力

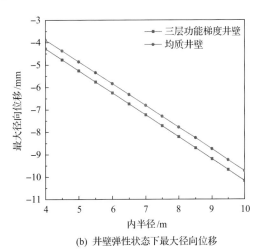

(b) 井壁弹性状态下最大径向位移

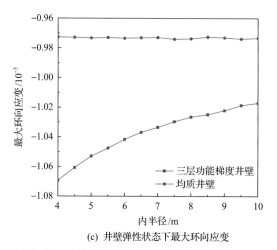

(c) 井壁弹性状态下最大环向应变

图 5-212 不同内半径时井壁极限承载力以及井壁弹性状态下最大径向位移、最大环向应变变化曲线

当井壁破坏时会达到弹性状态下最大径向位移及最大环向应变，在工程中通过监测径向位移或环向应变来判断井壁的工作状态。由图 5-212(b)可知，井壁内侧最大径向位移与井壁内半径近似呈线性关系，随着内半径的增加，井壁内侧最大径向位移增加。由图 5-212(c)可知，井壁内侧最大环向应变随着井壁内半径的增加变化较小。井壁内半径的变化对三层功能梯度井壁最大环向应变的影响要大于对均质井壁最大环向应变的影响。

由图 5-213(a)可知，无论是均质井壁还是三层功能梯度井壁，井壁厚度增加，均会使极限承载力提高，且通过增加井壁厚度得到的功能梯度井壁极限承载力的提高效果要优于单层均质井壁的提高效果。当井壁厚度为 1m 时，三层功能梯度井壁与均质井壁的极限承载力分别为 7.45MPa 和 6.57MPa，当井壁厚度增加为 3m 时，三层功能梯度井壁与均质井壁的极限承载力分别为15.7MPa 和12.28MPa，两者极限承载力分别提高了110.7%和86.9%。

由图 5-213(b)和图 5-213(c)可知，当仅改变井壁厚度时，井壁弹性状态下最大径向位移与最大环向应变变化趋势相同，均随着井壁厚度的增加而增大。井壁厚度对均质井壁最大径向位移的影响较小，而对三层功能梯度井壁的影响较大，且随着井壁厚度的增加，三层功能梯度井壁的最大径向位移增大。

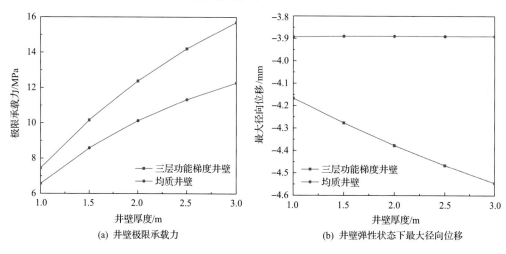

(a) 井壁极限承载力   (b) 井壁弹性状态下最大径向位移

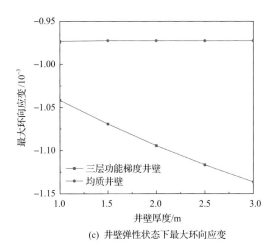

(c) 井壁弹性状态下最大环向应变

图 5-213　不同井壁厚度时井壁极限承载力以及井壁弹性状态下最大径向位移、最大环向应变变化曲线

由图 5-214(a)可知，井壁的极限承载力与弹性模量无关。

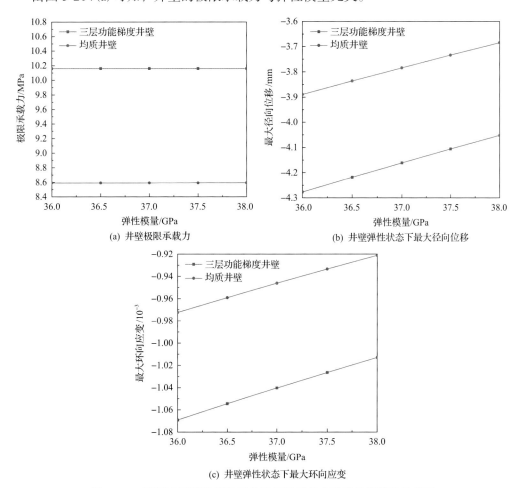

(a) 井壁极限承载力　　　　　　　　(b) 井壁弹性状态下最大径向位移

(c) 井壁弹性状态下最大环向应变

图 5-214　不同井壁弹性模量时井壁极限承载力以及井壁弹性状态下
最大径向位移、最大环向应变变化曲线

由图 5-214(b)和图 5-214(c)可知，当仅改变井壁弹性模量时，井壁弹性状态下最大径向位移与最大环向应变变化趋势相同。井壁最大径向位移与最大环向应变均随着井壁弹性模量的增加而线性增加。

由图 5-215(a)可知，混凝土抗压强度决定井壁的极限承载力，随着井壁混凝土抗压强度的增加，井壁极限承载力呈线性增加。与均质井壁相比，在增加相同的抗压强度时，三层功能梯度井壁的极限承载力提高的幅度略大。当井壁混凝土抗压强度为 27.5MPa 时，均质井壁的极限承载力为 8.59MPa，三层功能梯度井壁的极限承载力为 10.16MPa；当井壁混凝土抗压强度为 35.5MPa 时，均质井壁的极限承载力为 11.09MPa，三层功能梯度井壁的极限承载力为 13.12MPa。当井壁混凝土抗压强度从 27.5MPa 提高到 35.5MPa 时，均质井壁的极限承载力提高了 2.5MPa(29.10%)，三层功能梯度井壁的极限承载力提高了 2.96MPa(29.13%)。

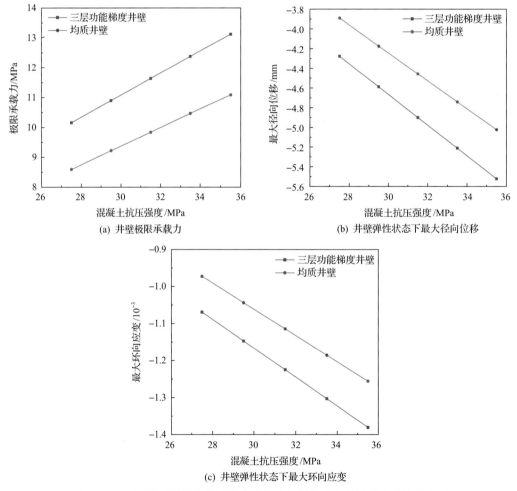

图 5-215　不同井壁混凝土抗压强度时井壁极限承载力以及井壁弹性状态下最大径向位移、最大环向应变变化曲线

由图 5-216(a)可知，井壁泊松比会对井壁极限承载力产生一定的影响。当井壁泊松比增加时，井壁极限承载力提高，但是提高幅度较小。当泊松比从 0.2 增加到 0.35 时，三层功能梯度井壁极限承载力提高了 0.45MPa(4.4%)，均质井壁极限承载力提高了 0.4MPa(4.6%)。在实际操作中，一方面配制混凝土时很难对混凝土的泊松比进行精准的把控，另一方面泊松比对井壁力学性能的影响较小，因此一般取井壁泊松比为 0.2 进行计算，这样是相对保守且合理的。

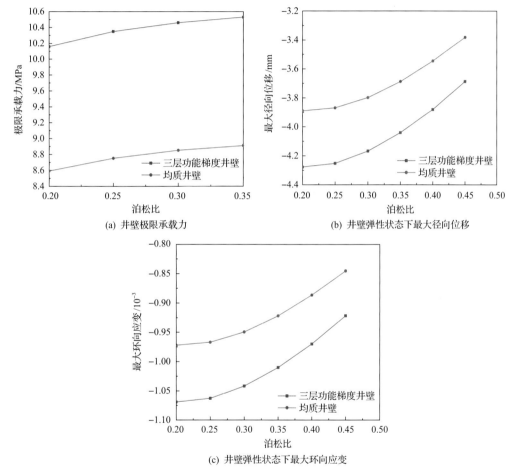

图 5-216　不同井壁泊松比时井壁极限承载力以及井壁弹性状态下
最大径向位移、最大环向应变变化曲线

由图 5-216(b)和图 5-216(c)可知，当仅改变井壁泊松比时，井壁弹性状态下最大径向位移与最大环向应变变化趋势相同。井壁最大径向位移与最大环向应变均随着井壁泊松比的增加而减少。

为研究功能梯度井壁分层数对功能梯度井壁极限承载状态力学特性的影响，改变井壁分层数而保持其余参数固定不变。由于井壁厚度与井壁内径也会对功能梯度井壁的分层效果产生影响，因此增加 4 组不同厚径比的实验，增加实验的全面性。具体计算参数见表 5-64。

表 5-64　不同厚径比计算参数

试验	R_0/m	t/m	λ	E^*/GPa	f_c^*/MPa	n	ν
Test 1[*]	8	3	3/11	36	27.5	2~6	0.2
Test 2[*]	7	3	3/10	36	27.5	2~6	0.2
Test 3[*]	6	3	1/3	36	27.5	2~6	0.2
Test 4[*]	5	3	3/8	36	27.5	2~6	0.2

由图 5-217(a)可知，功能梯度井壁当井壁厚径比不同时，井壁极限承载力均随着井壁分层数的增加而逐渐增大。井壁厚径比越大，极限承载力的提高越明显。

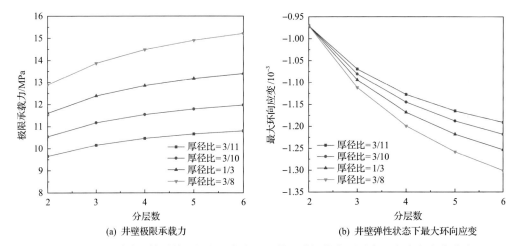

(a) 井壁极限承载力　　　　　　　　　　　　(b) 井壁弹性状态下最大环向应变

图 5-217　不同分层数时井壁极限承载力以及井壁弹性状态下最大环向应变变化曲线

由图 5-217(b)可知，功能梯度井壁在达到极限承载状态时，井壁内缘最大环向应变随着分层数的增加而增大。井壁厚径比越大，最大环向应变的增加越明显。

由图 5-218(a)可知，井壁极限承载力与井壁厚径比近似呈线性关系，随着井壁厚径比的增加，井壁极限承载力提高。由图 5-218(b)可知，井壁达到承载极限时的最大径向位移与井壁厚径比没有明显的规律。由图 5-218(c)可知，功能梯度井壁达到承载极限时的最大环向应变与井壁厚径比近似呈线性关系，随着井壁厚径比的增加，最大环向应变增加。

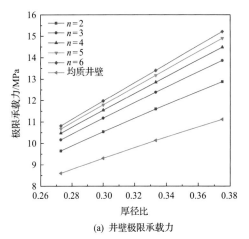

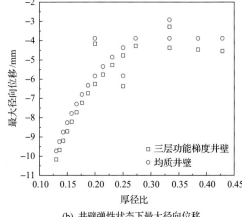

(a) 井壁极限承载力　　　　　　　　　　　　(b) 井壁弹性状态下最大径向位移

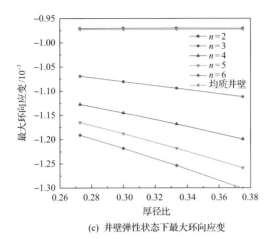

(c) 井壁弹性状态下最大环向应变

图 5-218　不同井壁厚径比时井壁极限承载力以及井壁弹性状态下最大径向位移、最大环向应变变化曲线

　　不同井壁弹性模量常数时井壁极限承载力、井壁内缘最大径向位移、井壁内缘最大环向应变随弹性模量常数变化曲线，如图 5-219 所示。

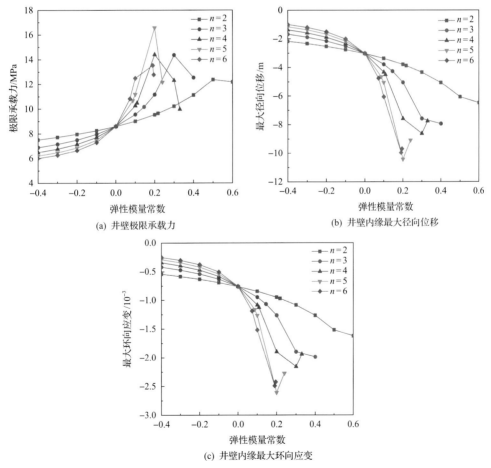

(a) 井壁极限承载力　　　　　　　　(b) 井壁内缘最大径向位移

(c) 井壁内缘最大环向应变

图 5-219　不同井壁分层数时井壁极限承载力、井壁内缘最大径向位移、
井壁内缘最大环向应变随弹性模量常数的变化曲线

由图 5-219(a)可知，在井壁其他结构参数相同的前提下，随着弹性模量常数的增加，井壁极限承载力增加，并且存在极值点，也就是说当井壁结构参数确定时，必然存在一个最优的弹性模量常数，使得井壁结构承载能力最优。

由图 5-219(b)(c)可知，当功能梯度井壁发生破坏时，井壁内缘产生最大径向位移与最大环向应变。

从弹性模量常数与井壁极限承载力关系来看，在一定范围内，井壁极限承载力会随着弹性模量常数的增加而增加，存在最大值，之后随着弹性模量常数的增加而减小，这说明存在最优弹性模量变化常数。

2. 功能梯度井壁最优弹性模量常数研究

为准确深入地研究最优弹性模量常数与井壁结构参数、井壁材料参数之间的关系，在典型功能梯度井壁结构参数的基础上设计单因素实验。典型井壁结构参数见表 5-65。单因素实验水平表见表 5-66。计算精度选取 0.001。

表 5-65 典型井壁结构参数

参数	R_0/m	λ	t/m	E^*/GPa	E_N/GPa	f_c^*/MPa	n	t^*/m	v	k^*
取值	4	3/11	1.5	36	46	27.5	3	0.5	0.2	0.145039

注：E_N 为最外层弹性模量。

表 5-66 弹性模量常数 k^* 单因素实验水平表

因素	变化范围	步长
λ	0.2～0.35	0.05
E_N	34～46	4
f_c^*	27.5～35.5	2
n	2～6	1
v	0.2～0.35	0.5

具体的实验方案及其计算结果见表 5-67。厚径比、分层数及泊松比发生变化，最优弹性模量常数也会发生变化。最外层弹性模量的取值对于功能梯度井壁的极限承载力和最优弹性模量常数没有影响。混凝土抗压强度改变仅对功能梯度井壁的极限承载力产生影响。井壁厚径比和分层数会对井壁结构的破坏位置产生影响。将得到的最优弹性模量常数与典型弹性模量函数下得到的功能梯度井壁弹性模量常数进行对比，发现典型弹性模量函数的常数取值较小，其极限承载力更小，对应相同的井壁破坏准则，采用典型弹性模量函数对功能梯度井壁进行设计并没有完全发挥功能梯度井壁的承载能力。

表 5-67 实验方案及结果

实验	R_0/m	t/m	λ	E_N/GPa	f_c^*/MPa	n	v	k^*_{best}	P_{max}	破坏位置
Test 1	4	1.5	3/11	46	27.5	3	0.2	0.321	15.47	1
Test 2	6	1.5	0.2	46	27.5	3	0.2	0.279	10.40	1
Test 3	4.5	1.5	0.25	46	27.5	3	0.2	0.310	13.81	2

续表

实验	R_0/m	t/m	λ	E_N/GPa	f_c^*/MPa	n	v	k_{best}^*	P_{max}	破坏位置
Test 4	3.5	1.5	0.3	46	27.5	3	0.2	0.334	17.53	2
Test 5	0.65	0.35	0.35	46	27.5	3	0.2	0.355	21.46	2
Test 6	4	1.5	3/11	34	27.5	3	0.2	0.321	15.47	1
Test 7	4	1.5	3/11	38	27.5	3	0.2	0.321	15.47	1
Test 8	4	1.5	3/11	42	27.5	3	0.2	0.321	15.47	1
Test 9	4	1.5	3/11	46	29.5	3	0.2	0.321	16.60	1
Test 10	4	1.5	3/11	46	31.5	3	0.2	0.321	17.72	1
Test 11	4	1.5	3/11	46	33.5	3	0.2	0.321	18.85	1
Test 12	4	1.5	3/11	46	35.5	3	0.2	0.321	19.97	1
Test 13	4	1.5	3/11	46	27.5	2	0.2	0.558	13.37	2
Test 14	4	1.5	3/11	46	27.5	4	0.2	0.226	16.70	2
Test 15	4	1.5	3/11	46	27.5	5	0.2	0.188	17.54	2
Test 16	4	1.5	3/11	46	27.5	6	0.2	0.151	18.41	3
Test 17	4	1.5	3/11	46	27.5	3	0.25	0.323	15.80	1
Test 18	4	1.5	3/11	46	27.5	3	0.3	0.324	15.93	1
Test 19	4	1.5	3/11	46	27.5	3	0.35	0.325	15.97	1

不同实验因素下极限承载力与弹性模量常数的关系曲线如图 5-220 所示。

由图 5-220(a)可知，不同厚径比对应的曲线形式相似，但不完全相同。随着弹性模量常数的增加，井壁极限承载力提高，存在曲线极值点，在极值点之后，弹性模量常数增加，井壁极限承载力降低。由图 5-220(b)可知，井壁最外层弹性模量改变对曲线形式没有影响。由图 5-220(c)可知，井壁混凝土抗压强度变化得到的曲线形式相同，抗压强度对井壁极限承载力有直接影响。由图 5-220(d)可知，井壁分层数改变对曲线的变化范围产生很大影响。井壁分层数越大，曲线极值点越接近 y 轴。由图 5-220(e)可知，井壁泊松比会对曲线极值点产生较小的影响。

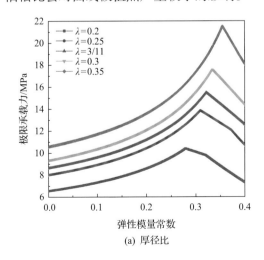

(a) 厚径比

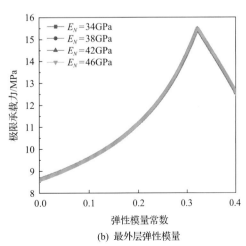

(b) 最外层弹性模量

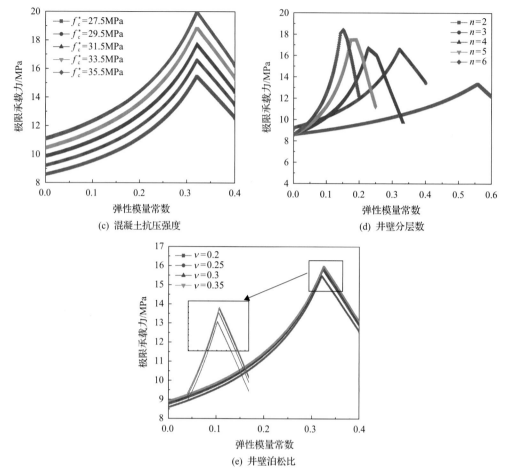

图 5-220　不同实验因素下极限承载力与弹性模量常数的关系曲线

极限承载力和最优弹性模量常数在不同实验因素下的变化曲线如图 5-221 所示。

井壁最优弹性模量常数与井壁厚径比、井壁分层数及井壁泊松比有关。由图 5-221(a)可知，井壁厚径比发生变化，与之对应的最优弹性模量常数也会发生变化，厚径比越大，功能梯度井壁的最优弹性模量常数越大，其极限承载力越大。由图 5-221(b)可知，井壁最外层弹性模量变化，对应的最优弹性模量常数和井壁极限承载力不发生变化。由图 5-221(c)可知，井壁混凝土抗压强度增加，极限承载力呈线性增加，但对应的最优弹性模量常数不发生改变。由图 5-221(d)可知，井壁分层数增加，井壁极限承载力提高，与之对应的最优弹性模量常数减小。由图 5-221(e)可知，井壁泊松比增加，井壁极限承载力以及相应的最优弹性模量常数均增加。

由单因素实验结果可知，井壁厚径比、分层数和泊松比共同决定了功能梯度井壁的最优弹性模量常数，且四者存在相对确定的关系。由于泊松比影响较小且混凝土的泊松比变化较小，因此忽略泊松比的影响，将泊松比定为 0.2。因此设计全组合实验，得到不同井壁厚径比与井壁分层数组合下的最优弹性模量常数。实验方案及结果见表 5-68。

分层数、厚径比与最优弹性模量常数关系如图 5-222 所示。分层数增加最优弹性模量常数呈非线性减小，厚径比增加最优弹性模量常数呈非线性增加。

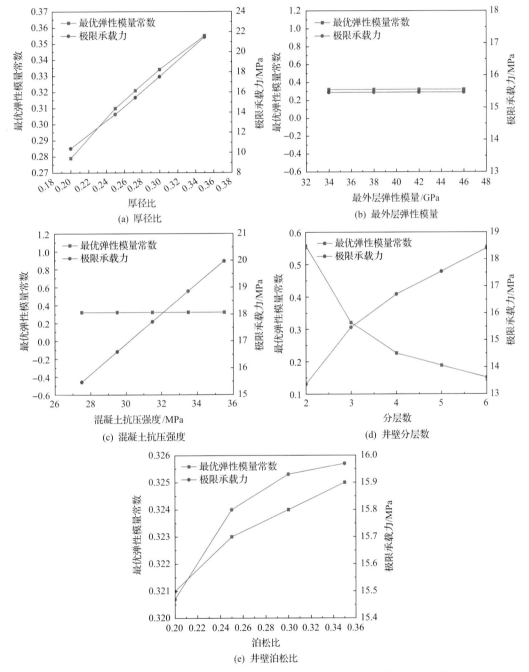

图 5-221　极限承载力和最优弹性模量变化常数在不同试验因素下的变化曲线

表 5-68 全组合实验

实验	R_0/m	t/m	λ	n	k^*_{best}	P_{max}	破坏位置
Test 1	4	1.5	3/11	2	0.558	13.37	2
Test 2	9	1	0.1	2	0.305	4.2	1
Test 3	17	3	0.15	2	0.399	6.64	1
Test 4	6	1.5	0.2	2	0.473	9.27	1
Test 5	4.5	1.5	0.25	2	0.534	12.05	2
Test 6	3.5	1.5	0.3	2	0.584	14.98	1
Test 7	0.65	0.35	0.35	2	0.628	18.03	1
Test 8	1.5	1	0.4	2	0.666	21.18	1
Test 9	4	1.5	3/11	3	0.321	15.47	1
Test 10	9	1	0.1	3	0.190	4.48	2
Test 11	17	3	0.15	3	0.241	7.27	2
Test 12	6	1.5	0.2	3	0.279	10.40	1
Test 13	4.5	1.5	0.25	3	0.310	13.81	2
Test 14	3.5	1.5	0.3	3	0.334	17.53	2
Test 15	0.65	0.35	0.35	3	0.355	21.46	2
Test 16	1.5	1	0.4	3	0.372	25.68	2
Test 17	4	1.5	3/11	4	0.226	16.70	2
Test 18	9	1	0.1	4	0.143	4.64	2
Test 19	17	3	0.15	4	0.183	7.63	2
Test 20	6	1.5	0.2	4	0.200	11.03	2
Test 21	4.5	1.5	0.25	4	0.218	14.84	1
Test 22	3.5	1.5	0.3	4	0.234	19.02	1
Test 23	0.65	0.35	0.35	4	0.247	23.54	1
Test 24	1.5	1	0.4	4	0.258	28.42	1
Test 25	4	1.5	3/11	5	0.188	17.54	2
Test 26	9	1	0.1	5	0.113	4.74	3
Test 27	17	3	0.15	5	0.141	7.91	3
Test 28	6	1.5	0.2	5	0.163	11.56	2
Test 29	4.5	1.5	0.25	5	0.1814	15.61	2
Test 30	3.5	1.5	0.3	5	0.1815	20.02	2
Test 31	0.65	0.35	0.35	5	0.1899	24.97	2
Test 32	1.5	1	0.4	5	0.198	30.32	2
Test 33	4	1.5	3/11	6	0.151	18.41	3
Test 34	9	1	0.1	6	0.093	4.81	3
Test 35	17	3	0.15	6	0.114	8.09	2
Test 36	6	1.5	0.2	6	0.132	11.92	3
Test 37	4.5	1.5	0.25	6	0.145	16.29	2
Test 38	3.5	1.5	0.3	6	0.156	21.08	2
Test 39	0.65	0.35	0.35	6	0.166	26.15	2
Test 40	1.5	1	0.4	6	0.161	31.70	2

注：k^*_{best} 为最优弹性模量常数。

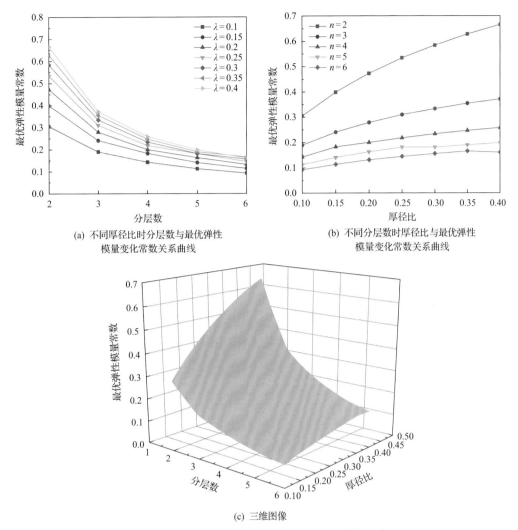

(a) 不同厚径比时分层数与最优弹性
模量变化常数关系曲线

(b) 不同分层数时厚径比与最优弹性
模量变化常数关系曲线

(c) 三维图像

图 5-222　分层数、厚径比与最优弹性模量常数的关系

将全组合实验的计算结果进行整理，可以得到不同厚径比和分层数下功能梯度井壁最优弹性模量常数取值，见表 5-69。在对功能梯度井壁进行设计时，可参照此最优弹性模量常数进行设计。

3. 典型弹性模量函数下功能梯度井壁正交实验分析

在典型弹性模量函数下，影响功能梯度井壁力学性能的主要因素为井壁厚径比、井壁混凝土抗压强度、井壁分层数；影响井壁变形特性的因素是井壁厚径比、井壁混凝土抗压强度、井壁分层数、井壁弹性模量。井壁的泊松比变化范围不大，因此可以不考虑。

为探究主要因素对井壁力学性能的影响程度，找到井壁结构的最优组合设计，本节通过数值计算，对影响井壁力学性能的四个主要因素进行正交实验分析，实验因素及水平见表 5-70。

表 5-69 功能梯度井壁最优弹性模量常数取值表

λ	n				
	2	3	4	5	6
3/11	0.558	0.321	0.226	0.188	0.151
0.1	0.305	0.190	0.143	0.113	0.093
0.15	0.399	0.241	0.183	0.141	0.114
0.2	0.473	0.279	0.200	0.163	0.132
0.25	0.534	0.310	0.218	0.1814	0.145
0.3	0.584	0.334	0.234	0.1815	0.156
0.35	0.628	0.355	0.247	0.1899	0.166
0.4	0.666	0.372	0.258	0.198	0.161

注：涉及表中不存在的厚径比时，可根据线性插值计算得到相应的弹性模量常数。

表 5-70 实验因素及水平表（一）

实验	因素				
	厚径比 λ	抗压强度 f_c^*/MPa	井壁弹性模量 E^*/GPa	分层数 n	空列
1	0.2	40	35	1	1
2	0.25	50	40	2	2
3	0.3	60	45	3	3
4	0.35	70	50	4	4

厚径比为无量纲数，与井壁结构尺寸有关。实验中通过控制井壁结构外半径为常数，进而控制井壁尺寸。厚径比与井壁结构参数换算表见表 5-71。

表 5-71 厚径比与井壁结构参数换算表（一）

厚径比	外半径	厚度	内半径
0.2	0.5	0.1	0.4
0.25	0.5	0.125	0.375
0.3	0.5	0.15	0.35
0.35	0.5	0.175	0.325

正交实验表及其实验结果，见表 5-72。

表 5-72 L16(4^5) 正交实验表及其实验结果（一）

实验编号	因素	λ	f_c^*/MPa	E^*/GPa	n	空列	实验指标		
	列号	1	2	3	4	5	P_{max}/MPa	$\varepsilon_{\theta max}$/$\mu\varepsilon$	u_{rmax}/mm
1		0.2	40	35	1	1	9.55	−1455.2	−0.5821
2		0.2	50	40	2	2	13.05	−1588.8	−0.6355
3		0.2	60	45	3	3	16.25	−1817.6	−0.7270
4		0.2	70	50	4	4	19.35	−1980.7	−0.7923

续表

实验编号	因素	λ	f_c^*/MPa	E^*/GPa	n	空列	实验指标		
	列号	1	2	3	4	5	$P_{\max}$/MPa	$\varepsilon_{\theta\max}$/$\mu\varepsilon$	$u_{r\max}$/mm
5		0.25	40	40	3	4	13.55	−1387.8	−0.5204
6		0.25	50	35	4	3	17.40	−2079.9	−0.7800
7		0.25	60	50	1	2	17.41	−1528.1	−0.5730
8		0.25	70	45	2	1	22.62	−1976.0	−0.7410
9		0.3	40	45	4	2	16.79	−1332.9	−0.4665
10		0.3	50	50	3	1	20.30	−1414.1	−0.4949
11		0.3	60	35	2	4	22.99	−2176.7	−0.7619
12		0.3	70	40	1	3	23.67	−2227.8	−0.7797
13		0.35	40	50	2	3	12.93	−1016.5	−0.3812
14		0.35	50	45	1	4	19.15	−1414.8	−0.4598
15		0.35	60	40	4	1	20.88	−2183.9	−0.8190
16		0.35	70	35	3	2	23.72	−2776.5	−1.0412

$P_{\max}$/MPa		λ	f_c^*	E^*	n	空列	实验指标		
	K_{1j}	58.2	52.82	73.66	69.78	73.35	$T = \sum_{i=1}^{16} P_{\max} = 289.61$		
	K_{2j}	70.98	69.9	71.15	71.59	70.97			
	K_{3j}	83.75	77.53	74.81	73.82	70.25	$Q_{\mathrm{T}} = \sum_{i=1}^{16} P_{\max}^2 = 5516.4483$		
	K_{4j}	76.68	89.36	69.99	74.42	75.04			
	R	25.55	36.54	4.82	4.64	4.79	$S_{\mathrm{T}} = Q_{\mathrm{T}} - \dfrac{T^2}{16} = 274.326$		
	k_{1j}	14.55	13.21	18.42	17.45	18.34			
	k_{2j}	17.75	17.48	17.79	17.90	17.74	影响程度排序		
	k_{3j}	20.94	19.38	18.70	18.46	17.56	$f_c^* > \lambda > E^* > n$		
	k_{4j}	19.17	22.34	17.50	18.61	18.76	最优组合		
	$\bar{k}_j$	18.10	18.10	18.10	18.10	18.10	(0.3, 70, 45, 4)		
	S_j	5.481	10.994	0.231	0.213	0.227	注：T 为总和；$P_{\max}$ 为极限承载力；Q_{T} 为平方和；S_{T} 为偏差平方和		

$\varepsilon_{\theta\max}$/10^{-6}		λ	f_c^*	E^*	n	空列	实验指标		
	K_{1j}	−6842.3	−5192.4	−8488.3	−6625.9	−7029.2	$T = \sum_{i=1}^{16} \varepsilon_{\theta\max} = -28357.3$		
	K_{2j}	−6971.8	−6497.6	−7388.3	−6758.0	−7226.3			
	K_{3j}	−7151.5	−7706.3	−6541.3	−7396.0	−7141.8	$Q_{\mathrm{T}} = \sum_{i=1}^{16} \varepsilon_{\theta\max}^2 = 53351092.89$		
	K_{4j}	−7391.7	−8961.0	−5939.4	−7577.4	−6960.0			
	R	549.4	3768.6	2548.9	951.5	266.3	$S_{\mathrm{T}} = Q_{\mathrm{T}} - \dfrac{T^2}{16} = 3092563.934$		
	k_{1j}	−1710.575	−1298.100	−2122.075	−1656.475	−1757.300			
	k_{2j}	−1742.950	−1624.400	−1847.075	−1689.500	−1806.575	影响程度排序		
	k_{3j}	−1787.875	−1926.575	−1635.325	−1849.000	−1785.450	$f_c^* > E^* > n > \lambda$		
	k_{4j}	−1847.925	−2240.250	−1484.850	−1894.350	−1740.000	最优组合		
	$\bar{k}_j$	−1772.331	−1772.331	−1772.331	−1772.331	−1772.331	(0.2, 40, 50, 4)		
	S_j	2658.279	122379.506	57330.875	10262.590	653.996	注：$\varepsilon_{\theta\max}$ 为井壁内侧最大环向应变		

续表

	K_{1j}	−2.7369	−1.9502	−3.1652	−2.3946	−2.6370	$T = \sum\limits_{i=1}^{16} u_{r\max} = -10.5555$
	K_{2j}	−2.6144	−2.3702	−2.7546	−2.5196	−2.7162	
	K_{3j}	−2.5030	−2.8809	−2.3943	−2.7835	−2.6679	$Q_T = \sum\limits_{i=1}^{16} u_{r\max}^2 = 7.4182$
	K_{4j}	−2.7012	−3.3542	−2.2414	−2.8578	−2.5344	
	R	0.2339	1.4040	0.9238	0.4632	0.1818	$S_T = Q_T - \dfrac{T^2}{16} = 0.4545$
$u_{r\max}$ /mm	k_{1j}	−0.6842	−0.4876	−0.7913	−0.5987	−0.6593	
	k_{2j}	−0.6536	−0.5926	−0.6887	−0.6299	−0.6791	影响程度排序
	k_{3j}	−0.6258	−0.7202	−0.5986	−0.6959	−0.6670	$f_c^* > E^* > n > \lambda$
	k_{4j}	−0.6753	−0.8386	−0.5604	−0.7145	−0.6336	最优组合
	$\overline{k}_j$	−0.6597	−0.6597	−0.6597	−0.6597	−0.6597	(0.3, 40, 50, 4)
	S_j	0.0005	0.0174	0.0079	0.0022	0.0003	注：$u_{r\max}$ 为井壁内侧最大径向位移

注：K_{1j} 为第 j 列代表因素中与水平 1 相关实验结果的代数和；R 为极差；k_{1j} 为第 j 列中与因素 1 相关实验结果的平均值，$k_{1j} = K_{1j}/4$；$\overline{k}_j = \sum\limits_{i=1}^{4} k_{ij}/4$；$S_j$ 为第 j 列代表因素实验结果的偏差平方和，$S_j = \sum\limits_{i=1}^{4}\left(k_{1j} - \overline{k}_j\right)^2/4$。

通过极差分析，得到各因素井壁极限承载力、井壁内侧最大环向应变、井壁内侧最大径向位移的影响程度排序分别为 $f_c^* > \lambda > E^* > n$、$f_c^* > E^* > n > \lambda$、$f_c^* > E^* > n > \lambda$。并得到此种因素水平下，对于井壁极限承载力而言最优的实验因素组合为 $\lambda = 0.3$，$f_c^* = 70\text{MPa}$，$E^* = 45\text{GPa}$，$n = 4$。

井壁极限承载力、井壁内侧最大环向应变、井壁内侧最大径向位移随四种实验因素变化趋势如图 5-223 所示。

由图 5-223(a) 可知，随着井壁混凝土抗压强度和井壁分层数的增加，井壁极限承载力增加；井壁厚径比和弹性模量对井壁极限承载力的影响呈非单调规律，厚径比存在极值点；井壁厚径比和井壁混凝土抗压强度对井壁极限承载力的影响较大，井壁弹性模量以及分层数对井壁极限承载力的影响较小。

由图 5-223(b) 可知，随着井壁厚径比、井壁混凝土抗压强度和分层数的增加，井壁内侧最大环向应变增加；随着井壁弹性模量的增加，井壁内侧最大环向应变减小；井壁弹性模量和井壁混凝土抗压强度对井壁内侧最大环向应变的影响较大，井壁厚径比以及分层数对井壁内侧最大环向应变的影响较小。

由图 5-223(c) 可知，随着井壁混凝土抗压强度和分层数的增加，井壁内侧最大径向位移增加；随着井壁弹性模量的增加，井壁内侧最大径向位移减小；井壁厚径比对井壁内侧最大径向位移的影响呈非单调规律，厚径比存在极值点，这与已有研究结果一致，增加井壁厚度到一定程度后，井壁承载力不再增加；井壁弹性模量和井壁混凝土抗压强度对井壁内侧最大径向位移的影响较大，井壁厚径比以及分层数对井壁内侧最大径向位移影响较小。

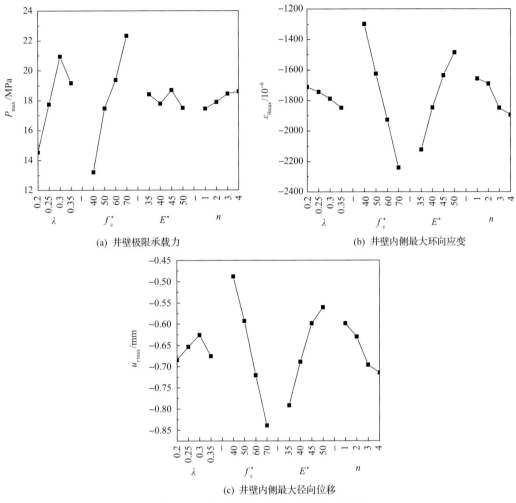

(a) 井壁极限承载力　　　　　(b) 井壁内侧最大环向应变

(c) 井壁内侧最大径向位移

图 5-223　各实验指标随实验因素变化趋势

　　方差分析结果见表 5-73。对于井壁极限承载力这一指标来说，分层数的偏方平方和小于误差对应的偏差平方和，这说明分层数对实验结果的影响较小，为次要因素，所以在进行 F 值分析时将它归入误差。对于最大环向应变和最大径向位移而言，四个因素均为主要影响因素。由方差分析可知，当 $\alpha = 0.005$ 时，即置信概率为 99.5% 时，混凝土抗压强度和井壁厚径比对井壁极限承载力有高度显著影响，其余因素对其无显著影响。井壁弹性模量和井壁混凝土抗压强度对井壁内侧最大环向应变有高度显著影响，井壁分层数对其有较为显著影响，井壁厚径比对其无显著影响。井壁混凝土抗压强度对井壁内侧最大径向位移有高度显著影响，井壁弹性模量对井壁内侧最大径向位移有较为显著影响，井壁分层数对井壁内侧最大径向位移有一定影响，井壁厚径比对井壁内侧最大径向位移无显著影响。对于井壁极限承载能力来说，各因素对其影响的显著性由主到次的顺序为混凝土抗压强度、井壁厚径比、井壁弹性模量、井壁分层数。

4. 一般弹性模量函数下功能梯度井壁正交实验分析

为探究主要因素对一般弹性模量函数下的功能梯度井壁力学性能的影响程度，找到井壁结构的最优组合设计，通过数值计算，对影响功能梯度井壁力学性能的五个主要因素进行正交实验分析，实验因素及水平见表 5-74。

表 5-73　方差分析表（一）

指标	变异来源	偏差平方和 S_j	自由度 S_j	均方 V_j	F 值 $F=V_j/V_{e'}$	F 临界值	显著水平
P_{max} /MPa	λ	5.481	3	1.827	24.91		****
	f_c^*	10.994	3	3.665	49.97	$F_{0.1}(3,6)=3.29$	****
	E_N	0.231	3	0.077	1.05	$F_{0.05}(3,6)=4.76$	—
	n	0.213	3	0.071		$F_{0.01}(3,6)=9.78$	—
	空列（误差 e）	0.227	3			$F_{0.005}(3,6)=12.92$	
	误差 e'（ne）	0.44	6	0.073			
	总和	17.146	15				
$\varepsilon_{\theta max}$ /10^{-6}	λ	2658.279	3	886.093	4.06		—
	f_c^*	122379.506	3	40793.169	187.13	$F_{0.1}(3,6)=5.36$	****
	E_N	57330.875	3	19110.292	87.66	$F_{0.05}(3,6)=9.28$	****
	n	10262.590	3	3420.863	15.69	$F_{0.01}(3,6)=29.46$	**
	空列（误差 e）	653.996	3			$F_{0.005}(3,6)=47.47$	
	误差 e'（ne）	653.996	3	217.999			
	总和	193285.246	15				
u_{rmax} /mm	λ	0.0005	3	0.000167	1.67		—
	f_c^*	0.0174	3	0.0058	58	$F_{0.1}(3,6)=5.36$	****
	E_N	0.0079	3	0.002633	26.33	$F_{0.05}(3,6)=9.28$	**
	n	0.0022	3	0.000733	7.33	$F_{0.01}(3,6)=29.46$	*
	空列（误差 e）	0.0003	3			$F_{0.005}(3,6)=47.47$	
	误差 e'（ne）	0.0003	3	0.0001			
	总和	0.0283	15				

注：$F=V_j/V_{e'}$，当 $F>F_{0.005}(f_1,f_2)$ 时，认为该因素对实验指标有高度显著的影响，记为****；当 $F>F_{0.01}(f_1,f_2)$ 时，认为该因素对实验指标有显著的影响，记为***；当 $F>F_{0.05}(f_1,f_2)$ 时，认为该因素对实验指标有较为显著的影响，记为**；当 $F>F_{0.1}(f_1,f_2)$ 时，认为该因素对实验指标有一定显著的影响，记为*。

表 5-74　试验因素及水平表（二）

实验	因素					
	厚径比 λ	抗压强度 f_c^*/MPa	弹性模量 E_N/GPa	弹性模量常数 k^*	分层数 n	空列
1	0.15	40	30	0.05	5	1
	0.2	45	35	0.1	4	2
2	0.25	50	40	0.15	3	3
3	0.3	55	45	0.2	2	4
4	0.35	60	50	0.24	1	5

厚径比为无量纲数，与井壁结构尺寸有关。实验中通过控制井壁结构外半径为常数，进而控制井壁尺寸。厚径比与井壁结构参数换算表见表 5-75。

正交实验表及其实验结果见表 5-76。通过极差分析，得到各因素井壁极限承载力、井壁内侧最大环向应变、井壁内侧最大径向位移的影响程度排序分别为 $\lambda > f_c^* > n > k^* > E_N$、$n > k^* > E_N > f_c^* > \lambda$、$n > k^* > E_N > f_c^* > \lambda$。并得到此种因素水平下，对于井壁极限承载力而言最优的实验因素组合为 $\lambda = 0.35$，$f_c^* = 60\text{MPa}$，$E_N = 35\text{GPa}$，$k^* = 0.2$，$n = 5$。

表 5-75　厚径比与井壁结构参数换算表（二）

厚径比	外半径	厚度	内半径
0.15	0.5	0.075	0.425
0.2	0.5	0.1	0.4
0.25	0.5	0.125	0.375
0.3	0.5	0.15	0.35
0.35	0.5	0.175	0.325

表 5-76　L16(4^5)正交实验表及其实验结果（二）

实验编号	因素 λ	f_c^*/MPa	E_N/GPa	k^*	n	空列	实验指标 $P_{\max}$/MPa	$\varepsilon_{\theta\max}$/$\mu\varepsilon$	$u_{r\max}$/mm	位置
列号	1	2	3	4	5	6				
1	0.15	40	30	0.05	5	1	8.24	−2123.0	−0.9023	1
2	0.15	45	35	0.1	4	2	9.97	−2339.7	−0.9944	1
3	0.15	50	40	0.15	3	3	11.07	−2274.5	−0.9666	1
4	0.15	55	45	0.2	2	4	11.31	−1945.3	−0.8267	1
5	0.15	60	50	0.24	1	5	11.04	−1527.7	−0.6493	1
6	0.2	40	35	0.15	2	5	10.32	−1711.6	−0.6846	1
7	0.2	45	40	0.2	1	1	10.74	−1432.0	−0.5728	1
8	0.2	50	45	0.24	5	2	12.77	−3107.7	−1.2431	5
9	0.2	55	50	0.05	4	3	14.21	−1647.9	−0.6592	1
10	0.2	60	30	0.1	3	4	15.98	−3182.7	−1.2731	1
11	0.25	40	40	0.24	4	4	21.06	−3805.0	−1.4269	3
12	0.25	45	45	0.05	3	5	13.71	−1414.5	−0.5304	1
13	0.25	50	50	0.1	2	1	15.23	−1415.0	−0.5306	1
14	0.25	55	30	0.15	1	2	15.96	−2334.7	−0.8755	1
15	0.25	60	35	0.2	5	3	31.25	−6937.3	−2.6015	4
16	0.3	40	45	0.1	1	3	13.53	−1131.9	−0.3962	1
17	0.3	45	50	0.15	5	4	25.4	−2864.5	−1.0026	1
18	0.3	50	30	0.2	4	5	28.17	−5304.9	−1.8567	1
19	0.3	55	35	0.24	3	1	26.17	−3847.6	−1.3467	1
20	0.3	60	40	0.05	2	3	20.75	−2009.7	−0.7034	1
21	0.35	40	50	0.2	3	2	19.7	−1697.6	−0.5517	1
22	0.35	45	30	0.24	2	3	19.53	−2513.0	−0.8167	1
23	0.35	50	35	0.05	1	4	19.15	−1819.1	−0.5912	1
24	0.35	55	40	0.1	5	5	27.18	−2917.8	−0.9483	1
25	0.35	60	45	0.15	4	1	31.11	−3085.8	−1.0029	1

续表

P_{max}/MPa	K_{1j}	51.63	72.85	87.88	76.06	104.84	91.49	$T = \sum_{i=1}^{25} P_{max} = 443.55$
	K_{2j}	64.02	79.35	96.86	81.89	104.52	79.15	
	K_{3j}	97.21	86.39	90.80	93.86	86.63	89.59	$Q_T = \sum_{i=1}^{25} P_{max}^2 = 9056.592$
	K_{4j}	114.02	94.83	82.43	101.17	77.14	92.90	
	K_{5j}	116.67	110.13	85.58	90.57	70.42	90.42	
	R	65.04	37.28	14.43	25.11	34.42	13.75	$S_T = Q_T - \dfrac{T^2}{16} = 1187.1282$
	k_{1j}	10.326	14.570	17.576	15.212	20.968	18.298	
	k_{2j}	12.804	15.870	19.372	16.378	20.904	15.830	影响程度排序
	k_{3j}	19.442	17.278	18.160	18.772	17.326	17.918	$\lambda > f_c^* > n > k^* > E_N$
	k_{4j}	22.804	18.966	16.486	20.234	15.428	18.580	最优组合
	K_{5j}	23.334	22.026	17.116	18.114	14.084	18.084	
	$\bar{k}_j$	17.742	17.742	17.742	17.742	17.742	17.742	(0.35, 60, 35, 0.2, 5)
	S_j	27.833	6.726	0.966	3.134	7.863	0.963	
$\varepsilon_{\theta max}$/10^{-6}	K_{1j}	−10210.2	−10469.1	−15458.3	−9014.2	−17950.3	−11903.4	$T = \sum_{i=1}^{25} \varepsilon_{\theta max} = -64390.5$
	K_{2j}	−11081.9	−10563.7	−16655.3	−10987.1	−16183.3	−11489.4	
	K_{3j}	−15906.5	−13921.2	−12439.0	−12271.1	−12416.9	−14504.6	$Q_T = \sum_{i=1}^{25} \varepsilon_{\theta max}^2 = 2.08E+08$
	K_{4j}	−15158.6	−12693.3	−10685.2	−17317.1	−9594.6	−13616.6	
	K_{5j}	−12033.3	−16743.2	−9152.7	−14801.0	−8245.4	−12876.5	
	R	5696.3	6274.1	7502.6	8302.9	9704.9	3015.2	$S_T = Q_T - \dfrac{T^2}{16} = 41981742$
	k_{1j}	−2042.0	−2093.8	−3091.7	−1802.8	−3590.1	−2380.7	
	k_{2j}	−2216.4	−2112.7	−3331.1	−2197.4	−3236.7	−2297.9	影响程度排序
	k_{3j}	−3181.3	−2784.2	−2487.8	−2454.2	−2483.4	−2900.9	$n > k^* > E_N > f_c^* > \lambda$
	k_{4j}	−3031.7	−2538.7	−2137.0	−3463.4	−1918.9	−2723.3	
	K_{5j}	−2406.7	−3348.6	−1830.5	−2960.2	−1649.1	−2575.3	
	$\bar{k}_j$	−2575.6	−2575.6	−2575.6	−2575.6	−2575.6	−2575.6	
	S_j	203436.8	217767.5	318439.2	338210.5	552860.4	48555.3	
u_{rmax}/mm	K_{1j}	−4.3393	−3.9617	−5.7243	−3.3865	−6.6978	−4.3553	$T = \sum_{i=1}^{25} u_{rmax} = -23.9534$
	K_{2j}	−4.4328	−3.9169	−6.2184	−4.1426	−5.9401	−4.3681	
	K_{3j}	−5.9649	−5.1882	−4.6180	−4.5322	−4.6685	−5.4402	$Q_T = \sum_{i=1}^{25} u_{rmax}^2 = 28.5168$
	K_{4j}	−5.3056	−4.6564	−3.9993	−6.4094	−3.5620	−5.1205	
	K_{5j}	−3.9108	−6.2302	−3.3934	−5.4827	−3.0850	−4.6693	
	R	2.0541	2.3133	2.8250	3.0229	3.6128	1.0849	$S_T = Q_T - \dfrac{T^2}{16} = 5.5662$
	k_{1j}	−0.8679	−0.7923	−1.1449	−0.6773	−1.3396	−0.8711	
	k_{2j}	−0.8866	−0.7834	−1.2437	−0.8285	−1.1880	−0.8736	影响程度排序
	k_{3j}	−1.1930	−1.0376	−0.9236	−0.9064	−0.9337	−1.0880	$n > k^* > E_N > f_c^* > \lambda$

续表

$u_{r\max}$/mm	k_{4j}	−1.0611	−0.9313	−0.7999	−1.2819	−0.7124	−1.0241
	K_{5j}	−0.7822	−1.2460	−0.6787	−1.0965	−0.6170	−0.9339
	$\overline{k}_j$	−0.9581	−0.9581	−0.9581	−0.9581	−0.9581	−0.9581
	S_j	0.0220	0.0296	0.0441	0.0445	0.0751	0.0073

注：K_{1j} 为第 j 列代表因素中与水平 1 相关实验结果的代数和；R 为极差；k_{1j} 为第 j 列中与因素 1 相关实验结果的平均值，$k_{1j} = K_{1j}/5$；$\overline{k}_j = \sum\limits_{i=1}^{5} k_{ij}\bigg/5$；$S_j$ 为第 j 列代表因素实验结果的偏差平方和，$S_j = \sum\limits_{i=1}^{5}\left(k_{1j} - \overline{k}_j\right)^2\bigg/5$。

　　井壁极限承载力、井壁内侧最大环向应变、井壁内侧最大径向位移随五种实验因素变化趋势如图 5-224 所示。

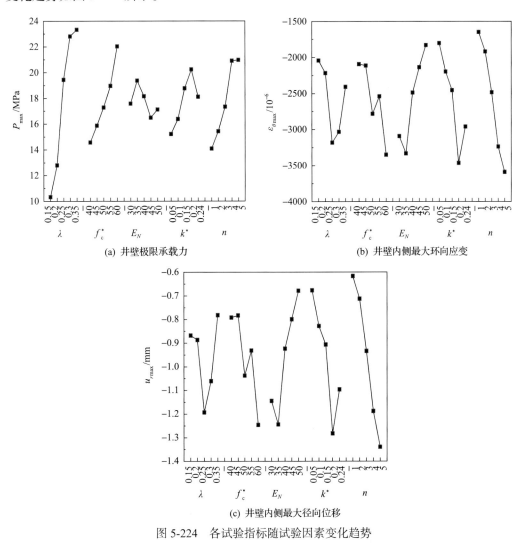

(a) 井壁极限承载力　　　　　　　　(b) 井壁内侧最大环向应变

(c) 井壁内侧最大径向位移

图 5-224　各试验指标随试验因素变化趋势

　　由图 5-224(a) 可知，随着井壁混凝土抗压强度、井壁厚径比和井壁分层数增加，井壁极限承载力单调增加；井壁弹性模量常数对井壁极限承载力的影响呈非单调规律，其存在极值点；井壁厚径比、井壁分层数、井壁弹性模量常数和井壁混凝土抗压强度对井壁极限承载力的影响较大，井壁最外层弹性模量对井壁极限承载力的影响较小且无明显规律。

　　由图 5-224(b)、(c)可知，五种因素对井壁应变和位移的影响规律相似。随着井壁厚径比、井壁弹性模量和井壁弹性模量常数增加，井壁内侧最大环向应变先增加后减小；随着井壁分层数的增加，井壁内侧最大环向应变增加。其中井壁最外层弹性模量、井壁厚径比和井壁混凝土抗压强度对一般弹性模量函数下功能梯度井壁的影响规律与典型函数下的功能梯度井壁不同，分析原因可能是弹性模量函数发生变化，导致井壁内部应力分布形式差异性较大，引起井壁变形性质较大改变。方差分析结果见表 5-77。

表 5-77　方差分析表(二)

指标	变异来源	偏差平方和 S_j	自由度 S_j	均方 V_j	F 值	F 临界值	显著水平
P_{max} /MPa	λ	27.833	4	6.95825	28.90		****
	f_c^*	6.726	4	1.6815	6.98	$F_{0.1}(4,4)=4.11$	**
	E_N	0.966	4	0.2415	1.00	$F_{0.05}(4,4)=6.39$	—
	k^*	3.134	4	0.7835	3.25	$F_{0.01}(4,4)=15.98$	—
	n	7.863	4	1.96575	8.17	$F_{0.005}(4,4)=23.15$	**
	空列(误差 e)	0.963	4				
	误差 $e'(ne)$	0.963	4	0.24075			
	总和	47.485	24				
$\varepsilon_{\theta max}$ /10^{-6}	λ	203436.8	4	50859.2	4.19		*
	f_c^*	217767.5	4	54441.875	4.48	$F_{0.1}(4,4)=4.11$	*
	E_N	318439.2	4	79609.8	6.56	$F_{0.05}(4,4)=6.39$	**
	k^*	338210.5	4	84552.625	6.97	$F_{0.01}(4,4)=15.98$	**
	n	552860.4	4	138215.1	11.39	$F_{0.005}(4,4)=23.15$	**
	空列(误差 e)	48555.3	4				
	误差 $e'(ne)$	48555.3	4	12138.825			
	总和	1679269.7	24				
u_{rmax} /mm	λ	0.0220	4	0.0055	3.01		—
	f_c^*	0.0296	4	0.0074	4.05	$F_{0.1}(4,4)=4.11$	—
	E_N	0.0441	4	0.011025	6.04	$F_{0.05}(4,4)=6.39$	*
	k^*	0.0445	4	0.011125	6.10	$F_{0.01}(4,4)=15.98$	*
	n	0.0751	4	0.018775	10.29	$F_{0.005}(4,4)=23.15$	**
	空列(误差 e)	0.0073	4				
	误差 $e'(ne)$	0.0073	4	0.001825			
	总和	0.2226	24				

　　注：当 $F>F_{0.005}(f_1,f_2)$ 时，认为该因素对实验指标有高度显著的影响，记为****；当 $F>F_{0.01}(f_1,f_2)$ 时，认为该因素对实验指标有显著的影响，记为***；当 $F>F_{0.05}(f_1,f_2)$ 时，认为该因素对实验指标有较为显著的影响，记为**；当 $F>F_{0.1}(f_1,f_2)$ 时，认为该因素对实验指标有一定显著的影响，记为*。

在方差分析中，如果实验因素的偏方平方和小于误差对应的偏差平方和，那么就可以认为实验因素对实验结果的影响较小，为次要因素，所以在进行 F 值分析时将它归入误差。在此次正交实验中，对于三个实验指标而言，五个因素均为主要影响因素。由方差分析可知，当 $\alpha = 0.005$ 时，即置信概率为 99.5%时，井壁厚径比对井壁极限承载力有高度显著影响，井壁混凝土抗压强度和井壁分层数对井壁极限承载力有较为显著的影响，其余因素对其无显著影响。井壁最外层弹性模量、井壁弹性模量常数和井壁分层数对井壁内侧最大环向应变有较为显著的影响，井壁混凝土抗压强度和井壁厚径比对其有一定显著的影响。井壁分层数对井壁内侧最大径向位移有较为显著的影响，井壁最外层弹性模量和井壁弹性模量常数对井壁内侧最大径向位移有一定显著的影响，井壁厚径比和井壁混凝土抗压强度对井壁内侧最大径向位移无显著影响。对于井壁极限承载能力来说，各因素对其影响的显著性由主到次的顺序为井壁厚径比、井壁分层数、井壁混凝土抗压强度、井壁弹性模量变化常数、井壁最外层弹性模量。

5. 多层功能梯度井壁极限承载状态计算公式

根据实验结果，井壁极限承载力与井壁最外层弹性模量、混凝土抗压强度、井壁厚径比、井壁泊松比和井壁分层方式有关。通过对影响井壁极限承载力的因素进行深入分析，确定功能梯度井壁极限承载力的主要影响因素为井壁最外层弹性模量、混凝土抗压强度和井壁厚径比。但是对于不同厚径比以及不同分层数的功能梯度井壁，均存在与之对应的最优弹性模量函数，因此，其不存在唯一的极限承载力计算公式。在使用最优弹性模量函数分布形式时，可以根据表 5-68 进行估算，其与混凝土抗压强度呈线性关系。在使用非最优弹性模量函数的分布形式时，可通过"功能梯度立井井壁结构设计软件包 1.0"[28]进行极限承载力、井壁内缘最大环向应变及井壁内缘最大径向位移的计算。

典型弹性模量函数下功能梯度井壁的极限承载力计算公式为

$$P_{\max} = 1.328\lambda^{0.9871} f_{c}^{*} k_P m_P \tag{5-88}$$

$$k_P = 0.9409 - 0.6867\lambda + 0.0601n + 0.2841\lambda n - 0.01739n^2 - 0.01926\lambda n^2 + 0.001387n^3$$

$$m_P = -0.003891v^{-1.695} + 1.059$$

式中：$P_{\max}$ 为功能梯度井壁极限承载力，MPa；λ 为井壁厚径比；t 为井壁厚度，m；f_{c}^{*} 为混凝土抗压强度，MPa，应根据结构分析方法和极限状态验算需要，取标准值、设计值、平均值或实验值；k_P 为分层影响系数；n 为分层数（$n = 2,3,4,\cdots$）；m_P 为泊松比影响系数；v 为泊松比。

功能梯度井壁在设计时，应根据工程经验及所需开挖尺寸拟定合理的井壁分层数 n，以及井壁厚径比 λ。

为验证所拟合极限承载力计算公式的准确性，随机选取 6 组功能梯度井壁参数，未列出的参数与典型参数一致，将拟合公式计算结果与 ABAQUS 数值计算结果进行对比。对比结果见表 5-78。可以看出，拟合公式计算结果与 ABAQUS 数值计算结果相差在±0.5MPa，可以认为拟合公式是准确的。

表 5-78　随机井壁参数下井壁极限承载力拟合公式与 ABAQUS 数值计算结果对比

参数	t/m	R_0/m	f_c^*/MPa	n	v	拟合公式计算结果/MPa	ABAQUS 数值计算结果/MPa	差值/MPa
参数 1	2	8	35	4	0.3	9.96	9.97	0.01
参数 2	1	6	30	3	0.2	5.84	5.79	−0.05
参数 3	3	6	28	6	0.25	13.87	13.91	0.04
参数 4	3	6	27.5	3	0.25	12.57	12.6	0.03
参数 5	2	4	29.5	3	0.2	13.23	13.28	0.05
参数 6	3	8	27.5	6	0.2	10.77	10.81	0.04

　　典型弹性模量函数下井壁极限承载状态时得到的井壁内侧最大环向应变与井壁弹性模量、混凝土抗压强度、井壁厚径比、井壁泊松比和功能梯度井壁分层数有关。通过对影响井壁最大环向应变的因素进行深入分析，确定功能梯度井壁最大环向应变主要影响因素为井壁弹性模量、混凝土抗压强度及井壁厚径比。通过拟合实验结果，可得功能梯度井壁内侧最大环向应变计算公式为

$$\varepsilon_{\theta\max} = -1.57\frac{f_c}{E^*}\lambda^{0.08561}k_\varepsilon m_\varepsilon \tag{5-89}$$

$$k_\varepsilon = 0.8692 - 1.184\lambda + 0.1208n + 0.492\lambda n - 0.03316n^2 - 0.03388\lambda n^2 + 0.002612n^3$$

$$m_\varepsilon = -1.914v^2 + 0.6838v + 0.941$$

式中：$\varepsilon_{\theta\max}$ 为井壁破坏时井壁内侧最大环向应变，10^{-6}；λ 为井壁厚径比；f_c^* 为混凝土抗压强度，MPa，应根据结构分析方法和极限状态验算需要，取标准值、设计值、平均值或实验值；E^* 为井壁 $(R_N+R_0)/2$ 位置处弹性模量，GPa；k_ε 为分层影响系数；n 为分层数（$n = 2,3,4,\cdots$）；m_ε 为泊松比影响系数。

　　为验证所得井壁内侧最大环向应变拟合公式的准确性，随机选取 6 组功能梯度材料井壁参数，未列出的参数与典型参数一致，将拟合公式计算结果与 ABAQUS 数值计算结果进行对比。对比结果见表 5-79。可以看出，拟合公式计算结果与 ABAQUS 数值计算结果相差在 $\pm6\times10^{-6}$，可以认为拟合公式是准确的。

表 5-79　随机井壁参数下最大环向应变拟合公式与 ABAQUS 数值计算结果对比

参数	E^*/GPa	t/m	R_0/m	f_c^*/MPa	n	v	拟合公式计算结果/10^{-6}	ABAQUS 数值计算结果/10^{-6}	差值/10^{-6}
参数 1	36	2	8	35	4	0.3	−1343.6	−1343.1	0.515
参数 2	36	1	6	30	3	0.2	−1110.9	−1114.5	−3.567
参数 3	36	3	6	28	6	0.25	−1265.3	−1271.2	−5.870
参数 4	38	3	6	27.5	3	0.25	−1025.6	−1029.4	−3.782
参数 5	38	2	4	29.5	3	0.2	−1110.0	−1112.1	−2.051
参数 6	38	3	8	27.5	6	0.2	−1133.8	−1128.5	5.302

6. 四种实验因素对井壁模型实验结果影响分析

对物理模型实验装置进行数值模拟研究，找到井壁模型实验与理论计算的关联性，为相关的传感器布置提供依据，研究物理模型实验中各影响因素对功能梯度井壁模型实验结果的影响，确定合理的实验参数。

由图 5-225(a)、(b)可知，井壁中间截面径向应力和径向位移分布不受加载方式的影响。

由图 5-225(c)可知，井壁中间截面轴向应力受加载方式的影响，当达到破坏时，两种加载方式对应的轴向压力不同，分步加载轴向应力较大。

由图 5-225(d)、(e)可知，当井壁结构达到破坏时，井壁中间截面环向应变使用分步加载较同时加载略小，相差约为 10×10^{-6}；井壁中间截面轴向应变使用分步加载较同时加载略大，相差约为 54×10^{-6}。

由图 5-225(f)、(g)可知，当井壁结构达到破坏时，井壁中间截面径向位移采用分步加载较同时加载略小，相差约为 0.004mm；井壁中间截面轴向应变使用分步加载较同时加载略大，相差约为 0.056mm。

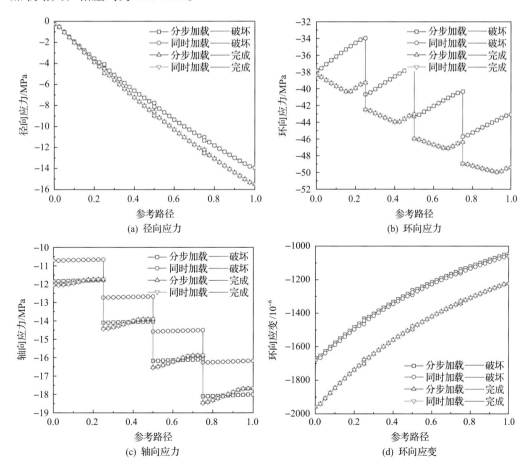

(a) 径向应力

(b) 环向应力

(c) 轴向应力

(d) 环向应变

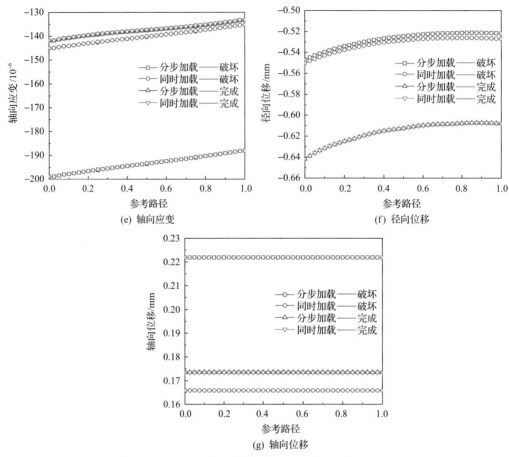

图 5-225　变化轴压下不同实验指标在路径一的分布曲线

路径一为井壁中间截面径向路线，由井壁内侧向外侧方向，长度为井壁厚度

极限承载状态计算结果见表 5-80。其中，包括 MATLAB 计算结果、ABAQUS 中二维平面应变模型的计算结果、实验台顶端固定以及 8 种不同轴向预压力的计算结果。结果指标中包括井壁极限承载力、井壁破坏位置、井壁破坏时井壁内侧的径向位移及环向应变等。井壁在轴向预压力加载超过 44MPa 时，井壁在轴向压力下发生破坏。

表 5-80　极限承载状态计算结果

实验	极限承载力/MPa	径向位移/mm	环向应变/10^{-6}	破坏位置
MATLAB 计算结果	13.50	−0.5368	−1651.7	1
二维平面应变模型计算结果	13.75	−0.5467	−1675.2	1~4
实验台顶端固定	13.05	−0.5436	−1652.0	1、4
P_A=0	11.4	−0.4720	−1440.0	4
P_A=10MPa	12.75	−0.5169	−1577.0	4
P_A=20MPa	13.65	−0.5440	−1659.0	1
P_A=30MPa	14.1	−0.5525	−1684.0	1

续表

实验	极限承载力/MPa	径向位移/mm	环向应变/10^{-6}	破坏位置
P_A=40MPa	14.4	−0.5584	−1691.0	1
P_A=50MPa	44（轴压）	—	—	井壁外侧上下端
P_A=60MPa	43.8（轴压）	—	—	井壁外侧上端
P_A=70MPa	43.4（轴压）	—	—	井壁外侧上下端

注：P_A 为轴向预压力；破坏位置意为功能井壁最先达到破坏的某一层，如井壁破坏位置为 1，即井壁第一层最先破坏。

轴向预压力与各实验指标关系曲线如图 5-226 所示。

轴向预压力的增加会使井壁结构承载力有所增加，其破坏时对应的井壁内侧径向位移、环向应变相应的增加。由图 5-226（a）可知，当 P_A=18MPa 时，井壁极限承载力计算结果与 MATLAB 计算结果相符；当 P_A=22MPa 时，井壁极限承载力计算结果与二维平面应变模型计算结果相符。由此可得，通过选取合适的井壁轴向预压力使得井壁模型实验结果与理论结果保持一致。

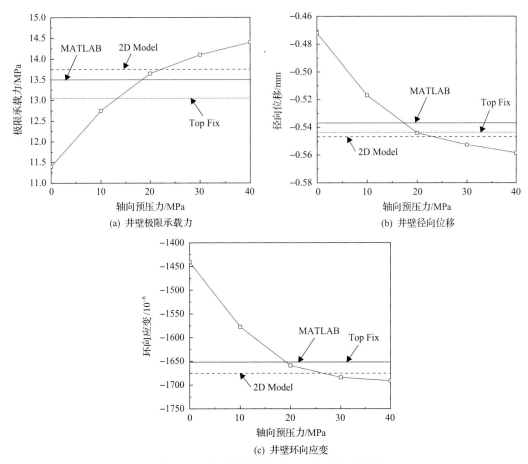

图 5-226　轴向预压力与各实验指标关系曲线

MATLAB 为 MATLAB 计算结果；2D Model 为二维平面应变模型计算结果；Top Fix 为实验台顶端固定计算结果

变化摩擦系数下不同实验指标在路径一的分布曲线如图 5-226 所示。

由图 5-227(a)、(b)、(c)可知，在不同摩擦系数下，井壁中部截面径向应力和环向应力分布基本一致。井壁中部轴向应力受摩擦系数影响较大，当理想光滑接触时，每一层井壁截面上的轴向应力恒定，随着摩擦系数增加，每一层井壁由内向外轴向应力逐渐减小，最内层井壁减小幅度最小，最外层井壁减小幅度最大。

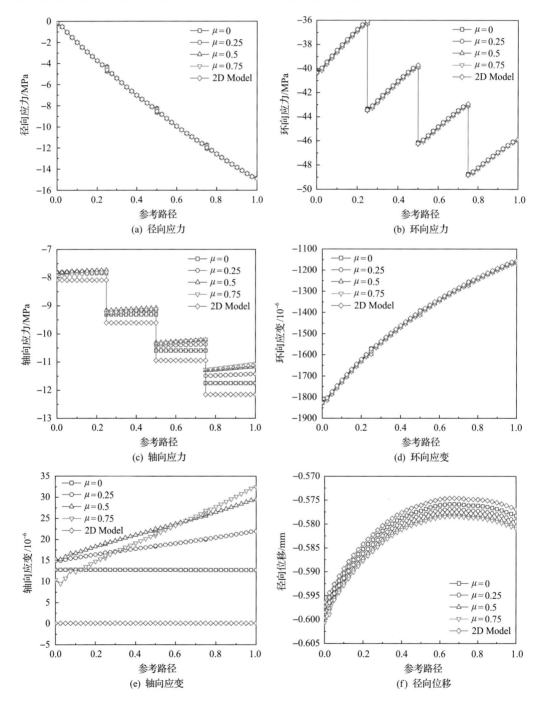

(a) 径向应力   (b) 环向应力

(c) 轴向应力   (d) 环向应变

(e) 轴向应变   (f) 径向位移

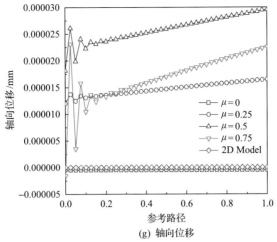

(g) 轴向位移

图 5-227　变化摩擦系数下不同实验指标在路径一的分布曲线
(井壁中间截面径向由井壁内侧向外侧方向)

由图 5-227(d)、(e)可知，井壁中部截面环向应变受摩擦系数影响较小，井壁中部截面轴向应变受摩擦系数影响较大。当存在摩擦时，井壁由内向外轴向应变逐渐增加。

由图 5-227(f)、(g)可知，在不同摩擦系数下，井壁中部截面径向位移分布形式相似，随摩擦系数增加径向位移逐渐增大。井壁中间截面轴向位移受摩擦系数影响，在井壁内侧会出现波动的现象。

变化井壁结构高度下不同实验指标在路径一的分布曲线如图 5-228 所示。

由图 5-228(a)、(b)、(c)可知，井壁结构高度对井壁中间截面径向应力分布无明显影响。在井壁中间截面，井壁结构高度对内层井壁环向应力影响较小，对外层井壁环向应力影响较大。井壁结构高度为 1m 时，与二维平面应变模型计算结果发生明显偏差。井壁结构高度对轴向应力有一定影响，当井壁结构高度为 1m 时，每一层的轴向应力数值呈线性变化。

由图 5-228(d)、(e)可知，在不同井壁结构高度下，井壁中部截面环向应变分布规律一致。当井壁结构高度为 3m 时，井壁中部截面轴向应变保持一致；当井壁结构高度为 2m 时，井壁由内向外轴向应变呈线性增加；当井壁结构高度为 1.5m 和 1m 时，井壁由内向外轴向应变呈线性减小，前者变化幅度较小。

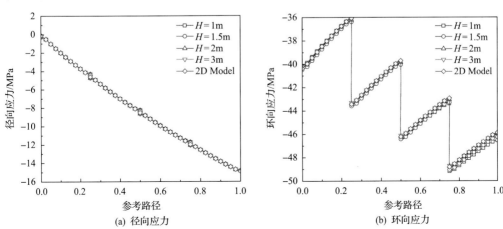

(a) 径向应力　　　　　　　　　　　　　　(b) 环向应力

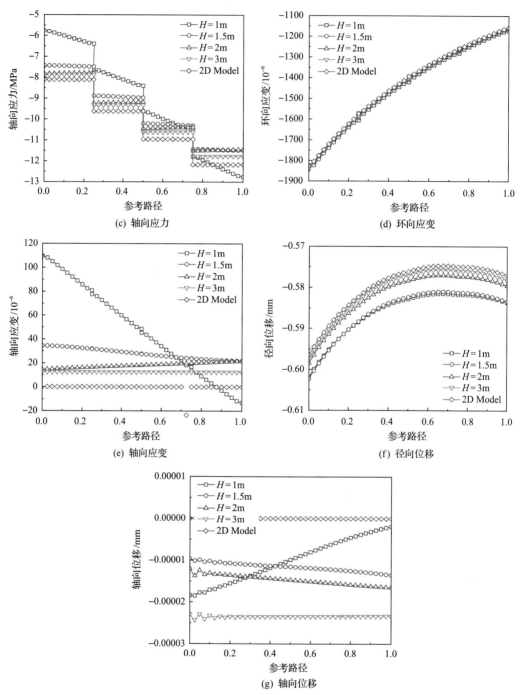

图 5-228 变化井壁结构高度下不同实验指标在路径一的分布曲线
（井壁中间截面径向由井壁内侧向外侧方向）

由图 5-228(f)、(g)可知，井壁结构高度增加，井壁中部截面径向位移减小，且与二维平面应变模型计算结果更为接近。当井壁结构高度为 3m 时，轴向位移几乎不变。在井壁中间截面，井壁轴向应变和轴向位移变化幅度均很小。

5.4.3　设计方法

1. 设计原则

基本假定如下。

(1) 井壁为均质、各向同性、小变形的封水材料，为受均匀径向外压的无限长厚壁圆筒体(即井壁竖向应变为 0，处于平面应变状态)。

(2) 功能梯度井壁各结构层之间，在交界面上保持"完全接触"，即不脱离也不产生相互滑动。

(3) 内壁完全封水，不考虑内壁渗流的影响，将全水压作为面力考虑。

采用荷载结构法进行功能梯度井壁结构设计。

2. 结构重要性系数与结构安全系数

井壁是永久结构，考虑其安全等级为一级，使用年限为永久，按照《工程结构可靠性设计统一标准》(GB 50153—2008)的规定，井壁的结构重要性系数 γ_0 为 1.1。认为井壁受到的地压、水压、自重均为永久荷载，按照《混凝土结构设计规范》(GB 50010—2010)的规定，永久荷载的荷载分项系数 γ_G 应取 1.35。

3. 外载

在仅考虑水压荷载时，可按 $P_k = 0.01H$ 计算。通过对实测数据分析发现，深部水压并非与深度呈线性关系，因此公式可优化为 $P_k = 0.01 k_w H$，其中 k_w 为水压折减系数。水压折减系数一般可取 0.5～0.8。

4. 井壁结构参数

选取典型函数下功能梯度井壁进行设计时，应根据工程经验及所需开挖尺寸预估井壁厚度，从而拟定合理的井壁分层数 n 和井壁内半径 R_0。可按式(5-90)进行功能梯度井壁结构设计。

考虑荷载分项系数和结构重要性系数后，式(5-88)可表示为

$$\gamma_0 \gamma_G P_k = 1.328 \lambda^{0.9871} f_c^* k_P m_P \tag{5-90}$$

$$k_P = 0.9409 - 0.6867\lambda + 0.0601n + 0.2841\lambda n - 0.01739n^2 - 0.01926\lambda n^2 + 0.001387n^3$$

$$m_P = -0.003891\nu^{-1.695} + 1.059$$

式中：P_k 为井壁外载，MPa；λ 为井壁厚径比；R_0 为井壁内半径，m；f_c^* 为混凝土抗压强度，MPa，应根据结构分析方法和极限状态验算需要，取标准值、设计值、平均值或实验值；k_P 为分层影响系数；n 为分层数($n = 2,3,4,\cdots$)；m_P 为泊松比影响系数；ν 为泊松比。

可根据式(5-90)计算求得井壁厚径比 λ，在确定井筒内半径后便可求得井壁厚度。

$$t = \lambda R_0 / (1 - \lambda) \qquad\qquad (5\text{-}91)$$

$$R_{\mathrm{W}} = R_0 + t \qquad\qquad (5\text{-}92)$$

式中：t 为井壁厚度/m；R_{W} 为井壁外半径/m。

在 R_0 已知的前提下，通过规定功能梯度井壁 $(R_N + R_0)/2$ 位置处弹性模量 E^*，即 $E^* = E(R_N + R_0)/2$，得到积分常数 C 的值，从而确定特定井壁形式所需的弹性模量函数 $E(r)$，进一步得到功能梯度井壁每一层所需的弹性模量。

也可以根据分层数和厚径比的取值，通过查表 5-4 得到弹性模量常数，进而求得每一层的弹性模量。

在功能梯度井壁进行设计时，需提前拟定井壁分层数 n 和井壁厚径比 λ，确定最优的弹性模量常数，并在设计软件中输入井壁所承受的外载以及弹性模量常数，可以得到所需的混凝土抗压强度，将此强度下普通混凝土的弹性模量作为基准，通过掺入纤维等手段得到符合弹性模量函数要求的功能梯度混凝土材料。

根据拟定的井壁内半径 R_0 确定井壁厚度 t。

在进行功能梯度井壁设计时，可能不能及时配制或者无法得到最优弹性模量常数下的功能梯度材料，只能使用已有的功能梯度材料。因此，需要在已知材料弹性模量条件下，进行功能梯度井壁设计。

同样，需要提前拟定井壁分层数 n、井壁厚度 t 和井壁内半径 R_0，在设计软件中输入功能梯度材料参数，从而得到此种结构参数下，功能梯度井壁的极限承载力 $P_{\max}$。若 $P_{\max} \geqslant \gamma_0 \gamma_G P_k$，则符合要求，反之，需要重新更改井壁结构参数，直到得到合理的井壁结构参数。

5.5 3D 打印井壁混凝土支护材料与打印工艺

5.5.1 配合比实验研究

1. 混凝土原材料选择

3D 打印混凝土的原材料主要有水泥、石英砂、粉煤灰、硅灰、减水剂、缓凝剂、速凝剂、早强剂、消泡剂、膨胀剂、聚丙烯纤维、淀粉醚、触变剂、水等材料(图 5-229～图 5-238)。目前，在 3D 打印混凝土材料选择方面主要有两种方法。第一种在慢硬型水泥中加入促凝剂或者速凝剂，使混凝土在打印后能够快速硬化，强度增长能够支撑自身重量。第二种在快硬型水泥中加入缓凝剂，使混凝土能够有足够的开放时间，以满足流动和挤出要求。本节采用这两种方法，基于普通硅酸盐水泥和快硬硫铝酸盐水泥展开研究，以找到最佳材料配合比。

1) 水泥

由于水泥种类对混凝土的强度和凝结时间有着重要影响，不同水泥种类可能造成混凝土综合性能有较大区别。因此，水泥种类对 3D 打印井壁混凝土的配制同样十分重要。本次实验使用的水泥是 52.5 级普通硅酸盐水泥（P.O52.5）、42.5 级快硬硫铝酸盐水泥（R·SAC 42.5）和 CA-50 铝酸盐水泥（CA-50）。其中，52.5 级普通硅酸盐水泥由淮海中联水泥有限公司生产；42.5 级快硬硫铝酸盐水泥由常州梓丹建材科技有限公司生产；

CA-50 铝酸盐水泥由郑州嘉耐特种铝酸盐有限公司生产（表 5-81）。

图 5-229　普通硅酸盐水泥

图 5-230　快硬硫铝酸盐水泥

图 5-231　铝酸盐水泥

(a) 8~16目　　　(b) 16~30目　　　(c) 30~50目　　　(d) 50~100目　　　(e) 100~200目

图 5-232　五种不同粒径的石英砂

图 5-233　粉煤灰

图 5-234　硅灰

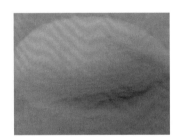

图 5-235　淀粉醚

图 5-236　触变剂

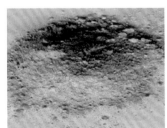

图 5-237　膨胀剂

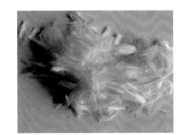

图 5-238　聚丙烯纤维

表 5-81　水泥的物理性能指标

水泥种类	初凝/min	终凝/min	28 天抗压强度/MPa	28 天抗折强度/MPa
P.O 52.5	50	550	≥52.5	≥7.5
R·SAC42.5	3	5	≥45	≥7
CA-50	3	10	≥82	≥9

2) 砂

3D 打印对材料的粒度分布、流动性等性能要求极高。传统混凝土的骨料为石子组成的粗骨料和砂子组成的细骨料。3D 打印由于打印喷头的限制，需要找到最合适的骨料粒径大小，骨料粒径过大容易造成喷头阻塞；骨料粒径过小，包裹骨料所需浆体的比表面积大，浆体多，水化速率快，单位时间水化热高，将会导致混凝土各项性能的恶化。因此骨料颗粒大小的选择十分重要，以保证新拌混凝土能够顺利挤出。具有连续颗粒级配的新拌混凝土具有更高的静态/动态屈服应力和最低的塑性黏度，因此，这更有利于 3D 打印过程的挤出和打印层的堆积。同时具有连续颗粒级配的混凝土的密度、抗压强度和抗折强度都会适当增强。

实验选用五种颗粒大小的石英砂：8～16 目、16～30 目、30～50 目、50～100 目、100～200 目(图 5-232)。

3) 粉煤灰

在混凝土中掺入粉煤灰能节约大量的水泥和细骨料，减少需水量，改善混凝土拌和物的和易性，增强混凝土的可泵性，减少混凝土的徐变，减少水化热、热膨胀性，提高混凝土抗渗能力，增加混凝土的修饰性。

本次实验使用的粉煤灰是灵寿县奥达耐火材料加工厂提供的二级粉煤灰(图 5-233)。

粉煤灰的主要化学成分见表 5-82，基本物理特性见表 5-83。

表 5-82 粉煤灰的主要化学成分及含量

成分	烧失量	SiO_2	Al_2O_3	Fe_2O_3	CaO	MgO	SO_3	TiO_2
占比/%	2.28	60.84	23.72	6.96	3.83	0.55	0.63	0.42

表 5-83 粉煤灰的基本物理特性

项目	范围
密度/(kg/m³)	1900～2900
堆积密度/(kg/m³)	531～1261
比表面积/(m²/kg)	80～1950
原灰标准稠度/%	27.3～66.7
吸水量/%	89～130

4) 硅灰

硅灰主要成分是 SiO_2，颗粒很小能够填充水泥之间的空隙，同时与氧化镁等碱性材料生成凝胶体。在混凝土和砂浆里面加入硅灰能够改善其力学和耐久性能。本次实验使用的是灵寿县奥达耐火材料加工厂提供的微硅灰(图 5-234)。硅灰的各项性能指标见表 5-84。

5) 减水剂

3D 打印混凝土材料需要混凝土具有较好的流动性和堆积性能，聚羧酸减水剂的加入能够有效减少用水量，同时保持混凝土具有良好的流动性和堆积性能。因此，减水剂对于 3D 打印混凝土必不可少。

表 5-84　硅灰的物理化学指标

外观	密度/(kg/m³)	平均粒径/μm	比表面积/(m²/g)	耐火度/℃
白色粉末	1600～1700	0.1～0.3	20～28	＞1600

本次实验选用的是江苏苏博特新材料股份有限公司提供的 PCA-I 高效减水剂。PCA-I 高效减水剂属于第三代聚羧酸高效减水剂，该类型减水剂具有掺量少、减水率高达 30%，能有效减少混凝土空隙、提高密实度的优点。其各项性能指标见表 5-85。

表 5-85　减水剂的各项性能指标

项目	参数值
减水率/%	32
泌水率/%	23
密度/(kg/m³)	1051
含固量/%	30.29
含气量/%	2.6
pH	7.22
氯离子含量/%	0.02
硫酸钠含量/%	0.16
总碱量/%	1.03

6) 速凝剂

在混凝土中加入速凝剂能够加速凝结，缩短初凝和终凝时间。目前速凝剂在喷射混凝土、抢修工程中应用很多。由于 3D 打印混凝土需要材料具有快速凝结成型的特性，所以速凝剂的加入必不可少。本次实验使用的速凝剂是江苏苏博特新材料股份有限公司提供的 SBT-N(I)液态速凝剂。

7) 早强剂

为缩短混凝土凝结时间，不仅可以通过加入速凝剂，还可以通过掺入早强剂来调节凝结速率。早强剂又称为促凝剂，主要应用在冬季施工或者对早期强度有要求的混凝土中，可以促进早期强度发展。本次实验使用江苏苏博特新材料股份有限公司提供的 JM-I(B)早强剂。

8) 缓凝剂

3D 打印混凝土具有快速硬化的特点，同时需要在开放时间内保持良好的流动性，缓凝剂的加入能够解决混凝土凝结过快导致无法流动和挤出的问题。因此，为了获得足够的可工作时间，需要加入缓凝剂来调节凝结时间，降低其凝结速率，使新拌混凝土能够在较长时间内保持较好工作性。本次实验选用江苏苏博特新材料股份有限公司提供的 TNA 缓凝剂。

9) 淀粉醚

淀粉醚的主要类型有羧甲基淀粉醚(sodium carboxymethyl starch, CMS)、羟丙基淀粉醚(hydroxypropyl starch ether, HPS)和阳离子淀粉醚等。本次实验选用晋州市晴俊建筑材料有限公司生产的羟丙基淀粉醚(图 5-235),各项性能见表 5-86。淀粉醚在混凝土或砂浆里用量很少,能够快速增加黏度,降低混凝土或砂浆的流动性,对凝结时间影响很小,可延长开放时间利于操作,同时具有保水性。

表 5-86   淀粉醚各项性能指标

项目	参数值
性状	白色粉末
黏度/(MPa·s)	200 000
溶解性	溶于水
酸碱度	6.1

10) 触变剂

当液体或胶体受剪切时,浆体的黏度变小,剪切结束后,黏度又恢复的特性称为触变性。触变剂是一种新型外加剂,当用于砂浆或混凝土时,使其具有触变性,可有效改善砂浆或混凝土的流变性能,使黏度降低。本次实验使用的触变剂是山东特耐斯化工有限公司生产的羟乙基纤维素(hydroxyethyl cellulose, HEC)(图 5-236)。羟乙基纤维素能溶于水,在建筑领域有广泛应用,各项性能见表 5-87。

表 5-87   触变剂各项性能指标

项目	参数值
性状	白色粉末
黏度/(MPa·s)	100000
密度/(g/mL)	0.75
溶解性	易溶于水

11) 消泡剂

传统混凝土和砂浆在搅拌过程中产生大量气泡,如果气泡过多会导致密度降低和强度下降。3D 打印混凝土对材料的气孔要求更高,过多的气泡不仅导致密度降低,还会导致挤出不连续造成打印断层和堆积困难影响打印结构的整体稳定性。消泡剂的加入可以有效抑制搅拌过程中气泡的产生。本次实验使用佛山市许氏化工科技有限公司生产的 XS-2510 消泡剂,建议掺量为胶凝材料重量的 0.1%~0.3%。

12) 膨胀剂

传统混凝土在浇筑后会产生收缩变形。3D 打印混凝土完全暴露在空气中养护困难,收缩变形将会更大,造成打印层黏结强度降低或产生缝隙,从而影响封水性能。因此,加入膨胀剂可以有效减少混凝土自身干燥收缩变形。本次膨胀剂使用的是江苏苏博特新材料股份有限公司提供的 HME-V(温控、防渗)混凝土高效抗裂剂(图 5-237),建议使用量为胶凝材料重量的 2%~5%。

13) 纤维

目前 3D 打印混凝土制作出的构件无法加入钢筋,通过在材料中加入纤维,能够提高混凝土的抗折、抗拉强度。本次实验采用成都科良建材有限公司提供的聚丙烯纤维(长0.012m、直径为 22.28μm)(图 5-238)，建议掺量 1.8kg/m³，各项性能指标见表 5-88。

表 5-88　聚丙烯纤维各项性能指标

项目	参数值
密度/(kg/m³)	0.91
熔点/℃	165
燃点/℃	593
抗拉强度/MPa	275
弹性模量/MPa	3793
含湿量/%	<0.1

14)水

本次使用的水是饮用自来水。

2. 水胶比影响实验

由于 3D 打印混凝土材料对混凝土材料的流动性要求较高，既要有较好的流动性又要能快速堆积成型，将看似矛盾的两点结合到一起。水胶比的变化对混凝土的流动性能影响很大，随着用水量的增多，流动性越大。本次实验水胶比选用 4 个水平，依次为 0.36、0.38、0.4、0.42，其他参数比例为快硬硫铝酸盐水泥∶粉煤灰∶硅灰∶砂∶减水剂∶触变剂∶淀粉醚∶消泡剂∶膨胀剂∶缓凝剂=0.7∶0.2∶0.1∶1∶0.023∶0.001∶0.007∶0.003∶0.02∶0.01，同时加入聚丙烯纤维 1.8kg/m³。具体实验安排见表 5-89。实验结果见表 5-90、表 5-91 和图 5-239～图 5-241。

表 5-89　水胶比影响实验

实验编号	水胶比
SJB-1	0.36
SJB-2	0.38
SJB-3	0.4
SJB-4	0.42

表 5-90　水胶比对流动度和坍落度的影响

时间/min	性能	SJB-1	SJB-2	SJB-3	SJB-4
10	流动度/mm	175	176	197.5	199
	坍落度/mm	250	270	260	280
30	流动度/mm	145	137.2	151.1	158
	坍落度/mm	200	200	170	180
40	流动度/mm	125.7	140	132.3	142
	坍落度/mm	120	130	130	150

表 5-91 水胶比对凝结时间的影响

实验编号	水胶比	初凝时间/min	终凝时间/min
SJB-1	0.36	70	155
SJB-2	0.38	80	170
SJB-3	0.4	130	185
SJB-4	0.42	130	165

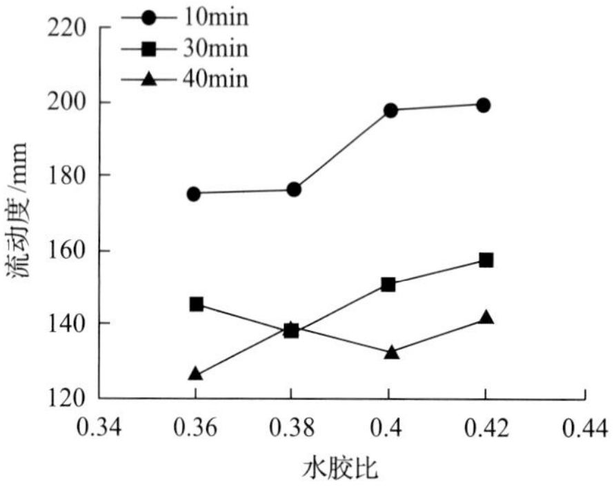

图 5-239 水胶比对流动度的影响

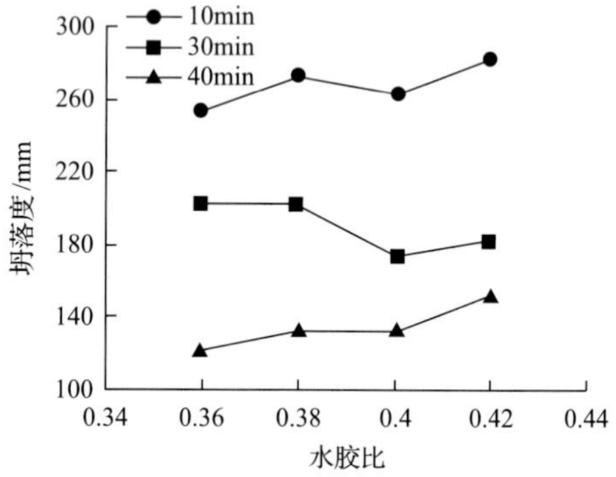

图 5-240 水胶比对坍落度的影响

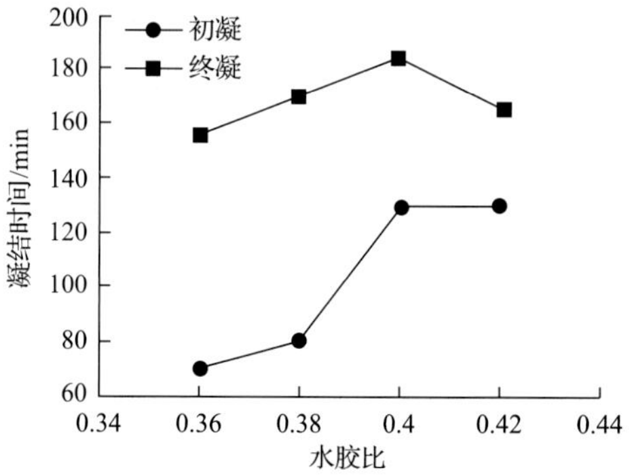

图 5-241 水胶比对凝结时间的影响

由图 5-239 可以发现，随着水胶比变大，10min 和 30min 时的流动度越大，但是对 40min 时的流动度基本没有影响，此时，流动度在 120~140mm，流动性较差不利于挤出。

由图 5-240 可以发现，随着水胶比变大，10min 时坍落度越大，对 30min 和 40min 的坍落度影响较小，40min 时坍落度在 120~150mm，具有良好的堆积性。

由图 5-241 可以发现，随着水胶比变大，初凝时间和终凝时间延迟。为避免混凝土快速凝结，可以适当调节水胶比。因此，建议水胶比为 0.4。

3. 减水剂掺量影响

实验选用的是江苏苏博特新材料股份有限公司提供的 PCA-I 高效减水剂，建议掺量为 2%左右。因此本次实验选取 1.7%、2%、2.3%、2.6%共 4 个水平。其他参数比例为水：快硬硫铝酸盐水泥：粉煤灰：硅灰：砂：触变剂：淀粉醚：消泡剂：膨胀剂：缓凝剂= 0.4：0.7：0.2：0.1：1：0.001：0.007：0.003：0.02：0.01，同时加入聚丙烯纤维

1.8kg/m³，具体实验安排见表 5-92，实验结果见表 5-93、表 5-94 和图 5-242～图 5-244。

由图 5-242 可以发现，随着减水剂掺量增加，对 10min 时流动度影响很大，对 30min 时流动度有着一定影响，对 40min 时流动度影响很小，并且 40min 时流动性较差。

由图 5-243 可以发现，时间为 10min 时坍落度接近 300mm，且随着减水剂掺量变化较小。30min 时，随着减水剂掺量增多，坍落度先迅速变大后缓慢增加；40min 时，减水剂掺量超过 2.3%时坍落度迅速增大。

表 5-92　减水剂掺量影响实验

实验编号	减水剂掺量/%
JSJ-1	1.7
JSJ-2	2
JSJ-3	2.3
JSJ-4	2.6

表 5-93　减水剂掺量对流动度和坍落度的影响

时间/ min	性能	JSJ-1	JSJ-2	JSJ-3	JSJ-4
10	流动度/mm	195	205	215	237
	坍落度/mm	280	290	290	290
30	流动度/mm	141	160	165	180
	坍落度/mm	120	225	240	260
40	流动度/mm	138	146	149	153
	坍落度/mm	120	120	130	210

表 5-94　减水剂掺量对凝结时间的影响

实验编号	减水剂掺量/%	初凝时间/min	终凝时间/min
JSJ-1	1.7	120	175
JSJ-2	2	100	155
JSJ-3	2.3	130	185
JSJ-4	2.6	175	225

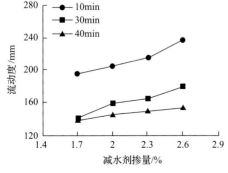

图 5-242　减水剂掺量对流动度的影响

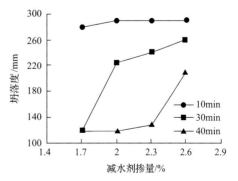

图 5-243　减水剂掺量对坍落度的影响

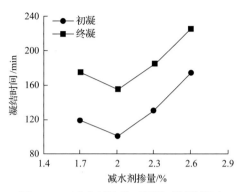

图 5-244　减水剂掺量对凝结时间的影响

由图 5-244 可以发现，减水剂掺量为 2%时，凝结时间减少。减水剂掺量超过 2%时，随着减水剂掺量的增多，凝结时间变长。所以为了避免初凝时间过长要严格控制减水剂掺量，建议减水剂掺量为 2%。

4. 淀粉醚掺量影响

实验选用晋州市晴俊建筑材料有限公司生产的羟丙基淀粉醚，其掺量选取 0%、0.3%、0.7%和 1%共 4 个水平。其他参数比例为水∶快硬硫铝酸盐水泥∶粉煤灰∶硅灰∶砂∶触变剂∶消泡剂∶膨胀剂∶缓凝剂=0.4∶0.7∶0.2∶0.1∶1∶0.001∶0.003∶0.02∶0.01，同时加入聚丙烯纤维 1.8kg/m³。具体实验安排见表 5-95，实验结果见表 5-96、表 5-97 和图 5-245～图 5-247。

表 5-95　淀粉醚掺量影响实验

实验编号	淀粉醚掺量/%
DFM-1	0
DFM-2	0.3
DFM-3	0.7
DFM-4	1

表 5-96　淀粉醚掺量对流动度和坍落度的影响

时间/min	性能	DFM-1	DFM-2	DFM-3	DFM-4
10	流动度/mm	287	235	197.5	175
	坍落度/mm	295	270	260	230
30	流动度/mm	263	176	151.5	119
	坍落度/mm	285	240	170	70
40	流动度/mm	256	172	132.3	127
	坍落度/mm	280	210	130	60

表 5-97　淀粉醚掺量对凝结时间的影响

试验编号	淀粉醚掺量/%	初凝时间/min	终凝时间/min
DFM-1	0	125	170
DFM-2	0.3	130	165
DFM-3	0.7	110	150
DFM-4	1	120	160

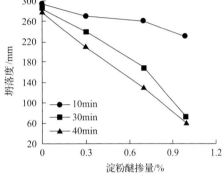

图 5-245　淀粉醚掺量对流动度的影响　　　　图 5-246　淀粉醚掺量对坍落度的影响

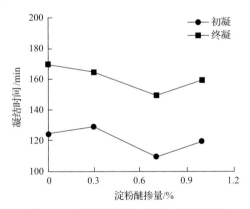

图 5-247　淀粉醚掺量对凝结时间的影响

　　由图 5-245 可以发现，随着淀粉醚掺量增多，10min、30min 和 40min 时的流动度呈线性变小。

　　由图 5-246 可以发现，随着淀粉醚掺量增多，10min、30min 和 40min 时的坍落度呈线性变小，其中对 40min 时的坍落度影响最大，所以淀粉醚的加入有利于混凝土的堆积性发展。

　　由图 5-247 可以发现，淀粉醚对凝结时间基本没有影响，建议淀粉醚掺量为 0.7%。

5. 触变剂掺量影响

　　实验使用的触变剂是羟乙基纤维素，掺量取 0%、0.1%、0.3% 和 0.5% 共 4 个水平。其他参数比例为水：快硬硫铝酸盐水泥：粉煤灰：硅灰：砂：淀粉醚：消泡剂：膨胀剂：缓凝剂=0.4：0.7：0.2：0.1：1：0.007：0.003：0.02：0.01，同时加入聚丙烯纤维1.8kg/m³。具体实验安排见表 5-98，实验结果见表 5-99、表 5-100 和图 5-248～图 5-250。

由图 5-248 可以发现，随着触变剂掺量增多，10min、30min 和 40min 时的流动度越小，其中对 40min 时的流动度影响较小。

由图 5-249 可以发现，随着触变剂掺量增多，10min、30min 和 40min 时的坍落度越小，其中对 10min 时的坍落度影响较小，造成前期堆积性较差。

表 5-98　触变剂掺量影响实验

实验编号	触变剂掺量/%
CBJ-1	0
CBJ-2	0.1
CBJ-3	0.3
CBJ-4	0.5

表 5-99　触变剂掺量对流动度和坍落度的影响

时间/min	性能	CBJ-1	CBJ-2	CBJ-3	CBJ-4
10	流动度/mm	290	197.5	167	136
	坍落度/mm	290	260	260	200
30	流动度/mm	225	151.5	138	119
	坍落度/mm	250	170	190	90
40	流动度/mm	199	132.3	131	118
	坍落度/mm	200	130	120	70

表 5-100　触变剂掺量对凝结时间的影响

实验编号	触变剂掺量/%	初凝时间/min	终凝时间/min
CBJ-1	0	175	225
CBJ-2	0.1	130	185
CBJ-3	0.3	145	210
CBJ-4	0.5	90	155

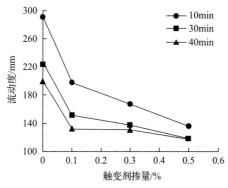

图 5-248　触变剂掺量对流动度的影响

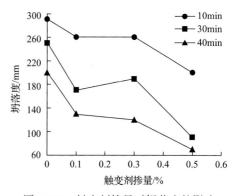

图 5-249　触变剂掺量对坍落度的影响

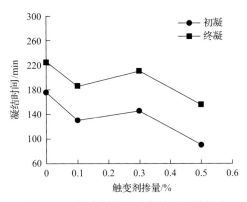

图 5-250　触变剂掺量对凝结时间的影响

由图 5-250 可以发现，随着触变剂掺量增多，混凝土凝结时间相对减少，但是影响相对较小可以忽略不计，建议触变剂掺量为 0.15%。

6. 砂胶比掺量影响

实验中，砂胶比选取 0.8、1、1.2、1.4 共 4 个水平。其他参数比例为水∶快硬硫铝酸盐水泥∶粉煤灰∶硅灰∶淀粉醚∶触变剂∶消泡剂∶膨胀剂∶缓凝剂=0.4∶0.7∶0.2∶0.1∶0.007∶0.001∶0.003∶0.02∶0.01，同时加入聚丙烯纤维 1.8kg/m³。具体实验安排见表 5-101，试验结果见表 5-102、表 5-103 和图 5-251～图 5-253。

表 5-101　砂胶比影响实验

实验编号	砂胶比
SJB-1	0.8
SJB-2	1
SJB-3	1.2
SJB-4	1.4

表 5-102　砂胶比对流动度和坍落度的影响

时间/min	性能	SJB-1	SJB-2	SJB-3	SJB-4
10	流动度/mm	168	155	147	138
	坍落度/mm	250	250	200	190
30	流动度/mm	140	142.5	129.1	120
	坍落度/mm	110	170	70	70
40	流动度/mm	136	130	126	120
	坍落度/mm	100	123.5	30	30

表 5-103　砂胶比对凝结时间的影响

实验编号	砂胶比	初凝时间/min	终凝时间/min
SJB-1	0.8	110	155
SJB-2	1	120	165
SJB-3	1.2	110	150
SJB-4	1.4	105	150

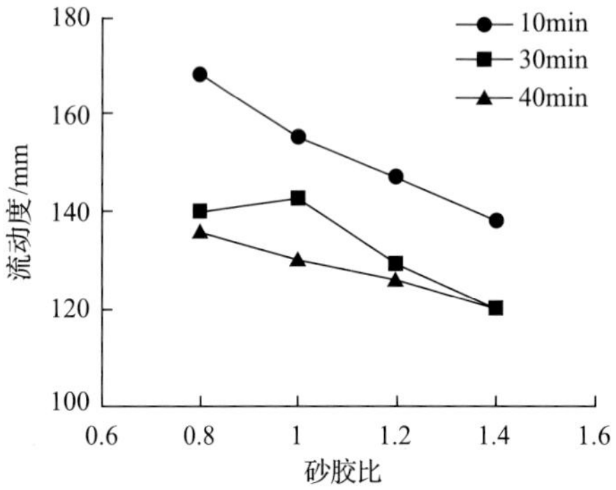

图 5-251　砂胶比对流动度的影响

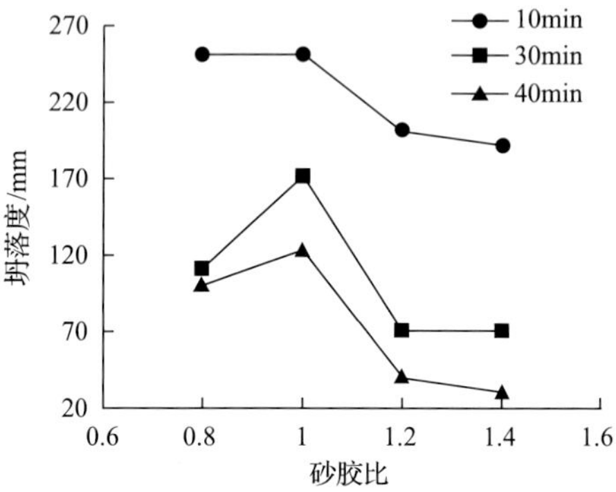

图 5-252　砂胶比对坍落度的影响

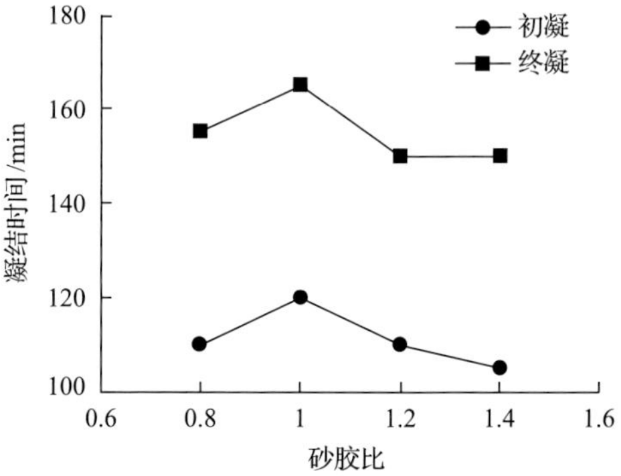

图 5-253　砂胶比对凝结时间的影响

由图 5-251 可以发现，随着砂胶比变大，10min、30min 和 40min 时的流动度减小。

由图 5-252 可以发现，随着砂胶比变大，10min 时的坍落度随砂胶比变小。当砂胶比大于 1 时，坍落度已经很小。因此，砂胶比对坍落度存在一定影响。

由图 5-253 可以发现，随着砂胶比变化，凝结时间变化很小。因此，砂胶比对凝结时间的影响可以忽略。因此，建议砂胶比为 1。

7. 砂的细度模数影响

砂的细度模数选取 2.1、2.6、3.0、3.2 共 4 个水平。其他参数比例为水∶快硬硫铝酸盐水泥∶粉煤灰∶硅灰∶砂∶淀粉醚∶消泡剂∶膨胀剂∶缓凝剂=0.4∶0.7∶0.2∶0.1∶0.007∶0.001∶0.003∶0.02∶0.01，同时加入聚丙烯纤维 1.8kg/m³。具体的实验安排见表 5-104，实验结果见表 5-105、表 5-106 和图 5-254～图 5-256。

通过表 5-105 和图 5-254 可以发现，随着砂的细度模数增大，流动度越大，对 10min 和 30min 的流动度影响较大，但 40min 时的流动度随砂的细度模数变化很小。

通过表 5-105 和图 5-255 可以发现，随着砂的细度模数增大，10min 和 30min 时的坍落度越大，40min 时的坍落度变化很小。

表 5-104　砂的细度模数影响实验

实验编号	砂的细度模数
XDMS-1	2.1
XDMS-2	2.6
XDMS-3	3.0
XDMS-4	3.2

表 5-105　砂的细度模数对流动度和坍落度的影响

时间/min	性能/mm	XDMS-1	XDMS-2	XDMS-3	XDMS-4
10	流动度	145	197.5	236	194
	坍落度	240	260	270	280
30	流动度	140	151.5	164	175
	坍落度	130	170	175	190
40	流动度	126	132.3	140	123
	坍落度	110	130	110	90

表 5-106　砂的细度模数对凝结时间的影响

实验编号	砂的细度模数	初凝时间/min	终凝时间/min
XDMS-1	2.1	115	160
XDMS-2	2.6	130	165
XDMS-3	3.0	120	160
XDMS-4	3.2	125	170

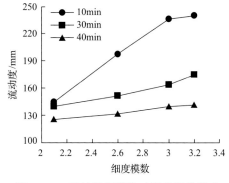

图 5-254　砂的细度模数对流动度的影响

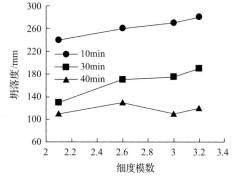

图 5-255　砂的细度模数对坍落度的影响

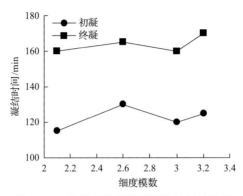

图 5-256 砂的细度模数对凝结时间的影响

通过表 5-106 和图 5-256 可以发现，砂的细度模数变化对凝结时间影响很小，可以忽略不计。因此，建议砂的细度模数为 2.6。

8. 混凝土配合比

根据 3D 打印混凝土材料配比单因素实验结果，基于流动度、坍落度和凝结时间这三个指标，通过和 3D 打印机的结合，确定各个材料的比例，水：普通硅酸盐水泥：粉煤灰：硅灰：砂：减水剂：触变剂：淀粉醚：消泡剂：膨胀剂：缓凝剂= 0.4：0.7：0.2：0.1：1：0.02：0.0015：0.007：0.003：0.02：0.01，砂的细度模数为 2.6，聚丙烯纤维掺量为 1.8kg/m^3。其流动度和坍落度随时间变化的结果见表 5-107。

在保证流动性的情况下，10min、30min 和 40min 时的坍落度变化表示堆积性随时间的成长，如图 5-257 所示。

表 5-107 流动度和坍落度随时间的变化

性能	10min	30min	40min
流动度/mm	197.5	151.5	132.3
坍落度/mm	260	170	130

(a) 10min　　　　　　　　(b) 30min　　　　　　　　(c) 40min

图 5-257 坍落度随时间的变化

该组配合比的材料流动性和堆积性都得到了满足，初凝时间为 100min，终凝时间为 180min，满足了快速凝结硬化的要求。

5.5.2　3D 打印井壁混凝土配方的可建造性

开展 3D 打印混凝土材料可建造性研究，提出基于流动性、挤出性、胶凝时间的可建造性量化指标。

1. 流动性评价

控制打印材料的流动性是为了确保新拌和的混凝土能够从储料系统经过输送管道顺利地输送到打印头集料仓，本次实验根据《普通混凝土拌合物性能试验方法标准》(GB/T 50080—2016) 和《水泥胶砂流动度测定方法》(GB/T 2419—2005)，按照加水后 10min、20min、35min 及 50min 对 8 种配方(4 种不同配合比的普通硅酸盐水泥基打印材料和 4 种不同配合比的改性硅酸盐复合水泥基打印材料)分别进行坍落度测试和流动度测试，用来评价其流动性。

图 5-258、图 5-259 展示了普通硅酸盐水泥基打印材料坍落度和流动度随时间的变化规律，经过多次实验发现满足打印要求的普通硅酸盐水泥基打印材料的坍落度应在 190～150mm，流动度应在 160～130mm。比较 4 种配方的坍落度曲线和流动度曲线可知，配方 1 和配方 3 的早期流动性过大，后期又损失过快，难以满足打印要求；配方 2 的流动性整体偏低，配方 4 具有良好的流动性，主要体现在材料搅拌好后其流动性很快 (10min)可以满足打印要求，同时在接下来的 30min 内，其流动性损失很小，为打印的顺利进行留够了充足的时间。

图 5-260、图 5-261 展示了改性硅酸盐复合水泥基打印材料坍落度和流动度随时间的变化规律，实验发现满足打印要求的改性硅酸盐复合水泥基打印材料的坍落度应在 230～160mm，流动度应在 180～145mm。比较可知，只有配方 4 具有良好的流动性，其 5min 坍落度约为 230mm，30min 坍落度只损失 20%左右，达到 180mm，流动度的发展变化规律与坍落度基本一致。

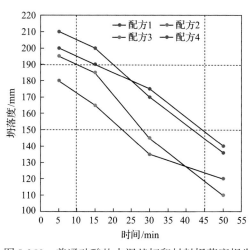

图 5-258　普通硅酸盐水泥基打印材料坍落度损失

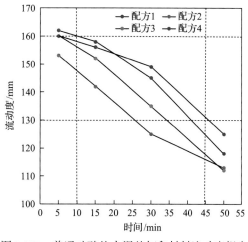

图 5-259　普通硅酸盐水泥基打印材料流动度损失

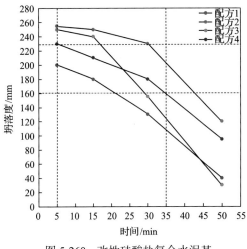 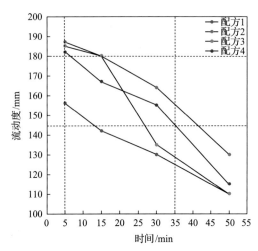

图 5-260　改性硅酸盐复合水泥基　　　　　　图 5-261　改性硅酸盐复合水泥基
打印材料坍落度损失　　　　　　　　　　打印材料流动度损失

值得指出的是，两种水泥基打印材料的流动性虽然都采用坍落度和流动度评价，但在相同的坍落度或流动度指标下，两种材料的表观流动性相差很大。由此可见，单纯地使用坍落度或流动度来评价混凝土打印材料的流动性，并不能真实地反映材料的流动状态，有待引入更先进的测试手段和评价指标。

2. 挤出性评价

挤出性是一个关键的参数，它反映了材料是否可以通过打印喷头连续挤出，通常使用打印材料被连续挤出而不发生中断或堵塞的长度来评价这一指标，所用的打印喷头开口直径为 20mm，设计的测试路径为长 600mm 的往复直线，同一水平往复 8 次，即总长 4800mm（图 5-262）。

 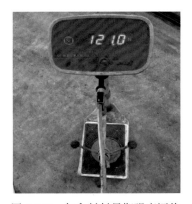

图 5-262　打印材料挤出性评价　　　　　　图 5-263　打印材料早期强度评价

材料的挤出性也与其静止时间有关，静止时间越长，其挤出性越差，因此在评价挤出性时，必须考虑时间因素的影响。开放时间代表新拌和材料保持良好打印可操作性的时间跨度，它可以用维卡设备测量或通过坍落度测试来确定，本次实验使用新拌和材料具有良好的挤出性时间段来表征打印材料的开放时间，即材料被挤出时发生中断或堵塞的时间就是其开放时间(图 5-263)。

实验发现，满足流动性要求的打印材料一般都满足挤出性要求，即连续挤出材料不发生中断，因此开放时间就与材料满足流动性要求的时间段相一致，由图 5-258～图 5-261 可知，普通硅酸盐水泥基打印材料配方 4 的开放时间约为 35min，改性硅酸盐复合水泥基打印材料配方 4 的开放时间约为 30min。

3. 胶凝时间评价

满足流动性和挤出性的材料可以确保顺利打印，打印出的结构能否保持自身形态，尤其是底层的材料能否支撑上次结构的自重荷载，决定于材料的早期强度，本次实验利用混凝土的贯入阻力来评价打印材料的早期强度。实验材料分别选用流动性和挤出性均满足要求的普通硅酸盐水泥基打印材料和改性硅酸盐复合水泥基打印材料，测定其在静止固定时间间隔后的贯入阻力，如图 5-264 所示。

由图 5-264 可知，普通硅酸盐水泥基打印材料的早期强度增长非常缓慢，前 5h 内贯入阻力几乎为 0，初凝时间为 330min，终凝时间为 450min，相比之下，改性硅酸盐复合水泥基打印材料早期强度增长速率很快，初凝时间不到 120min，终凝时间只有 230min，如图 5-265 所示。

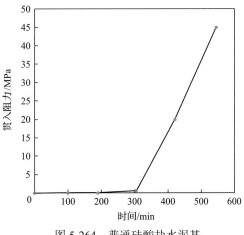

图 5-264　普通硅酸盐水泥基
打印材料贯入阻力曲线

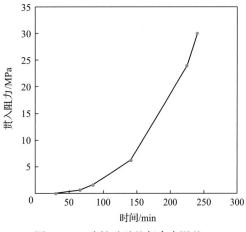

图 5-265　改性硅酸盐复合水泥基
打印材料贯入阻力曲线

4. 可建造性评价

建造性是评估混凝土材料可打印性能的一个关键参数，即材料保持其被挤出时形状的能力以及已经堆叠的流塑态材料在负载下的抗变形能力。材料的建造性是其流动性、挤出性和早期强度的综合体现，评价测试时采用长度为 500mm，宽度为 30mm 的垂直层状堆叠结构(图 5-266)，新拌和的混凝土材料经过泵送系统从打印喷头挤出形成分层结构，一般认为，如果该结构能够连续堆叠超过 700mm 而不垮塌破坏，认为该材料满足建造性要求。

图 5-266 打印材料建造性评价

普通硅酸盐水泥基打印材料由于初凝时间较长，早期强度增长过慢，其最高堆叠高度约为 400mm，改性硅酸盐复合水泥基打印材料的最高堆叠超过 1200mm，满足建造性要求。

5.5.3 3D 打印混凝土的物理力学性能

1. 抗压强度

图 5-267 和图 5-268 分别展示了分层厚度为 10mm 和 15mm 的打印结构试样在不同加载方向（D1、D2、D3）下的强度及强度增长情况，与之对照的是同一材料在相同养护条件下同龄期的现浇试样的抗压强度。

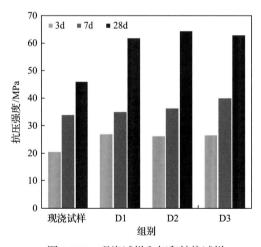

图 5-267 现浇试样和打印结构试样
抗压强度(t=10mm)

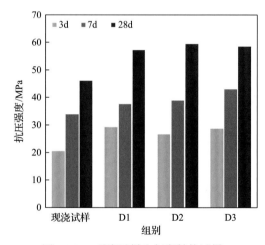

图 5-268 现浇试样和打印结构试样
抗压强度(t=15mm)

与现浇试样相比，10mm 分层厚度打印结构试样在加载方向 D1 下，其 3d、7d、28d 抗压强度分别提高了 31.6%、3.3%和 34.2%；在加载方向 D2 下，其 3d、7d、28d 抗压强度分别提高了 27.8%、7.0%和 39.8%；在加载方向 D3 下，抗压强度分别提高了 29.8%、17.8%和 36.7%；15mm 分层厚度打印结构试样在加载方向 D1 下，其 3d、7d、28d 抗压强度分别提高了 43.2%、10.9%和 24.3%；在加载方向 D2 下，其 3d、7d、28d 抗压强度分别提高了 30.4%、14.8%和 29.5%；在加载方向 D3 下，抗压强度分别提高了 40.1%、26.9%和 27.1%。由此可见打印结构试样的 3 个方向的抗压强度都有明显的提高，其 28d

抗压强度提高最高可达 39.8%，达到 64.3MPa。

　　分析打印结构试样较现浇试样抗压强度提高的原因，作者认为最重要的一点是在打印时打印喷头对挤出材料存在竖向和侧向的挤实作用，这一作用使得打印结构更为致密，打印过程中，前一道挤出材料存在的孔洞和缺陷一般都会在打印头下一次经过此处附近时被填补并挤实如图 5-269 所示，观察试样破坏后的断面形态，也可以发现打印结构较现浇结构的致密性更好，如图 5-270 和图 5-271 所示。

图 5-269　打印时的挤实作用　　　图 5-270　现浇试样断面形貌　　　图 5-271　打印结构试样断面形貌

　　一般来说，打印结构会因为分层界面的存在导致强度降低，考察 3 个加载方向，如图 5-272 所示，D3 方向存在的"界面"最多，如果存在界面的削弱作用，D2、D3 方向的抗压强度理应较 D1 方向偏低，但大量的实验数据显示，这两个方向的抗压强度都高于 D1 方向，这说明，合理的打印参数优化，可以减少甚至消除分层界面的影响，至于 D2、D3 方向的抗压强度较 D1 方向高的机理，有待更深入的研究来揭示。

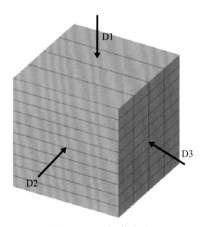

图 5-272　加载方向

　　图 5-273 展示了不同分层厚度对打印结构抗压强度的影响，与现浇试样相比，10mm 和 15mm 分层厚度的打印结构试样 28d 抗压强度在 D1、D2、D3 方向上分别提高 34.16%、39.76%、36.70% 和 24.25%、29.37%、27.17%。可见，分层厚度越小，打印时的挤实作用更明显，强度提高幅度越大。

　　图 5-274 展示了增强纤维对混凝土抗压强度的影响，与现浇试样相比，无纤维打印结构试样 28d 抗压强度在 D1、D2、D3 方向上分别提高 16.77%、27.44%、36.45%；聚丙烯

纤维打印结构试样 28d 抗压强度在 D1、D2、D3 方向上分别提高 34.16%、39.76%、36.70%；碳纤维打印结构试样 28d 抗压强度在 D1、D2、D3 方向上分别提高 43.09%、48.79%、70.06%。与无纤维试样相比，现浇试样中添加聚丙烯纤维和碳纤维的 28d 抗压强度分别提高 0.38%、−7.1%；打印结构试样 D1 方向添加聚丙烯纤维和碳纤维的 28d 抗压强度分别提高 15.32%、13.84%；打印结构试样 D2 方向添加聚丙烯纤维和碳纤维的 28d 抗压强度分别提高 10.08%、8.46%；打印结构试样 D3 方向添加聚丙烯纤维和碳纤维的 28d 抗压强度分别提高 0.56%、15.78%。可见增强纤维对混凝土抗压强度的提高作用并不明显。

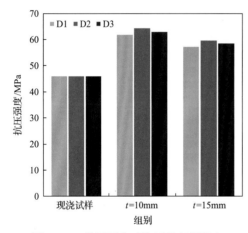

图 5-273　分层厚度对抗压强度的影响

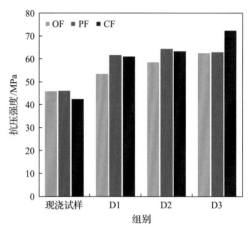

图 5-274　增强纤维对抗压强度的影响

注：OF 为无纤维；PF 为聚丙烯纤维；CF 为碳纤维

图 5-275 展示了打印方向对混凝土结构抗压强度的影响。由图 5-275 可知，与现浇试样相比，单向打印结构试样在 D1、D2 方向的抗压强度分别提高 34.16%、39.76%，正交打印结构试样在 D1、D2 方向的抗压强度分别提高 9.60%、34.52%，正交打印对抗压强度的提高幅度小于单向打印。究其原因，正交打印时不停地变换打印路径，不能像单向打印一样，重复持续地沿着一个路径给已经打印的结构施加挤压作用，对结构密实度的提高不如单向打印。

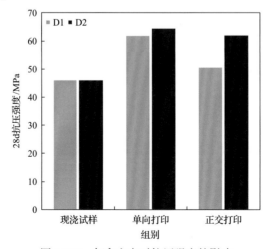

图 5-275　打印方向对抗压强度的影响

2. 劈裂抗拉强度

图 5-276 展示了分层厚度对混凝土打印结构劈裂抗拉强度的影响。由图 5-276 可知，与现浇试样相比，10mm 和 15mm 分层厚度的打印结构试样 28d 劈裂抗拉强度在 D1、D2、D3 方向上分别提高 23.65%、6.74%、10.93%和−1.02%、−2.69%、21.7%。可见，分层厚度对混凝土打印结构劈裂抗拉强度有着显著的影响，层厚越小，打印时的挤实作用越明显，强度提高幅度越大；同时加载方向对抗拉强度也有明显的影响，体现出了打印材料的各向异性。

图 5-277 展示了增强纤维对混凝土打印结构劈裂抗拉强度的影响。与现浇试样相比，无纤维打印结构试样 28d 劈裂抗拉强度在 D1、D2、D3 方向上分别提高 7.10%、−17.9%、3.61%；聚丙烯纤维打印结构试样 28d 劈裂抗拉强度在 D1、D2、D3 方向上分别提高 23.65%、6.74%、10.93%；碳纤维打印结构试样 28d 劈裂抗拉强度在 D1、D2、D3 方向上分别提高−6.67%、−3.8%、−3.8%。与无纤维试样相比，现浇试样中添加聚丙烯纤维和碳纤维的 28d 抗压强度分别提高 11.2%、17.5%；打印结构试样 D1 方向添加聚丙烯纤维和碳纤维的 28d 抗压强度分别提高 28.38%、2.42%；打印结构试样 D2 方向添加聚丙烯纤维和碳纤维的 28d 抗压强度分别提高 44.59%、37.73%，打印结构试样 D3 方向添加聚丙烯纤维和碳纤维的 28d 抗压强度分别提高 19.05%、9.17%。可见，一方面打印工艺对混凝土劈裂抗拉强度的提高没有对抗压强度提高的作用明显，甚至还有可能降低其抗拉强度；另一方面增强纤维对混凝土劈裂抗拉强度的提高作用非常显著，添加聚丙烯纤维的试样其劈裂抗拉强度最高提高 44.59%。

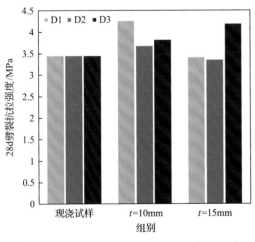
图 5-276　分层厚度对劈裂抗拉强度的影响

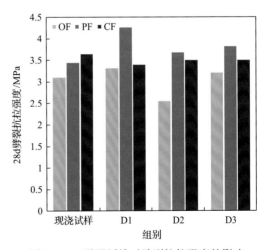
图 5-277　增强纤维对劈裂抗拉强度的影响

碳纤维的抗拉强度远高于聚丙烯纤维，其提高混凝土劈裂抗拉强度的作用反倒不如后者。究其原因，作者认为主要有两点，一是增强纤维的受拉破坏并不是因为纤维材料被拉断了，而是因为纤维材料与混凝土的黏结力不够，受拉时整体被拔出，而碳纤维的表面比聚丙烯纤维更光滑，因此更容易被拔出；二是因为实验所用的碳纤维单丝的长度小于聚丙烯纤维，因此纤维材料与混凝土的接触面积更小，整体黏结力也小于聚丙烯纤维与混凝土的黏结力。

图 5-278 展示了打印方向对混凝土打印结构劈裂抗拉强度的影响。由图 5-277 可知，与现浇试样相比，单向打印结构试样在 D1、D2 方向的劈裂抗拉强度分别提高 23.65%、6.75%；正交打印结构试样在 D1、D2 方向的劈裂抗拉强度分别提高-10.19%、5.58%。可见正交打印对混凝土打印结构劈裂抗拉强度不但没有提高作用，还有降低作用。究其原因，正交打印时不停地变换打印路径，不能像单向打印一样，重复持续地沿着一个路径给已经打印的结构施加挤压作用，对结构密实度的提高不如单向打印。

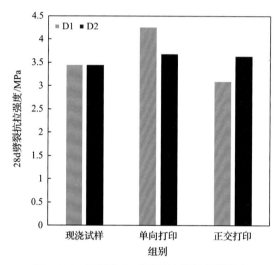

图 5-278　打印方向对劈裂抗拉强度的影响

3. 抗折强度

使用混凝土 3D 打印机分别打印出几何尺寸为 450mm×450mm×120mm 的添加聚丙烯纤维和碳纤维的混凝土板，如图 5-279 所示。覆盖塑料薄膜养护 1d 后分别沿平行于打印喷头移动方向和垂直于打印喷头移动方向切割成 100mm×100mm×400mm 的试样，如图 5-280、图 5-281 所示，试样切割边缘距打印成型大板外边缘不小于 20mm，试样受压的顶面和底面应进行磨平处理，其垂直度误差不得大于±0.5°，不平整度每 100mm 不应大于 0.05mm。加工完成后移入标准养护箱，养护至规定龄期，测定其 28d 抗折强度。

打印的同时，使用相同材料浇筑 100mm×100mm×400mm 的混凝土抗折试样，置于同等环境条件下养护相同龄期，作为控制组。

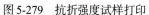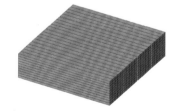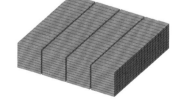

图 5-279　抗折强度试样打印　　图 5-280　抗折强度试样切割(D1)　　图 5-281　抗折强度试样切割(D2)

将混凝土试件从养护箱取出后，擦干表面，贴上标签，按图 5-282 所示安装试件，设置加载速度为 0.05MPa/s，启动实验机，直至试件压坏，记录破坏荷载。

图 5-283 展示了添加不同增强纤维打印结构试样在不同加载方向上的抗折强度与现浇试样抗折强度的关系。由图 5-283 可知，添加聚丙烯纤维的打印结构试样在 D1、D2 方向的抗折强度较相同材料的现浇试样分别提高 1.09%、6.48%，提高幅度不明显；添加碳纤维的打印结构试样在 D1、D2 方向的抗折强度较相同材料的现浇试样有较大提高，提高幅度分别是 10.34%、9.02%；添加碳纤维的现浇试样及打印结构试样在 D1、D2 方向的抗折强度较添加聚丙烯纤维、相同加载方向的现浇试样及打印结构试样分别提高 16.31%、26.94%和 19.08%，可见碳纤维对混凝土抗折强度具有明显的提升作用。

图 5-282　抗折强度测试　　　　　　　　图 5-283　现浇试样和打印结构试样的抗折强度

观察抗折破坏后的试样断面，发现由于打印喷头螺旋叶片的挤出作用造成纤维沿着打印路径定向排列。根据 Hambach 等的研究，这种有取向的纤维排列可以显著提高结构的抗折强度。从本次实验结果来看，添加聚丙烯纤维的打印结构试样在 D2 方向的抗折强度较 D1 方向提高 5.3%，添加碳纤维的打印结构试样在 D2 方向的抗折强度较 D1 方向降低 1.1%。可见打印方向及其造成纤维的定向排列对试样抗折强度的影响并不明显，同样的结论也适用于劈裂抗拉强度实验。

4. 渗透系数

将经过饱和处理的混凝土试样装入试样夹持器内，将试样夹持器连接计算机控制伺服加压稳压系统，同时连接手动加压泵，使用手动加压泵施加围压至 35MPa，如图 5-284 所示。启动伺服加压稳压系统，设定目标压力 30MPa，由于试样夹持器密闭空腔较小，因此要求较低的加压速率，本次实验设置的加压速率为 1%。待出水口有稳定的出水量后，使用高精度电子秤(精度 0.001g，图 5-285)称量出水量 m，将其换算成体积 V，并记录相应的时间 T，在不改变围压和渗水压力的条件下，连续测量 3 次，将测得的结果填入表 5-108。

图 5-284　渗透系数测定

图 5-285　高精度电子秤

表 5-108　渗透系数测定

制样方式	试样编号	含水状态	试样尺寸/mm		围压/MPa	渗水压力 P/MPa	渗出水体积 V/mL	渗水时间 T/s	渗流量 Q /(mL/s)	渗透系数/(cm/s)	
			高度 H	直径 D						K_i	K
现浇	1	饱和	99	50	35	30	3.357	162000	2.07222×10^{-5}	3.41×10^{-11}	
	2	饱和	99	50	35	30	3.862	162000	2.38395×10^{-5}	3.93×10^{-11}	3.66×10^{-11}
	3	饱和	99	50	35	30	3.584	162000	2.21235×10^{-5}	3.64×10^{-11}	
打印/平行层取样	1	饱和	100	50	35	30	0.86	172800	4.97685×10^{-6}	8.28×10^{-12}	
	2	饱和	100	50	35	30	0.94	172800	5.43981×10^{-6}	9.05×10^{-12}	8.31×10^{-12}
	3	饱和	100	50	35	30	0.79	172800	4.57176×10^{-6}	7.61×10^{-12}	
打印/垂直层取样	1	饱和	100	50	35	30	1.03	180000	5.72222×10^{-6}	9.52×10^{-12}	
	2	饱和	100	50	35	30	0.76	180000	4.22222×10^{-6}	7.02×10^{-12}	8.01×10^{-12}
	3	饱和	100	50	35	30	0.68	151200	4.49735×10^{-6}	7.48×10^{-12}	

每个试样 3 次测定的渗透系数：

$$K_i = \frac{Q_i \cdot H \cdot \gamma_\mathrm{w}}{P \cdot A} \times 10^{-1} \tag{5-93}$$

式中：K_i 为第 i 次测定的试样的渗透系数，cm/s；Q_i 为第 i 次测定的渗流量，mL/s，$Q_i = V_i / T_i$，V_i 为第 i 次测定的出水体积，mL，T_i 为第 i 次测定的渗水时间，s；H 为试样高度，mm；P 为渗水压力，Pa；A 为试样横截面积，mm^2；γ_w 为水的容重，N/m^3，$\gamma_\mathrm{w} = \rho_\mathrm{w} \cdot g$，$\rho_\mathrm{w}$ 为水的密度，kg/m^3，g 为重力加速度，m/s^2。

每个试样的渗透系数：

$$K = \frac{\sum\limits_{i=1}^{3} K_i}{3} \tag{5-94}$$

式中：K 为试样的渗透系数，cm/s。

按照《水力发电工程地质勘察规范》(GB 50287—2006)岩石渗透性分级，如果岩石的渗透系数 $K<10^{-6}$cm/s，其渗透性等级属于极微透水；通常认为，如果一种材料的渗透系数小于 10^{-11}cm/s，可以认为其具有很低的渗透性。打印结构试样的渗透系数较相同材料现浇试样明显降低，说明打印结构试样具有更低的孔隙率或内部连通孔隙更少。对于打印结构试样，无论是平行层取样还是垂直层取样，其渗透系数差别不大，说明层间界面的存在并未影响其渗透性能或不存在层间界面。

5. 细观结构

利用三维可视化软件 Avizo 对一系列扫描投影图像进行三维重构和定量分析，Avizo是一款功能强大的多功能三维可视化及分析应用软件，应用于先进的二维/三维可视化、材料表征、三维模型重建、孔隙网络分析与物理特性计算。

1)层间界面分析

首先对试样 1 扫描结果进行三维重构(图 5-286)和可视化分析，所使用的分辨率为50μm，在该分辨率下，可以分辨出 100μm 级别的对象，如果打印结构试样中存在分层界面，该试样的几何尺寸决定其水平方向至少包含 1 个分层界面，垂直方向至少包含 3个分层界面，观察试样的正交切片发现，存在原生的孔隙和缺陷，未见明显的打印分层界面，说明分层界面的几何维度小于 100μm 或者不存在分层界面。

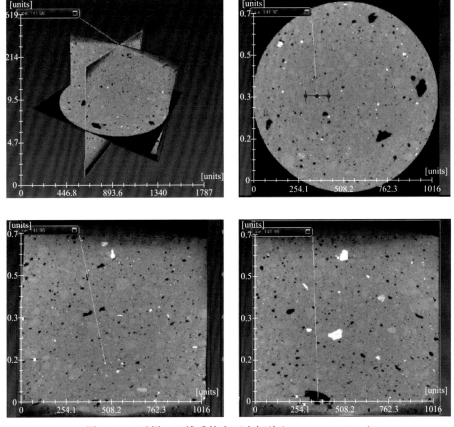

图 5-286　试样 1 三维重构和正交切片(pixel size = 50μm)

在试样 1 可视化分析的基础上，对试样 2 进行 25μm 分辨率 X 射线扫描分析，使用同样的三维重构和可视化分析方法，发现试样中存在一系列分布密集且排列有一定取向的孔隙，疑似分层界面（图 5-287 中红色标识），利用搜索和放大功能对疑似分层界面部位精确定位，进行更高分辨率（8μm）的无损原位扫描。

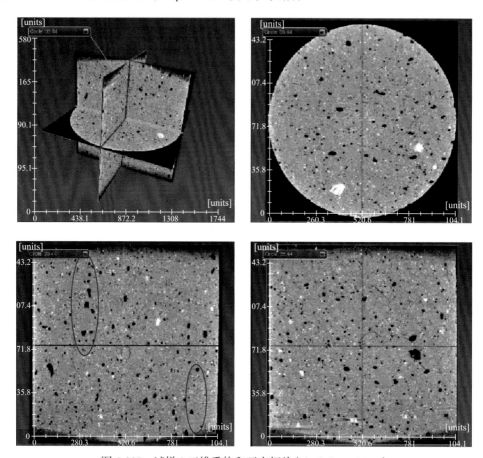

图 5-287　试样 2 三维重构和正交切片（pixel size = 25μm）

针对 8μm 分辨率的扫描结果分析发现，在疑似分层界面的部位，除了分布较为集中的孔隙外，孔隙周边部分未见与其余部位的异常界面存在，如图 5-288 所示。此外，即使界面真的存在，试样 2 的几何尺寸决定了其水平方向上最多可能存在一个分层界面，这又无法解释图中存在两处疑似界面，最合理的解释是，打印结构试样中存在孔隙缺陷，这种缺陷是在打印过程中由于材料的不均质或其他因素的干扰随机出现的，而在层与层之间不存在微观的分层界面。

2)孔隙网络分析

通过前文的实验研究发现 3D 打印混凝土较相同材料浇筑混凝土的力学性能和抗渗性能都有明显的提高。对于提高的原因，认为是打印过程中的挤压作用使得打印构件更为致密，为了验证这种猜测的正确性，本文对打印结构试样和现浇试样的 25μm 分辨率显微成像结果进行了三维重构和孔隙网络分析。

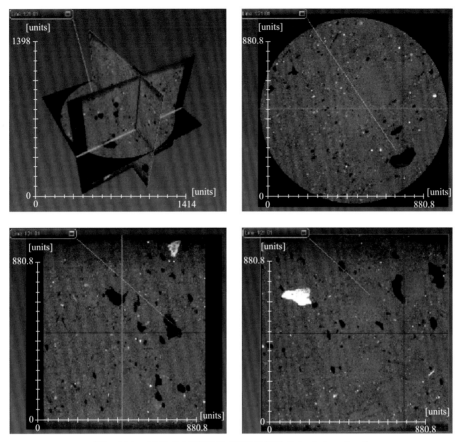

图 5-288　试样 2 三维重构和正交切片(pixel size=8μm)

　　本文首先使用阈值分割算法提取孔隙相，再利用 Volume Fraction 计算模块来提取孔隙信息，最后针对提取的孔隙信息进行统计分析，为了更直观地描述孔隙分布，统计分析时本文将实际试样中形状不规则的孔隙换算成等体积的球体孔隙，计算了等效孔径(与实际孔隙体积相同的球体的直径)分布的数量百分比和体积分数(图 5-289～图 5-293)。

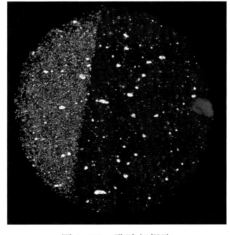

图 5-289　孔隙相提取

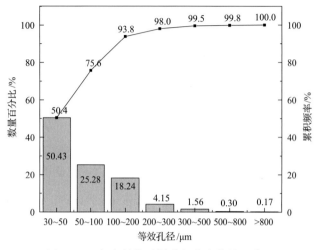

图 5-290 打印结构试样孔径分布数量百分比

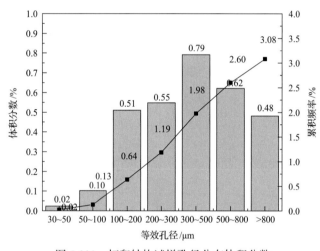

图 5-291 打印结构试样孔径分布体积分数

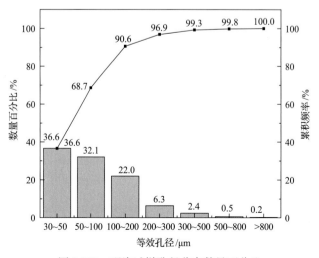

图 5-292 现浇试样孔径分布数量百分比

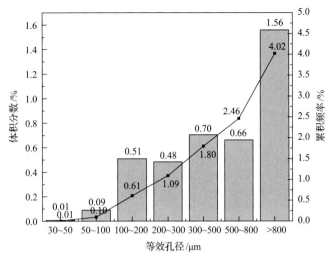

图 5-293　现浇试样孔径分布体积分数

图 5-290、图 5-291 反映了打印结构试样中等效孔径分布数量百分比和体积分数，对比分析可知，打印结构试样的整体孔隙率为 3.08%，其中数量上，以小孔居多，等效直径在 30～50μm 的孔隙数量占孔隙总数的 50%以上，其总体积只占试样体积的 0.01%，等效直径在 300～500μm 的孔隙数量只占孔隙总数的 2.4%，其总体积却占试样体积的 0.79%。

图 5-292、图 5-293 展示的是现浇试样中等效孔径分布数量百分比和体积分数，该试样的整体孔隙率为 4.02%，较打印结构试样提高了 30.5%，验证了前文关于打印结构试样更为致密的猜测，同时对比分析图 5-292 和图 5-293 可知，在现浇试样中，以中孔居多，等效直径在 50～100μm、100～200μm 的孔隙数量分别占孔隙总数的 36.6%和 32.1%，但从体积分布来看，体积分数更大的却是等效孔径大于 800μm 的孔隙，其总体积占试样体积的 1.56%。

5.5.4　混凝土井壁 3D 打印系统

为了开展混凝土 3D 打印技术原理、设备和工艺的研究，本节集成开发了混凝土井壁 3D 打印系统，该系统由运动系统、混凝土挤出系统、控制系统和数据处理系统四个部分组成(图 5-294)。打印系统工作时，数据处理系统将三维数字模型进行切片分层处理、路径规划，然后转化为控制系统识别的 G 代码，软件控制系统读取 G 代码并通过硬件控制系统控制运动系统驱动打印喷头按照规划路径运动，同时混凝土挤出系统可根据需要，以与打印喷头挤出速度匹配的速度输料，完成打印工作。

1. 运动系统

运动系统是 3D 打印系统的基本组件(图 5-295)，用来实现打印喷头的三维运动，该系统基于笛卡儿坐标系设计，整体框架由轻质高强铝型材加工而成，4 根 2.0m 长的线性模组固定在框架结构的 4 根立柱上构成运动机构的 Z 轴；2 根 2.2m 长的线性模组

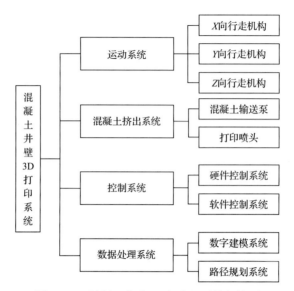

图 5-294　混凝土井壁 3D 打印机系统架构图

图 5-295　混凝土井壁 3D 打印系统的运动系统

通过滑块安装在 Z 轴上，构成运动机构的 Y 轴；一根 2.2m 长的线性模组横跨并通过滑块固定在 2 根 Y 轴上，作为运动机构的 X 轴；其中 X 轴和 Y 轴组合用来实现打印喷头的平面扫描运动，4 根 Z 轴用来实现打印喷头的竖向运动，极大地增大了整个系统的负载能力。所有的运动均由步进电机驱动，通过数控装置精确控制，可实现的最高精度为 1mm。

本节完成了该系统的初步设计，包括结构形式与技术性能指标，并委托相关厂家完成了深化设计和加工制造。

2. 混凝土挤出系统

混凝土挤出系统主要由混凝土输送泵和打印喷头两部分构成。

混凝土输送泵(图 5-296)采用灌浆机改装而成，灌浆机的核心部件为螺杆泵，螺杆泵最大的特点在于它能够均匀输送介质，对材料的稠度不敏感，可以满足挤出系统对于泵送装置的要求。电机及控制箱与控制系统相连，控制系统可以通过程序或人机交互来实现电机的开关控制，控制箱内加设变频器，可以对电机的转速进行调节，进而实现对泵送流量的调节。

打印喷头(图 5-297)采用步进电机驱动螺杆挤出材料的设计方案(表 5-109)，打印喷头的外形设计为锥形漏斗式，为了便于施加挤出压力，螺旋叶片的活动空间上部留有一定的空间用于集料，防止因输送系统输送不及时产生挤出不连续的现象，步进电机通过脉冲输出型调速控制器集成于控制系统，通过控制系统可以调节打印喷头内的螺旋叶片的转速来调节出料速度及运行和停止，为降低电机的转速同时增大电机的输出扭矩，加装了减速比为 1∶6 的行星减速机。

图 5-296　混凝土输送泵

图 5-297　打印喷头

表 5-109　打印喷头电机技术指标

项目	参数
电机型号	86BYGH250D
步距角	1.8°
电阻	0.65Ω
电流	5.6A
温升	80℃(额定电流、两相)
环境温度	−20℃～+50℃
径向最大力	220N(20mm 边缘为标准)
轴向最大力	60N
保持转矩	12N·M

3. 控制系统

软件控制系统采用 MACH3 作为数控控制软件(图 5-298)，Mach3 是由美国 ArtSoft 公司开发的以 Windows 为平台的数控软件，它可以将一台标准的计算机转换成一台全功能 6 轴 CNC 控制器，通过处理 G 代码来控制电机(步进电机和伺服电机)的运动，它的功能非常丰富，同时它又是最直观的数控控制软件。

　　硬件控制系统(图 5-299、图 5-300)采用基于通用 PC+ARM 的设计方案,系统以 ARM 为控制核心。ARM 采用飞雕系列 MACH3 运动控制卡,该控制卡最多支持 4 轴联动,采用最小误差插补算法,加工精度高;采用抗干扰设计,可靠性高,同时使用 USB 接口,免驱动设计,能够更好地兼容各种软硬件环境;控制系统由 7 台步进电机提供动力,各电机通过独立的驱动器连接至运动控制卡。

图 5-298　MACH3 用户界面

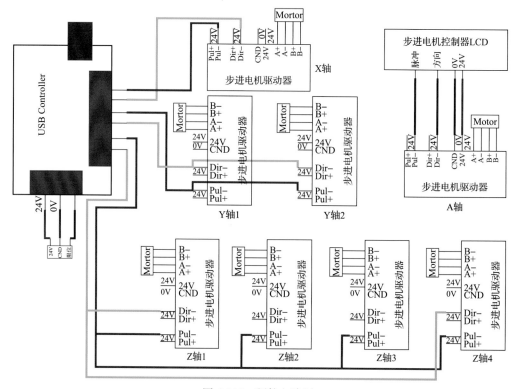

图 5-299　硬件电路图

图 5-300　典型接线配置

4. 数据处理系统

数据处理系统用来建立三维数字模型并生成 G 代码，三维数字模型可通过三维计算机辅助设计软件如 CAD、ProE、CATIA 等建立，然后使用 3D 打印切片软件如 Cura 进行切片和路径规划。Cura 是当前 3D 打印模型软件切片最快的上位机软件，操作界面简单明了，如图 5-301 所示。

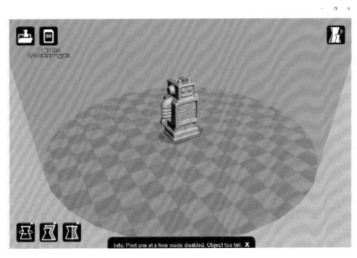

图 5-301　Cura 用户界面

受材料性能限制，目前能打印的模型在垂直方向上其横截面必须一致或近似一致，这并不是真正意义上的 3D 打印，只能算是"2.5D"打印，因此，在建立打印模型时可以只建立平面模型并进行打印路径规划生成 G 代码，垂直方向上只需将第一层的 G 代码不断重复即可。

本节采用的是后一种处理方案，使用 PRO CNC Draw 来完成数据处理(图 5-302)，该软件结合 CAD 和 CAM 技术，可以非常方便为"2.5D"对象绘制和生成 G 代码，同时也可以直接导入 CAD 图纸生成 G 代码。

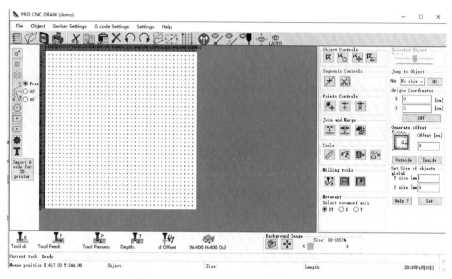

图 5-302　PRO CNC Draw 用户界面

有了打印模型的 G 代码后就可以进行打印工作了，但是为了避免由于 G 代码中的小错误影响打印进程，在打印之前可以对 G 代码进行路径仿真，数控软件 MACH3 自带这种功能，本节使用路径仿真软件 Ncviewer 完成仿真工作(图 5-303)。

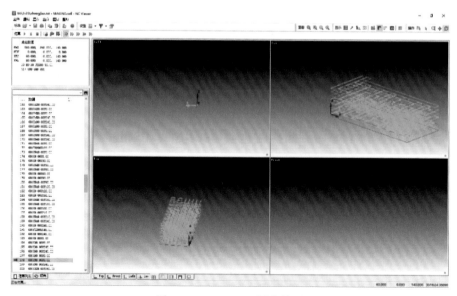

图 5-303　Ncviewer 用户界面

5.5.5　3D 打印模型混凝土井壁的承载与封水性能

1. 模型制作

按照模化设计结果，模型井壁的外径为 360mm，内径为 252mm，高度为 1000mm（图 5-304）。

打印模型井壁之前，连接设备，称取材料，不同的一点是打印井壁时需要将井壁直接打印在下端钢头之上，因此在打印之前需要进行钢头的定位和找平，具体方法是，开启打印机控制系统，手动调整打印喷头运动至合适位置并将该位置重新设置为坐标原点，载入处理好的 G 代码，单击"循环开始"按钮，运动系统按照规划的路径开始运动，将清洁处理后的钢头置于打印喷头下方，微调使其凹槽与打印喷头运动的圆形轨迹完全重合，标记放置位置后将其移开，在该位置均匀平铺一层细砂，重新放回钢头至标记的位置，使用高精度数显水平仪进行找平，控制各个方向的不平度小于 1mm/1000mm。找平之后按实验步骤完成模型井壁打印（图 5-305）。

图 5-304　模型井壁装配图　　　　　图 5-305　实验台与模型井壁

打印完成后，使用喷雾器对模型井壁内外壁进行加湿处理，再裹上保鲜膜防止水分蒸发，调整室内温度至 20℃左右，原位养护 1d 后移入高温养护箱，在 50℃的水浴环境中养护 7d。

养护完成后将模型井壁从养护箱中取出，待井壁表面水分晾干后即可安装上部钢头，使用打磨机小心打磨井壁上端，直至钢头能够顺利扣入，如图 5-306(a)所示，同时核定

(a) 端头打磨　　　(b) 钢头找平　　　(c) 钢头安装　　　(d) 钢头密封

图 5-306　模型井壁制作

模型高度，控制整体高度为 1000mm±1mm；将待安装的钢头清洁干净后置于水平地面进行找平，控制各个方向的不平度小于 1mm/1000mm，如图 5-306(b)所示在钢头槽中灌入占凹槽体积 2/3 以上的 504 黏合剂，将端头打磨清洁处理后悬吊装入钢头凹槽，如图 5-306(c)所示，使用高精度数显水平仪再次进行找平，控制各个方向的不平度小于 1mm/1000mm。

模型井壁钢头处为最易渗漏的部位，待上部钢头安装 24h(胶黏剂完全固化)后，使用砂纸将两端钢头的污渍锈迹打磨干净并用丙酮清洗，使用建筑植筋胶对两端钢头进行密封处理。

2. 实验过程

(1)实验之前检查系统的安全性、密封性及各类传感器的工作性能是否达标。

(2)将准备好的模型井壁装入模型实验台中，对中找正，将井壁外侧应变计引线通过出线口法兰盘引出，将井壁内侧应变计和位移传感器引线穿过顶板法兰盘中央的出线口后，盖上顶板法兰盘，使用高强螺栓将其和实验台连成整体。

(3)对模型井壁进行预压，检查实验系统的密封性和传感器的工作状态，施加围压大小为 3MPa，对采集到的各项数据进行处理，确认各传感器工作状态正常后，转入正式实验。

(4)重置所有传感器,待各类传感器稳定后开始加载，实验中围压采用分级缓慢加载，围压小于 8MPa 时以 2MPa 为步长逐级加载，超过 8MPa 时步长减小为 1MPa，10MPa 以后步长改为 0.5MPa，达到每一级预定荷载后稳压 5min 再施加下一级荷载，加载过程中密切关注围压测值的变化，及时调整和控制加载速率，直至系统压力骤降，说明模型井壁已经被压坏，实验结束。

(5)实验完毕，卸去围压，打开实验台，取出模型井壁，获取井壁破坏状态，清理实验台，准备进入下一次实验。

(6)对每个模型井壁，重复(1)～(5)步。

3. 结果分析

按加载方式将实验过程划分为两个阶段进行分析。

第一阶段为预压阶段，此阶段为围压加卸载的过程。

第二阶段为围压加载阶段，此阶段施加围压，直至模型井壁破坏。

1)荷载-位移分析

如图 5-307 和图 5-308 所示，预压阶段分两级施加 3MPa 围压，卸压后对采集到的压力、位移和应变数据分析，发现测试系统各传感器工作良好，围压的施加与径向位移变化呈现良好的规律性，由于伺服加压稳压系统个别压力传感器存在系统误差，采用双通道并联加载时，系统实际输出的压力约为设定目标值的 85%，因此在围压加载阶段，设定每一级目标压力时，要考虑这种系统误差造成的影响。

由图 5-309、图 5-310 可知，当围压超过 11.4MPa 时，井壁达到极限承载力，出现破坏，围压无法继续增大；加载过程中，井壁的径向位移波动较大，同时径向位移未呈现预期的与围压呈正相关的变化规律，井壁的径向位移最大为 0.25mm。

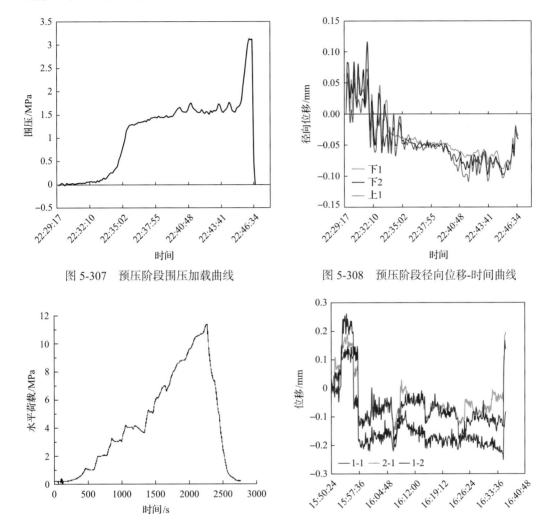

图 5-307　预压阶段围压加载曲线　　　　图 5-308　预压阶段径向位移-时间曲线

图 5-309　围压加载阶段水平荷载-时间曲线　　图 5-310　围压加载阶段位移-时间曲线

2)应变分析

由于模型井壁上端的钢头是采用 504 胶水安装在打印井壁上的，安装时很难保证两端钢头端面的绝对平行，极大增加了端头密封的难度，多次的拆装导致部分电阻应变片失效，尤其是井壁内表面的应变片，存活率只有 50%，以下选取存活的应变片进行井壁变形破坏分析，应变正值为拉应变，负值为压应变。

模型井壁的最大环向压应变为 1405×10^{-6}，发生在井壁内缘的中部位置。最大竖向拉应变发生在井壁外缘的中部位置，为 134×10^{-6}，证明聚丙烯纤维具有良好的阻裂性能，极大地提高了混凝土的抗拉承载能力(图 5-311)。

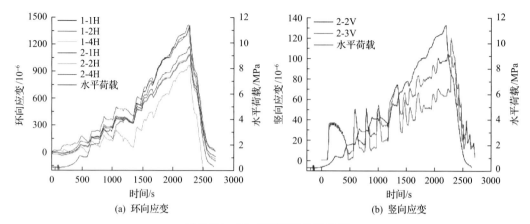

图 5-311　　3D 打印模型井壁应变

<h1 align="center">参 考 文 献</h1>

[1] Andersland OB, Ladanyi B. Frozen Ground Engineering[M]. New York: John Wiley & Sons Inc., 2004.

[2] 翁家杰. 井巷特殊施工[M]. 北京: 煤炭工业出版社, 1991.

[3] 杨维好. 十年来中国冻结法凿井技术的发展与展望[C]//中国煤炭学会. 中国煤炭学会成立五十周年高层学术论坛, 2012-11-28. 北京.

[4] 杨维好, 杨志坚, 柏东良. 基于与围岩相互作用的冻结壁弹塑性设计理论[J]. 岩土工程学报, 2013, 35(1): 175-180.

[5] 杨维好, 杜子博, 杨志江, 等. 基于与围岩相互作用的冻结壁塑性设计理论[J]. 岩土工程学报, 2013, 35(10): 1857-1862.

[6] Vrakas A, Anagnostou G. A finite strain closed-form solution for the elastoplastic ground response curve in tunneling[J]. International Journal for Numerical and Analytical Methods in Geomechanics, 2014, 38: 1131-1148.

[7] Vrakas A, Anagnostou G. A simple equation for obtaining finite strain solutions from small strain analyses of tunnels with very large convergences[J]. Geotechnique, 2015, 65: 936-944.

[8] Carter J P, Booker J R, Yeung S K. Cavity expansion in cohesive frictional soil[J]. Geotechnique, 1986, 36(3): 349-358.

[9] Dectournay E. Elastoplastic model of a deep tunnel for a rock with variable dilatancy[J]. Rock Mechanics and Rock Engineering, 1986, 19: 99-108.

[10] Yu H S, Houlsby G T. Finite cavity expansion in dilatant soils: loading analysis[J] Geotechnique, 1991, 42(2): 173-183.

[11] Yu H S, Rowe R K. Plasticity solutions for soil behavior around contracting cavities and tunnels[J]. International Journal for Numerical and Analytical Methods in Geomechanics, 1999, 23: 1245-1279.

[12] Yu H S, Carter J P. Rigorous similarity solutions for cavity expansion in cohesive-frictional soils[J]. International Journal of Geomechanics, 2002, 2(2): 233-258.

[13] Zhao J D, Wang G. Unloading and reverse yielding of a finite cavity in a bounded cohesive-frictional medium[J]. Computers and Geotechnics, 2010, 37: 239-245.

[14] Cohen T, Durban D. Fundamental solutions of cavitation in porous solids: a comparative study[J]. Acta Mechanica, 2013, 224: 1695-1707.

[15] Vrakas A, Anagnostou G. Finite strain elastoplastic solutions for the undrained ground response curve in tunneling[J]. International Journal for Numerical and Analytical Methods in Geomechanics, 2015, 39: 738-761.

[16] Yu H S. Cavity Expansion Methods in Geomechanics[M]. Dordrecht: Springer, 2000.

[17] Papanastasiou P, Durban D. Elastoplastic analysis of cylindrical cavity problems in geomaterials[J]. International Journal for Numerical and Analytical Methods in Geomechanics, 1997, 21: 133-149.

[18] Durban D, Papanastasiou P. Elastoplastic response of pressure sensitive solids[J]. International Journal for Numerical and Analytical Methods in Geomechanics, 1997, 21: 423-441.

[19] Durban D, Papanastasiou P. Cylindrical cavity expansion and contraction in pressure sensitive geomaterials[J]. Acta Mechanica, 1997, 122: 99-122.

[20] Durban D, Fleck N. Spherical cavity expansion in a Drucker-Prager solid[J]. Journal of Applied Mechanics, 1997, 64(3): 743-750.

[21] Durban D, Masri R. Dynamic spherical cavity expansion in a pressure sensitive elastoplastic medium[J]. International Journal of Solids and Structures, 2004, 41: 5697-5716.

[22] Chadwick P. The quasi-static expansion of a spherical cavity in metals and ideal soils[J]. Quarterly Journal of Mechanics and Applied Mathematics, 1959, 12: 52-71.

[23] 杨维好, 杨志江, 韩涛, 等. 基于与围岩相互作用的冻结壁弹性设计理论[J]. 岩土工程学报, 2012, 34(3): 516-519.

[24] Wang D, Bienen B, Nazem M, et al. Large deformation finite element analyses in geotechnical engineering[J]. Computers and Geotechnics, 2015, 65: 104-114.

[25] Kim Y S, Kang J M, Lee J, et al. Finite element modeling and analysis for artificial ground freezing in egress shafts[J]. KSCE Journal of Civil Engineering, 2012, 16(6): 925-932.

[26] 李述训, 程国栋. 冻融土中的水热输运问题[M]. 兰州: 兰州大学出版社, 1995.

[27] Kisaalita W S. 3D Cell-Based Biosensors in Drug Discovery Programs: Microtissue Engineering for High Throughput Screening[M]. Boca Raton: CRC Press, 2010.

[28] Le T T, Austin S A, Lim S, et al. Mix design and fresh properties for high-performance printing concrete[J]. Materials and Structures, 2012, 45(8): 1221-1232.

第6章 深部建井 NPR 支护新材料及其配套支护技术[*]

基于深部非均压建井新模式，发明了高恒阻负泊松比(negative Poisson's ratio, NPR)锚索支护新材料。该材料具有及时施加高预应力支护围岩，适应岩体大变形，并且能够承受多次冲击而不破断的独特力学特性，突破了深部建井岩体大变形灾害控制受制于支护材料变形能力不足的技术瓶颈；研发了以高预应力 NPR 锚网索支护为主体的深部井筒马头门大变形控制技术以及深井井底车场集约化硐室群支护技术，有效解决了深部建井大变形灾害控制难题。

6.1 深部建井 NPR 支护新材料

深部建井岩体灾害大多是由小变形发展到非线性大变形，进而导致灾害发生。而现场实际工程支护破坏情况表明，由于现有锚杆/索支护材料为具有泊松比效应的材料(Poisson's ratio 材料，简称 PR 材料)，即受拉时发生颈缩变形而破断的小变形材料，无法适应致灾岩体的大变形而破断和功能失效，从而导致灾害发生。为提高支护材料适应岩体大变形的能力，研发了屈服锚杆和吸能锚杆等支护材料。

1968 年，Cook 和 Ortlepp 提出了屈服锚杆的理念[1]，研发了 Spilt bolt[2]。国内学者也相继研发了 H 型杆体可延伸锚杆[3,4]、改进型杆体可延伸锚杆[5]、柔刚性可伸缩锚杆[6]、可延伸锚杆[7]等。屈服锚杆的特点是锚杆变形量较大但承载力小[8]。

1995 年，Kaiser 等[9]提出了吸能锚杆的设计准则，该类锚杆关注的是承载能力和变形能力的积，即该锚杆的吸能能力[10]。据此，国内外学者先后研发了 Cone bolt[11-14]、D 形锚杆[15-17]、Durabar 锚杆[18]、MD 锚杆[19]等为代表的杆体延伸型吸能锚杆，以及 Roofex 锚杆[20]、Garford 锚杆[21]、Yield-Lok 锚杆[22]和防冲吸能锚杆(索)[23]等为代表的构件滑移型吸能锚杆。吸能锚杆的特点是具有一定的抗动载冲击能力和适应围岩变形能力，但锚杆承载力普遍较小。

无论是屈服锚杆还是吸能锚杆都是基于 PR 材料研发的，虽然具备了一定的适应围岩变形能力，但受 PR 材料特性的限制，都表现出材料强度与变形量之间的突出矛盾，即变形量大则强度(承载力)低，强度(承载力)高则变形量小，从而难以满足深部建井岩体大变形灾害控制的要求。

针对传统小变形 PR 支护材料受拉颈缩、破断而无法控制深部岩体大变形灾害难题，基于"理想塑性"(法国力学家圣维南，1870 年提出)材料所具有的忍受大变形而强度不下降的独特性质，何满潮院士于 2004 年提出了"理想塑性材料是一种具有负泊松比效应材料(简称 NPR 材料)"的猜想，并在国家自然科学基金重大项目、国家重点基础研究发

---

[*] 本章撰写人员：何满潮，孙晓明，李伟，郭志飚，王炯，张勇，崔力，赵成伟，孟祥军，秦其智。

展计划项目以及国家重点研发计划项目等支持下，历经 16 年系统研究，发明并研制了具有"高恒阻、大变形、吸收能量、抗冲击"超常力学特性的 NPR 系列新材料，并成功应用于深部井巷支护实际工程。

6.1.1　1G NPR 材料

1G NPR 材料由 PR 锚杆/索材料和设置在尾端的 NPR 恒阻装置组合而成，于 2009 年研制成功，并于 2010 年获得国家发明专利[24]。目前，已经形成了适合于深部建井不同条件下的井巷支护工程需求的 1G NPR 锚杆/索系列产品，包括恒阻 200kN、恒阻变形量/行程 1000mm 的 1G NPR 锚杆，以及恒阻 350kN、500kN，恒阻变形量/行程 1000mm 的 1G NPR 锚索等(图 6-1)。

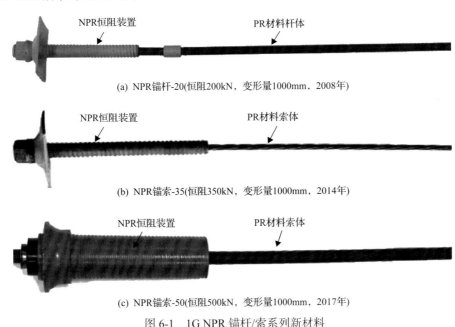

(a) NPR 锚杆-20(恒阻200kN，变形量1000mm，2008年)

(b) NPR 锚索-35(恒阻350kN，变形量1000mm，2014年)

(c) NPR 锚索-50(恒阻500kN，变形量1000mm，2017年)

图 6-1　1G NPR 锚杆/索系列新材料

1. 恒阻力确定及其本构方程

NPR 恒阻装置的纵向截面如图 6-2 所示[24-26]，其恒阻体的尾端外部直径略大于套筒内壁直径，恒阻体的贯入将导致恒阻套筒发生径向膨胀，由此产生的增阻效应达到产生恒定阻力的效果。由于套管的径向变形不大于 5%，可视为纯弹性变形，恒阻锥体可视为刚体。在恒阻变形阶段，外部荷载 T 等于恒阻力 P_0。

根据 NPR 恒阻装置结构，何满潮等给出了恒阻力的确定公式[24]。由于恒阻力的大小与恒阻锥体和套筒的材料特性及几何参数有关，因此先定义以下两个常数，I_c 为恒阻锥体的几何常数，I_s 为套筒的弹性常数，表达式如下：

$$I_s = \frac{E(b^2 - a^2)\tan\alpha}{a\left[a^2 + b^2 - \nu(b^2 - a^2)\right]} \tag{6-1}$$

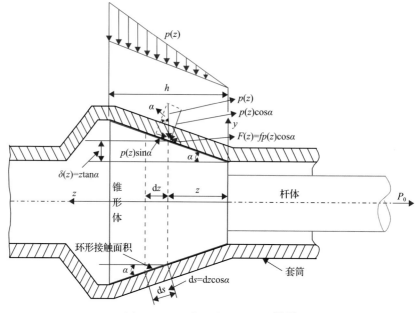

图 6-2　NPR 恒阻装置示意图[24-26]

$$I_{\mathrm{c}} = \frac{ah^2}{2}\cos\alpha + \frac{h^3}{3}\sin\alpha \tag{6-2}$$

式中：α 为锥体锥角的一半；h 为恒阻锥体的高度；a 和 b 分别为恒阻体小端和大端直径；E 和 ν 分别为套筒的弹性模量和泊松比。

在恒阻阶段，当 P_0 外力被锚杆的杆体传递到恒阻体上时，圆环形套筒内壁在集中力作用下的荷载分布 $p(z)$ 可以根据弹性力学理论通过边界条件求解。在图 6-2 所示的极坐标系中，$p(z)$ 在锥面的分布规律为随着横坐标 z 的增加呈线性分布，表达式为

$$p(z) = I_{\mathrm{s}}z \tag{6-3}$$

对锥面上线性分布的 $p(z)$ 水平分量进行积分，再根据力的平衡条件可得到 NPR 恒阻装置的恒阻力 P_0，可由式 (6-4) 表示：

$$P_0 = 2\pi f I_{\mathrm{s}} I_{\mathrm{c}} \tag{6-4}$$

式中：f 为界面摩擦系数。因此，NPR 锚杆的恒阻力由套筒弹性常数、锥体几何常数和滑动界面摩擦特性决定，与静载荷条件下的外部载荷无关。因此，通过调节恒阻体外径和恒阻套筒内径的相对尺寸以及套筒内壁的摩擦系数，可得到不同 NPR 锚杆/索恒阻力的设计值。

在上述基础上，给出 NPR 锚杆的本构方程如式 (6-5)、式 (6-6) 所示：

$$P = kx \tag{6-5}$$

$$P_0 - P_0' = k\Delta x \tag{6-6}$$

式(6-5)描述 NPR 锚杆弹性阶段的变形，$0 \leqslant x \leqslant x_0$，$P < P_0$。$x_0$ 为杆体在恒阻变形之前发生的最大弹性变形量，k 为杆轴刚度系数。式(6-6)描述内部恒阻体滑移过程的黏滑运动。恒阻体黏滑运动的下限恒阻力 P_0' 和上限恒阻力 P_0 分别为

$$P_{\min} = P_0' = 2\pi I_s I_c f' \tag{6-7}$$

$$P_{\max} = P_0 = 2\pi I_s I_c f \tag{6-8}$$

恒阻体滑移过程中，摩擦系数 f' 是一个与频率 ω 有关的参数：

$$f' = f - 2\omega(f - f_d) \tag{6-9}$$

式中：f 为界面摩擦系数；f_d 为界面动摩擦系数。

根据以上关系，在材料和结构相关参数给定的情况下可得到的 NPR 锚杆荷载-位移曲线，如图 6-3 所示。在恒阻阶段，NPR 锚杆轴力在 $P_{\max}$ 和 $P_{\min}$ 之间的较小范围内振荡，轴力可以近似看成一个恒定值。

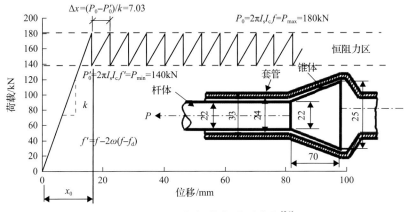

图 6-3　NPR 锚杆荷载-位移曲线[26]

2. 超常力学特性

采用自主研发的 NPR 材料静力拉伸实验系统(图 6-4)对 1G NPR 材料进行大量拉伸力学特性测试，结果表明[27]，NPR 恒阻装置在拉伸过程中具有负泊松比效应(拉伸颈胀现象，图 6-5)，以及明显的"理想塑性"和"米级"大变形力学特性(图 6-6)；结合拉伸过程中的红外温度变化测试结果可以看出，NPR 恒阻装置的锥形体在套管内的滑移运动过程中表现为整体塑性变形下的均匀能量吸收特性(图 6-7)。

采用自主研发的 NPR 材料动力冲击测试系统(图 6-7)进行大量冲击动力学实验，结果表明[28,29]，1G NPR 材料通过恒阻拉伸变形吸收能量，并且能够承受多次冲击而不破断(图 6-8)。

图 6-4 NPR 材料静力拉伸实验系统（1000mm 拉伸行程）

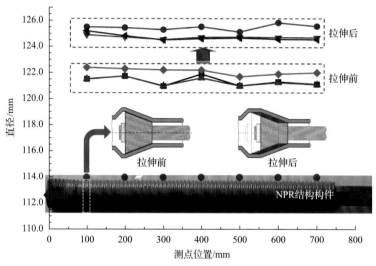

图 6-5 NPR 恒阻装置的负泊松比效应

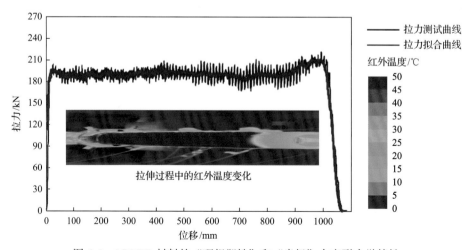

图 6-6 1G NPR 材料的"理想塑性"和"米级"大变形力学特性

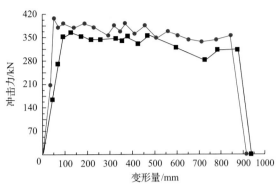

图 6-7　NPR 材料动力冲击测试系统(10000J)　　　图 6-8　1G NPR 材料冲击动力学特性

为了验证 NPR 锚索在深部建井工程中的抗爆、防冲性能,在沈阳红阳三矿埋深 800m 的废弃巷道中,利用围岩深部爆破模拟冲击地压的能量释放过程,从而进行支护防冲性能的对比实验[30],实验设计如图 6-9 所示。实验在相同工程地质条件下进行,普通锚索与 NPR 锚索均采用相同支护参数及 30t 预应力。

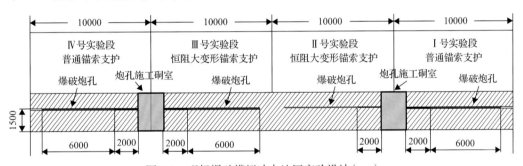

图 6-9　现场爆破模拟冲击地压实验设计(mm)

单次爆破对比实验结果如图 6-10 所示。

(a) 普通锚索支护

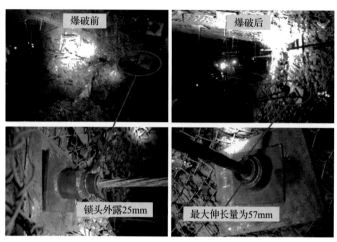

(b) NPR锚索支护

图 6-10　单次爆破冲击对比实验前后巷道状态

实验结果表明，在装药量为 10.0kg(矿用 3#乳化炸药)，相当于 2.8 级矿震能量释放当量的爆破冲击作用下，普通锚索支护巷道岩体冲出、整体崩塌，部分锚索、锚杆被冲断、拉出[图 6-10(a)]；1G NPR 锚索支护巷道整体仍然稳定[图 6-10(b)]。

NPR 锚索支护两次爆破冲击实验结果表明(图 6-11)，第一次 11.0kg 装药量爆破实验后，巷道表观基本没有变化，整体稳定，只是局部出现较小网兜变形现象；第二次 19.0kg 装药量爆破后，除巷道局部网兜现象略有加大，刚度较低的铁丝网出现破坏外，巷道整体仍处于稳定状态。

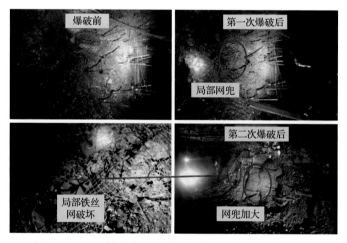

图 6-11　NPR 锚索支护两次爆破冲击实验前后巷道状态

从实验结果可以看出，NPR 锚索能够在多次爆破冲击力作用下，通过恒阻器的瞬间滑移变形，有效吸收冲击能量；由于 NPR 锚索对围岩始终保持恒定支护阻力，实现了冲击变形能量的有控制性释放，可以有效保障受冲击巷道的整体稳定。

6.1.2　2G NPR 材料

在 1G NPR 材料研发基础上，何满潮院士于 2014 年提出了 2G NPR 新材料的概念，即同时满足以下三个条件的材料称为 2G NPR 新材料：

(1)具有负泊松比效应，泊松比显著变小；

(2)屈服平台消失；

(3)应变大于 20%。

为此，通过创新冶炼添加剂配方及加工工艺，实现了夹杂物纳米级细粒化，形成晶界共格和晶内共格(包括孪晶共格和纳米第二相共格)，使共格面积比最大化，从而成功研制出满足上述条件的 NPR 新材料，并实现了工业化生产(图 6-12)。基于 2G NPR 新材料研制了 2G NPR 锚杆/索等系列产品[31-34](图 6-13)。

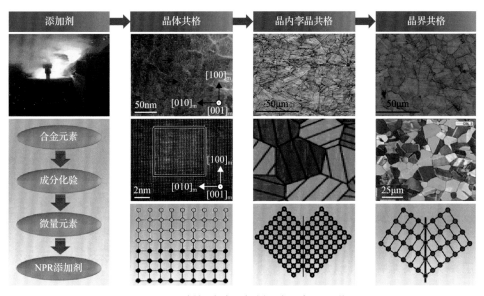

图 6-12　创新冶炼添加剂配方及加工工艺

(a) 2G NPR材料生产线　　　　　　　　(b) 2G NPR锚杆

(c) 2G NPR锚索线材   (d) 2G NPR板材

图 6-13　2G NPR 新材料生产线及系列产品

室内实验结果表明，2G NPR 新材料具有高强高韧、连续大变形和颈缩不明显的特性（图 6-14、图 6-15），抗拉强度为 1000～1110MPa，屈服强度为 900～950MPa，延伸率达到 25%～30%，且反复弯曲以及 180°弯曲无裂纹（图 6-16）；其滞回耗能是 Q235 的 7～8 倍（图 6-17），且在高速冲击下表现为恒阻大变形及无颈缩特性（图 6-18、图 6-19）。

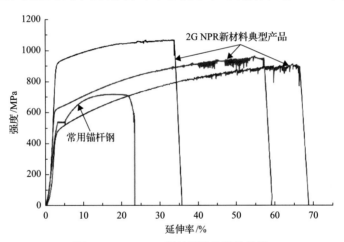

图 6-14　2G NPR 新材料拉伸特性曲线

(a) 2G NPR新材料   (b) 高强高韧钢(Twip)   (c) 普通螺纹钢

图 6-15　拉伸断口形态对比

图 6-16　2G NPR 新材料抗弯特性

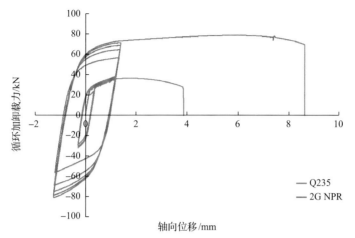

图 6-17 滞回耗能曲线对比

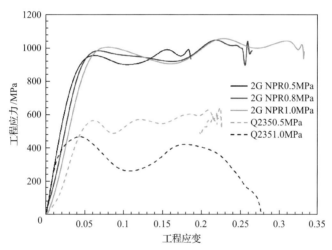

图 6-18 霍普金森高速冲击曲线对比

(a) PR材料明显颈缩

(b) 2G NPR新材料基本无颈缩

图 6-19 高速冲击断口形态对比

6.1.3　NPR 支护材料的优越性

1. 性能指标

在拉伸力学特性方面，NPR 新材料在恒阻力、恒阻拉伸变形量等指标方面，优于现有国内外深部建井围岩大变形控制材料(图 6-20)。

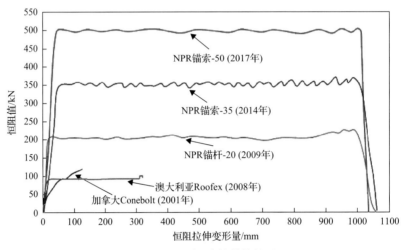

图 6-20　NPR 杆/索拉伸特性对比

在吸能特性方面，根据著名的国际岩爆力学专家 Kaiser 教授主编的《加拿大岩爆支护手册》统计结果[35]，在全世界 27 种锚杆产品中，NPR 锚杆的吸能特性远远优于其他产品，并被命名为 He-bolt(图 6-21)。同时，评价认为，NPR 锚杆/索具有高恒阻、大行程拉伸特性，较国际上其他产品具有超常的能量吸收能力。

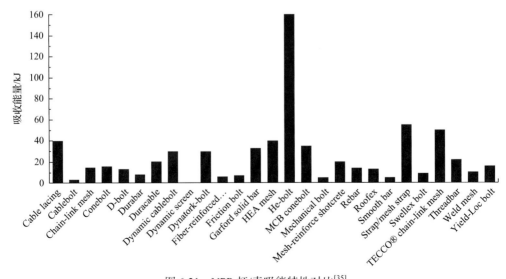

图 6-21　NPR 杆/索吸能特性对比[35]

2. 预应力施加

NPR 新材料所具有的高恒阻、大变形、吸收能量、抗冲击的超常力学特性使得井巷工程围岩开挖后,可以施加高预应力,从而使临空面岩体由于开挖而卸载的应力得到补偿,使充分利用围岩强度成为可能。为了适应不同大变形控制需求,何满潮院士提出了两种结构设计,把 NPR 恒阻装置和不同材料有机结合,使产品具有"理想塑性"的特征。

结构设计一,是 NPR 恒阻装置和 PR 材料结合形成的 1G NPR 锚杆/索材料(图 6-22),其恒阻设定为 PR 材料屈服强度的 90%,使 PR 材料在拉伸变形中不产生破断,这样就把美国预应力设计中 PR 材料屈服强度的 60%,提高了 30 个百分点,把中国设计提高了 50个百分点。

结构设计二,是 NPR 恒阻装置和 2G NPR 锚杆/索材料结合形成的 2G NPR 材料(图 6-23),将恒阻设定为 2G NPR 材料屈服强度的 90%,实现了高恒阻的目标,使支护

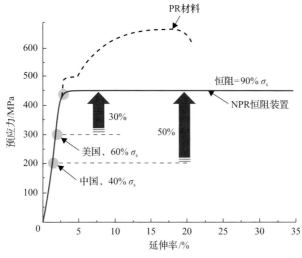

图 6-22　1G NPR 锚杆/索结构设计

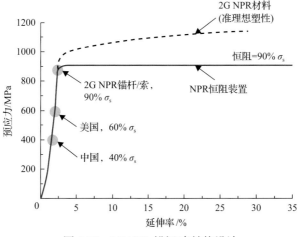

图 6-23　2G NPR 锚杆/索结构设计

预应力水平大幅度提升。

    NPR 锚杆/索支护新材料突破了深部建井岩体大变形灾害控制受制于传统支护材料变形能力不足的技术瓶颈，为高预应力支护围岩，实现深部建井岩体大变形灾害的有效控制提供了材料基础。

6.2　深部井巷开挖补偿 NPR 支护技术

6.2.1　开挖补偿技术原理

    深部井巷开挖后，临近临空面的 A、B、C 点由三向受力状态转变为两向受力状态[图 6-24(a)]，并表现出不同的强度特性[图 6-24(b)]。在深部高应力作用下，极易产生拉剪或压剪破坏，处于非稳定的发展特征，而未受开挖扰动的 C 点处于三向受力状态，表现为较高的强度。

    实践表明，要想成功实现深部井巷围岩的稳定性控制，必须对开挖后的围岩施加尽可能高的预应力，从而最大限度地恢复围岩强度，实现支护-围岩共同作用。然而，受材料延伸率的限制，高预应力的施加势必带来传统 PR 支护材料适应围岩变形能力的极大减小，因此，在实际支护工程设计中，将预应力设计为 PR 锚杆/索支护材料破断强度的 $40\%\sim60\%$，难以充分发挥支护-围岩共同作用效果[图 6-24(c)]。

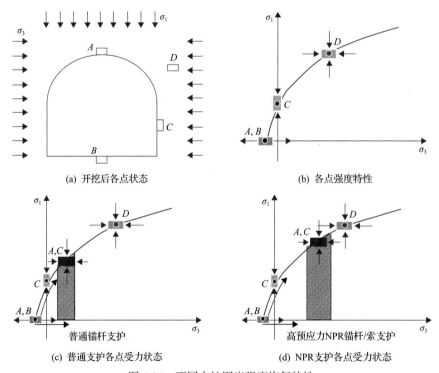

图 6-24　不同支护围岩强度恢复特性

    NPR 锚杆/索支护新材料，特别是高预应力 NPR 锚索新材料，具有在特有的恒定支护阻力下适应围岩大变形的特性，使得井筒开挖后，对井壁围岩施加较大的预应力成为可能，从而将临空面岩体由于开挖而卸载的一向应力得到尽可能高的恢复，使充分利用围岩强度成为可能[图 6-24(d)]。

根据莫尔-库仑准则，井筒围岩未开挖时，处于原始地应力状态，莫尔圆位于莫尔包络线之内，整体是稳定的(图 6-25)。

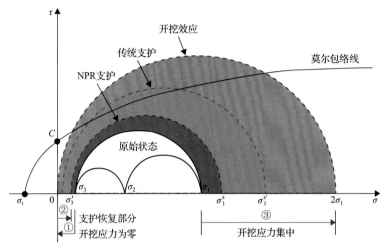

图 6-25　开挖补偿力学效应

σ_1^s 为 NPR 支护最大主应力；$\sigma_1^{s'}$ 为传统支护最大主应力

开挖后形成临空面，导致一向应力 σ_3 卸载为 0(图中箭头①)，按照静水压力下围岩应力分布特点，应力集中系数最大可以达到原岩应力的 2 倍。由于传统支护不能将已卸载的围岩应力恢复到较高的状态，围岩失稳。而 NPR 支护可以有效地提供尽可能高的预应力，使已卸载的应力得到最大限度的恢复(图 6-25 中箭头②)，从而保证井筒围岩的稳定。

6.2.2　开挖补偿 NPR 支护技术与设计方法

基于开挖补偿原理，形成了深部井巷开挖补偿 NPR 支护技术(图 6-26)，即井巷开挖

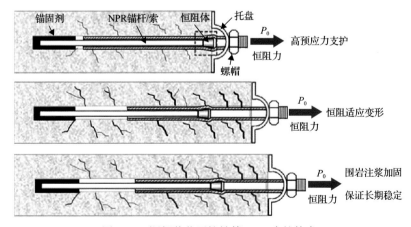

图 6-26　深部井巷开挖补偿 NPR 支护技术

后，对开挖临空面及时施加高预应力 NPR 支护，从而最大限度地恢复开挖围岩强度，通过恒阻支护下与围岩共同变形，有控制地释放围岩内部的变形能量，从而最大限度地实现支护与围岩的共同作用。

NPR 支护岩体本构关系可以用图 6-27(a)所示的理想弹塑性两元件模型来表示。NPR锚杆/索理想弹塑性本构关系的解析式为

$$P = kx \tag{6-10}$$

式中：$0 \leqslant x_0 \leqslant x$，$P < P_0$，对应于杆体的弹性变形；$k$ 为支护体弹性系数。且存在：

$$P = P_0 \tag{6-11}$$

式(6-11)对应于 NPR 锚杆/索的塑性屈服。

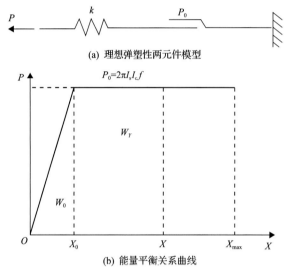

(a) 理想弹塑性两元件模型

(b) 能量平衡关系曲线

图 6-27　NPR 支护岩体本构关系及能量平衡关系曲线

从图 6-27 可以看出，在理想弹性阶段，当外加荷载小于 NPR 锚杆/索的恒阻力 P_0 时，位移为 X_0；在理想塑性阶段，当外加荷载等于 P_0 时，输出任一位移 X，则单个 NPR 锚杆/索吸收的能量可以表示为

$$W = \frac{P_0 X_0}{2} + P_0(X - X_0) \tag{6-12}$$

式(6-12)等式右边的第一项，$W_0 = P_0 X_0$，是杆体的材料弹性变形吸收的弹性能；第二项，$P_0(X - X_0)$，是 NPR 锚杆/索在结构屈服阶段的大变形吸收的能量。式(6-12)也可表示为

$$W = \frac{P_0(2X + X_0)}{2} \tag{6-13}$$

NPR 支护岩体的能量平衡方程可以写为

$$U = U_D + W \tag{6-14}$$

式中：U 为围岩的总势能；U_D 为岩体的变形能，包括弹性变形能 U_D^e 与塑性变形能 U_D^p，即

$$U_D = U_D^e + U_D^p \tag{6-15}$$

由式 (6-14) 可知，岩体中残存的能量 ΔU，即 NPR 支护系统可吸收的能量：

$$\Delta U = U - U_D = W \tag{6-16}$$

能量 W 是岩石对外做的功，也是 NPR 支护系统吸收的能量，可以根据 NPR 锚杆/索的本构方程式 (6-10) 和式 (6-11)，以及恒阻力 P_0 的表达式，以及模拟实验来确定。值得注意的是，在 NPR 支护岩体本构方程的推导过程中，并没有涉及岩体的结构。因此，上述本构方程无论对于何种结构的工程岩体都是适用的。

以圆形断面巷道 NPR 支护为例 (图 6-28)，巷道断面收缩或坡体下滑而产生的位移为 X。此处 X 代表广义位移。设支护围岩所需要的 NPR 锚索数量为 N 个。换句话说，设 NPR 锚索的数量足够多，使得围岩的变形是大致均匀的。设支护岩体的平均位移为 $\hat{X}$，由 N 个 NPR 锚索吸收的能量为 $\hat{W}$。将 $\hat{W}$ 代入式 (6-13) 可得

$$\hat{W} = \frac{P_0(2\hat{X}+X_0)}{2} \tag{6-17}$$

式中：$\hat{X}$ 为可以通过岩土力学模型实验或现场实验测得的量，由此，可根据式 (6-13) 计算出单根锚索吸收的能量；恒阻力 P_0 为已知量，于是，$\hat{W}$ 是可以根据 NPR 支护岩体的本构关系与实验数据计算的量。

由能量关系式 (6-16) 可得

$$\Delta \hat{U} = \hat{W} \tag{6-18}$$

式中：岩体对外做功的能量 $\hat{U}$ 亦可由 $\hat{W}$ 得到。将式 (6-17) 代入式 (6-18) 可得

$$NP_0 = \frac{2\Delta \hat{U}}{2\hat{X}+X_0} \tag{6-19}$$

式 (6-19) 是 NPR 支护设计的基本关系式。式中各个量的单位：锚杆/索的荷载 P_0 与 P 为 N，能量 U 或 W 为 J，位移 X 或 X_0 为 m。

6.3　深部井筒马头门大断面交叉点 NPR 支护技术

6.3.1　技术原理

井筒马头门是井筒与井底车场的连接部分，是保证矿井安全运行的咽喉工程。该部位汇集了井筒、大巷及管子道等多条井巷及硐室，属于复杂的大断面交叉点工程

（图 6-28）。在深部建井过程中，处于复杂地质环境的井筒马头门大断面交叉点围岩在高地应力及施工扰动影响下，极易失稳，进而导致井筒支护结构破坏，给矿井安全建设及运营带来隐患。

图 6-28　井筒马头门工程空间布局

为此，基于开挖补偿 NPR 支护技术，研发了深部井筒马头门大断面交叉点 NPR 支护技术，由初次高预应力 NPR 锚网索支护和二次立体桁架支护构成（图 6-29）。该技术通过高预应力 NPR 锚网索初次非均匀支护，在提高支护-围岩共同作用的基础上，通过预留变形空间实现围岩内部变形能量有控制性地释放，与内部立体桁架实现耦合支护，从而有足够的支护强度，保证围岩的长期稳定。

6.3.2　控制效果分析

1. 计算模型

以铁法大强煤矿–890m 水平（埋深 1020m）副立井马头门工程地质条件为背景，建立数值计算模型如图 6-30 所示。

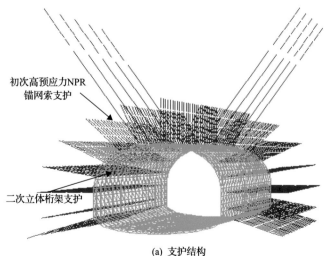

（a）支护结构

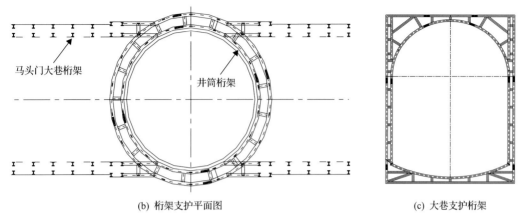

(b) 桁架支护平面图　　　　　　　　　　　　(c) 大巷支护桁架

图 6-29　初次高预应力锚网索+二次立体桁架支护技术

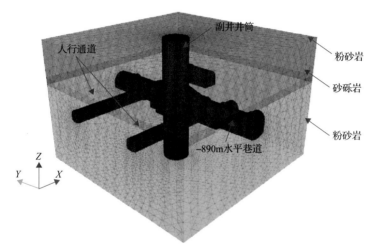

图 6-30　马头门大断面交叉点计算模型

该工程埋深 1020m，穿过粉砂岩及砂砾岩层。计算范围长×宽×高=60m×60m×40m，共划分 267953 个单元，165043 个节点。计算模型为应力边界，四周边界固定，施加的荷载在 X 方向为 21MPa，Y 方向为 39MPa，Z 方向为 24.8MPa。岩体破坏符合莫尔-库仑准则。

2. 传统支护

初次支护为普通锚喷网+锚索支护形式，二次支护为砌碹支护，支护设计断面如图 6-31 所示，计算模型如图 6-32 所示。工程岩体的物理力学参数见表 6-1。

由图 6-33(a)可知，施作传统支护方案后，井筒马头门两侧深部围岩存在应力集中区域，并且应力集中程度不同，左右两侧应力集中值约为 45MPa，上下两侧应力集中值约为 35MPa。井筒马头门浅部围岩同样呈现出应力分布不均匀的情况，从图 6-33(b)可以看出，浅部围岩左右两侧应力明显大于上下两侧，并且应力释放程度不均匀。从井筒纵

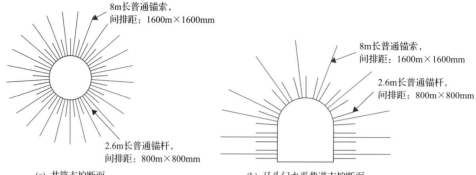

(a) 井筒支护断面　　　　　　　　(b) 马头门水平巷道支护断面

图 6-31　马头门大断面交叉点传统支护形式

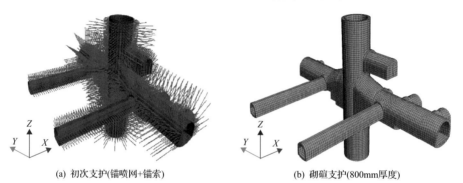

(a) 初次支护(锚喷网+锚索)　　　　　　　　(b) 砌碹支护(800mm厚度)

图 6-32　传统支护计算模型

表 6-1　计算模型物理力学参数

参数	密度/(kg/m³)	弹性模量/GPa	泊松比	黏聚力/MPa	摩擦角/(°)	抗拉强度/MPa
粉砂岩	2510	7.8	0.23	0.5	21	0.2
砂砾岩	2600	8.5	0.19	0.6	24	1.3
喷射砼(C20)	—	25.5	0.2	—	—	—
砌碹(C40)	—	32.5	0.2	—	—	—

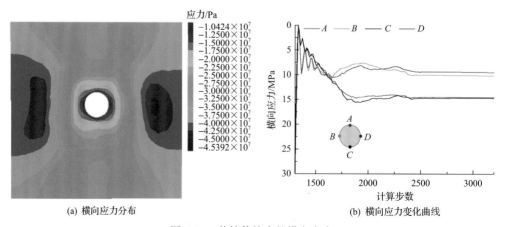

(a) 横向应力分布　　　　　　　　(b) 横向应力变化曲线

图 6-33　井筒传统支护横向应力

向应力分布特征看出(图 6-34)，在马头门交叉硐室处围岩应力释放程度最大，并且释放面积较大，同时由于交叉硐室处左右两侧的水平巷道分布不同，造成两侧应力集中程度不同，左侧应力约为 37MPa，右侧应力约为 45MPa，表现出不对称应力分布形式。

从井筒应力分布特征可以看出，马头门大断面交叉硐室围岩在传统支护下，围岩深部应力集中程度表现出不对称分布形式，浅部围岩同样表现出非均匀分布状态。围岩应力不均匀程度在马头门交叉硐室处表现最大，这样非均匀分布下的围岩应力容易造成支护结构出现应力集中的现象，从而支护结构产生破坏。

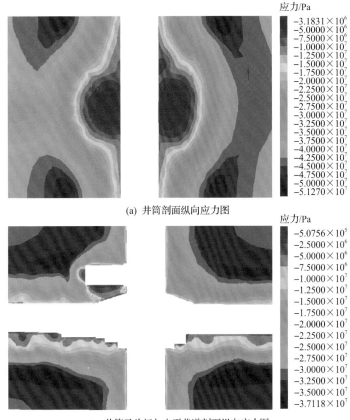

(a) 井筒剖面纵向应力图

(b) 井筒马头门与水平巷道剖面纵向应力图

图 6-34　井筒马头门传统支护纵向应力

从图 6-35 可以看出，井筒马头门横向位移最大处为井筒两侧壁，而且两侧位移程度并不对称，这与井筒两侧应力集中程度不同有关，最大位移量约为 360mm。上下两侧位移量较小。从图 6-36 可以看出，井筒马头门纵向位移分布形式与围岩应力分布相吻合，交叉硐室两侧围岩变形较大，右侧应力集中程度高表现出右侧围岩变形相对左侧较大，变形量约为 423mm。

图 6-37 为马头门交叉硐室传统支护围岩塑性区分布，井筒塑性区在应力集中程度较小侧，即上下两侧分布面积较大，左右两侧较小。

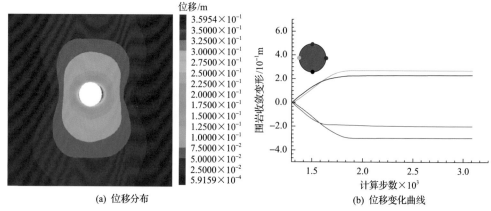

(a) 位移分布   (b) 位移变化曲线

图 6-35　井筒马头门传统支护横向位移

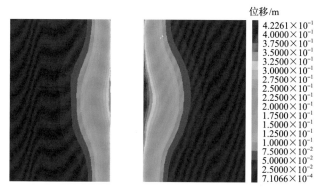

图 6-36　井筒马头门传统支护纵向位移

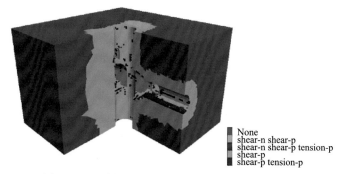

图 6-37　马头门交叉硐室传统支护围岩塑性区分布

n 为计算结束时；p 为计算过程中；shear 为剪切塑性区；tension 为张拉塑性区

从图 6-38(a)可以看出，在水平巷道围岩深部上下左右均存在应力集中区域，应力集中值约为 36MPa。在浅部围岩拱顶和硐室墙角处也存在应力集中区域，并且应力分布表现出不均匀的特征，拱顶右侧应力大于左侧[图 6-38(b)]。这种特征表现在巷道收敛变形上，反映的是不对称变形。从图 6-39 可以看出，左侧直墙位移稍大于右侧，位移量约为 384mm，同时伴随底臌的出现。从图 6-40 围岩塑性区分布可以看出，塑性区扩展面积均大于硐径。

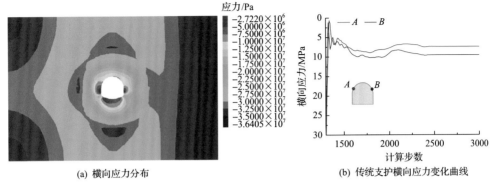

(a) 横向应力分布　　　　　　　　(b) 传统支护横向应力变化曲线

图 6-38　马头门水平巷道传统支护横向应力

图 6-39　马头门水平巷道传统支护纵向位移

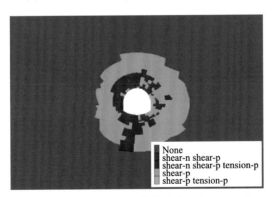

图 6-40　马头门水平巷道传统支护塑性区分布

从上述分析看出，深部井筒马头门大断面交叉点围岩在非均匀压力作用下表现出非对称变形，传统的对称支护形式以及材料特性难以控制其稳定性。

3. NPR 支护

基于非均压建井模式，提出深部井筒马头门大断面交叉点 NPR 支护技术设计断面，如图 6-41 所示。其中，井筒为初次高预应力 NPR 锚网索+二次立体桁架支护，并在井筒围岩应力集中区域采用锚索加密支护[图 6-41(a)]；马头门水平巷道为初次 NPR 锚网索喷支护+二次立体桁架支护[图 6-41(b)]。NPR 锚索预应力均为 350kN。据此建立支护计算模型如图 6-42 所示。

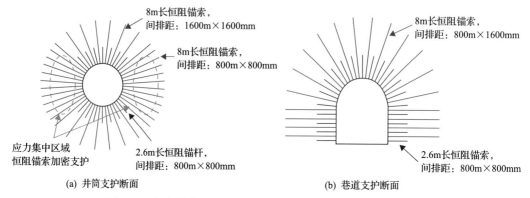

(a) 井筒支护断面　　　　　　　　　　(b) 巷道支护断面

图 6-41　深部井筒马头门大断面交叉点 NPR 支护技术设计断面

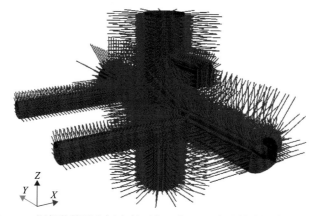

图 6-42　深部井筒马头门大断面交叉点 NPR 支护技术数值计算模型

从图 6-43(a)可以看出，井筒马头门在高预应力 NPR 支护下，围岩应力集中区域明显减小，并且应力分布更加对称，深部围岩应力最大值为 52MPa。井筒在原支护措施下，井筒浅部围岩应力在深部围岩应力集中处附近保持较高水平，其他部位应力较小，表现出明显的非均匀特性。

从图 6-43(b)可以看出，井筒在恒阻支护措施下，浅部围岩应力在各测点都非常接近，并且应力释放范围大幅减小，应力从原来的不足 10MPa，提高到 16MPa 左右。这说明，围岩的应力趋向均匀化，并且在恒阻支护下围岩由于开挖损失，应力得到较好的补偿，保证了围岩的稳定性。

从井筒纵向应力分布可以看出(图 6-44)，围岩的应力分布趋向均匀化，并且浅部围岩应力释放范围明显减小，与传统支护马头门应力集中程度(图 6-34)相比，集中区域明显减小。

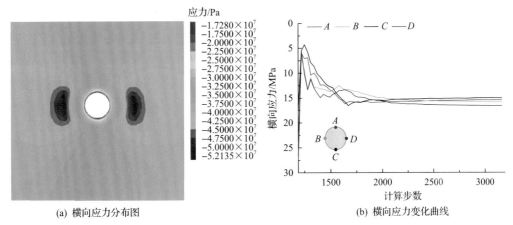

(a) 横向应力分布图　　　　　　　　　(b) 横向应力变化曲线

图 6-43　井筒 NPR 支护横向应力

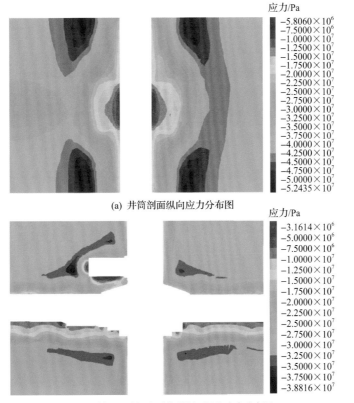

(a) 井筒剖面纵向应力分布图

(b) 井筒与马头门水平巷道剖面纵向应力分布图

图 6-44　井筒 NPR 支护纵向应力

从图 6-45 可以看出，巷道围岩在恒阻支护下围岩应力集中区域主要在巷道直墙两侧，上下部位的应力集中区域已经不再明显，并且两侧围岩应力较为接近，应力场分布趋于均匀化。

从图 6-46 可以看出，围岩变形大幅减小，最大值为 62mm，并且围岩的收敛变形较为均匀。

图 6-47 显示，马头门交叉硐室围岩塑性区分布范围也得到有效控制。

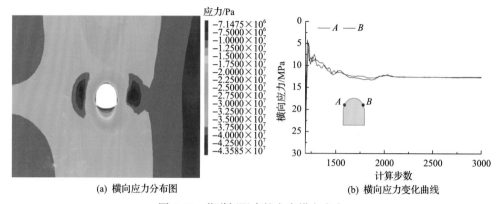

(a) 横向应力分布图   (b) 横向应力变化曲线

图 6-45 巷道恒阻支护方案横向应力

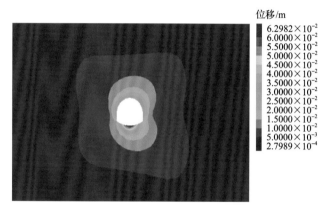

图 6-46 马头门巷道 NPR 支护纵向位移

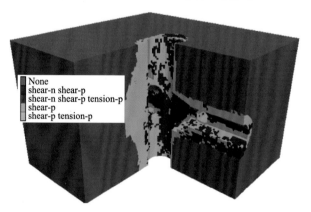

图 6-47 马头门交叉硐室 NPR 支护围岩塑性区分布

  传统支护和 NPR 支护对比结果表明(图 6-48、图 6-49)，NPR 支护下，井筒马头门围岩变形很小，并且位移偏大的区域面积减小，很快趋于平衡，同时围岩应力分布趋于均匀化，围岩应力集中区域明显减小，说明深部井筒马头门大断面交叉点 NPR 支护技术可以有效控制围岩的变形，实现井筒马头门大断面交叉点围岩的稳定。

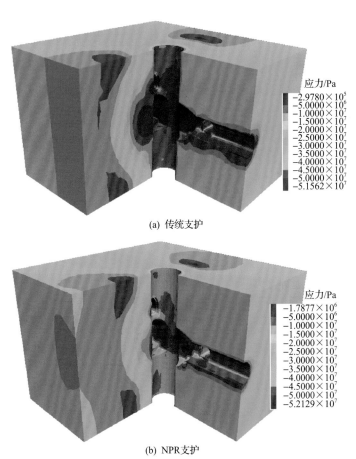

(a) 传统支护

(b) NPR支护

图 6-48　传统支护和 NPR 支护应力分布对比

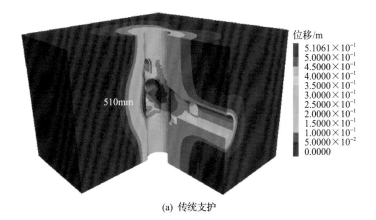

(a) 传统支护

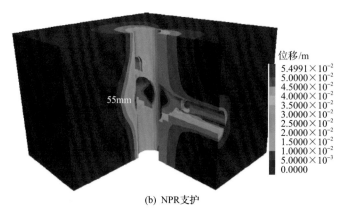

(b) NPR 支护

图 6-49　传统支护和 NPR 支护位移变化对比

6.4　深部泵房吸水井集约化硐室群 NPR 支护技术

6.4.1　技术原理

泵房吸水井硐室群是井底车场工程的重要组成部分，其长期稳定性是矿井安全运营的关键。常规泵房吸水井设计为一台排水泵设一个吸水小井，然后通过配水巷与水仓相连，排水泵及吸水小井的个数根据排水量的需求而定。排水量要求越大，吸水小井的个数及配水巷长度越大(图 6-50)。

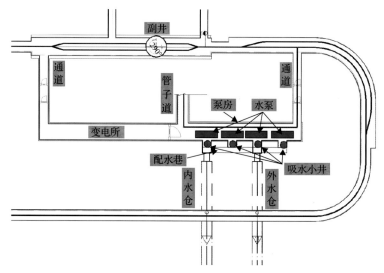

图 6-50　传统泵房吸水井硐室群布局设计

在深部建井条件下，由于应力水平高、工程地质条件复杂，泵房吸水井硐室群支护的难度和破坏程度不断增加，尤其是常规设计泵房硐室、吸水井、配水井、配水巷系统复杂，各种因素交织在一起，造成硐室、巷道支护条件恶劣，传统支护下的硐室、巷道围岩失稳、翻修屡屡出现，不仅耗资巨大，而且造成排水设备受压破坏，严重影响泵房的正常运转，危及矿井安全生产。

针对深部泵房吸水井硐室群稳定性控制问题，研发了基于深井泵房吸水井集约化设计的 NPR 锚网索支护技术[36]。该技术改变传统一泵一井的设计方式(图 6-51)，采用组合吸水井设计，在工程量大大减小的同时，消除硐室群开挖空间效应，然后根据围岩条件，以高预应力 NPR 锚网索支护为主体，配合其他耦合支护方式，确保泵房吸水井硐室群的长期稳定。

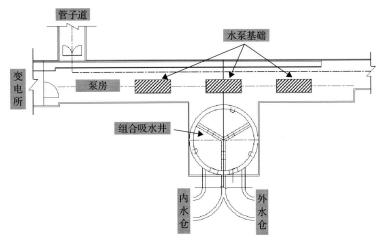

图 6-51　泵房吸水井硐室群集约化设计

6.4.2　控制效果分析

1. 计算模型

以铁法大强煤矿–890m 水平(埋深 1020m)泵房吸水井硐室群工程地质条件为背景，建立传统设计和集约化设计数值计算模型如图 6-52 所示。

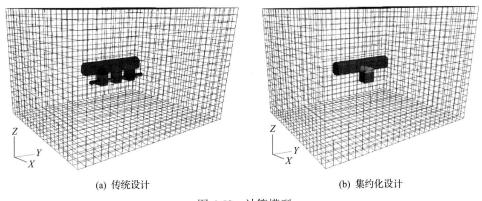

(a) 传统设计　　　　　　　　　　　　(b) 集约化设计

图 6-52　计算模型

计算范围长×宽×高=100m×75m×80m。该模型侧面限制水平移动，底部固定，模型上表面为应力边界，模拟上覆岩体的自重边界。材料破坏符合莫尔-库仑准则。

泵房硐室群开挖过程如图 6-53 所示。其中，传统设计分为 7 步[图 6-53(a)]：①泵房→②壁龛吸水井→③泵房→④壁龛吸水井→⑤泵房→⑥壁龛吸水井→⑦配水巷；集约化设计开挖过程分为 4 步[图 6-53(b)]：①泵房→②泵房→③壁龛吸水井→④泵房。

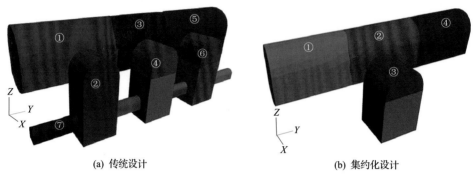

(a) 传统设计　　　　　　　　　　　　　　　(b) 集约化设计

图 6-53　开挖顺序

由于硐室的大量开挖，形成较多岩柱，这些岩柱由原来三向和两向的受力状态变成两向和单向的受力状态，引起更多隐患。因此，对巷道断面变形与力学特性分析时，该断面应当包含岩柱，不仅能同时分析围岩的应力、应变场，也能分析该断面岩柱截面的应力、应变特性，所以取岩柱断面为相邻吸水井中间的位置，如图 6-54 所示。岩柱断面设置的监测点如图 6-55 所示。

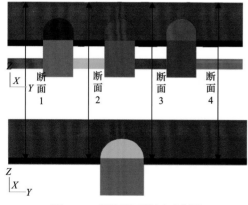

图 6-54　岩柱断面位置示意图

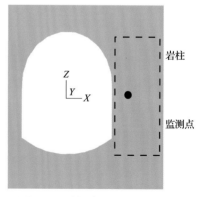

图 6-55　岩柱断面的监测点设置

2. 不同布局设计围岩变形对比

开挖后得到的泵房吸水井硐室群围岩不同方向的位移云图如图 6-56～图 6-58 所示，分别表示巷道临空面围岩 X、Y 和 Z 方向的位移。

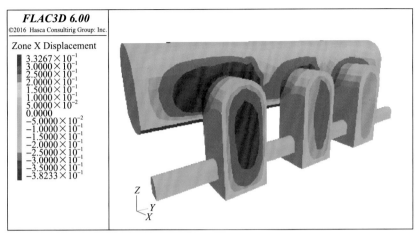

(a) 传统设计

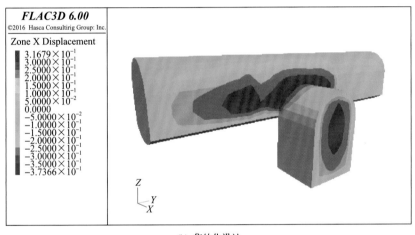

(b) 集约化设计

图 6-56　X 方向位移云图

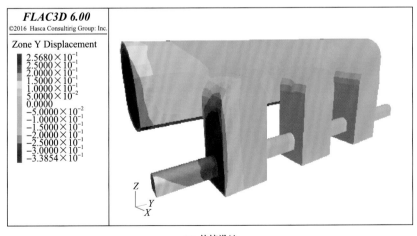

(a) 传统设计

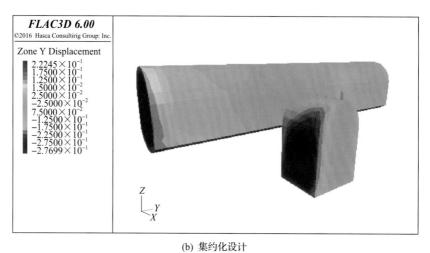

(b) 集约化设计

图 6-57　Y 方向位移云图

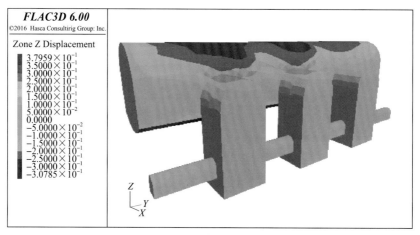

(a) 传统设计

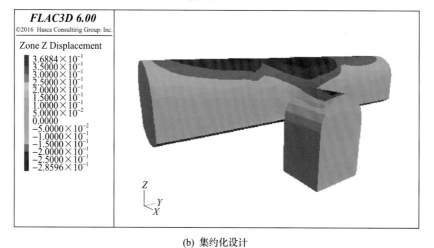

(b) 集约化设计

图 6-58　Z 方向位移云图

从图 6-56～图 6-58 可以看出，X 方向，泵房和壁龛交界处的变形较大，传统设计为 390mm，集约化设计为 370mm，其次是壁龛和吸水井；Y 方向，吸水井和配水巷的交界处位移较大，传统设计为 330mm，集约化设计为 270mm；Z 方向，位移较大的地方发生在泵房顶板处，传统设计最大沉降为 300mm，集约化设计为 280mm。总体看来，吸水井壁龛与泵房连接处容易出现较大的位移，但集约化通过将多个吸水井进行整合，减少了泵房与壁龛的接触面积，进而减少了单位面积的位移值，降低了该连接处的变形。

硐室群开挖后，不同布局设计岩柱断面 1～4 的位移云图如图 6-59 和图 6-60 所示。

由图 6-59 可以看出，传统设计下，由于壁龛和吸水井的开挖，岩柱侧发生较大位移，即巷道将在岩柱一侧帮部变形较明显，而另一侧帮部变形不明显，于是，整个巷道两帮产生了不均匀变形。不均匀变形主要来自不均匀的压力，是壁龛和吸水井的大量开挖导致的。

由图 6-60 可以看出，对于集约化设计，断面 1 和断面 4 部位，受单侧吸水井影响，巷道位移由传统设计的单侧位移较大到集约化设计的两侧位移对称化，岩柱的位移减

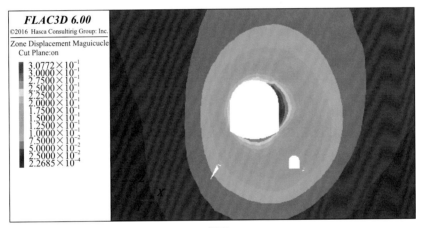

(a) 断面1

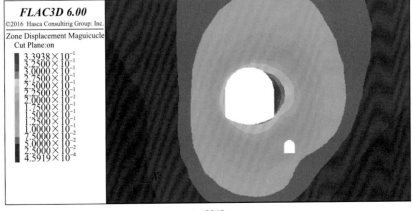

(b) 断面2

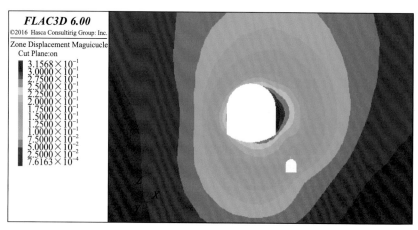

(c) 断面3

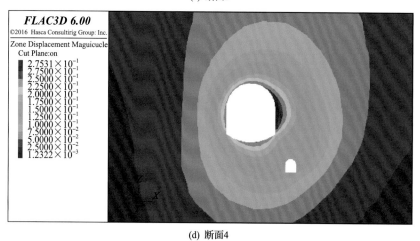

(d) 断面4

图 6-59　传统设计不同岩柱断面位移云图

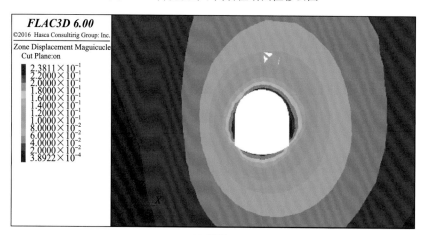

(a) 断面1

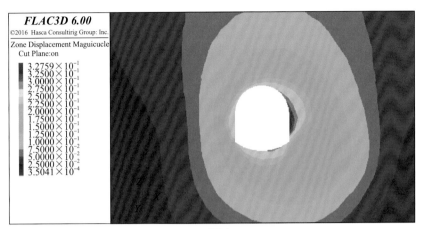

(b) 断面2

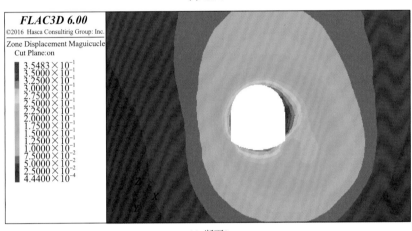

(c) 断面3

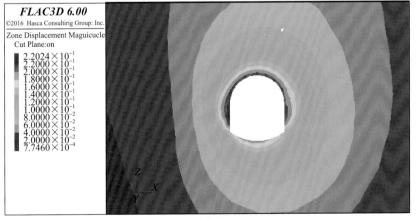

(d) 断面4

图 6-60　集约化设计不同岩柱断面位移云图

小，同时表现为对称变形，表明围岩应力场均匀性得到改善，有利于提高巷道的稳定；断面 2 和断面 3 部位，受双侧吸水井影响，岩柱一侧位移较大，但比起传统设计，集约化设计的岩柱位移有减小趋势，说明集约化设计能有效减小岩柱断面在硐室群开挖后的影响。

图 6-61 为对应岩柱断面 1~4 的监测点位移，每一步开挖都会使岩柱监测点处的位移增大，而且岩柱离吸水井越近，该吸水井的开挖使得该岩柱的位移增加值最大。对比结果表明，由于传统设计硐室开挖多，对邻近的岩柱造成的工程扰动大，而集约化设计减少了硐室开挖的扰动，总体变形量远低于传统设计，有利于保持硐室群围岩的稳定。

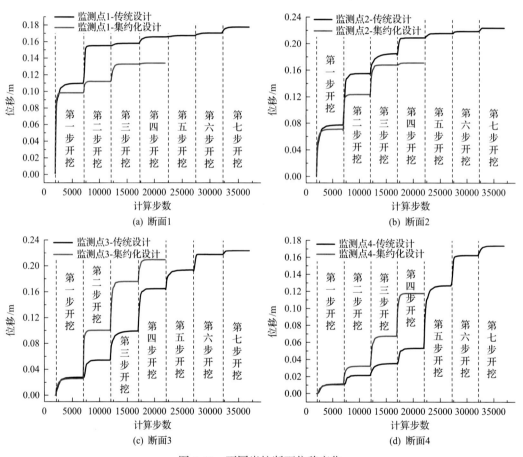

图 6-61　不同岩柱断面位移变化

泵房硐室群整体开挖后，岩柱断面 1~4 塑性区分布如图 6-62 和图 6-63 所示。从图 6-62 可以看出，对于传统设计，巷道塑性区较大且表现为明显的非对称性，同一时间产生的塑性区不均匀，拉塑性区和剪塑性区均大量存在，种类分布不均匀，这是由于巷道及硐室的多次开挖，导致围岩在扰动应力叠加作用下塑性区不断扩展。

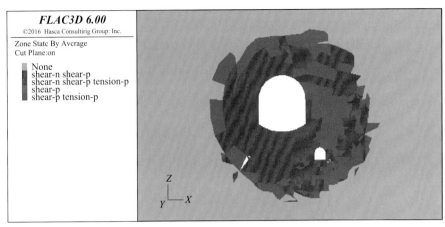

(a) 断面1

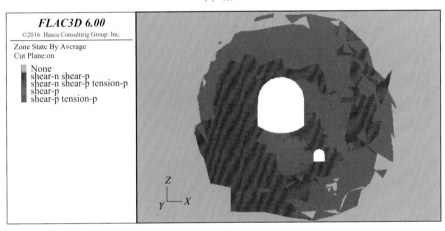

(b) 断面2

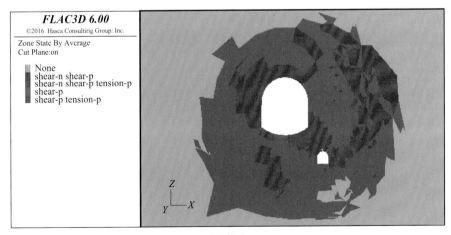

(c) 断面3

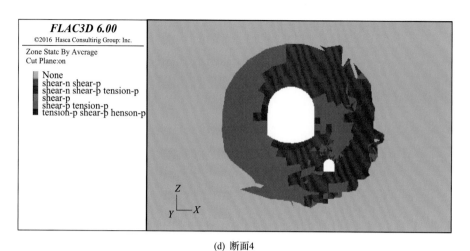

(d) 断面4

图 6-62　传统设计不同岩柱断面塑性区分布

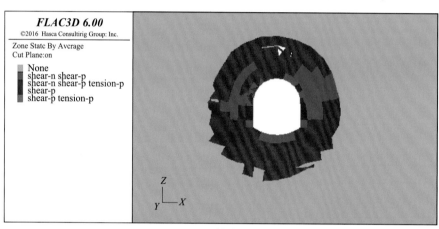

(a) 断面1

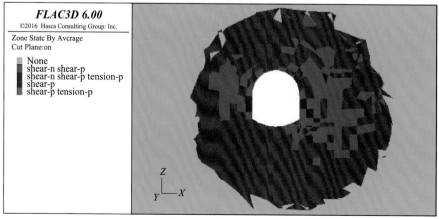

(b) 断面2

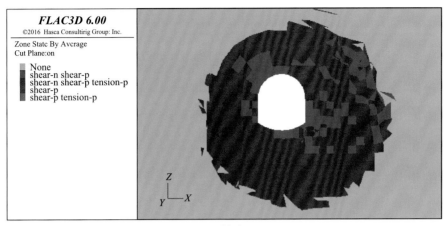

(c) 断面3

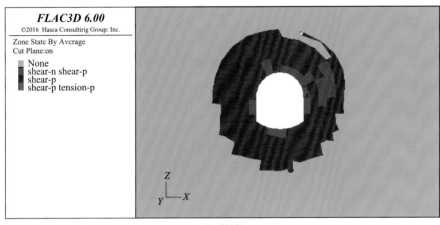

(d) 断面4

图 6-63　集约化设计不同岩柱断面塑性区分布

综上所述，无论从岩柱断面的位移、应力还是塑性区，传统设计导致较大的岩柱位移、较大的应力集中现象以及不均匀的塑性区，同时，开挖步骤较多，对岩柱的工程扰动较大，造成支护难度增大，围岩变形破坏严重；而集约化设计简化了硐室布局，降低了开挖扰动影响，有利于硐室群围岩强度的保护。

3. NPR 支护控制效果

在上述分析基础上，对普通锚网索+钢架传统支护(传统支护)与高预应力 NPR 锚网索+立体桁架支护(NPR 支护)控制效果进行对比分析。支护计算模型如图 6-64 所示。

为了对比不同支护下泵房硐室群围岩稳定性控制效果，选取 3 个巷道断面作为研究对象，断面位置如图 6-65(a)所示，其中断面 2 为泵房和吸水井的组合断面。

1)变形对比

图 6-66～图 6-68 为整体开挖临空面 X、Y、Z 三个方向的位移云图，采用 NPR 支护，吸水井和泵房连接处的单位面积位移值较传统支护明显减小。

图 6-69 为断面 1 在 X 方向的位移云图，传统支护时表现为非对称变形，帮部变形范围左侧大右侧小，最大位移达到 300mm；而 NPR 支护时表现为较明显的对称变形，最大位移为 60mm，远小于无支护的最大位移。

图 6-70 为断面 2 在 X 方向的位移，传统支护下，位移较大的部位在巷道左帮、巷道和吸水井连接处顶板以及吸水井右帮，最大帮部位移为 350mm，发生在巷道和吸水井连

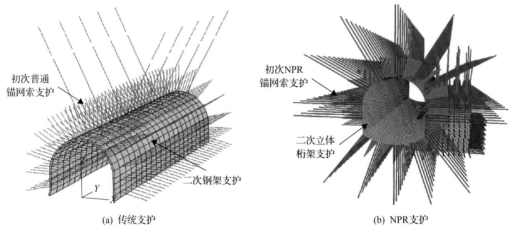

(a) 传统支护　　　　　　　　　　　　　　(b) NPR支护

图 6-64　支护计算模型

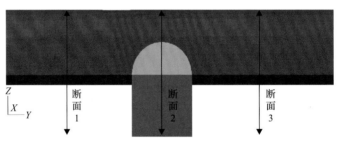

图 6-65　监测断面设置

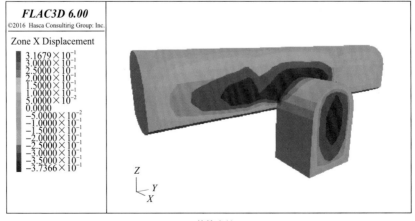

(a) 传统支护

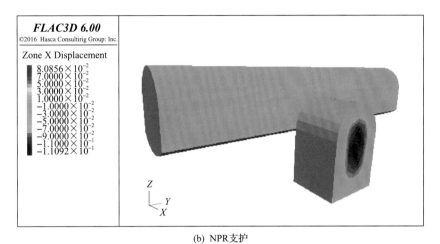

(b) NPR支护

图 6-66　不同支护方式下 X 方向位移云图

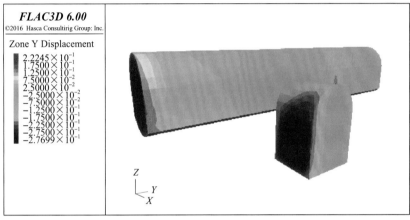

(a) 传统支护

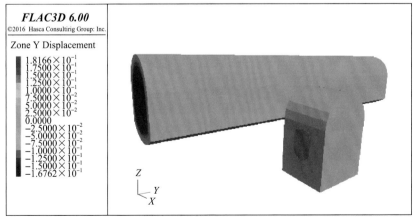

(b) NPR支护

图 6-67　不同支护方式下 Y 方向位移云图

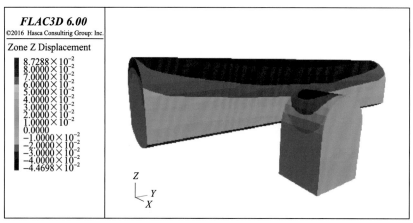

(a) 传统支护

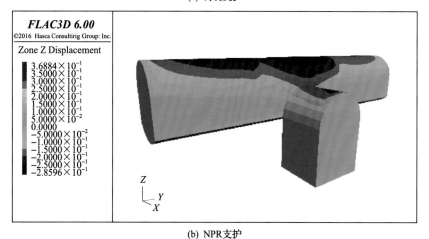

(b) NPR支护

图 6-68　不同支护方式下 Z 方向位移云图

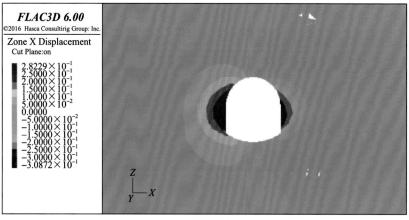

(a) 传统支护

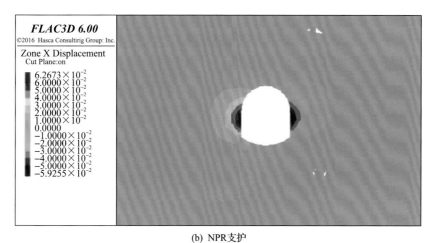

(b) NPR支护

图 6-69　断面 1 在 X 方向的位移云图

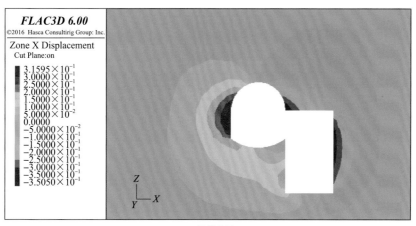

(a) 传统支护

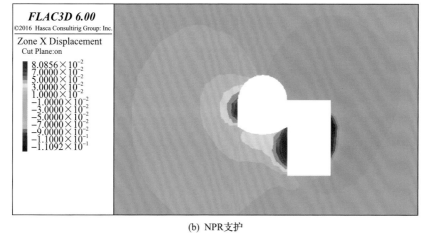

(b) NPR支护

图 6-70　断面 2 在 X 方向的位移云图

接处；NPR 支护下，位移较大值出现在巷道左帮、巷道和吸水井连接处底板以及吸水井右帮，最大帮部位移为 100mm，发生在吸水井右帮。

由图 6-71 断面 3 在 X 方向的位移云图可知，传统支护时的帮部位移最大值为 240mm，出现在巷道左帮；NPR 支护时的巷道帮部位移最大值为 60mm，同样出现在巷道左帮，但远小于传统支护时的位移。

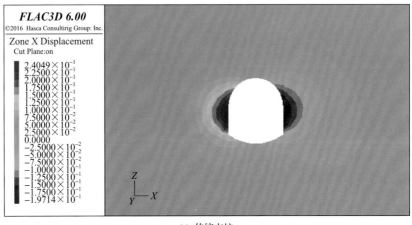

(a) 传统支护

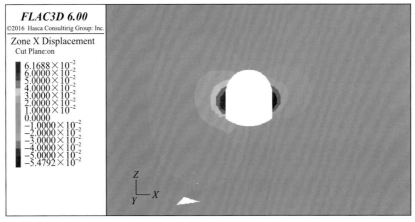

(b) NPR 支护

图 6-71　断面 3 在 X 方向的位移云图

由图 6-72 断面 1 在 Z 方向的位移云图可知，传统支护时，顶板下沉和底臌最大值均为 250mm；NPR 支护时，顶板和底板位移在 50mm 左右。

由图 6-73 断面 2 在 Z 方向的位移云图可知，传统支护下，较大位移出现在巷道顶底板、巷道和吸水井连接处顶底板，最大位移为 360mm，在巷道和吸水井连接处底部；NPR 支护下，位移较大值出现在巷道顶底板，最大位移为 87mm，在巷道底板。

由图 6-74 断面 3 在 Z 方向的位移云图可知，传统支护时，顶板下沉和底臌最大值分别为 160mm 和 210mm；NPR 支护时，顶板和底板位移均在 50mm 左右。

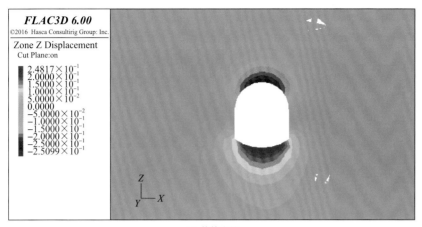

(a) 传统支护

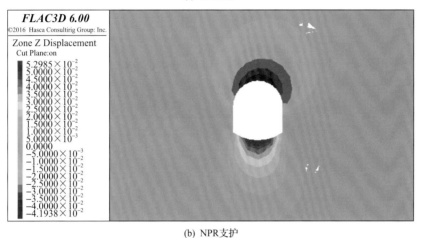

(b) NPR支护

图 6-72　断面 1 在 Z 方向的位移云图

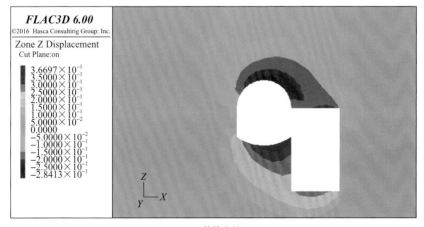

(a) 传统支护

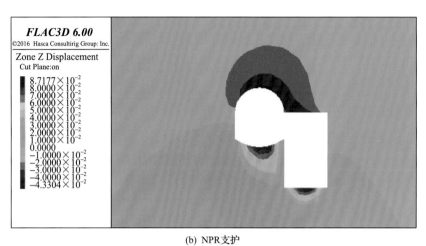

(b) NPR支护

图 6-73　断面 2 在 Z 方向的位移云图

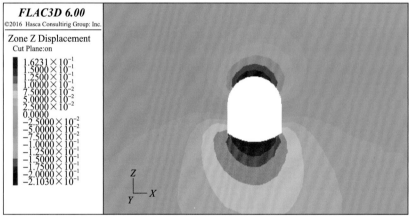

(a) 传统支护

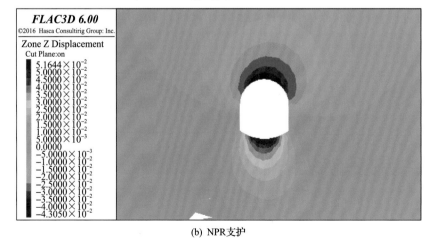

(b) NPR支护

图 6-74　断面 3 在 Z 方向的位移云图

2) 塑性区对比

图 6-75~图 6-77 为不同支护方式下泵房硐室群 3 个断面围岩塑性区分布情况。

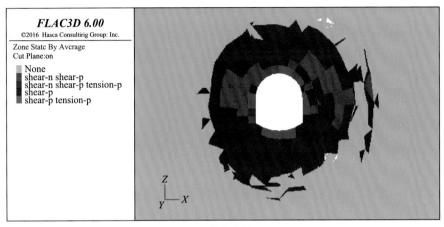

(a) 传统支护

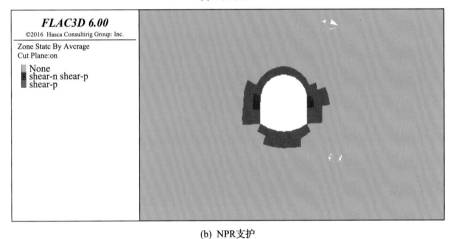

(b) NPR支护

图 6-75　断面 1 围岩塑性区分布

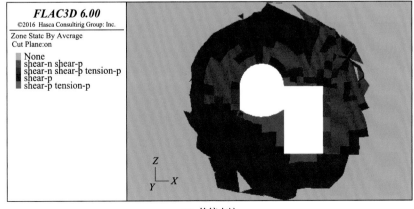

(a) 传统支护

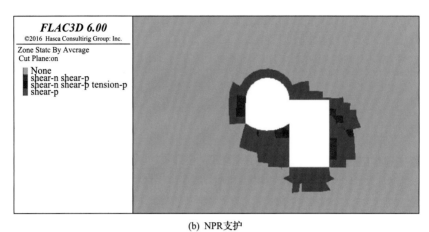

(b) NPR支护

图 6-76　断面 2 围岩塑性区分布

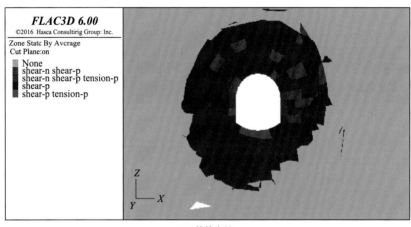

(a) 传统支护

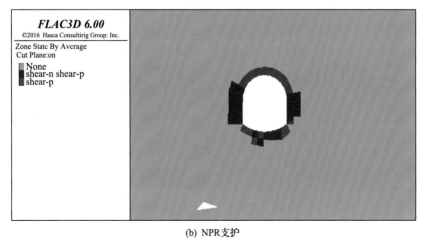

(b) NPR支护

图 6-77　断面 3 围岩塑性区分布

从图 6-75~图 6-77 可以明显看出，同一断面传统支护的围岩塑性区比 NPR 支护的围岩塑性区要大得多，表明高预应力 NPR 锚网索+立体桁架支护方式，可以通过极大恢复开挖后巷道临空面围岩卸载的应力，有效保护围岩强度，实现支护-围岩的共同作用，从而保证了泵房硐室群的长期稳定。

参 考 文 献

[1] Cook N, Ortlepp W. A yielding rock bolt[R]. Chamber of Mines of South Africa. Research Organization Bulletin, 1968.

[2] Ortlepp W, Reed J J. Yieldable rock bolts for shock loading and grouted bolts for rock stabilization[J]. Mining Engineering, 1970, 4(5): 19-24.

[3] 何亚男, 侯朝炯, 康红普. H 型杆体可拉伸锚杆: CN87211250[P]. 1988-09-07.

[4] 何亚男. H 型杆体可拉伸锚杆的原理及应用[J]. 矿山压力与顶板管理, 1991(3): 7-10, 72.

[5] 何亚男, 侯朝炯. 改进型杆体可拉伸锚杆: CN2081884[P]. 1991-07-31.

[6] 高延法, 张文泉, 肖洪天, 等. 柔刚性可伸缩锚杆: CN2138193[P]. 1993-07-14.

[7] 王阁. 预应力让压锚杆的数值模拟研究及其应用[D]. 青岛: 山东科技大学, 2007.

[8] Li C C. Field observations of rock bolts in high stress rock masses[J]. Rock Mechanics and Rock Engineering, 2010, 43(4): 491-496.

[9] Kaiser P, Mccreath D, Tannant D. Rockburst support[J]. Rockburst Research Handbook, 1995, 40(5): 19-24.

[10] 李春林. 岩爆条件和岩爆支护[J]. 岩石力学与工程学报, 2019, 38(4): 674-682.

[11] Ortlepp W. The design of support for the containment of rockburst damage in tunnels: An engineering approach[C]// International Symposium on Rock Support, Sudbury, 1992.

[12] Jager A. Two new support units for the control of rockburst damage[C]//International Symposium on Rock Support, 1992: 621-631.

[13] Simser B. Geotechnical review of the July 29th, 2001 West Ore Zone Mass Blast and the performance of the Brunswick/NTC rockburst support system[R]. Tech Rep, 2001.

[14] Simser B, Andrieux P, Langevin F, et al. Field behaviour and failure modes of modified conebolts at the Craig, LaRonde and Brunswick Mines in Canada[J]. Deep and High Stress Mining, 2006, 2(5): 59-64.

[15] Li C C, Doucet C. Performance of D-bolts under dynamic loading[J]. Rock Mechanics and Rock Engineering, 2012, 45(2): 193-204.

[16] Li C C. Performance of D-bolts under static loading[J]. Rock Mechanics and Rock Engineering, 2012, 45(2): 183-192.

[17] Li C C. A new energy-absorbing bolt for rock support in high stress rock masses[J]. International Journal of Rock Mechanics and Mining Sciences, 2010, 47(3): 396-404.

[18] Ortlepp W, Bornman J, Erasmus N. The Durabar-a yieldable support tendon-design rationale and laboratory results[R]. Rockbursts and Seismicity in Mines-RaSiM5. South African Institute of Mining and Metallurgy, 2001.

[19] Carlton R, Darlington B, Mikula P A. In situ dynamic drop testing of the MD bolt at Mt Charlotte Gold Mine[C]//Proceedings of the Seventh International Symposium on Ground Support in Mining and Underground Construction, 2013: 207-219.

[20] Charette F, Plouffe M. Roofex®–Results of laboratory testing of a new concept of yieldable tendon[C]//Proceedings of the Fourth International Seminar on Deep and High Stress Mining, Perth, 2007: 395-404.

[21] Varden R, Lachenicht R, Player J, et al. Development and implementation of the Garford dynamic bolt at the Kanowna Belle Mine[C]//10th Underground Operators' Conference, Launceston, 2008.

[22] Wu Y, Oldsen J. Development of a new yielding rock bolt-Yield-Lok bolt[C]//44th US Rock Mechanics Symposium and 5th US-Canada Rock Mechanics Symposium, Salt Lake City, 2010.

[23] 王爱文, 潘一山, 赵宝友, 等. 防冲吸能锚杆(索)的静动态力学特性与现场试验研究[J]. 岩土工程学报, 2017, 39(7): 1292-1301.

[24] 何满潮, 冯吉利. 恒阻大变形锚杆: ZL201010196197.2 [P]. 2010-06-10.

[25] He M, Gong W, Wang J, et al. Development of a novel energy-absorbing bolt with extraordinarily large elongation and constant resistance[J]. International Journal of Rock Mechanics and Mining Sciences, 2014, 67: 29-42.

[26] 何满潮, 李晨, 宫伟力, 等. NPR 锚杆/索支护原理及大变形控制技术[J]. 岩石力学与工程学报, 2016, 35(8): 1513-1529.

[27] Sun X M, Zhang Y, Wang D, et al. Mechanical properties and supporting effect of CRLD bolts under static pull test conditions[J]. International Journal of Minerals, Metallurgy and Materials, 2017, 24(1): 1-9.

[28] 何满潮, 郭志飚. 恒阻大变形锚杆力学特性及其工程应用[J]. 岩石力学与工程学报, 2014, 33(7): 1297-1308.

[29] 宫伟力, 孙雅星, 高霞, 等. 基于落锤冲击试验的恒阻大变形锚杆动力学特性[J]. 岩石力学与工程学报, 2018, 37(11): 2498-2509.

[30] 何满潮, 王炯, 孙晓明, 等. 负泊松比效应锚索的力学特性及其在冲击地压防治中的应用研究[J]. 煤炭学报, 2014, 39(2): 214-221.

[31] 何满潮, 郭洪燕, 夏敏. NPR 无磁性锚杆钢材料及其生产方法: ZL201810504225.9[P]. 2018-05-23.

[32] 何满潮, 郭洪燕, 夏敏, 等. NPR 锚杆钢材料及其生产方法: ZL201810503966.5[P]. 2018-05-23.

[33] 何满潮, 夏敏, 郭洪燕, 等. NPR 钢筋棒材的加工工艺: ZL201910775081.5[P]. 2019-08-21.

[34] 何满潮, 夏敏, 郭洪燕, 等. NPR 钢筋盘圆的加工工艺: ZL 201910867335.6[P]. 2019-09-12.

[35] Cai M, Kaiser P K. Rockburst Support Reference Book—Volume 1: Rockburst Phenomenon and Support Characteristics[M]. Laurentian: Laurentian University, 2018.

[36] 何满潮, 孙晓明. 中国煤矿软岩巷道工程支护设计与施工指南[M]. 北京: 科学出版社, 2004.

第 7 章 深部 N00 矿井建设[*]

深部复杂的地质力学环境，使得传统建井模式出现留设煤柱资源浪费、井巷掘进量大、生产成本高、高应力环境大变形灾害多发等重大工程问题，严重制约我国深部煤炭资源安全高效开采。为此，基于"切顶短臂梁"理论，提出了深部无煤柱自成巷 N00 矿井建设新模式，构建了采矿损伤不变量的采矿工程模型，建立了切顶短臂梁顶板结构力学模型以及垮落岩体碎胀函数和碎胀控制方程，研发了 N00 工法采煤三机和成巷四机协同配套技术及装备系统，优化了运输、通风设计，实现了工作面开采无须掘进巷道、无煤柱留设的新型矿井建设布局，为未来深部资源开采智能化、无人化提供了技术储备。

7.1 深部 N00 建井新模式

7.1.1 传统建井模式及存在问题

长期以来，我国煤炭井工开采一直以 1706 年英国人发明的长壁开采方法为主，即开采 1 个工作面，需要提前掘进 2 条巷道，留设 1 个煤柱，简称"121 工法"（图 7-1）。该开采方法本质上是"掘巷道—采矿—毁巷道—留煤柱"的开采体系，存在巷道掘进量大导致成本居高不下、抵抗矿压导致安全事故频发、留设煤柱导致资源损失严重、煤层采空导致地表生态环境破坏[1-3]等问题。同时，该开采体系下采煤掘进分离、装备分散管理，导致矿井整体建设系统复杂[4]，具体问题体现在以下几个方面。

(1)井底车场布局复杂。井底车场作为连接矿井主要提升井筒和井下主要运输和通风巷道的总枢纽站，除主要运输、通风线路和辅助线路外，为满足生产管理和安全方面的需要，还设置了若干形状不同、结构各异的硐室，如装载硐室、中央泵房及变电所、水仓、管子道等，使得井底车场结构布局极为复杂（图 7-2）。

(2)配套巷道及硐室掘进量大。复杂的井底车场结构布局，使得矿井建设期间需要掘进大量的大断面巷道及硐室，造成投入成本高，建设周期长。同时，根据国家统计局数据，传统长壁工作面开采过程中，平均每开采 10000t 煤需掘进回采巷道 138.92m，按照我国目前煤炭平均年产量计算，每年需掘进巷道量约 47232.8km，掘进费用高达数千亿元，大量的巷道掘进造成综合采煤成本高居不下。

(3)巷道及硐室维护困难。在深部建井过程中，复杂的井底车场结构布局，形成立体交叉的巷道硐室群，在掘进开挖过程中相互影响，导致应力叠加，支护难度加大，特别是井筒马头门及泵房吸水井等关键巷道及硐室的稳定性差，影响矿井安全生产及运营。

---

* 本章撰写人员：何满潮，李桂臣，杨军，工琦，王亚军，高玉兵，李伟。

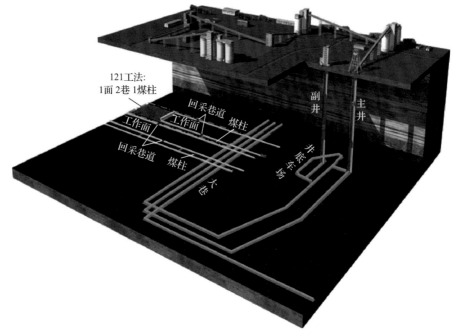

图 7-1   121 工法矿井建设布局及开采工艺

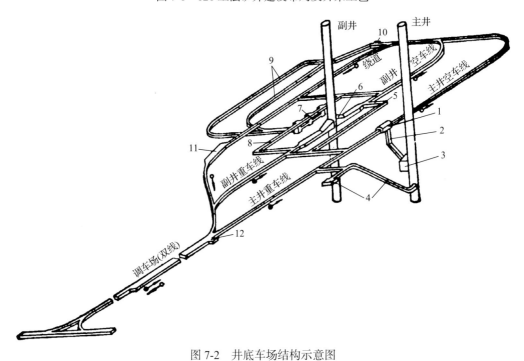

图 7-2   井底车场结构示意图

1-翻笼硐室；2-溜井；3-箕斗装载硐室；4-回收斜井；5-候罐室；6-马头门；7-水泵房；
8-变电所；9-水仓；10-清淤绞车硐室；11-机车修理室；12-调度室

(4)留设煤柱资源浪费严重。为保护井筒、井底车场巷道及硐室避免采动影响，需要留设较大区域的保护煤柱。同时，采区内因留设工作面护巷煤柱煤炭损失率为 20%～

25%，而整个矿井的煤炭采出率平均仅为 45%（数据来源：《2007 中国能源发展报告》）。若按我国每年 34 亿 t 煤炭产量计算，则每年因留设煤柱造成的煤炭损失高达 40 多亿吨。

（5）严重制约煤矿智能化发展。国家发展改革委、国家能源局、应急部等 8 个部门联合发布的《关于加快煤矿智能化发展的指导意见》（发改能源〔2020〕283 号）指出[5]，"煤矿智能化是煤炭工业高质量发展的核心技术支撑"。加快煤矿智能化发展，建设智慧煤矿是煤炭工业的战略方向[6]。而 121 工法由于巷道掘进和开采工艺复杂，许多工序离不开人工辅助，制约了煤矿智能化发展以及未来无人化开采的实现。

7.1.2　无煤柱自成巷 110/N00 工法

1. "切顶短臂梁"理论模型

针对 121 工法存在的问题，2009 年何满潮院士建立了"切顶短臂梁"理论模型[7]（图 7-3），提出了将对抗矿山压力转变为利用矿山压力，并利用垮落岩体碎胀特性充填地下空间的新思路，从而消减矿山压力引起的煤矿灾害。

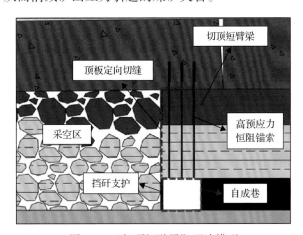

图 7-3　"切顶短臂梁"理论模型

在"切顶短臂梁"理论模型中，首先采用高预应力恒阻锚索支护技术[8-12]对巷道顶板进行控制，使得巷道顶板与其上方基本顶形成整体结构，保证采矿活动过程中巷道顶板围岩的稳定。同时，采用顶板定向切缝技术[13]切断部分顶板应力传递，形成短臂梁结构，利用矿山压力实现采空区顶板岩层的定向垮落。利用垮落矸石的碎胀特性充填采空区支撑上位顶板，在采矿形成的地下空间内形成矸石巷帮。另外，采用挡矸支护技术[14]对矸石巷帮进行维护，实现自动形成巷道。

2. 110 工法

基于"切顶短臂梁"理论，何满潮院士于 2009 年提出了无煤柱自成巷 110 工法[15]。该开采方法基于传统建井模式，利用现有长壁开采技术工艺体系和装备系统，通过对工作面回采巷道采空区侧顶板爆破预裂切缝，使其在回采过程中沿切缝自动切落，形成下一工作面回采巷道，从而回采"1"个工作面只需掘进"1"个工作面顺槽（另一个顺槽自动形成)，留设 "0" 个煤柱(图 7-4)。

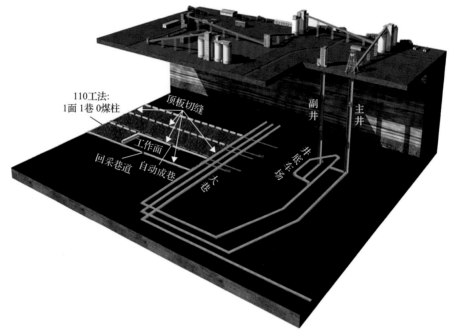

图 7-4 110 工法矿井建设布局及开采工艺

2009 年，全国首个无煤柱自成巷 110 工法工作面在四川白皎煤矿成功开采实施[16]，后又陆续在不同煤层厚度、不同煤层倾角以及不同煤层埋深等开采条件下推广应用(图 7-5)[17-21]，形成了系统的无煤柱自成巷 110 工法开采理论、技术工艺及配套装备体系[22-26]。

(a) 白皎煤矿(全国首面，中厚煤层) (b) 禾草沟煤矿(薄煤层) (c) 柠条塔煤矿(厚煤层坚硬顶板)

(d) 红柳林煤矿(浅埋煤层) (e) 福城煤矿(埋深932m，大倾角) (f) 安居煤矿(埋深1195m)

图 7-5 110 工法现场应用效果

截至目前，110 工法已在全国 47 个煤田百余对矿井成功应用，在开采方面使掘进巷道变为采后自动形成，使每个采煤工作面少掘一条回采巷道，实现了真正的无煤柱开采，杜绝了留设煤柱造成采动应力叠加诱发大变形工程灾害的安全隐患。

3. N00 工法

在 110 工法基础上，何满潮院士于 2015 年提出了无煤柱自成巷 N00 工法[27]。该开采方法从根本上改变传统长壁开采技术工艺体系和装备体系，通过改进采煤三机配套方式，实现了采掘一体化，利用全新设计的成巷四机装备配套，实现了采后自动成巷，并将其保留为下一工作面服务，实现了 N 个工作面无巷道掘进和无煤柱开采(图 7-6)。其中，1G N00 工法利用采留一体化关键技术工艺体系和装备系统，通过工作面单侧自动成巷，取消采空区内的巷道掘进(边界巷道除外)，实现采空区内无煤柱留设；2G N00 工法旨在实现工作面双侧自动成巷，取消采空区内全部巷道掘进，形成采-留-用一体化的开采体系。

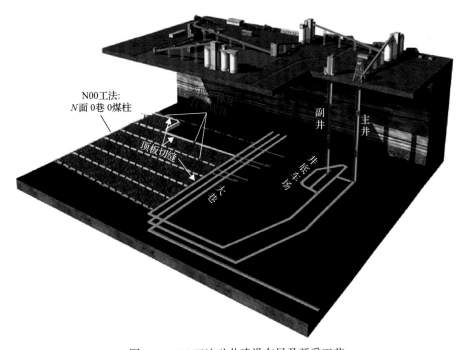

图 7-6　N00 工法矿井建设布局及开采工艺

无煤柱自成巷 1G N00 工法于 2016 年在陕煤集团陕北矿业柠条塔煤矿 S1201-Ⅱ 工作面成功应用[28-30]，验证了采煤与掘进一体化的开采模式，实现了自动成巷与无煤柱开采，取得了良好的巷道围岩控制效果，确保了工作面连续、安全、高效开采(图 7-7)。目前，该矿正在开展 2G N00 工法的工业性试验。

 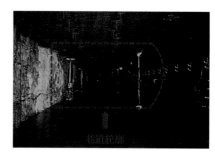

(a) 临时支护回撤前					(b) 临时支护回撤后

图 7-7 N00 工法现场应用效果(左侧为成巷巷帮)

7.1.3 深部 N00 建井新模式

深部 N00 建井新模式[31]则是将无煤柱自成巷采留一体化开采工艺应用到矿井设计(图 7-8),建立利用采煤留出运输系统和通风系统新理念,并且简化井底车场、井下变电所、井下水泵房设计,从而大幅简化矿井建设,降低矿井前期工程量;同时取消大巷掘进和煤柱留设,基本实现取消巷道掘进,煤炭采出率提高到80%以上。

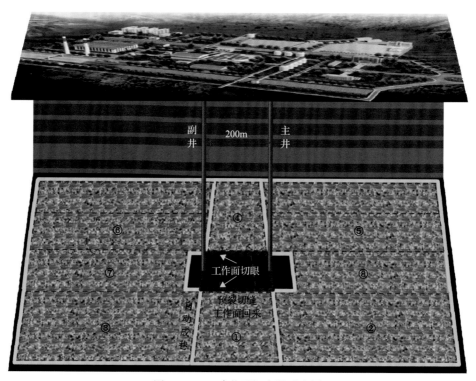

图 7-8 N00 建井开拓布局示意图

7.2　N00 建井采矿工程模型

7.2.1　无煤柱自成巷采矿工程模型

1. 采矿损伤不变量方程

采矿活动导致顶板岩层中出现地表沉降带、裂隙带和垮落带(部分地区无地表沉降带)。采矿活动在三带中产生的损伤可以用 K_1、K_2 和 K_3 表示，如图 7-9 所示。其中，K_1 为采矿引起的地表沉降损伤变量，K_2 为裂隙带中产生的裂隙损伤变量，K_3 为垮落带的顶板矸石碎胀损伤变量。对于采矿工程来说，采矿活动在三带中产生的损伤变量虽然是千变万化的，但是始终满足采矿损伤不变量方程[32]：

$$\begin{cases} K_1 + K_2 + K_3 = 1 \\ K_1 = \Delta V_S / \Delta V_m \\ K_2 = \Delta V_C / \Delta V_m \\ K_3 = \Delta V_B / \Delta V_m \end{cases} \tag{7-1}$$

式中：ΔV_S 为地表沉降体积；ΔV_m 为采矿体积；ΔV_C 为裂隙带中的裂隙体积；ΔV_B 为顶板垮落岩体的碎胀体积。

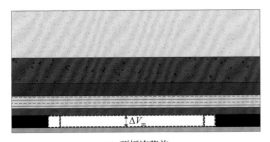

(a) 顶板垮落前

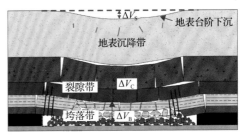

(b) 顶板垮落后

图 7-9　采矿损伤不变量方程的采矿工程模型[32]

对于 121 工法来说，地表沉降体积 ΔV_S 可以通过测量和计算得到，但是顶板岩层裂隙带中的裂隙体积 ΔV_C 和顶板垮落岩体的碎胀体积 ΔV_B 无法获知，因此 121 工法条件下的采矿损伤不变量方程无解。

2. 无煤柱自成巷采矿工程模型

110/N00 工法将传统长壁开采 121 工法顶板自然垮落改变为按照设计高度垮落，为采矿损伤不变量方程找到了最优解，实现了垮落带中矸石碎胀等于采矿量，使顶板岩层中的裂隙体积和采矿引起的地表沉降体积接近于零，其采矿工程模型如图 7-10 所示。

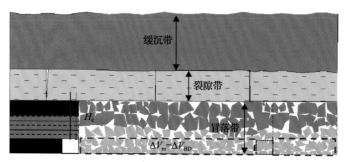

图 7-10　110/N00 工法的采矿工程模型

采矿损伤不变量方程的 110/N00 工法最优解为[32]

$$\begin{cases} K_1 = 0 \\ K_2 = 0 \\ K_3 = 1 \end{cases} \tag{7-2}$$

为了得到上述最优解，110/N00 工法利用顶板岩体自身碎胀特性，通过合理的切顶高度 H_C，并根据顶板垮落岩体的碎胀控制方程和现场测量得到的碎胀函数，控制顶板垮落岩体碎胀体积，使其实现采矿量和碎胀量之间的平衡，因此存在如下三个平衡方程：

$$\begin{cases} \Delta V_B = \Delta V_m \\ \Delta V_B = (K-1)H_C S \\ K = K_0 e^{-\alpha t} \end{cases} \tag{7-3}$$

式中：K 为顶板垮落岩体碎胀系数；K_0 为顶板垮落岩体初始碎胀系数；α 为待定系数；t 为时间；S 为开采面积。

7.2.2　无煤柱自成巷顶板岩层结构模型

基于"切顶短臂梁"理论，建立无煤柱自成巷巷道顶板岩层结构模型如图 7-11 所示。图中：β 为顶板切缝角度；$\sum h_i$ 为切顶高度；h_E 为基本顶岩层厚度；M 为煤层开采厚度；

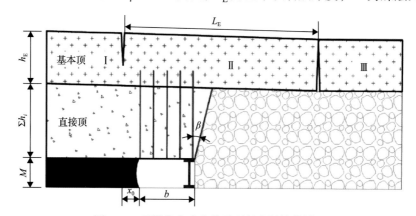

图 7-11　无煤柱自成巷巷道顶板岩层结构模型

b 为巷道宽度；x_0 为弧形巷帮侧煤岩体的应力极限平衡区宽度；L_E 为基本顶破断岩块 Ⅱ 的长度。

弧形巷帮侧煤岩体的应力极限平衡区宽度 x_0 为[33]

$$x_0 = \frac{M\lambda}{2\tan\varphi_0}\ln\left(\frac{k\gamma H + \dfrac{c_0}{\tan\varphi_0}}{\dfrac{c_0}{\tan\varphi_0} + \dfrac{p_x}{\lambda}}\right) \tag{7-4}$$

式中：λ 为侧压系数；p_x 为煤帮支护强度；H 为巷道埋深；c_0 为煤岩体黏结力；φ_0 为煤岩体内摩擦角；γ 为上覆岩层平均容重；k 为应力集中系数。

基本顶破断岩块 Ⅱ 的长度 L_E 为

$$L_E = l\left(-\frac{l}{S_g} + \sqrt{\frac{l^2}{S_g^2} + \frac{3}{2}}\right) \tag{7-5}$$

式中：S_g 为工作面长度；l 为基本顶周期来压步距。

7.2.3　无煤柱自成巷顶板变形力学模型

由于基本顶破断岩块 Ⅱ 两端支承条件的不同，其回转变形引起的巷道顶板变形在采空区侧最大，而弧形巷帮侧由于实体煤帮的支撑，其下沉较小。

根据图 7-11 建立巷道顶板下沉力学分析模型(图 7-12)。

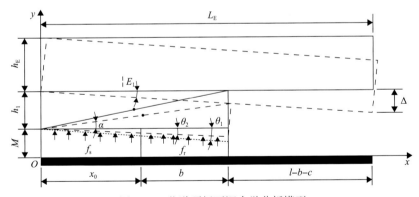

图 7-12　巷道顶板下沉力学分析模型

h_1 为直接顶厚度；θ_1、θ_2 为基本顶、直接顶回转角；Δ 为基本顶断裂岩块 Ⅱ 回转变形的最大下沉量

弧形巷帮侧煤岩体的力学性质对巷道围岩变形有重要的影响，煤岩体经受了漫长的地质构造运动，其内部的微裂隙、结构弱面等初始损伤在采动影响下将不断扩展，或演化成新的损伤。因此，采用损伤力学理论描述巷道变形等力学行为较为符合实际。根据 Lemaitre 应变等效假设，受损伤的煤岩体变形行为可以通过有效应力来体现，巷道周围煤岩体的损伤本构关系为

$$\tilde{\sigma} = \varepsilon E(1-D) = \varepsilon \tilde{E} \tag{7-6}$$

式中：$\tilde{\sigma}$ 为有效应力，MPa；ε 为应变；E 为煤岩体弹性模量，GPa；$\tilde{E}$ 为煤岩体有效弹性模量，GPa；D 为损伤变量，表示煤岩体的损伤程度。

若忽略直接顶和基本顶在采空区侧的破断角，假定基本顶、底板为刚体，直接顶、实体煤帮为可变形体，将直接顶、实体煤帮、巷内支护视为一个力学系统。直接顶上边界为基本顶的给定变形，左边界自由，右边界为固定端；基本顶两端分别由采空区垮落矸石和直接顶支承，直接顶承受巷内支护阻力 f_r 和实体煤帮支撑力 f_s 作用。

视模型为平面应变模型，根据材料力学应变能计算公式：

$$W = \iint \left(\frac{1}{2} \varepsilon^2 E \right) \mathrm{d}A$$

直接顶在基本顶给定变形状态下产生变形，储存应变能 W_1 为

$$W_1 = \iint \frac{1}{2} \left[\frac{x(\tan \theta_1 - \tan \theta_2)}{h_1} \right]^2 \tilde{E}_1 \mathrm{d}A = \frac{\tilde{E}_1 (x_0 + b)^3 (\tan \theta_1 - \tan \theta_2)^2}{6 h_1} \tag{7-7}$$

式中：W_1 为直接顶的储存应变能；θ_1 为基本顶的回转角，(°)；θ_2 为直接顶的回转角，(°)；h_1 为直接顶厚度，即切顶高度，m；$\tilde{E}_1$ 为直接顶有效弹性模量，GPa；x_0 为实体煤帮极限平衡区宽度，即基本顶破断点距实体煤帮边缘距离，m；b 为巷道宽度，m。

同理可得，实体煤帮的储存应变能 W_2 为

$$W_2 = \iint \frac{1}{2} \left(\frac{x \tan \theta_2}{M} \right)^2 \tilde{E}_2 \mathrm{d}A = \frac{\tilde{E}_2 x_0^3 \tan^2 \theta_2}{6M} \tag{7-8}$$

式中：W_2 为实体煤帮的储存应变能；$\tilde{E}_2$ 为实体煤帮有效弹性模量，GPa；M 为煤层开采厚度，m。

巷内支护阻力视为向上的均布荷载 f_r，其所做的功 W_3 为

$$W_3 = \int_{x_0}^{x_0+b} f_r x \tan \theta_2 \mathrm{d}x = \frac{1}{2} f_r (2 x_0 b + b^2) \tan \theta_2 \tag{7-9}$$

式中：W_3 为巷内支护阻力所做的功；f_r 为巷内支护阻力，kN。

设基本顶关键块因自重及其上覆岩层作用而传递到直接顶上的荷载为 q_0，则基本顶关键块对直接顶做功 W_4 为

$$W_4 = \int_0^{x_0+b} q_0 x \tan \theta_1 \mathrm{d}x = \frac{1}{2} q_0 (x_0 + b)^2 \tan \theta_1 \tag{7-10}$$

设直接顶回转后其对角线与回转前下边界夹角为 α，则直接顶重心产生的竖向位移为

$$\Delta c = \frac{1}{2} h_1 - \frac{1}{2} (b + x_0) \tan \alpha \tag{7-11}$$

由图 7-12 几何关系可知：

$$\tan(\alpha + \theta_1) = \frac{h_1}{b + x_0} \tag{7-12}$$

将式(7-12)代入式(7-11)得到直接顶产生的竖向位移为

$$\Delta c = \frac{[(b + x_0)^2 + h_1^2]\tan\theta_1}{2(b + x_0 + h_1\tan\theta_1)} \tag{7-13}$$

忽略顶板破断角的影响，则直接顶的重力做功为

$$W_5 = \gamma_z(b + x_0)h_1\Delta c = \frac{\gamma_z(b + x_0)h_1[(b + x_0)^2 + h_1^2]\tan\theta_1}{2(b + x_0 + h_1\tan\theta_1)} \tag{7-14}$$

式中：W_5 为直接顶重力所做的功；γ_z 为直接顶的容重，kN/m^3；

基本顶关键块在采空区侧有垮落矸石支撑，垮落矸石在基本顶及其上覆岩层荷载作用下被逐渐压实，压实后的残余碎胀系数为 K_p'，则基本顶关键块采空区端的下沉为

$$\Delta = (M + h_1)(1 - K_p') \tag{7-15}$$

根据几何关系可得

$$\tan\theta_1 = \frac{\Delta}{l} = \frac{(M + h_1)(1 - K_p')}{l} \tag{7-16}$$

式中：l 为基本顶周期来压步距。

由能量守恒得

$$W_1 + W_2 = W_3 + W_4 + W_5 \tag{7-17}$$

即

$$\frac{\tilde{E}_1(x_0 + b)^3(\tan\theta_1 - \tan\theta_2)^2}{6h_1} + \frac{\tilde{E}_2 x_0^3 \tan^2\theta_2}{6M} = \frac{1}{2}f_r(2x_0 b + b^2)\tan\theta_2 + \frac{1}{2}q_0(x_0 + b)^2\tan\theta_1$$
$$+ \frac{\gamma_z(b + x_0)h_1[(b + x_0)^2 + h_1^2]\tan\theta_1}{2(b + x_0 + h_1\tan\theta_1)} \tag{7-18}$$

直接顶在采空区端下沉量为

$$s = (b + x_0)\tan\theta_2 \tag{7-19}$$

将式(7-16)、式(7-19)代入式(7-18)得

$$\frac{\tilde{E}_1(x_0+b)^3[(M+h_1)(1-K_p')(b+x_0)-ls]^2}{6h_1l(b+x_0)}+\frac{\tilde{E}_2x_0^3s^2}{6M(b+x_0)^2}$$

$$=\frac{f_r(2x_0b+b^2)s}{2(b+x_0)}+\frac{q_0(x_0+b)^2(M+h_1)(1-K_p')}{2l}+\frac{\gamma_z(b+x_0)h_1[(b+x_0)^2+h_1^2](M+h_1)(1-K_p')}{2[l(b+x_0)+h_1(M+h_1)(1-K_p')]}$$

$$(7\text{-}20)$$

式(7-20)是关于无煤柱自成巷巷道切顶侧顶板下沉量 s 的一元二次方程，解该方程即可得到巷道切顶侧顶板下沉量。

7.2.4 组合岩层受力分析模型

采空区顶板垮落初期，矸石未能填满采空区，此时顶板岩层不受采空区矸石支撑，巷道顶板岩层靠围岩自身强度和支护结构支撑而保持稳定。同时，为使分析简单，忽略基本顶破断岩块Ⅰ和岩块Ⅲ对岩块Ⅱ的水平支撑力及竖向剪切力，则基本顶破断岩块Ⅱ与直接顶组合体受力分析模型如图 7-13 所示。图中：b 为巷道宽度；a 为切顶护帮支架支撑力的作用点到巷道边缘的距离；C 为切顶后直接顶岩层形心；P_a 为切顶护帮支架的支护阻力。

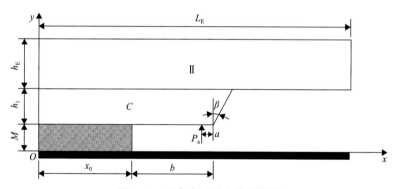

图 7-13 组合岩层受力分析模型

根据图 7-13 所示的几何关系可求得直接顶形心横坐标 x_c 为

$$x_c=\frac{3(b+x_0)^2+\tan\beta(h_E\tan\beta+3b+3x_0)}{6(b+x_0)+h_E\tan\beta}\qquad(7\text{-}21)$$

认为基本顶破断岩块Ⅱ和直接顶的组合体的运动是绕煤岩体弹塑性分界点的旋转下沉运动，则由平衡原理可得

$$\frac{1}{2}[2(b+x_0)+\sum h_i\tan\beta]\sum h_i\gamma_ix_c+\frac{1}{2}\gamma_Eh_EL_E^2=P_a(b+x_0-a)+\sum M_i+M_E\quad(7\text{-}22)$$

式中：P_a 为切顶护帮支架的支护阻力；γ_i 为直接顶各岩层的容重；γ_E 为基本顶岩层容重；$\sum M_i$ 为直接顶各岩层残余弯矩；M_E 为基本顶残余弯矩。

由此可求得切顶护帮支架的支护阻力 P_a 为

$$P_a = \frac{1}{b+x_0-a}\left[\left(b+x_0+\frac{1}{2}\tan\beta\right)\sum h_i\gamma_i x_c + \frac{1}{2}\gamma_E h_E L_E^2 - \sum M_i - M_E\right] \tag{7-23}$$

由顶板变形力学模型及支护力计算公式可以看出，支护阻力与围岩自身残余抗弯能力有很大关系，当基本顶和直接顶均未发生损伤或破断时，所需切顶护帮支架提供的支护阻力最小。但通常来讲，巷道顶板岩层在自身重力荷载与上覆岩层荷载作用下容易产生损伤，尤其基本顶岩层，其塑性变形能力差，极易在实体煤帮侧弹塑性分界面处产生脆性破断。

顶板岩层抗弯能力的损伤程度与其自身回转下沉变形程度密切相关，顶板回转下沉变形越大，抗弯能力的损伤程度越大，且煤层开采厚度越大顶板回转下沉变形越大，导致其抗弯能力损失程度越大。而顶板回转下沉变形与采空区充填高度密切相关，呈正相关关系。

因此，通过合理地设计切顶高度，使切落顶板岩块通过碎胀，充分充填采空区空间，从而对上覆完整顶板提供尽可能大的支撑能力，这样顶板回转下沉变形就较小，从而消除或削弱采动集中应力，并以较小的支护力就可以实现巷道稳定。

7.3　N00 建井关键工艺

7.3.1　N00 建井留巷整体技术工艺

N00 建井留巷整体技术工艺如图 7-14 所示。

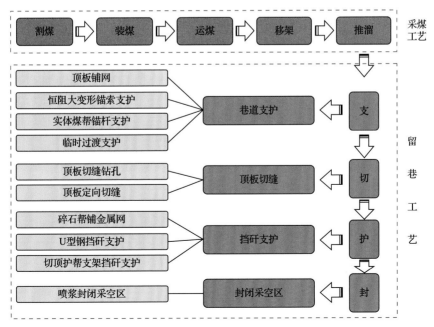

图 7-14　N00 建井留巷整体技术工艺

整体技术工艺除正常割煤、推溜、移架等工艺工序外，还增加了机尾留巷工艺，具体包括机尾截割巷道帮、顶板自动铺网、NPR 恒阻大变形锚索支护、顶板切缝、挡矸支护、喷浆、巷道加强支护等。主要工艺流程以割煤工序为中心，割煤、装煤、运煤、移架、推溜、巷道支护、顶板切缝、挡矸支护各工序平行作业，所有工序在一个割煤循环内完成。

割煤：采用双滚筒采煤机双向割煤，采用端头斜切进刀方式，当采煤机从机尾进刀或从机头割至机尾设计边界线时，通过上下摆动滚筒割出巷道实体煤帮弧形轮廓。

装煤：采煤机割煤时上滚筒割顶煤、下滚筒割底煤，利用采煤机滚筒螺旋叶片、机尾挡煤收煤装置使煤落到刮板输送机上，剩余的煤在推溜过程中由铲煤板、机尾清理浮煤装置自行装入刮板输送机中。

运煤：采煤机用滚筒将煤装入刮板输送机，经刮板输送机运输到转载机后，经破碎机破碎后落到胶带输送机上，经胶带输送机运出。

移架：采用追机移架方式对工作面顶板及时进行支护，采用带压擦顶移架方式移架，支架滞后采煤机后滚筒一定距离拉架。

推溜：在移架滞后采煤机后滚筒一定距离后开始顺序推溜，推出后，应推成一条直线，严禁分段推移刮板输送机。

巷道支护：巷道支护与割煤、装煤、运煤、移架、推溜等工序平行作业，包括巷道顶板 NPR 锚索支护和巷内切顶护帮支架临时支护。锚索支护成套设备需与端头支架配合动作，在端头支架移架并支撑顶板后，N00 锚索钻机(前部)通过平移及角度调整机具对准设计位置进行钻孔，然后进行锚固、安装、张拉预紧作业，切顶护帮支架临时支护紧跟切缝钻机支架的前移立即支设。

顶板切缝：顶板切缝与割煤、装煤、运煤、移架、推溜、巷道支护等工序平行作业，工作面机尾端头支架、钻机支架完成移架后，N00 切缝钻机开始工作，首先按工法要求将钻机调整到位，然后将顶部支撑伸出撑住顶板，上好钻杆，开始钻孔，同时水阀打开，用水排屑；打钻机构行至终点时，卸开钻杆，打钻机构退至始点，接好钻杆继续钻孔；待钻孔深度达到预定要求，卸钻杆，降下顶部支撑。要求在一个割煤循环内完成设计规定数量的切缝钻孔施工并收回钻机摇臂和钻杆，钻孔深度应符合设计要求，钻孔间距根据现场试验确定。在滞后切缝钻机一定位置，N00 液态定向切缝机同时工作，并保证在一个割煤循环内完成钻孔切缝的工作，切缝深度需满足设计要求。

挡矸支护：挡矸支护与割煤、装煤、运煤、移架、推溜、巷道支护、顶板切缝等工序平行作业，采煤机完成一个割煤循环后，在钻机支架后方沿切缝线布置一排挡矸 U 型钢进行挡矸支护，U 型钢间距为 0.5 个割煤步距(每个割煤循环安装 2 根 U 型钢)，U 型钢竖直布置，顶部与巷道顶板接触牢固，底部卧底，并使用铁丝将 U 型钢与挡矸金属网连接，防止其倾斜、滑倒，然后操作切顶护帮支架挡矸横杆抵住 U 型钢，如此完成一个割煤循环的挡矸支护。

封闭：为防止留巷向采空区漏风，防止采空区的水流入巷道，当采空区顶板岩石垮落稳定后，对碎石帮进行喷浆处理。

7.3.2　N00 建井通风系统模式

基于巷道重复利用的理念，通风系统模式的设计依托于运输系统，副井在轨道运输巷阶段为进风段，皮带运输巷在主井阶段为回风段，使煤矿深井无煤柱自留巷开采井巷设计达到开采、运输、通风三位一体的理想效果，极大地减少了巷道的掘进，并简化了矿井的巷道系统。

1. 通风系统布置方式

矿井通风系统由无煤柱自成巷及工作面形成，如图 7-15 所示。

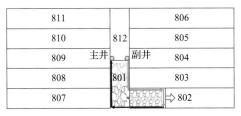

(a) 第一个工作面

(b) 第二个工作面

图 7-15　通风系统布置方式

矿井主要采用主井回风、副井进风，大型通风机布置在主井。其具有以下特点及问题。

(1) 大功率通风机、通风设备布置在主井。

(2) 通风系统为单一回路，若出现通风事故，极易导致井下无风。

(3) 回风系统与运煤系统巷道重叠，易存在煤尘爆炸隐患，需布置除尘设备及辅助通风设备。

(4) 生产过程中，多个工作面、工作面延伸距离较远、机电设备及人员多等，必将导致所需风量较大、风速过快，需布置辅助通风设备，降低风速，优化通风系统。

2. 通风系统模式计算

由于 1500～2000m 的深部矿井，通风困难，工况复杂，矿井通风系统的通风方式选择同时采用抽出式与压入式。

1) 通风系统的通风风阻与等积孔理论计算

通过理论计算，巷道在理想条件下的通风风阻：

$$h_{\mathrm{fr}} = \frac{\alpha L U Q^2}{S^3} \tag{7-24}$$

等积孔：

$$A = \frac{1.1917 Q}{\sqrt{h_{\mathrm{fr}}}} \tag{7-25}$$

式中：α 为摩擦阻力系数；L 为巷道总长度；U 为巷道断面周界；Q 为巷道通风总量；S 为巷道断面面积。

随着生产进行，巷道的延伸长度增加，由于副井进风、主井回风的风路长度增加，巷道的通风风阻明显提高，在后期矿井通风系统总的通风风阻明显大于 2940Pa，等积孔小于 $1m^2$，通风困难，影响通风的正常进行(图 7-16、图 7-17)。

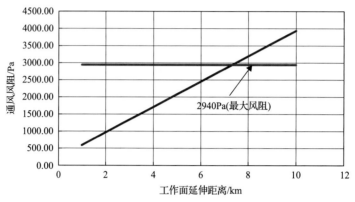

图 7-16　通风阻力与工作面延伸距离的关系

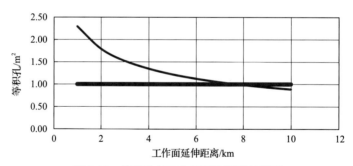

图 7-17　等积孔与工作面延伸距离的关系

2)通风困难时期的预想方案

在通风困难时期，一般为矿井生产的中后期，采煤工作面布置在距离主井 6～8km 以上的采区，初步设计通过建设风井的方式进行通风，如图 7-18 所示。

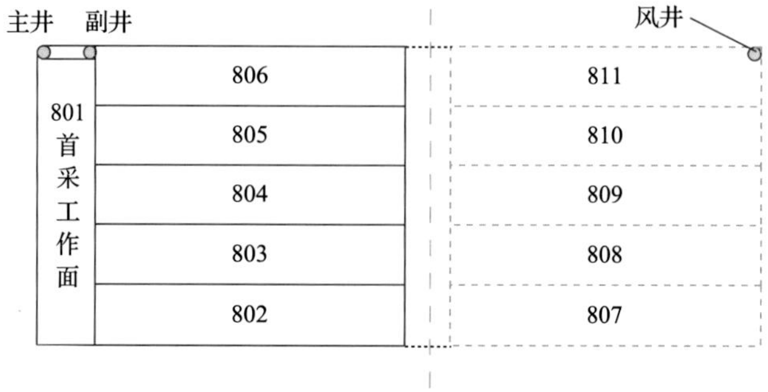

主井　副井		风井
801首采工作面	806	811
	805	810
	804	809
	803	808
	802	807

图 7-18　风井建设示意图

通过建设风井，极大地减小了回风巷道的长度，降低通风阻力，降低了通风难度，有效地消除了通风隐患(图 7-19、图 7-20)。

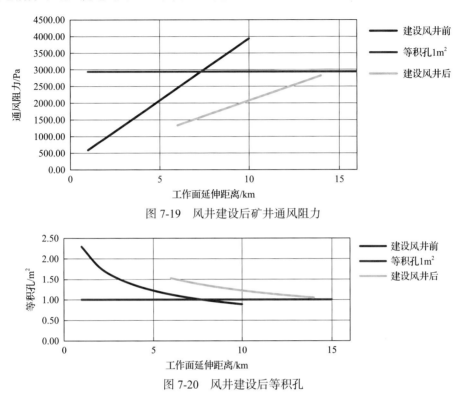

图 7-19　风井建设后矿井通风阻力

图 7-20　风井建设后等积孔

7.4　N00 建井配套关键技术与装备

7.4.1　顶板定向预裂切缝技术

为了实现顶板岩体在采空区顺利切落，研发了单裂面双向聚能预裂切缝技术及单裂面瞬时胀裂切缝技术。

1. 单裂面双向聚能预裂切缝技术

1)技术原理

单裂面双向聚能预裂切缝技术是从传统光面爆破和定向断裂爆破的基础上发展出来的。传统光面爆破通过降低炸药爆破冲击波对孔壁的直接破坏作用，避免产生大量的随机初始裂纹或压碎区，而通过多孔起爆的方式，在炮孔中心连线的方向上产生拉应力场的叠加，从而将炮孔沿着连线方向产生裂隙贯穿，爆破后产生平滑的光面[34]。

光面爆破的要点是避免爆破直接作用于孔壁产生随机裂隙，通过爆破应力在炮孔连线方向上的叠加作用，产生对炮孔的张拉应力和张裂裂纹，加之气体膨胀的作用，张拉裂隙将孔与孔直接贯通，形成定向面。但是不能避免的是，爆破在孔壁径向上产生随机裂隙，从而不能保护两侧岩体的损伤，在存有节理面的情况下，光面爆破的效果大打折扣，不能很好实现定向断裂。为了解决上述问题，出现和发展了岩石的定向断裂爆破技术，岩石定向断裂爆破方法主要分三类(图 7-21)：

(1)对孔壁进行机械切槽改变炮孔初始形状；

(2)采用聚能药包，利用聚能炸药射流破坏原理对炮孔周围形成定向裂纹；

(3)采用切缝管材，利用切缝管材的能量导向机制对非切缝方向孔壁保护，在切缝方向形成定向裂缝。

(a) 炮孔切槽定向断裂爆破　　(b) 聚能药包定向断裂爆破　　(c) 切缝管材定向断裂爆破

图 7-21　岩石定向断裂爆破种类

单裂面双向聚能预裂切缝技术采用内置特殊形状的聚能管材，改变爆破冲击波和气体的初始空间运动分布。如图 7-22 所示，在聚能空穴的方向爆破产物能量集中形成射流，而在非聚能方向聚能管材抑制了爆破产物的传播。增加聚能管大大改善了爆破对孔壁的作用力，使得在非定向方向降低了对岩体的爆破作用，而爆破作用增加了应力波在定向方向产生随机的裂隙数量，以及连孔之间的损伤。在气体张拉阶段，更是由于扩展了裂隙，使得连线方向上裂隙扩展和贯通，提高了定向张拉形成了单裂缝效果。

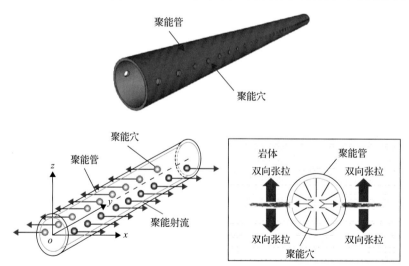

图 7-22　单裂面双向聚能预裂切缝技术原理

图 7-23 为普通爆破(未使用聚能管爆破)与采用聚能管定向张拉爆破两者破岩结果的示意图，可以看出对于普通爆破会产生明显的压碎区，爆破对于顶板生成的裂隙是随机的，而使用聚能管定向张拉爆破后不会产生压碎区，爆破对于顶板生成定向的裂纹。

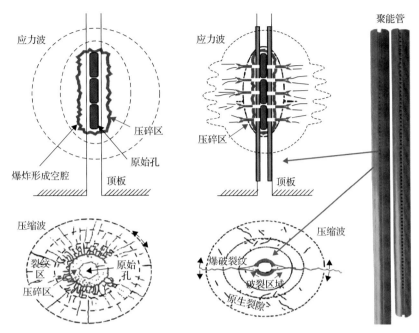

图 7-23　未加聚能管与聚能管定向张拉爆破破岩结果示意图

图 7-24 为两种爆破的现场试验效果对比，通过对比爆破岩体的裂隙扩展情况可以看出，聚能管使得裂隙扩展沿着聚能方向扩展，非聚能方向得到保护，而普通爆破后产生的爆破裂隙没有定向扩展而呈不同的角度随机发展。普通爆破后，爆生产物和爆轰能量向四周扩散，压力作用较为均匀，很大一部分能量耗散在破碎岩体上，同样的装药量往往出现压碎区范围广但深度浅的现象。

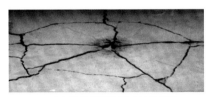
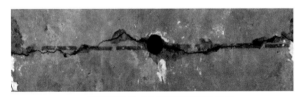

(a) 未加聚能管单孔爆破试验效果　　　　　　　　(b) 聚能管爆破产生定向裂纹试验效果

图 7-24　两种爆破的现场试验效果对比

利用岩石的抗压不抗拉特性，研发了单裂面双向聚能预裂切缝技术。该技术实施过程中，爆破能量按照人为设定的方向流通，在巷道顶板与采空区顶板交界面方向产生聚能流，形成强力气楔力，集中作用在设定方向上，当裂隙内的张拉力大于其抗压强度时，裂隙产生，形成切缝线。其作用过程分为以下几个阶段。

(1)聚能流侵彻岩体阶段。首先利用双向抗拉聚能装置进行装药，聚能孔方向与巷道轴线方向平行。炸药爆炸后，由于聚能装置的聚能作用，瞬间产生高温、高压、高速聚能流，集中作用在聚能方向上。该阶段是一个急剧变化的化学反应过程，生成的产物具有极高的温度和压强。在爆生产物的强烈气楔作用下，聚能流侵彻设定方向上的岩体，作用在孔壁上，使其产生初始裂隙，为后续的应力波和爆生气体进一步扩展裂纹起到定向作用。

(2)爆轰冲击波作用阶段。在聚能流侵彻岩体完毕后，爆生产物充填胀满爆破孔。爆轰冲击波集中作用在由聚能流侵彻形成的初始裂隙中，产生气楔作用，在垂直于初始裂隙方向产生张拉力，进一步增大裂隙宽度，致使岩体沿预裂隙方向断裂，从而促进裂隙（面）扩展、延伸。该张拉力远大于岩体的抗拉强度，顶板在此阶段易发生粉碎破坏，而保护方位(非聚能部位)则破坏较少。

(3)应力波作用阶段。随着爆轰冲击波作用强度减弱，在粉碎区边界区域，爆轰冲击波衰减为应力波，此时的波强度低于岩体的抗压强度，很少会造成压剪破坏，但远大于岩体的动态抗拉强度。此时，由爆生气体作用在非聚能方向上的压应力也将产生一部分张拉应力，作用在垂直于切缝线方向上的聚能装置壁上，促进径向拉伸裂隙产生。此阶段裂隙大量延伸扩展，聚能装置起到三个基本力学作用：对岩体产生聚能压力作用，此时聚能方向局部受压，产生局部裂隙；炮孔围岩非聚能方向均匀受压，局部集中受拉，有助于裂隙扩展；聚能垂直方向受张拉作用，成为裂隙扩展的主要驱动力。

(4)爆生气体作用阶段。裂隙形成后，爆生气体起最后的驱动作用。爆生气体作用较为缓和，主要形成静态应力场。由于此阶段的静态力远小于爆轰初期的动态压力，因此裂隙扩展幅度、驱动发育程度与爆生气体作用时间、气体进入裂隙的深度等因素有关。此外，爆生气体的压力和温度急剧下降，造成受压岩体弹性能释放，岩体质点向孔中心方向移动，有助于生成少量的环状裂隙。实际聚能爆破过程中，几个孔往往同时起爆，炮孔间的应力叠加效应增加了裂隙的扩展和延伸。

通过以上分析可知，聚能爆破模式下沿爆破孔径方向可形成不同的破坏分区。与普通爆破方式对比，聚能爆破作用下爆破粉碎区范围更小，聚能方向的裂隙发育区和扩展区范围更大，从而有效保护巷道顶板少受损坏的同时增强切缝效果。

2)单裂面双向聚能预裂切缝爆破力学模型

单裂面双向聚能预裂切缝爆破的实质是通过使用聚能装置控制爆生产物作用方向，使之在非设定方向上产生均衡压力，在设定方向上产生拉张作用力，实现孔间拉张成缝。为表征爆破聚能效果，建立爆破力学模型，如图 7-25 所示。

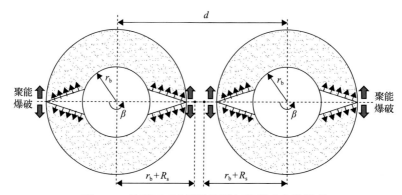

图 7-25　单裂面双向聚能预裂切缝爆破力学模型

d 为两个爆破孔中心距；β 为两孔聚能方向夹角(一般为180°)；r_b 为爆破孔孔径；R_s 为爆破应力损伤范围

单孔爆破后，聚能孔围岩会产生损伤裂缝区，欲使顶板岩体按照设计高度及角度顺利切落，两相邻孔间损伤区域应有重合。聚能孔围岩损伤范围受岩体性质、聚能作用流速强度、爆破模式等多种因素影响。假设聚能作用流速均匀，相邻爆破孔间距为 r_b，中心距为 d，由于预裂爆破采用不耦合系数较小的柱状药包，根据凝聚炸药的 C-J 理论，由动量守恒定理可以导出冲击波阵面上的平均压力为

$$P_w = \frac{\rho_0 D^2}{2(k+1)} \tag{7-26}$$

式中：ρ_0 为炸药密度；D 为冲击波波速；k 为等熵指数（$k = 1.9 + 0.6\rho_0$，一般取 2）。

根据应力波衰减规律，爆炸应力损伤范围 R_s 计算公式为

$$R_s = r_b \left[\frac{\lambda P_b}{(1-D_0)\sigma_t + \sigma_0} \right]^{\frac{1}{a'}} \tag{7-27}$$

式中：λ 为侧压系数；D_0 为岩体初始损伤；σ_t 为顶板岩体的抗拉强度；σ_0 为原岩应力；a' 为岩体中应力波的衰减指数，与顶板岩性和爆破方式有关；P_b 为爆轰产物峰值压力。

若要达到良好的切缝效果，两孔的损伤裂隙应贯通，其判据条件为两个聚能爆破孔产生的损伤深度之和大于孔距，爆破的判据条件可导出为

$$d \leqslant 2r_b \left[1 + \left(\frac{\lambda P_b}{(1-D_0)\sigma_t + \sigma_0} \right)^{\frac{1}{a'}} \right] \tag{7-28}$$

3）双向聚能预裂切缝爆破致裂力学机理

①聚能爆破岩体裂隙扩展力学模型。根据爆破荷载作用下裂隙扩展过程，建立聚能爆破岩体裂隙扩展力学模型，如图 7-26 所示。

假设 a 为裂纹尖端半径，α 为裂纹扩展方向与主应力夹角，q_0 为竖直应力，β 为切缝角，P 为在冲击波、爆生气体等综合作用下的有效作用力，k 为两个作用方向上的应力比，$k = \lambda / (\sin\beta + \lambda\cos\beta)$。

在这种受力状态下，裂纹受到地应力和冲击波共同作用。运用边界配置法可得出由地应力引起的裂纹尖端 I 型断裂强度因子：

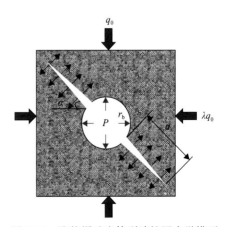

图 7-26　聚能爆破岩体裂隙扩展力学模型

$$K_{\mathrm{I}-p_0} = p_0'\sqrt{\pi a}\left[(1-\lambda')\left\{0.5\left(3-\frac{a}{r_{\mathrm{b}}+a}\right)\cdot\left[1+1.243\left(1-\frac{a}{r_{\mathrm{b}}+a}\right)^3\right]\right\}\right.$$
$$\left.+\lambda'\left\{1+\left(1-\frac{a}{r_{\mathrm{b}}+a}\right)\left[0.5+0.743\left(1-\frac{a}{r_{\mathrm{b}}+a}\right)^2\right]\right\}\right] \tag{7-29}$$

式中：p_0' 和 λ' 分别为远场等效荷载和侧压系数，其中：

$$p_0' = q_0\left[1+k+(1-k)\cos 2\alpha\right]/2$$
$$\lambda' = \frac{1+k-(1-k)\cos 2\alpha}{1+k+(1-k)\cos 2\alpha} \tag{7-30}$$

由爆轰产物压力引发的裂纹尖端 I 型断裂强度因子为

$$K_{\mathrm{I}-P} = P\sqrt{\pi a}\left[(1-\eta)\left(1-\frac{a}{r_{\mathrm{b}}+a}\right)\left[0.637+0.485\left(1-\frac{a}{r_{\mathrm{b}}+a}\right)^2+0.4\left(\frac{a}{r_{\mathrm{b}}+a}\right)^2\left(1-\frac{a}{r_{\mathrm{b}}+a}\right)\right]\right.$$
$$\left.+\eta\cdot\left\{1+\left(1-\frac{a}{r_{\mathrm{b}}+a}\right)\left[0.5+0.743\left(1-\frac{a}{r_{\mathrm{b}}+a}\right)^2\right]\right\}\right]$$

$$\tag{7-31}$$

式中：η 为压力系数。

根据断裂力学，由爆轰产物压力引发的裂纹尖端 I 型总断裂强度因子为

$$K_{\mathrm{I}} = K_{\mathrm{I}-p_0} + K_{\mathrm{I}-P} \tag{7-32}$$

此外，远场应力还在裂纹尖端产生 II 型断裂强度因子，可采用映射函数法获得，可表示为

$$K_{\mathrm{II}} = \tau\sqrt{\pi a}\left[0.0089+5.3936\left(\frac{a}{r_{\mathrm{b}}+a}\right)-7.5216\left(\frac{a}{r_{\mathrm{b}}+a}\right)^2+3.127\left(\frac{a}{r_{\mathrm{b}}+a}\right)^3\right] \tag{7-33}$$

式中：$\tau=\left[q'(1-k)\sin 2\alpha\right]/2$ 。

根据断裂力学，可得出聚能爆破模式下倾角为 θ，半径为 r 处的尖端裂缝位置应力场，在聚能流作用下形成初始裂隙场，如图 7-27 所示，其中：

$$\begin{cases} \sigma_r = \frac{1}{2\sqrt{2\pi r}}\left[K_{\mathrm{I}}\cos\frac{\theta}{2}(3-\cos\theta)+K_{\mathrm{II}}\sin\frac{\theta}{2}(3\cos\theta-1)\right] \\ \sigma_\theta = \frac{1}{2\sqrt{2\pi r}}\cos\frac{\theta}{2}\left[K_{\mathrm{I}}(1+\cos\theta)-3K_{\mathrm{II}}\sin\theta\right] \\ \tau_{r\theta} = \frac{1}{2\sqrt{2\pi r}}\cos\frac{\theta}{2}\left[K_{\mathrm{I}}\sin\theta+K_{\mathrm{II}}(3\cos\theta-1)\right] \end{cases}$$

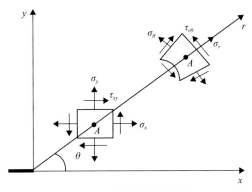

图 7-27　裂缝尖端应力场

②爆轰冲击波作用下致裂参数。爆轰冲击波作用阶段，顶板裂隙的扩展与径向应力、轴向应力及应力波的衰减规律密切相关。由于聚能爆破采用不耦合装药模式，强力冲击波作用下顶板岩体产生压碎现象。随着应力波传播距离加大，应力大小逐渐衰减，径向应力峰值与冲击波应力峰值关系为

$$(\sigma_r)_{m1} = P_1 \big/ \bar{r}^{\alpha} \tag{7-34}$$

式中：$\bar{r}$ 为岩体质点单元距爆破孔中心的距离与孔半径的比值，$\bar{r} = r/r_b$；α 为衰减指数，与顶板岩体力学参数有关。

当顶板岩体的动态抗压强度小于爆轰冲击波的径向应力峰值时，岩体发生压碎破坏，形成破碎区。采用聚能装置后，聚能方向上应力更为集中。设顶板岩体的动态抗压强度为 τ_c，考虑到聚能影响，引入聚能影响系数 ξ，则岩体破坏发生的临界条件为

$$\xi(\sigma_r)_{m1} = \tau_c \tag{7-35}$$

联合式(7-34)和式(7-35)，可推导出冲击波作用阶段，聚能方向上的破碎区范围为

$$R_j = (P_1 \xi / \tau_c)^{1/\alpha} r_b \tag{7-36}$$

非聚能方向上可假设其不受聚能作用影响，采用常规爆破理论求解，令

$$(\sigma_r)_{m1} = \tau_c \tag{7-37}$$

联合式(7-34)和式(7-37)，可导出非聚能方向上破碎区半径为

$$R_f = (P_1 / \tau_c)^{1/\alpha} r_b \tag{7-38}$$

整理后可得爆轰冲击波作用阶段，采用聚能张拉爆破技术后顶板岩体粉碎区范围为

$$(\xi P_1 / \tau_c)^{\frac{1}{2 + \mu/(1+\mu)}} r_b \leqslant R_1 \leqslant (P_1 / \tau_c)^{\frac{1}{2 + \mu/(1+\mu)}} r_b \tag{7-39}$$

式中：μ 为顶板岩体力学参数，$\alpha = 2 + \mu/(1+\mu)$。

③应力波作用下致裂参数

a. 裂隙扩展方向

爆轰冲击波在穿过岩石介质及损伤空隙过程中，单位体积上的能量密度逐渐减弱，爆轰冲击波演变为应力波，继续作用在岩体上。由于应力波强度降低，达不到岩体破坏准则，不能引起岩体的粉碎破坏。但由于波的反射作用，波强度可达到岩体的抗拉强度，因此，此阶段主要发生拉张破坏。

普通爆破模式下，裂隙扩展方向较为随机，更易沿着最大环向应力方向开裂。当最大环向应力大于岩体的动态抗拉强度时，裂隙扩展；当最大环向应力小于岩体的动态抗拉强度时，裂隙扩展停止。普通爆破模式下，裂隙扩展方向与断裂强度因子有关，为确定其方向，环向应力 σ_θ 需满足以下条件：

$$\begin{cases} \partial \sigma_\theta / \partial \theta = 0 \\ \partial^2 \sigma_\theta / \partial \theta^2 < 0 \end{cases} \tag{7-40}$$

根据式(7-40)可得出裂隙扩展方位角 θ_0 满足：

$$\cos \frac{\theta_0}{2} \left[K_{\mathrm{I}} \sin \theta_0 + K_{\mathrm{II}}(3\cos \theta_0 - 1) \right] = 0 \tag{7-41}$$

对式(7-41)分析可知，倘若 $\cos \dfrac{\theta_0}{2} = 0$，可得 $\theta_0 = \pm \pi$，没有实际意义，因此只能：

$$K_{\mathrm{I}} \sin \theta_0 + K_{\mathrm{II}}(3\cos \theta_0 - 1) = 0 \tag{7-42}$$

此时，$\theta_0 \neq 0$，说明裂隙扩展方向在非聚能及聚能模式下不同，从而形成裂隙分支。

在聚能爆破模式下，爆破起始阶段主要为聚能流的侵彻作用，在此作用下形成了定向裂缝，应力波主要在该定向裂隙的引导作用下继续扩展原有裂隙，因此聚能效果理想情况下裂隙扩展方向即为聚能方向。

b. 裂隙扩展长度

应力波作用阶段，岩体单元环向方向拉应力峰值可表示为

$$(\sigma_\theta)_{\mathrm{m2}} = bP_2 / \overline{r}^\alpha \tag{7-43}$$

式中：b 为比例系数；P_2 为应力波作用阶段压力峰值；m2 为应力波作用阶段。

令 $(\sigma_\theta)_{\mathrm{m2}} = \tau_{\mathrm{t}}$，可得

$$r = (bP_2 / \tau_{\mathrm{t}})^{1/\alpha} a \tag{7-44}$$

由于爆轰冲击波作用阶段已对岩体造成一部分损伤，同时考虑到岩体本身的缺陷，引入损伤因子 D_0，得到普通爆破模式下裂隙发育范围：

$$r = \frac{(bP_2 / \tau_{\mathrm{t}})^{1/\alpha}}{1 - D_0} a \tag{7-45}$$

在聚能方向上，由于爆轰冲击波的侵彻作用，粉碎区范围更大，从而透过粉碎区消耗的能量减少，聚能方向作用能量增多，裂隙扩展范围增大。引入聚能系数 ξ_2，可得聚能作用下裂隙扩展长度：

$$r = \frac{(bP_2\xi_2/\tau_{\mathrm{t}})^{1/\alpha}}{1-D_0}a \qquad (7\text{-}46)$$

由此，可得出采用聚能装置爆破后裂隙发育区半径满足：

$$\frac{(bP_2/\tau_{\mathrm{t}})^{\frac{1+\mu}{2+3\mu}}}{1-D_0}a < R_2 < \frac{(bP_2\xi_2/\tau_{\mathrm{t}})^{\frac{1+\mu}{2+3\mu}}}{1-D_0}a \qquad (7\text{-}47)$$

④爆生气体作用下致裂参数

a. 裂隙扩展方向

随着爆轰冲击波和应力波作用减弱，后期裂隙扩展主要靠爆生气体准静态压力作用，该部分裂隙扩展长度最小。爆生气体作用下，可将裂隙视为 I 型裂纹进行分析。根据断裂力学理论，令

$$\begin{cases} \partial\sigma_\theta/\partial\theta = 0 \\ \partial^2\sigma_\theta/\partial\theta^2 < 0 \\ K_{\mathrm{II}} = 0 \end{cases} \qquad (7\text{-}48)$$

根据式(7-48)，可得爆生气体作用下裂隙扩展方向 $\theta_0=0$。由此可知，该阶段裂隙扩展方向主要是沿着原有裂隙方向扩展。爆生气体作用下的尖端应力强度因子为

$$K_{\mathrm{I}} = P_3 F\sqrt{\pi(a+r_0)} + \sigma\sqrt{\pi r_0} \qquad (7\text{-}49)$$

式中：F 为修正系数；P_3 为爆生气体作用阶段应力峰值；r_0 为裂隙扩展终止长度；σ 为爆生气体作用产生的环向应力。

根据断裂力学理论，当尖端应力强度因子大于岩体的断裂韧性时，裂隙扩展，由此得出聚能方向上裂隙的起裂条件：

$$P_3 > \frac{K_{\mathrm{IC}} - \sigma\sqrt{\pi r_0}}{F\sqrt{\pi(a+r_0)}} \qquad (7\text{-}50)$$

式中：K_{IC} 为岩体断裂韧性。

非聚能方向上，环向应力较小或者基本为 0，一定程度上增大了岩体裂隙起裂、扩展所需压力，因此聚能方向上优先发展，体现出聚能爆破和聚能装置的优势。

b. 裂隙扩展长度

假设爆生气体只生产稳态静压力场，不随时间变化，体积恒定，则可采用静力学方法分析。环向应力峰值可表示为

$$(\sigma_\theta)_{m3} = P_3 a^2 / r^2 \tag{7-51}$$

式中：m3 为爆生气体作用阶段。

考虑到裂隙扩展区域由爆轰冲击波和应力波引起的前期损伤 D_1，当环向应力峰值等于或大于静态抗拉强度时，裂隙扩展，由此得出爆生气体作用下裂隙扩展半径：

$$r = \frac{\sqrt{P_3 / \tau_{st}}}{1 - D_1} \alpha \tag{7-52}$$

式中：τ_{st} 为顶板岩体静态抗拉强度；P_3 为爆生气体作用阶段应力峰值。

聚能方向上引入聚能影响系数 ξ_3，可得出聚能爆破模式下爆生气体作用阶段裂隙扩展范围：

$$\frac{(2+3\mu)\sqrt{P_3 / \tau_{st}}}{(1-D_1)(1+\mu)} \leqslant R_3 \leqslant \frac{(2+3\mu)\sqrt{\xi_3 P_3 / \tau_{st}}}{(1-D_1)(1+\mu)} \tag{7-53}$$

值得注意的是，现场顶板岩体往往表现出非均质、各向异性，裂隙起裂或断裂行为往往发生在薄弱结构面、缺陷等处，当聚能效果远远大于原生缺陷作用效果时，聚能效果才会更明显。

4）双向聚能预裂切缝数值模拟研究

为进一步探究爆破岩体力学行为及致裂机理，运用数值模拟方法重点探讨聚能张拉爆破和普通爆破模式下裂隙扩展规律及损伤过程。目前，爆破模拟方法较多，施载应力波方式是爆破模拟中最常用的方法之一。通过在爆破空间施载应力波近似模拟爆破后的应力传递，探究受载单元的力学行为。

此外，由于爆破过程是明显的非线性动力学问题，一些模拟软件内置了炸药模型和控制方程，可以模拟出应力波传播过程及裂纹动态扩展过程。本节运用这两种爆破模拟方法重点探究普通爆破模式下和聚能张拉爆破模式下岩体单元的力学行为，验证所设计的聚能装置的有效性。

①基于施载应力波方式的裂隙衍生扩展模拟

a. 数值计算方法

考虑到爆破过程的复杂性，将岩体爆破损伤作为一个过程研究，采用有限元方法进行迭代求解。模拟软件采用 COMSOL Multiphysics（简称 CM），该软件起源于 MATLAB 的 Toolbox，内置有限元求解器，可与 MATLAB 较好地连接。CM 是一款求解偏微分方程的软件，尤其适合于多物理场求解。内置多个物理模型模块。对于复杂的问题，只需编制对应的数学模型嵌入到该软件中，并给定对应的边界条件和几何模型，可进行变量求解。

模拟考虑顶板岩体的非均质性，由于应力波作用阶段是爆破裂隙扩展的主要阶段，因此本次模拟通过在爆破孔内施载应力波模拟介质内岩体单元的受力行为。根据单元的受力行为，以最大拉应力准则和莫尔-库仑准则作为单元损伤的判据准则，通过单元的损伤模拟裂缝的扩展行为，计算过程如图 7-28 所示。

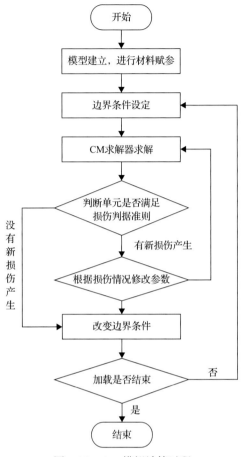

图 7-28　CM 模拟计算过程

首先，在 CM 中设定计算域，施加边界条件(包括模型边界条件和爆破应力波)，通过 CM 的内部求解器进行应力场求解，通过 MATLAB 编程对单元损伤情况进行判断。如果某个单元的受力状态满足所设定的损伤条件，则对该单元进行弱化处理，修改对应的物理力学参数。然后在原加载条件下继续计算，直至没有新的损伤产生，最后根据应力波的函数关系进行下一个时间步的计算，达到模拟裂隙扩展的目的。

b. 模拟控制方程

为了描述岩体单元的力学行为，采用一系列控制方程进行控制求解，主要包括静力平衡方程、损伤控制方程等。

(1)静力平衡方程。

假设顶板岩体为理想线弹性介质，应力和应变满足以下本构方程：

$$\sigma_{ij} = 2G\varepsilon_{ij} + \frac{2Gv}{1-2v}\varepsilon_{v}\delta_{ij} \tag{7-54}$$

式中：σ_{ij} 为总应力；ε_{ij} 为总应变；G 为岩体剪切模量；ε_v 为体积应变；v 为泊松比；δ_{ij} 为

位移变量张量。

使用紧凑模式，静力平衡方程可表示为 Navier 方程的改进形式：

$$Gu_{i,jj} + \frac{G}{1-2v}u_{j,ji} + F_i = \rho\frac{\partial^2 u_i}{\partial t^2} \tag{7-55}$$

式中：$u_i(i=x, y, z)$ 为位移分量；ρ 为介质密度；F_i 为体力分量。

(2)损伤控制方程。

岩石损伤后的微裂纹扩展是岩石非线性受力的主要原因，本次模拟采用弹性损伤本构关系模拟细观岩石的力学行为。运用损伤模型反映单元刚度变化，运用有限元方法迭代计算裂隙的起裂、扩展规律，直观反映岩石材料的损伤断裂破坏机理。

为了描述应力波影响下微细观裂隙的起裂和扩展规律，引入损伤变量。这里采用的岩体单元损伤判据准则为最大拉应力准则和莫尔-库仑准则，最大拉应力准则可表示为

$$F_1 = \sigma_1 - f_t = 0 \tag{7-56}$$

式中：F_1 为弹性拉伸损伤阈值函数；σ_1 为最大主应力；f_t 为顶板岩体抗拉强度。

莫尔-库仑准则可表示为

$$F_2 = -\sigma_3 + \sigma_1\frac{1+\sin\varphi}{1-\sin\varphi} - f_c = 0 \tag{7-57}$$

式中：F_2 为弹性剪切损伤阈值函数；σ_3 为最小主应力；φ 为介质内摩擦角；f_c 为单轴抗压强度。

根据弹性损伤理论，岩石材料弹性模量随着损伤发展而逐渐减小，可表示为

$$E = (1-D)E_0 \tag{7-58}$$

式中：E、E_0 为损伤后和损伤前顶板岩体弹性模量；D 为损伤变量，可通过式(7-59)计算：

$$D = \begin{cases} 0, & F_1 < 0, F_2 < 0 \\ 1 - \left|\dfrac{\varepsilon_t}{\varepsilon_1}\right|^2, & F_1 = 0, \mathrm{d}F_1 > 0 \\ 1 - \left|\dfrac{\varepsilon_c}{\varepsilon_3}\right|^2, & F_2 = 0, \mathrm{d}F_2 > 0 \end{cases} \tag{7-59}$$

式中：ε_t 和 ε_c 为当单元发生拉伸损伤和剪切损伤时对应的最大拉伸主应变和最大压缩主应变，公式后的应力状态用来判断是否继续进行时间步加载。

c. 数值计算模型及参数

(1)数值计算模型。

为对比普通爆破模式和聚能张拉爆破模式的异同，建立数值模型如图 7-29 所示。

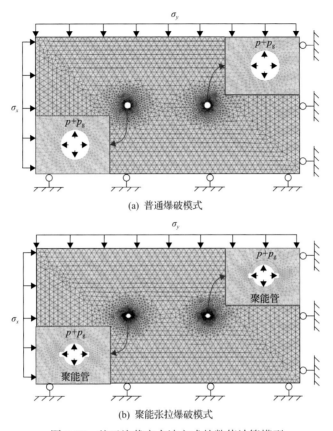

(a) 普通爆破模式

(b) 聚能张拉爆破模式

图 7-29　基于施载应力波方式的数值计算模型

　　两种模式中几何模型尺寸均为 2m×1m，爆破孔对称于轴线分布于爆破区域内。与现场爆破情况对应，爆破孔直径为 46mm，孔间距为 600mm。根据现场地应力情况，水平方向应力为 2.50MPa，考虑到预裂切缝角影响，竖向施加 2.46MPa 荷载。在普通爆破模式下，两相邻爆破孔中不安装聚能装置，自由爆破；在聚能张拉爆破模式下，两相邻爆破孔中均安装聚能管，聚能管开口方向为水平方向，如图 7-29(b) 所示。

　　(2) 模型参数。

　　天然存在的岩石物理力学性质在空间上均存在非均质性的特点。对岩石性质而言，对其影响最明显的是胶结物的属性和造岩矿物的强度，而实际岩石力学中研究的最小集合体多为矿物和胶结物共同组成的岩石微体。不同的岩石材料，由于矿物和胶结物的组合形式不同，力学性质则不同。对于岩体材料，不连续面对岩体力学性质起决定性作用。经验发现，岩体的弹性模量、黏聚力等参数比完整岩石要低。

　　岩石的非均匀性可大致反映出岩体内部存在的微裂隙、微孔洞等软弱区，较为准确地表现出天然岩体的力学特性。非均匀性主要表现为材料单元力学性质的随机性，同时表现为空间结构的随机性。为了表现出细观岩体的非均匀性，国内外学者大多在统计方法理论基础上建立赋参体系，运用统计方法反映由细观单元构成的岩体整体复杂力学行为。为了表现出顶板岩体的非均质性，这里假设单元的力学性质(弹性模量、强度等)是离散的，将材料性质按照韦布尔分布进行赋参，按照如下概率函数密度定义：

$$f(u) = \frac{m}{u_0} \left(\frac{u}{u_0} \right)^{m-1} \exp \left(-\left(\frac{u}{u_0} \right)^m \right) \tag{7-60}$$

式中：u 为顶板岩体弹性模量或强度等力学参数；u_0 为力学参数平均值；m 为形状参数，定义了韦布尔分布密度函数的形状。

现场巷道顶板以砂岩为主，弹性模量、单轴抗压强度和抗拉强度平均值分别为 5.5GPa、210MPa 和 8.8MPa，形状函数反映了材料的不均质度，参考相关文献，本次模拟中形状函数取 6。通过韦布尔分布赋参后，主要力学参数的非均质可视化分布如图 7-30 所示，详细力学参数见表 7-1。

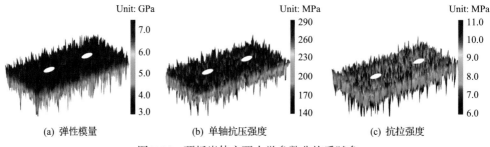

(a) 弹性模量   (b) 单轴抗压强度   (c) 抗拉强度

图 7-30 顶板岩体主要力学参数非均质赋参

裂隙驱动扩展的主要阶段为应力波作用阶段，因此本次模拟中忽略其他次要因素，重点考虑应力波作用下裂隙扩展。查阅文献发现，随时间变化的应力波有多种，正弦应力波更符合现场实际。本次模拟中，考虑到应力波的作用时间，采用如下应力波模拟过程：

$$p_d(t) = p_0 \exp \left(-g_a \frac{t}{t_0} \right) \sin \left(\frac{4\pi}{1 + t/t_0} \right)$$

表 7-1 爆破模拟物理力学参数

类型	变量符号	名称	单位	值
	Y	平均杨氏模量	GPa	5.5
	f_c	平均单轴抗压强度	MPa	210
	f_t	平均抗拉强度	MPa	8.8
顶板岩体	ν	泊松比		0.25
	ρ_s	密度	kg/m³	2800
	α	Biot 系数		0.1
	φ	内摩擦角	(°)	29

续表

类型	变量符号	名称	单位	值
爆破参数	M_g	气体相对分子质量	g/mol	44
	R	气体常数	J/(mol·K)	8.31
	μ	动黏度系数	Pa·s	1.65×10^{-5}
	p_0	孔隙初始压力	MPa	20
	Q	炸药质量	kg	2.2
	g_a	衰减率		1.86
聚能装置	d_e	外径	mm	48
	d_i	内径	mm	42
	ρ_p	密度	kg/m³	1380
	E_p	弹性模量	GPa	8.6
	f_{PT}	抗拉强度	MPa	64
	f_Y	屈服应力	MPa	75
	ν_p	泊松比		0.32

式中：$p_d(t)$ 为应力波作用下动态压力；p_0 为孔隙初始压力，可通过 $140e^6\times Q^{3/2}$ 近似计算，Q 为炸药质量；g_a 为炸药延迟衰减率；t_0 为加载时间，可近似通过 $0.81e^{-3}\times Q^{1/3}$ 获得。

d. 基于施载应力波方式的爆破效果模拟对比分析

(1)损伤裂纹扩展规律对比。

损伤的发生意味着岩体单元达到了其破坏极限。本次数值模拟中，岩体单元被划分为很小的有限单元，单元的损伤代表了顶板岩体的破坏。根据式(7-60)，随着单元损伤程度加大，弹性模量减小。根据此对应关系，可通过单元的弹性模量直观反映单元的损伤情况。

普通爆破模式下不同时间步损伤裂隙扩展演化规律如图 7-31 所示。可以发现，在没有聚能装置保护下，起始阶段(Step_20 之前)损伤裂隙沿爆破孔圆周方向滋生，距爆破孔较远位置不受影响。随后，损伤裂隙出现了不明显的分支，但整体还是围绕在爆破孔周围发育。Step_50 之后，裂隙分支变得越来越明显，并向围岩深部延伸。同时，距孔口较远处出现了零星的损伤点，说明应力波正在向外传播，并起到一定作用。两爆破孔的损伤主裂隙向巷道顶板和采空区顶板方向扩展，滋生的分裂隙向两孔延伸。Step_80 左右，两孔中间的裂隙开始出现贯通，同时距孔较远的围岩中出现了较多的损伤点。Step_90时主裂隙继续向远处扩展，孔间裂隙完全贯通，继续计算时，裂隙扩展不再明显，但仍有小幅度的增长。

聚能装置安装后，爆破损伤裂隙扩展更为规律，如图 7-32 所示。

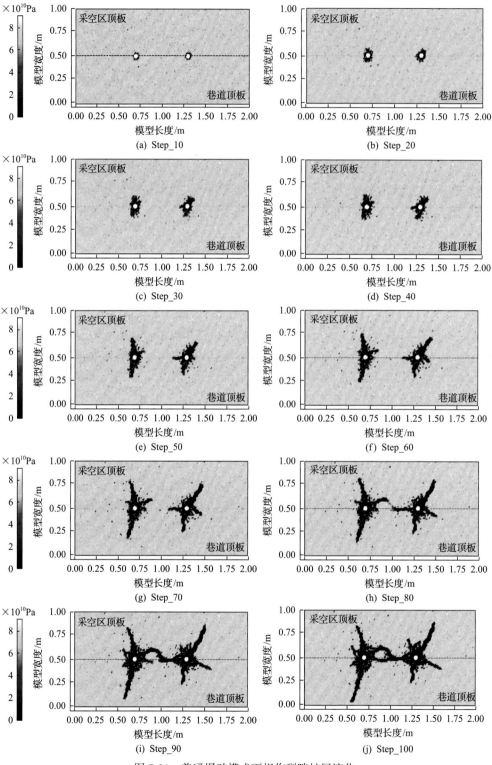

图 7-31 普通爆破模式下损伤裂隙扩展演化

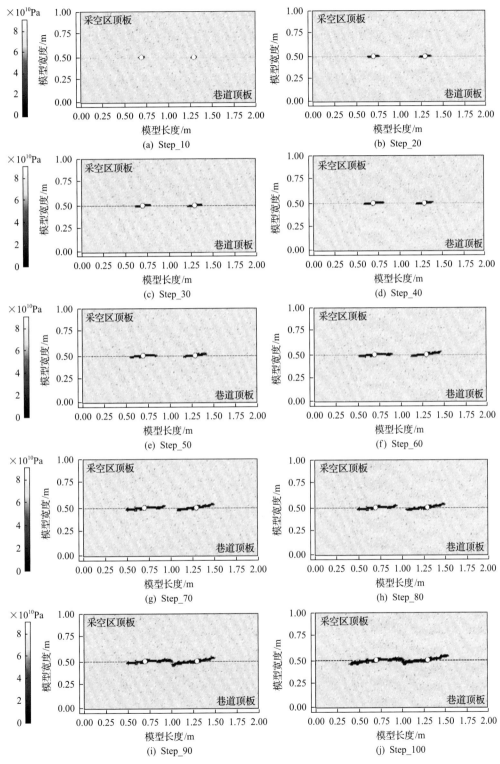

图 7-32　聚能张拉爆破模式下损伤裂隙扩展演化

聚能张拉爆破模式模拟过程中，聚能装置的实体部分阻挡和吸收了一部分应力波，爆破起始阶段，损伤裂隙即在聚能方向上滋生，随着应力波加载，裂隙一直沿着聚能方向扩展延伸，非聚能方向上很少有损伤产生，裂隙形状近似呈直线，而普通爆破模式下为向四周扩展形。当计算至 Step_70 时，两孔之间的裂隙扩展了近一半，Step_90 时两孔之间的裂隙几乎已贯通。由此可以发现，聚能张拉爆破模式下裂隙扩展方向为人为设定的方向，巷道顶板得到有效保护。

对比普通爆破和聚能张拉爆破损伤裂隙扩展可以发现，在孔距较小的情况下普通爆破和聚能张拉爆破均能达到贯穿预裂孔的目的。但两者爆破后对巷道顶板和采空区顶板的损伤情况大不相同，普通爆破模式下，巷道顶板极易被裂隙切割成块体，在采动影响下巷道顶板易失稳，给后期的巷道维护带来压力。聚能张拉爆破模式下，裂隙的扩展方向为既定方向，从而在保证切顶效果的前提下，有效保护巷道顶板的完整性，有利于后期巷道的维护。

(2) 巷道顶板和采空区顶板损伤对比。

除了孔间贯通情况是描述预裂爆破效果的一大因素，巷道顶板损伤程度也是反映无煤柱自成巷预裂效果的另一大因素。图 7-33 描述了两种爆破模式下巷道顶板损伤情况，柱状代表了每一步的损伤单元数，虚线表示顶板总的损伤面积。

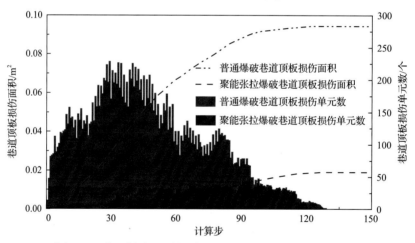

图 7-33 普通爆破和聚能张拉爆破模式下巷道顶板损伤对比

两种爆破模式的监测结果对比发现，普通爆破模式下，顶板起始损伤较大，每个计算步最多损伤单元数达到 231 个，该模式下应力波作用范围大，能量损失快，损伤终止时间较聚能张拉爆破模式下更短。损伤速度最快位置约在 Step_30。聚能张拉爆破模式下，每个时间步损伤单元数相对于明显减少，Step_93 时间步时最多损伤单元数为 50 个左右，较普通爆破计算步最多损伤单元减少约 78.4%。

此外，对比两种爆破模式下巷道顶板损伤面积可以发现，普通爆破模式下巷道顶板损伤面积增长较快，最终损伤面积达到 0.095m²。聚能张拉爆破模式下，巷道顶板损伤面积明显减少，最终损伤面积减少了约 84%，仅为 0.015m²。

由此可见，无论是巷道顶板损伤单元数还是最终损伤面积，安装聚能管后均能明显减少。在同样贯通爆破孔的情况下，聚能张拉爆破技术在保证巷道稳定性方面更可靠，验证了该技术应用于无煤柱自成巷中的有效性。

②基于 ALE 算法的顶板预裂爆破损伤模拟

a. 模拟方法简介

除了通过施载应力波方式模拟爆破外，一些模拟软件内置了炸药模型和对应的状态方程。LS-DYNA 是一款基于显式算法的大型非线性有限元程序，该程序不仅可用于模拟复杂的结构问题，更适合于求解高速碰撞、侵彻、爆炸冲击等非线性力学问题。

LS-DYNA 程序以 Lagrange 算法为主，兼有 ALE 算法和 Euler 算法等。Lagrange 算法多用于固体结构的应力、应变分析，该算法中所建的网格和分析的结构是一体的，有限元节点即物质点。Euler 算法中网格和分析的结构是相互独立的，在整个计算过程中精度不变，但对于物质边界捕捉困难。ALE 算法兼具 Lagrange 算法和 Euler 算法二者的特长，不仅能有效跟踪物质边界的运动，同时内部网格独立于分析的结构。本次爆破模拟中，采用内置的炸药模型和状态方程，采用 ALE 算法进行爆破模拟。首先设定单元生死准则，以 EROSION 命令剔除已损坏的岩体单元，进而模拟裂缝的扩展过程。

b. 炸药和岩体材料计算模型

LS-DYNA 程序提供了高能炸药材料模型和状态方程，可较准确地反映炸药爆破过程及对围岩的影响。本次模拟采用*MAT_HIGH_EXPLOSIVE_BURN 高能爆炸模型。

(1)炸药材料控制方程。

炸药爆破后的冲击波阵面满足如下方程：

$$\begin{cases} \rho_D = \dfrac{k+1}{k}\rho_e \\ u_D = \dfrac{1}{k+1}D \\ C_D = \dfrac{k}{k+1}D \\ p_D = \dfrac{1}{k+1}\rho_e D^2 \end{cases}$$

式中：ρ_D、u_D、C_D、p_D 为爆轰产物的密度、质点速度和压力；k 为多方指数；D 为炸药的爆速；ρ_e 为炸药密度。

爆轰产物的质量方程为

$$\frac{\partial p}{\partial t} + \Delta(\rho u) = 0$$

爆轰产物的能量方程为

$$\frac{\partial}{\partial t}\left[\rho\left(e+\frac{u^2}{2}\right)\right] = -\nabla\left[\rho u\left(\rho u + \frac{p}{\rho} + \frac{u^2}{2}\right)\right]$$

式中：p 为爆轰压力；t 为爆轰时间；ρ 为爆轰产物密度；u 为爆轰产物速度；e 为爆轰常数。

高能炸药起爆后，炸药单元体内的压力由状态方程控制，本次模拟采用 JWL 状态方程：

$$p_{\cos} = A\left(1 - \frac{\omega}{R_1 V}\right)e^{-R_1 V} + B\left(1 - \frac{\omega}{R_2 V}\right)e^{-R_2 V} + \frac{\omega E}{V}$$

式中：V 为相对体积；E 为内能参数；A、B、R_1、R_2、ω 为常数。

（2）岩体材料模型及控制准则。

LS-DYNA 中常用于描述岩体弹塑性材料本构定义包含在*MAT PLASTIC KINEMATIC 模型中，采用以有效应力描述的最大拉应力准则和米泽斯屈服准则。

最大拉应力准则中，当单元的最大拉应力达到材料在单向拉伸时断裂破坏的极限应力时就会发生破坏，即

$$\sigma_t > \sigma_{td}$$

式中：σ_t 为岩体中任意一点在爆炸荷载下所受的拉应力；σ_{td} 为岩体单元单轴动态抗拉强度。

米泽斯屈服准则认为，当有效应力大于动态抗压强度时，单元失效，即

$$\sigma_{VM} > \sigma_{cd}$$

式中：σ_{cd} 为岩体单元单轴动态抗压强度；σ_{VM} 为岩体中任意单元的米泽斯有效应力，计算式为

$$\sigma_{VM} = \frac{1}{\sqrt{2}}\sqrt{(\sigma_1 - \sigma_2)^2 + (\sigma_2 - \sigma_3)^2 + (\sigma_3 - \sigma_1)^2}$$

本次数值模拟中，引入 Erosion 算法，当单元的应力或应变状态达到算法中确定的判别准则时，单元失效，该过程是不可逆的。因此，当单元失效后，将其删除，达到单元生死控制的目的。

c. 模型结果对比分析

本次模拟同样进行普通爆破和聚能张拉爆破两种模式。普通爆破中孔内不进行处理，聚能张拉爆破中孔内安装聚能管，岩体参数和聚能管参数与施载应力波方式模拟时一致，几何模型及网格划分情况如图 7-34 所示。

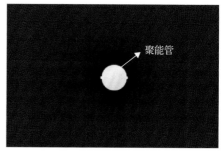

(a) 普通爆破模式　　　　　　　(b) 聚能张拉爆破模式

图 7-34　基于 ALE 算法的数值计算模型

(1)裂隙扩展对比分析。

基于 ALE 算法的普通爆破裂隙扩展演化过程如图 7-35 所示。

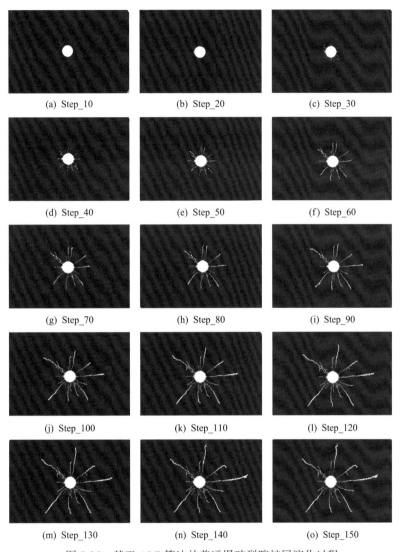

(a) Step_10 (b) Step_20 (c) Step_30

(d) Step_40 (e) Step_50 (f) Step_60

(g) Step_70 (h) Step_80 (i) Step_90

(j) Step_100 (k) Step_110 (l) Step_120

(m) Step_130 (n) Step_140 (o) Step_150

图 7-35　基于 ALE 算法的普通爆破裂隙扩展演化过程

基于 ALE 算法的聚能张拉爆破裂隙扩展演化过程如图 7-36 所示。

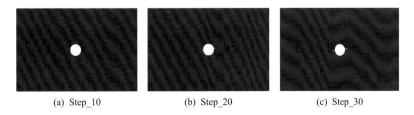

(a) Step_10 (b) Step_20 (c) Step_30

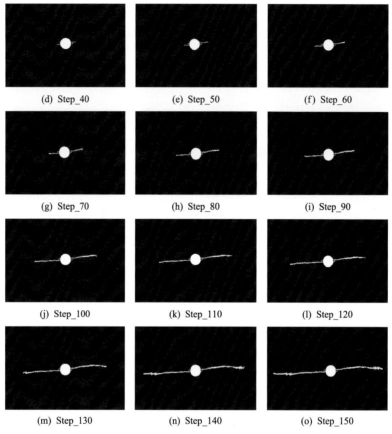

(d) Step_40　　　　　　(e) Step_50　　　　　　(f) Step_60

(g) Step_70　　　　　　(h) Step_80　　　　　　(i) Step_90

(j) Step_100　　　　　　(k) Step_110　　　　　　(l) Step_120

(m) Step_130　　　　　　(n) Step_140　　　　　　(o) Step_150

图 7-36　基于 ALE 算法的聚能张拉爆破裂隙扩展演化过程

可以发现,与施载应力波方式模拟结果类似,当爆破不被控制时,裂隙向四周扩展,扩展方向比较随意。Step_30 时孔围即出现明显微裂隙,随着计算步增多,裂隙整体沿着垂直于孔周方向扩展,扩展过程中有明显分叉行为。Step_60 时裂隙扩展长度已基本达到爆破孔直径长度,Step_100 之后,裂隙增长开始变缓,只有尖端有少量增长,最终约有 7 条沿圆周方向的主裂隙生成。可见,普通爆破模式下,巷道顶板极易被碎块化,破坏原有的完整性,影响留巷稳定性。

与普通爆破模式形成鲜明对比(图 7-36),当爆破孔内安装有聚能管后,裂隙按照既定方向扩展。Step_5 时裂隙即开始扩展,扩展方向始终沿着聚能方向,单根裂隙扩展延伸长度明显大于普通爆破时的任何一根裂隙。可见,基于 ALE 算法的爆炸模拟方法同样验证了聚能张拉爆破模式的有效性。

(2)有效应力对比。

模拟过程中发现,普通爆破和聚能张拉爆破模式下除了裂隙扩展规律明显不同,单元有效应力也有一定区别。为了探究不同爆破模式下有效应力的时变规律,对两种爆破模式下距炸药中心距离相同的单元有效应力进行监测,监测点布置如图 7-37 所示。

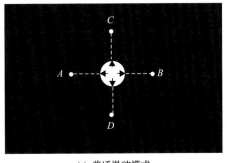
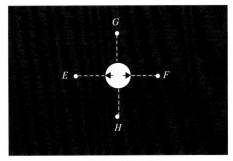

(a) 普通爆破模式　　　　　　　　　　　　　(b) 聚能张拉爆破模式

图 7-37　基于 ALE 算法的爆破模拟有效应力监测点布置

普通爆破模式下孔围四点(A、B、C 和 D)有效应力时程监测曲线如图 7-38 所示。

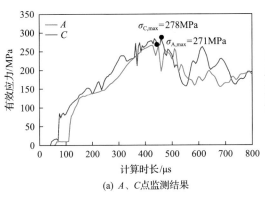
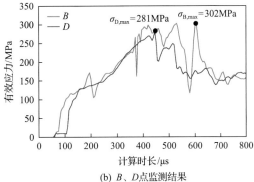

(a) A、C 点监测结果　　　　　　　　　　(b) B、D 点监测结果

图 7-38　普通爆破模式下有效应力监测结果

可以发现，在普通爆破时，A 点和 C 点的有效应力峰值相差不大，应力变化趋势相似，C 点应力峰值较 A 点应力峰值仅增大了 2.6%，验证了普通爆破时爆破孔四周应力扩展规律相似。B 点和 D 点的有效应力峰值分别为 281MPa 和 302MPa，应力峰值略有差异，主要原因可能是地应力等因素影响。普通爆破模式下有效应力监测表明，在孔周围岩体岩性相同的情况下，孔周围应力波向四周均匀扩展，在两侧地应力相近的情况下，孔四周裂隙扩展较为均匀，裂隙会延伸至巷道顶板内，影响顶板稳定性。

与爆破模式形成鲜明对比的是，当爆破孔进行聚能控制后，孔周围应力分布有较大差别。如图 7-39(a)所示，E 点和 G 点分别位于聚能方向和非聚能方向，爆破过程中，E 点最大有效应力为 567MPa，而 G 点有效应力峰值减少了约 58%，仅为 236MPa。F 点(聚能方向)和 H 点(非聚能方向)有相似的变化规律。由此发现，聚能爆破后，能量在聚能方向更为集中，导致作用力增大，从而有效促进裂隙扩展。

5) 现场应用效果

采用钻孔窥视对现场双向聚能预裂切缝效果进行分析。钻孔窥视采用矿用本安型 ZKXG30 钻孔成像仪，数据采集及处理过程如图 7-40 所示。

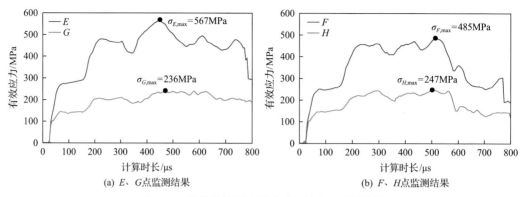

(a) E、G点监测结果 (b) F、H点监测结果

图 7-39 聚能张拉爆破模式下有效应力监测结果

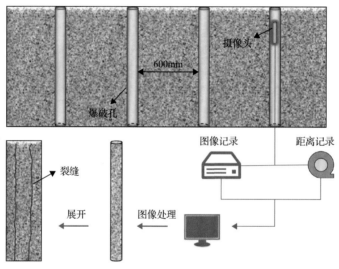

图 7-40 钻孔窥视数据采集及处理过程

现场应用结果表明(图7-41、图7-42),上述技术不仅能按设计位置及方向对顶板进行预裂切缝,而且使顶板按照设计高度沿预裂缝切落,解决了既能主动切顶又不破坏顶板的技术难题。

2. 单裂面瞬时胀裂预裂切缝新技术

1)单裂面瞬时胀裂器结构

单裂面瞬时胀裂预裂切缝新技术则是采用一种不需爆破即可瞬时产生单一裂缝面的单裂面瞬时胀裂器。该装置由4部分组成:切缝定向管、专用切缝剂、耦合介质及电流引发装置。其中切缝定向管就是聚能装置,用来汇聚能量,实现定向切缝;专用切缝剂可以在一定的温度下瞬间反应产生大量气体,提供膨胀力;耦合介质主要是提高胀裂能力;电流引发装置可以产生高温,引发切缝剂。单裂面瞬时胀裂器组成如图7-43所示。

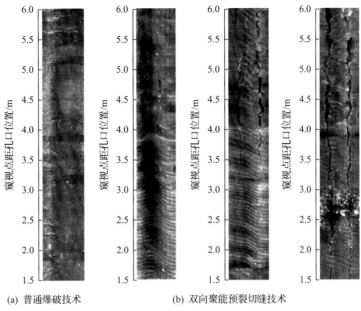

(a) 普通爆破技术　　　　　　　　(b) 双向聚能预裂切缝技术

图 7-41　爆破试验钻孔窥视结果

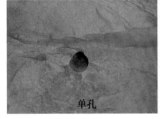 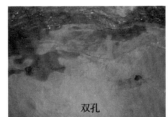 

(a) 单孔预裂切缝效果　　　　(b) 双孔预裂切缝效果　　　　(c) 顶板沿预裂缝切落后效果

图 7-42　双向聚能预裂切缝技术现场试验效果

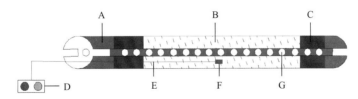

图 7-43　单裂面瞬时胀裂器的组成

A-切缝定向管；B-专用切缝剂；C-耦合介质；D-电流引发装置；E-引线；F-引发头；G-聚能孔

2) 技术原理

单裂面瞬时胀裂器的破岩机理为高温气体膨胀。当瞬时胀裂器引发后，在聚能孔处形成高能流，集中作用于对应的孔壁上，产生径向初始裂隙；胀裂产生的高压气体从聚能孔不断释放，驱动径向初始裂隙不断扩展；在垂直设定方向上产生反射拉应力集中，加速裂隙定向扩展。同时，由于管壁的抑制缓冲作用，孔壁上非设定方向没有裂隙产生，结果使岩体沿设定方向拉张开裂。单裂面瞬时胀裂器的实质是通过聚能装置使胀裂产物在孔壁非设定方向产生均匀压力，而在设定的两个方向上产生集中拉力，利用岩石抗压怕拉的特性，实现岩体定向拉张断裂成型(图 7-44)。

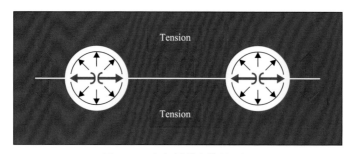

图 7-44 定向断裂岩体的原理

3)与炸药的性能对比

单裂面瞬时胀裂器与炸药的性能对比详见表 7-2。

表 7-2 单裂面瞬时胀裂器与炸药的性能对比

对比内容	炸药	单裂面瞬时胀裂器
产品属性	具有爆炸性	无爆炸性
使用方式	雷管起爆	电流激发
作用时间	$10^{-5}\sim10^{-6}$s	$0.05\sim0.5$s
裂石机理	爆轰冲击波	高温气体膨胀
燃烧热	2600～3500kJ/kg	14248kJ/kg
比容	>700mL/g	306.2mL/g
爆速	2000～4000m/s	不爆
着火点	<260℃	503℃
火焰密度	2～8cm	16.7cm(50%发火)
静电火花密度	—	不发火
摩擦密度	—	不发火
撞击感度	—	不发火
联合国隔板试验	"+"	—
克南试验	"+"	—
时间/压力试验	"+"	—

4)单裂面瞬时胀裂岩石机理

①起裂条件

矩形平板圆形小孔的力学模型如图 7-45 所示。

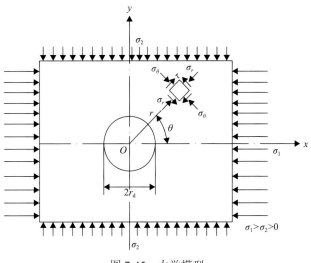

图 7-45　力学模型

根据弹性力学，小孔周围的应力为

$$
\begin{cases}
\sigma_r = \dfrac{\sigma_1 + \sigma_2}{2}\left(1 - \dfrac{r_d^2}{r^2}\right) + \dfrac{\sigma_1 - \sigma_2}{2}\left(1 - 4\dfrac{r_d^2}{r^2} + 3\dfrac{r_d^4}{r^4}\right)\cos 2\theta \\[3mm]
\sigma_\theta = \dfrac{\sigma_1 + \sigma_2}{2}\left(1 + \dfrac{r_d^2}{r^2}\right) - \dfrac{\sigma_1 - \sigma_2}{2}\left(1 + 3\dfrac{r_d^4}{r^4}\right)\cos 2\theta \\[3mm]
\tau = -\dfrac{\sigma_1 - \sigma_2}{2}\left(1 + 2\dfrac{r_d^2}{r^2} - 3\dfrac{r_d^4}{r^4}\right)\sin 2\theta
\end{cases}
$$

式中：r_d 为小孔的半径；σ_r、σ_θ、τ 分别为距离小孔圆心为 r 处的且与 x 轴夹角为 θ 的径向应力、切向应力和剪应力；σ_1、σ_2 分别为最大主应力和最小主应力。

孔壁周围存在应力集中，在孔壁处应力达到峰值，即

$$
\begin{cases}
\sigma_r = 0 \\
\sigma_\theta = (\sigma_1 + \sigma_2) - 2(\sigma_1 - \sigma_2)\cos 2\theta \\
\tau = 0
\end{cases}
$$

在 $\theta = 0°$ 和 $180°$（两排聚能孔所在位置）处，σ_θ 达到最小值，为

$$
\sigma_\theta = 3\sigma_2 - \sigma_1
$$

切缝剂瞬间在聚能方向上所产生的气体压力为

$$
p = k\rho v^2
$$

式中：k 为膨胀系数；ρ 为气体密度；v 为气体速度。

起裂的条件为

$$3\sigma_2 - \sigma_1 + k\rho v^2 \geqslant \sigma_{td}$$

式中：σ_{td} 为岩石单元单轴动态抗拉强度。

②扩展条件

岩体产生裂隙后，裂隙扩展有三种模式：张开型（Ⅰ型）、错动型（Ⅱ型）、撕开型（Ⅲ型）。单裂面瞬时胀裂器致裂岩体的裂隙扩展属于张开型裂隙扩展。

张开型裂隙的应力强度因子为

$$K_{\mathrm{I}} = \sigma\sqrt{\pi a}$$

扩展的裂隙中气压 p' 是钻孔内气压 p 的函数，即

$$\sigma = p' = f(p)$$

所以单裂面瞬时胀裂器在裂隙尖端产生的应力强度因子为

$$K_{\mathrm{I}} = f(p)\sqrt{\pi a} = f(k\rho v^2)\sqrt{\pi a}$$

若岩石的动态断裂韧性为 K_{Id}，则岩石裂隙扩展的条件为：单裂面瞬时胀裂器在裂隙尖端产生的应力强度因子不小于岩石的动态断裂韧性，即

$$K_{\mathrm{I}} = f(k\rho v^2)\sqrt{\pi a} \geqslant K_{\mathrm{Id}}$$

5）裂隙演化模拟研究

①数值模型

基于多物理场耦合分析有限元软件 COMSOL Multiphysics，通过 MATLAB 的编程实现耦合方程的有限元求解，然后开展单裂面瞬时胀裂器的模拟研究。如图 7-46 所示，模拟采用两连孔同时胀裂的方式进行，模型尺寸为 2m×1m，在其中布置两个半径为 24mm 的圆形预裂孔，每个孔内均安装有单裂面瞬时胀裂器，单裂面瞬时胀裂器两侧各有一排聚能孔，夹角 180°；预裂孔间距为 500mm，用以模拟现场实际切顶卸压的情况。

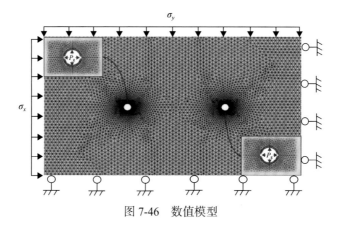

图 7-46　数值模型

模型底部及右侧采用辊支撑约束，根据现场地应力情况，上部施加最小主应力，左侧施加最大主应力。聚能管和顶板岩体采用装配体建模，在两种材料之间建立接触对，并且使用扩展拉格朗日方法对接触对进行计算。气体荷载在聚能管内壁和两侧聚能孔正对的岩体表面上。此外，本模拟在模型四周建立了一个无限元域，用以模拟顶板岩体的无限大空间。

②控制方程

a. 静力平衡方程

假设顶板岩体为理想线弹性介质，不会产生塑性变形，考虑动应力和气体压力 p，则岩体应力和应变满足以下运动微分方程：

$$G_{u_{i,jj}} + \frac{G}{1-2\nu} u_{j,ji} - \alpha p + F_i = \rho_s \frac{\partial^2 u_i}{\partial t^2} \qquad (7\text{-}61)$$

式中：$G_{u_{i,jj}}$ 为位移分量剪切模量的张量；G 为岩体剪切模量，Pa，可通过 $G=E/[2(1+\nu)]$ 获得，其中 ν 为泊松比；u_i $(i=x, y, z)$ 为位移分量；p 为孔隙气体压力；F_i 为 i 方向体力分量，N/m³；ρ_s 为岩体的密度，kg/m³；t 为时间，s；$\alpha(\leqslant 1)$ 为 Biot 系数：

$$\alpha = 1 - \frac{K'}{K_s}$$

式中：K' 为固体的有效体积模量；K_s 为多孔介质的体积模量。

如果式(7-61)右端为零，则方程变为传统的静力平衡方程：

$$G_{u_{i,jj}} + \frac{G}{1-2\nu} u_{j,ji} - \alpha p + F_i = 0$$

b. 损伤控制方程

为了描述气体荷载影响下微细观裂隙的起裂和扩展，引入损伤变量，这里采用的岩体单元损伤判据准则为最大拉应力准则和莫尔-库仑准则，最大拉应力准则可表示为

$$F_1 \equiv \sigma_1 - f_t = 0$$

式中：F_1 为弹性拉伸损伤阈值函数；σ_1 为最大主应力；f_t 为顶板岩体抗拉强度。

莫尔-库仑准则可表示为

$$F_2 = -\sigma_3 + \sigma_1 \frac{1+\sin\varphi}{1-\sin\varphi} - f_c = 0$$

式中：F_1 为弹性剪切损伤阈值函数；σ_3 为最小主应力；φ 为介质内摩擦角；f_c 为单轴抗压强度，可表示为

$$F_c = \frac{2c\cos\varphi}{1-\sin\varphi}$$

根据弹性损伤理论，岩石材料弹性模量随着损伤发展为逐渐减小，可表示为

$$E=(1-D)E_0$$

式中：E 和 E_0 分别为损伤后和损伤前顶板岩体弹性模量，Pa；D 为损伤变量。

在本次模拟中，单元体假定为各向异性，则 E、E_0 和 D 均为标量。损伤变量 D 可由式(7-59)确定，取值范围为(0，1)，越接近 1 表明损伤越严重。

c. 渗流方程

顶板岩体是一种多孔孔隙介质，由孔隙介质理论的假设可知，孔隙介质由包含孔隙的固体基质组成，气体可在孔隙中流动，且其流动受如下的质量平衡方程控制：

$$\frac{\partial}{\partial t}(\phi\rho_g)+\nabla\cdot(\rho_g q_g)=Q_s \tag{7-62}$$

式中：ϕ 为顶板岩体孔隙率；q_g 为气相达西速度，m/s³；Q_s 为源项，kg/(m³·s)；t 为时间，s；ρ_g 为气体密度(kg/m³)，可表示为

$$\rho_g=\frac{p}{p_a}\rho_{ga} \tag{7-63}$$

式中：p_a、ρ_{ga} 分别为标准状况下气体的压力(Pa)和密度(kg/m³)。

达西速度可由式(7-64)计算：

$$q_g=-\frac{k}{\mu}\nabla p \tag{7-64}$$

式中：k 为多孔介质的渗透率，m²；μ 为气体的动力黏度，Pa·s。

将式(7-64)和式(7-63)代入式(7-62)，得到：

$$\phi\frac{\partial p}{\partial t}-\nabla\cdot\left(\frac{k}{\mu}p\nabla p\right)=\frac{p_a}{\rho_{ga}}Q_s$$

③结果分析

图 7-47 是单裂面瞬时胀裂器破岩的损伤裂隙演化过程，蓝色代表损伤程度为 0，红色代表损伤程度为 1，即完全损伤。

当加载开始后，气体作用在聚能管管壁和两侧预裂方向的岩体上；由于聚能管的保护作用，在管壁外侧非预裂方向岩体的压应力被削弱，从而对其起到一定的保护作用，使得非预裂方向上岩体损伤较轻；而在两侧预裂方向，由于聚能孔的存在，高温、高压气体优先在此方向释放，形成高能气体流，集中作用于孔壁上，产生初始径向裂隙；后续生成的气体会持续地楔入初始裂隙中，产生"气楔"作用，驱动裂隙扩展，形成如图 7-47 所示的裂隙随加载步的扩展过程。由演化过程可以看出，前 40 加载步中裂隙扩展较快，扩展了整个加载阶段的一半多，这与前 40 步的加载压力较大有关；在后 40 加载步中，由于准静态气体压力降低，裂隙扩展速率明显降低；在最后 20 步中，由于两

孔之间裂隙贯穿，所以裂隙长度几乎没有增加。由模拟结果可以得出，在孔距合理、气体压力足够的条件下，两孔之间的裂隙最终得以贯通，达到定向破岩的效果。

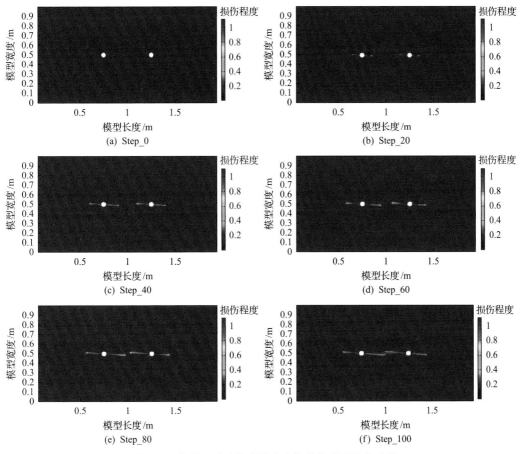

图 7-47　单裂面瞬时胀裂器破岩的损伤裂隙演化过程

6）应用效果

现场钻孔预裂切缝效果如图 7-48 所示。

采用单裂面瞬时胀裂预裂切缝技术的平均切缝率为 93%，比采用普通炸药预裂切缝率提高 11%；单孔装药量比采用普通炸药减少 12.5%，提高了效率并节省了成本。

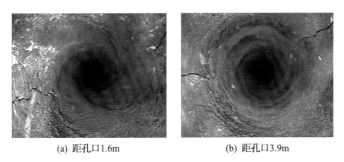

(a) 距孔口1.6m　　　　　(b) 距孔口3.9m

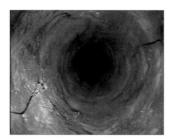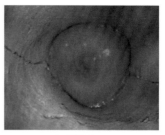

(c) 距孔口6.5m　　　　　　　(d) 距孔口8.9m

图 7-48　单裂面瞬时胀裂预裂切缝孔内裂缝

7.4.2　实体煤侧弧形帮成巷三机配套技术

实体煤侧弧形帮成巷三机配套技术如图 7-49、图 7-50 所示[35]。

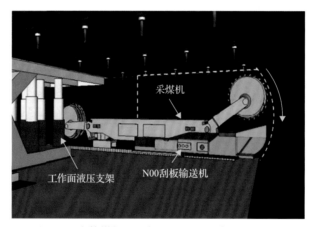

图 7-49　实体煤侧弧形帮成巷三机配套技术示意图

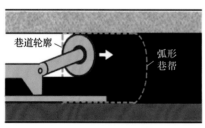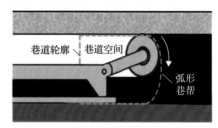

(a) 采煤机滚筒向右割煤　　　　　(b) 采煤机滚筒运行至设计边界

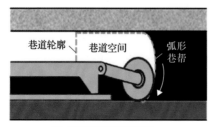

(c) 采煤机滚筒向下割煤　　　　　(d) 采煤机滚筒向左割煤

图 7-50　实体煤侧弧形帮成巷三机配套技术工艺流程

三机配套技术以实现采煤机"割得透"为主,即采煤机能超越机尾在预定位置割出弧形巷帮。通过 N00 采煤机、N00 刮板输送机和 N00 支架系统之间的三机配套技术,形成 N00 建井自成巷道实体煤侧巷帮,即当 N00 采煤机运行至工作面端头时,N00 采煤机前滚筒伸至 N00 刮板输送机机尾端面并上下摆动,割成弧形侧帮,并将其作为 N00 建井自成巷道其中一个巷帮,N00 采煤机割出的破碎煤体由 N00 刮板输送机输送至转载机和胶带输送机,N00 采煤机完成一个采煤循环后,在 N00 支架系统的顶推作用下向前推进,继续进行下一个工作循环。再结合采空侧碎石帮切顶成巷技术、顶板 NPR 恒阻大变形锚索支护技术等最终形成 N00 建井自成巷巷道。

7.4.3　采空区侧碎石帮成巷四机配套技术

采空区侧碎石帮成巷四机配套技术如图 7-51 所示[35]。

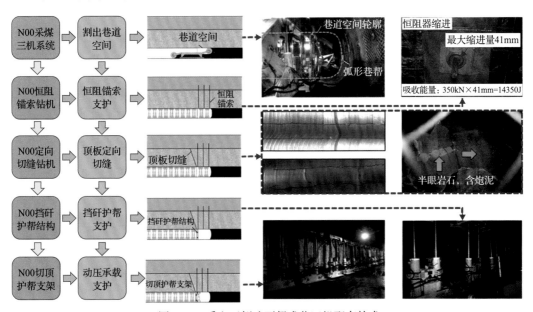

图 7-51　采空区侧碎石帮成巷四机配套技术

当通过三机配套技术形成弧形巷帮后,工作面端头部分顶板岩层在 N00 端头支架和N00 钻机支架支撑作用下保持稳定,此时通过 N00 锚索钻机及时对顶板施工 NPR 恒阻大变形锚索,并采用位于 N00 钻机支架上的 N00 切缝钻机和 N00 顶板液态定向切割机(或双向聚能爆破技术)对顶板实施切缝,切断部分顶板之间的应力传递,使切缝线外侧顶板岩层在矿山压力作用下沿切缝面自行垮落并充填采空区,切缝面内侧顶板在 NPR 恒阻大变形锚索和切顶护帮支架等支护结构的支护作用下保持稳定,而采空区垮落矸石在切顶护帮支架和可伸缩 U 型钢、金属网等支护作用下保持稳定。由此,通过 N00 锚索钻机、N00 切缝钻机、N00 顶板液态定向切割机(或双向聚能爆破技术)和 N00 支架系统之间的配套技术,即所谓的四机配套技术,形成了 N00 工法自成巷道的另一巷帮(图 7-51)。巷道形成后,巷道剖面示意图如图 7-52 所示。

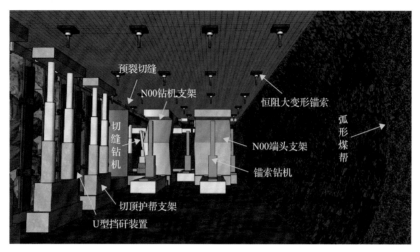

图 7-52　N00 建井自成巷巷道剖面示意图

7.4.4　N00 建井配套装备

　　N00 建井从根本上改变了长壁开采技术工艺体系和装备布局。其采煤机需根据工艺特点进行相应的功能和程序改进，使其具备机尾截割弧形巷帮的功能；同时研发出新的N00 刮板机系统、N00 支架系统和 N00 辅助装备系统，包括 NPR 锚索钻机、N00 切缝钻机、N00 液态定向切缝机等，从而形成新的 N00 工法装备系统，以完成机尾留巷支护、顶板定向切缝、挡矸支护等工艺要求。各装备整体布局及配套装备如图 7-53 所示[35]。

N00支架系统

N00采煤机系统

N00刮板机系统

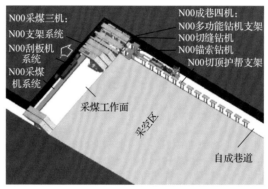

N00工法装备系统总体布局

N00切顶护帮支架

N00多功能钻机支架

N00锚索钻机

N00切缝钻机

图 7-53　N00 建井工作面成套装备系统

　　N00 建井成巷采煤机、液压支架、刮板输送机、转载机、破碎机、胶带输送机、设备列车等布置方式总体与传统采煤方法类似，其中机尾端头支架、过渡支架为新研发的 N00 配套装备，可满足 N00 建井特殊工艺要求；机尾端头支架与过渡支架之间布置一架 N00 钻机支架，钻机支架与端头支架为 N00 辅助装备提供安装平台和工作空间，NPR 锚索钻机、N00 切缝钻机、N00 液态定向切缝机等均安装在机尾液压支架上，随支架一起移动，不仅可以降低设备搬运成本，而且减小了工人劳动强度，提高了工作面采煤和留巷作业安全性；端头支架后方布置一列切顶护帮支架，在工作面后方采空区顶板垮落期间起到良好的支撑顶板和挡矸作用。

参 考 文 献

[1] Manchao H, Guolong Z, Zhibiao G. Longwall mining "cutting cantilever beam theory" and 110 mining method in China——The third mining science innovation[J]. Journal of Rock Mechanics and Geotechnical Engineering, 2015(5): 483-492.

[2] 何满潮, 宋振骐, 王安, 等. 长壁开采切顶短壁梁理论及其 110 工法——第三次矿业科学技术变革[J]. 煤炭科技, 2017(1): 1-9.

[3] 刘洋, 石平五. 长壁留煤柱支撑法开采存在的问题[J]. 煤炭学报, 2007, 32(6): 565-569.

[4] 王国法, 刘峰, 孟祥军, 等. 煤矿智能化（初级阶段）研究与实践[J]. 煤炭科学技术, 2019, 47(8): 1-36.

[5] 关于加快煤矿智能化发展的指导意见[N]. 中国煤炭报, 2020-03-05(002).

[6] 王国法, 刘峰, 庞义辉, 等. 煤矿智能化——煤炭工业高质量发展的核心技术支撑[J]. 煤炭学报, 2019, 44(2): 349-357.

[7] He M C, Zhu G L, Guo Z B. Longwall mining "cutting cantilever beam theory" and 110 mining method in China—The third mining science innovation[J]. Journal of Rock Mechanics and Geotechnical Engineering, 2015, 7(5): 483-492.

[8] He M, Gong W, Wang J, et al. Development of a novel energy-absorbing bolt with extraordinarily large elongation and constant resistance[J]. International Journal of Rock Mechanics and Mining Sciences, 2014, 67: 29-42.

[9] 何满潮, 郭志飚. 恒阻大变形锚杆力学特性及其工程应用[J]. 岩石力学与工程学报, 2014, 33(7): 1297-1308.

[10] 何满潮, 李晨, 宫伟力, 等. NPR 锚杆/索支护原理及大变形控制技术[J]. 岩石力学与工程学报, 2016, 35(8): 1513-1529.

[11] Sun X M, Zhang Y, Wang D, et al. Mechanical properties and supporting effect of CRLD bolts under static pull test conditions[J]. International Journal of Minerals, Metallurgy and Materials, 2017, 24(1): 1-9.

[12] 何满潮, 吕谦, 陶志刚, 等. 静力拉伸下恒阻大变形锚索应变特征实验研究[J]. 中国矿业大学学报, 2018, 47(2): 213-220.

[13] 何满潮, 高玉兵, 杨军, 等. 无煤柱自成巷聚能切缝技术及其对围岩应力演化的影响研究[J]. 岩石力学与工程学报, 2017, 36(6): 1314-1325.

[14] Wang Y J, He M C, Yang J, et al. Case study on pressure-relief mining technology without advance tunneling and coal pillars in longwall mining[J]. Tunnelling and Underground Space Technology 2020, 97(5): 1-13.

[15] 何满潮, 孙晓明, 张斌, 等. 深部采场自动成巷方法: ZL200910241429.9[P]. 2010-12-01.

[16] 张国锋, 何满潮, 俞学平, 等. 白皎矿保护层沿空切顶成巷无煤柱开采技术研究[J]. 采矿与安全工程学报, 2011, 28(4): 511-516.

[17] 孙晓明, 刘鑫, 梁广峰, 等. 薄煤层切顶卸压沿空留巷关键参数研究[J]. 岩石力学与工程学报, 2014, 33(7): 1449-1456.

[18] 何满潮, 高玉兵, 杨军, 等. 厚煤层快速回采切顶卸压无煤柱自成巷工程试验[J]. 岩土力学, 2018, 39(1): 254-264.

[19] 何满潮, 郭鹏飞, 王炯, 等. 禾二矿浅埋破碎顶板切顶成巷试验研究[J]. 岩土工程学报, 2018, 40(3): 391-398.

[20] 何满潮, 马资敏, 郭志飚, 等. 深部中厚煤层切顶留巷关键技术参数研究[J]. 中国矿业大学学报, 2018, 47(3): 468-477.

[21] 何满潮, 马新根, 牛福龙, 等. 中厚煤层复合顶板快速无煤柱自成巷适应性研究与应用[J]. 岩石力学与工程学报, 2018, 37(12): 2641-2654.

[22] He M, Gao Y, Yang J, et al. An Innovative Approach for Gob-Side Entry Retaining in Thick Coal Seam Longwall Mining[J]. Energies, 2017, 10(12): 1785.

[23] He M C, Zhu G L, Guo Z B. Longwall mining "cutting cantilever beam theory" and 110 mining method in China—The third mining science innovation[J]. Journal of Rock Mechanics and Geotechnical Engineering, 2015, 7(5): 483-492.

[24] Wang Q, He M C, Yang J, et al. Study of a no-pillar mining technology with automatically formed gob-side entry retaining for longwall mining in coal mines[J]. International Journal of Rock Mechanics & Mining Sciences, 2018, 110(10): 1-8.

[25] 何满潮, 王亚军, 杨军, 等. 切顶成巷工作面矿压分区特征及其影响因素分析[J]. 中国矿业大学学报, 2018, 47(6): 1157-1165.

[26] 高玉兵, 郭志飚, 杨军, 等. 沿空切顶巷道围岩结构稳态分析及恒压让位协调控制[J]. 煤炭学报, 2017, 42(7): 1672-1681.

[27] 何满潮. 长壁开采 N00 工法: ZL201510707707.0[P]. 2015-10-27.

[28] 王亚军. 拧条塔煤矿 N00 工法顶板结构特征及矿压规律研究[D]. 北京: 中国矿业大学(北京), 2018.

[29] 朱珍, 何满潮, 王琦, 等. 柠条塔煤矿自动成巷无煤柱开采新方法[J]. 中国矿业大学学报, 2019, 48(1): 46-53.

[30] Wang Y J, He M C, Yang J, et al. Case study on pressure-relief mining technology without advance tunneling and coal pillars in longwall mining[J]. Tunnelling and Underground Space Technology, 2020, 97(5): 1-13.

[31] 何满潮, 王亚军, 李干. 深部建井开拓布局方法: ZL201910628681.9[P]. 2019-07-12.

[32] 何满潮, 吴群英, 杨军, 等. 长壁开采 N00 工法装备系统[M]. 北京: 科学出版社, 2020.

[33] 曲天智. 深井综放沿空巷道围岩变形演化规律及控制[D]. 徐州: 中国矿业大学, 2008.

[34] 何满潮, 郭鹏飞, 张晓虎, 等. 基于双向聚能拉张爆破理论的巷道顶板定向预裂[J]. 爆炸与冲击, 2018, 38(4): 795-803.

[35] 何满潮, 王琦, 吴群英, 等. 采矿未来——智能化 5G N00 矿井建设思考[J]. 中国煤炭, 2020, 46(11): 1-9.

第8章 深井建设示范[*]

结合我国在建深部矿井实际，建成了以新巨龙煤矿、万福煤矿、大强煤矿等典型千米深井为代表的示范矿井，体现了深井建设"基础理论研究-关键材料研制-技术工艺开发-现场应用"的有机融合，验证了以深部非均压建井理论和技术原始创新研究成果的可行性及有效性，全面提升了深部矿井建设技术、材料及装备能力，为保障我国 2000m 以浅深部矿产资源安全、高效开发做出了重要贡献。

8.1 新巨龙煤矿深井建设示范

8.1.1 矿井概况

山东新巨龙能源有限责任公司，位于山东省菏泽市巨野县龙固镇，矿井于 2004 年 6 月开工建设，2009 年 11 月建成投产，设计生产能力 600 万 t/a，核定生产能力 750 万 t/a，矿井分为两个水平，第一水平标高为–810m，第二水平设计标高为–980m。主采 3(3 上)煤层，设计服务年限为 65a。整个井田划分为 13 个采区。矿井采用立井开拓，目前有 2 个主井、1 个副井、2 个风井，主要采掘活动集中在–810m 水平一、二、三采区。为满足矿井安全生产要求，需新建一个东副立井。为此，针对拟建井筒工程地质条件，应用分圈异步控制冻结地层技术以及非均压高承载力井壁关键技术，建成目前世界冻结深度最深的千米井筒示范工程。

8.1.2 工程地质条件

1. 地层岩性

钻孔揭露的井筒地层，自上而下依次为第四系(Q)、新近系(N)、二叠系石盒子组($P_{1-2}sh$)、山西组(P_1s)、太原组(C_2P_1t)。

第四系底界深度 149.50m，主要岩性为黏土、砂质黏土、粉砂层，松散、未固结，粉砂层遇水易液化。

新近系底界深度 630.20m，主要岩性为红褐色、灰绿色、灰黄色厚层黏土、砂质黏土，局部夹黄褐—浅灰色的粉砂、细砂层，大部分呈半固结，局部松散、未固结，粉细砂层遇水易液化，黏土、砂质黏土具吸水性、可塑性。

从原状土无侧限抗压值来看，土层抗压强度由浅至深逐步增高，最大 1.27MPa。300m 以浅基本低于 0.5MPa，呈松散状；深部黏土层、砂质黏土层呈半固结状态，具吸水膨胀性。但粉砂、细砂层均未固结，遇水易液化。

---

[*] 本章撰写人员：何满潮、李伟、孙晓明、杨仁树、杨维好、杨然景、杨福辉、孟祥军、王伟、高祥、秦其智、赵成伟。

井筒揭露基岩为石盒子组和山西组，主要岩性为黏土岩、中细砂岩、粉砂岩、煤层。岩石固结程度高，层理发育，一般岩石完整程度高，岩石质量指标 RQD 一般超过 70%。但局部裂隙发育、岩石较破碎，岩石质量指标 RQD 低于 40%。特别是 720～750m、825～847m、880～900m、1014～1020m 处裂隙发育，其中深度 729.65～732.85m 为 F19 的断层破碎带，断层角砾岩厚度 3.2m。断层破碎带岩石结构疏松，遇水易泥化，易坍塌，维护难度大。

从土工试验及岩石物理力学性质测试结果看，松散层松散-半固结，深部黏土层、砂质黏土层具吸水膨胀性，粉砂、细砂层遇水易液化，工程地质条件较差。基岩胶结较好，为中等-坚硬岩石，稳固性较好；基岩风化带总厚度 34.91m，疏松破碎，容易坍塌；基岩在存在断层破碎带和多处裂隙发育段，容易坍塌、破碎，断层带易遇水泥化，基岩工程地质条件中等。

2. 地质构造

井筒构造复杂程度为复杂，主要构造类型如下。

二郎庙东北背斜轴向约 15°，二翼产状平缓。825～847m、880～900m、1014～1020m 附近岩石纵向裂隙、劈理发育，岩心破碎，与二郎庙东北背斜轴附近张性裂隙较发育有关。

西北 210m 左右是 SF5 正断层，落差 10m 左右，倾角 75°，断层面倾向西北；东南 220m 左右是 F19 正断层，该断层倾角下陡上缓，落差 40m 左右，倾角 75°，断层面倾向东南。SF5 与 F19 断层形成一个地垒 SF5 与 F19 断层形成一个地垒。孔深 720.0～750.0m 段岩石疏松破碎，为构造破碎带，深度 732.85m，厚度 3.20m。

3. 水文地质

第四系、新近系、石盒子组上部含水层涌水量未预计，根据井检孔附近第四系水井调查资料，水位埋深一般为 2.0～6.0m，单井涌水一般为 5.0～15.0m³/h，水的矿化度一般大于 1.0g/L，为微咸水。第四系底界的厚层含中粗砂、中部夹黏土层的粉砂层（深度 139.90～149.50m，）是第四系的主要含水层，在井筒施工用水时可作为临时水井的主要取水层位。35.15～39.50m、81.55～89.15m 处为含砂率较高的砂质黏土夹粉砂；103.25～138.25m 含多段厚层砂质黏土或粉砂，是第四系中的次要含水层。

孔深 720～750m 揭露了大段明显的裂隙发育段，特别是深度 732.85m 厚度 3.20m 的断层角砾岩，该断层带主要是 F19 正断层所形成，落差 0～40m，倾角 75°，断层面倾向东南，水文地质条件分类属较复杂类型。

4. 地温

简易地温测量测得孔底 1085m 处的地温 46.8℃，60m 处的地温为 23℃，60～640m 的松散层中地温梯度为 2.20℃/100m，640～1085m 的基岩层中地温梯度为 2.47℃/100m，为地温正常区。但深度 470～690m 为一级高温区（31～37℃），690m 以下为二级高温区（大于 37℃）。

8.1.3 井筒设计方案

1. 主要技术特征

新建东副立井井筒净直径 7.0m，净断面积 38.5m²，表土厚度 631.11m，井深 1054.8m，表土、风化基岩及部分基岩段采用冻结法施工，设计冻结深度 930.0m，是目前世界冻结深度最深的矿井。井筒采用双层钢筋混凝土井壁，井壁混凝土厚度冻结段 1000~2478mm。井筒技术参数详见表 8-1。

表 8-1 东副立井主要技术参数

序号	名称	单位	副立井
1	设计井口地坪	m	+44.800
2	井筒坐标	m	X=3911014.923
		m	Y=20403981.943
3	井筒深度	m	1054.8
4	冻结段掘砌深度	m	915
5	冻结深度	m	930
6	井筒净直径	m	7.0
7	开挖荒径	m	9.000~11.956
8	冻结段壁厚	m	1.000~2.478
9	表土层厚度	m	631.11
10	强风化带	m	645.95
11	弱风化带	m	665.11

2. 设计方案

工程地质条件分析表明，新建东副立井井筒工程具有黏土层埋藏深、强度低、单层厚度大、地下水流速大、基岩岩心破碎、裂隙发育、地温高等诸多对冻结不利的地质条件，为此，采用分圈异步控制冻结地层技术以及非均压高承载力井壁关键技术，提出了千米井筒井壁结构设计如图 8-1 所示。

主要设计原则如下。

(1)防孔穿过第四系及新近系的水流速度大的主要含水层，加快冻结交圈，防止上部表土片帮。

(2)内孔设计既保证上部提前交圈，确保表土层冻结壁厚度及强度，又要确保下部深厚黏土层和基岩风化带厚度和强度。

(3)中孔和外孔设计布孔，考虑合理的布孔圈径和孔间距，确保排间先于孔间交圈，以释放冻结壁冻胀水，防止内层夹水，既确保表土段深厚黏土层冻结壁的强度及厚度，控制深厚膨胀性黏土层冻结壁的位移，防止冻结管断裂，又保证下部高地温基岩交圈封

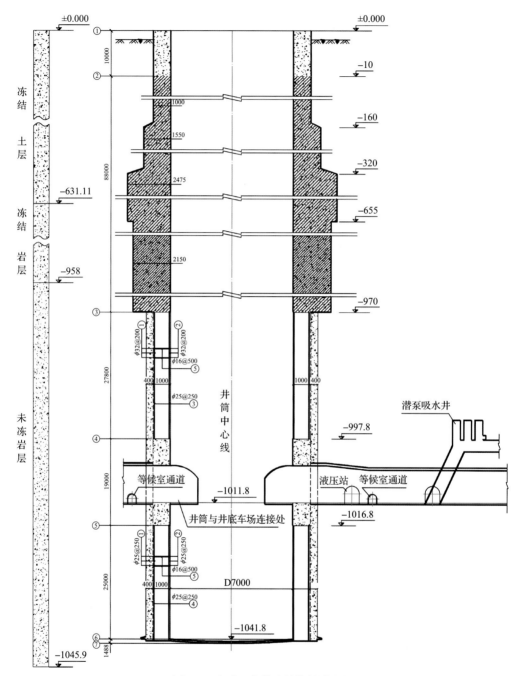

图 8-1 东副立井井壁结构设计(m)

水,以及保证构造破碎带冻结壁的强度和厚度。

(4)开冻时,应本着内孔先交圈,中孔、外孔依次排间交圈,孔间后交圈,以便释放冻结壁冻胀水的原则。根据冻土发展速度,合理调整开冻滞后时间,防止冻结壁夹层水,提高冻结壁中心强度。

8.1.4　实施效果

1. 施工方案

根据井筒工程设计,形成施工方案。

(1)防孔孔间距 2.60m,穿过新近系主要含水层,孔深 320m,防止片帮。

(2)内孔插花差异孔间斜距 1.584m,短腿穿过表土层 5m,孔深 636m,长腿穿过强风带,孔深 648m。

(3)中孔插花,孔间斜距 2.289m,全深冻结,孔深 930m。

(4)外孔孔间距 2.054m,穿过表土层 5m,孔深 636m。

中孔作为主孔。该方案内孔孔间距小,交圈快,内孔、中孔均采用插花布置,孔间距均匀,中孔作为主孔冻结,在冻结时,防孔、内孔、中孔同时开冻,因均采用插花布置,使冻结壁内冻结孔均匀分布,冻结壁平均温度低,通过计算调整各圈间距及孔间距,使中圈形成较厚的低温冻结带,既可解决流速大难题,又能很好地解决夹层冻胀水释放问题;既能保证表土层冻结壁厚度及强度,很好地解决基岩段破碎带及高地温带来的冻结难题,且因基岩段是双排孔冻结,其抵御内孔断管的风险大为加强,井筒冻结的安全储备度极大提高,该方案钻孔量适中,费用性价比高。

该示范工程于 2018 年 7 月 27 日开机冻结(冻结时间 294 天),2018 年 11 月 15 日表土段外壁试开挖,表土段外壁与基岩段井壁于 2020 年 10 月 3 日施工完毕。

2. 井壁受力与变形监测

为检验冻结施工效果及井壁设计合理性,在东副立井表土段(192～659m 埋深)外壁中累计埋设 10 层传感器(表 8-2),在基岩段井壁中累计埋设 3 层传感器(分别位于 748～752m、828～832m、928～932m 埋深处)。

表 8-2　东副立井表土段外壁传感器监测层位表

监测层位		对应的土层		
序号	深度/m	岩(土)性	厚度/m	深度/m
1	192.1～196.1	灰绿色黏土	22.48	184.49～206.97
2	243.1～246.1	粉砂黏土	7.71	237.76～245.47
3	312～315	灰绿色黏土	5.96	309.79～315.75
4	456～459	黏土	3.9	455.73～459.62
5	510～513	粉砂黏土	4.14	511.03～515.07
6	534～549	灰绿色黏土	10.16	534.34～544.5
		粉砂,红色	4.83	544.5～549.33
7	552.5～555.5	黏土	6.43	549.33～555.76
8	585.5～588.5	灰绿色黏土	27.83	574.78～602.61

续表

监测层位		对应的土层		
序号	深度/m	岩(土)性	厚度/m	深度/m
9	624.5~627.5	粉砂	9.13	616.28~625.41
		砂质黏土	5.7	625.41~631.11
10	657~659	泥岩	1.86	656.27~658.13
		粉砂岩	2.76	658.13~660.89

在掘砌期间，对井壁混凝土应变、钢筋受力、井壁温度、冻结壁温度等进行监测与分析(图8-2、图8-3)，验证了井壁结构的合理性，并指导了现场安全、高效施工。

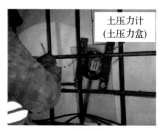
(a) 土压力计

(b) 混凝土应变计

(c) 钢筋测力计

(d) 孔隙水压力计

(e) 冻土内温度测杆

(f) 外层井壁温度测杆

图8-2　井壁监测传感器布设

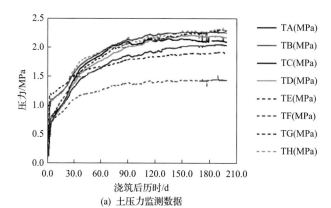
(a) 土压力监测数据

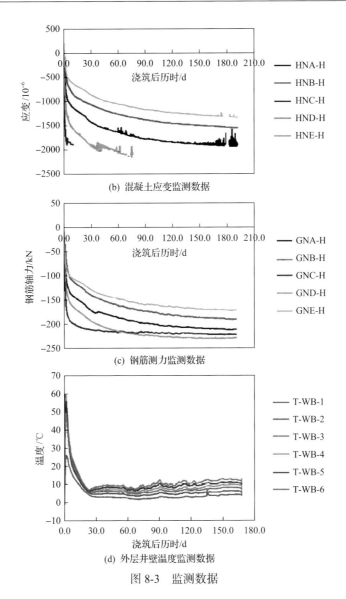

(b) 混凝土应变监测数据

(c) 钢筋测力监测数据

(d) 外层井壁温度监测数据

图 8-3 监测数据

现场施工情况及效果详见图 8-4。目前，东副立井井筒已竣工(包括锁口)，现场示范效果良好。

(a) 立模

(b) 临时锁口段井壁

(c) 冻结外壁泡沫板与钢筋绑扎

(d) 整体液压模板　　(e) 整体液压模油缸　　(f) 井筒外壁　　　　(g) 井筒马头门

图 8-4　现场施工及应用效果

8.2　万福煤矿深井建设示范

8.2.1　矿井概况

万福煤矿位于巨野煤田南端，其中心距山东省菏泽市约 45km，距离菏泽市巨野县近 32km。矿井可采储量 16902 万 t，煤种以肥煤、焦煤为主，煤矿的设计生产能力为 180 万 t/a。

万福煤矿井田为石炭系、二叠系煤田，新生界厚度大，平均厚度 714.73m。含煤地层为山西组和太原组，共含煤 30 层，全井田煤层总厚平均 11.30m，可采及局部可采煤层 [3(3 上)、3 下、17] 平均厚度累计 6.04m，其中 3 煤层是主采煤层。

矿井地面平均标高为+45m，采用立井和暗斜井两个水平开拓方式，一水平为井底车场的–820 水平，二水平为–950 水平，两水平间采用四条暗斜井集中联络。主井、副井、风井三个井筒，采用冻结法施工，冻结深度为 894.0m。主井井筒净直径为 5.5m，深度为 886.0m；副井井筒净直径为 7.0m，深度为 893.0m；风井井筒净直径为 6.0m，深度为 879.0m；三个井筒平均穿过 753.0m 的第四系冲积层，是地质条件非常特殊的立井井筒，穿过的巨厚表土层是目前世界第一深度。

针对万福煤矿地质条件及其工程难题，开展深竖井高效破岩技术以及–950 水平泵房吸水井集约化硐室群(埋深 1040m)NPR 支护技术工程示范。

8.2.2　深竖井高效破岩技术示范

1. 工程特点

在万福竖井工程地质条件下，采用深孔爆破技术的一次起爆装药量可达 330kg 以上，若采用传统的装药结构和爆破技术，将会对围岩和井壁支护产生强烈冲击扰动作用，主要体现在以下三方面：一是爆破荷载对冻结管、冻结围岩的损伤破坏，围岩物理力学性能劣化，稳定性降低；二是爆破荷载对井壁的损伤和破坏，井壁混凝土性能和强度弱化，导致井壁结构开裂甚至破坏；三是爆破后周边冻结表土层超欠挖现象严重，造成出矸量增加、混凝土浇筑量增加、时间成本增加，影响正常掘进，也增加了井筒掘砌费用。因此，降低爆破震动对冻结围岩及钢纤维混凝土井壁带来的初始损伤，是实现竖井深孔安全高效爆破，保障井壁长期服役的关键。为此，根据万福矿井实际地质条件，选取主井井筒工程进行深竖井高效破岩技术示范。主井井筒主要技术特征见表 8-3。

表 8-3　井筒主要技术特征表

序号	项目	单位	主井井筒
1	井口设计标高	m	$Z=+45.000$
2	井口坐标	经距	$X=3890819.000$
		纬距	$Y=20396306.000$
3	设计净直径	m	5.5
4	设计净断面	m^2	23.8
5	井底连接处标高	m	−840.000
6	冻结深度	m	894
7	井筒深度	m	886.763
8	井壁厚度	mm	900/950/1300/1825/2175/2100/1200

2. 爆破方案

根据主井井筒地层条件及冻结围岩特点，采用普通爆破(方案 1)、局部(半圈)聚能药包(方案 2)和聚能药包(方案 3)三种周边眼爆破方案(图 8-5)，以确定不同周边眼装药形式下冻结壁成型和井壁振动强度。

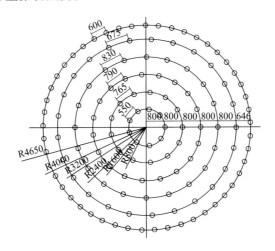

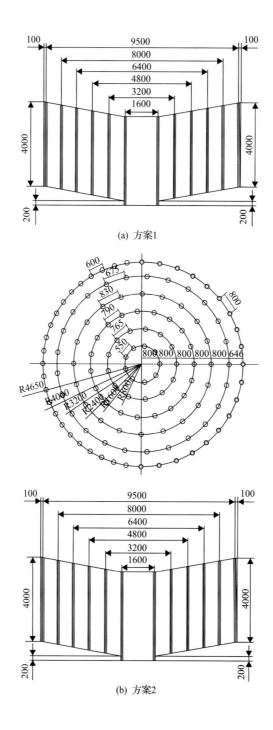

(a) 方案1

(b) 方案2

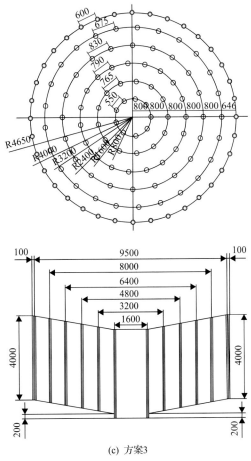

(c) 方案3

图 8-5　三种周边眼爆破方案炮眼布置(填充炮眼为聚能药包装药形式)(mm)

　　方案实施过程中，根据超欠挖情况适当减少最大段药量。对于立井而言，周边 V 段装药量最大且其距离冻结壁、冻结管和井壁最近，其爆破参数见表 8-4 和表 8-5。

表 8-4　主井冻结基岩段爆破参数表(原始方案)

圈别	炮眼名称	眼数/个	眼深/m	角度/g	眼距/mm	装药量 kg/眼	装药量 kg/圈	装药系数	起爆顺序	连线方式
1	掏槽眼	9	4.2	90	550	3.0	27.0	0.75	I	
2	辅助眼	13	4.0	90	765	3.0	39.0	0.75	II	
3	辅助眼	19	4.0	90	790	3.0	57.0	0.75		串并联
4	辅助眼	20	4.0	90	830	2.7	54.0	0.68	III	
5	辅助眼	25	4.0	90	675	2.4	60.0	0.6	IV	
6	周边眼	49	4.0	87	690	2.1	102.9	0.5	V	
合计		135					339.9			

表 8-5 主井冻结基岩段爆破参数表(调整后方案)

圈别	炮眼名称	眼数/个	眼深/m	角度/g	眼距/mm	装药量 kg/眼	装药量 kg/圈	装药系数	起爆顺序	连线方式
1	掏槽眼	9	4.2	90	550	3.0	27.0	0.75	I	
2	辅助眼	13	4.0	90	765	3.0	39.0	0.75	II	
3	辅助眼	19	4.0	90	790	3.0	57.0	0.75		串并联
4	辅助眼	20	4.0	90	830	2.4	48.0	0.6	III	
5	辅助眼	25	4.0	90	675	2.1	52.5	0.53	IV	
6	周边眼	36	4.0	87	800	1.8	64.8	0.45	V	
合计		122					288.3			

方案 1 中爆破每循环分五段起爆,各段别采用串并联连接方式,I 段掏槽眼,装药量为 27kg;II 段辅助眼分两圈装药,装药量为 96kg;III 段辅助眼装药量为 54kg;IV 段辅助眼装药 60kg;V 段周边孔孔数为 49,孔间距为 600mm,单孔装药量为 2.1kg,周边孔总装药量为 102.9kg。总装药量为 339.9kg。

爆破过程中周边眼的孔间距对于爆破效果的影响至关重要。若孔间距过小,则会导致最后的岩壁形态从设计轮廓线突出;若孔间距过大,则会导致岩石井壁表面粗糙,若有局部炮孔过装药,往往会爆破效果不理想。两种情况下爆后效果形态如图 8-6 所示。

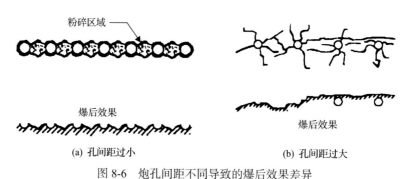

(a) 孔间距过小   (b) 孔间距过大

图 8-6 炮孔间距不同导致的爆后效果差异

常规爆破条件下,炮孔间距的经验值计算公式为

$$S = 10D_h$$

式中:S 为炮孔间距,mm;D_h 为炮孔直径,mm。

根据上述公式,普通装药周边眼炮孔间距为 580mm,为了便于操作取值确定为 600mm。聚能药包爆破形式下,周边眼炮孔间距系数可增大 1.2~1.4 倍(即 720~840mm),实际操作中周边眼采用聚能药包爆破炮孔间距取值为 800mm,从而确定方案 2 和方案 3 各爆破参数值。

　　方案 2 中爆破每循环分五段起爆，各段别采用串并联连接方式，Ⅰ～Ⅱ段雷管装药炮眼数及单孔装药量不变，其余辅助眼单孔药量减少 0.3kg。将Ⅴ段周边眼分为两种装药形式：半圈为普通装药，孔数为 23，每孔装药量为 2.1kg，另一半为聚能药包，孔数为 19，每孔装药量为 1.8kg，孔间距离由 600mm 增大到 800mm，周边眼总装药量为 82.5kg，总装药量为 306kg。

　　方案 3 中爆破每循环分五段起爆，各段别采用串并联连接方式，Ⅰ～Ⅱ段雷管装药炮眼数及单孔装药量不变，其余辅助眼单孔药量减少 0.3kg。Ⅴ段周边眼采用聚能药包形式，孔间距离由 600mm 增大到 800mm，每孔装药量由 2.1kg 减少到 1.8kg，周边眼总装药量为 64.8kg，总装药量为 288.3kg。

　　方案 2、方案 3 均使用了聚能管，聚能管结构设计如图 8-7 所示，根据周边孔的装药长度，聚能管的尺寸为长 3000mm、直径 50mm；为了增加聚能管的稳定性，共有 4 条聚能，聚能的规格为长 600mm、宽 4mm，各聚能之间间隔 100mm，两头各留150mm。

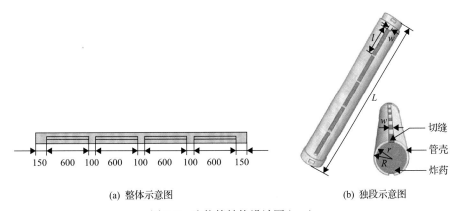

(a) 整体示意图　　　　　　　　　　　(b) 独段示意图

图 8-7　聚能管结构设计图（mm）

现场聚能药包装药过程如图 8-8 所示。

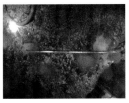

图 8-8　现场装药图

　　制作聚能药包时，首先用胶带对制作好的聚能管底部封堵，防止装药时炸药从聚能管底部滑落；将封堵完成的聚能管带至掘进面，在装药前进行聚能药包的制作，将炸药缓慢装入聚能管中，防止制作聚能管时残留的碎屑将炸药外皮划破；装入炸药后即完成聚能药包的制作。

将制作完成的聚能药包装入周边眼炮孔时，要求聚能药包的聚能方向沿井壁轮廓线方向，用炮棍缓慢将聚能药包推入周边眼炮孔底部，防止聚能药包装入方向改变。

3. 损伤测试

为了进一步定量分析聚能药包对井壁围岩的保护效果，对立井井壁围岩进行声波测试，定量描述普通药包与聚能药包对井壁围岩的损伤情况。声波测试孔布置及测试装备如图 8-9 和图 8-10 所示。测试孔与竖向夹角为 30°，孔深 3.0m，爆破前完成一次测试，作为爆前测试数据，爆破完成后，爆后矸石面较原工作面提高 2.7m，待出矸至测试孔位置时，进行爆后测试。普通装药与聚能药包装药声波速度测得结果见表 8-6。

根据表 8-6 测试结果，得到普通药包与聚能药包两种装药形式下的声波曲线与损伤曲线(图 8-11)，以及普通药包与聚能药包对岩体的损伤变量 D(图 8-12)。

从声波测试曲线可以看出，普通药包与聚能药包井壁围岩爆前声波速度相差不大，基本在 5123～5392m/s，围岩声波速度均值为 5258m/s。

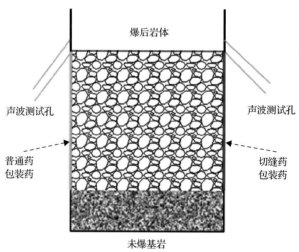

图 8-9　声波测试孔布置

 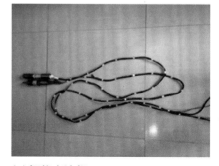

图 8-10　RSM-SY5(T)智能声波仪

表 8-6　普通药包与聚能药包爆破声速测试结果

孔深/m	普通药包			聚能药包		
	爆前/(m/s)	爆后/(m/s)	损伤变量 D/%	爆前/(m/s)	爆后/(m/s)	损伤变量 D/%
0.2	5155	4679	17.61	5123	4848	10.45
0.4	5199	4803	14.65	5154	4914	9.10
0.6	5221	4918	11.27	5195	4990	7.74
0.8	5251	4993	9.59	5243	5073	6.38
1.0	5284	5053	8.55	5276	5143	4.98
1.2	5292	5101	7.09	5285	5201	3.15
1.4	5314	5144	6.30	5305	5254	1.91
1.6	5334	5214	4.45	5321	5291	1.12
1.8	5342	5250	3.41	5337	5313	0.90
2.0	5359	5293	2.45	5348	5333	0.56
2.2	5368	5319	1.82	5359	5349	0.37
2.4	5378	5352	0.96	5371	5362	0.33
2.6	5388	5368	0.74	5379	5371	0.30
2.8	5389	5376	0.48	5381	5376	0.19
3.0	5392	5380	0.44	5384	5381	0.11

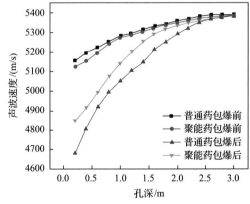

图 8-11　普通药包与聚能药包岩体爆前爆后声波速度

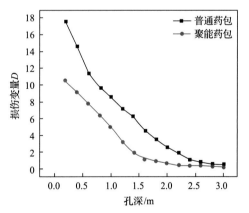

图 8-12　岩体损伤变量 D 与孔深的关系

对比聚能药包爆前爆后声波速度测试值可以得出，围岩爆后声速随测试孔深度增加而增大，且爆前爆后声速差异越来越小，说明炸药对井壁围岩的影响主要集中在一定范围内，超过此范围，炸药爆炸对围岩的影响较小。普通药包一侧爆前爆后声速的差异大于聚能药包一侧，表明普通药包爆破对围岩的影响更大，归结原因在于聚能药包爆破的聚能效应，使得炸药能量优先沿聚能方向释放，非聚能方向炸药能量传递小，同时由于聚能管的存在，在一定程度上保护了围岩的稳定，减小了炸药爆破对围岩的破坏。

由于测试孔与竖直方向夹角为30°，孔深3m，那么测试孔孔底距离井壁为1.5m。从图8-14可以发现，两种装药形式岩体的损伤变量随孔深的增大衰减幅度越来越小，最后趋于平滑，但不同的是普通装药一侧损伤变量趋于平滑的位置为孔深2.4m（与井壁垂直深度为1.2m），聚能药包一侧损伤变量趋于平滑的位置为孔深1.6m（与井壁垂直深度为0.8m），采用聚能药包的井壁围岩损伤区域较普通药包减小33.3%。普通药包爆破时井壁最大损伤变量为0.176，聚能药包爆破时井壁最大损伤变量为0.104，最大损伤变量减少42.2%，普通药包爆破井壁围岩各测点损伤变量之和为8.982，聚能药包爆破井壁围岩各测点损伤变量之和为4.759，井壁围岩整体减低47.0%。

4. 应用效果

聚能药包在促进聚能方向裂隙扩展的同时，会使其他方向裂纹的起裂得到抑制，从而使其获取的能量较低。相应地，引起的振动也会减小，从而降低了被保护侧岩体的损伤。冻结井筒基岩段砂岩、泥岩条件下的爆破效果如图8-13、图8-14所示。

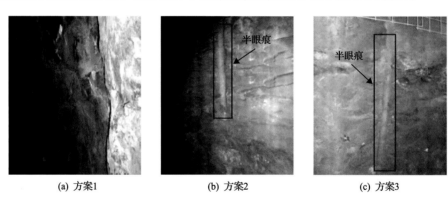

| (a) 方案1 | (b) 方案2 | (c) 方案3 |

图8-13 不同方案下砂岩冻结壁成型效果

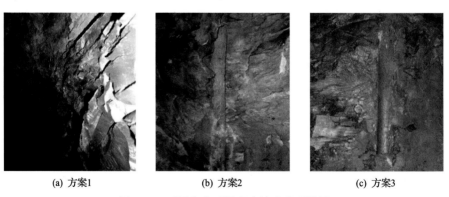

| (a) 方案1 | (b) 方案2 | (c) 方案3 |

图8-14 不同方案下泥岩冻结壁成型效果

从图8-13和图8-14可以看出，聚能药包爆破后冻结壁完整性好，而周边眼普通爆破炮孔周边几乎都是粉碎区，大部分不存在半眼痕，裂隙十分明显。现场试验效果显著，聚能药包爆破后沿周边轮廓方向的断裂痕迹清晰可见，冻结壁断裂面平整，大大降低了爆破对冻结壁的损伤。

　　从三种方案爆后冻结壁成型外观上看，普通爆破冻结壁超挖严重，局部超挖大于
20cm。聚能药包爆破后冻结壁呈平、直、齐均匀分布，冻结壁平整度＜5mm，最终每循
环爆破进尺达到 3.5～3.7m，聚能药包爆破半眼痕保留率高，裂隙较少，仅在局部出现1～
2 条裂隙，爆破炮眼利用率高并且对冻结壁围岩扰动小。

　　将冻结壁在聚能药包爆破条件下的图像进行处理，识别出的半眼痕边界如图 8-15、
图 8-16 所示。

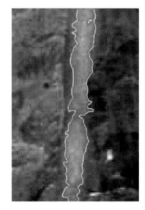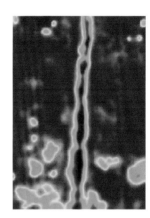

图 8-15　冻结壁聚能半眼痕识别（砂岩）

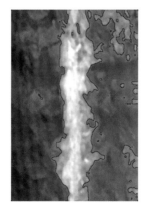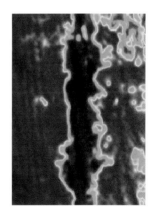

图 8-16　冻结壁聚能半眼痕识别（泥岩）

　　从图 8-15 和图 8-16 看出：聚能药包爆破使得原有的普通爆破对轮廓线保留岩体和
围岩的破坏、损伤和爆破震动得到了有效的解决。从半眼痕轮廓识别效果可以看出，由
于岩性物理特征的不同，聚能半眼痕轮廓细观形态存在明显差异。聚能外区域能量分布
有弥散特征，砂岩聚能轮廓完整度较泥岩好，证实了聚能药包爆破作用下冻结壁的细小
随机损伤演化导致的破坏可能带有突变性，但总体趋势不变，即岩性越好，聚能药包的
应用效果越优。在同样孔径条件下，普通爆破冻结壁成型很差，超欠挖现象严重。聚能
药包爆破冻结壁成型好，同时泥岩条件下半眼痕扩展宽度为砂岩时的 3 倍左右，裂隙分
布范围大。证明岩石性质对聚能药包应用的影响明显，岩石等级越高则半眼痕保留率高，

岩石等级低则半眼痕保留率低。在岩性较好的地质条件下，聚能药包的护壁效果显著，对围岩的损伤程度最小，体现了能量的利用最为充分。聚能药包半眼痕边缘主动轮廓识别能在一定程度上加强边缘检测的效果，并且可以不受图像噪声的影响。

综合现场应用及测试结果，统计得到深井高效破岩技术应用效果见表 8-7。

表 8-7 深井高效破岩技术应用效果

指标名称	普通爆破	聚能药包爆破
周边眼个数/个	49	36
周边眼间距/mm	600	800
每孔装药量/kg	2.1	1.8
再生裂隙	形成粉碎区	局部1~2条
不平整度/mm	±15cm	±5cm
半眼痕/条	16	27
半眼痕率/%	33%	75%
炮眼利用率/%	80%	92.5%
大块岩石程度	<30cm	<30cm
周边眼打眼时间	360min	260min

深井高效破岩技术的应用，将周边眼间距由普通爆破方案中的 600mm 增大到 800mm，增加了 33%；周边眼个数减少了 13 个，节省了 100min 的打眼时间；周边眼间距增大后 36 个炮孔中有 27 个炮孔呈现半眼痕，占 75%，增加了 42 个百分点；周边不平整度在 ±5cm 左右，较普通药包爆破减少了约 10cm；爆破时，井壁振动强度大幅度降低，在有效测量范围内井壁质点振速峰值降低了 20%~40%；炮眼利用率提高到 90% 以上，大块率方面差异不大，均可满足。新技术的应用，保证了井壁安全，节省了开支，实现了安全高效施工。

8.2.3 泵房吸水井集约化硐室群工程示范

1. 工程特点

万福煤矿二期工程建设过程中，埋深 865m 的 –820 水平泵房吸水井硐室群采用传统一泵一井设计进行了施工，支护方式为普通锚网喷+砌碹（图 8-17）。

–820 水平顶底板岩性以细砂岩、粉砂岩、中砂岩、泥岩为主，裂隙比较发育。由于该工程埋深大、地应力水平高、岩层条件差以及传统设计的缺陷，施工后出现了严重的围岩大变形破坏问题（图 8-18）。因此，为了避免更大埋深（1040m）的二水平 –950 水平泵房吸水井硐室群稳定性控制问题，开展了深井泵房吸水井集约化硐室群 NPR 支护技术的现场示范。

–950 水平岩层柱状图如图 8-19 所示。–950 水平泵房硐室群（埋深 1040m）顶板为中砂岩、细砂岩、3 煤和砂质泥岩，底板为砂泥互层，节理比较发育，岩层较为破碎。

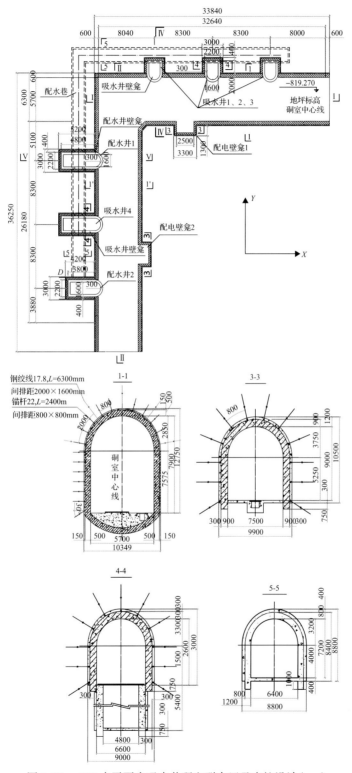

图 8-17　−820 水平泵房吸水井硐室群布置及支护设计(mm)

(a) 顶板轴向开裂　　　(b) 顶板环向开裂　　　(c) 底臌严重　　　(d) 帮部剪切

图 8-18　-820 水平泵房破坏特征

柱状图	岩性名称	深度/m	厚度/m	岩性述描
	泥岩	979	53.25	灰黑色泥岩，参差状断口，局部含少量植物碎屑化石，岩心较完整，RQD约为90%
	中砂岩	989	10	灰白色中砂岩，成分以石英为主，长石次之，局部发育裂隙，充填方解石脉，岩心较完整，RQD约为70%
	泥岩	1015.17	26.17	灰黑色泥岩，参差状断口，局部含少量植物碎屑化石，局部发育少量滑面，发育少量裂隙未充填，RQD约为40%
	粉砂岩	1017.65	2.48	灰黑色粉砂岩，平坦状断口，局部夹薄层细砂岩，含有少量支护碎屑化石，RQD约为20%
	细砂岩	1019.35	1.7	浅灰白色细砂岩，成分以石英为主，长石次之，夹薄层粉砂岩，局部发育裂隙，未充填，下部岩心较破碎，RQD约为30%
	砂质泥岩	1021.61	2.26	灰黑色砂质泥岩，参差状断口，局部夹薄层细砂岩，含植物碎屑化石，RQD约为5%
	3煤	1026.91	5.30	黑色3煤，阶梯状断口，内生裂隙发育，充填方解石脉，沥青光泽，粉末状—块状
	泥岩	1028.21	1.30	灰黑色泥岩，参差状断口，局部含少量植物碎屑化石，岩心较完整，RQD约为90%
	细砂岩	1033.67	5.46	浅灰色-灰白色细砂岩，成分以石英为主，长石次之，粒径由上至下渐粗，局部发育裂隙，充填方解石脉，岩心较完整，RQD约为85%
	中砂岩	1040.29	6.62	灰白色中砂岩，成分以石英为主，长石次之，局部发育裂隙，充填方解石脉，岩心较完整，RQD约为70%
	砂泥互层	1050.60	10.31	浅灰白色细砂岩与灰黑色泥岩互层，以泥岩为主，具薄层状近水平层理，RQD约为60%
	砂质泥岩	1055.41	4.81	灰黑色砂质泥岩，参差状断口，局部夹薄层细砂岩，含植物碎屑化石，RQD约为5%
	细砂岩	1066.08	10.31	浅灰白色细砂岩，成分以石英为主，长石次之，夹薄层粉砂岩，局部发育裂隙，未充填，下部岩心较破碎，RQD约为30%

图 8-19　-950 水平岩层柱状图

由于矿井区域内发育组合断层 52 条，其中落差 50m 以上的 10 条，落差 20.0～50.0m 的 22 条，落差 10.0～20.0m 的 12 条，落差 5.0～10.0m 的 8 条(图 8-20)，因此，-950 水平泵房吸水井硐室群建设将会受到区域构造的较大影响。

由地应力测试结果可知(图 8-21)，在 800～1000m 深度内，地应力以水平应力为主。其中，最大水平主应力与垂直应力的比值在 1.50～2.6，平均为 1.96；最大水平主应力与最小水平主应力的比值在 1.40～1.60，平均为 1.5。最大与最小水平主应力的差值较大，最大水平主应力与垂直应力的差值也较大，平均在 16.0MPa，岩体容易变形和破坏。因此，万福煤矿的 –950 水平岩体，处于以水平应力为主应力的高水平应力环境，围岩极易破坏和变形，硐室稳定性差。

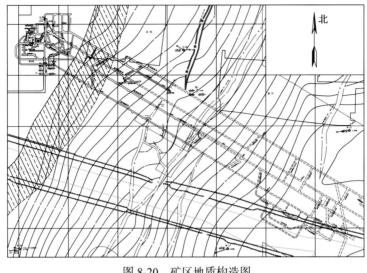

图 8-20　矿区地质构造图

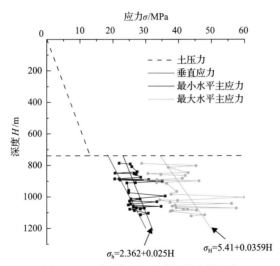

图 8-21　万福煤矿主应力随深度的变化

$\sigma_h=2.362+0.025H$　　$\sigma_H=5.41+0.0359H$

2. 集约化硐室群设计

–950 水平泵房吸水井硐室群长度为 113.0m，底板标高为–995.0m，地表的标高为+45.0m。传统设计为一台泵设计一个吸水井或配水井，包括 7 个吸水井和 3 个配水井，3 个接力泵和 7 个直排泵，接力泵将水排放至上一个水平，直排泵将水排至地面(图 8-22)。吸水井和配水井布置在泵房硐室群的同一侧，吸水井和配水井间通过配水巷相连。

通过硐室围岩稳定性分析计算，提出泵房吸水井集约化硐室群设计方案如图 8-23 所示。该设计方案在排水量计算、设备选型、水泵房尺寸等方面与传统设计基本相同。

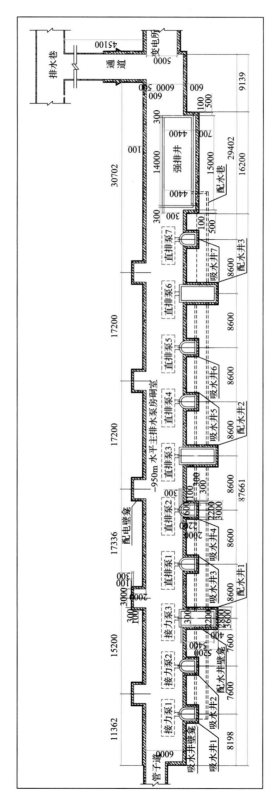

图8-22 −950水平泵房群室硐室传统设计平面图(mm)

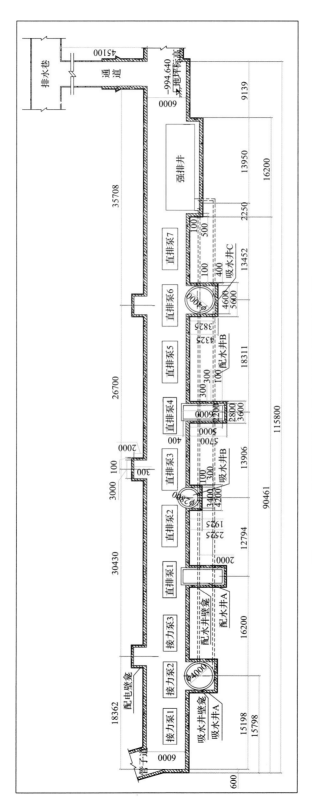

图8-23　-950水平泵房吸水井集约化硐室群设计平面图(mm)

泵房吸水井集约化硐室群的布置如下。

传统设计的吸水井 1、2 和配水井 1 组合为吸水井 A，连接 3 个接力泵；传统设计的配水井 2 变为配水井 A，连接直排泵 1；传统设计的吸水井 3 和 4 变为吸水井 B，连接直排泵 2 和 3；传统设计的配水井 3 变为配水井 B，连接直排泵 4；传统设计的吸水井 5、6 和 7 变为吸水井 C，连接直排泵 5、6、7。

优化后的泵房吸水井减少了 5 个井，增加了吸水井和配水井间的岩柱宽度，由传统设计的硐室群间距 7.6～8.6m 增加至 12.8～18.3m，从而降低了支护难度，增加了泵房吸水井硐室群的稳定性。

3. 支护设计

根据现场工程地质条件，结合围岩应力分布和变形特征分析结果，确定–950 水平泵房吸水井集约化硐室群总体支护方案为：NPR 锚网索+喷射混凝土+注浆锚索+立体桁架+喷射混凝土支护形式。

1)泵房及壁龛支护设计

泵房及壁龛各主要断面(图 8-24)支护设计参数如图 8-25～图 8-33 所示。

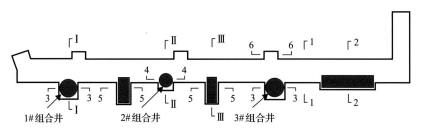

图 8-24 泵房吸水井集约化硐室群各支护断面位置

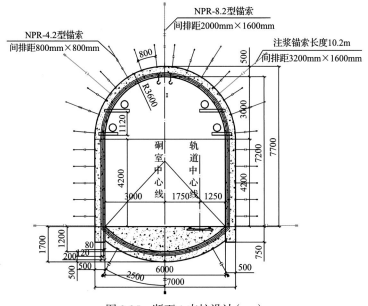

图 8-25 断面 1 支护设计(mm)

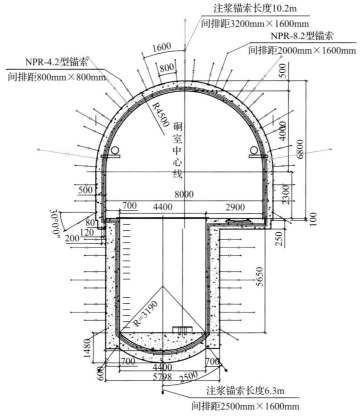

图 8-26　断面 2 支护设计(mm)

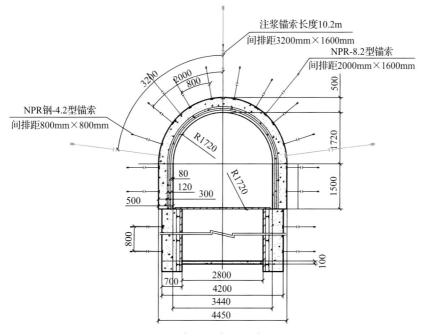

图 8-27　断面 3 支护设计(mm)

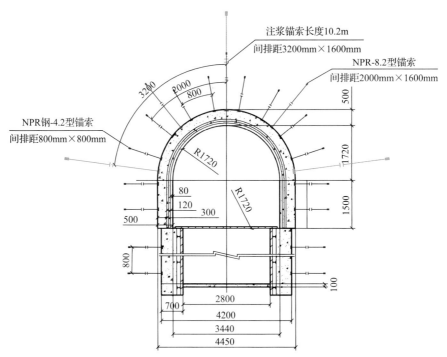

图 8-28 断面 4 支护设计(mm)

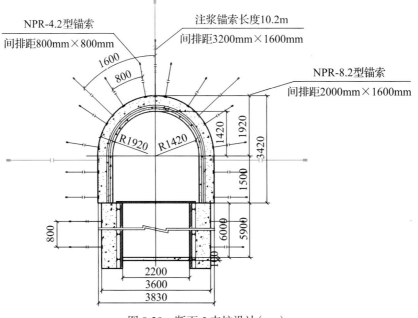

图 8-29 断面 5 支护设计(mm)

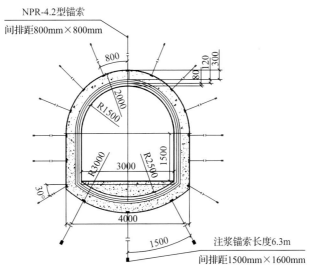

图 8-30　断面 6 支护设计(mm)

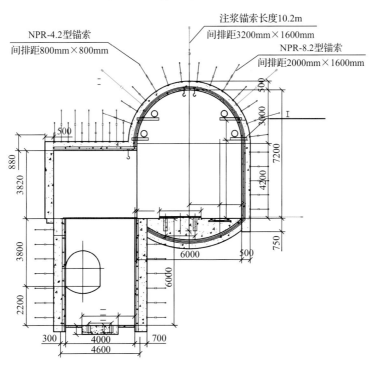

图 8-31　断面 I 支护设计(mm)

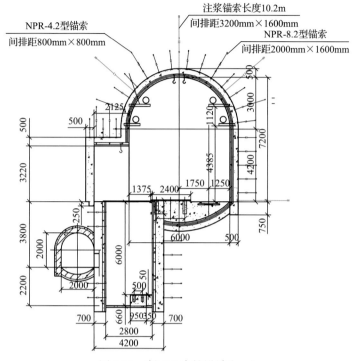

图 8-32 断面Ⅱ支护设计(mm)

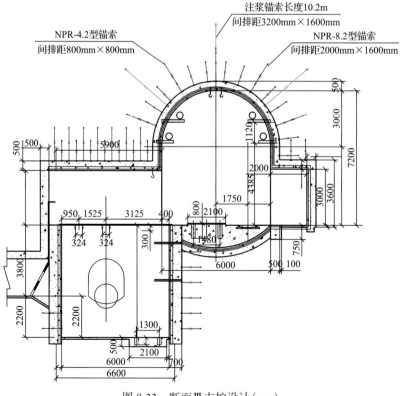

图 8-33 断面Ⅲ支护设计(mm)

①NPR 锚网索+喷射混凝土+注浆锚索初次支护

顶板和帮部采用 NPR-4.2 型短锚索支护形式,锚索间排距为 800mm×800mm,NPR 钢绞线型号为 Φ26mm×4200mm,恒阻值为 350kN,预紧力施加到 350kN。

顶部采用 NPR-8.2m 的长锚索进行均匀支护,锚索间排距为 1600mm×1600mm,NPR 钢绞线型号为 Φ26mm×8200mm,恒阻值为 350kN,预紧力施加到 350kN。

顶板和帮部注浆锚索设计长度为 10200mm,底板锚索设计长度 6300mm;顶板和帮部锚索间排距 3200mm×1600mm,底板采用 3-2-3 布置,锚索间排距均为 2500mm×1600mm,采用锚索梁走向连接。

初喷混凝土厚度为 60mm。

②立体桁架+喷射混凝土二次支护

各主要断面桁架加工图如图 8-34、图 8-35 所示。立体桁架材料为 12 号矿用工字钢,支架间距 1 000mm(交叉点位置桁架间距有所调整);每支架共分 4 段,顶拱部支架之间通过 M20×70 螺栓连接,墙部支架与底拱部支架之间利用平衡消力接口连接板及 M20×70 螺栓连接。平衡消力接口连接板材料为 A3 钢,厚度 16mm,按设计图纸所示位置焊接,全部连续焊缝,焊缝高度 10mm。支架之间通过等边 9#角钢拉杆及焊接 A3 钢连接件连接,扁钢焊接位置间距 800mm。其中,顶拱及两帮支架为三角状连接,底部支架为直杆连接,采用 M18×70 螺栓连接。

底拱采用混凝土浇筑,初次浇筑 100mm,永久浇筑至地坪设计高度,浇筑的混凝土强度等级为 C40。

根据监测数据,待围岩变形趋稳后,复喷混凝土与钢架接触;待整体变形稳定后,复喷混凝土覆盖钢架;喷射混凝土强度等级为 C20。

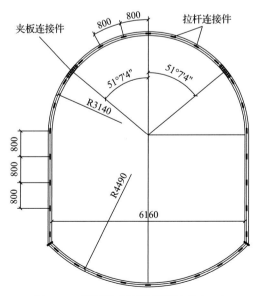

图 8-34　断面 I 主泵房桁架结构(mm)

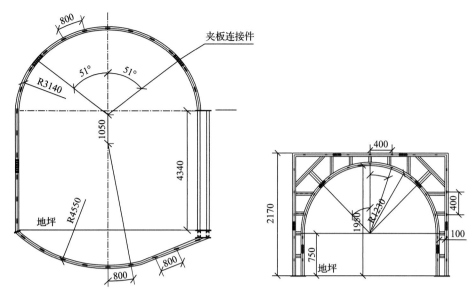

图 8-35　断面Ⅰ、Ⅱ、Ⅲ泵房与壁龛交叉口桁架结构(mm)

2)组合吸水井支护设计

–950 水平泵房共布设 3 个组合吸水井(图 8-24)，其中，1#、3#组合吸水井尺寸及支护结构如图 8-36 所示，2#组合吸水井支护结构如图 8-37 所示。采用 NPR 锚网索+喷射混凝土初次支护+立体桁架+浇筑混凝土支护方式。

①NPR 锚网索+喷射混凝土初次支护

组合吸水井井壁采用 NPR-4.2m 短锚索支护形式，锚索间排距为 800mm×800mm，NPR 钢绞线型号为 $\Phi26×4200mm$，恒阻值为 350kN，预紧力施加到 350kN。

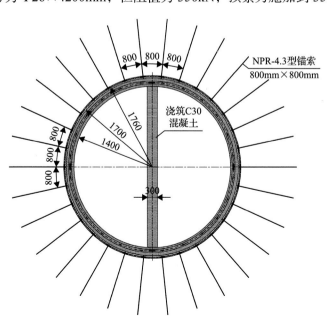

图 8-36　1#、3#组合吸水井支护结构(mm)

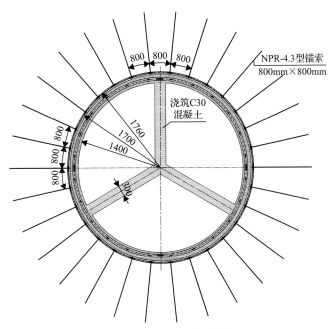

图 8-37　2#组合吸水井支护结构(mm)

初喷混凝土厚度为 60mm。

井底防水处理后，采用 C30 混凝土浇筑。

②立体桁架+浇筑混凝土二次支护

立体桁架材料为 12 号矿用工字钢，支架间距 1000mm；每架支架共分 4 段，各段之间通过 M20×70 螺栓连接，支架之间通过等边 9#角钢拉杆及焊接 A3 钢连接件三角状连接，扁钢焊接位置间距 800mm。

钢架架设后，施工隔挡钢架格栅，最后整体浇筑混凝土，混凝土强度等级为 C30。

4. 应用效果

为检验深部泵房吸水井集约化硐室群 NPR 支护控制效果，在主泵房设置两个测站，对硐室表面位移及 NPR 锚索受力进行监测，测站及测点布置如图 8-38 所示。

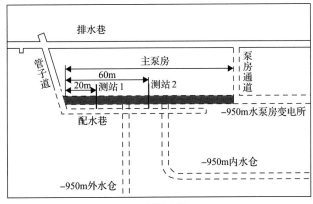

(a) 测站布置

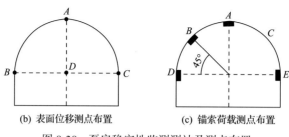

(b) 表面位移测点布置　　　　(c) 锚索荷载测点布置

图 8-38　泵房稳定性监测测站及测点布置

主泵房变形监测曲线及 NPR 锚索拉力监测曲线如图 8-39、图 8-40 所示。

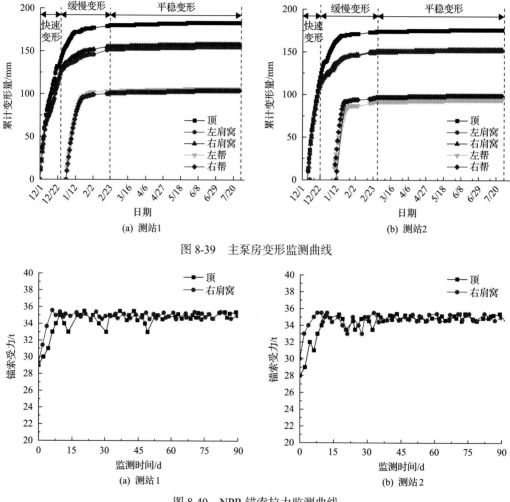

图 8-39　主泵房变形监测曲线

图 8-40　NPR 锚索拉力监测曲线

由变形曲线可知(图 8-41)，NPR 支护围岩的变形可分为三个阶段，分别为快速变形阶段、缓慢变形阶段和平稳变形阶段。测站 1 的快速变形阶段为 20 天左右，日变形量约为 6mm；测站 2 的变形阶段为 15 天左右，日变形量约为 7mm；测站 1 的缓慢变形阶段持续 60 天左右，日变形量约为 1mm；测站 2 的缓慢变形阶段持续 60 天左右，日变形量为 1mm；随后测站 1 和 2 进入变形平稳阶段，日变形量低于 0.5mm。因此采用 NPR 锚索支护能够有效地控制硐室群的围岩变形，保证硐室群稳定性。

由 NPR 锚索拉力监测曲线可知(图 8-40)，两个测站 NPR 锚索受力特征较为一致，锚索安装时，张拉预紧力为 35t，由于预紧力的损失，锚索初始支护力略有减小，但随着围岩的变形增长，锚索受力迅速增加至 35t。随着观测时间与围岩变形的增加，锚索受力在 34.5～35.5t 小范围波动，表明围岩与锚索的协调变形逐渐趋于稳定。

图 8-41 为–950 水平泵房硐室群永久支护后的效果。新技术的应用减少了硐室及配水巷的工程量，缩短了建设工期，硐室群长期稳定性大大提高。

(a) 壁龛　　　　　　　　　　　　　　　(b) 主泵房

图 8-41　–950 水平泵房硐室群永久支护后的效果

8.3　大强煤矿深井建设示范

8.3.1　矿井概况

大强煤矿作为铁法煤业集团有限责任公司规划的主要生产矿井，是目前世界上中生代成煤最深的软岩矿井。矿井位于辽宁省沈阳市康平县张强镇及内蒙古自治区通辽市科尔沁左翼后旗的交界处，距大平煤矿铁路专用线最近处约 37km。

大强煤矿是年产量 150 万 t 的大型矿井，井田面积为 54.398km^2，根据地质报告估算，资源总储量为 27511 万 t。矿区含煤地层产状平缓，倾角一般为 5°～15°，总体为一个走向近东西，向南倾斜的单斜构造。煤矿地质构造复杂程度中等，煤层稳定程度中等，瓦斯类型简单，水文地质类型中等，其他开采地质条件复杂，综合确定煤矿的地质类型为复杂。矿区 1 煤层为主要可采煤层，为较稳定全区可采煤层。平均煤层厚度为 6.0～11.0m，开采深度为 1000～1200m。

针对东北其他矿区深部矿井建设过程中出现的问题，大强煤矿建井过程中，重点示范了深部井筒马头门大断面交叉点 NPR 支护技术以及深井泵房吸水井集约化硐室群 NPR 锚网索支护技术。

8.3.2 工程地质条件

大强煤矿矿区及井筒马头门工程综合柱状图如图 8-42、图 8-43 所示。

地质年代				岩性柱状 (1:1000)	厚度/m 最大~最小 平均	岩性描述
界	系	组	段			
新生界	第四系				$\dfrac{10.5\sim55.20}{35}$	黄色黏土亚黏土砂土及砂砾质沉积物
中生界	白垩系	孙家湾组	K_1s		$\dfrac{176.19\sim742}{390}$	主要为砾岩、砂岩及含砾、含砂泥岩。上部为紫红色岩层，下部多为紫色、杂色及灰绿色岩层，互层，砾石成分杂，以火成岩砾为多，其次为变质岩砾和沉积岩砾，无化石。与下伏地层呈平行不整合接触
生界	垩系	三台子组	上部砂岩砂砾岩段 K_1st^4		$\dfrac{0\sim596.94}{178}$	岩性为灰绿色、灰色砂岩，灰绿色灰白色砾岩及砂砾岩，夹灰色泥岩，砾石成分主要为火成岩，极少见变质岩砾、沉积岩砾。夹煤线1~7薄层，多见植物化石碎屑和碳屑
			砂泥岩段 K_1st^3		$\dfrac{4.20\sim282.30}{128}$	上部：主要为深灰色、灰黑色泥岩及粉砂岩，局部夹粗碎屑岩薄层，多见方解石脉、黄铁矿结核，局部夹煤线1~2层。常见动物化石(螺等)。下部：以灰色、灰白色砾岩及砂砾岩为主，夹泥岩。砾石成分以火成岩为主，见变质岩砾、沉积岩砾，夹煤线1~4层。动物化石(螺、鱼)丰富。植物化石(似银杏、夹叶木等)少量
界	系	组	泥岩含煤段 K_1st^2		$\dfrac{0\sim184.80}{74}$	灰色、灰黑色、灰绿色泥岩、粉砂岩与灰白色泥灰岩互层，含一复合结构煤层，煤分层间夹碳质泥岩、油页岩和粉砂岩，底部多见有一灰白色薄层砾岩，砾石成分主要为变质岩砾。动物化石(螺、鱼、蚌及昆虫类)和植物化石富存
			底部砂岩砂砾岩段 K_1st^1		>280.30	以灰绿色砂岩、砾岩、含砾泥岩夹紫色泥岩、砂砾岩为主，其次为杂色砾岩、灰绿色砂岩、砾岩、灰黑色泥岩，个别孔见有厚层紫红泥岩、砾岩，砾石局部夹煤线成分复杂，1~2层，少见动植物化石。与下伏地层平行不整合接触
		建昌组	K_1jc		厚度不详	是一套火山喷发岩，岩性为安山岩、玄武岩及火山碎屑岩。厚度不详
太古界			Ar		厚度不详	仅在八虎山、调兵山等有出露，岩性主要为花岗片麻岩、片岩等

图 8-42　矿区综合柱状图

柱状图	岩性描述	岩石名称	厚度/m	累计深度/m	标高/m
	灰白色、白色，泥质胶结，胶结较好	粉砂岩	4.0	958.72	−850.17
	灰白色、白色，泥质胶结，胶结较好	粉砂岩	4.0	962.72	−854.17
	灰白色、白色，泥质胶结，胶结较好	粉砂岩	26.3	989.02	−880.47
	灰白色，以长石、砾石为主，泥质胶结，坚硬	砂砾岩	1.7	990.72	−882.17
	灰白色、白色，泥质胶结，胶结较好	粉砂岩	4.0	994.72	−886.17
	灰白色、白色，泥质胶结，胶结较好	粉砂岩	4.0	998.72	−890.17
	灰白色、白色，泥质胶结	泥质砂岩	4.0	1002.72	−894.17
	灰白色、白色，胶结较好	粉砂岩	4.0	1006.72	−898.17
	灰白色、白色，泥质胶结，胶结较好	粉砂岩	4.0	1010.72	−902.17

图 8-43　井筒马头门及泵房所处地层柱状

　　大强煤矿副井设计井筒深度 999.0m，井筒净直径为 7.0m，井口轨面标高+108.9m，井底轨面标高−890.0m，提升段井筒深度 998.9m，井底水窝深度 33.833m，井筒全深 1032.733m，井筒安装段全高由+108～−918m，共计 1026m。矿井主要井巷建设工程位于中生代白垩系，断层发育，煤系地层含煤段的主要岩性为泥岩、含砂泥岩、砂质泥岩、含炭泥岩、粉砂岩、细砂岩、中砂岩、粗砂岩、砂砾岩和煤层等。

　　井筒马头门交叉点及泵房吸水井硐室群所处位置埋深约为 1020m，顶板岩性以含泥质类粉砂岩为主(图 8-3)，节理、裂隙发育；受局部断层影响，水平应力以构造应力为主，方向为近东西向挤压应力；受高应力影响，岩体较破碎，整体性差，多为层状分布，工程岩体强度将比天然强度低 20%～30%；含有膨胀性较强的伊利石和蒙脱石，开挖后与空气中的水或地下水接触极易膨胀变形，强度降低较快。

8.3.3 井筒马头门大断面交叉点工程

1. 支护设计

大强煤矿井筒马头门工程结构布局如图 8-44 所示。

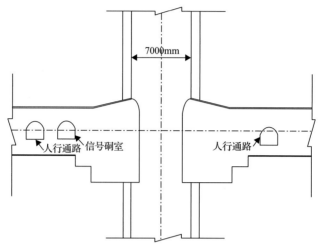

图 8-44 井筒马头门工程结构布局示意图

依据深部井筒马头门大断面交叉点 NPR 支护技术原理,通过理论分析,结合数值模拟,形成了井筒马头门总体支护设计方案,如图 8-45、图 8-46 所示。

1)井筒支护设计

井筒断面形状为圆形,井筒毛断面半径为 4290mm,锚网支护、架设桁架及浇筑混凝土之后井筒净断面半径为 3500mm。支护方式为高预应力 NPR 锚网索+喷射混凝土+立体桁架+浇筑混凝土支护(图 8-47),具体参数如下。

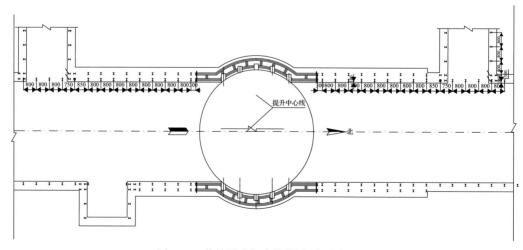

图 8-45 井筒马头门支护设计平面图(mm)

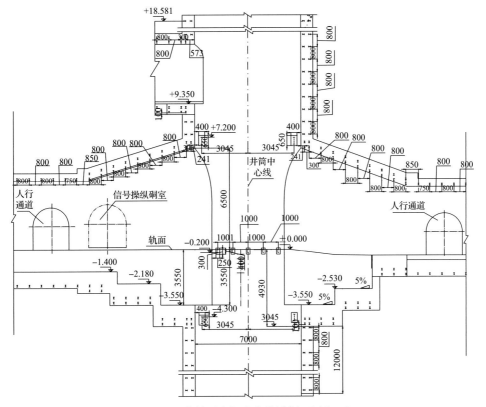

图 8-46　井筒马头门支护设计剖面图(mm)

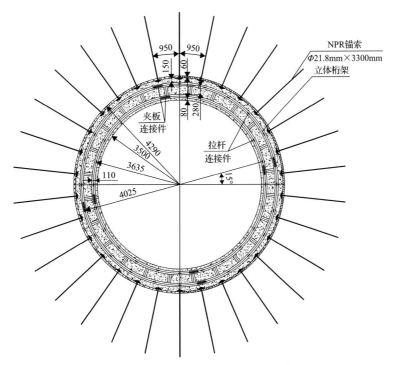

图 8-47　井筒支护断面图(mm)

①高预应力 NPR 锚网索+喷射混凝土初次支护

NPR 锚索直径为 21.8mm，长度为 3300mm，外露长度为 150～250mm，间排距为 800mm×800mm，三花布置；采用树脂药卷端头锚固，树脂锚固剂型号为 CK2370 型，用量为 2 支/根，预紧力为 350kN。

金属网采用 $\varPhi$6.5mm 的钢筋焊接而成，网片尺寸为 1000mm×700mm，网格尺寸为 100mm×100mm。

NPR 锚网索支护后进行喷射混凝土，初喷厚度 60mm。

②立体桁架+浇筑混凝土二次支护

立体桁架加工材料为 12 号矿用工字钢，由上而下逐架施工，架间距 800mm。相邻的桁架间通过 9#等边角钢加工制成的拉杆形成三角连接。

每两架桁架架设并在架间进行拉杆三角连接结束后，进行浇筑混凝土支护，浇筑至井筒设计净断面，混凝土强度等级为 C40。

2) 马头门巷道支护设计

马头门断面形状为直墙圆拱形，毛断面宽度为 5460mm，永久支护后净断面宽度为 3500mm。支护方式为 NPR 长短锚网索+喷射混凝土+立体桁架+喷射混凝土支护(图 8-48)，具体参数如下：

①NPR 长短锚网索+喷射混凝土初次支护

NPR 短锚索直径 21.8mm，长度 3300mm，外露长度 150～250mm，间排距 800mm× 800mm，三花布置；采用树脂药卷端头锚固，树脂锚固剂型号为 CK2370 型，用量为 2 支/根，预紧力为 350kN。

NPR 长锚索直径 21.8mm，长度 8300mm，外露长度 150～250mm，间排距 800mm× 1600mm，3-3 布置；采用 CK2860 和 M28100 树脂药卷端头锚固，用量为 1 支/根，预紧力为 350kN。

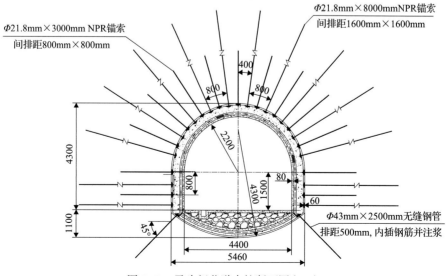

图 8-48 马头门巷道支护断面图(mm)

　　钢筋网采用 Φ6.5mm 钢筋焊接而成，网片尺寸为 1700mm×900mm，网格尺寸 100mm× 100mm。

　　底角锚杆采用 Φ43mm 无缝钢管，内插钢筋并注浆，排距为 800mm。

　　混凝土初喷厚度 60mm。

　　②立体桁架+喷射混凝土二次支护

　　立体桁架材料为 12 号矿用工字钢，支架间距以马头门支护布置平面图为准，正常段支架、通道开口处支架及变断面支架设计图如图 8-49～图 8-51 所示。

　　每支架共分 4 段，顶拱部支架之间通过 M20×70 螺栓连接，墙部支架与底拱部支架之间利用平衡消力接口连接板及 M20×70 螺栓连接。平衡消力接口连接板材料为 A3 钢，厚度 16mm，按设计图纸所示位置焊接，全部连续焊缝，焊缝高度 10mm。支架之间通过等边 9#角钢拉杆及焊接 A3 钢连接件连接，扁钢焊接位置间距 800mm。其中，顶拱及两帮支架为三角状连接，底部支架为直杆连接，采用 M18×70 螺栓连接。

　　底拱采用混凝土浇筑，初次浇筑 100mm，永久浇筑至地坪设计高度，浇筑混凝土强度等级为 C40。

　　根据监测数据，待围岩变形趋稳后，复喷混凝土与钢架接触；待整体变形稳定后，复喷混凝土覆盖钢架。

　　2. 应用效果

　　为了检验井筒马头门大断面交叉点支护控制效果，在井筒及马头门巷道设置了表面位移测站，测站布置如图 8-52 所示。

　　井筒 1#～4#测站表面位移监测结果如图 8-53～图 8-56 所示。由各测站表面位移与时间变化曲线可以看出：

　　对于 1#测站，围岩岩性为块状粉砂岩。通过近 7 个月的表面位移观测，井筒缩径变形量不大，最大缩径量为 8mm。

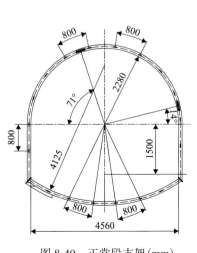

图 8-49　正常段支架(mm)

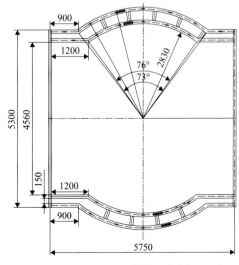

图 8-50　通道开口处支架(mm)

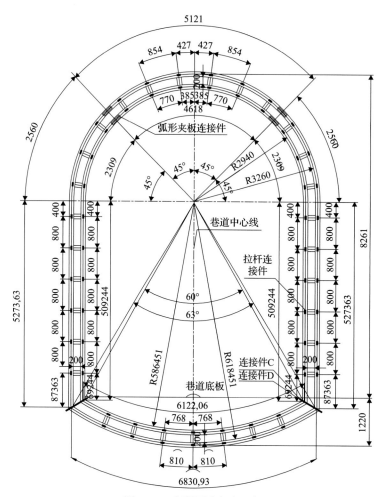

图 8-51 变断面支架（mm）

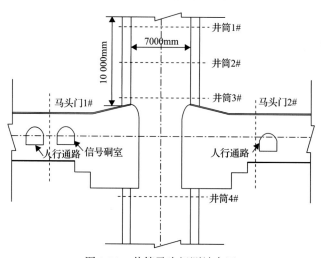

图 8-52 井筒马头门测站布置

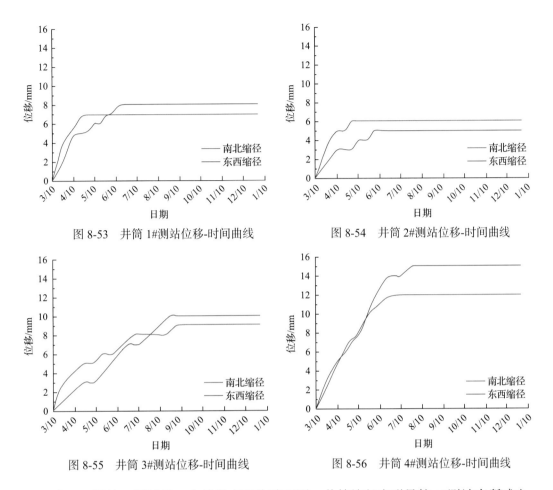

图 8-53　井筒 1#测站位移-时间曲线　　　　图 8-54　井筒 2#测站位移-时间曲线

图 8-55　井筒 3#测站位移-时间曲线　　　　图 8-56　井筒 4#测站位移-时间曲线

对于 2#测站，通过近 3 个月的表面位移观测，井筒缩径变形量较 1#测站有所减少，最大缩径量为 6mm。

对于 3#测站，此测站位于马头门与井筒交叉的顶板处，所以缩径变形量较前几个测站有所增加，通过近 2 个月的表面位移观测，最大缩径量为 10mm。

对于 4#测站，此测站位于马头门与井筒交叉的底板处，所以缩径变形量较前几个测站有所增加，通过近 1.5 个月的表面位移观测，最大缩径量为 15mm。

图 8-57 和图 8-58 为马头门巷道变形量随时间变化曲线。

变形量监测结果表明，井筒马头门交叉点支护 1 个月后变形基本趋于平衡，然后受变电所及泵房硐室施工扰动影响，再次发生变形，最后趋于平衡。其中，1#测站最终变形量为顶板下沉 18mm，两帮收缩 38mm，底臌 17mm；2#测站最终变形量为顶板下沉 17mm，两帮收缩 35mm，底臌最大为 14mm。

现场施工及最终效果(图 8-59)表明，新支护设计方案对井筒马头门大断面交叉点控制效果明显，可有效保证关键工程的长期稳定。

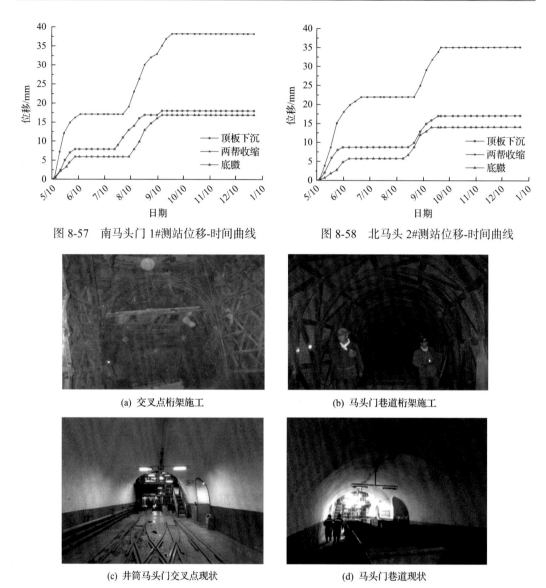

图 8-57　南马头门 1#测站位移-时间曲线　　　图 8-58　北马头 2#测站位移-时间曲线

(a) 交叉点桁架施工　　　　(b) 马头门巷道桁架施工

(c) 井筒马头门交叉点现状　　　(d) 马头门巷道现状

图 8-59　井筒马头门现场施工及最终支护效果

8.3.4　泵房吸水井工程

1. 支护设计

按照深部泵房吸水井集约化硐室群 NPR 支护技术，结合大强煤矿泵房吸水井所处工程地质条件，将原设计 3 个吸水小井改为 1 个组合井，整体采用 NPR 锚网索+喷射混凝土+立体桁架+喷射混凝土支护形式，泵房、壁龛及组合吸水井支护设计断面如图 8-60～图 8-62 所示。具体参数如下。

1) NPR 锚网索+喷射混凝土初次支护

NPR 短锚索直径 21.8mm，长度 3 300mm，外露长度 150～250mm，间排距 700mm×

700mm，三花布置；采用树脂药卷端头锚固，树脂锚固剂型号为 CK2370 型，用量为 2 支/根，预紧力为 350kN。

　　NPR 长锚索直径 21.8mm，长度 8300mm，外露长度 150～250mm，布置方式为"2-3-2"，间排距为 1400mm×2100mm；采用 CK2860 和 M28100 树脂药卷端头锚固，用量为各 1 支/根，预紧力为 350kN。

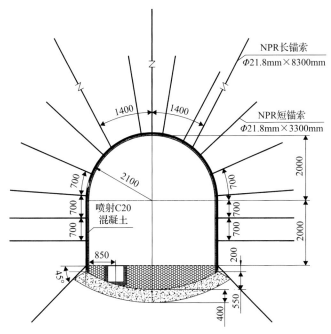

图 8-60　泵房支护设计断面图(mm)

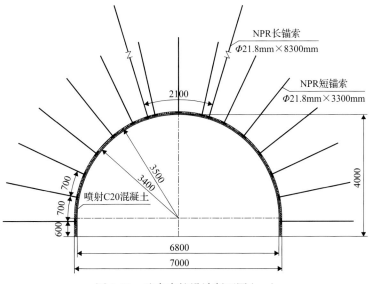

图 8-61　壁龛支护设计断面图(mm)

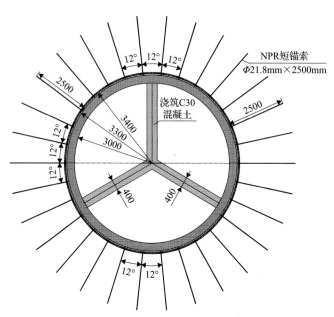

图 8-62   组合吸水井支护设计断面图(mm)

钢筋网采用 $\Phi6.5$mm 钢筋焊接而成,网片尺寸为 1100mm×800mm,网格尺寸 100mm×100mm。

底角锚杆采用 $\Phi43$mm 无缝钢管,长度 2200mm,排距为 1000mm,内插钢筋并注浆。

初喷混凝土厚度 60mm。

2)立体桁架+喷射混凝土二次支护

立体桁架材料为 12 号矿用工字钢,支架间距 1000mm(交叉点位置桁架间距有所调整);每支架共分 4 段,顶拱部支架之间通过夹板连接件用 M20×70 螺栓连接,墙部支架与底拱部支架之间利用平衡消力接口连接板及 M20×70 螺栓连接。支架之间通过等边 9#角钢拉杆及焊接 A3 钢连接件连接,扁钢焊接位置间距 800mm。其中,顶拱及两帮支架为三角状连接,底部支架为直杆连接,采用 M18×70 螺栓连接。

底拱采用混凝土浇筑,初次浇筑 100mm,永久浇筑至地坪设计高度,浇筑混凝土强度等级为 C40。

根据监测数据,待围岩变形趋稳后,复喷混凝土与钢架接触;待整体变形稳定后,复喷混凝土覆盖钢架;喷射混凝土强度等级为 C20。

2. 应用效果

为了检验工程控制效果,根据泵房硐室群巷道布置情况,共设 2 组表面位移测站,其中,1 组布置在泵房中,1 组布置在壁龛内(图 8-63)。

现场监测曲线及应用效果如图 8-64~图 8-66 所示。泵房围岩的累计顶板下沉量为 55mm,累计两帮收缩为 120mm,底臌为 42mm。吸水井壁龛硐室围岩的累计顶板下沉量为 60mm,累计两帮收缩为 120mm,底臌为 45mm。

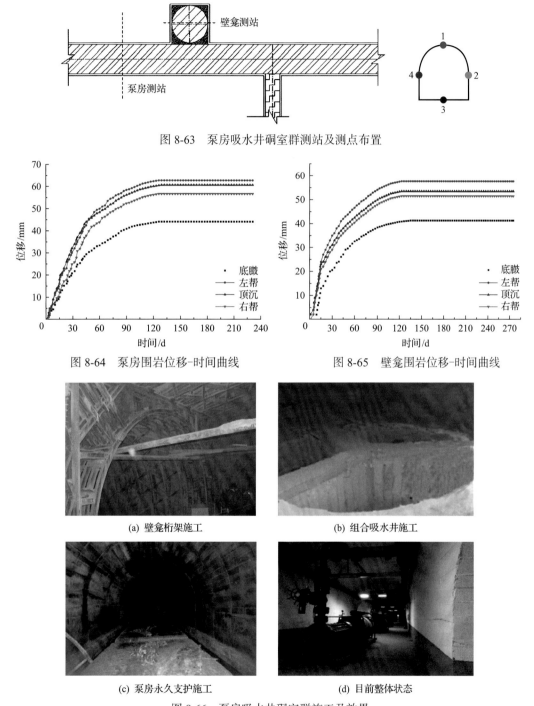

图 8-63　泵房吸水井硐室群测站及测点布置

图 8-64　泵房围岩位移-时间曲线

图 8-65　壁龛围岩位移-时间曲线

(a) 壁龛桁架施工

(b) 组合吸水井施工

(c) 泵房永久支护施工

(d) 目前整体状态

图 8-66　泵房吸水井硐室群施工及效果

现场监测结果和施工后的实际支护效果(图 8-66)验证了深部泵房吸水井集约化硐室群 NPR 支护技术的合理性和可靠性。